软件入门与提高丛书

Premiere CS5 入门与提高

李敏虹　编著

清华大学出版社
北　京

内 容 简 介

本书以 Adobe Premiere Pro CS5 这款出色的非线性视频编辑软件作为教学主体，通过由浅入深、由基础到应用、由基本操作到案例设计的方式，详细介绍了 Adobe Premiere Pro CS5 的操作基础。本书主要包括通过采集卡采集 DV 视频，通过软件的功能修剪和装配视频，对视频素材应用特效和切换，制作影片作品的字幕，录音与编辑音频，以及导出媒体和刻录影片等的方法和技巧。本书最后通过一个婚礼纪录片的案例，即通过采集、编辑、合成以及导出影片的流程，详细介绍自己 DIY 设计影视作品的操作过程；另外还通过一个电子相册案例和一个儿童舞蹈影片专辑案例，详细介绍了 Adobe Premiere Pro CS5 配合其他应用程序制作影视作品的方法。

本书内容精练、取舍有序、用例典型、实用性强，既可作为大中专院校相关专业师生和视频编辑培训班的参考用书，也可作为众多 DV 拍摄爱好者和家庭用户处理视频的指导用书。

图书在版编目(CIP)数据

Premiere CS5 入门与提高/李敏虹编著. --北京：清华大学出版社，2012
(软件入门与提高丛书)
ISBN 978-7-302-28346-1

Ⅰ. ①P…　Ⅱ. ①李…　Ⅲ. ①图形软伯，Premiere CS5　Ⅳ. ①TP391.41

中国版本图书馆 CIP 数据核字(2012)第 047605 号

责任编辑：汤涌涛
封面设计：刘孝琼
责任校对：李玉萍
责任印制：李红英

出版发行：清华大学出版社
网　址：http://www.tup.com.cn，http://www.wqbook.com
地　址：北京清华大学学研大厦 A 座　**邮　编**：100084
社 总 机：010-62770175　**邮　购**：010-62786544
投稿与读者服务：010-62776969，c-service@tup.tsinghua.edu.cn
质 量 反 馈：010-62772015，zhiliang@tup.tsinghua.edu.cn
课 件 下 载：http://www.tup.com.cn，010-62791865
印 刷 者：清华大学印刷厂
装 订 者：北京市密云县京文制本装订厂
经　销：全国新华书店
开　本：203mm×260mm　**印　张**：25　**字　数**：635 千字
(附 DVD1 张)
版　次：2012 年 8 月第 1 版　**印　次**：2012 年 8 月第 1 次印刷
印　数：1～4000
定　价：49.80 元

产品编号：044030-01

Foreword 丛书序

普通用户使用计算机最关键也最头疼的问题恐怕就是学用软件了。软件范围之广，版本更新之快，功能选项之多，体系膨胀之大，往往令人目不暇接，无从下手；而每每看到专业人士在计算机前如鱼得水，把软件玩得活灵活现，您一定又会惊羡不已。

"临渊羡鱼，不如退而结网"。道路只有一条：动手去用！选择您想用的软件和一本配套的好书，然后坐在计算机前面，开机、安装，按照书中的指示去用、去试，很快您就会发现您的计算机也有灵气了，您也能成为一名出色的舵手，自如地在软件海洋中航行。

《软件入门与提高丛书》就是您畅游软件之海的导航器。它是一套包含了现今主要流行软件的使用指导书，能使您快速便捷地掌握软件的操作方法和编程技术，得心应手地解决实际问题。

本丛书主要特点有如下几个方面。

◎ 软件领域

本丛书精选的软件皆为国内外著名软件公司的知名产品，也是时下国内应用面最广的软件，同时也是各领域的佼佼者。目前本丛书所涉及的软件领域主要有操作平台、办公软件、计算机辅助设计、网络和 Internet 软件、多媒体和图形图像软件等。

◎ 版本选择

本丛书对于软件版本的选择原则是：紧跟软件更新步伐，推出最新版本，充分保证图书的技术先进性；兼顾经典主流软件，给广受青睐、深入人心的传统产品以一席之地；对于兼有中西文版本的软件，采取中文版，以尽力满足中国用户的需要。

◎ 读者定位

本丛书明确定位于初、中级用户。不管您以前是否使用过本丛书所述的软件，这套书对您都将非常合适。

本丛书名中的"入门"是指，对于每个软件的讲解都从必备的基础知识和基本操作开始，新用户无须参照其他书即可轻松入门；老用户亦可从中快速了解新版本的新特色和新功能，自如地踏上新的台阶。至于书名中的"提高"，则蕴涵了图书内容的重点所在。当前软件的功能日趋复杂，不学到一定的深度和广度是难以在实际工作中应用自如的。因此，本丛书在帮助读者快速入门之后，就以大量明晰的操作步骤和典型的应用实例，教会读者更丰富全面的软件技术和应用技巧，使读者能真正对所学软件做到融会贯通并熟练掌握。

◎ 内容设计

本丛书的内容是在仔细分析用户使用软件的困惑和目前电脑图书市场现状的基础上确定的。简而言之，就是实用、明确和透彻。它既不是面面俱到的“用户手册”，也并非详解原理的“功能指南”，而是独具实效的操作和编程指导，围绕用户的实际使用需要选择内容，使读者在每个复杂的软件体系面前能“避虚就实”，直达目标。对于每个功能的讲解，则力求以明确的步骤指导和丰富的应用实例准确地指明如何去做。读者只要按书中的指示和方法做成、做会、做熟，再举一反三，就能扎扎实实地轻松入行。

◎ 风格特色

1. 从基础到专业，从入门到入行

本丛书针对想快速上手的读者，从基础知识起步，直到专业设计讲解，从入门到入行，在全面掌握软件使用方法和技巧的同时，掌握专业设计知识与创意手法，从零到专迅速提高，让一个初学者快速入门进而设计作品。

2. 全新写作模式，清新自然

本丛书采用“案例功能讲解+唯美插画图示+专家技术点拨+综合案例教学”写作方式，书的前部分主要以命令讲解为主，先详细讲解软件的使用方法及技巧，在讲解使用方法和技巧的同时穿插大量实例，以实例形式来详解工具或命令的使用，让读者在学习基础知识的同时，掌握软件工具或命令的使用技巧；对于实例来说，本丛书采用分析实例创意与制作手法，然后呈现实例制作流程图，让读者在没有实际操作的情况下了解制作步骤，做到心中有数，然后进入课堂实际操作，跟随步骤完成设计。

3. 全程多媒体跟踪教学，人性化的设计掀起电脑学习新高潮

本丛书有从教多年的专业讲师全程多媒体语音录像跟踪教学，以面对面的形式讲解。以基础与实例相结合，技能特训实例讲解，让读者坐在家中尽享课堂的乐趣。配套光盘除了书中所有基础及案例的全程多媒体语音录像教学外，还提供相应的丰富素材供读者分析、借鉴和参考，服务周到、体贴、人性化，价格合理，学习方便，必将掀起一轮电脑学习与应用的新高潮！

4. 专业设计师与你面对面交流

参与本丛书策划和编写的作者全部来自业内行家里手。他们数年来承接了大量的项

目设计，参与教学和培训工作，积累了丰富的实践经验。每本书就像一位专业设计师，将他们设计项目时的思路、流程、方法和技巧、操作步骤面对面地与读者交流。

5. 技术点拨，汇集专业大量的技巧精华

本丛书以技术点拨形式，在书中安排大量软件操作技巧、图形图像创意和设计理念，以专题形式重点突出。它不同于以前图书的提示与技巧，是以实用性和技巧性为主，以小实例的形式重点讲解，让初学者快速掌握软件技巧及实战技能。

6. 内容丰富，重点突出，图文并茂，步骤详细

本丛书在写作上由浅入深、循序渐进，教学范例丰富、典型、精美，讲解重点突出、图文并茂，操作步骤翔实，可先阅读精美的图书，再与配套光盘中的立体教学互动，使学习事半功倍，立竿见影。

经过紧张的策划、设计和创作，本丛书已陆续面市，市场反应良好。本丛书自面世以来，已累计售近千万册。大量的读者反馈卡和来信给我们提出了很多好的意见和建议，使我们受益匪浅。严谨、求实、高品位、高质量，一直是清华版图书的传统品质，也是我们在策划和创作中孜孜以求的目标。尽管倾心相注，精心而为，但错误和不足在所难免，恳请读者不吝赐教，我们定会全力改进。

编　者

Preface
前 言

关于本书

在众多的视频编辑软件中，Adobe 公司开发的 Premiere Pro 软件无疑是一款功能强大、易学易用的非线性视频编辑软件。Premiere Pro 的出现，不仅使专业影视工作者可以使用它来制作精彩的影视节目，而且业余多媒体爱好者、DV 拍摄爱好者也可以通过该软件来制作自己的视频，体验一下做“电影大师”的感觉。

目前 Adobe Premiere Pro 的最新版本是 Adobe Premiere Pro CS5，该版本是 Adobe Premiere Pro 软件系列版本中功能最强大的。它能完成在传统影片编辑中需要利用复杂而昂贵的视频器材才能完成的视频处理，配合 Windows 的操作界面，用户可以非常容易地完成影片剪辑、音效合成等工作。通过综合运用图片、文字、动画等效果，可以制作出各种不同用途的多媒体影片。

本书结构

本书采用成熟的教学模式，以入门到提高为教学方式，通过视频编辑入门知识到软件应用再到案例作品的设计这样一个学习流程，详细介绍了 Adobe Premiere Pro CS5 软件的操作基础。

本书共分为 13 章，每章具体的内容安排如下。

- 第 1 章：本章先从视频编辑的基础知识讲起，然后详细讲解 Adobe Premiere Pro CS5 的配置要求和安装过程。
- 第 2 章：本章先让读者掌握 Adobe Premiere Pro CS5 程序的使用基础，然后主要介绍了程序界面的组成和使用、文件和素材管理以及新建各种分项素材的方法。
- 第 3 章：本章主要讲解通过采集设备采集 DV 视频的方法，其中包括安装 IEEE 1394 卡，将 DV 与电脑连接，以及通过 Premiere Pro CS5 程序采集视频等内容。
- 第 4 章：本章主要介绍了使用 Adobe Premiere Pro CS5 管理、装配和编辑素材的方法，其中包括通过【素材源】窗口设置素材入点和出点，导出素材的当前帧，以不同的方式装配素材至序列，修剪和分割素材等内容。
- 第 5 章：本章从应用视频特效和切换特效的基础操作讲起，介绍了查看和应用特效，以及编辑与管理特效的基本方法，然后通过典型的示例，详细介绍了视频特效和切换特效。

- 第 6 章：本章主要介绍了通过【调音台】面板、【时间线】窗口和【特效控制台】面板为作品调音、录音和应用特效和过渡，以及编辑音频特效和音频过渡的方法。
- 第 7 章：本章主要介绍了新律字幕素材，并通过【字幕设计器】窗口设计字幕的方法，其中包括新建字幕素材、为文字应用字幕样式、将字幕装配到序列等基础内容，以及设计各种类型字幕的技巧。
- 第 8 章：本章主要介绍了通过 Adobe Premiere Pro CS5 渲染和导出影片，以及使用其他刻录软件将视频刻录成 DVD 的方法。
- 第 9 章：本章主要介绍了在 Adobe Premiere Pro CS5 中通过定义素材的透明度来制作影像合成的方法。
- 第 10 章：本章将综合书中所介绍的各项功能，以一个婚礼影片为例，通过实例的制作过程，详细介绍利用软件功能进行实际影视作品设计的方法。
- 第 11 章：本章通过制作旅游电子相册影片的案例，综合介绍使用 Adobe Premiere Pro CS5 编辑和设计影片，以及应用电子相册的方法。
- 第 12 章：本章通过制作儿童舞蹈专辑影片的案例，综合介绍使用 Adobe Premiere Pro CS5 配合 Adobe Photoshop CS5、Adobe Encore CS5 等程序制作影片并刻录成 DVD 的方法。
- 第 13 章：本章实际为本书的附录内容，主要介绍了利用数码设备进行摄像的基本方法。

本书总结了作者多年从事影视编辑的实践经验，目的是帮助想从事影视制作行业的广大读者迅速入门并提高学习和工作效率，同时对众多 DV 拍摄爱好者和家庭用户处理视频也有很好的指导作用。

本书由李敏虹编著，参与本书编写及设计工作的还有黄活瑜、黄俊杰、梁颖思、吴颂志、梁锦明、林业星、黎彩英、刘嘉、李剑明、黎文锋等，在此表示感谢。在本书的编写过程中，我们力求精益求精，但难免存在一些不足之处，敬请广大读者批评指正。

编 者

Contents
目录

第 1 章

Premiere Pro CS5 入门

本章学习要点

要学习视频编辑，首先应了解视频编辑的基础知识和视频编辑软件的入门知识。本章将从视频编辑理论知识入手，带领读者学习视频编辑的基础和视频编辑软件 Adobe Premiere Pro CS5 的安装和启动等方面的内容。

1.1 视频处理的基础知识

近年来，随着多媒体技术的飞速发展，利用计算机处理视频影像已成为很多用户日常生活、娱乐和工作需要进行的操作。为了让新入门的用户了解视频处理的有关技术，有必要先介绍视频处理的基础知识。

1.1.1 视频编辑的方式

一般来说，视频编辑的方式有线性编辑和非线性编辑两种。

1. 线性编辑

线性编辑是一种磁带的编辑方式，它利用电子手段，根据影片内容的要求将视频素材连接成新的连续画面。它通常使用组合编辑将素材顺序编辑成新的连续画面，然后再以插入编辑的方式对某一段进行同样长度的替换。

利用线性编辑方式对视频进行编辑时，需要把摄像机所拍摄的素材，一个个地进行剪切，然后按照剧本或者方案，一次性对素材在编辑机上进行编辑。

线性编辑使用编放机、编录机，直接对录像带的素材进行操作，操作直观、简洁、简单。用户可以使用组合编辑方式插入编辑，分别对视频的图像和声音进行编辑，同时也可以为画面配上字幕，添加各种特效。

但是，线性编辑素材的搜索和录制都必须按时间顺序进行，如果认为某个视频素材需要增加或者删除，则全部素材需在编辑机上重新排列编辑一遍，非常麻烦。

另外，线性编辑系统的连线比较多、投资较高、故障率较高。线性编辑系统主要包括：编辑录像机、编辑放像机、遥控器、字幕机、特技台、时基校正器等设备。图 1.1 所示为一个简易线性编辑系统的示意图。

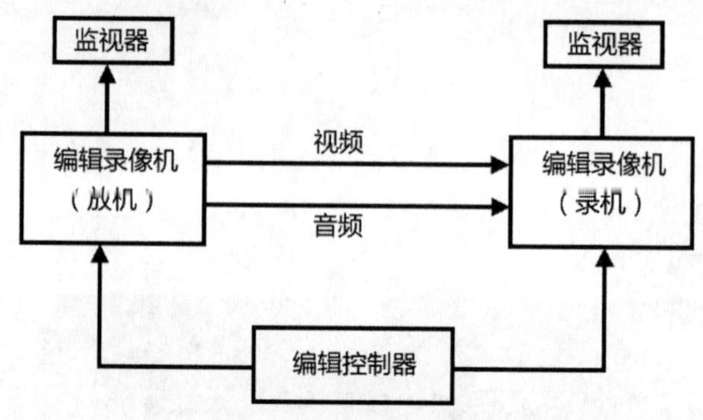

图 1.1　简单的线性编辑系统示意图

2. 非线性编辑

非线性编辑是相对于传统上以时间顺序进行线性编辑而言。非线性编辑借助计算机来进行数字化制作，几乎所有的工作都在计算机里完成，不再需要那么多的外部设备，对素材的调用也是瞬间实现，不用反反复复地在磁带上寻找，突破单一的时间顺序编辑限制，可以按各种顺序排列，具有快捷简便、随机的特性。非线性编辑只要上传一次就可以多次编辑，信号质量始终不会变低，所以节省了设备和人力，提高了效率。

随着摄像机的普及和非线性编辑软件的流行，非线性编辑一词越来越被大家所熟悉，那么什么是非线性编辑呢？

从狭义上讲，非线性编辑是指剪切、复制和粘贴素材，无须在存储介质上重新安排它们。而传统的录像带编辑、素材存放都是有次序的，用户必须反复搜索，并在另一个录像带中重新安排它们。

从广义上讲，非线性编辑是指在用计算机编辑视频的同时，还能实现诸多的处理效果，例如音效、特技、画面切换等。

3. 非线性编辑的流程

对于利用计算机编辑制作视频来说，非线性编辑的工作流程基本分为采集、输入、编辑、输出 4 个步骤，但因为应不同视频编辑的差异，不同的编辑软件会细分出其他流程。

 采集。采集就是将拍摄到的视频保存在计算机中。这个工作可以直接利用数据线将视频导入计算机，或者通过视频编辑软件将模拟视频、音频信号转换成数字信号进行存储或者将外部的数字视频保存到计算机中，使其成为可以处理的素材。

 输入。输入的素材主要是视频、图像、声音等，这些可从外部导入到视频编辑软件中。

Step 3 编辑。素材编辑就是对视频进行剪接、合并、截取，以及分解音频，添加音频，添加图像，添加字幕素材等，然后按时间顺序组接出一个完整作品的过程。

在编辑流程里，用户可以对视频进行特技处理、制作字幕等处理。

 输出。视频编辑完成后，就可以输出回录到录像带，也可以生成视频文件保存在计算机里，或者直接发布到网上，或者刻录 VCD 和 DVD 等。

1.1.2 视频编辑的常用名词

要深入学习视频编辑，首先要了解视频编辑领域中的常用名词。

1. 数字视频

数字视频(Digital Video)就是先用摄像机之类的视频捕捉设备，将外界影像的颜色和亮度信息转变为电信号，再记录到储存介质(如录像带、记忆卡、硬盘、光盘等)。播放时，视频信号被转变为帧信息，并以每秒约 30 幅的速度投影到显示器上，使人类的眼睛认为它是连续不间断地运动着的。

为了存储视觉信息，模拟视频信号的波峰和波谷必须通过数/模(D/A)转换器来转变为数字的 0 或 1。这个转变过程就是视频捕捉(或采集过程)。

如果要在电视机上观看数字视频，则需要一个从数字到模拟的转换器来将二进制信息解码成模拟信号，才能进行播放。

2. 编码解码器

编码解码器(Codec)的主要作用就是对视频信号进行压缩和解压缩。计算机工业定义通过 24 位测量系统的真彩色，这就定义了近百万种颜色，接近人类视觉的极限。现在，最基本的 VGA 显示器就有 640×480 像素。这意味着如果视频需要以每秒 30 帧的速度播放，则每秒要传输高达 27MB 的信息，1GB 容量的硬盘仅能存储约 37 秒的视频信息，因而必须对信息进行压缩处理。

通过抛弃一些数字信息或容易被我们的眼睛和大脑忽略的图像信息的方法，使视频的信息量减小，这种对视频进行压缩、解压的软件或硬件就是编码解码器。

3. 动静态图像压缩

静态图像压缩技术主要是对空间信息进行压缩，而对动态图像来说，除对空间信息进行压缩外，还要对时间信息进行压缩。目前已形成 3 种压缩标准。

- JPEG(Joint Photographic Experts Group)标准：用于连续色调、多级灰度、彩色/单色静态图像压缩，具有较高压缩比的图形文件(一张 1000KB 的 BMP 文件压缩成 JPEG 格式后可能只有 20～30KB)，在压缩过程中的失真程度很小。动态 JPEG(M-JPEG)可顺序地对视频的每一帧进行压缩，就像每一帧都是独立的图像一样，而且能产生高质量、全屏、全运动的视频，但是它需要依赖附加的硬件。
- H.261/H.264 标准：主要适用于网络视频、视频电话和视频电视会议。
- MPEG(Moving Picture Experts Group)标准：包括 MPEG 视频、MPEG 音频和 MPEG 系统(视音频同步)3 个部分。

  MPEG 压缩标准是针对运动图像而设计的，基本方法是：在单位时间内采集并保存第一帧信息，然后只存储其余帧相对第一帧发生变化的部分，以达到压缩的目的。

  MPEG 压缩标准可实现帧之间的压缩，其平均压缩比可达 50∶1，压缩率比较高，且又有统一的格式，兼容性好。

4. DAC

DAC 即数/模转换器，一种将数字信号转换成模拟信号的装置。DAC 的位数越高，信号失真就越小，图像也更清晰稳定。

5. 电视广播制式

世界上主要使用的电视广播制式有 PAL、NTSC 和 SECAM 三种，中国大部分地区使用 PAL 制式；日本、韩国及东南亚地区与美国等欧美国家使用 NTSC 制式；俄罗斯、西欧等国家则使用 SECAM 制式。

- PAL 是 Phase Alternating Line(逐行倒相)的缩写，是西德在 1962 年制定的彩色电视广播标准，它采用逐行倒相正交平衡调幅的技术方法，克服了 NTSC 制相位敏感造成色彩失真的缺点。
- NTSC 是 1952 年 12 月由美国国家电视标准委员会(National Television System Committee，NTSC)制定的彩色电视广播标准。这种制式的色度信号调制包括平衡调制和正交调制两种，解决了彩色黑白电视广播兼容问题，但存在相位容易失真、色彩不太稳定的缺点。
- SECAM 又称塞康制，是法文 Sequentiel Couleur A Memoire 的缩写，意为“按顺序传送彩色与存储”。SECAM 为首先用在法国模拟彩色电视系统，系统化一个 8MHz 宽的调制信号。

1.1.3 常用的视频文件格式

视频文件有很多种格式，常用于制作影片的视频有下面几种。

1. AVI

AVI 英文全称为 Audio Video Interleaved，即音频视频交错格式，是将语音和影像同步组合在一起的文件格式。

AVI 对视频文件采用了一种有损压缩方式，但压缩比较高，因此尽管画面质量不是太好，但其应用范围仍然非常广泛。AVI 支持 256 色和 RLE 压缩。AVI 信息主要应用在多媒体介质上，用来保存电视、电影等各种影像信息。

2. MPEG

MPEG 是 Moving Picture Experts Group 的简称，这个名字本来的含义是指一个研究视频和音频编码标准的小组。现在我们所说的 MPEG 泛指由该小组制定的一系列视频编码标准。

MPEG 到目前为止已经制定并正在制定以下和视频相关的标准。

- MPEG-1：第一个官方的视频、音频压缩标准，随后在 Video CD 中被采用，其中音频压缩的第三级(MPEG-1 Layer 3)简称 MP3，是比较流行的音频压缩格式。
- MPEG-2：广播质量的视频、音频和传输协议，被用于无线数字电视 ATSC、DVB 以及 ISDB、数字卫星电视(例如 DirecTV)、数字有线电视信号和 DVD 视频光盘技术中。
- MPEG-4：2003 年发布的视频压缩标准，主要是扩展 MPEG-1、MPEG-2 等标准，以支持视频/音频对象(Video/Audio Objects)的编码、3D 内容、低比特率编码(low bitrate encoding)和数字版权管理(Digital Rights Management)，其中第十部分由 ISO/IEC 和 ITU-T 联合发布，称为 H.264/MPEG-4 Part 10。参见 H.264。
- MPEG-7：MPEG-7 并不是一个视频压缩标准，它是一个多媒体内容的描述标准。
- MPEG-21：MPEG-21 是一个正在制定中的标准，它的目标是为未来多媒体的应用提供一个完整的平台。

说 明

MPEG-3 是 MPEG 组织制定的视频和音频压缩标准。本来的目标是为 HDTV 提供 20～40Mbps 视频压缩技术。在标准制定的过程中，委员会很快发现 MPEG-2 可以取得类似的效果。随后 MPEG-3 项目停止了。

3. DivX

DivX 是一种将影片的音频由 MP3 来压缩、视频由 MPEG-4 技术来压缩的数字多媒体压缩格式。

DivX 是一项由 DivX Networks 公司发明的，类似于 MP3 的数字多媒体压缩技术。DivX 基于 MPEG-4 标准，可以把 MPEG-2 格式的多媒体文件压缩至原来的 10%，并且可把 VHS 格式(录像带格式)的文件压至原来的 1%。通过 DSL 或 CableModem 等宽带设备，它可以让你欣赏全屏的高质量数字电影。

4. Xvid

Xvid(旧称为 XviD)是一个开放源代码的 MPEG-4 视频编解码器，是基于 OpenDivX 而编写的。Xvid 是由一群原 OpenDivX 义务开发者在 OpenDivX 于 2001 年 7 月停止开发后自行开发的。

Xvid 是目前世界上最常用的视频编码解码器，而且是第一个真正开放源代码的，通过 GPL 协议发布。在很多次的 Codec 比较中，Xvid 的表现令人惊奇，总体来说是目前最优秀、最全能的视频编码解码器。

5. Real Video

Real Video 格式文件包括后缀名为 RA、RM、RAM 和 RMVB 的 4 种视频格式。Real Video 是一种高压缩比的视频格式，可以使用任何一种常用于多媒体及 Web 上制作视频的方法来创建 Real Video 文件。

6. ASF

ASF 是 Advanced Streaming Format(高级串流格式)的缩写，是 Microsoft 为 Windows 98 所开发的串流多媒体文件格式。ASF 是微软公司 Windows Media 的核心。这是一种包含音频、视频、图像以及控制命令脚本的数据格式。

7. FLV

FLV 是 Flash Video 的简称，FLV 流媒体格式是随着 Flash 的推出发展而来的视频格式。由于它形成的文件极小，加载速度极快，使得网络观看视频文件成为可能，它的出现有效地解决了视频文件导入 Flash 后，使导出的 SWF 文件体积庞大，不能在网络上很好地使用等问题。

8. F4V

F4V 是 Adobe 公司为了迎接高清时代而推出继 FLV 格式后的支持 H.264 标准的 F4V 流媒体格式。它和 FLV 主要的区别在于，FLV 格式采用的是 H263 编码，而 F4V 则支持 H.264 编码的高清晰视频，码率最高可达 50Mbps。

1.2 Premiere Pro CS5 视频编辑大师

Adobe Premiere Pro 是一款流行的非线性视频编辑软件，由 Adobe 公司推出。它能完成在传统影片编辑中需要利用复杂而昂贵的视频器材才能完成的视频处理。配合 Windows 的操作界面，用户可以轻易地完成影片剪辑、音效合成等工作。通过综合运用图片、文字、动画等效果，可以制作出各种不同用途的多媒体影片，如图 1.2 所示。

图 1.2 Premiere Pro CS5 应用程序

1.2.1 Premiere Pro CS5 的配置要求

新版本的 Adobe Premiere Pro 完善地解决了 DV 数字化影像和网上的编辑问题，为 Windows 平台和其他跨平台的 DV 和所有网页影像提供了全新的支持。同时它可以与其他 Adobe 软件紧密结合，组成完整的视频设计解决方案。

目前 Adobe Premiere Pro 最新的版本是 Adobe Premiere Pro CS5，该版本是 Adobe Premiere Pro 软件系列版本中功能最强大的，同时对计算机的要求也是最高的。

Premiere Pro CS5 在 Windows 系统中的具体配置要求如下。

- Intel® Core2 Duo 或 AMD Phenom II 处理器。
- 需要 64 位操作系统。Microsoft Windows Vista 系统或 Enterprise(带有 Service Pack 1)，或者 Windows 7 系统。
- 最低 2GB 内存(推荐 4GB 或更大内存)。
- 10GB 可用硬盘空间用于安装。安装过程中需要额外的可用空间(无法安装在基于闪存的可移动存储设备上)。
- 编辑压缩视频格式需要 7200 转硬盘驱动器。如果是处理未压缩视频格式，则需要硬盘驱动器支持 RAID 0。
- 1280×900 屏幕分辨率，OpenGL 2.0 兼容图形卡。
- GPU 加速性能需要经过 Adobe 认证的 GPU 卡。
- 为 SD/HD 工作流程捕获并导出到磁带需要经过 Adobe 认证的卡。
- ASIO 协议或 Microsoft Windows Driver Model 兼容声卡。
- 制作蓝光光盘需要蓝光刻录机。
- 制作 DVD 需要 DVD+/-R 刻录机。
- 使用 QuickTime 功能需要 QuickTime 7 以上软件。
- 产品激活需要 Internet 或电话连接。
- 使用 Adobe Stock Photos 和其他服务需要宽带 Internet 连接。

说明

在上述的配置要求中，变化最大的是 Premiere Pro CS5 要求在 64 位系统上才能安装。大部分用户一般使用的是 32 位操作系统，如果想要使用 Premiere Pro CS5，那么用户就需要安装 64 位的 Windows Vista 或 Windows 7 操作系统。

1.2.2 DV 和 HDV 视频采集的要求

在使用 Adobe Premiere Pro 编辑视频前，首先要将视频导入到计算机中。特别是用户使用 DV 拍摄的视频，也要先保存到电脑后才能进行编辑。

将 DV 的视频导入电脑需要看 DV 用什么介质保存视频，不同的介质有不同的导入方法。最简单的就是用存储器(硬盘、存储卡)保存视频的数码 DV 机，用户只需使用 USB 连接线与电脑连接，然后将存储器内的视频复制到电脑硬盘即可。或者将 DV 中的存储卡取出，通过读卡器连接电脑，然后复制读卡器中的视频到电脑即可，如图 1.3 所示。

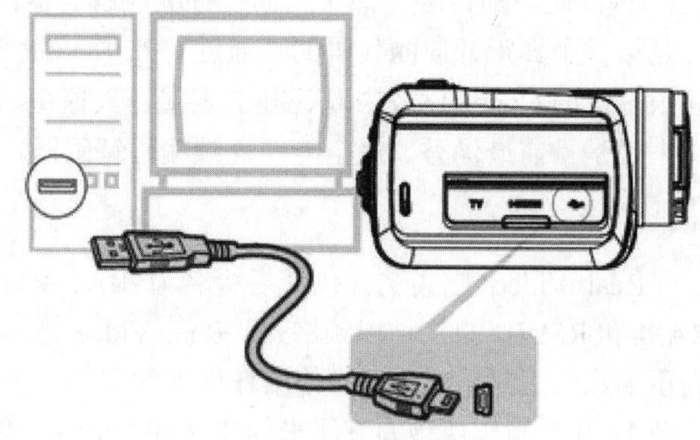

图 1.3 通过 USB 连接线将 DV 视频导入电脑

如果模拟 DV 机(通常使用磁带保存视频)，没有 USB 接口，只有 IEEE 1394 接口，则需要电脑安装有 IEEE 1394 卡，然后使用 IEEE 1394 连线将 DV 与电脑连接，并通过视频编辑软件将 DV 的视频采集并保存在电脑中。另外，不但模拟 DV 机可以使用这种方法进行视频采集，数字 DV 机也可以使用这种方法对

DV 存储器上的视频进行采集。

因此，如果 DV 和 HDV 要捕捉、导出到磁带，并传输到 DV 设备上，则需要 OHCI 兼容的 IEEE 1394 端口或 IEEE 1394 采集卡。图 1.4 所示为通过 IEEE 1394 端口采集视频的示意图。

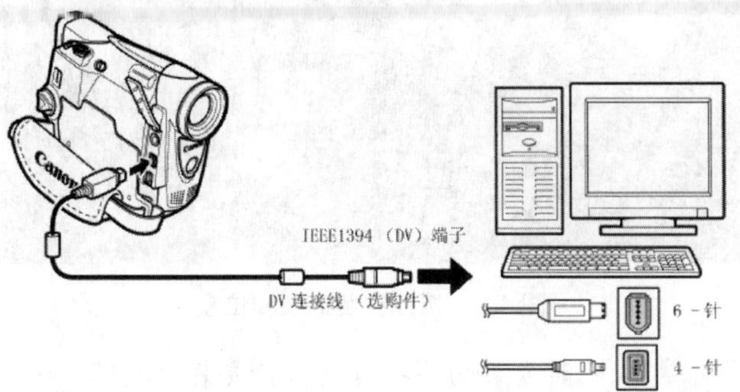

图 1.4　通过 IEEE 1394 端口采集 DV 视频

1.3　安装与启动 Premiere Pro CS5

要使用 Premiere Pro CS5，就必须将 Premiere Pro CS5 程序安装到电脑上。由于 Premiere Pro CS5 还包括 Adobe Media Encoder CS5、Adobe Extension Manager CS5、Adobe Device Central CS5 等附带程序，因此安装空间要求比较大。建议用户在安装程序的目标磁盘分区中预留不少于 3.5GB 的空间。

1.3.1　安装 Premiere Pro CS5

安装 Premiere Pro CS5 其实很简单，用户可以将安装光盘放进光驱，或者先复制到电脑上，然后进入程序目录执行 Set-up.exe 程序，再跟随安装向导的指引进行安装即可。

安装 Premiere Pro CS5 程序的操作步骤如下。

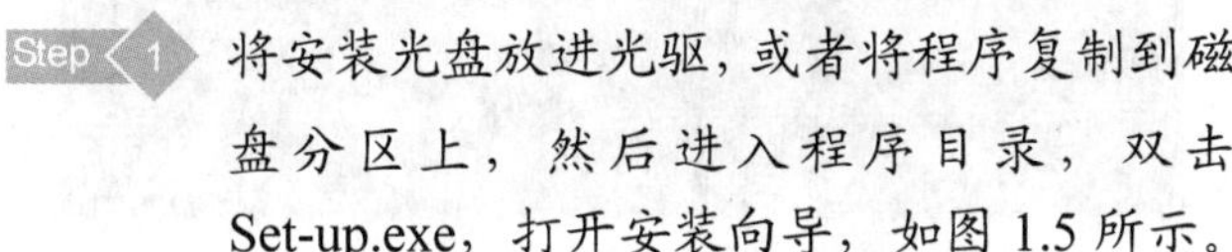

Step 1　将安装光盘放进光驱，或者将程序复制到磁盘分区上，然后进入程序目录，双击 Set-up.exe，打开安装向导，如图 1.5 所示。

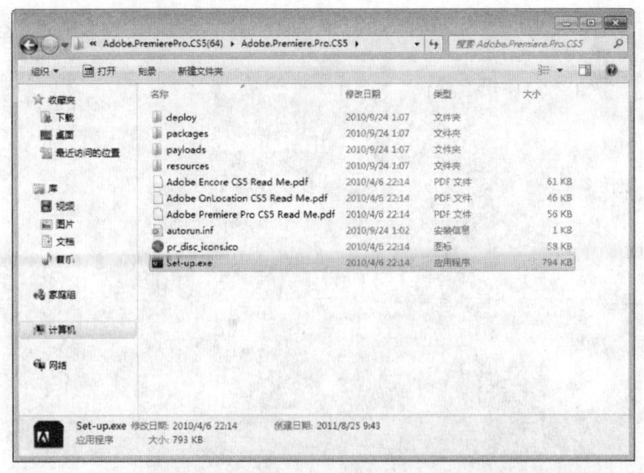

图 1.5　双击安装程序，打开安装向导

Step 2　此时安装程序会进行初始化，然后显示【Adobe 软件许可协议】界面。用户可以查看许可协议并单击【接受】按钮，继续执行安装的过程，如图 1.6 所示。

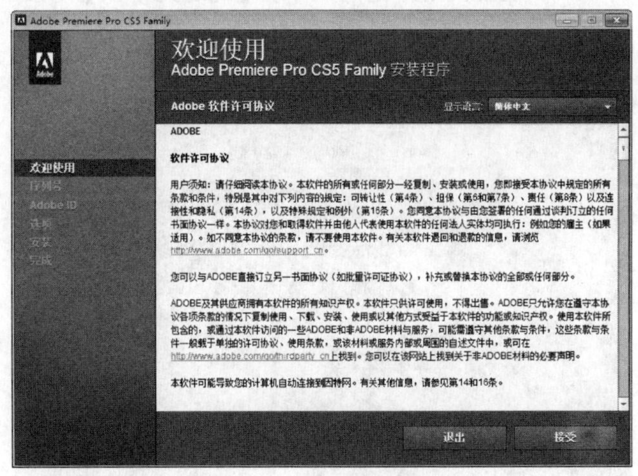

图 1.6　接受许可协议

Step 3　接受许可协议后，程序将要求输入安装序列号。用户可以从程序安装光盘的外包装或说明书中找到，或者通过互联网查找。如果没有序列号，则可以选择安装产品的试用版，以试用 30 天，如图 1.7 所示。

输入序列号后，单击【下一步】按钮。

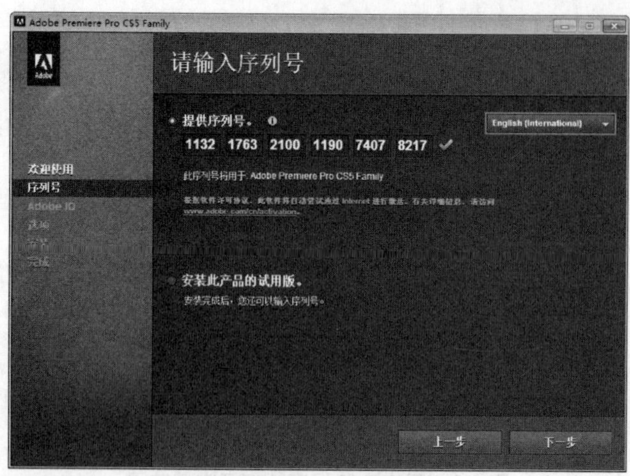

图 1.7　输入安装序列号

Step 4　进入下一界面后，用户可以单击【创建 Adobe ID】按钮，创建一个 Adobe 软件的用户账号，以获得联机服务。如果不想创建 Adobe ID，则可以单击【跳过此步骤】按钮，直接进入下一步的操作，如图 1.8 所示。

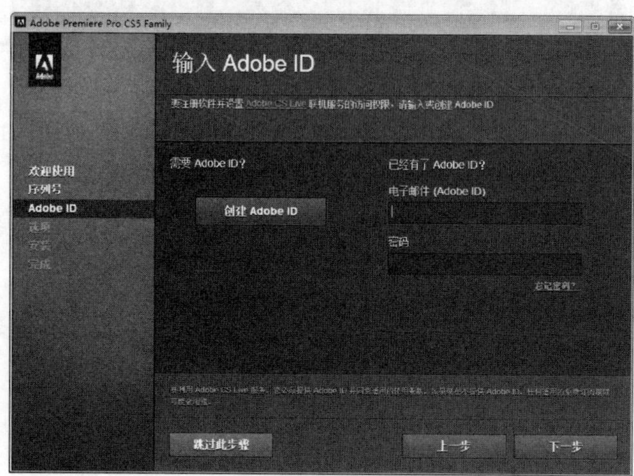

图 1.8　创建 Adobe ID

Step 5　进入下一界面后，用户可以选择需要安装的程序项目。在此建议用户全选所有程序项目，以便可以获得程序最全面的功能服务。选择程序项目后，还可以指定程序安装的位置。最后单击【安装】按钮，执行安装，如图 1.9 所示。

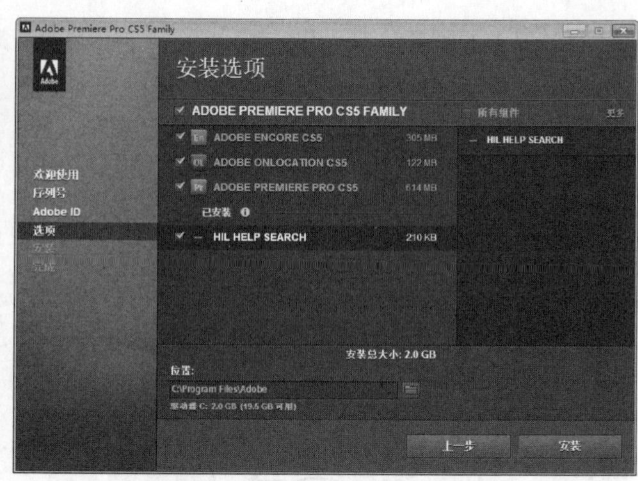

图 1.9　选择安装选项和位置

Step 6　此时安装向导将自动执行安装的处理，安装完成后，单击【完成】按钮即可，如图 1.10 所示。

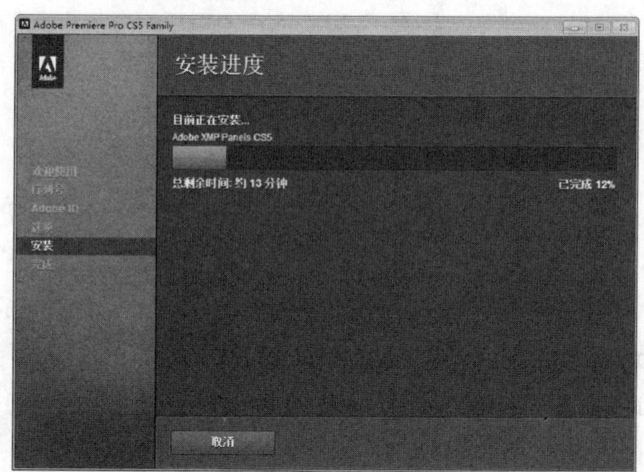

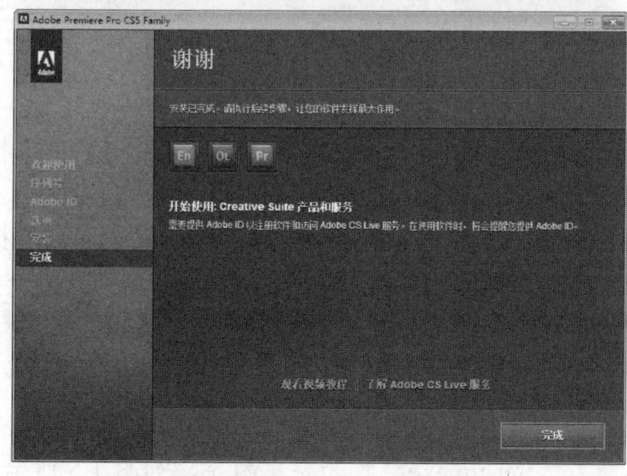

图 1.10　执行安装并完成安装的过程

1.3.2 安装 Premiere Pro CS5 中文化程序

如果用户购买的 Adobe Premiere Pro CS5 程序是英文版，而自己对英文只是略懂一二的话，那么可以给 Premiere Pro CS5 安装一个中文化程序，以便将程序的界面、功能名称和设置选项以中文来显示。

提 示

Adobe Premiere Pro CS5 中文化程序可以从互联网上获得。用户只需打开百度、Google 等搜索网站，以“Adobe Premiere Pro CS5 中文化程序”为关键字进行搜索，即可找到并下载中文化程序。

具体安装 Premiere Pro CS5 中文化程序的操作步骤如下。

Step 1 通过互联网下载到中文化程序，然后进入到程序目录，双击打开安装文件，如图 1.11 所示。

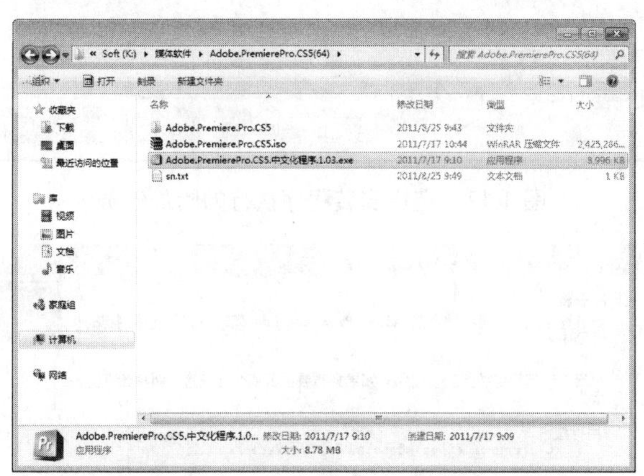

图 1.11 打开中文化程序的安装文件

Step 2 打开中文化程序安装向导后，直接单击【下一步】按钮，接着选择【我同意此协议】单选按钮，再次单击【下一步】按钮，进入下一步的操作，图 1.12 所示。

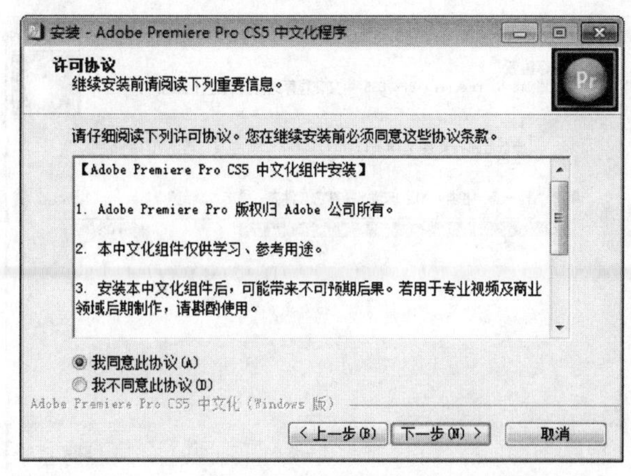

图 1.12 同意许可协议并进入下一步操作

进入下一个界面后，用户可以先阅读中文化程序的信息。例如对照 Adobe Premiere Pro CS5 的版本，阅读完成后单击【下一步】按钮，如图 1.13 所示。

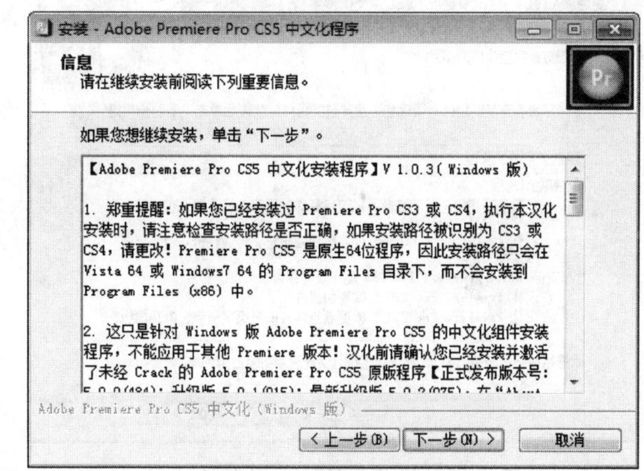

图 1.13 阅读中文化程序信息

此时将显示【选择目标位置】界面，用户需要选择 Adobe Premiere Pro CS5 程序所在的目录作为中文化程序安装目标位置，否则中文化程序就不能成功地将原程序进行中文化转换，如图 1.14 所示。

设置完成后，单击【下一步】按钮。

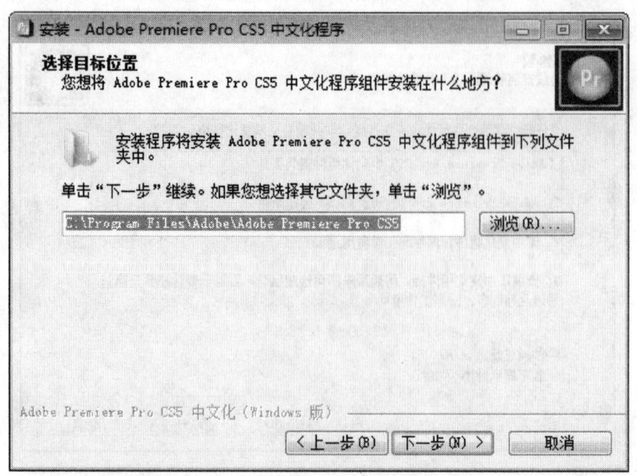

图 1.14　指定程序安装目标位置

Step 5 进入下一个界面后，选择需要安装的程序组件，然后单击【下一步】按钮，如图 1.15 所示。

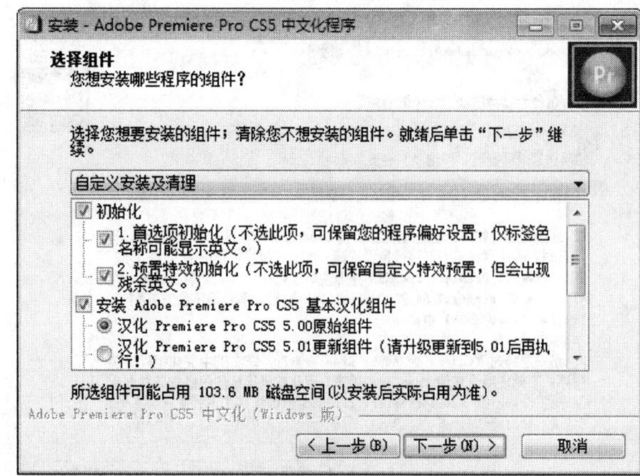

图 1.15　选择需要安装的程序组件

Step 6 此时用户可以设置中文化程序在【开始】菜单中的文件夹，此选项使用默认的设置即可。

设置完成后，单击【下一步】按钮，如图 1.16 所示。

Step 7 进入下一个界面后，选择安装程序执行的附加任务，选择完成后单击【下一步】按钮即可，如图 1.17 所示。

Step 8 完成上述的设置后，单击【安装】按钮，执行中文化程序的安装，如图 1.18 所示。

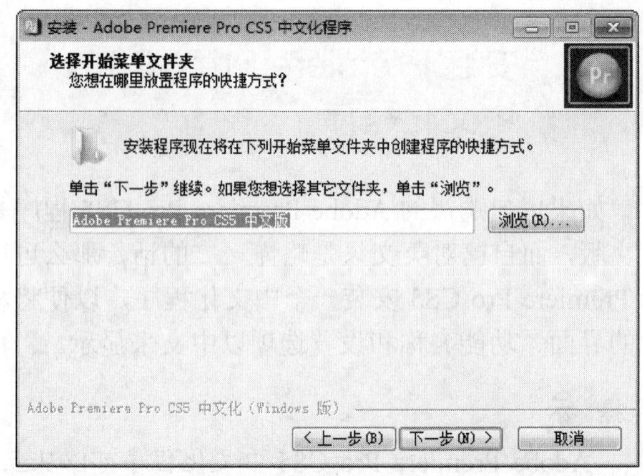

图 1.16　设置中文化程序在开始菜单的快捷方式

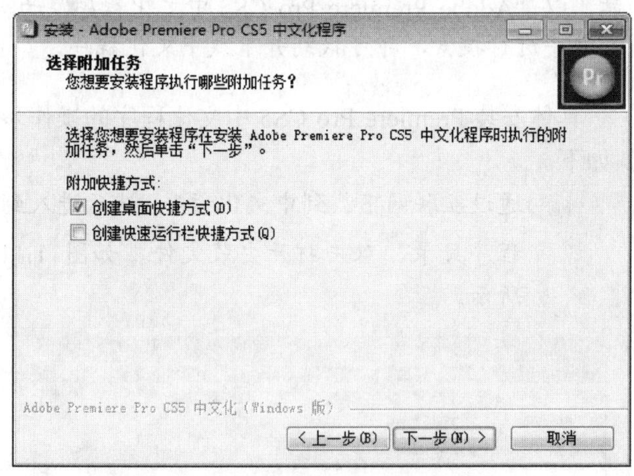

图 1.17　选择安装程序执行的附加任务

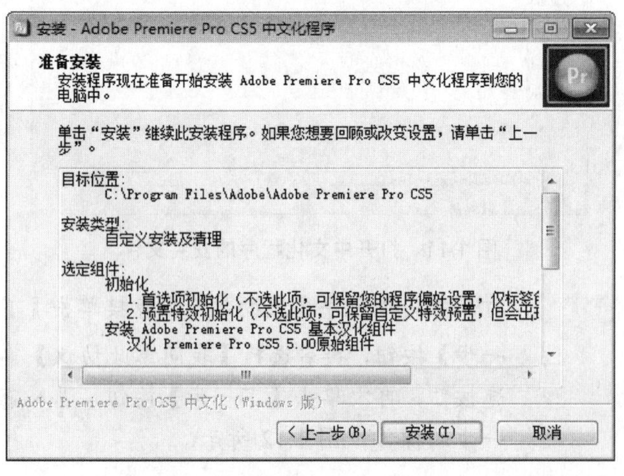

图 1.18　执行中文化程序的安装

Step 9 安装过程中，向导会将中文化程序的相关文件复制到目标位置，以对原来的英文版

Adobe Premiere Pro CS5 程序进行中文化处理。安装完成后，单击【完成】按钮即可，如图 1.19 所示。

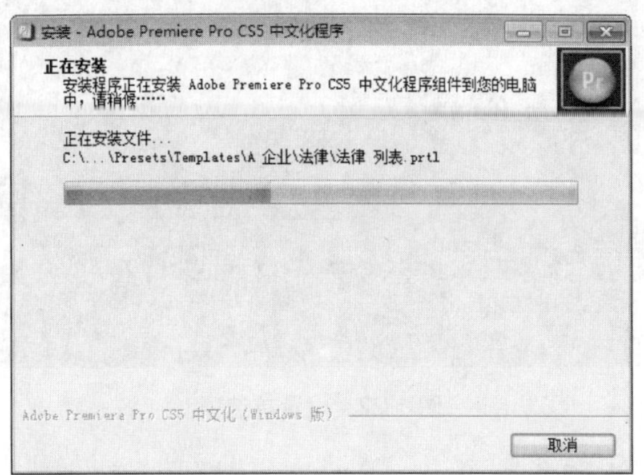

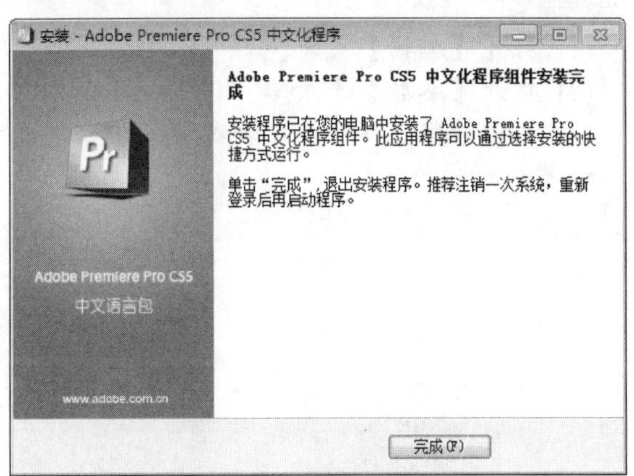

图 1.19 完成程序的安装

1.3.3 启动程序并新建项目文件

使用 Premiere Pro CS5 程序编辑视频，可以先启动程序，如图 1.20 所示。

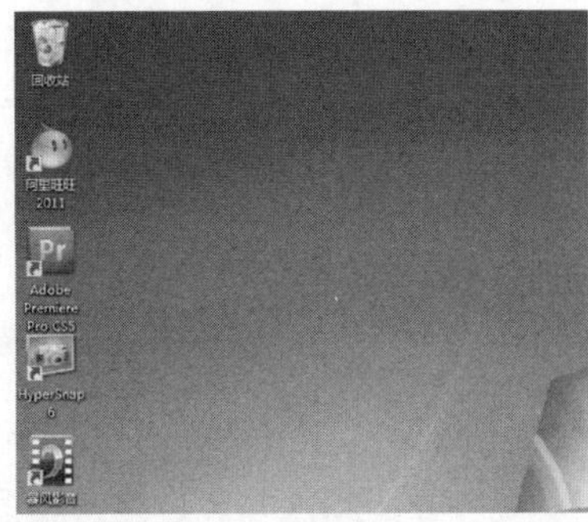

图 1.20 双击 Adobe Premiere Pro CS5 图标启动程序

图 1.20 双击 Adobe Premiere Pro CS5 图标启动程序(续)

启动程序后，还不能使用程序的编辑功能，需要先创建或打开一个项目文件，然后才可以利用程序的编辑功能对加入项目文件的视频进行编辑工作，如图 1.21 所示。

启动 Adobe Premiere Pro CS5 程序后，将打开一个【欢迎使用 Adobe Premiere Pro】窗口。在此窗口中，用户可以执行新建项目、打开项目、查看帮助等操作，并且可以从【最近使用项目】列表中打开最近使用过的项目文件。

提示

如果在没有打开项目文件的情况下，用户单击窗口右上角的【关闭】按钮，或者单击【退出】按钮，将会关闭该窗口并退出 Adobe Premiere Pro CS5 程序，如图 1.21 所示。

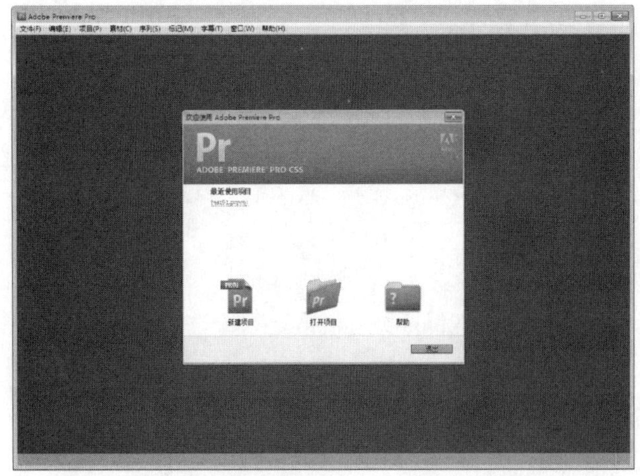

图 1.21 【欢迎使用 Adobe Premiere Pro】窗口

1.4 章后总结

本章主要介绍了视频处理的基础知识和 Adobe Premiere Pro CS5 的配置要求，以及安装和启动程序的方法。通过本章的学习，读者可以了解视频编辑的方式，常用视频编辑名词和视频文件格式，以及 Adobe Premiere Pro CS5 的入门知识，为后续的学习奠定基础。

1.5 章后实训

在使用 Premiere Pro CS5 程序前，用户可以对程序工作环境的各种参数进行最佳化设置，以便程序工作时处于最佳状态。本章实训题要求读者打开【首选项】对话框，然后根据自己的使用习惯设置各个选项，如图 1.22 所示。

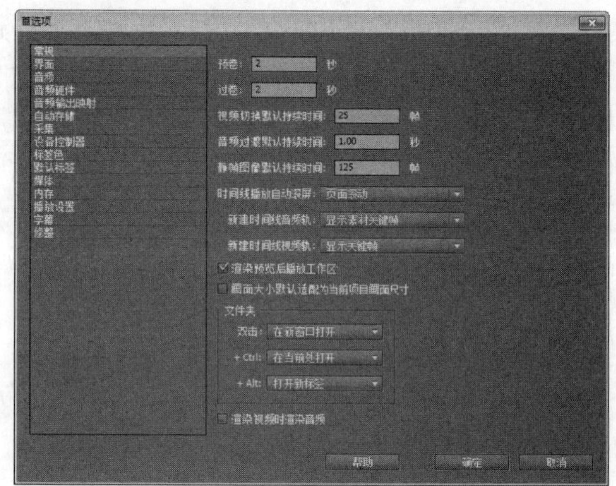

图 1.22 设置首选项

提示

(1) 打开【编辑】菜单。

(2) 打开【参数】子菜单。

(3) 通过菜单选择对应参数类型的命令，即可打开设置对话框。

第 2 章 Premiere Pro CS5 基本操作

本章学习要点

要学习使用 Premiere Pro CS5，首先要掌握程序的操作界面和基本操作。本章将在此基础上详细介绍 Premiere Pro CS5 的操作界面和新建文件、存储文件、新建序列、新建分项素材，以及导入和管理素材的方法。

2.1 Premiere Pro CS5 操作界面

Premiere Pro CS5 是 Adobe 公司在 2010 年推出的视频编辑软件，作为主流的视频编辑工具，它为高质量的视频处理提供了完整的解决方案，受到了广大视频编辑专业人员和视频爱好者的好评。

为了更好地学习 Premiere Pro CS5 程序的应用，需要首先了解 Premiere Pro CS5 程序的操作界面。基本上，Premiere Pro CS5 的操作界面由标题栏、菜单栏和不同功能的窗口和面板组成，如图 2.1 所示。

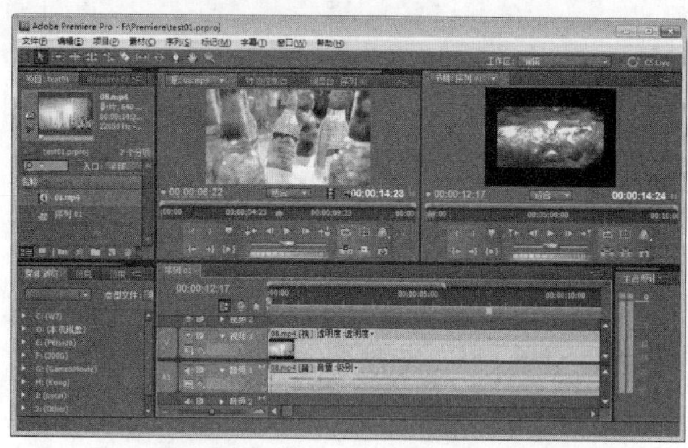

图 2.1 Premiere Pro CS5 的操作界面

2.1.1 标题栏

Premiere Pro CS5 的标题栏包括应用程序名和当前项目文件的路径和名称，以及针对窗口操作的【最大化】、【向下还原】、【最小化】和【关闭】按钮。

当窗口处于还原状态时，可以在标题栏位置按住鼠标左键，拖动调整窗口位置。将鼠标移动到窗口边缘，此时指针变成双向箭头形状，按住左键并拖动可调整窗口大小，如图 2.2 所示。

图 2.2 调整窗口大小

2.1.2 菜单栏

菜单栏位于 Premiere Pro CS5 程序窗口的左上方，它包括文件、编辑、项目、素材、序列、标记、字幕、窗口和帮助共 9 个菜单项。

菜单栏以级联的层次结构来组织各个命令，并以下拉菜单的形式逐级显示。各个菜单项下面分别有子菜单项，某些子菜单项还有下级选项，如图 2.3 所示。

图 2.3 打开菜单项

菜单栏各主菜单名称后面都带有一个字母，按 Alt 键和相应字母就可以激活这个字母所代表的命令，例如按 Alt+F 快捷键可以激活【文件】菜单。

某些子菜单名称后面也带有快捷键，按下相应快捷键可以执行相应菜单项功能，例如按 Ctrl+S 快捷键即可执行【文件】|【存储】菜单命令功能。

2.1.3　欢迎窗口

默认情况下，启动 Premiere Pro CS5 程序会打开一个欢迎窗口，通过它可以快速创建或打开项目文件，如图 2.4 所示。另外，用户可以通过欢迎窗口打开 Adobe 软件的帮助系统，如图 2.5 所示。

如果已经创建过项目文件，则欢迎窗口会显示【最近使用项目】栏，最近使用的项目文件将列在该栏上。

图 2.4　欢迎窗口

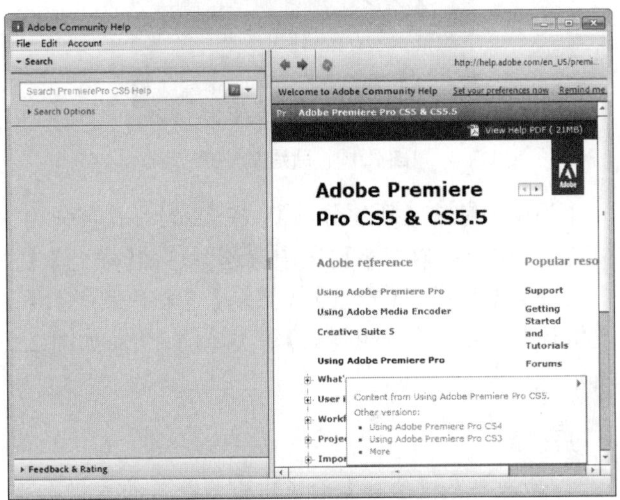

图 2.5　Adobe 软件帮助系统

2.1.4　【项目】面板

【项目】面板主要用于导入、存放和管理素材。编辑影片所用的全部素材应事先存放于项目窗口里，然后再调出使用。【项目】面板的素材可以用列表和图标两种视图方式来显示，包括素材的缩略图、名称、格式、出入点等信息。用户也可以为素材分类、重命名或新建一些类型的素材，如图 2.6 和图 2.7 所示。

图 2.6　【项目】面板的列表视图

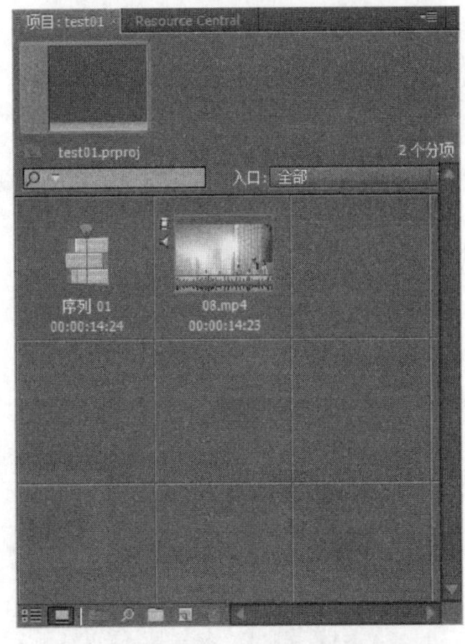

图 2.7　【项目】面板的图标视图

1. 预览区

【项目】面板的上部分是预览区。用户在素材区选择某一素材文件，就会在预览区显示该素材的缩略图和相关的文字信息。对于影片、视频素材，选中后按下预览区左侧的【播放-停止切换】按钮，可以预览该素材的内容，如图 2.8 所示。

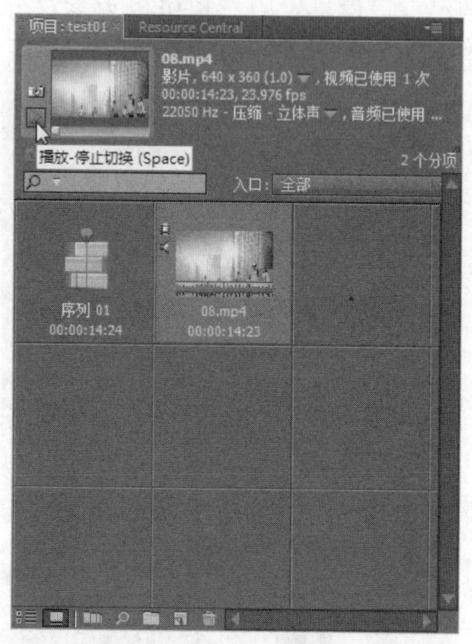

图 2.8 【播放-停止切换】按钮

当播放到该素材有代表性的画面时，按下播放按钮上方的【标识帧】按钮，即可将该画面作为该素材缩略图，便于用户识别和查找，如图 2.9 所示。

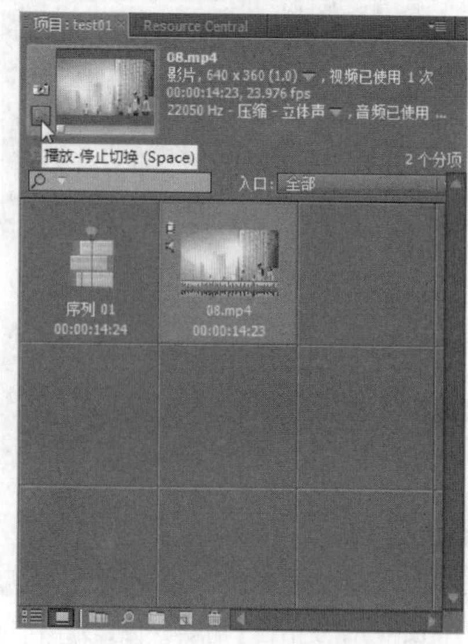

图 2.9 【标识帧】按钮

2. 素材区

素材区位于【项目】面板下半部分，主要用于排列当前编辑的项目文件中的所有素材，可以显示包括素材类别图标、素材名称以及格式在内的相关信息。默认显示方式是列表方式，如果单击【项目】面板下部的工具条中的【图标视图】按钮，素材将以缩略图方式显示。如果需要切换到列表视图，则可以单击工具条中的【列表视图】按钮。

3. 工具条

工具条位于【项目】面板最下方，它为用户提供了一些常用的功能按钮，例如素材区的【列表视图】和【图标视图】显示方式图标按钮，还有【自动匹配到序列】、【查找】、【新建文件夹】、【新建分项】和【清除】等图标按钮。图 2.10 所示为新建文件夹。

图 2.10 新建文件夹

当用户单击【新建分项】按钮时，就会弹出快捷菜单，用户可以在素材区中快速新建如【序列】、【脱机文件】、【字幕】、【彩条】、【黑场】、【彩色蒙版】、【通用倒计时片头】、【透明视频】等类型的素材，如图 2.11 所示。

提 示

如果要在【项目】面板中查找导入的素材，可以单击【查找】按钮，然后通过弹出的对话框设置查找条件，并进行查找操作，如图 2.12 所示。

图 2.11 【新建分项】快捷菜单

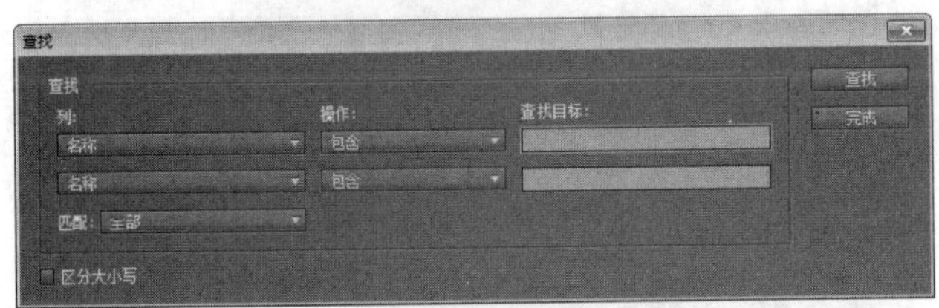

图 2.12 查找素材

2.1.5 【素材源】面板

【素材源】面板主要用来预览或剪裁项目窗口中选中的某一原始素材。

【素材源】面板的上部分是素材名称。按下右上方的倒三角按钮，会弹出下拉菜单，包括关于素材窗口的所有设置，可以根据项目的不同要求以及编辑的需求对【素材源】面板进行模式选择。

【素材源】面板的中间部分是监视器。用户可以在【项目】面板或【时间线】窗口中双击某个素材，也可以将【项目】面板中的某个视窗直接拖至素材源监视器中将它打开，如图 2.13 所示。

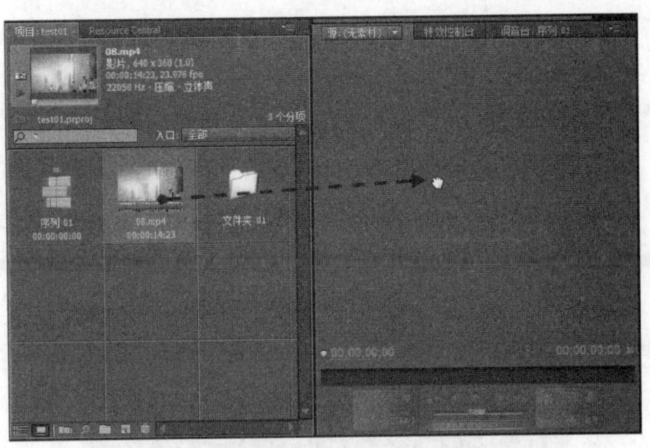

图 2.13 将素材加入【素材源】面板

当多个素材被加入到【素材源】面板后，可以打开窗口【源】下拉列表框，然后选择不同的素材进行切换，如图 2.14 所示。

【素材源】面板监视器的下方分别是素材时间编辑滑块位置时间码、窗口比例选择以及素材总长度时间码显示。底下是时间标尺、时间标尺缩放器及时间编辑滑块。【素材源】面板的下部分是素材源监视器的控制器及功能按钮。

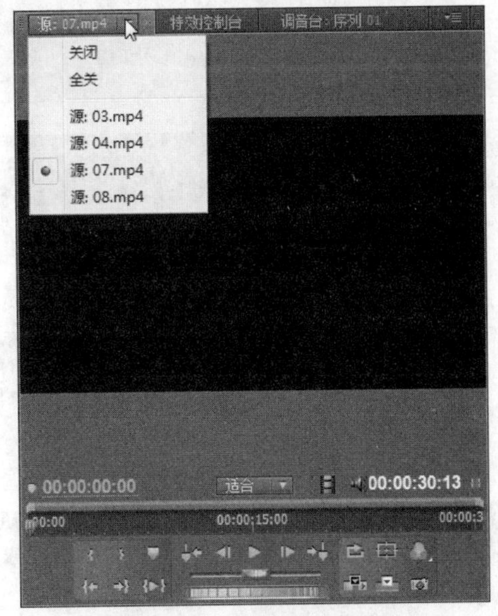

图 2.14 切换不同的素材源

2.1.6 【节目监视器】窗口

【节目监视器】窗口主要用来预览【时间线】窗

口序列中已经编辑的素材(视频、图片和声音)，也是最终输出影片效果的预览窗口。

【节目监视器】窗口与【素材源】窗口很相似，其中各自的监视器很多地方都相同或相近。【节目监视器】窗口的监视器控制器用来预览【时间线】窗口中选中的序列，为其设置标记或指定入点和出点，以确定添加或删除的部分帧，如图 2.15 所示。

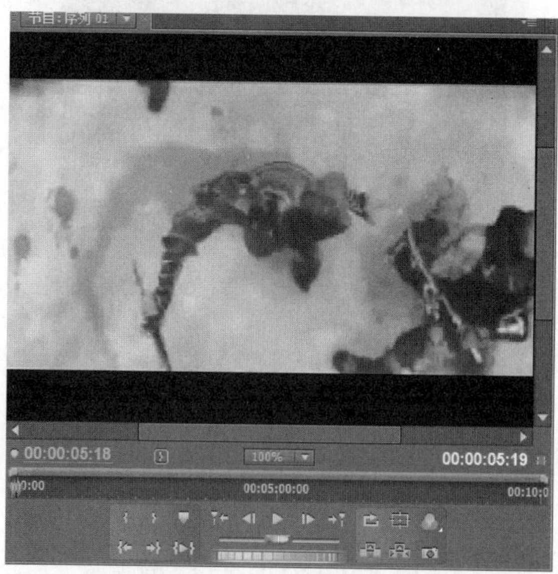

图 2.15 【素材源】窗口与【节目监视器】窗口

【节目监视器】窗口右下方还有【提升】、【提取】和【导出单帧】按钮。其中【提升】和【提取】按钮用来删除序列选中的部分内容，而【导出单帧】按钮则用来导出序列中某帧的画面为图像文件，如图 2.16 所示。

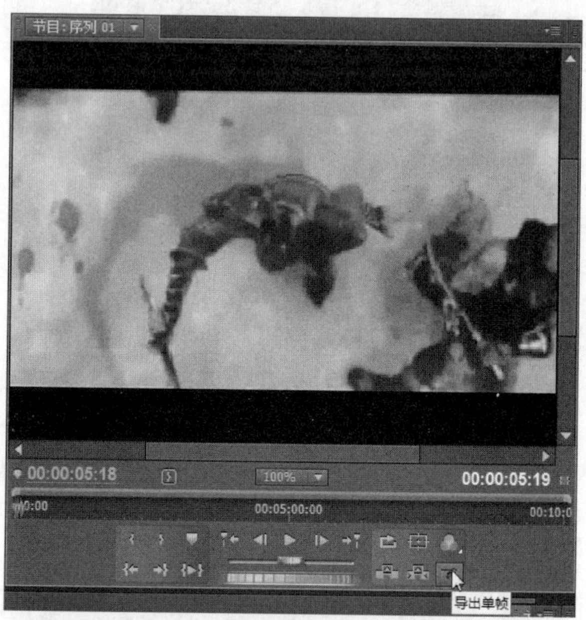

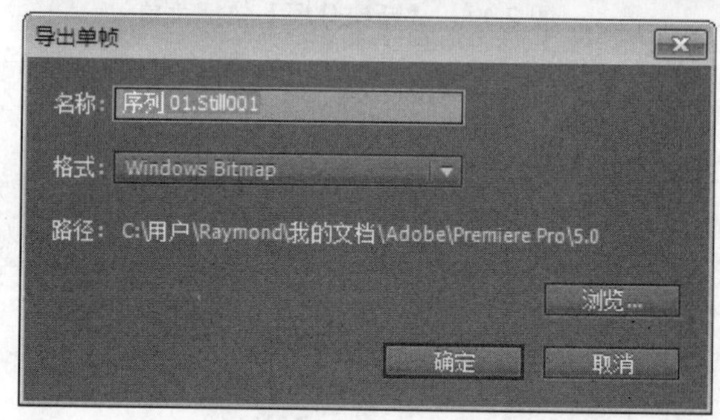

图 2.16 单击【导出单帧】按钮，打开【导出单帧】对话框

2.1.7 【时间线】窗口

【时间线】窗口是以轨道的方式对视频和音频进行组接编辑的功能窗口，它相当于一个主线，把整个素材按照一定的条件组合起来，再施加一定的特技、转场，制作出优美的影片文件。可以说，【时间线】窗口是一个素材联系的纽带工具，是灵魂工具。

【时间线】窗口分为上下两个区域，上方为时间显示区，下方为轨道区，如图 2.17 所示。

图 2.17　【时间线】窗口

1. 时间显示区

时间显示区域是【时间线】窗口工作的时间参考基准，用户编辑影片时都会根据时间显示区域来指导编辑任务。

时间显示区域包括时间标尺、时间编辑线滑块以及工作区域。左上方的时间码显示的是时间编辑线滑块所处的位置。当用户单击时间码时，即可输入时间，使时间编辑线滑块自动停在指定的时间位置。另外，用户也可以在时间栏中按住鼠标左键并水平拖动鼠标来改变时间，以确定时间编辑线滑块的位置，如图 2.18 所示。

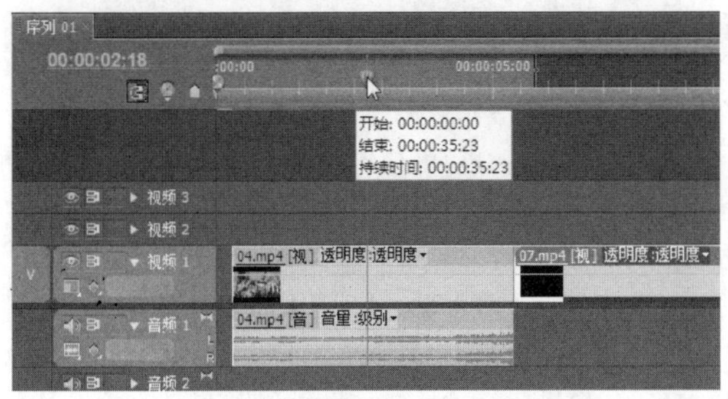

图 2.18　拖动鼠标来改变时间

在时间显示区域的时间码下方有【吸附】、【设置 Encore 章节标记】和【设置未编号标记】三个按钮。

- 【吸附】按钮：默认被激活，当在时间线窗口轨道中移动素材片段的时候，可使素材片段边缘自动吸引对齐。
- 【设置 Encore 章节标记】按钮：可以将时间编辑线滑块所在的时间点设置为 Encore 章节标记，以便播放时跳转。
- 【设置未编号标记】按钮：可以将时间编辑线滑块所在的时间点设置为未编号标记，同时可以打开已设置标记的时间点的【标记】对话框，编辑标记属性，如图 2.19 所示。

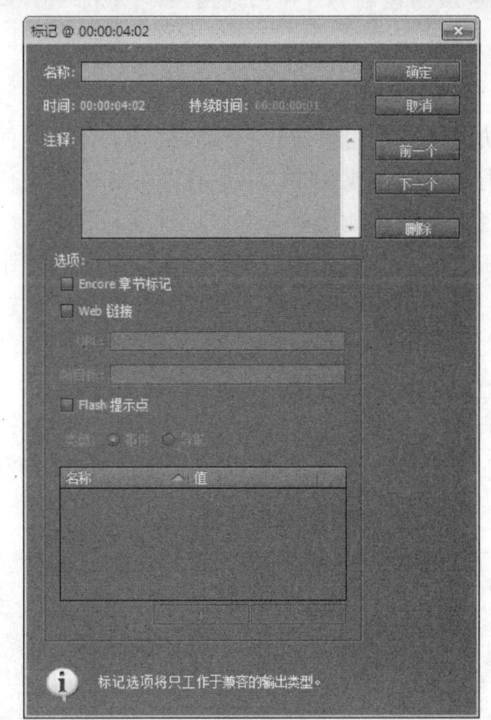

图 2.19　设置与编辑标记的属性

时间标尺用于显示序列的时间，其时间单位以项目设置中的时基设置(一般为时间码)为准。时间标尺上的编辑线用于定义序列的时间，拖动时间线滑块可以在【节目】面板的监视窗口中浏览影片内容。

时间标尺上方的标尺缩放条工具和窗口下方的缩放滑块工具效果相同，都可以控制标尺精度，改变时间单位，如图 2.20 所示。

图 2.20　拖动标尺缩放滑块调整标尺

> **说　明**
>
> 标尺下方是工作区控制条，它确定了序列的工作区域，在预演和渲染影片的时候，一般都要指定工作区域，控制影片输出范围。

2. 轨道区

轨道区域是用来放置和编辑视频、音频素材的地方。用户可以对现有的轨道进行添加和删除操作，还可以将它们任意地锁定、隐藏、扩展和收缩。

在轨道的左侧是轨道控制面板，里面的按钮可以对轨道进行相关的控制设置。在默认情况下，轨道区右侧上半部分是 3 条视频轨，下半部分是 3 条音频轨。在轨道上可以放置视频、音频等素材片段。

另外，用户在轨道的空白处单击鼠标右键，即可从弹出的菜单中选择各种命令来实现轨道的增减，以及指派源视频，如图 2.21 所示。

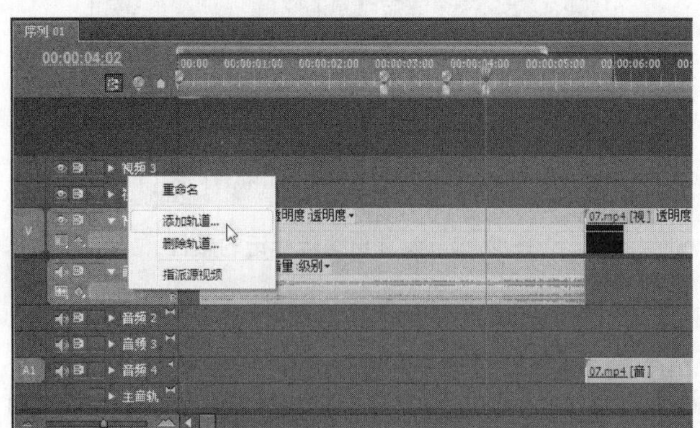

图 2.21　轨道区的快捷菜单

> **说　明**
>
> 影片素材片段按照播放时间的先后顺序及合成的先后层顺序在【时间线】窗口上从左至右、由上及下排列在各自的轨道上，用户可以使用各种编辑工具来对这些影片素材进行编辑操作。

2.1.8　【工具】面板

【工具】面板位于 Premiere Pro CS5 程序的菜单栏下方，面板中提供了多个方便用户进行视频与音频编辑工作的工具，包括：选择工具、轨道选择工具、波纹编辑工具、滚动编辑工具、速率伸缩工具、剃刀工具、错落工具、滑动工具、钢笔工具、手形工具以及缩放工具，如图 2.22 所示。

图 2.22　【工具】面板

各个工具的作用如下。

- 选择工具：该工具用来选择素材，不过在有的时候他也会变为其他的形状，作用也随之改变。
- 轨道选择工具：使用此工具可以选择该轨道上箭头以后的所有素材，视音频链接在一起的则音频同时也被选中；按住 Shift 键可以变为多轨道选择工具，此时单箭头变为双箭头，即使是单独的声音(比如音效、音乐等)也会被同时选中。

- 波纹编辑工具：使用此工具可以改变一段素材的入点和出点，这段素材后面的素材会自动吸附上去，总长度发生改变。
- 滚动编辑工具：此工具的作用是改变前一个素材的出点和后一个素材的入点，且总长度保持不变，但当其作用于首尾素材时改变的是第一个素材的入点和最后一个素材的出点，总长度发生改变。
- 速率伸缩工具：此工具用来对素材进行变速，可以制作出快放、慢放等效果。具体的变化数值会在素材的名称之后显示。
- 剃刀工具：此工具主要用来对素材进行裁切。当按住 Shift 键时，刀片变为两个，此时进行裁切，则所有位于此线上的素材都会被切开，但锁定的不会被裁切。
- 错落工具：作用于一段素材，用来同时改变此段素材的入点和出点。
- 滑动工具：此工具用于调整素材位置。例如一个轨道上有三段素材 A、B 和 C，如果把此工具放在素材 A 上，向右滑动，则可以看到变化的是素材 B 的入点，而素材 A 的入出点和总长度不变；然后把工具放在素材 C 上，左右滑动，则改变的是素材 B 的出点，而素材 C 的入出点和总长度不变；最后把此工具放在素材 B 上，左右滑动，则可以发现素材 A 的出点和素材 C 的入点发生变化，而素材 B 的入出点和总长度不变。
- 钢笔工具：此工具主要用来绘制形状。选中此工具，在需要的位置单击以确定起点，直接单击其他位置可以绘制直线，而在单击第二个点的同时按住鼠标不放并进行拖动可以绘制曲线。另外，它还有一个作用就是进行关键帧的选择。
- 手形把握工具：此工具主要用来对轨道进行拖动，但它不会改变任何素材在轨道上的位置。
- 缩放工具：此工具可以对整个轨道进行缩放，如果想着重显示某一段素材，可以选择此工具后进行框选，这时会出现一个虚线框，松开鼠标后此段素材就会被放大。

2.1.9 【特效控制台】面板

【特效控制台】面板的作用是设置素材和特效的参数以及添加关键帧。当为某一段素材添加了音频、视频特效之后，基本上需要在【特效控制台】面板中进行相应的参数设置和操作，如图 2.23 所示。

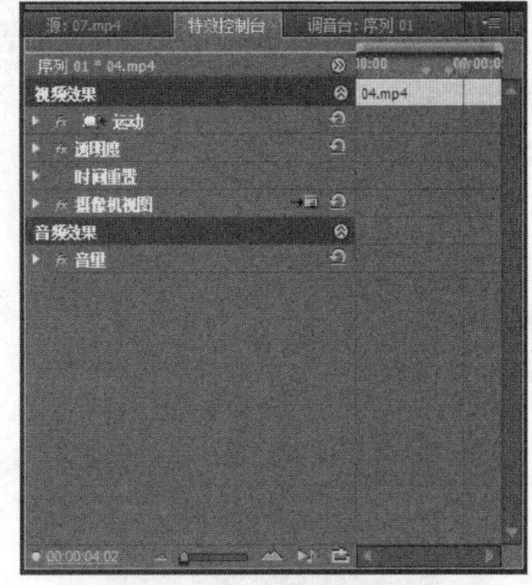

图 2.23 【特效控制台】面板

如想让特效提供更多的设置选项，可以单击特效项目后的【设置】按钮，打开对象特效选项的设置对话框，如图 2.24 所示。

图 2.24 设置特效的属性选项

说明

要为【时间线】窗口的素材添加特效，可以打开【效果】面板，然后通过该面板将特效应用到素材上。关于【效果】面板的介绍请看下文。

2.1.10 【调音台】面板

【调音台】面板主要用于完成对音频素材的各种加工和处理工作，比如混合音频轨道，调整各声道音量平衡或录音等。

调音台由若干个轨道音频控制器、主音频控制器和播放控制器组成，如图 2.25 所示。每个控制器由控制按钮、调节杆调节音频。

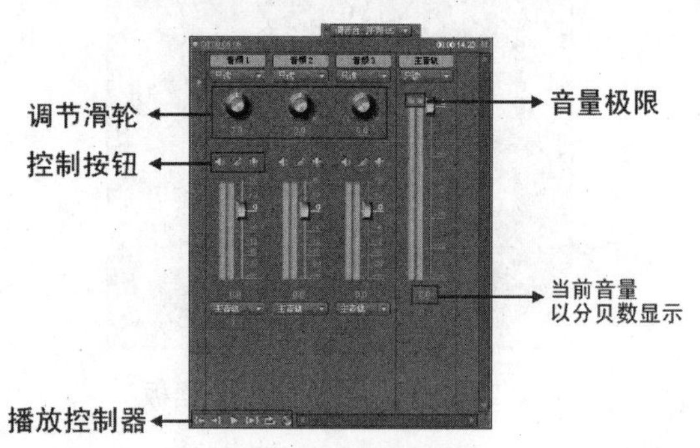

图 2.25 【调音台】面板

1. 轨道控制器

轨道控制器用于调节与其相对应轨道上的音频对象，其中轨道控制器 1 对应【音频 1】轨道，轨道控制器 2 对应【音频 2】轨道，以此类推，其数目由【时间线】窗口中的音频轨道数目来决定。

轨道控制器由控制按钮、调节滑轮以及调节滑块组成。

- 控制按钮：用于控制音频调节的调节状态，由静音轨道、独奏轨道和激活录制轨道 3 个按钮组成。
  - 静音轨道：此轨道音频设置为静音状态。
  - 独奏轨道：让其他轨道自动设置为静音状态。
  - 激活录制轨道：利用录音设备进行录音。
- 调节滑轮：用于控制左右声道的声音。向左转动，左声道声音增大；向右转动，右声道声音增大。
- 音量调节滑块：用于控制当前轨道音频对象音量，向上拖动滑块可以增加音量，向下拖动滑块则可以减小音量。

说明

音量调节滑块下方的数值栏 0.0 中显示当前音量(以分贝数显示)，用户可以直接在数值栏中输入声音的分贝数。

2. 主音频控制器

主音频控制器可以调节【时间线】窗口中所有轨道上的音频对象。主音频控制器的使用方法同轨道音频控制器相同，只是在主轨道的音量表顶部有两个小方块，表示系统能处理的音量极限。当小方块显示为红色时，表示音频音量超过极限，音量过大。

3. 播放控制器

播放控制器位于【调音台】面板最下方，主要用于音频播放，使用方法与【节目】面板中监视器窗口中的播放控制栏相同。

4.【效果与发送】功能组

在默认情况下，【调音台】面板只显示调音功能组，用户可以单击面板左侧的按钮▶，打开【效果与发送】功能组，为文件的声音素材添加各种音效并进行音效设置，如图 2.26 所示。

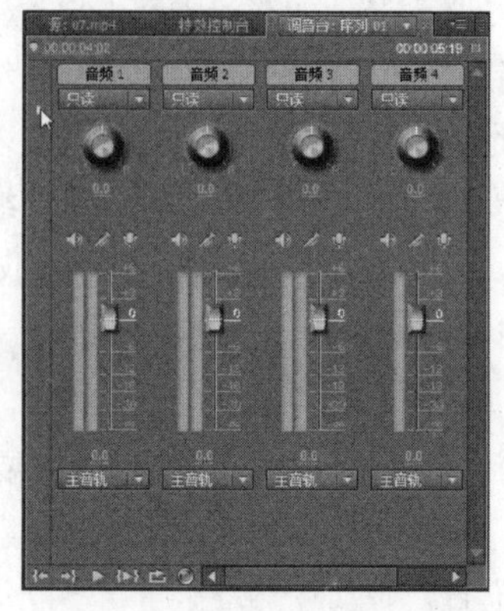

图 2.26 打开【效果与发送】功能组

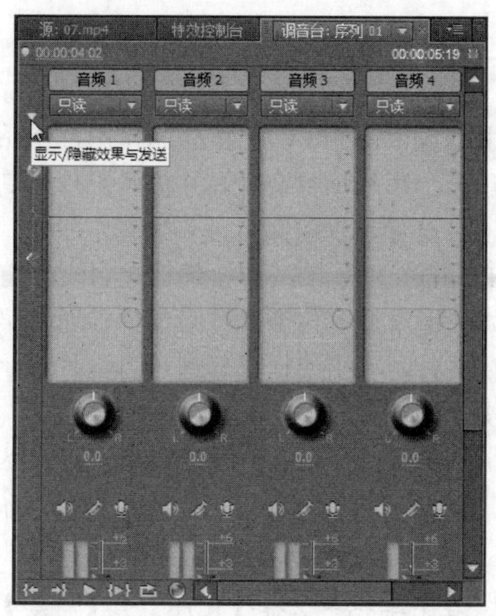

图 2.26　打开【效果与发送】功能组(续)

图 2.27　【主音频计量器】面板

2.1.11　其他功能面板

除了上述这些主要功能面板外，Premiere Pro CS5 的操作界面还有很多其他功能面板。

1.【主音频计量器】面板

【主音频计量器】面板主要用于显示混合声道输出音量大小。当音量超出了安全范围时，在柱状顶端会显示红色警告，用户可以及时调整音频的增益，以免损伤音频设备。图 2.27 所示为【主音频计量器】面板。

2.【媒体浏览】面板

【媒体浏览】面板会显示电脑磁盘文件分支结构，用户通过该面板可以查找或浏览电脑中各磁盘的文件，如图 2.28 所示。

3.【信息】面板

【信息】面板用于显示在项目窗口中所选中素材的相关信息，包括素材名称、类型、大小、开始以及结束点等信息，如图 2.29 所示。

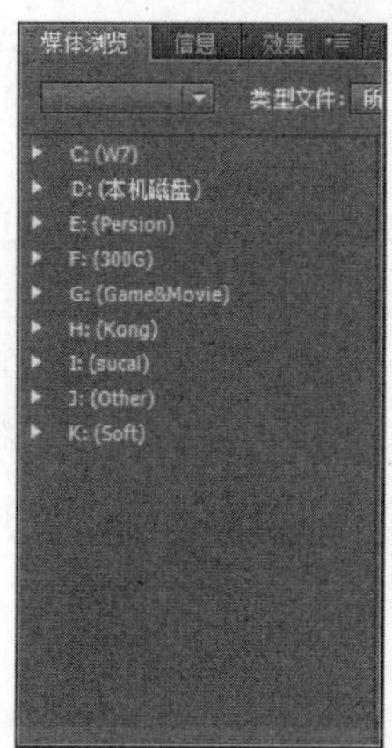

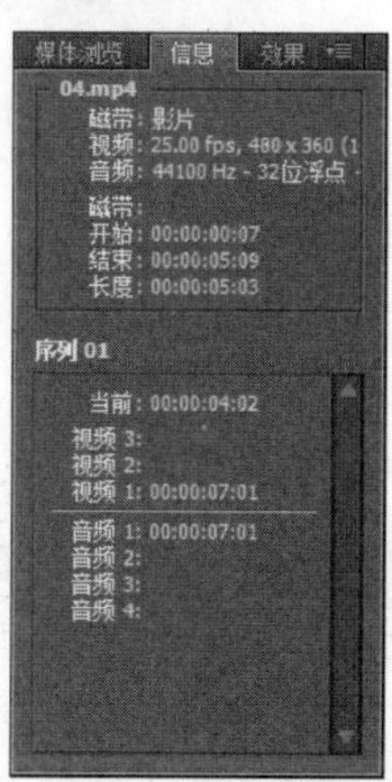

图 2.28　【媒体浏览】面板　图 2.29　【信息】面板

4.【效果】面板

【效果】面板里存放了 Premiere Pro CS5 自带的各种音频、视频特效和视频切换效果，以及预置的效果，如图 2.30 所示。用户可以方便地为时间线窗口中的各种素材片段添加特效。

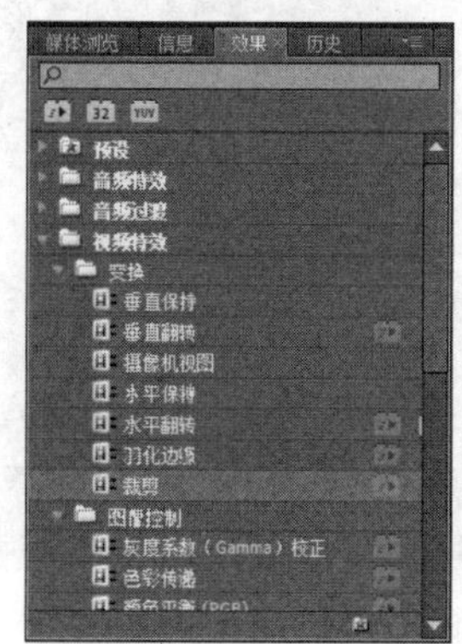

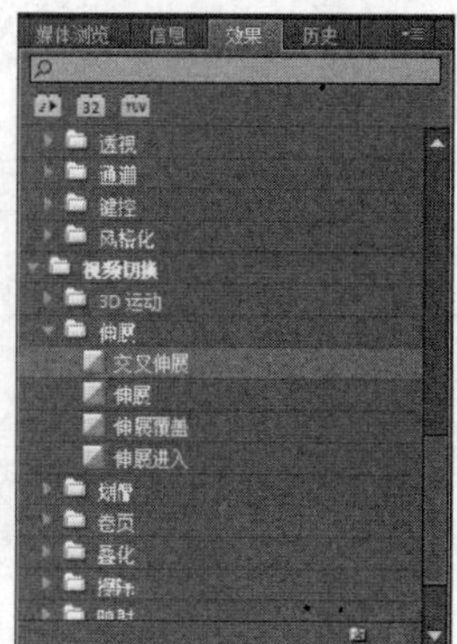

图 2.30　【效果】面板

【效果】面板按照特殊效果类别分为 5 个文件夹，而每一大类又细分为很多小类。如果用户安装了第三方特效插件，也会出现在该面板相应类别的文件夹下。

2.2 Premiere Pro CS5 文件管理

要使用 Premiere Pro CS5 编辑视频、制作影片，就需要用到 Premiere 项目文件管理功能。本节将针对 Premiere Pro CS5 的文件管理进行详细的说明。

2.2.1 关于 Premiere 项目文件

对于 Premiere 来说，项目文件是一个项目的管理中心，它记录了一个项目的基本设置、素材信息(素材的媒体类型、物理地址、大小、每个素材片段的入点与出点以及素材帧尺寸的相关信息)，另外还保存了使用【时间线】窗口来组织素材以及给素材添加的效果，例如运动、过渡、视频音频滤镜、透明等。

注意

项目文件管理是 Premiere Pro 对影视素材进行管理的有效方式。但需要注意，用户只能每次打开一个项目文件。如图 2.31 所示，当新建项目文件时，程序要求保存并退出当前项目文件。

图 2.31　新建项目文件时要求退出当前项目

2.2.2 新建项目文件

使用 Premiere Pro CS5 程序制作影视作品，首先需要创建一个影片项目文件，并按照影片的制作需求配置好项目设置，以便编辑工作顺利进行。

在 Premiere Pro CS5 中，新建项目文件有多种方法，例如使用欢迎窗口新建项目文件，通过菜单命令新建项目文件，利用快捷键新建项目文件等，这 3 种方法的操作步骤如下。

打开 Premiere Pro CS5 应用程序，然后在欢迎窗口上单击【新建项目】按钮，即可开始新建项目的操作。

在菜单栏中选择【文件】|【新建】|【项目】命令，退出当前编辑的项目文件，然后进行新建项目的操作，如图 2.32 所示。

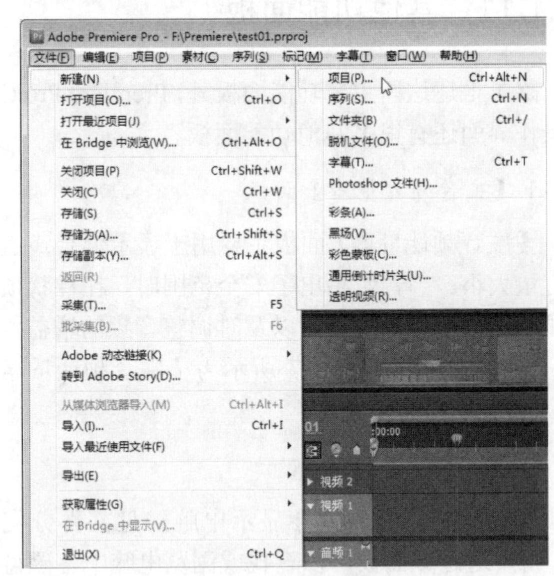

图 2.32　通过菜单新建项目文件

在当前程序编辑窗口中，按下 Ctrl+Alt+N 快捷键，即可退出当前编辑项目文件，并进行新建项目的操作。

新建项目除了处理创建新文件外，还需要对项目进行配置，例如设置序列、设置轨道、设置编辑模式等。下面将通过一个实例，详细介绍新建项目文件并进行配置的过程。

通过欢迎窗口新建项目的操作步骤如下。

Step 1 启动 Premiere Pro CS5 应用程序，当打开欢迎窗口后，即可单击【新建项目】按钮，如图 2.33 所示。

图 2.33　新建项目

Step 2 打开【新建项目】对话框，然后切换到【常规】选项卡，设置各个常规选项，以及项目文件保存的位置和文件名称，如图 2.34 所示。

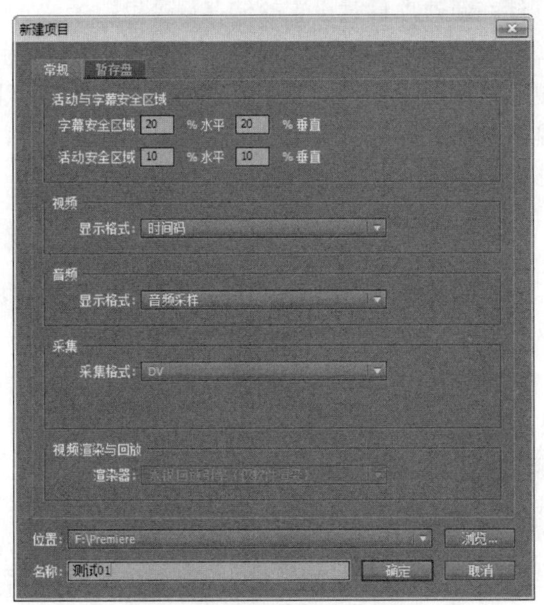

图 2.34　设置项目常规选项

切换到【暂存盘】选项卡，然后在该选项卡中设置各个暂存盘选项，建议选择有足够磁盘空间的分区文件夹。设置完成后，单击【确定】按钮，如图 2.35 所示。

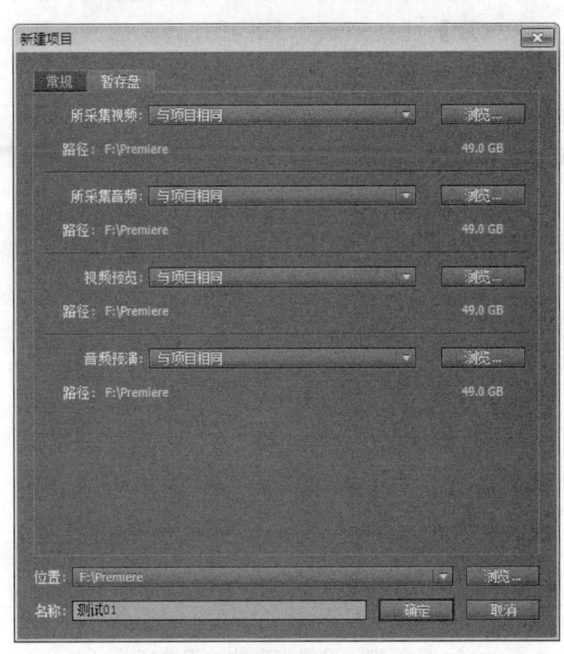

图 2.35　设置暂存盘选项

此时打开【新建序列】对话框，切换到【序列预置】选项卡，再通过【有效预设】列表框选择一种合适的预置序列，并设置序列的名称，如图 2.36 所示。

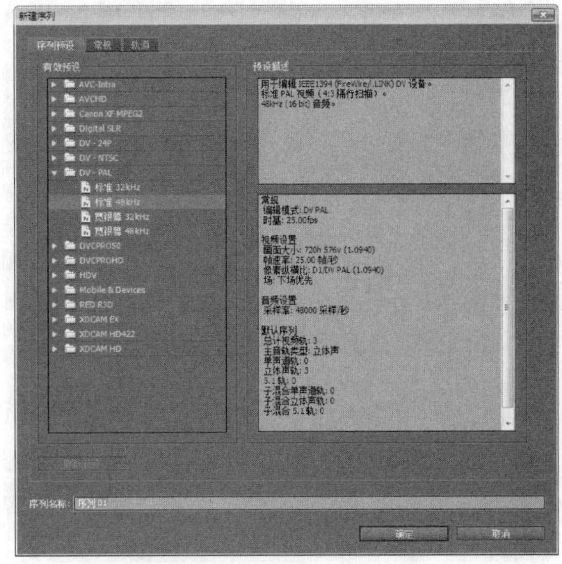

图 2.36　选择一种预设的序列

切换到【常规】选项卡，选取适合序列所使用的编辑模式，然后分别设置【视频】、【音频】、【视频预览】等项目的属性，如图 2.37 所示。

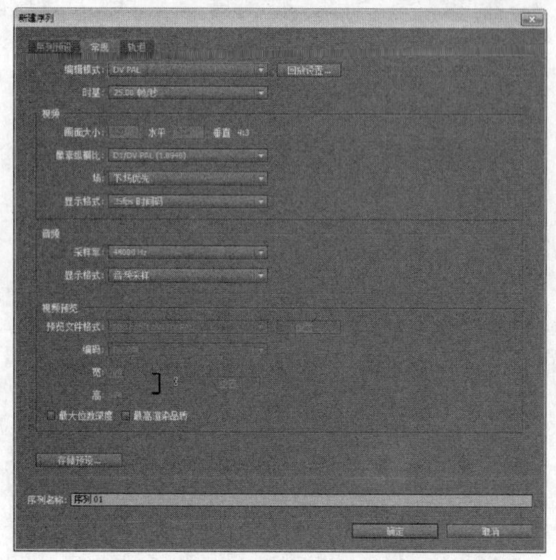

图 2.37　设置序列的常规选项

切换到【轨道】选项卡，用户可以在此选项卡中设置序列包含的轨道数(默认值为 3)，接着设置音频轨道选项，最后单击【确定】按钮，如图 2.38 所示。

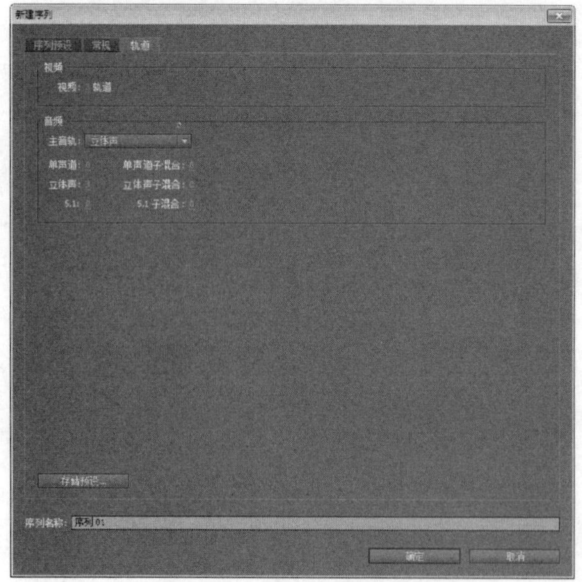

图 2.38　设置序列的轨道选项

完成上述操作后，即可新建一个保存序列设置、项目属性的项目文件，如图 2.39 所示。

图 2.39　新建项目文件的结果

2.2.3　存储项目文件

当项目编辑完成或告一段落后，可以将编辑的结果保存起来。当需要存储时，可以选择【文件】|【存储】命令，或者按下 Ctrl+S 快捷键，这样项目文件就会存储在新建项目时设置的储存目录里。

如果是为当前项目文件存储一个副本，以便后续恢复当前的编辑状态，那么可以选择【文件】|【存储副本】命令，将当前项目存储为一个副本文件，如图 2.40 所示。

图 2.40　将当前项目存储为副本文件

图 2.40 将当前项目存储为副本文件(续)

2.2.4 另存项目文件

编辑项目文件后，若不想存储为副本也不想覆盖原来的文件，则可以选择【文件】|【存储为】命令(或按 Ctrl+Shift+S 快捷键)，将文件保存为一个新文件。用户只需在【存储项目】对话框中更改文件的保存目录或变换其他名称即可，如图 2.41 所示。

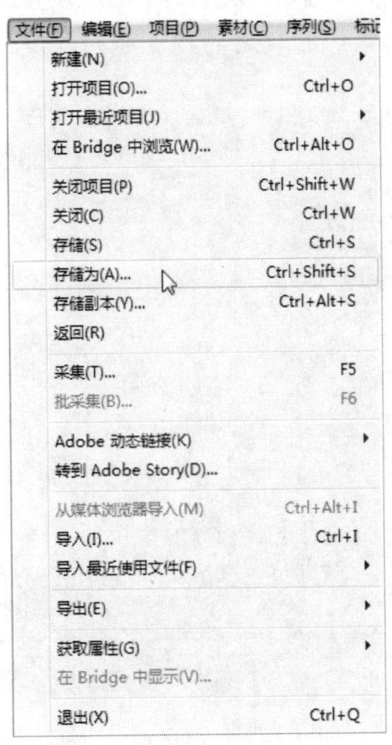

图 2.41 将项目存储为新文件

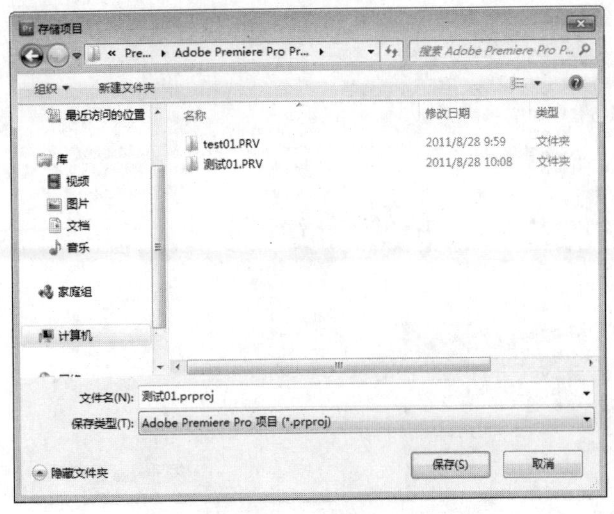

图 2.41 将项目存储为新文件(续)

2.2.5 打开旧项目文件

保存项目文件后，用户可以在需要时通过 Premiere Pro CS5 再次打开该文件，查看其内容或对其进行编辑。打开旧文件的方法很简单，只需选择【文件】|【打开项目】命令，然后从【打开项目】对话框中选择文件，再单击【打开】按钮即可，如图 2.42 所示。

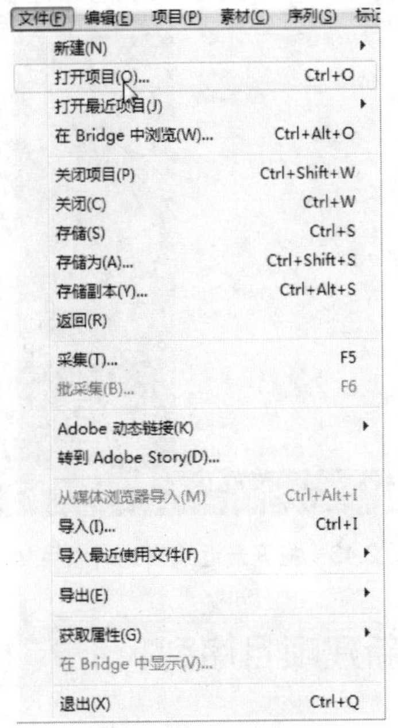

图 2.42 打开旧项目文件

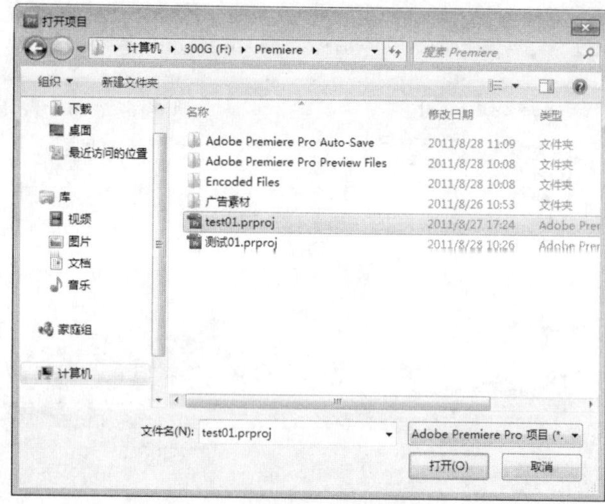

图 2.42　打开旧项目文件(续)

说明

如果要打开的文件是最近编辑过的，那么可以打开【文件】|【打开最近项目】子菜单，然后从列表中选择需要打开的项目文件即可，如图 2.43 所示。

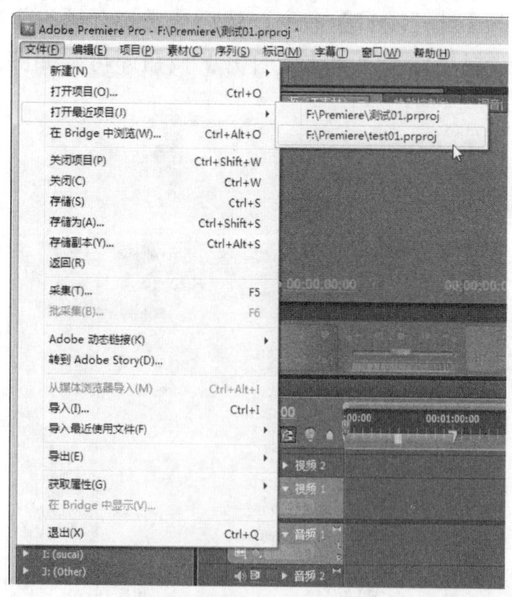

图 2.43　打开最近编辑过的项目文件

2.2.6　新建项目序列

如果创建的项目文件没有序列，或者序列不适用，则可以在进入程序后创建新的序列。

新建项目序列的操作步骤如下。

Step 1 打开【文件】菜单，选择【新建】|【序列】命令，或者直接按下 Ctrl+N 快捷键，如图 2.44 所示。

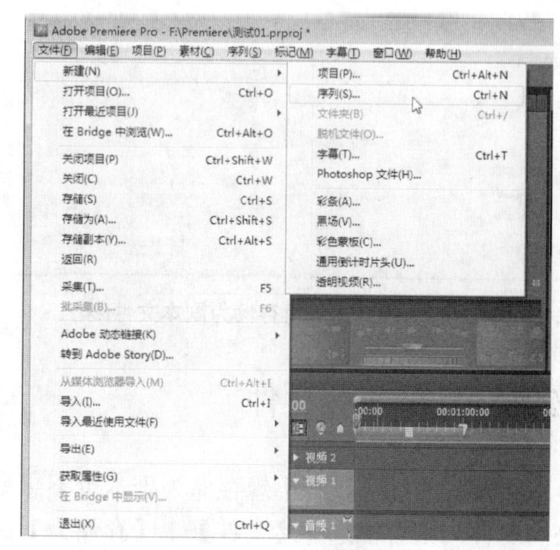

图 2.44　新建序列

Step 2 此时打开【新建序列】对话框，切换到【序列预设】选项卡，再打开预置的序列列表，选择一种合适的预置序列，如图 2.45 所示。

图 2.45　选择预设的序列

切换到【常规】选项卡，然后设置序列的编辑模式和其他常规选项，如图 2.46 所示。

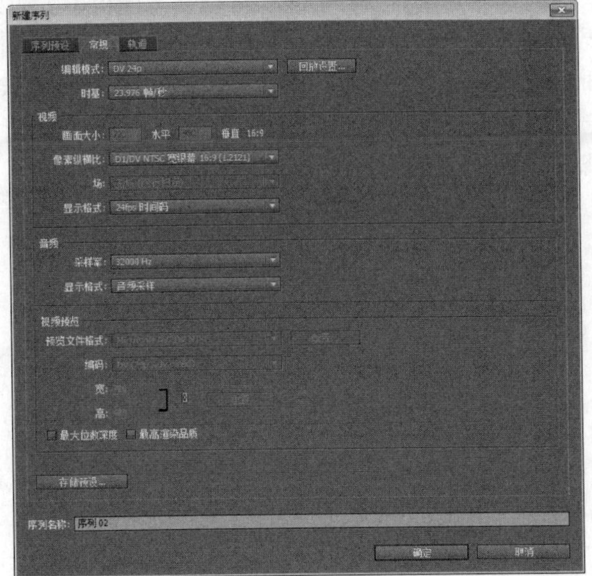

图 2.46　设置序列常规选项

切换到【轨道】选项卡，设置视频的轨道数量，然后单击【确定】按钮，如图 2.47 所示。

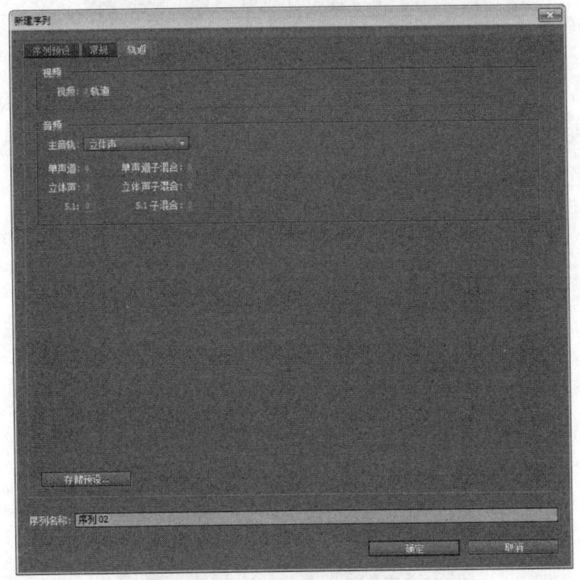

图 2.47　设置序列轨道选项

新建的序列将显示在【时间线】窗口中，如图 2.48 所示。同时，用户在【项目】面板中也可以看到新建的序列。

图 2.48　新建序列的结果

2.3　Premiere Pro CS5 素材管理

在编辑视频、制作影视作品前，要准备好项目所需要的各种素材，包括视频、音频、图片、图形等素材。素材准备好之后，使用时即可将素材导入并进行管理。

2.3.1　导入素材

在 Premiere Pro CS5 中导入素材的方法有下面几种。

选择【文件】|【导入】命令，然后从【导入】对话框中选择素材文件，再单击【打开】按钮即可，如图 2.49 所示。

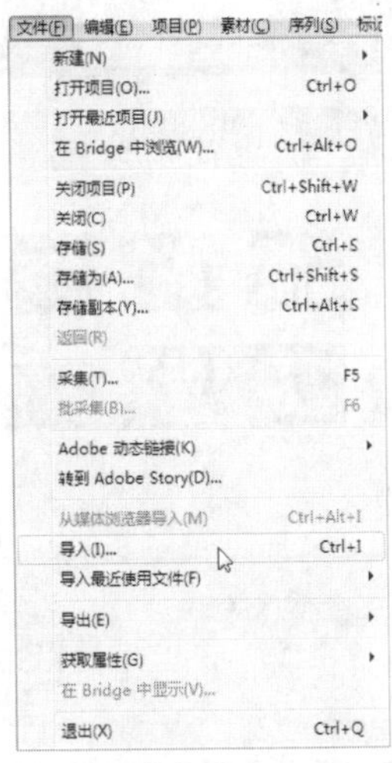

图 2.49　通过菜单命令导入素材

图 2.49　通过菜单命令导入素材(续)

Step 2　在 Premiere Pro CS5 中按 Ctrl+I 快捷键，然后从【导入】对话框中选择素材文件，然后单击【打开】按钮即可。

Step 3　在【项目】面板的【素材区】中单击鼠标右键，然后选择【导入】命令，再从【导入】对话框中选择素材文件，然后单击【打开】按钮，如图 2.50 所示。

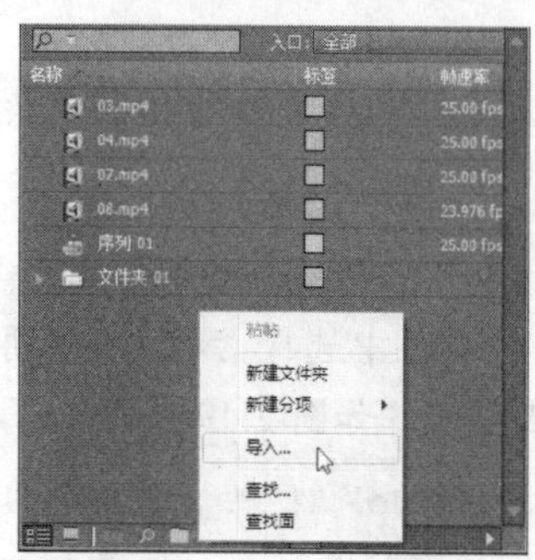

图 2.50　通过【项目】面板导入素材

2.3.2　查看素材属性

当素材导入后，会显示在【项目】面板中。如果要查看素材的属性，可以选择素材，然后通过【项目】面板的预览区查看素材的基本属性。如图 2.51 所示，选择视频素材，即可查看到该素材的文件类型、尺寸、播放时长、播放速率(FPS)、声音等属性。

图 2.51　查看视频素材的属性

如果是项目中的序列，也可以通过【项目】面板查看基本属性。如图 2.52 所示，选择序列项目，然后在预览区中查看序列的属性。

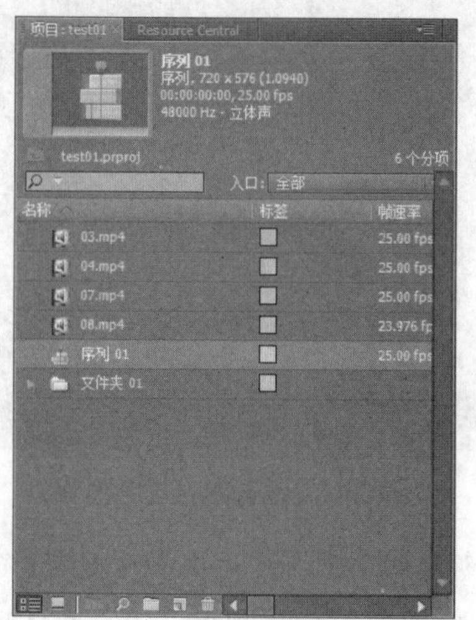

图 2.52　查看序列的属性

2.3.3 播放素材

在【项目】面板的预览区中，有一个监视器窗口，这个窗口方便用户预览素材。如果用户导入素材后需要预览素材的效果，例如视频素材和音频素材，则可以单击【播放-停止切换】按钮，直接在【项目】面板的监视器中播放素材，如图 2.53 所示。若需要停止播放，则可以再次单击【播放-停止切换】按钮，如图 2.54 所示。

图 2.53 单击【播放-停止切换】按钮播放素材

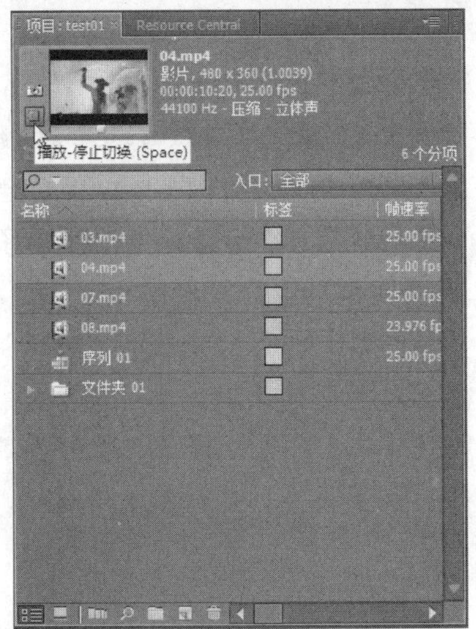

图 2.54 再次单击【播放-停止切换】按钮停止播放

2.3.4 设置标识帧

在播放素材时，若需要将当前播放画面标识为时间线的帧则，可以单击【窗口】窗口的监视器左边的【标识帧】按钮，将当前播放时间点设置为标识帧，如图 2.55 所示。

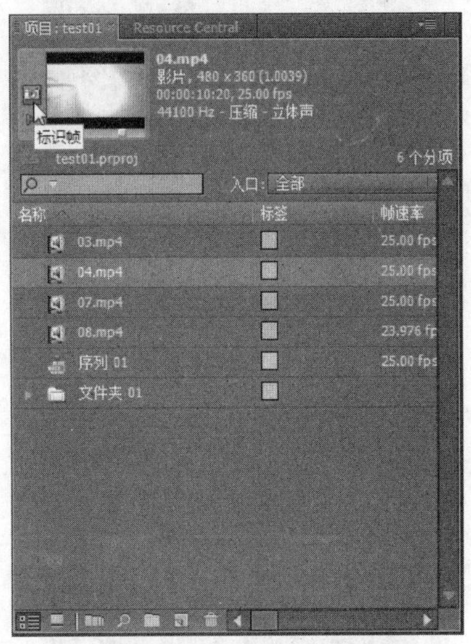

图 2.55 为素材设置标识帧

2.3.5 分类管理素材

当大量的素材导入到【项目】面板后，使用起来可能会比较麻烦。为了避免使用上的麻烦，用户可以在【项目】面板中新建文件夹，将不同类型、不同用途的素材归类起来，并放置在不同的文件夹中。

分类管理素材的操作步骤如下。

Step 1 单击【项目】面板下方的【新建文件夹】按钮，或者在【项目】面板上单击鼠标右键并选择【新建文件夹】命令，新建一个文件夹，用于放置不同种类的素材，如图 2.56 所示。

Step 2 新建文件夹后，输入文件夹的名称，然后按 Enter 键确认命名，如图 2.57 所示。

Step 3 按住 Ctrl 键并单击素材，选择需要放置到文件夹内的素材，然后将素材拖到新建的文件夹上，如图 2.58 所示。素材移入文件夹后，用户即可单击文件夹展开文件夹素材列表，或者隐藏文件夹素材列表，如图 2.59 所示。

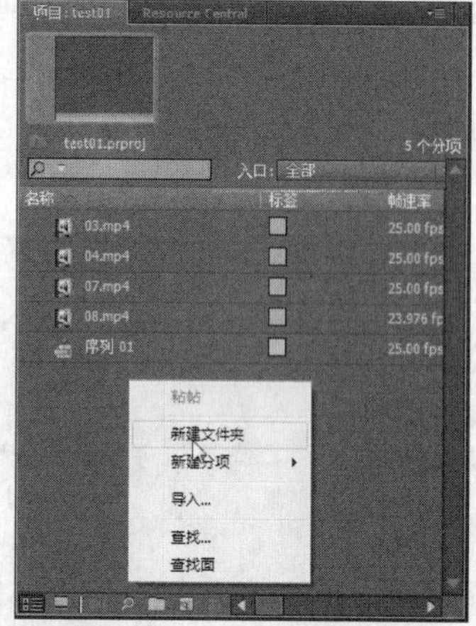

图 2.56　新建文件夹

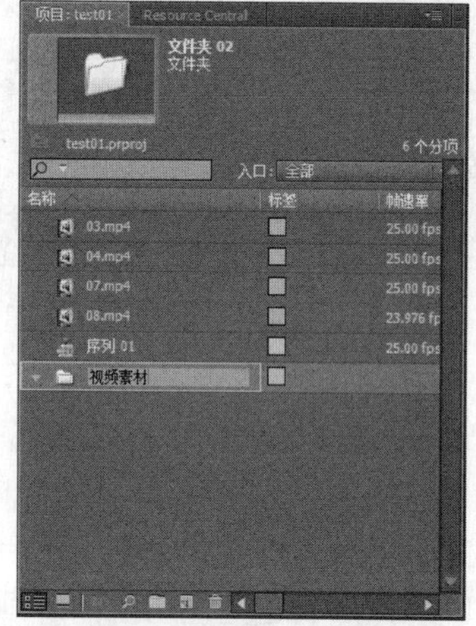

图 2.57　命名文件夹

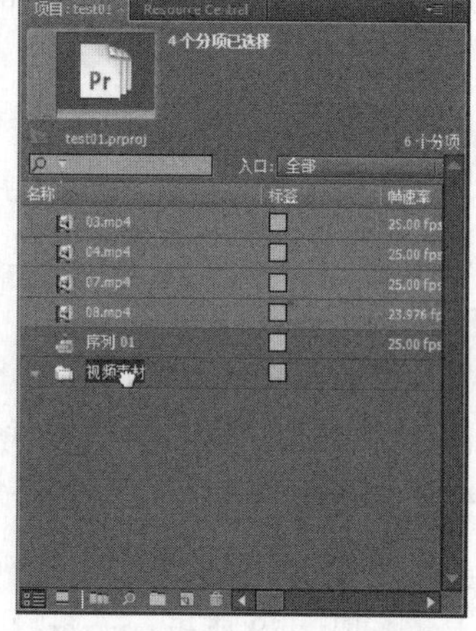

图 2.58　将素材移到文件夹内

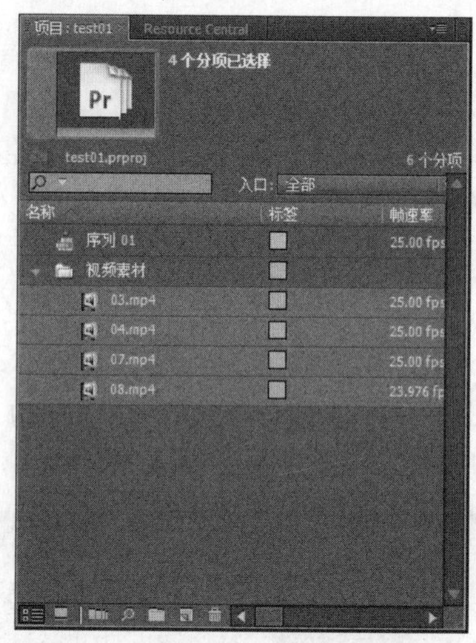

图 2.59　打开文件夹的素材列表

2.4　Premiere Pro CS5 分项素材

除了从外部导入的素材外，Premiere Pro CS5 程序还提供了新建各种分项素材的功能，其中包括彩条素材、黑场素材、倒计时片头素材、字幕素材等。

2.4.1　新建字幕

在影视作品制作的过程中少不了字幕的制作，例如片头、片尾和片名、影片配音旁白、歌词的字幕内容等。

常用新建字幕的方法有下面两种。

Step 1　打开【文件】菜单，然后选择【新建】|【字幕】命令，或按下 Ctrl+T 快捷键，在打开的【新建字幕】对话框中设置字幕的名称和基本属性，如图 2.60 所示。

Step 2　在【项目】面板的素材区中单击鼠标右键，然后从打开的快捷菜单中选择【新建分项】|【字幕】命令，接着在【新建字幕】对话框中设置字幕的名称和基本属性，如图 2.61 所示。

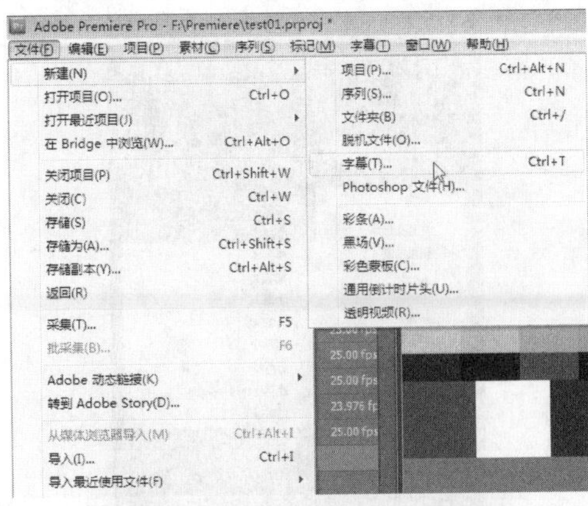

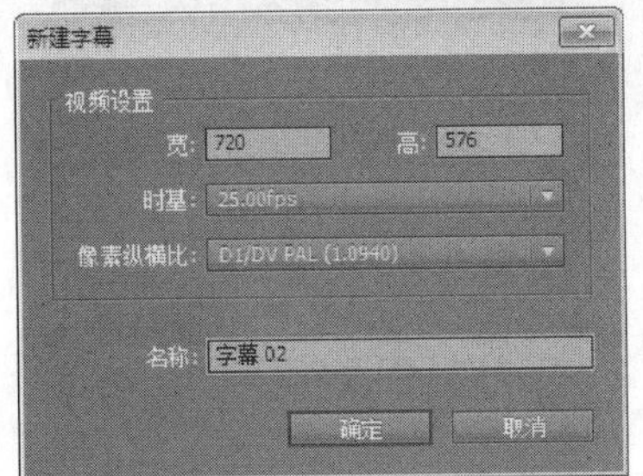

图 2.60　通过菜单命令新建字幕

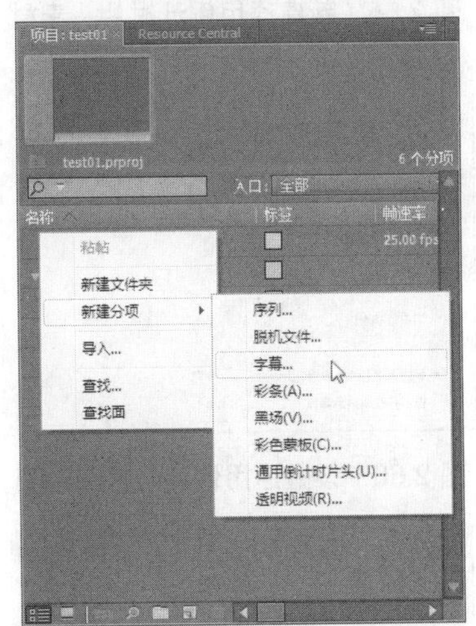

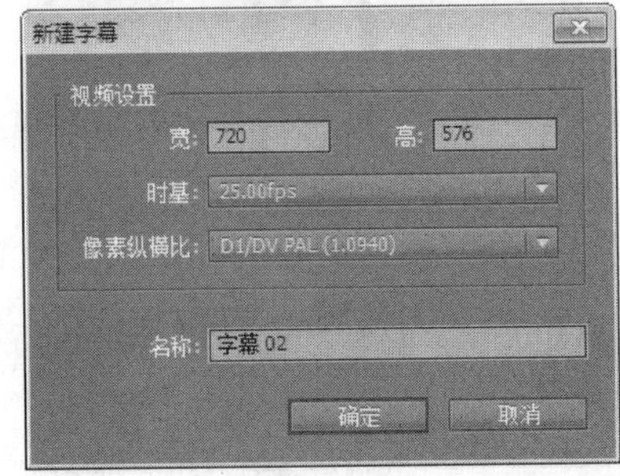

图 2.61　通过【项目】面板新建字幕

说明

当新建字幕素材后，程序会自动弹出【字幕设计器】窗口。通过该窗口可以进行字幕设计的操作，例如输入文字，设置字幕属性，应用字幕样式，制作字幕出现的动画效果等，如图 2.62 所示(关于字幕设计器的详细说明后文会有介绍)。

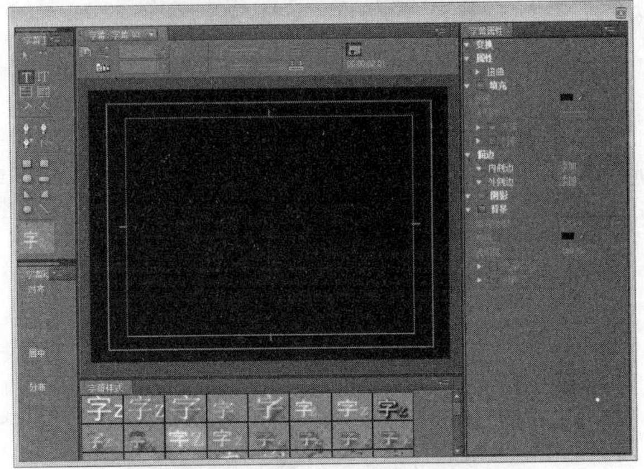

图 2.62　字幕设计器

2.4.2　新建彩条

彩条在电视节目上经常用到，我们一般在深夜时分打开电视，部分电视台已经休息没有节目，此时就会显示彩条画面。

为了满足应用制作上述电视节目的效果，Premiere Pro CS5 提供了新建和应用彩条素材的功能。新建彩条的方法与新建字幕的方法一样，用户在打开菜单后选择【彩条】命令，然后通过【新建彩条】对话框设置视频选项和音频选项即可，如图 2.63 所示。

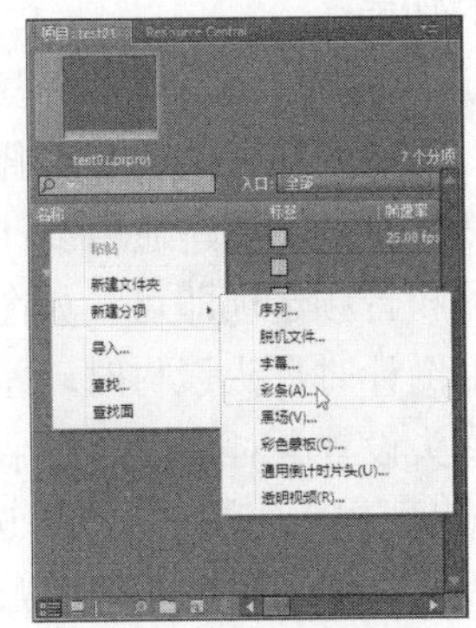

图 2.63　新建彩条素材

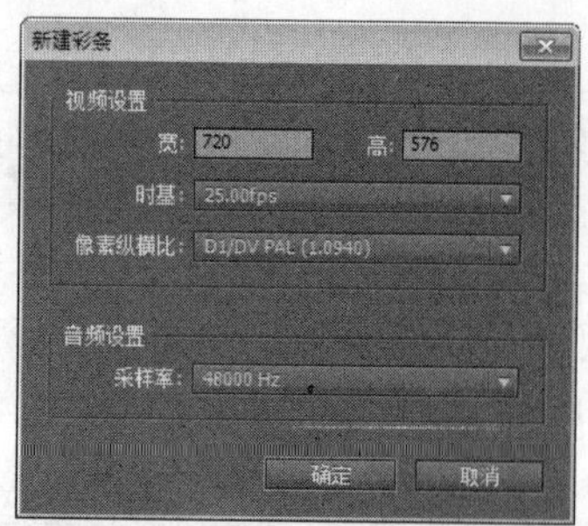

图 2.63　新建彩条素材(续)

新建彩条后，可以将彩条素材加入到序列中，从而制作电视台没有节目时的彩条画面效果，如图 2.64 所示。

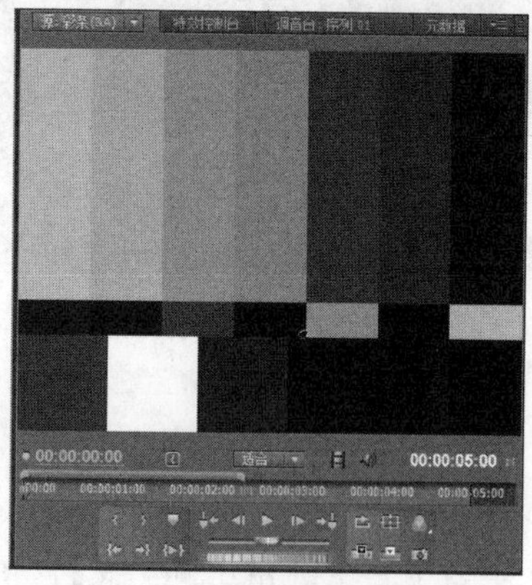

图 2.64　应用彩条素材的画面效果

2.4.3　新建倒计时片头

在很多影视作品中，设计者常会给作品添加倒计时片头。为了方便用户应用倒计时片头设计影视作品，Premiere Pro CS5 提供了让用户快速创建通用倒计时片头素材的功能。

新建通用倒计时片头素材的方法与新建彩条素材的方法一样，用户在打开菜单后选择【通用倒计时片头】命令，然后通过【新建通用倒计时片头】对话框设置视频选项和音频选项即可，如图 2.65 所示。

在新建通用倒计时片头素材时，程序会自动打开【通用倒计时片头设置】对话框，让用户设置片头素材的视频颜色、出现提示、音频提示等选项，如图 2.66 所示。完成后，用户可以通过【素材源】窗口预览片头的效果，如图 2.67 所示。

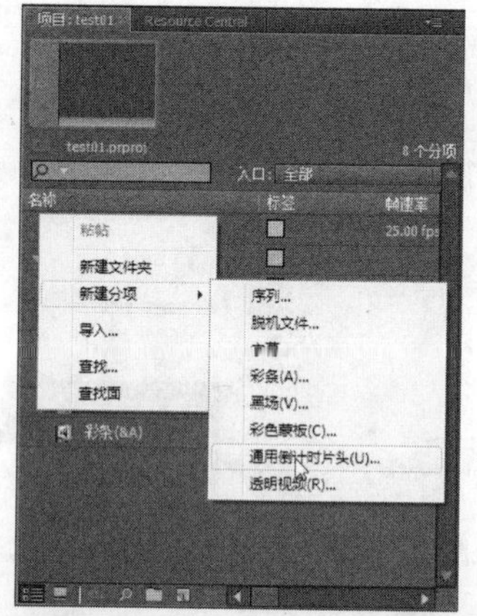

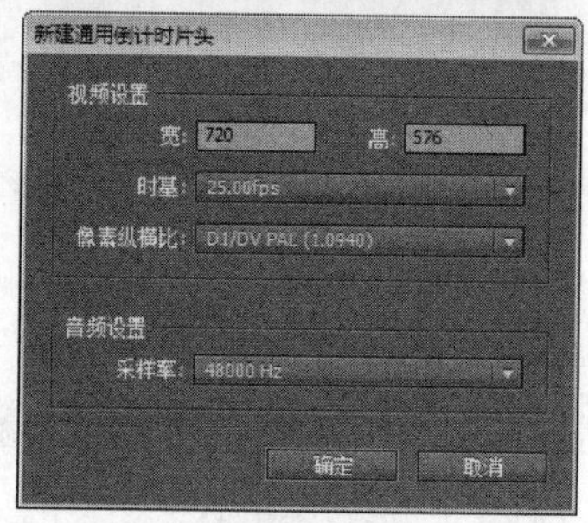

图 2.65　新建通用倒计时片头素材

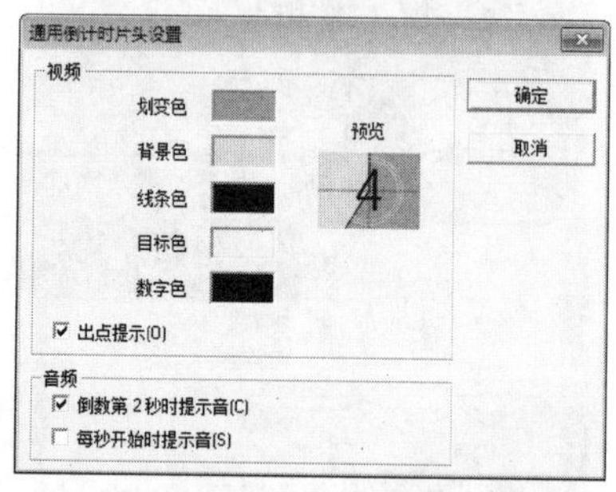

图 2.66　设置通用倒计时片头选项

图 2.67　预览片头的播放效果

2.4.4　新建其他分项素材

除了上述分项素材外，用户还可以通过 Premiere Pro CS5 新建黑场、彩色蒙版、透明视频等素材。新建这些分项素材的方法都类似，用户只需在【项目】面板的素材区中单击鼠标右键，然后在打开的快捷菜单中再打开【新建分项】子菜单，并选择对应的命令，接着在对话框中设置素材的属性即可，如图 2.68 所示。

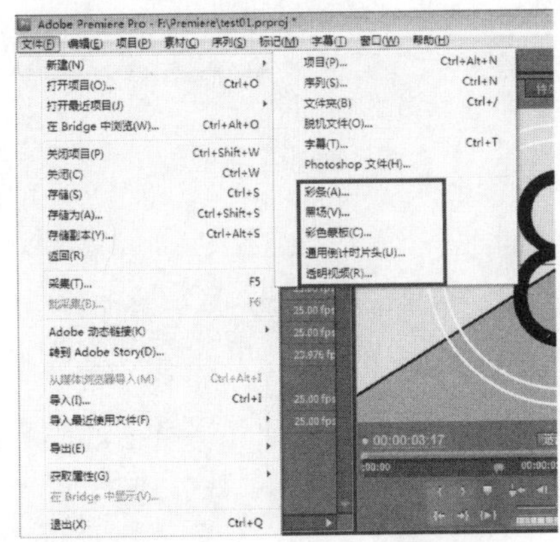

图 2.68　新建其他分项素材

2.5　章后总结

本章作为学习 Premiere Pro CS5 的基础章节，主要介绍了程序界面的组成和使用，还有文件和素材管理，以及新建各种分项素材的方法。通过本章的学习，读者可以掌握 Premiere Pro CS5 的基本操作方法和文件、素材管理的技巧。

2.6　章后实训

本章介绍了素材管理和新建分项素材的方法，导入或新建的素材需要应用到序列上才有意义。因此，本章实训题要求读者将准备好的素材导入到【项目】面板，然后将素材加入到【素材源】面板并预览效果，最后将素材加入到【时间线】面板的序列上。

> **说明**
>
> 本章实训题所应用到的视频素材在本书光盘中已经提供，读者可以从本书光盘的..\Example\Ch02 文件夹中获得。

本章实训操作的流程如图 2.69 所示。

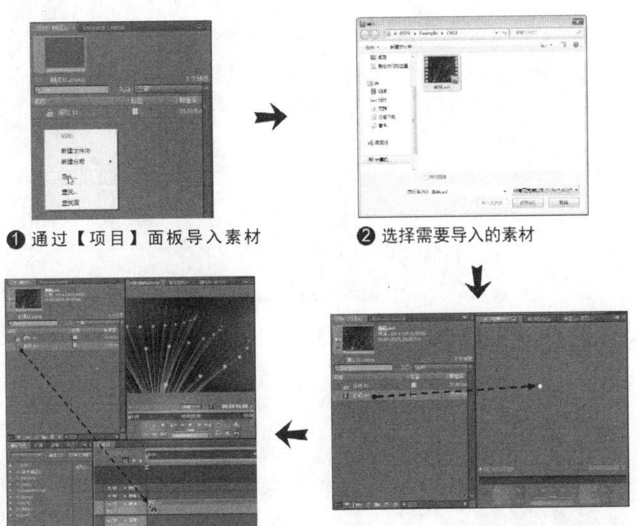

图 2.69　实训操作的流程图

第 3 章 DV 视频素材的采集

本章学习要点

采集 DV 视频的方法，对很多 DV 用户和视频编辑爱好者来说都是必不可少的知识。本章通过详细介绍安装 IEEE 1394 卡和使用 Premiere Pro CS5 采集连接在 IEEE 1394 接口上的 DV 视频的方法，让读者掌握采集视频的各种知识和实际操作方法。

3.1 安装 IEEE 1394 卡

Premiere Pro CS5 是一款专业的非线性视频编辑应用程序，它除了提供专业的视频编辑功能外，还提供了实用的视频采集功能，让用户可以高质量地采集 DV(泛指摄像机)的模拟信号(通过视频采集卡或带采集功能的电视卡)和数字信号(通过 IEEE 1394 卡，如图 3.1 所示)。

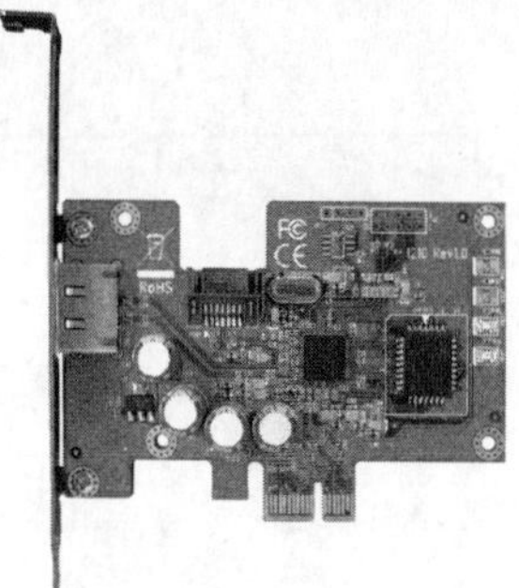

图 3.1　IEEE 1394 卡

3.1.1 关于采集视频

使用视频采集卡或 IEEE 1394 卡采集 DV 机的模拟信号视频及数字信号视频的方式和操作过程都是一样的，只是采集的设置略有不同。

目前，大多数家用 DV 爱好者都会使用 IEEE 1394 卡来采集 DV 视频，这是因为用视频捕捉卡要求操作人员有相关的使用经验，需要更加专业的知识，而使用 IEEE 1394 卡来采集则相对简单得多。

说明

采集视频并非要求一定使用 IEEE 1394 卡，但使用视频采集卡时需要考虑采集卡支持的视频压缩格式。因为很多一般的视频采集卡是经过压缩的，而 Premiere Pro 并不能编辑所有的压缩视频。而通过 IEEE 1394 卡采集视频的时候则不用选择硬件支持的视频压缩格式，因为通过 IEEE 1394 卡采集的视频是没有经过压缩的。这也是很多 DV 爱好者喜欢使用 IEEE 1394 卡采集视频的原因之一。

说明

IEEE 1394 的别名叫做火线(FireWire)接口，是由苹果公司领导的开发联盟开发的一种高速度传送接口，数据传输率一般为 800Mbps。IEEE 1394 接口主要用于视频的采集，在高端主板与数码摄像机(DV)上均可见，如图 3-2 所示。

另外，IEEE 1394 也可以认为是一种外部串行总线标准，作为一种数据传输的开放式技术标准，IEEE 1394 被应用在众多的领域，包括数码摄像机、高速外接硬盘、打印机和扫描仪等多种设备。

图 3.2　DV 中的 IEEE 1394 接口

3.1.2 安装 IEEE 1394 卡

对于主板上没有提供 IEEE 1394 接口的用户来说，采集的第一步便是安装 IEEE 1394 卡，以便让 DV 通过 IEEE 1394 接口与电脑相连。

安装 IEEE 1394 卡的操作步骤如下。

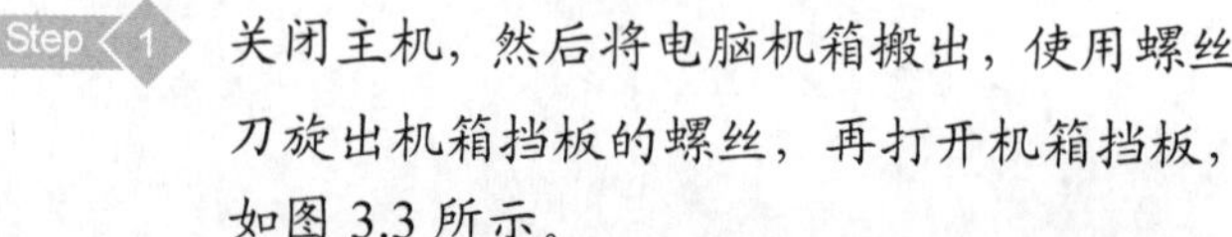

Step 1　关闭主机，然后将电脑机箱搬出，使用螺丝刀旋出机箱挡板的螺丝，再打开机箱挡板，如图 3.3 所示。

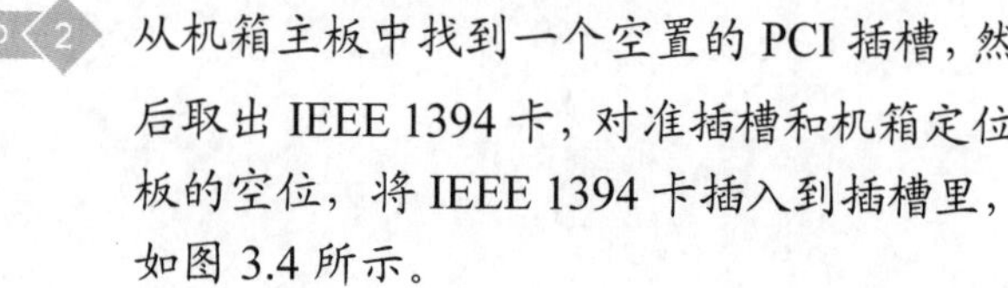

Step 2　从机箱主板中找到一个空置的 PCI 插槽，然后取出 IEEE 1394 卡，对准插槽和机箱定位板的空位，将 IEEE 1394 卡插入到插槽里，如图 3.4 所示。

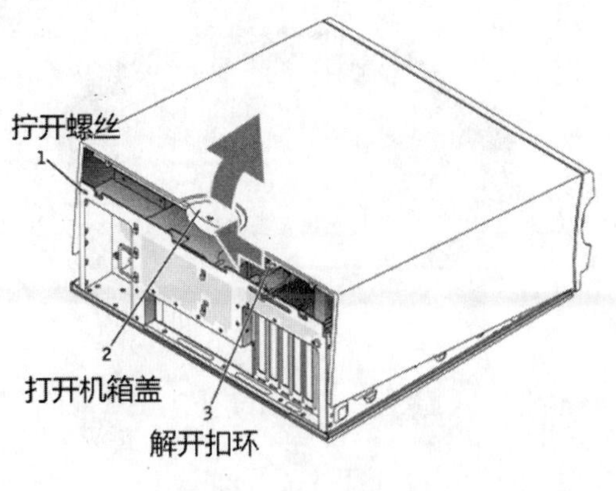

图 3.3　打开机箱挡板

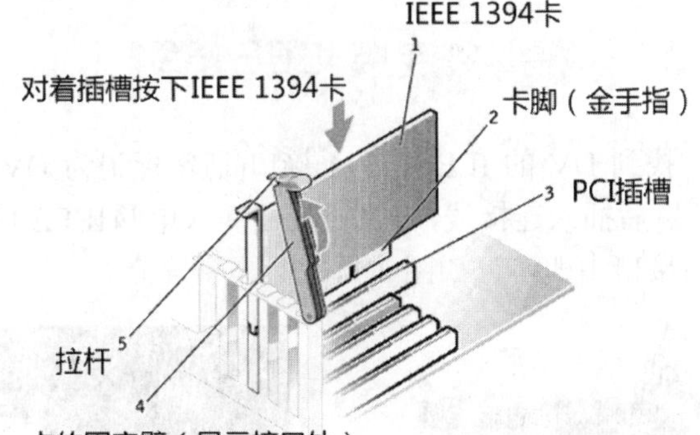

图 3.4　将 IEEE 1394 卡插入到 PCI 插槽

Step 3　在将 IEEE 1394 卡插入 PCI 插槽时，注意卡脚与插槽的卡位对齐，然后卡的托架卡需要插入到插槽内(此处的插槽指主板与机箱定位板的空隙)，如图 3.5 所示。

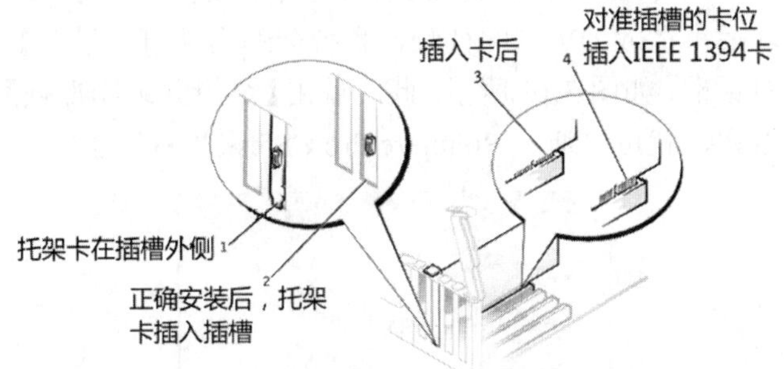

图 3.5　正确安装 IEEE 1394 卡

Step 4　安装好 IEEE 1394 卡后，还需要用螺丝将卡固定在机箱定位板上。如果机箱有固定臂，则需要将固定臂安装回机箱，如图 3.6 所示。

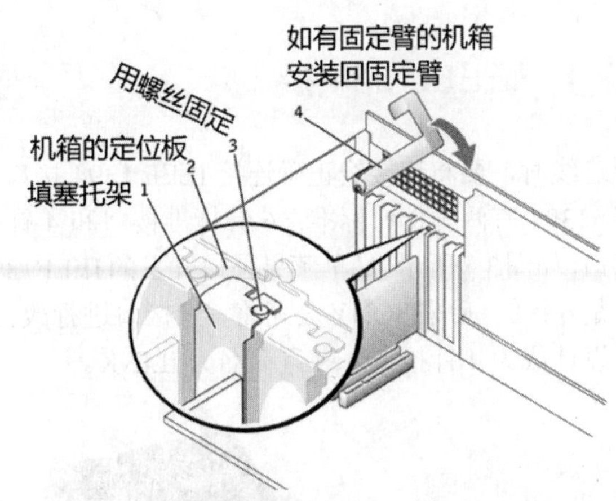

图 3.6　用螺丝固定 IEEE 1394 卡

Step 5　完成上述操作后，确保 IEEE 1394 安装正确，然后就可以将机箱挡板安装到机箱上，并使用螺丝将机箱挡板旋紧，如图 3.7 所示。

注意

不同的机箱，拆卸机箱挡板的方法可能不同，读者可以参考自己机箱的说明书进行操作。另外，安装 IEEE 1394 卡时必须确保机箱处于断电状态，避免机箱漏电或有静电干扰。

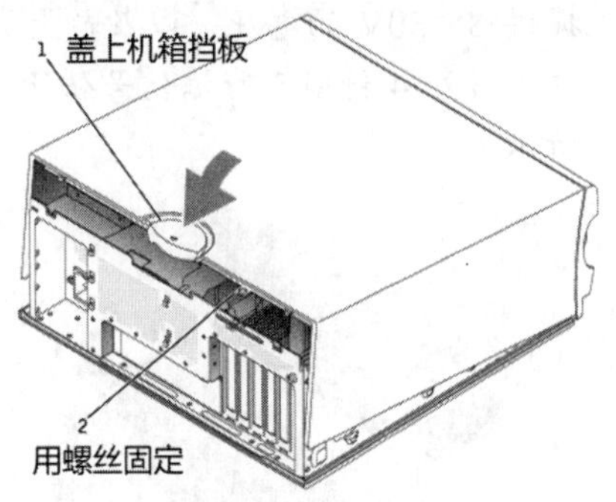

图 3.7　安装好机箱挡板

3.2　DV 与电脑的连接

安装 IEEE 1394 卡后，还需要安装驱动程序，完成后该卡才可以用。此时使用连接线将 DV 的 IEEE 1394 接口与电脑的 IEEE 1394 卡接口连接即可。

3.2.1 IEEE 1394 接口

连线时，要将连接线正确连接 IEEE 1394 接口。IEEE 1394 有两种接口标准：6 针标准接口和 4 针小型接口，如图 3.8 所示。最早苹果公司开发的IEEE1394接口是6针的，后来SONY公司将6针接口进行改良，重新设计成为 4 针接口，并且命名为 iLINK。

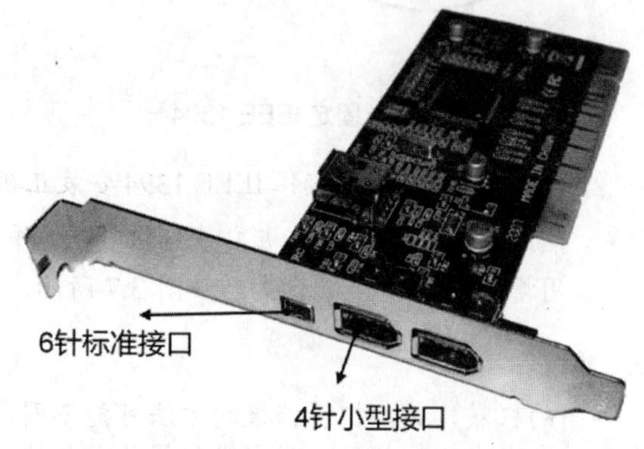

图 3.8 IEEE 1394 的接口

Step 1 6 针标准接口中 2 针用于向连接的外部设备提供 8～30V 的电压，以及最大 1.5A 的供电，另外 4 针用于数据信号传输，如图 3.9 所示。

图 3.9 IEEE 1394 的 6 针连接线

Step 2 4 针小型接口的 4 针都用于数据信号传输，无电源，如图 3.10 所示。

图 3.10 IEEE 1394 的 4 针连接线

3.2.2 将 DV 连接 IEEE1394 卡

找到 DV 的 IEEE 1394 接口(通常标记为 DV 接口)，然后插入连接线，再将连接线插入电脑IEEE 1394卡的接口中即可，如图 3.11 所示。

图 3.11 连接 DV 与电脑 1394 接口

此时系统会自动检测连接的外部设备，当连接成功后，播放 DV 机的视频，系统会弹出【自动播放】对话框，如图 3.12 所示。此时单击【编辑并录制视频】按钮，就可以通过 Premiere Pro CS5 采集视频了。

图 3.12 DV 正确连接电脑

3.3 采集 DV 视频

用 DV 拍摄的影片后，还要将保存在数码存储器上的影像和声音信号采集进电脑形成一个个 AVI 格式的视频文件才可以进行剪辑。因此，采集是视频编辑的第一步。专业影视剪辑软件 Adobe Premiere Pro 为用户提供了强大的视频采集功能，用户可以通过完全采集、自定义采集和批量采集 3 种不同的方式来采集视频。

3.3.1 完全采集

完全采集是指在采集线上找到需要的场景片段并作为开始采集的点，然后直接通过配置对该点后的所有视频进行采集。这种采集方式通常用于将 DV 中的视频不加选择地采集到电脑中，当需要停止采集时，直接按 Esc 键即可。

完全采集视频的操作步骤如下。

Step 1 启动 Premiere Pro CS5 程序，然后打开【文件】菜单，再选择【采集】命令，或者直接按下 F5 功能键，如图 3.13 所示。

图 3.13 打开【采集】窗口

Step 2 打开【采集】窗口后，选择右侧的【记录】选项卡，并设置采集选项为【音频和视频】，即可将影像和声音一并采集，如图 3.14 所示。

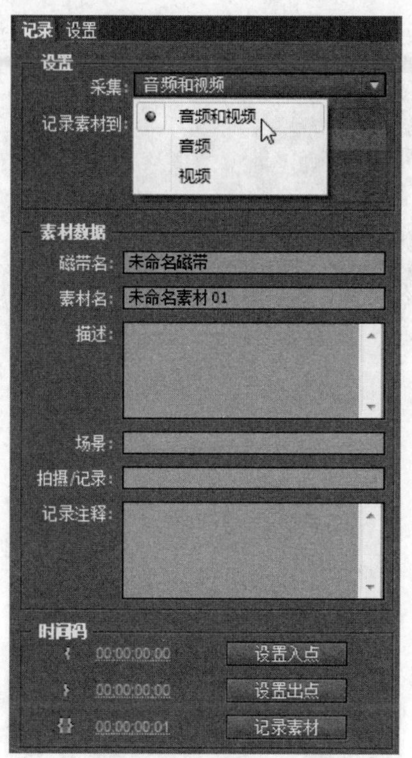

图 3.14 设置采集选项

说明

如果选择了【音频和视频】选项，则表示同时采集声音信息和视频信息；若选择【视频】或【音频】选项，则只采集视频或者只采集音频。

另外，【记录素材到】选项用来设置将采集的内容存放到当前项目文件的文件夹下面，以方便应用采集的素材。

Step 3 设置素材的数据信息，例如磁带名、素材名、场景、记录注释等，如图 3.15 所示。

Step 4 切换到【设置】选项卡，然后单击【编辑】按钮，打开【采集设置】对话框后，选择采集的格式，可选 DV 和 HDV 选项，如图 3.16 所示。设置后单击【确定】按钮即可。

Step 5 接下来在【设置】选项卡中设置采集位置，

选择设备控制器，同时设置预卷时间和时间码偏移，如图 3.17 所示。

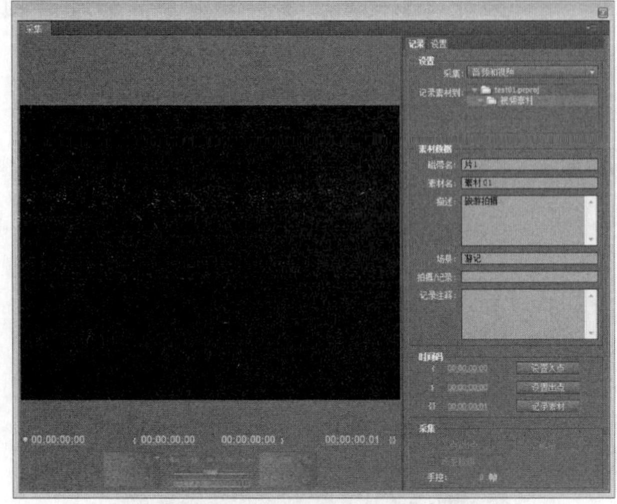

图 3.15　设置素材数据信息

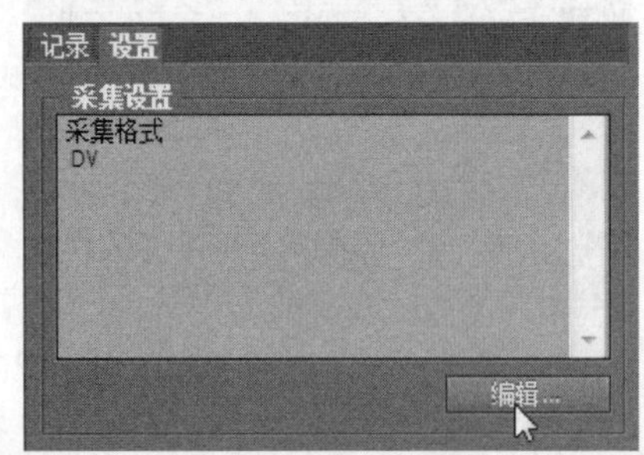

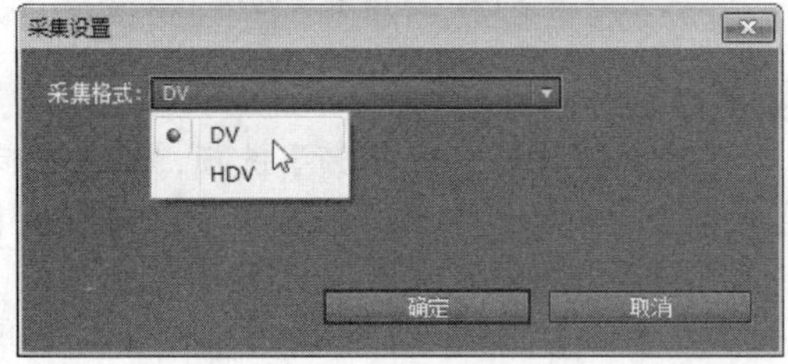

图 3.16　设置采集的格式

说明

【预卷时间】选项的作用是设置在连接到 DV 后，直接连接到连接处的下几秒画面的素材。具体的时间值是在【预卷时间】后面的文本框中设置的数值(单位为秒)。

【时间码偏移】选项的作用是设置连接到 DV 后时间码随时间偏移的长度。

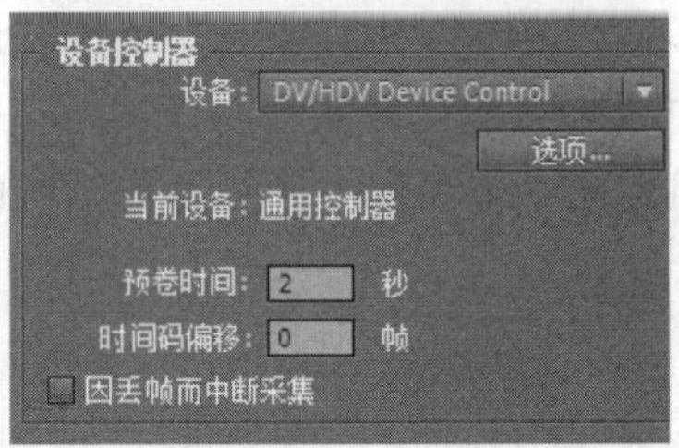

图 3.17　设置采集位置和设备控制器

在【设备控制器】选项组中单击【选项】按钮，打开设置对话框，在此用户需要设置合适的视频制式和设备品牌。国内使用 PAL 制式，所以应该选择 PAL 选项，另外根据自己的 DV 设备选择合适的设备品牌选项，最后单击【确定】按钮，如图 3.18 所示。

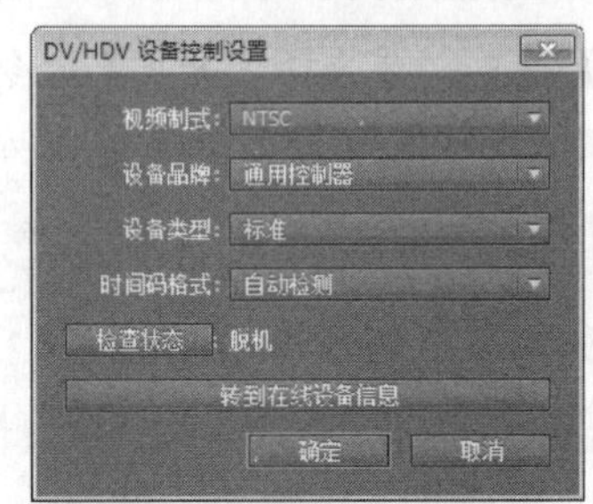

图 3.18　更改设备控制设置选项

完成上述设置后，单击【采集】窗口中的【磁

带】按钮，让程序自动采集 DV 上的视频内容，如图 3.19 所示。

注意

在进行视频采集前，请确定已将 DV 相机的电源打开并保证 IEEE 1394 连接正常。另外，用户需要将 DV 打开，模式设置为 Play 或 VCR 挡(如果想采集正在拍摄的画面，则将 DV 状态设置为记录)。

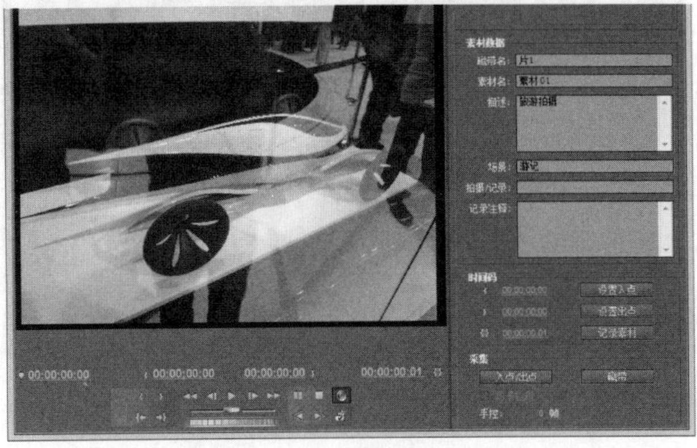

图 3.19　开始采集 DV 视频

3.3.2　自定义采集

完全采集虽然可以一劳永逸，但很浪费磁盘空间。因为我们拍摄的时候不可避免地会拍摄到许多无用场景，如果将这些场景都采集到电脑，那么不仅占用了磁盘空间，还会给后续的视频编辑增加操作的复杂度。因此，用户可以进行自定义采集，以便在采集的时候丢弃无用的场景，仅将精彩的场景片段采集到电脑中。

自定义采集其实也很简单，用户需要通过播放控制器搜索到有用的场景片段，并在该场景的开始处设置入点，此时程序会将这一点在 DV 磁带上的位置记住。接着使用相同的方法搜索到场景片段结束的位置，再设置出点，这样就可以让程序将入点与出点这一片段的视频采集下来。重复这个操作，就可以将所有有用的场景片段进行采集并保存。

自定义采集视频的操作步骤如下。

Step 1　打开【文件】菜单，选择【采集】命令，打开【采集】窗口后，使用鼠标向右拖动时间码，选择需要采集的场景(可让 DV 快进)，如图 3.20 所示。

图 3.20　拖动时间码选择要采集的场景

Step 2　选择要采集的场景后，将时间码调整到场景的开始处，然后单击播放控制器上的【设置入点】按钮，将当前时间设置为采集的起点，如图 3.21 所示。

图 3.21　设置入点

Step 3 使用鼠标拖动监视器窗口右下角的时间码，选择结束采集的场景点，如图 3.22 所示。

图 3.22　拖动时间码选择结束采集的场景点

Step 4 选择要结束采集的场景后，将时间码调整到对应的场景时间点，然后单击播放控制器上的【设置出点】按钮，将当前时间设置为采集的结束点，如图 3.23 所示。

图 3.23　设置出点

Step 5 设置视频的入点和出点后，即可单击【入点/出点】按钮，将入点到出点之间的视频片段采集下来，如图 3.24 所示。

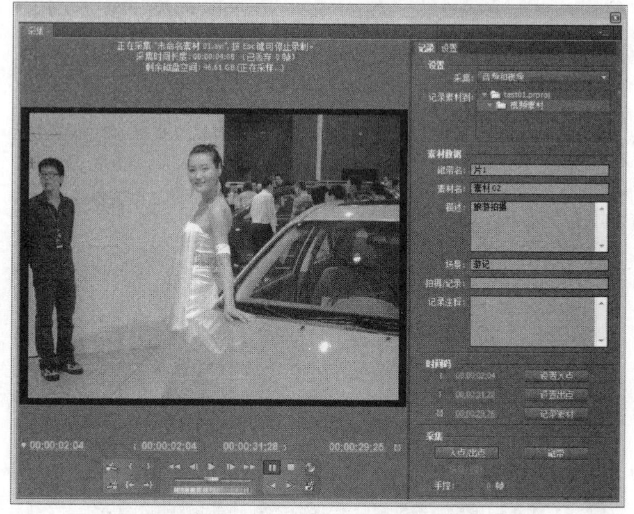

图 3.24　采集入点与出点之间的视频片段

3.3.3　批量采集

第三种采集方法是批量采集。这种采集方法同样需要设置入点和出点，不同的是当找到入点和出点并进行设置后，用户可以再次单击【记录素材】按钮，让电脑暂不进行采集，而是在 Premiere Pro 主界面的项目素材列表里添加一条脱机的空素材文件条目。

用户可以使用这个方法，逐条搜索并记忆其他片段的入点和出点。等搜索并记忆这盘磁带上的所有片段后，返回 Premiere Pro 主界面的素材列表选中全部脱机素材文件，再执行批量采集。

批量采集视频的操作步骤如下。

Step 1 打开【文件】菜单，选择【采集】命令，打开【采集】窗口后，切换到【记录】选项卡，然后在【时间码】选项组中拖动时间码，并单击【设置入点】按钮，设置采集视频的入点，如图 3.25 所示。

Step 2 使用相同的方法，拖动入点项的时间码，然后选择要结束采集的场景(拖动时间码时，可通过监视器窗口查看视频)，再单击【设置出点】按钮，如图 3.26 所示。

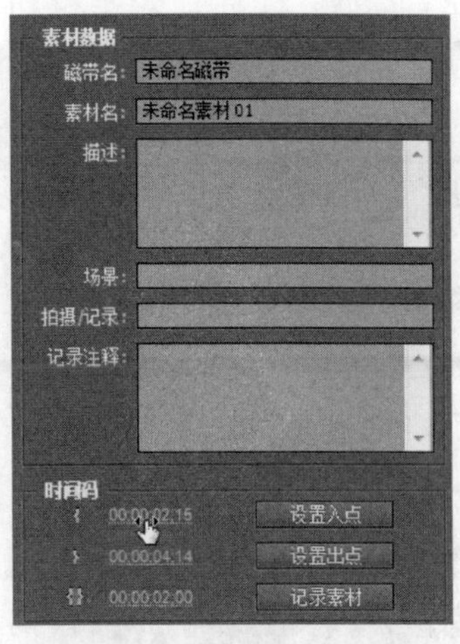

图 3.25　设置入点

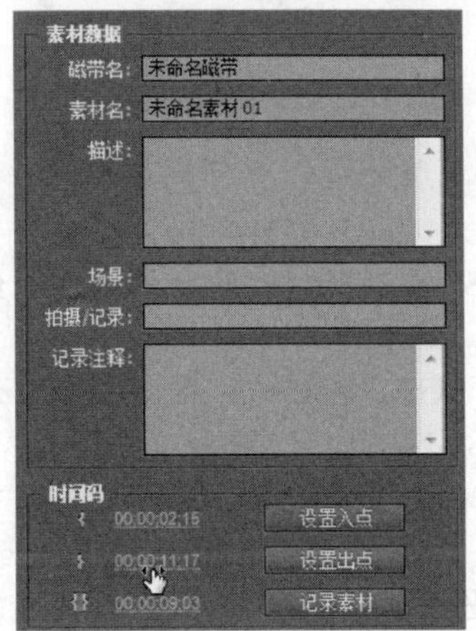

图 3.26　设置出点

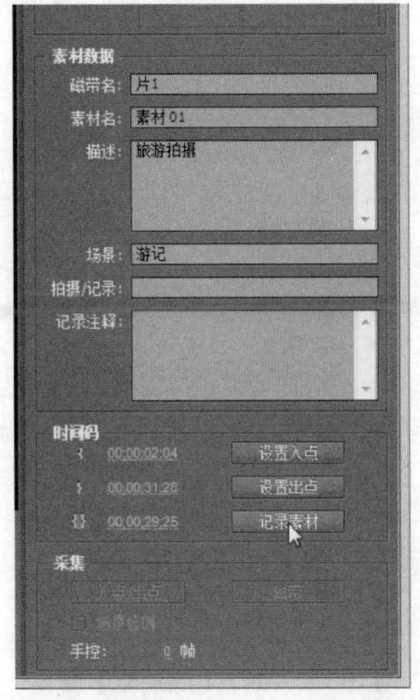

图 3.27　单击【记录素材】按钮

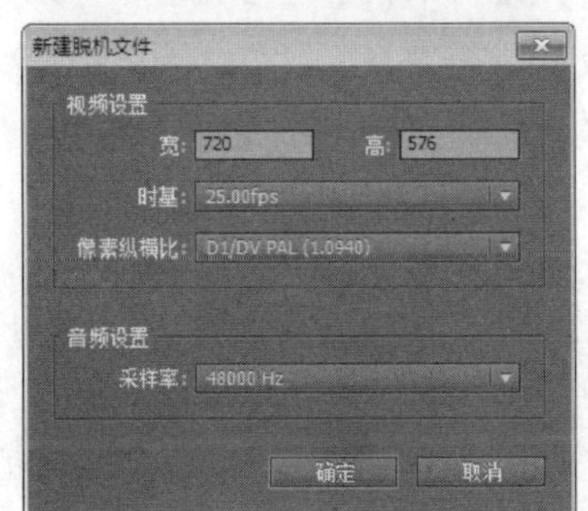

图 3.28　新建脱机文件

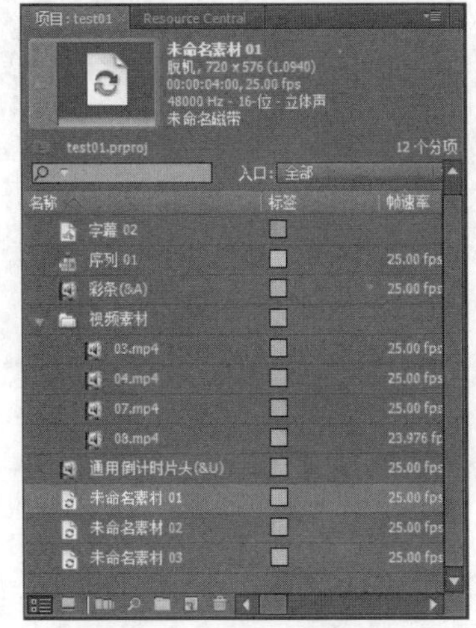

图 3.29　所有脱机文件

Step 3　设置入点和出点后，单击【记录素材】按钮，将入点和出点的设置保存为一个脱机素材文件，如图 3.27 所示。

Step 4　打开【新建脱机文件】对话框，设置各个视频选项和音频选项，然后单击【确定】按钮，如图 3.28 所示。

Step 5　使用相同的方法为视频设置其他需要采集的片段，并新建为脱机文件，接着关闭【采集】窗口。此时用户可以通过【项目】面板查看新建的脱机文件，如图 3.29 所示。

Step 6　打开【文件】菜单，然后选择【批采集】命令，或者按下 F6 功能键，执行批量采集视频的操作，如图 3.30 所示。

图 3.30　执行【批采集】命令

Step 7　打开【批采集】对话框后，可以维持默认的设置进行采集，也可以选择【忽略采集设置】复选框，然后单击【编辑】按钮，重新设置采集格式，如图 3.31 所示。

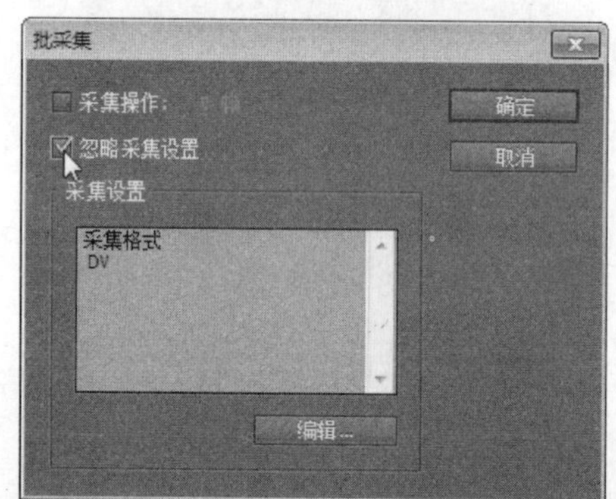

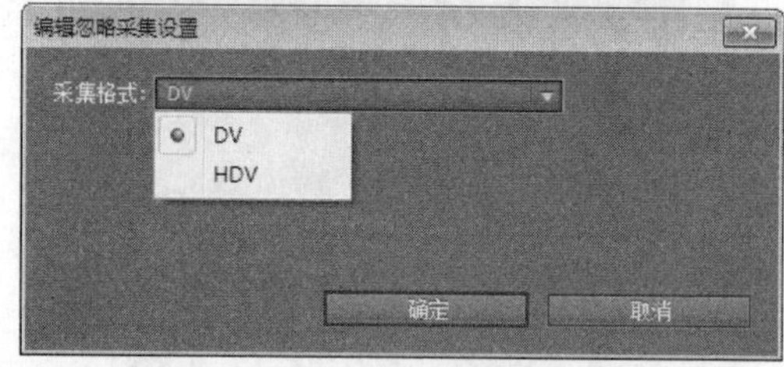

图 3.31　编辑忽略采集设置

Step 8　此时返回【批采集】对话框，然后单击【确定】按钮，即可让程序进行批量采集的工作了，如图 3.32 所示。

图 3.32　进行批量采集

说明

采集到电脑的视频文件的体积是非常大的，如果画面大小是 720 × 576 的话，则每分钟的视频大约有 214MB。保存视频的硬盘的文件系统一定要是 NTFS 格式，如果是 FAT32 格式，一个文件的大小不允许超过 4GB，也就是说采集的一个场景片段的长度超过 18 分钟的话，就会提示硬盘空间不够。

另外，在设置入点和出点的时候，可以先暂停正在预览的画面，然后通过播放控制器的【逐帧退】按钮 和【逐帧进】按钮 使画面逐帧返回或前进到想要进行采集的地方。

3.4　上机练习：采集结婚视频

本例将通过 IEEE 1394 接口及连接线连接 DV 和电脑，然后通过 Premiere Pro CS5 设置视频的入点和出点，以批量采集的方式将 DV 拍摄到的结婚视频有用的场景采集并保存到电脑中。

采集结婚视频的操作步骤如下。

Step 1　正确连接 DV 与电脑，此时会在桌面的任务栏中显示成功安装设备驱动程序的提示，如图 3.33 所示。

Step 2　选择【文件】|【采集】命令，打开【采集】窗口后切换到【记录】选项卡，再选择采集

的类型为【音频和视频】，接着设置素材数据信息，如图 3.34 所示。

图 3.33　正确连接 DV 与电脑

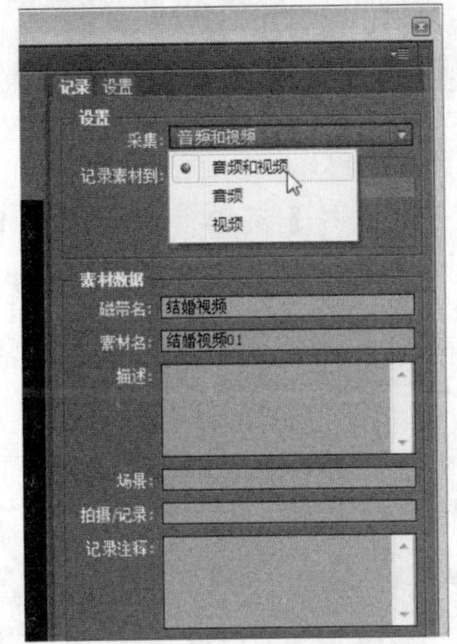

图 3.34　设置采集的类型

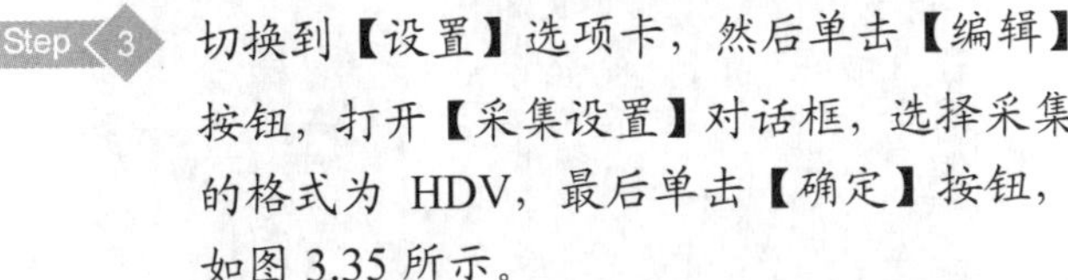

Step 3　切换到【设置】选项卡，然后单击【编辑】按钮，打开【采集设置】对话框，选择采集的格式为 HDV，最后单击【确定】按钮，如图 3.35 所示。

Step 4　此时指定采集位置，再选择设备，并单击【选项】按钮，然后通过【DV/HDV 设备控制设置】对话框设置设备控制器选项，如图 3.36 所示。

Step 5　在设置入点的时间码上拖动鼠标，寻找需要采集场景的开始时间，找到后单击【设置入点】按钮，如图 3.37 所示。

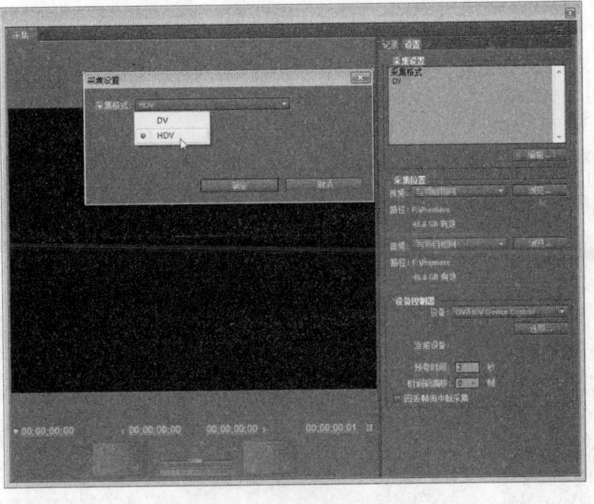

图 3.35　设置采集的格式

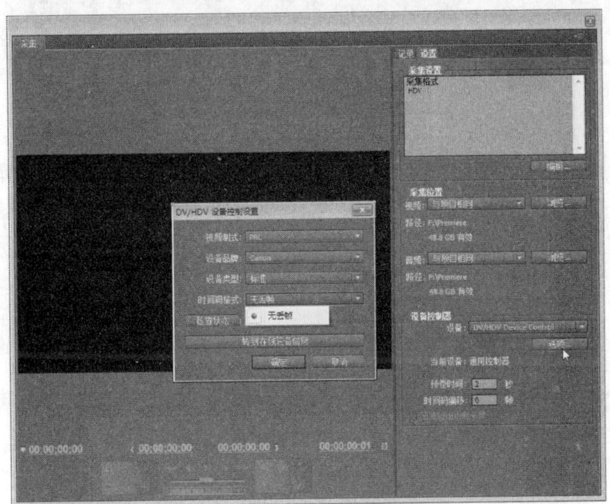

图 3.36　设置采集位置和设备控制器

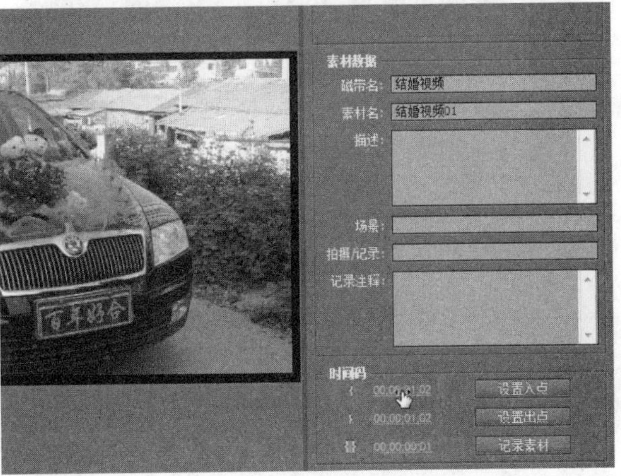

图 3.37　设置入点

Step 6 在设置出点的时间码上拖动鼠标，寻找结束采集的时间点，找到后单击【设置出点】按钮，如图 3.38 所示。

图 3.38　设置出点

Step 7 设置入点和出点后，单击【记录素材】按钮，然后在打开的【新建脱机文件】对话框中设置视频和音频选项，再单击【确定】按钮，如图 3.39 所示。

Step 8 使用相同的方法为视频设置其他需要采集的片段，并新建为脱机文件，接着关闭【采集】窗口。此时可以返回【项目】面板，查看新建的脱机文件，如图 3.40 所示。

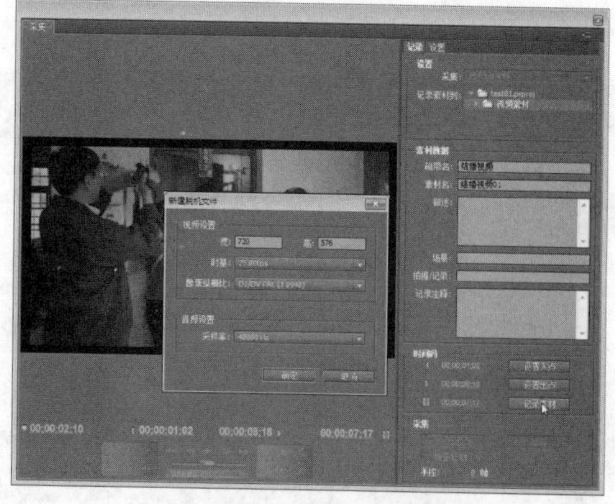

图 3.39　新建脱机文件

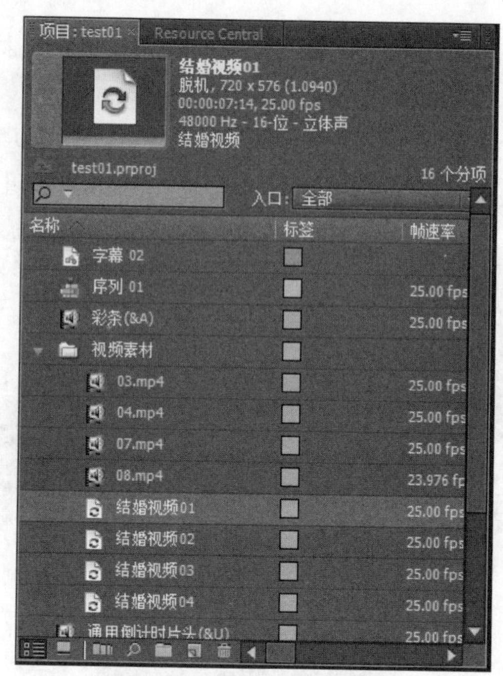

图 3.40　新建其他脱机文件

Step 9 打开【文件】菜单，然后选择【批采集】命令，打开【批采集】对话框。维持默认的设置进行采集，单击【确定】按钮，如图 3.41 所示。

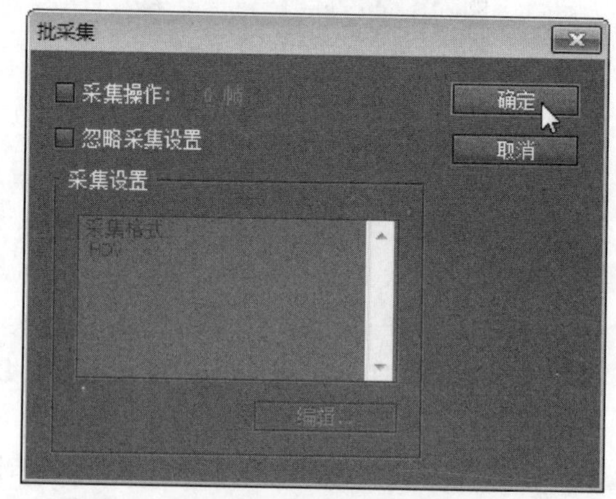

图 3.41　设置批采集选项

Step 10 此时程序将会自动按照脱机文件所设置的入点和出点，采集 DV 视频中对应的片段，如图 3.42 所示。

图 3.42 执行批采集的工作

3.5 章后总结

本章主要介绍了使用 Premiere Pro CS5 配合 IEEE 1394 卡对 DV 拍摄的视频进行采集的方法，其中包括安装 IEEE 1394 卡，将 DV 与电脑连接，以及通过 Premiere Pro CS5 采集视频等内容。

3.6 章后实训

本章实训题要求将 DV 与电脑连接，然后通过 Premiere Pro CS5 并使用完全采集的方法将 DV 拍摄的视频执行自动采集，从而巩固采集 DV 视频的学习成果。

本章实训操作的流程如图 3.43 所示。

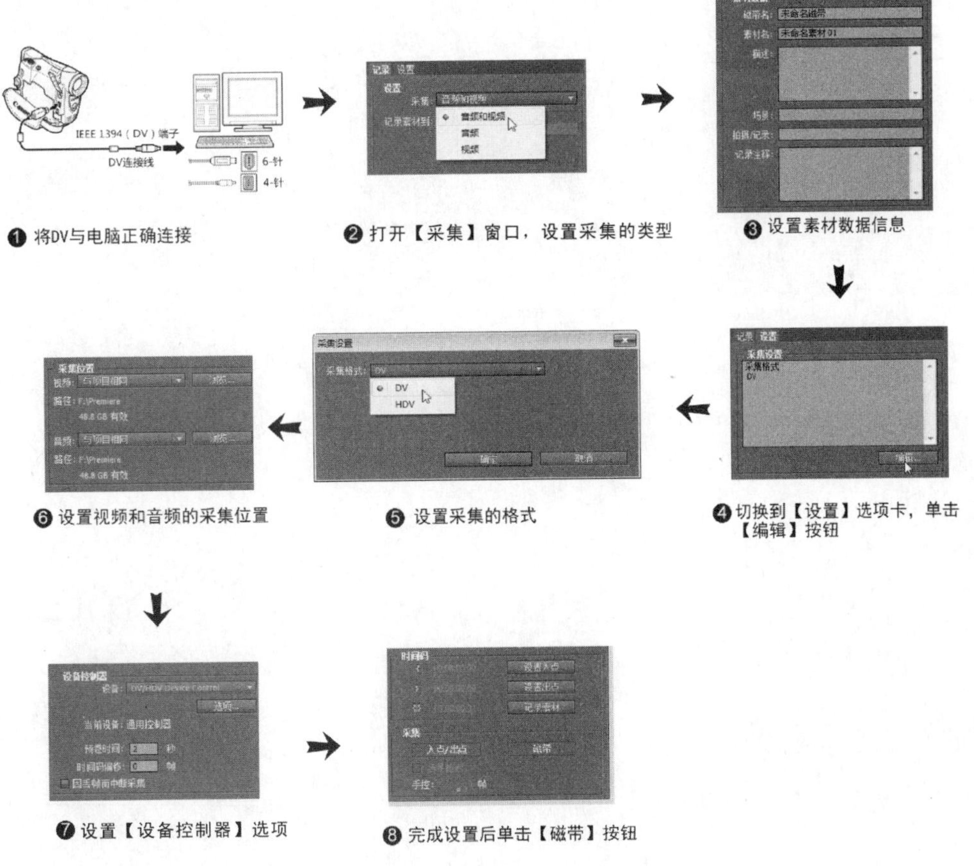

图 3.43 完全采集视频的操作流程图

第 4 章 素材的管理、装配和编辑

本章学习要点

采集和准备好素材后，用户即可将素材导入 Premiere Pro 的项目文件内，并根据项目设计的需要管理素材，再装配素材，最后适当编辑素材，让素材可以满足项目的制作要求。

4.1 素材的预览与管理

将素材导入到 Premiere Pro CS5 程序的项目文件后，在编辑前，可以通过【素材源】窗口预览素材和对素材进行一些基本的管理操作，例如设置入点和出点，设置素材标记等。

4.1.1 加入并预览原始素材

【素材源】窗口主要用来预览或通过设置入点和出点剪裁【项目】面板中选中的某一原始素材。要应用【素材源】窗口管理素材，首先要将素材加入到【素材源】窗口，然后通过窗口的播放控制器预览素材。

将素材加入【素材源】窗口并预览素材的操作步骤如下。

Step 1 打开练习项目文件(光盘：..\Example\Ch04\4.1.1.prproj)，然后在【项目】面板上单击鼠标右键并选择【导入】命令，如图 4.1 所示。

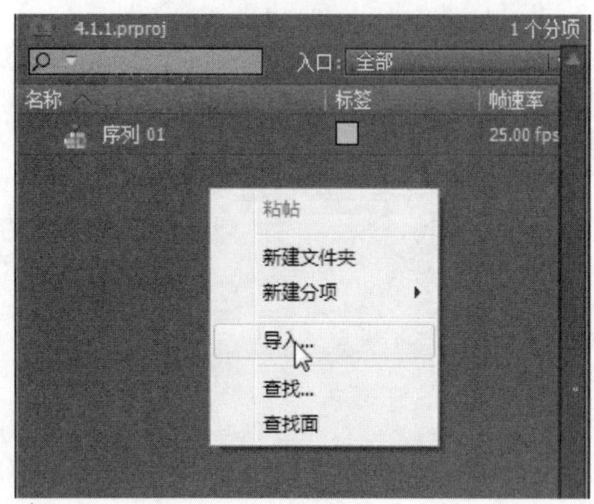

图 4.1 导入素材

Step 2 打开【导入】对话框，选择需要导入的视频素材，然后单击【打开】按钮，将素材导入到【项目】面板内，如图 4.2 所示。

Step 3 此时在【项目】面板中按住 Ctrl 键，选择上一步骤导入的两个视频素材，然后将素材拖到【素材源】窗口中，如图 4.3 所示。

图 4.2 导入选定的素材

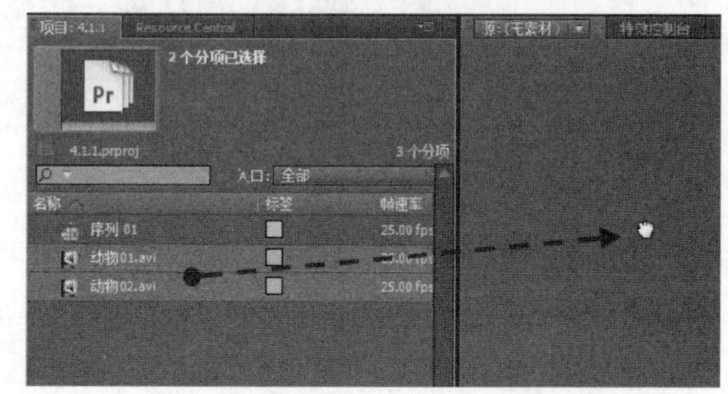

图 4.3 将素材加入【素材源】窗口

Step 4 将素材加入【素材源】窗口后，可以单击窗口下方播放控制器上的【播放-停止切换】按钮▶，播放素材以便预览视频内容，如图 4.4 所示。

图 4.4 播放素材以便预览素材内容

多个素材被导入【素材源】窗口后，当需要切换其他素材时，可以打开窗口左上方的【源】列表框，然后选择需要查看的素材，如图 4.5 所示。

图 4.5　切换到其他素材

要预览素材除了可以通过【播放-停止切换】按钮▶外，还可以通过拖动播放指针控点(蓝色)来快速查看素材的内容，如图 4.6 所示。

图 4.6　拖动播放指针控点预览素材

在默认情况下，【素材源】窗口的监视器以【适合】的方式显示素材，用户可以打开显示列表框，选择不同比例选项来改变素材的显示，如图 4.7 所示。

图 4.7　调整素材的显示比例

4.1.2　设置素材的入点与出点

编辑视频的第一步就是要确定使用素材的哪部分，即设置视频的入点和出点。可以将视频的入点与出点部分加入序列(序列显示于【时间线】面板中)。

设置素材入点与出点的操作步骤如下。

Step 1　打开练习文件(光盘：..\Example\Ch04\4.1.2.prproj)，然后将【项目】面板的两个视频素材加入【素材源】窗口，再打开【源】列表框，切换到第二个视频素材，如图 4.8 所示。

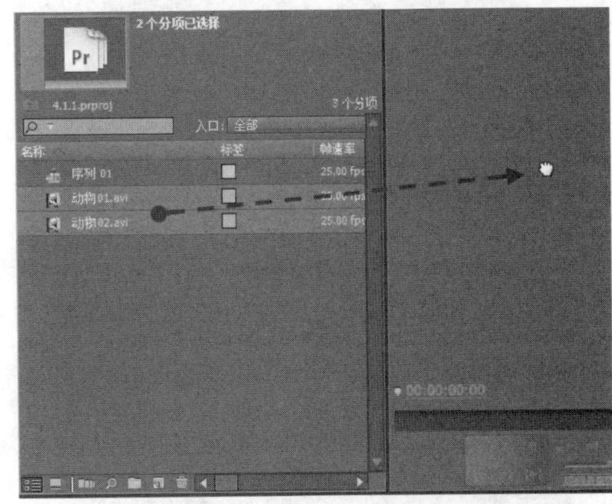

图 4.8　将素材加入【素材源】窗口并切换素材

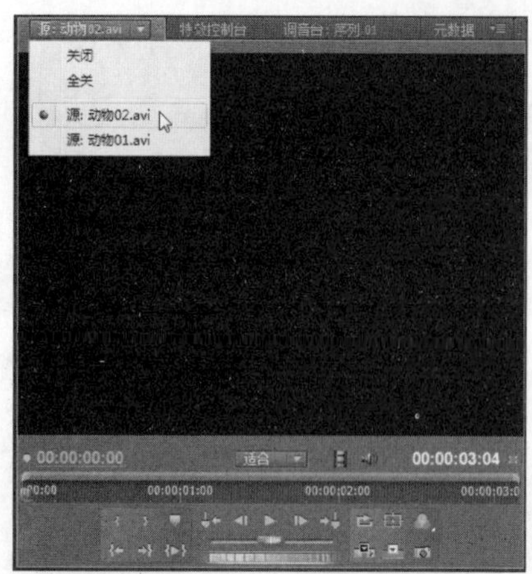

图 4.8　将素材加入【素材源】窗口并切换素材(续)

Step 2　将播放指针控制点移到素材的开始处，此时可以看到素材开始处显示黑屏，接着将播放指针控制点向右移动，直至出现视频画面即停下，如图 4.9 所示。

图 4.9　拖动播放指针控制点到有画面的地方

Step 3　找到素材有画面的地方后，单击播放器面板上的【设置入点】按钮，将当前画面的时间点设置为入点，如图 4.10 所示。

图 4.10　设置素材的入点

Setp 4　拖动播放指针控制点到播放轴的右端，然后单击播放器面板上的【设置出点】按钮，将当前画面的时间点设置为出点，如图 4.11 所示。

图 4.11　设置素材的出点

Step 5　设置入点和出点后，用户可以单击【跳转到入点】按钮，让播放指针跳到素材入点处，如图 4.12 所示。

图 4.12 跳转到入点

Step 6 此时可以单击【播放入点到出点】按钮，只播放素材的入点到出点这一个片段，以便查看该段素材的内容，如图 4.13 所示。

图 4.13 播放入点到出点的素材

提 示

如果想要清除所设置的入点与出点，可以通过下面两个方法来实现，如图 4.14 所示。

(1) 打开【标记】菜单，选择【清除素材标记】|【入点和出点】命令。

(2) 在【素材源】窗口上单击鼠标右键，从打开的菜单中选择【清除素材标记】|【入点和出点】命令。

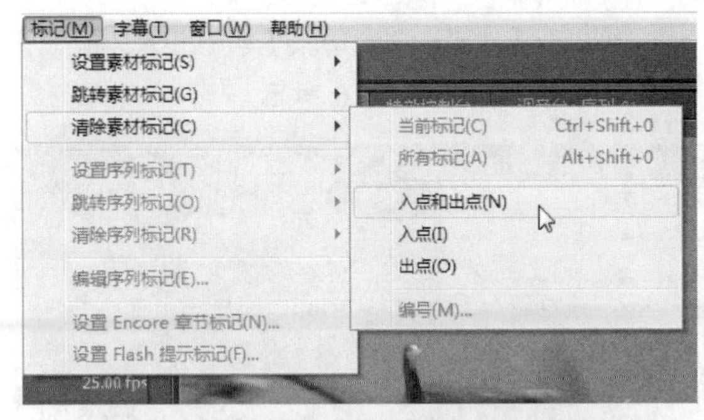

图 4.14 清除设置的入点和出点

4.1.3 设置与清除素材的标记

为了方便标记素材的某个时间点，可以通过【素材源】窗口为素材设置标记，以便在播放素材时根据标记来选择播放的位置。当不需要标记时，可以清除已经设置的标记。

设置与清除素材标记的操作步骤如下。

Step 1 打开练习文件(光盘：..\Example\Ch04\4.1.3.prproj)，然后将【项目】面板中的两个视频素材加入【素材源】窗口，再打开【源】列表框，切换需要编辑的素材，如图 4.15 所示。

Step 2 此时可以单击【素材源】窗口中播放控制面

板的【播放-停止切换】按钮，预览素材的内容，如图 4.16 所示。

图 4.15　切换需要编辑的素材

图 4.16　播放、预览素材

Step 3　当播放到某个位置时，可以在此单击【播放-停止切换】按钮暂停播放，然后单击【设置未编号标记】按钮，为当前时间点设置标记，如图 4.17 所示。

图 4.17　设置未编号标记

Step 4　继续播放素材，当播放到需要设置标记的位置时，单击【设置未编号标记】按钮，为素材添加一个未编号的标记，如图 4.18 所示。

图 4.18　设置其他为标号标记

Step 5　如果需要返回到前一个标记处查看素材，可以单击【跳转到前一标记】按钮，如图 4.19 所示。

图 4.19　跳转到前一标记

Step 6　如果需要跳转到后一个标记处查看素材，可以单击【跳转到下一标记】按钮，如图 4.20 所示。

图 4.20　跳转到下一标记

Step 7　当需要清除标记时，可以在【素材源】窗口的控制面板上单击鼠标右键，再选择【清除素材标记】|【全部标记】命令即可，如图 4.21 所示。

图 4.21　清除全部标记

4.1.4　实例：将素材画面导出为图像

在程序的【素材源】窗口的控制面板中，有一个【导出单帧】的功能，用于导出素材的一个帧。本实例将使用【导出单帧】功能将【素材源】窗口的监视器中的当前画面导出为图像。

将素材画面导出为图像的操作步骤如下。

Step 1　打开练习文件(光盘：..\Example\Ch04\4.1.4.prproj)，然后将【项目】面板的【动物01.avi】视频素材加入【素材源】窗口，如图 4.22 所示。

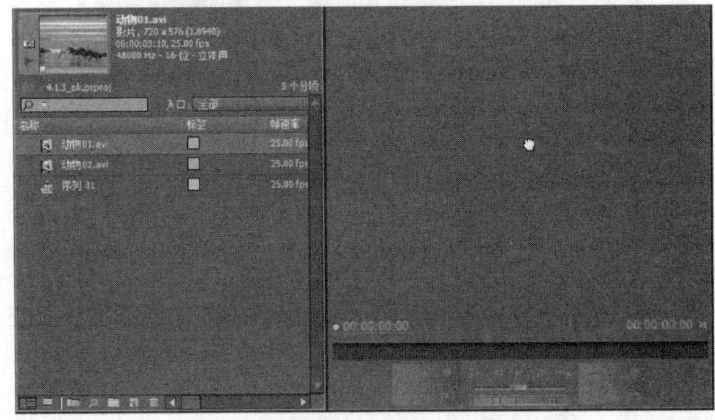

图 4.22　将素材加入【素材源】窗口

Step 2 在【素材源】窗口的播放轴上拖动播放指针控制点，选择需要导出的画面，如图 4.23 所示。

图 4.23 选择需要导出的画面

Step 3 选定要导出的画面后，单击【导出单帧】按钮，将当前画面导出，如图 4.24 所示。

图 4.24 导出当前画面

Step 4 打开【导出单帧】对话框，设置文件的名称，再选择文件的格式，接着单击【浏览】按钮，指定保存文件的位置，再单击【确定】按钮，如图 4.25 所示。

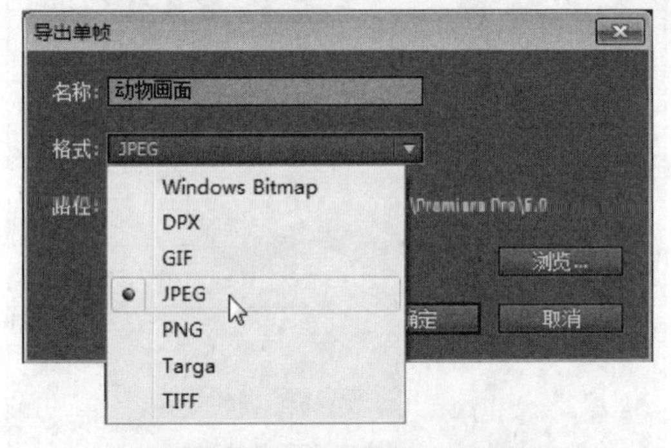

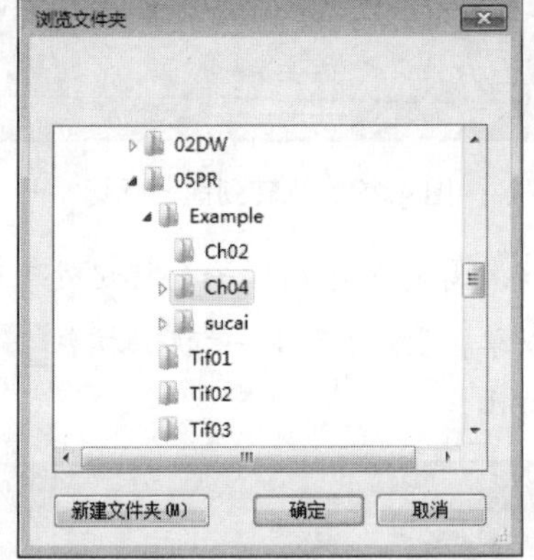

图 4.25 设置图像文件的名称、格式和保存位置

Step 5 导出当前素材画面为图像后，可以进入保存图像的文件夹，查看所保存图像的结果，如图 4.26 所示。

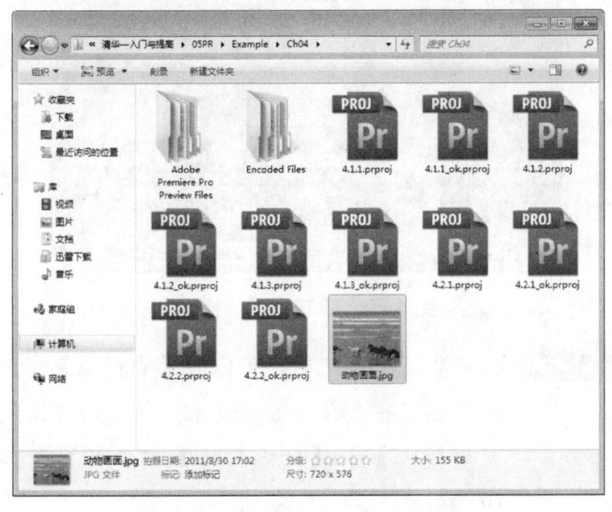

图 4.26 查看所保存图像的结果

4.2 装配素材至项目序列

要让导入文件的素材成为影视作品的内容，需要将素材装配到项目的序列，也就是将素材按顺序分配在【时间线】窗口的轨道上，这是使用 Premiere Pro CS5 制作影视作品的基本环节。

4.2.1 以插入方式装配素材

在 Premiere Pro CS5 中，用户可以通过插入和覆盖的方式将素材装配(即加入)到序列中。插入方式就是将素材插入到序列中指定轨道的某一位置，序列从此位置被分开，后面插入的素材会被移到序列已有素材的出点之后，此方式类似于电影胶片的剪接。

以插入方式装配素材到序列的操作步骤如下。

Step 1 打开练习文件(光盘：..\Example\Ch04\4.2.1.prproj)，然后将【项目】面板的【动物02.avi】视频素材加入【素材源】窗口，如图 4.27 所示。

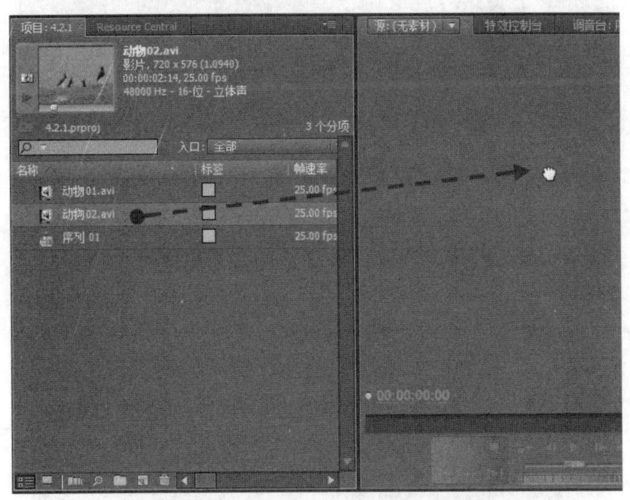

图 4.27 将素材加入【素材源】窗口

Step 2 根据第 4.1.2 节的内容，为素材设置入点和出点，如图 4.28 所示。

Step 3 此时单击【素材源】窗口控制面板上的【插入】按钮，将【素材源】窗口的当前素材以插入的方式装配到序列上，如图 4.29 所示。

图 4.28 设置素材的入点和出点

图 4.29 以插入方式装配素材

Step 4 素材加入到序列的轨道上后，可以在【工具箱】面板上单击【移动工具】按钮，同时按住素材移动以调整素材在轨道上的位置，如图 4.30 所示。

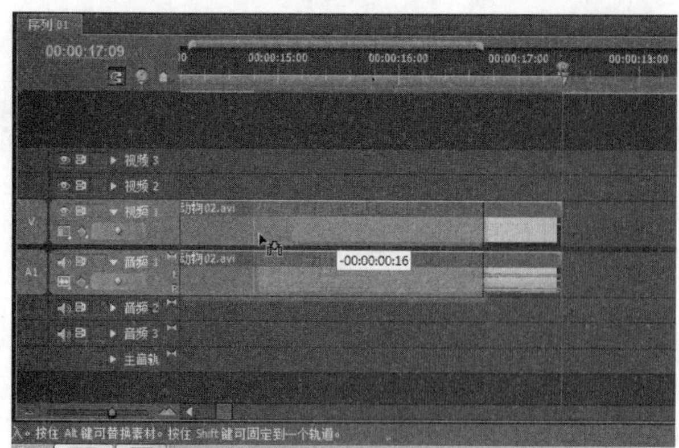

图 4.30 移动素材调整在轨道上的位置

提 示

如果要指定素材插入到轨道的某个位置，用户可以先将轨道的播放指针控制点拖到指定的位置，然后单击【插入】按钮，这样就可以将素材的入点装配到播放指针所在的位置，如图 4.31 所示。

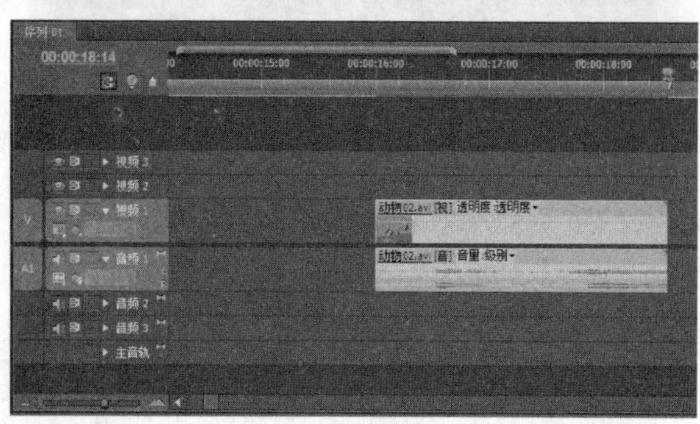

图 4.31 将素材插入到轨道指定的位置

4.2.2 以覆盖方式装配素材

覆盖方式就是将素材添加到序列的轨道的指定位置，替换掉原来素材或素材部分，此方式类似于录像带的重复录制。

以覆盖方式装配素材到序列的操作步骤如下。

Step 1 打开练习文件(光盘：..\Example\Ch04\4.2.2.prproj)，然后将【项目】面板的【动物01.avi】视频素材加入【素材源】窗口，如图 4.32 所示。

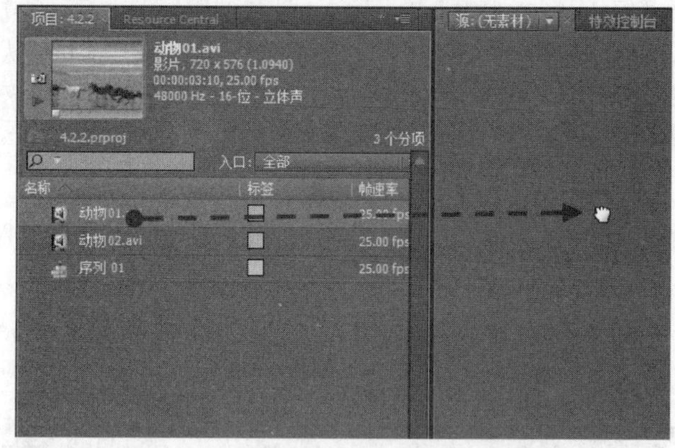

图 4.32 将素材加入【素材源】窗口

在序列上拖动播放指针控制点，将播放指针移到指定的位置，如图 4.33 所示。

图 4.33 将播放指针移到轨道指定的位置

此时单击【素材源】窗口中控制面板上的【覆盖】按钮，以覆盖方式将【素材源】窗口当前素材装配到序列上，如图 4.34 所示。

图 4.34　以覆盖方式装配素材

当素材被添加到轨道的指定位置后，原位置的素材将被覆盖，结果如图 4.35 所示。

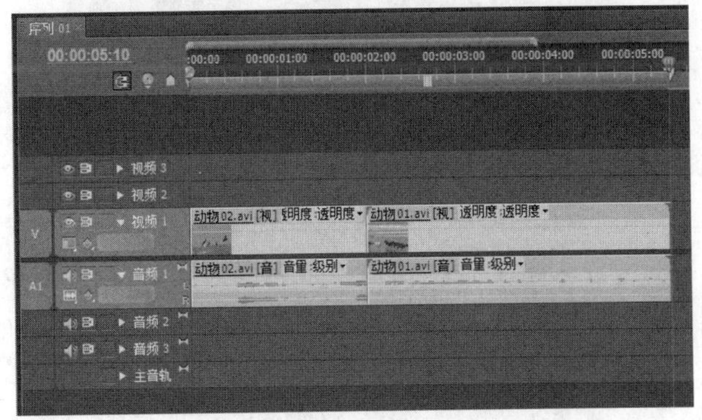

图 4.35　以覆盖方式装配素材的结果

4.2.3　以三点编辑方式装配素材

除了可以用插入和覆盖这两种基本方式将素材添加到序列外，用户还可以用一些技巧让装配素材的操作更加符合制作的要求，例如使用三点编辑方式将素材装配到序列。

三点编辑就是通过设置两个入点和一个出点或一个入点和两个出点，在序列中对素材进行定位，第四个点就会被自动计算出来。例如，一种典型的三点编辑方式是设置素材的入点和出点，再设置序列入点(即素材的入点在序列中的位置)。当素材被加入到序列时，序列的出点就会通过其他 3 个点自动计算出来。

使用三点编辑方式装配素材的操作步骤如下。

Step 1　打开练习文件(光盘：..\Example\Ch04\4.2.3.prproj)，将素材加入【素材源】窗口，然后通过控制面板为素材设置入点和出点，如图 4.36 所示。

图 4.36　为素材设置入点和出点

此时在序列上拖动播放指针控制点，指定插入素材入点的位置，然后单击鼠标右键并从快捷菜单中选择【设置序列标记】|【入点】命令，将当前播放指针的位置设置为入点，如图 4.37 所示。

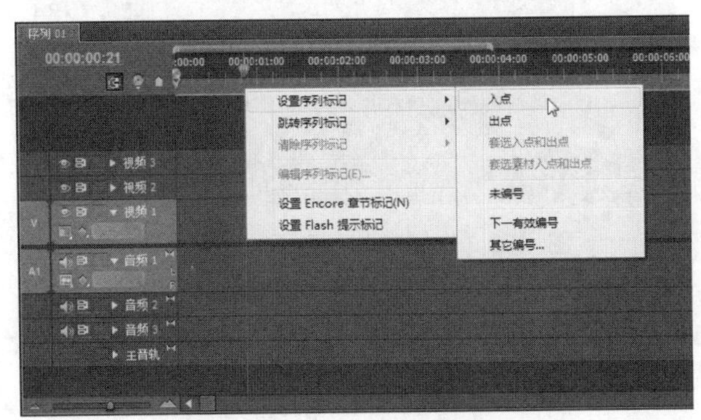

图 4.37　为序列轨道设置入点

Step 3 设置完成后，单击【插入】按钮，即可将【素材源】窗口中当前素材的入点与出点的片段加入序列轨道上，如图 4.38 所示。

图 4.38 以插入方式装配素材

Step 4 此时素材以轨道上设置的入点为素材入点，而素材在轨道的出点将由系统自动计算出来，如图 4.39 所示。

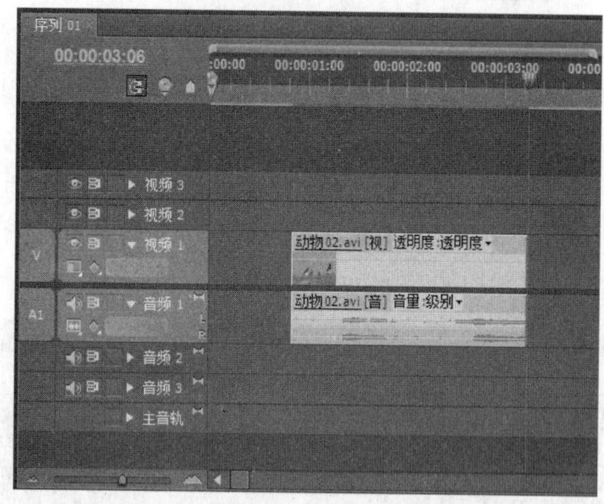

图 4.39 定义三点后装配素材的结果

4.2.4 以四点编辑方式装配素材

四点编辑方式的操作方法基本与三点编辑方式类似，只是四点编辑方式需要设置素材的入点和出点以及序列轨道的入点和出点。设置完成后，序列通过匹配对齐，将素材添加到序列中。

使用四点编辑方式装配素材的操作步骤如下。

Step 1 打开练习文件(光盘：..\Example\Ch04\4.2.4.prproj)，将素材加入【素材源】窗口，然后通过控制面板为素材设置入点和出点，如图 4.40 所示。

图 4.40 设置素材的入点和出点

Step 2 在序列上拖动播放指针控制点，指定插入素材入点的位置，然后单击鼠标右键并从快捷菜单中选择【设置序列标记】|【入点】命令，将当前播放指针位置设置为入点，如图 4.41 所示。

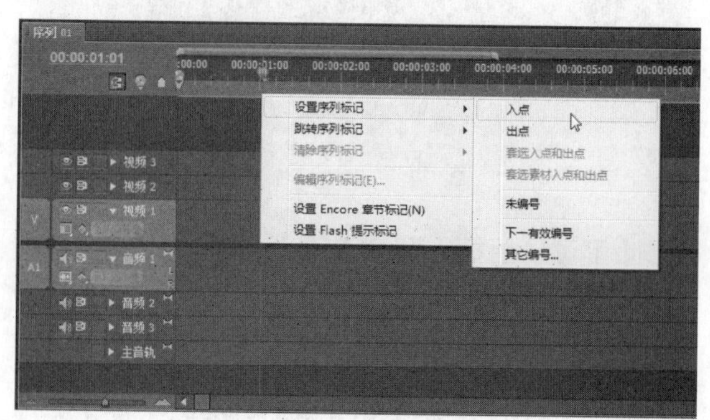

图 4.41 为序列轨道设置入点

继续在序列上拖动播放指针控制点，指定插入素材出点的位置，然后单击鼠标右键并从快捷菜单中选择【设置序列标记】|【出点】命令，将当前播放指针的位置设置为出点，如图 4.42 所示。

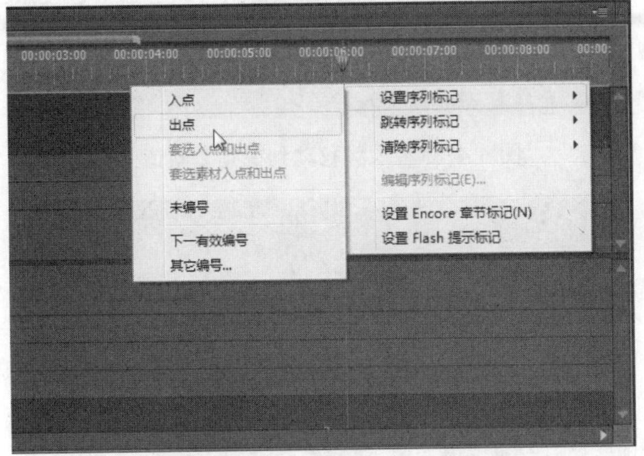

图 4.42　为序列轨道设置出点

此时单击【素材源】窗口上的【插入】按钮，即可将【素材源】窗口中当前显示素材的入点与出点之间的片段加入序列，如图 4.43 所示。

图 4.43　将素材装配到序列

如果所标记的素材和序列的持续时间不同，在添加素材时，会弹出对话框，用户可以在其中选择改变素材速率以匹配标记的序列。当标记的素材长于序列时，用户可以选择自动修剪素材的开头或结尾。当标记的素材短于序列时，用户可以选择忽略序列的入点或出点，这相当于三点编辑，如图 4.44 所示。

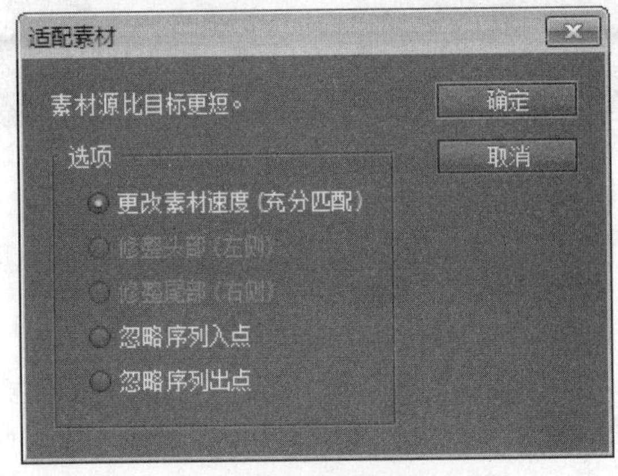

图 4.44　适配素材

假设本例在【适配素材】对话框中选择【更改素材速度(充分匹配)】单选按钮，此时素材会对应轨道的入点和出点进行装配。由于素材时间码增长了，所以素材的播放速度也会降低。用户装配素材后，可以通过【节目】窗口播放素材，预览效果，如图 4.45 所示。装配素材的结果如图 4.46 所示。

图 4.45　播放素材，预览效果

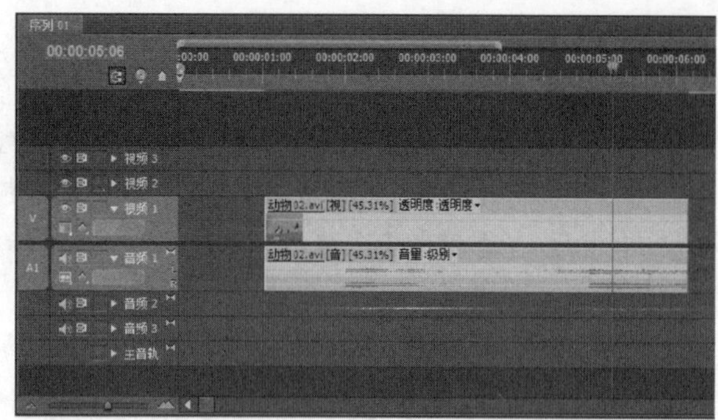

图 4.46　装配素材后的结果

4.3　编辑时间线上的素材

素材被添加到序列后，还可以根据制作的需要通过【时间线】面板对序列进行编辑，以达到更好的播放效果。

4.3.1　调整素材的排列顺序

素材被装配到序列后，可以根据项目设计的需要，调整素材的播放顺序，让不同素材的出现依照规定的顺序排列，从而满足观众观看影片的要求。

说明

在【时间线】面板中编辑素材之前，首先需要将素材选中。用户可以使用【选择工具】来将素材选中。

调整素材的排列顺序的操作步骤如下。

Step 1　打开练习文件(光盘：..\Example\Ch04\4.3.1.prproj)，从【工具箱】面板中选择【选择工具】，将视频 1 轨道上排列在第一的视频素材移到视频 2 轨道上，如图 4.47 所示。

Step 2　使用相同的方法，使用【选择工具】将音频 1 轨道上排列在第一的音频素材移到音频 2 轨道上，如图 4.48 所示。

Step 3　继续使用【选择工具】，将视频 1 轨道上的素材移动到轨道开始处，让此素材先行播放，如图 4.49 所示。

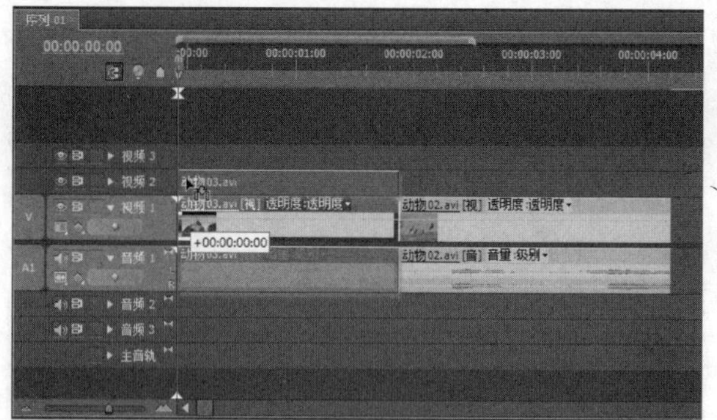

图 4.47　将视频移动到视频 2 轨道上

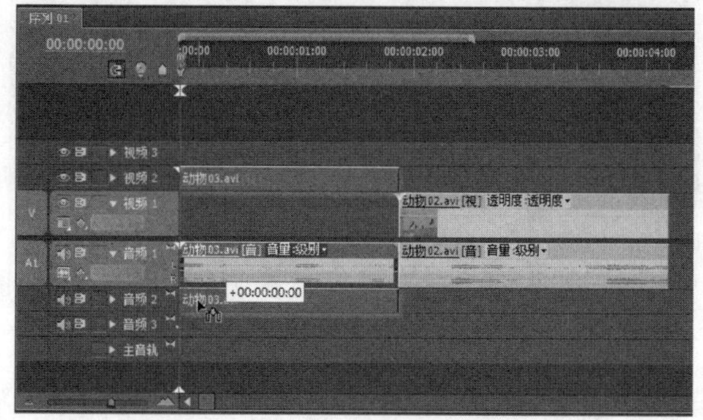

图 4.48　将音频移动到音频 2 轨道上

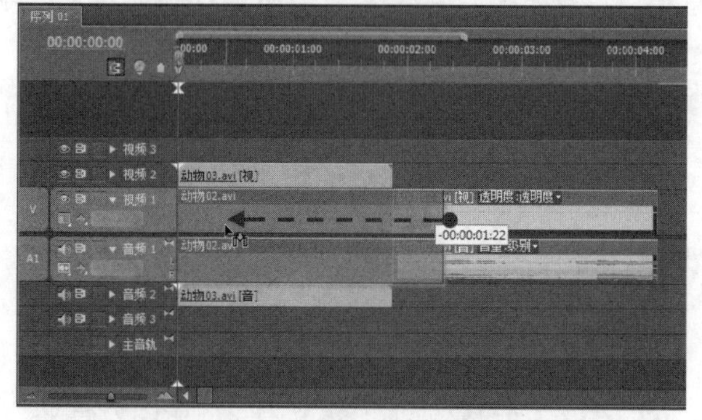

图 4.49　向前调整素材的排列位置

Step 4　此时使用【选择工具】将轨道 2 上的素材移到轨道 1 素材的出点处，以调整该素材的排列顺序，如图 4.50 所示。

提示

在默认情况下，视频 2 轨道和音频 2 轨道都是折叠的。如果想展开轨道，则可以单击轨道名称左侧的三角形按钮，以展开或折叠轨道，如图 4.51 所示。

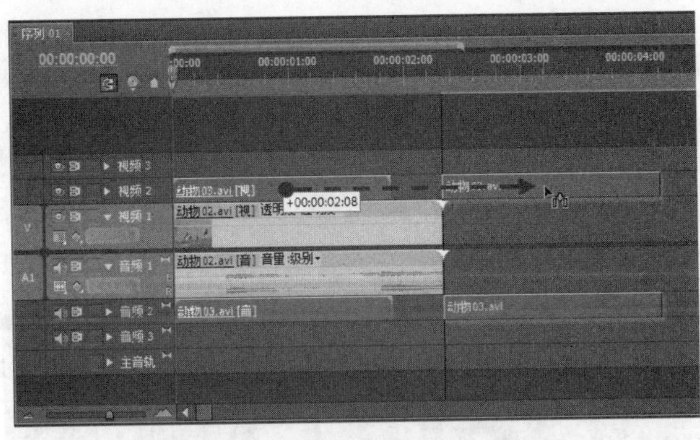

图 4.50　向后调整素材的排列位置

图 4.51　展开与折叠轨道

4.3.2　素材的修剪与还原

素材的修剪其实很简单，假设视频素材的前部或尾部有多余的内容，用户可以通过拖动素材入点和出点的方式来删除多余的片段。当修剪后的素材需要还原时，也可以通过拖动素材入点和出点的方式，还原被删除的片段。

修剪与还原视频素材的操作步骤如下。

Step 1　打开练习文件（光盘：..\Example\Ch04\4.3.2.prproj），从【工具箱】面板中选择【选择工具】，将鼠标移到素材出点处，当出现图标后，向左移动，即可修改素材尾部的内容，如图 4.52 所示。

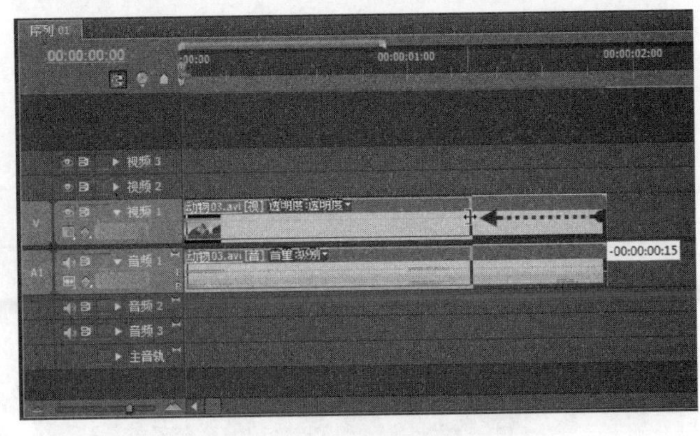

图 4.52　修改素材尾部的内容

提示

因为素材中的视频和音频是同步锁定的，在修剪视频时，音频也会一并被修剪。如果想单独修剪视频或音频，则只需在执行修剪时按住 Alt 键即可。

Step 2　修剪素材后，可以单击【节目】面板上的【播放-停止切换】按钮，播放素材以检视修剪的结果，如图 4.53 所示。

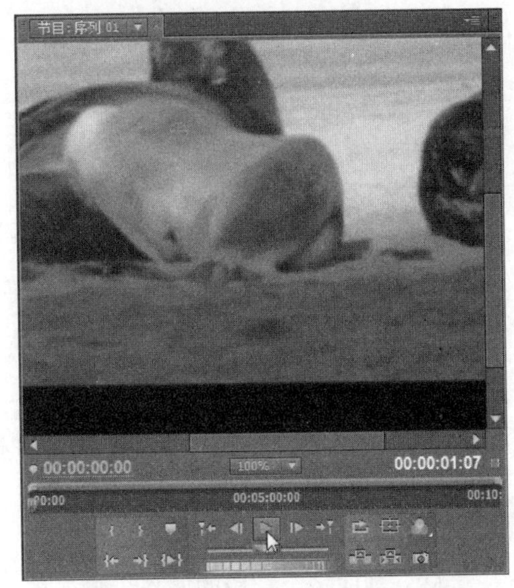

图 4.53　播放素材以检视修剪的结果

Step 3　如果要恢复已修剪的素材，可以将鼠标移到素材出点处，当出现图标后，向右移直至不能移动，即可恢复被修剪的内容，如图 4.54 所示。

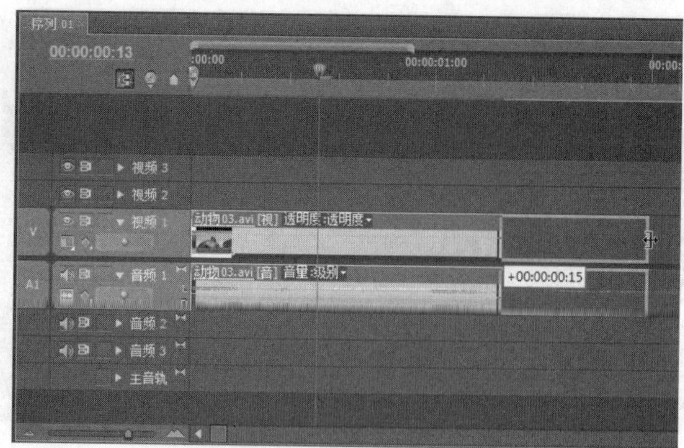

图 4.54　恢复被修剪的内容

4.3.3　将长素材分割成多个片段

在很多时候，我们用 DV 拍摄的素材都有多个场景，当将素材装配到序列后，可以将素材中不同的场景进行分割，让它们成为独立的片段，这样可以方便以后给这些场景制作类似于转场的特效，从而让作品的放映效果更佳。

提示

要对素材进行分割，可以使用【剃刀工具】来操作。首先选择【剃刀工具】，然后单击素材上需要进行分割的点，即可从此点将素材一分为二。

当按住 Alt 键使用【剃刀工具】单击链接视频和音频的素材的某点时，则可以仅对单击视频或音频部分进行分割。当按住 Shift 键使用【剃刀工具】单击素材的某点时，则可以从此点将所有未锁定轨道上的素材进行分割。

使用【序列】|【剃刀：切分轨道】命令，或按下 Ctrl+K 快捷键，均可以时间线播放指针所在的位置为分割点，将锁定轨道上穿过此位置的所有素材进行分割。

将长素材分割成多个片段的操作步骤如下。

Step 1　打开练习文件(光盘：..\Example\Ch04\4.3.3.prproj)，在【时间线】窗口中拖动播放指针控制点，预览素材内容，从而寻找合适的分割点，如图 4.55 所示。

图 4.55　拖动播放指针控制点寻找分割点

提示

一般来说，分割点应该选在场景与场景的交点处，即前一场景与后一场景的变换处。

为了更加细致地寻找到场景的交点，用户可以通过单击【节目】窗口中控制面板上的【步进】按钮和【步退】按钮来查看素材每帧的内容，如图 4.56 所示。其中，单击一次【步进】按钮 或【步退】按钮，就会向前或向后播放一帧。

图 4.56　通过播放单帧寻找分割点

Step 2　找到合适的分割点后，从【工具箱】面板中选择【剃刀工具】，然后在素材的分割点上单击，即可分割素材，如图 4.57 所示。

图 4.57　分割素材

使用相同的方法，在素材上寻找其他分割点，然后使用【剃刀工具】分割素材，结果如图 4.58 所示。

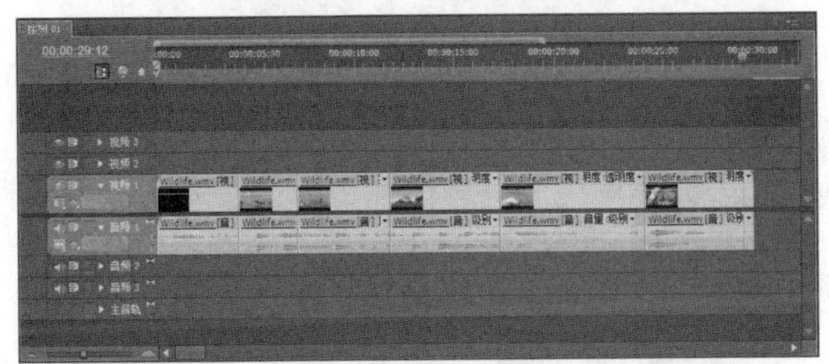

图 4.58　分割素材的结果

在【工具箱】面板上选择【选择工具】，然后在轨道上选择不需要的素材片段，再按 Delete 键，即可将选定的素材片段删除，如图 4.59 所示。

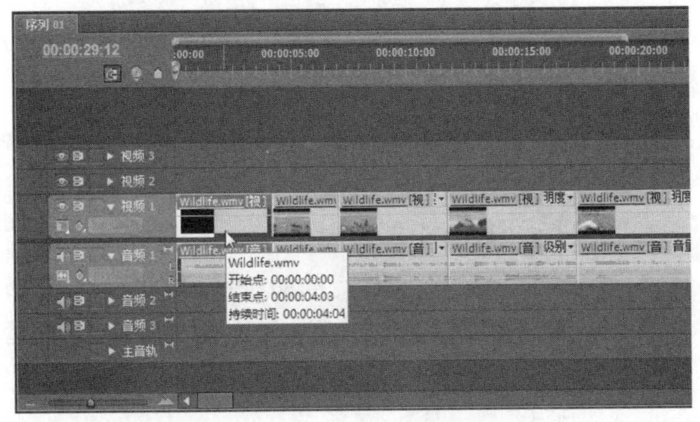

图 4.59　选定素材片段并删除

Step 5　此时可以使用【选择工具】，适当地调整其他素材片段在轨道上的位置，如图 4.60 所示。

图 4.60　调整素材在轨道上的位置

完成编辑后，选择【文件】|【存储为】命令，将项目保存为一个新文件，以便日后使用，如图 4.61 所示。

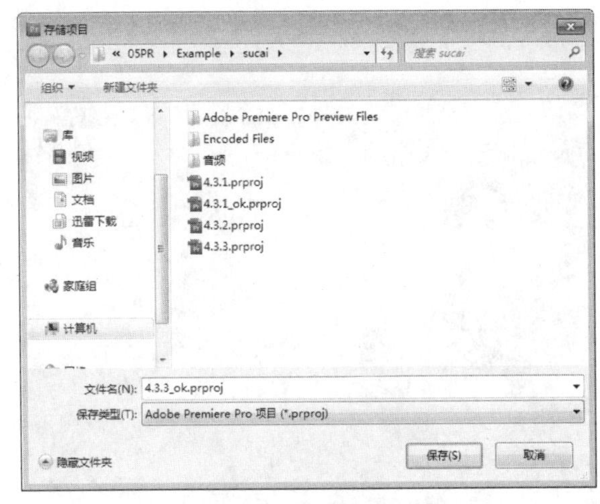

图 4.61　保存项目文件

4.3.4　调整素材的播放速率

我们在看电影或电视时，经常会看到慢镜头和快镜头的效果。其实这种效果很简单，对 Premiere Pro CS5 来说，用户只需使用【速率伸缩工具】对素材的入点或出点进行拖动，就可以更改素材的播放速率，从而让素材达到慢播和快播的效果。

调整素材快播与慢播的操作步骤如下。

Step 1 打开练习文件(光盘：..\Example\Ch04\4.3.4.prproj)，从【工具箱】面板中选择【速率伸缩工具】，然后选择素材的出点并向左拖动，以提高素材的播放速率(快播)，如图 4.62 所示。

图 4.62　提高素材的播放速率

Step 2 调整素材后，可以单击【节目】窗口中控制面板上的【播放-停止切换】按钮，播放素材以检视素材快播的结果，如图 4.63 所示。

图 4.63　播放素材以查看效果

Step 3 在此选择【速率伸缩工具】，然后选择素材的出点并向右拖动，以降低素材播放速率(慢播)，如图 4.64 所示。

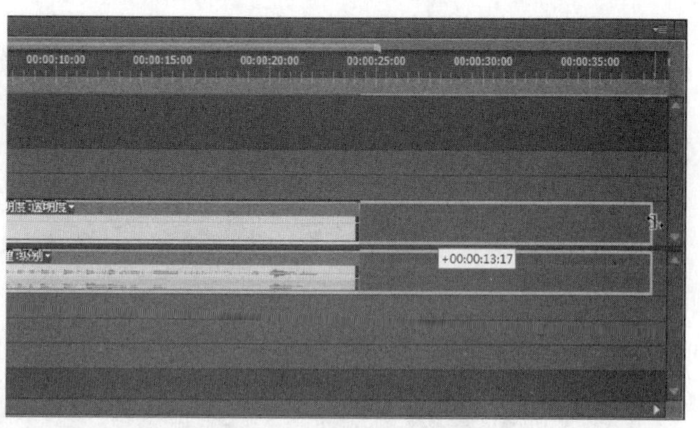

图 4.64　降低素材的播放速率

Step 4 在此单击【节目】窗口中控制面板上的【播放-停止切换】按钮，播放素材以检视素材慢播的结果，如图 4.65 所示。

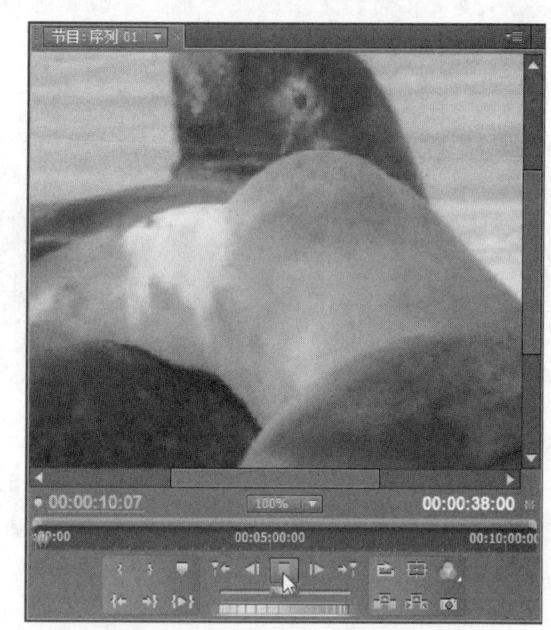

图 4.65　播放素材查看慢播效果

Step 5 如果要自定义调整素材的速率或持续时间，可以选择【素材】|【速度/持续时间】命令，如图 4.66 所示。

Step 6 打开【素材速度/持续时间】对话框，用户可以自定义素材播放的持续时间。如果要让素材恢复为原来的播放速率，则可以设置【速度】选项为 100%，最后单击【确定】按钮，如图 4.67 所示。

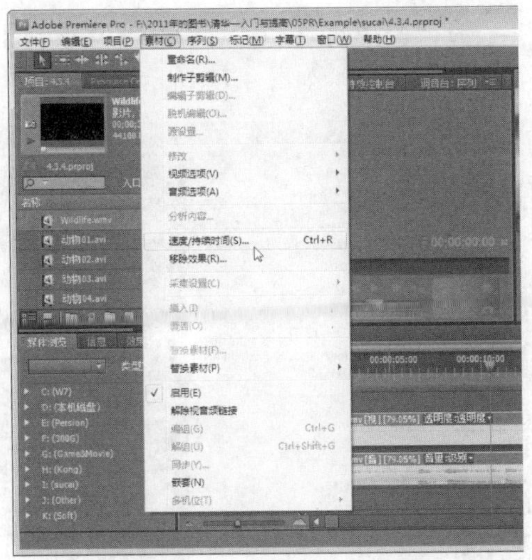

图 4.66　选择【速度/持续时间】命令

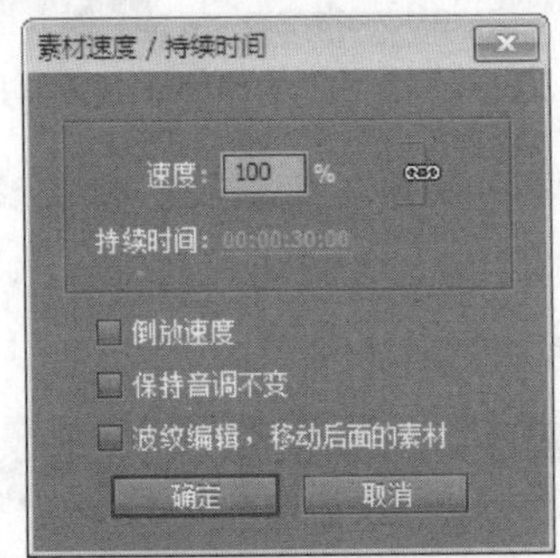

图 4.67　自定义播放速率

提　示

如果想单独调整视频或视频的播放速率，可以选择【速率伸缩工具】，按住 Alt 键，然后选择视频出点并向右或向左拖动，即可单独调整视频的速率，而音频播放速率不变，如图 4.68 所示。使用相同的方法，可以单独调整音频的播放速率。

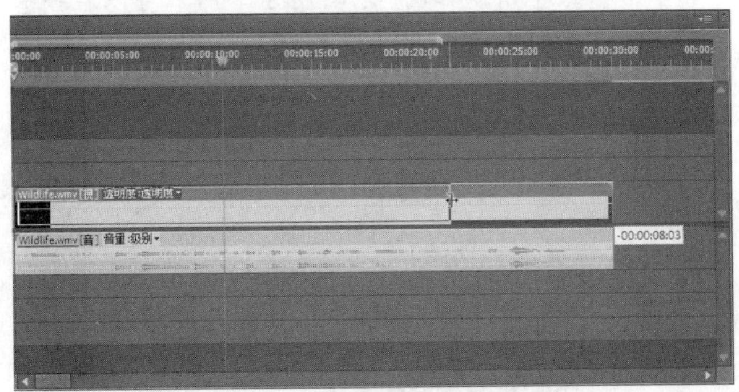

图 4.68　单独调整视频或音频的速率

4.4　素材编辑的其他技巧

除了上述编辑素材的方法外，用户还可以通过多种技巧完成对素材的编辑和应用。本节将通过几个典型的应用技巧，介绍编辑素材的其他方法。

4.4.1　以替换方式装配素材

在第 4.2.2 小节所介绍的以覆盖方式装配素材中，可以将轨道上重叠的素材替换，但是只限于替换重叠的素材。本小节介绍的方法则可以让源素材完全替换目标素材。

以替换方式装配素材的操作步骤如下。

打开练习文件(光盘：..\Example\Ch04\4.4.1.prproj)，将【项目】面板中的【动物04.avi】素材加入到【素材源】窗口中，如图 4.69 所示。

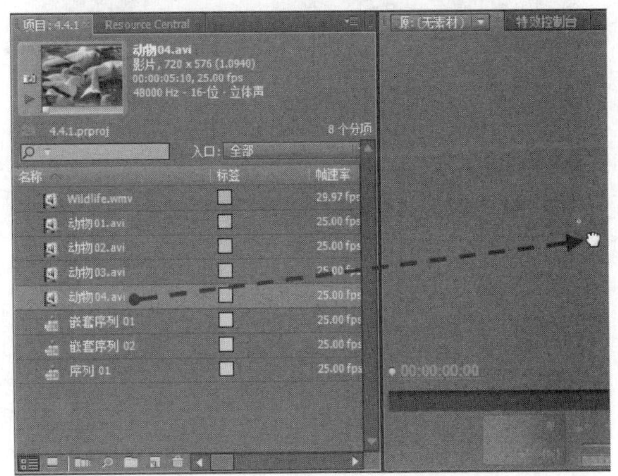

图 4.69　将素材加入【素材源】窗口

从序列的轨道上选择需要被替换的素材，然后打开【素材】菜单，并选择【替换素材】|【从源监视器】命令，将监视器的素材替换轨道上的素材，如图 4.70 所示。

替换素材后，用户可以从序列的轨道上看到原来的素材已经消失，取而代之的是【素材源】窗口的素材，如图 4.71 所示。

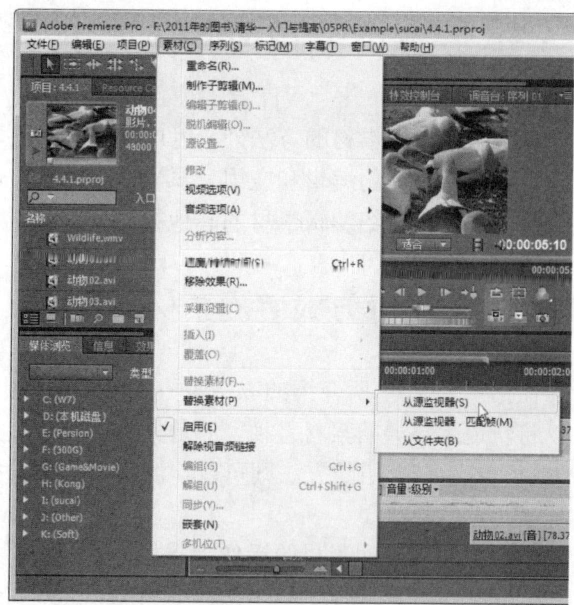

图 4.70　替换素材

图 4.71　替换素材后的结果

4.4.2　创建嵌套序列

虽然一个序列可以提供多个轨道让用户编辑素材，但是如果一个序列有太多轨道，则会增加难度，带来麻烦。此时可以创建嵌套序列，即一个序列包含另外一个序列，以便分层编辑每个序列的素材。

创建嵌套序列的操作步骤如下。

Step 1　打开练习文件（光盘：..\Example\Ch04\4.4.2.prproj），从【时间线】窗口中选择要作为嵌套序列的素材，然后选择【素材】|【嵌套】命令，如图 4.72 所示。

图 4.72　将选定的序列创建为嵌套序列

Step 2　此时可以看到选定的素材已经变成嵌套在当前序列上的新序列的素材，此时素材的颜色会变淡，如图 4.73 所示。

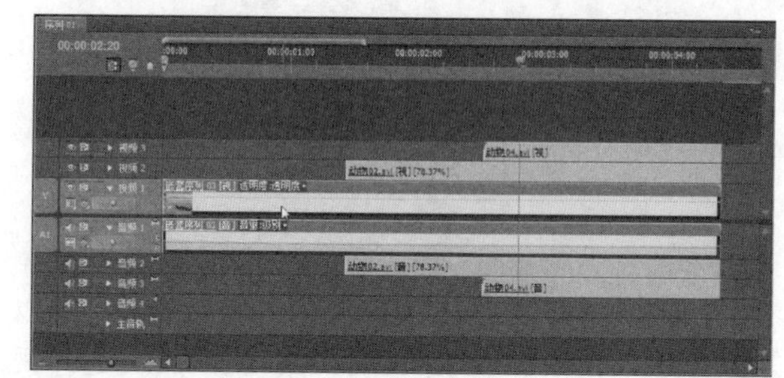

图 4.73　创建嵌套序列的结果

Step 3　双击嵌套序列上的素材，即可打开新建的嵌套序列，如图 4.74 所示，用户可以在嵌套序列上编辑和管理素材。

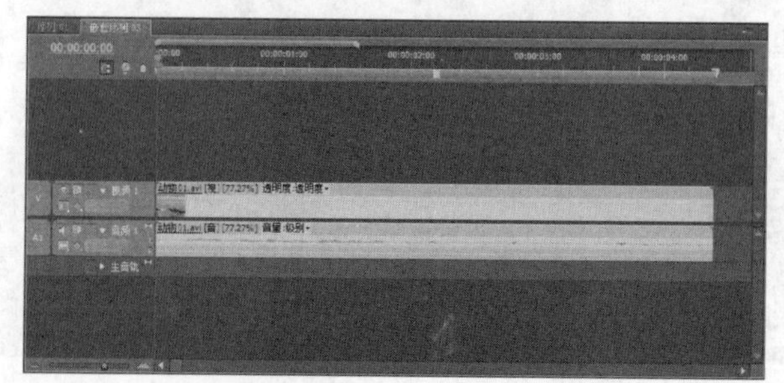

图 4.74　嵌套的序列

4.4.3 制作素材的子剪辑

为了方便多次使用和编辑素材，Premiere Pro CS5 提供了【制作子剪辑】功能，让用户为素材制作子剪辑，并对子剪辑进行编辑。

制作素材的子剪辑的操作步骤如下。

Step 1 打开练习文件(光盘：..\Example\Ch04\4.4.3.prproj)，选择序列上的素材，然后选择【素材】|【制作子剪辑】命令，如图 4.75 所示。

图 4.75 制作子剪辑

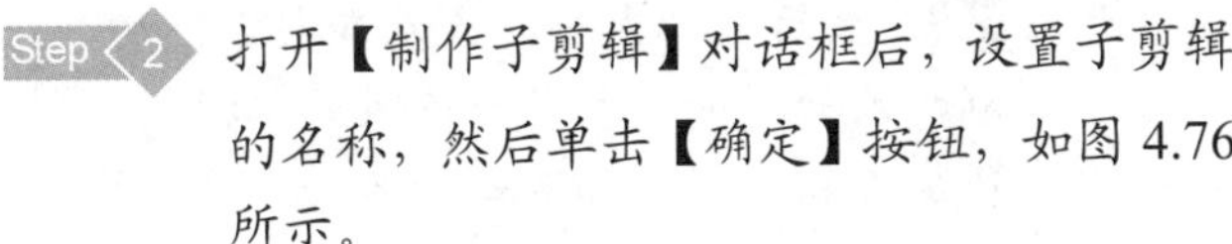

Step 2 打开【制作子剪辑】对话框后，设置子剪辑的名称，然后单击【确定】按钮，如图 4.76 所示。

Step 3 创建子剪辑后，可以选择【素材】|【编辑子剪辑】命令，以设置子剪辑开始移动的时间，如图 4.77 所示。

Step 4 打开【编辑子剪辑】对话框，在【子剪辑】选项组内拖动【开始】选项的时间码，以设置子剪辑开始移动的时间，最后单击【确定】按钮，如图 4.78 所示。

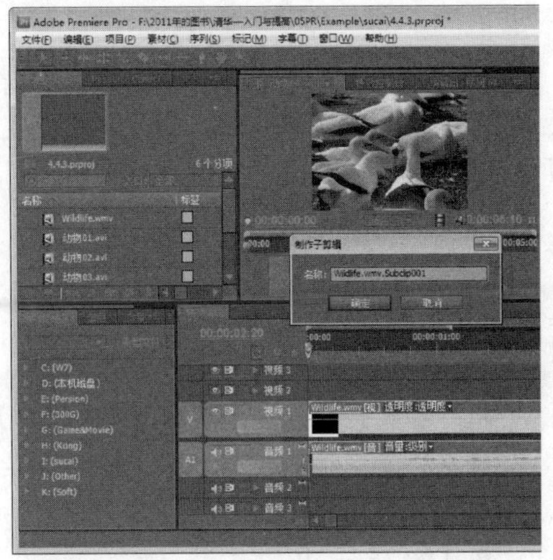

图 4.76 确定创建并设置子剪辑名称

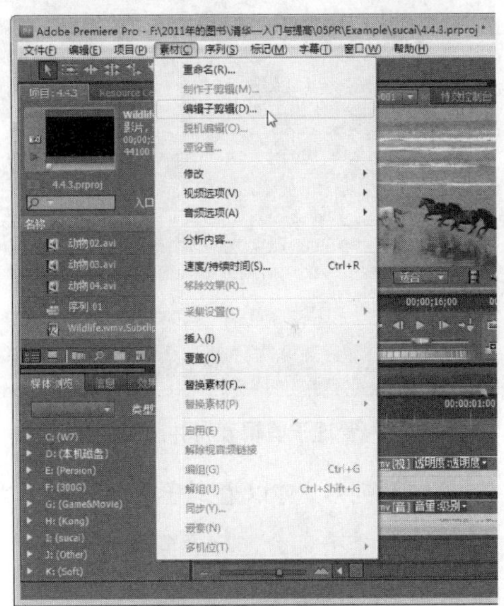

图 4.77 编辑子剪辑

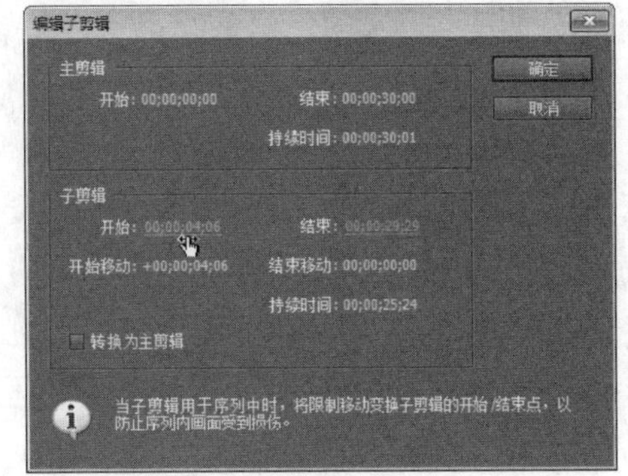

图 4.78 设置子剪辑开始的时间

注意

在制作子剪辑时，调整子剪辑的开始或结束时间是常用的处理。因为制作子剪辑就如同创建一个素材副本，而设置子剪辑的开始或结束时间，可以让子剪辑只显示限定时间段的内容，如同修剪素材一样。

但需要注意，子剪辑的开始和结束时间都不能超过主剪辑的开始和结束时间。

Step 5 此时可以将子剪辑素材拖到【素材源】窗口进行管理，例如设置入点和出点，然后单击【覆盖】按钮，将素材装配到序列，如图 4.79 所示。

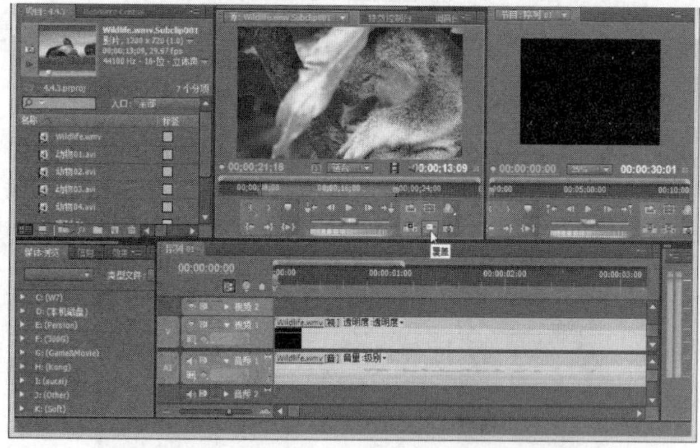

图 4.79　管理子剪辑素材并装配到序列

Step 6 装配序列后，可以看到子剪辑素材覆盖了原素材的重叠部分，而子剪辑为包含部分，仍然会显示原素材，如图 4.80 所示。

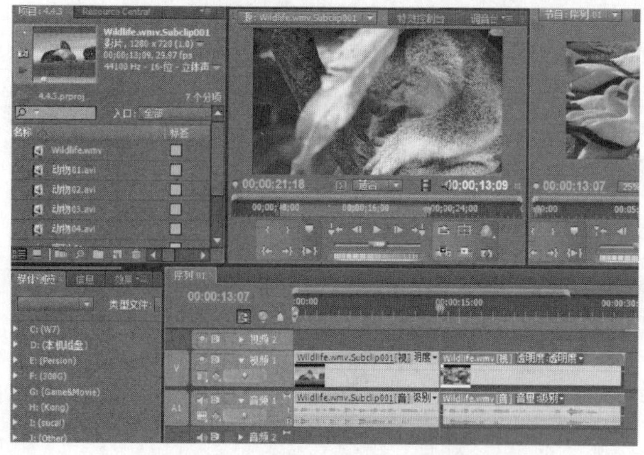

图 4.80　素材装配到序列的结果

4.5　上机练习：制作画中画影片效果

本例通过【时间线】面板序列中多轨道的特性，将不同的素材加入不同轨道上，以制作出画中画的影片效果。

制作画中画影片效果的操作步骤如下。

Step 1 打开练习文件(光盘：..\Example\Ch04\4.5.prproj)，从【项目】面板中选择【动物02.avi】素材，并将此素材拖到【时间线】窗口的视频 2 轨道上，如图 4.81 所示。

图 4.81　将素材加入轨道上

Step 2 从【工具箱】面板中选择【速率伸缩工具】，然后选择素材的出点并向右拖动，让刚加入轨道的素材的持续时间与视频 1 轨道的素材一样，如图 4.82 所示。

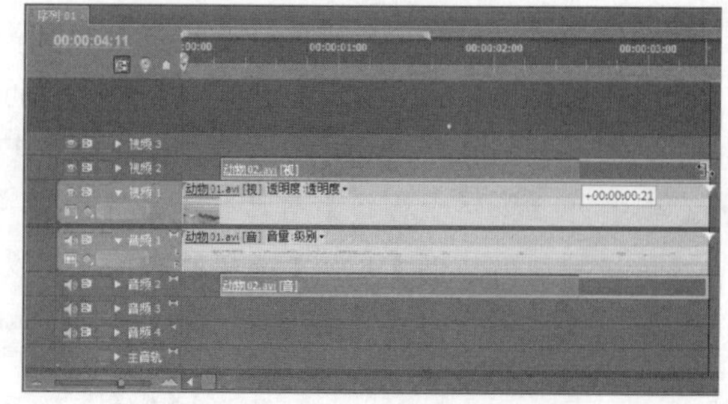

图 4.82　调整素材的持续时间

在【节目】窗口中打开【显示比例】列表框，然后选择 50%选项，缩小素材在监视器中的显示比例，如图 4.83 所示。

图 4.83　调整素材的显示比例

从【工具箱】面板中选择【选择工具】，然后从【节目】窗口的监视器中选择【动物 02.avi】素材，并缩小素材。

缩小素材后，使用【选择工具】将素材移到监视器的右上角，作为整个项目影片的子视频，如图 4.84 所示。

图 4.84　缩小素材并调整素材的位置

图 4.84　缩小素材并调整素材的位置(续)

说明

在默认情况下，序列有 3 个视频轨和音频轨，用户可以增加轨道，以便将多个素材加入不同的轨道上，从而制作出多个画中画的效果。

制作画中画效果后，可以单击【节目】窗口中控制面板上的【播放-停止切换】按钮，播放序列以查看画中画的播放效果，如图 4.85 所示。

图 4.85　播放序列以查看画中画效果

4.6 章后总结

本章主要介绍了使用 Premiere Pro CS5 管理、装配和编辑素材的方法，其中包括通过【素材源】窗口设置素材入点和出点，导出素材的当前帧，以不同的方式装配素材至序列，修剪和还原素材，分割素材，调整素材的播放速率以及制作素材子剪辑等内容。

4.7 章后实训

本章实训题要求导入一个 Logo 图像素材到项目文件，然后将 Logo 加入到序列的轨道上，并设置图像的大小和位置，为视频添加一个 Logo 图像，结果如图 4.86 所示。

图 4.86　预览添加 Logo 图像后的效果

本章实训题操作的流程如图 4.87 所示。

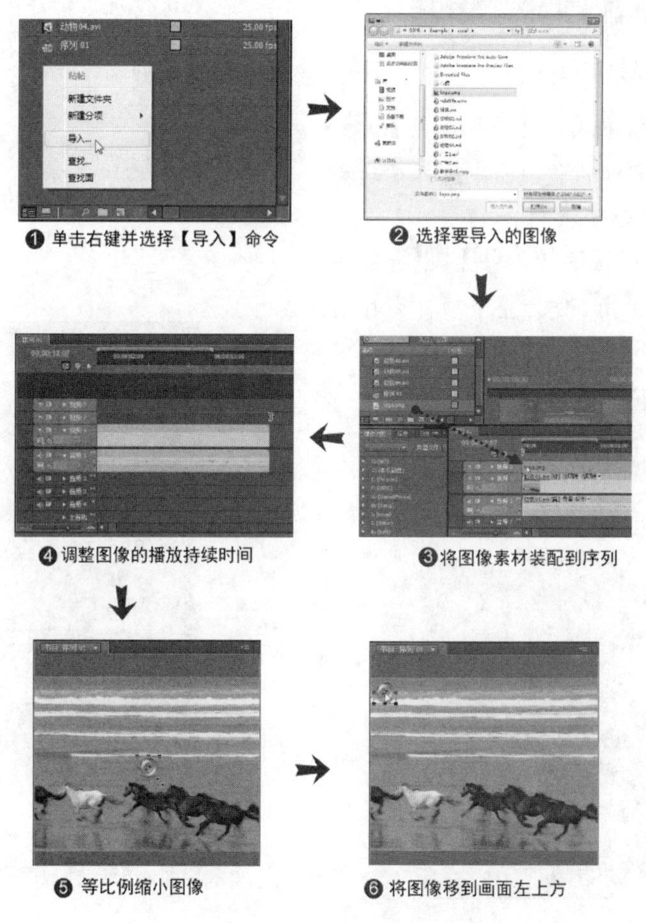

图 4.87　实训题操作的流程

第 5 章

视频特效与切换特效的应用

本章学习要点

在 Adobe Premiere Pro CS5 中，视频特效和切换特效是两种主要的影视作品设计效果，通过这两种效果可以制作出出色的素材画面效果和素材过渡效果。本章将以这两种效果为主，先从查看、应用和编辑特效的基础操作讲起，然后详解介绍视频特效和切换特效在影视作品设计上的应用。

5.1 查看与应用特效

特效是影视作品制作中不可缺少的元素，有了特效的应用，设计者就可以对影片画面制作各种各样的效果和过渡，让作品更加有吸引力。

5.1.1 查看效果项目

在 Premiere Pro CS5 中，所有的特效都集合在【效果】面板中。若要打开【效果】面板，可以选择【窗口】|【效果】命令，或者按 Shift+7 快捷键，如图 5.1 所示。

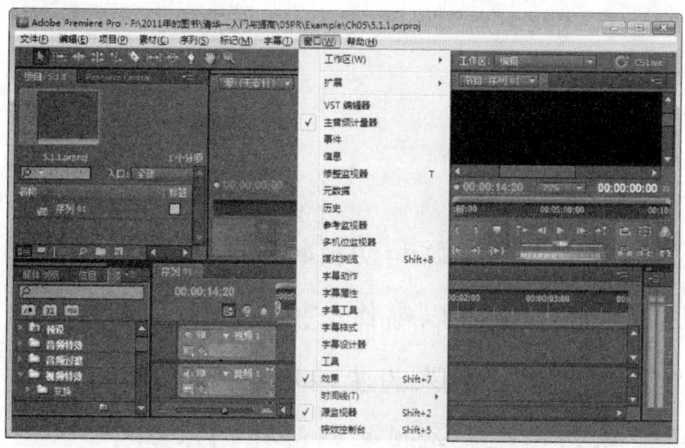

图 5.1 打开【效果】面板

在【效果】面板中，用户只需打开不同种类的效果列表，即可查看各个效果项目，如图 5.2 所示。

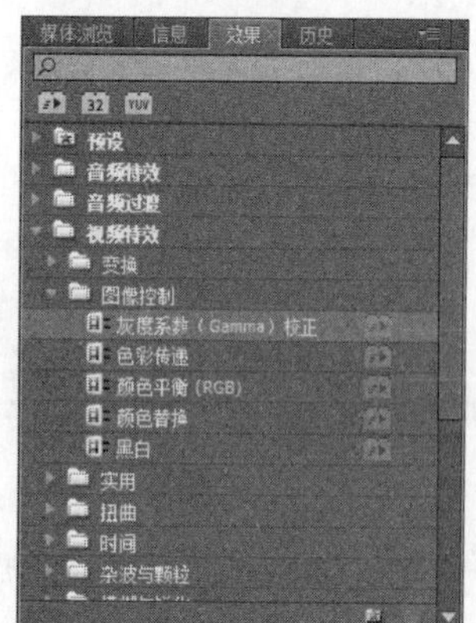

图 5.2 查看效果列表中各个效果项目

图 5.2 查看效果列表中各个效果项目(续)

在【效果】面板的上方有【加速效果】按钮、【32 位效果】按钮和【YUV 效果】按钮，通过单击这些按钮，可以快速地打开对应类型的效果项目。例如单击【加速效果】按钮，【效果】面板即显示加速效果的所有项目，如图 5.3 所示。

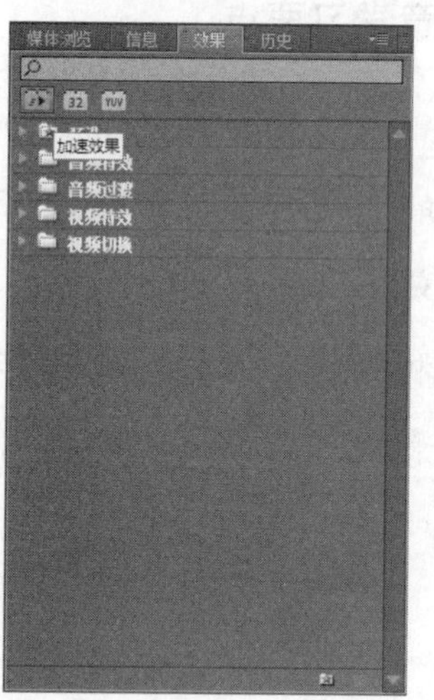

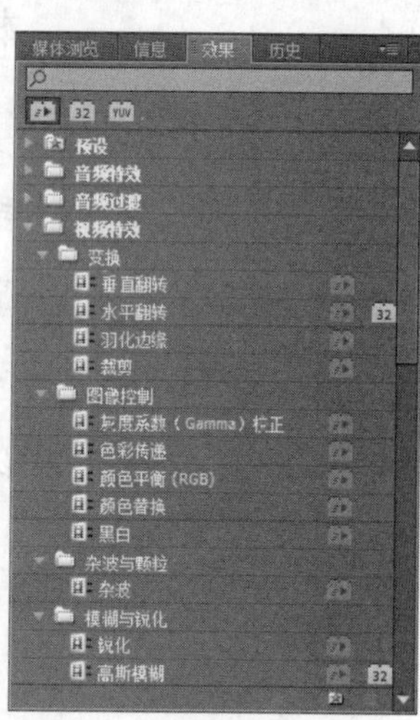

图 5.3 快速显示特殊类型的效果项目

5.1.2 应用特效到素材

为了应用特效，Premiere Pro CS5 将特效归类在一起，以便用户将这些特效应用到素材上。应用特效的方法很简单，首先打开预设特效列表，然后将效果项目拖到素材上即可，如图 5.4 所示。

图 5.4　应用特效到素材上

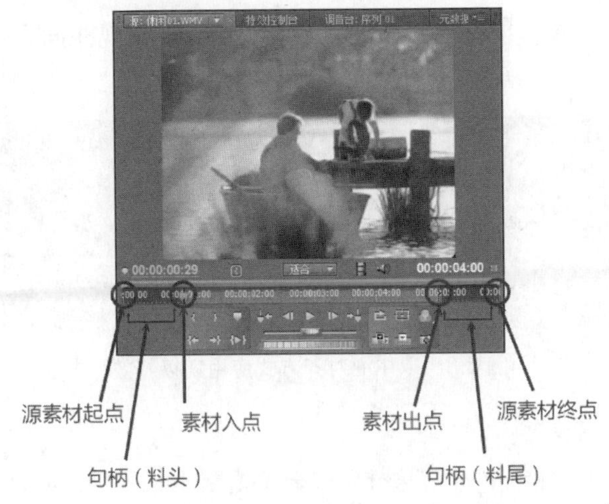

图 5.5　句柄示意图

5.1.3　应用切换特效到素材

如果是素材的切换特效，则需要将特效项目拖到前一视频素材的出点，或者下一视频素材的入点，或者两个素材之间。

1. 句柄

默认状态下，在【时间线】窗口上放置两段相邻的素材，如果采用剪切方式，那么就是前一段素材的出点与下一段素材的入点紧密相连在一起。如果要为一个常见的变换名强调或添加一个特效，就可以应用切换特效，例如擦出、缩放或融合等。运用场景的切换，可以制作出一些赏心悦目的画面效果。

大多数情况下，在重要的情节过程中是不希望出现切换的，所以要使用句柄或为素材设置入点和出点之间的附加帧，以保留精彩镜头的完整性。

说明

句柄就是素材片段中包含编辑点的可用帧数，简单来说，句柄就是一个素材中位于入点和出点之外捕捉而来的帧，它有时在媒体起点和素材入点之间时成为“料头”，而在素材的出点和媒体终点之间时成为“料尾”，如图 5.5 所示。

2. 对齐方式

当拖动切换特效到序列的两个素材之间的编辑点时，可以交互地控制切换的对齐方式。其中对齐方式有 3 种，分别对应、和图标。

- ：切换与第一段素材的终点对齐，出现在不同轨道素材切换时，如图 5.6 所示。

图 5.6　以对齐终点方式应用切换特效

- ：切换与第二段素材的起点对齐，出现在不同轨道素材切换时，如图 5.7 所示。

图 5.7　以对齐起点方式应用切换特效

- ![icon]: 切换与编辑的中心对齐，出现在同一轨道素材切换时，如图 5.8 所示。

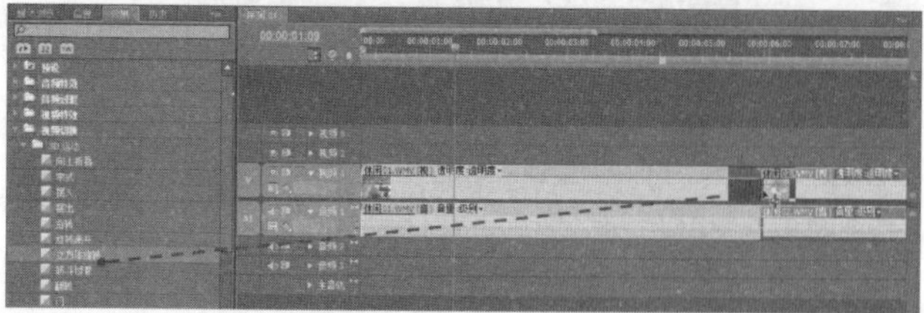

图 5.8　以中心对齐方式应用切换特效

提 示

如果加入切换特效的某个素材长度不够，那么素材播放时间不足以完成切换过渡时间，此时可以让切换过渡效果包含重复帧，如图 5.9 所示。

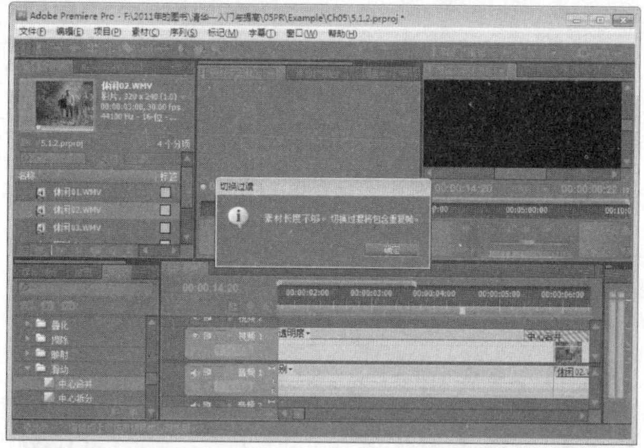

图 5.9　素材长度不够时，切换过渡效果包含重复的帧

5.1.4　实例：应用特效改变画面颜色

本例将以一个图像特效为例，说明将特效应用到素材上改变素材画面颜色的效果。

应用特效改变画面颜色的操作步骤如下。

Step 1　打开练习文件(光盘：..\Example\Ch05\5.1.4.prproj)，然后打开【效果】面板，并打开对应视频特效的列表，如图 5.10 所示。

Step 2　选择需要应用的视频特效，然后将特效项目拖到【时间线】窗口的素材上，如图 5.11 所示。

Step 3　应用视频特效后，可以单击【节目】窗口中控制面板上的【播放-停止切换】按钮，预览素材应用特效后的结果，如图 5.12 所示。

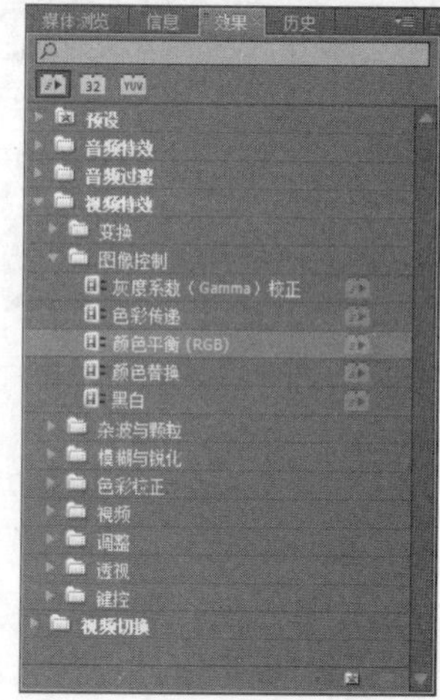

图 5.10　打开视频特效列表

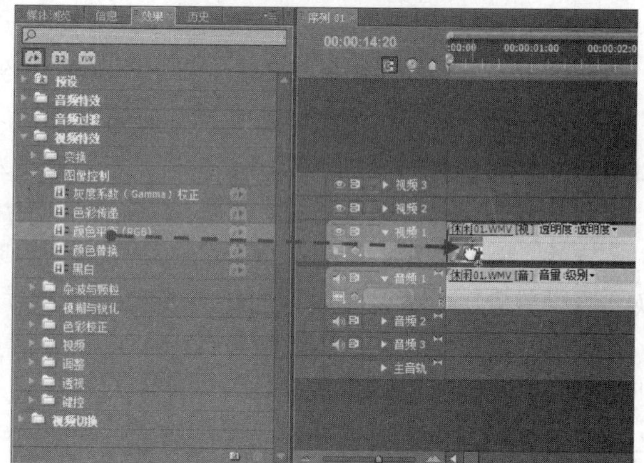

图 5.11　将视频特效拖到素材上

图 5.12　视频素材应用特效后的前后对比

图 5.12　视频素材应用特效后的前后对比(续)

5.2　编辑与管理特效

当特效被应用到素材后，特效的设置处于默认的状态。为了让特效适用于不同的素材，用户可以在应用特效后，通过【特效控制台】面板编辑特效。此外，为了方便日后应用特效，可以针对设计需求对特效进行不同的管理，例如将编辑后的特效存储为预设特效。

5.2.1　调整特效的设置

当特效应用到素材上后，用户可以打开【特效控制台】面板，调整特效的参数，让特效更加符合制作的要求。

调整特效设置的操作步骤如下。

 打开练习文件(光盘：..\Example\Ch05\5.2.1.prproj)，打开【效果】面板并打开对应视频特效的列表，将特效项目拖到【时间线】窗口的素材上，如图 5.13 所示。

 按下 Shift+5 快捷键，打开【特效控制台】面板，然后更改特效的设置，例如更改波形类型为【圆形】，接着设置其他特效参数，如图 5.14 所示。

 打开【效果】面板，然后在搜索文本框中输入关键字“旋转”，此时面板上会根据该关键字列出所有符合搜索条件的效果项目，如图 5.15 所示。

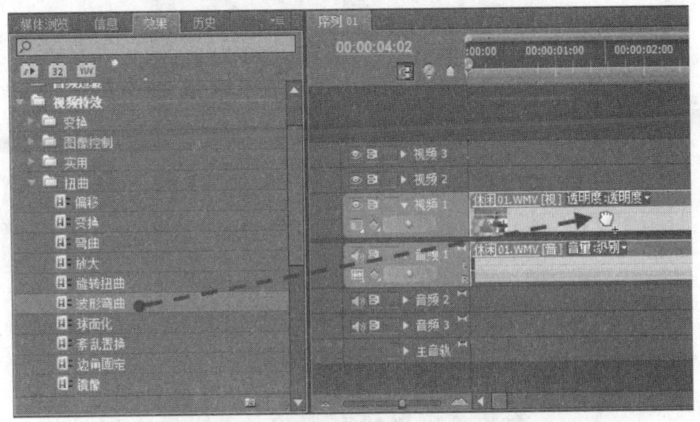

图 5.13　应用视频特效到素材

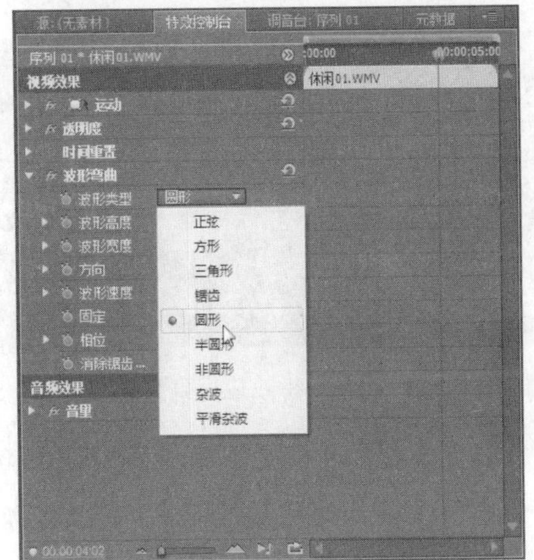

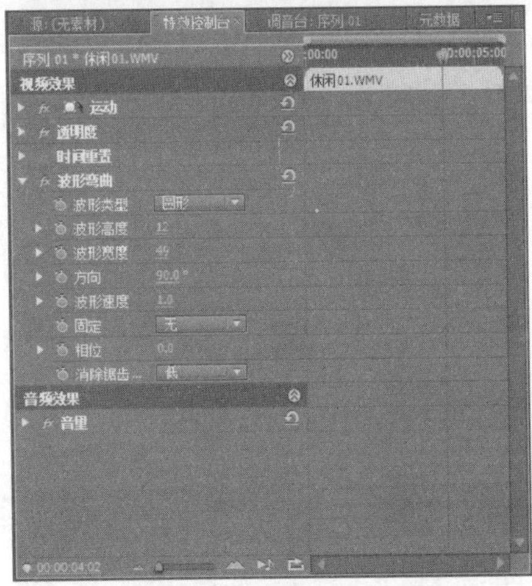

图 5.14　更改特效的设置

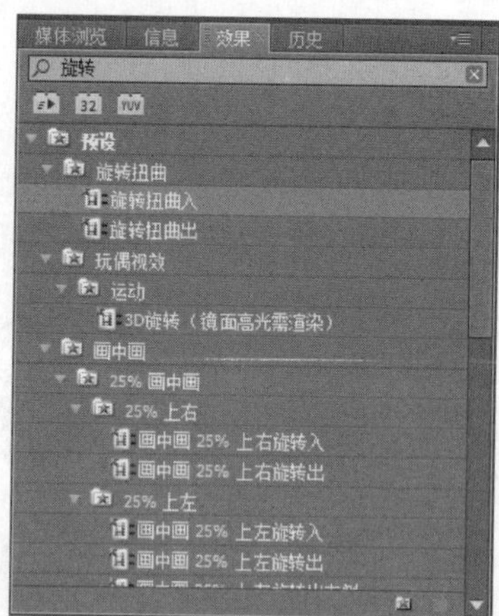

图 5.15 搜索特效

Step 4 选择需要应用的效果项目，然后将项目拖到序列的第二个素材上，如图 5.16 所示。

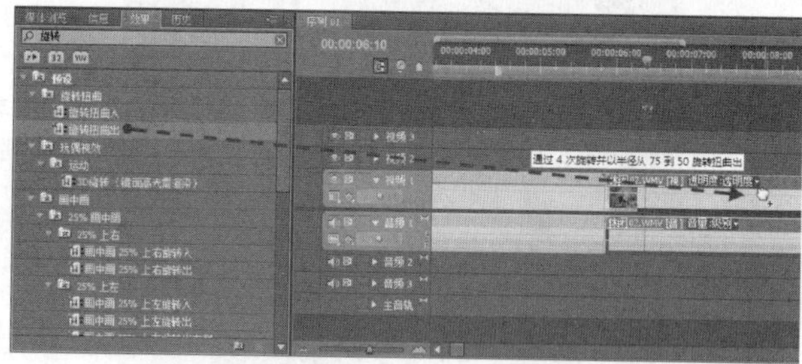

图 5.16 将特效应用到素材上

Step 5 打开【特效控制台】面板，然后在面板左侧打开【旋转扭曲】列表框，更改特效的设置参数，如图 5.17 所示。

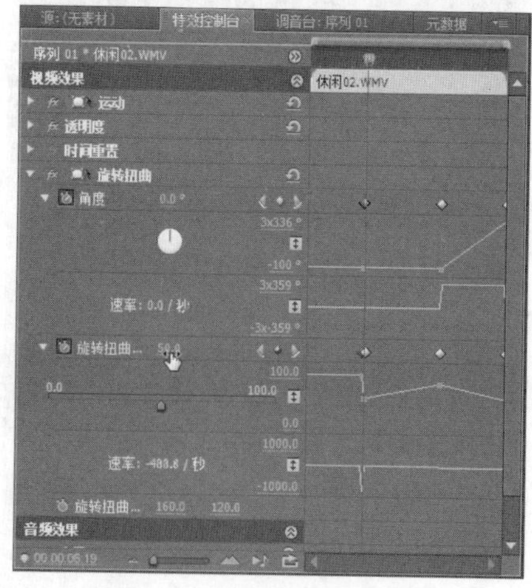

图 5.17 修改特效的参数

为了让特效的应用更符合要求，可以根据需要修改特效关键帧。用户只需从【特效控制台】面板右侧选择关键帧，然后调整其位置即可，如图 5.18 所示。

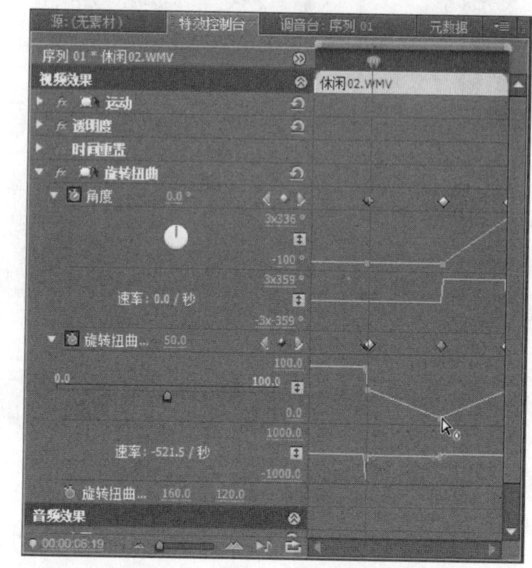

图 5.18 修改特效的关键帧

编辑特效后，用户可以通过【节目】窗口播放素材，预览效果，如图 5.19 所示。

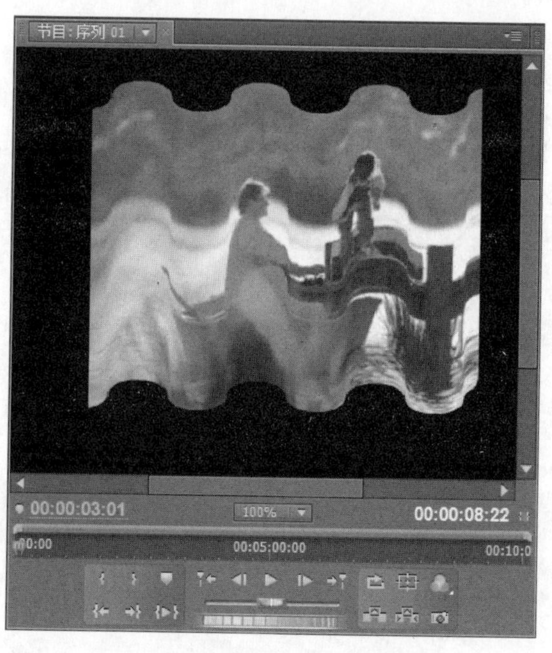

图 5.19 预览应用特效的效果

图 5.19　预览应用特效的效果(续)

5.2.2　存储为预设特效

应用到素材上的特效，在经过编辑后可以将特效设置为预设特效，以便下次直接套用编辑后的特效。

将当前特效存储为预设特效的操作步骤如下。

打开练习文件(光盘：..\Example\Ch05\5.2.2.prproj)，打开【特效控制台】面板，然后在特效项目上单击鼠标右键，并选择【存储预设】命令，如图 5.20 所示。

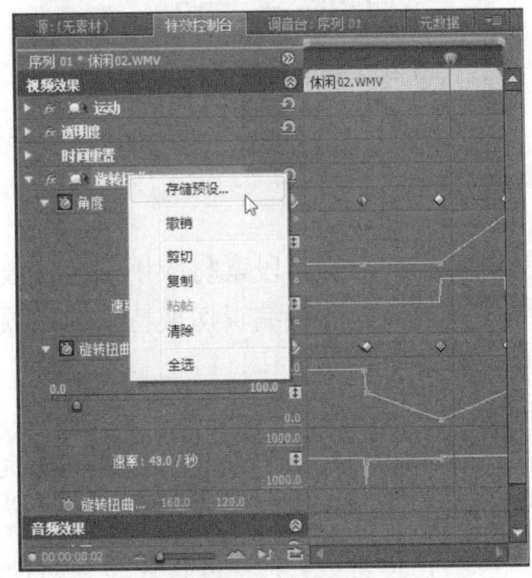

图 5.20　存储预设特效

打开【存储预设】对话框后，设置特效项目的名称，然后再设置类型和描述，最后单击【确定】按钮，如图 5.21 所示。

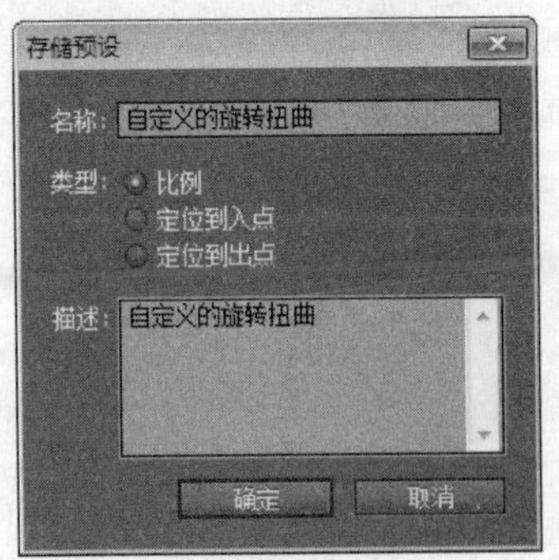

图 5.21　设置预设特效属性

此时用户可以打开【效果】面板，查看保存为预设特效的结果，如图 5.22 所示。

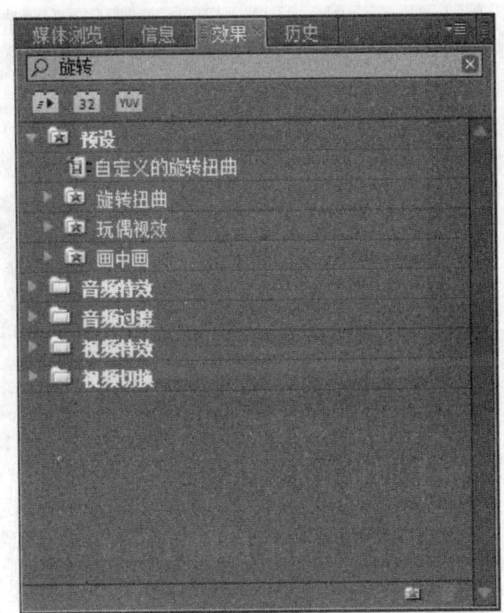

图 5.22　查看存储为预设特效的结果

5.2.3　关闭、打开与清除效果

如果想暂时打开或关闭素材的效果，可以在【特效控制台】面板上单击特效项前的 *fx* 图标 fx 关闭特效。如果要打开特效，再次单击 *fx* 图标 fx 即可，如图 5.23 所示。

如果想执行特效的其他编辑应用，可以在特效项目上单击鼠标右键，然后通过快捷菜单命令执行编辑，例如清除特效、复制和粘贴特效、撤销特效修改等，如图 5.24 所示。

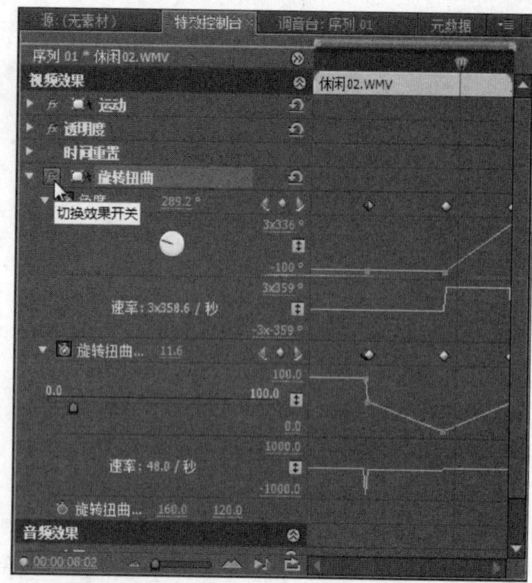

图 5.23 打开或关闭效果

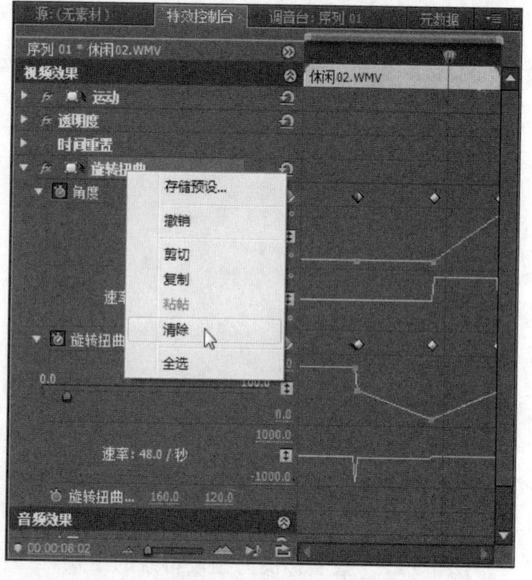

图 5.24 通过快捷菜单执行编辑命令

5.2.4 自定义文件夹管理特效

如果是常用的特效，可以将这些特效放到一个自定义文件夹内集中管理，以后要使用这些特效时，就不需要从那么多特效列表中寻找了。

如果要新建自定义文件夹，可以单击【效果】面板右下角的【新建自定义文件夹】按钮，如图 5.25 所示。

此时面板上会出现自定义文件夹，用户只需将常用的特效拖到该文件夹中，即可让特效放置在文件夹内，如图 5.26 所示。

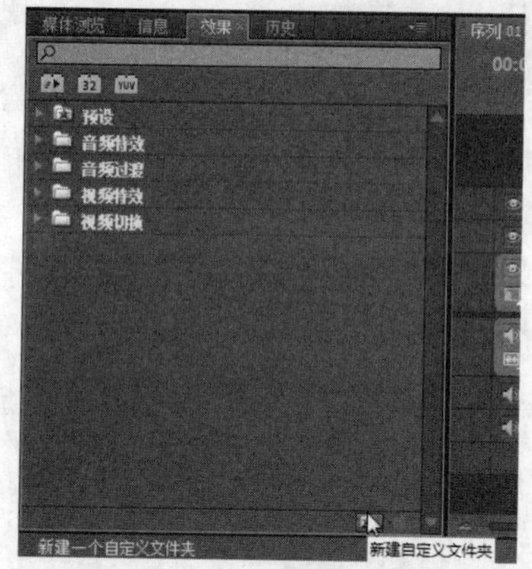

图 5.25 新建自定义文件夹

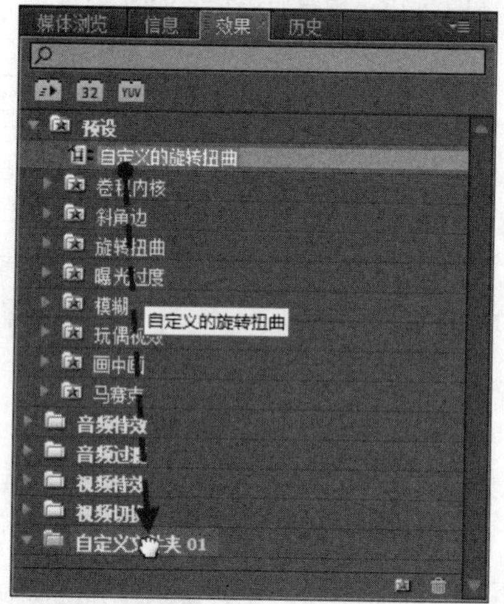

图 5.26 移动特效项目到文件夹

5.2.5 实例：编辑切换特效

本例将为序列上的两段素材应用切换特效，然后通过【特效控制台】面板编辑切换特效的各项设置，让两段素材的切换效果更佳。

编辑切换特效的操作步骤如下。

Step 1 打开练习文件(光盘：..\Example\Ch05\5.2.5.prproj)，打开【效果】面板，然后选择一个切换特效，并将该特效拖到两段素材之间，如图 5.27 所示。

图 5.27　应用切换特效到素材之间

程序弹出【切换过渡】对话框，用户只需单击【确定】按钮即可，如图 5.28 所示。

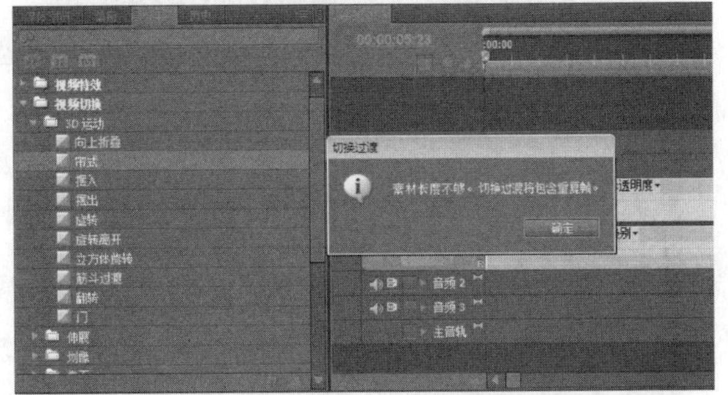

图 5.28　确定过渡包含重复帧

打开【特效控制台】面板，然后打开【对齐】列表框，根据需要选择切换的对齐方式，如图 5.29 所示。除上述方法外，用户也可以将鼠标移到切换编辑点上，当出现图标时左右拖动，调整对齐方式，如图 5.30 所示。

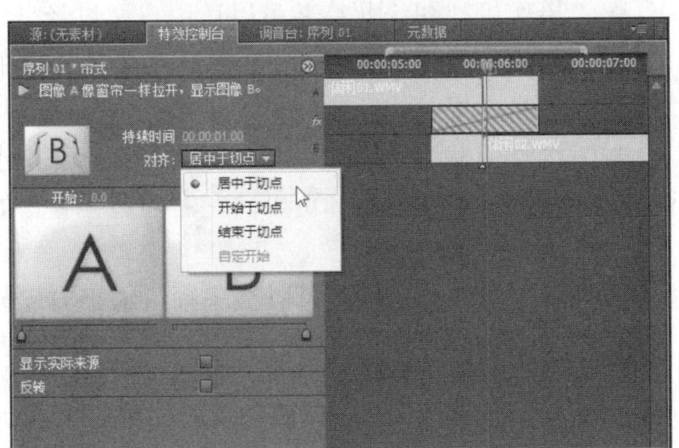

图 5.29　通过列表框设置对齐方式

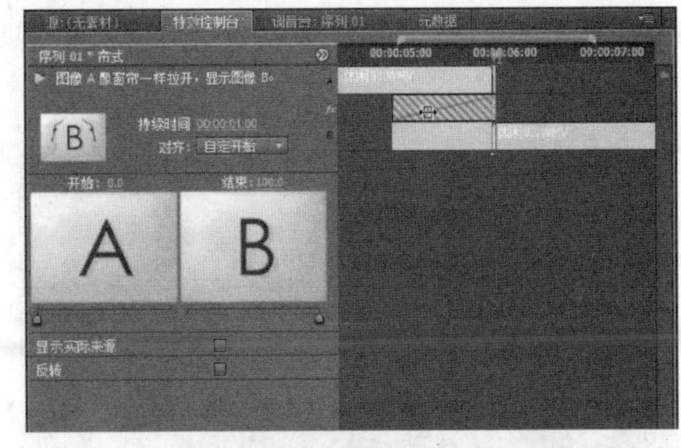

图 5.30　通过拖动编辑点设置对齐方式

将鼠标移到切换特效持续时间码上，左右拖动，调整切换特效的持续时间，如图 5.31 所示。

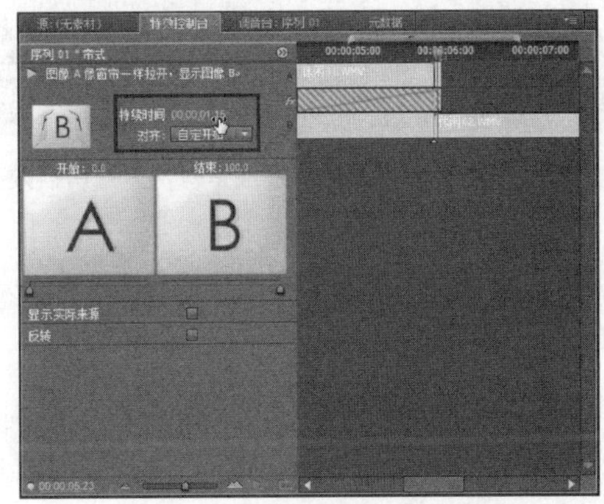

图 5.31　设置切换持续时间

此时选择【显示实际来源】复选框，显示实际来源，然后拖动监视框下方的控制点，查看切换特效的效果，如图 5.32 所示。

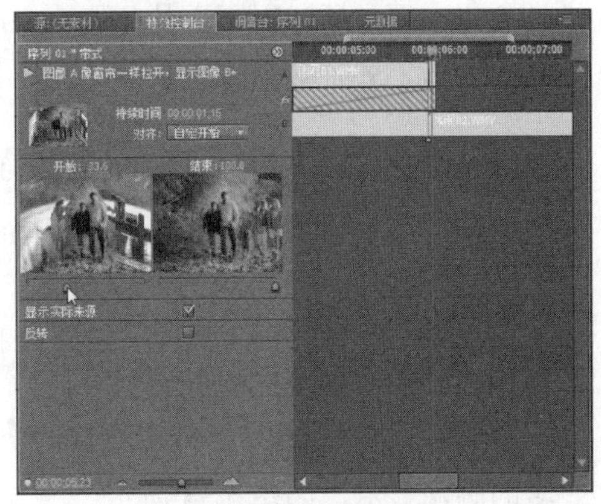

图 5.32　查看切换效果

Step 6 编辑特效后，用户可以通过【节目】窗口播放素材，预览效果，如图 5.33 所示。

图 5.33 通过【节目】窗口播放素材，预览切换效果

5.3 视频特效说明与示例

在 Premiere Pro CS5 中，视频特效包含 16 种效果分类，每种分类又包含不同数量的各个效果项目，其中包括垂直保持、颜色替换、旋转扭曲、曝光过度、模糊、马赛克、放大、浮雕等效果。

5.3.1 变换类特效

变换类效果主要是通过对画面的位置、方向和距离等参数进行调节，从而制作出画面视角变化各异的效果。

变换类型特效包括垂直保持、垂直翻转、摄像机视图、水平保持、水平翻转、羽化边缘以及裁剪 7 种特效。

- 垂直保持：此特效可以让视频产生垂直滚动播放的画面效果，如图 5.34 所示。
- 垂直翻转：此特效可以让视频以垂直方向翻转的画面显示，如图 5.35 所示。

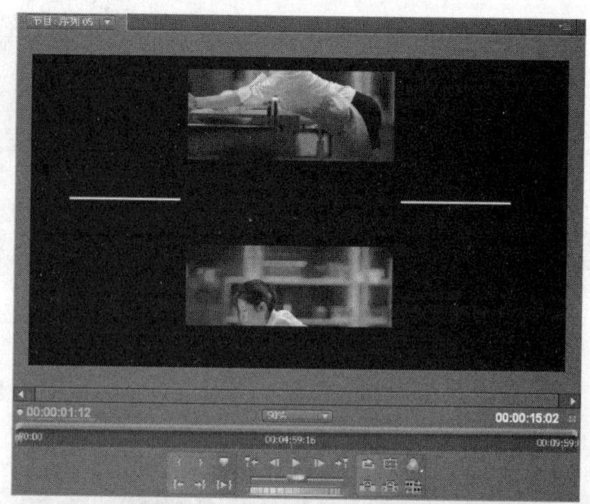

图 5.34 应用垂直保持的视频效果

图 5.35 应用垂直翻转的视频效果

- 摄像机视图：此特效可以让用户通过经度、纬度和垂直滚动等选项来调整视频画面的显示效果，如图 5.36 所示。
- 水平保持：此特效可以让视频在底部保持水平位置不变，上部可以向左右两边偏移，如图 5.37 所示。
- 水平翻转：此特效可以让视频以水平方向翻转的画面显示，如图 5.38 所示。
- 羽化边缘：此特效可以让视频画面的边缘产生羽化效果，如图 5.39 所示。
- 裁剪：此特效可以让用户从左侧、右侧、顶部和底部裁剪视频画面。

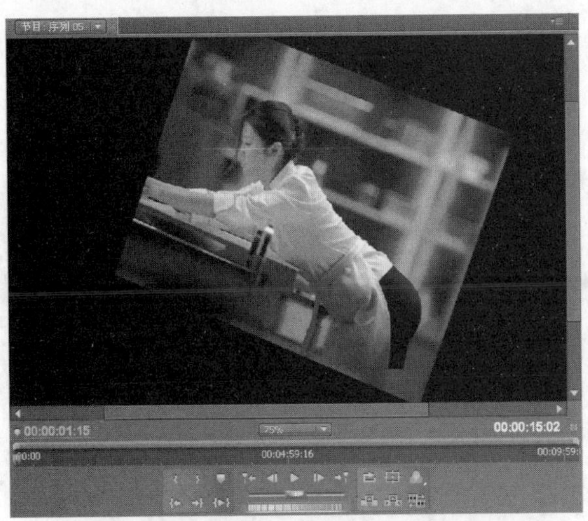

图 5.36　应用摄像机视图的视频效果

图 5.37　应用水平保持的视频效果

图 5.38　应用水平翻转的视频效果

图 5.39　应用羽化边缘的视频效果

5.3.2　图像控制类特效

图像控制类特效主要通过各种方法对素材画面中的特定颜色像素进行处理，从而制作出特殊的视觉效果。

图像控制类特效包括灰度系数(Gamma)校正、色彩传递、色彩匹配、颜色平衡(RGB)、颜色替换和黑白 6 种效果。

- 灰度系数(Gamma)校正：灰度系数校正用于调整由设备(通常是显示器)产生的中间调的亮度值，较高的灰度系数值产生总体较暗的显示效果，如图 5.40 所示。

图 5.40　应用灰度系数(Gamma)校正的视频效果

- 色彩传递：影像在传递过程中会产生色彩损失的情况。这种特效却可以模拟色彩传递中损失色彩的画面效果，如图 5.41 所示。

图 5.41　应用色彩传递的视频效果

- 色彩匹配：此特效可以通过 HSL、RGB 和曲线 3 种方法调整视频画面的色彩匹配效果。
- 颜色平衡(RGB)：此特效可以通过 RGB(红色、绿色和蓝色)颜色来纠正或做出画面偏色效果。
- 颜色替换：此特效可以让用户设置一种目标颜色，然后设置另外一种替换颜色以替换目标颜色，如图 5.42 所示。

图 5.42　应用颜色替换的视频效果

- 黑白：此特效可以让画面产生完全灰度的效果。此特效常常用来制作黑白电视播放的效果，如图 5.43 所示。

图 5.43　应用黑白的视频效果

5.3.3　实用与时间类特效

实用类特效主要是通过调整画面的黑白斑来调整画面的整体效果，此类特效只有“Cineon 转换”的效果。图 5.44 为没有应用特效与应用“Cineon 转换”效果的对比。

图 5.44　原视频与应用特效后的对比

图 5.44　原视频与应用特效后的对比(续)

时间类特效主要是通过处理视频的相邻帧的变化来制作特殊的视觉效果。

此类特效包括：抽帧和重影两种效果。

- 抽帧：此特效是指将视频素材中部分帧抽出，以制作出具有空间停顿感的运动画面，一般用于娱乐节目和现场破案等片子当中。
- 重影：此特效可以让重叠的视频素材产生重影的画面效果，可以用于制作视频结尾的效果，如图 5.45 所示。

图 5.45　两个视频重叠的正常效果与应用重影的视频效果

图 5.45　两个视频重叠的正常效果与应用重影的视频效果(续)

5.3.4　扭曲类特效

扭曲类特效主要通过对影像进行不同的几何扭曲变形来制作各种各样的画面变形效果。

此类特效包括：偏移、变换、弯曲、放大、旋转、波动弯曲、球面化、紊乱置换、边角固定、镜像和镜头扭曲等 11 种效果。

- 偏移：此特效可以在保持源画面的基础上增加覆层画面，并且让覆层画面产生偏移。让两个画面重叠，从而产生重影的效果，如图 5.46 所示。

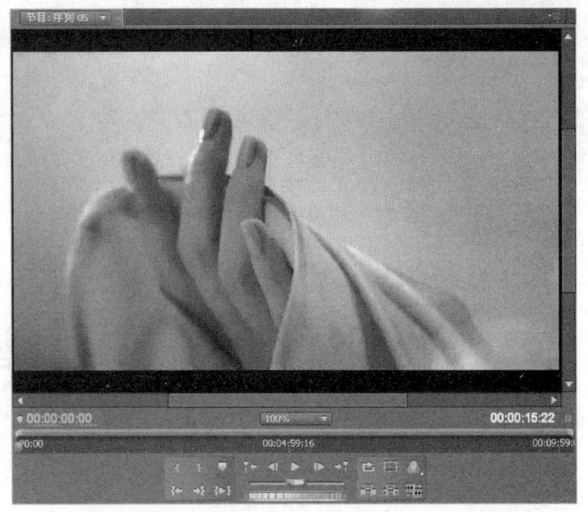

图 5.46　正常视频效果与应用偏移的视频效果

图 5.46 正常视频效果与应用偏移的视频效果(续)

- 变换：此特效可以改变画面的形状，对画面进行旋转、缩放、扭曲和移动等特效处理，如图 5.47 所示。

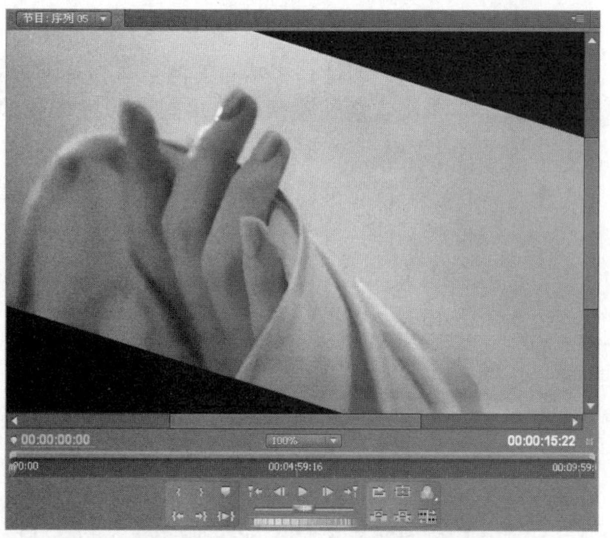

图 5.47 应用变换的视频效果

- 弯曲：此特效可以让画面产生画面弯曲的效果，如图 5.48 所示。
- 放大：此特效可以放大画面指定部分的图像。放大范围和位置可以通过更改参数进行调整，如图 5.49 所示。

图 5.48 应用弯曲的视频效果

图 5.49 应用放大的视频效果

- 旋转：此特效可以让画面中心不变，边缘产生旋转扭曲的效果。扭曲的角度可以更改，如图 5.50 所示。
- 波动弯曲：此特效可以让画面产生波动类型的弯曲效果，其中波动类型可以设置为正弦、正方形、三角形、圆形、半圆形等，如图 5.51 所示。
- 球面化：此特效可以制作画面以球面变化的视觉效果。其中球面半径和球面中心均可以调整，如图 5.52 所示。

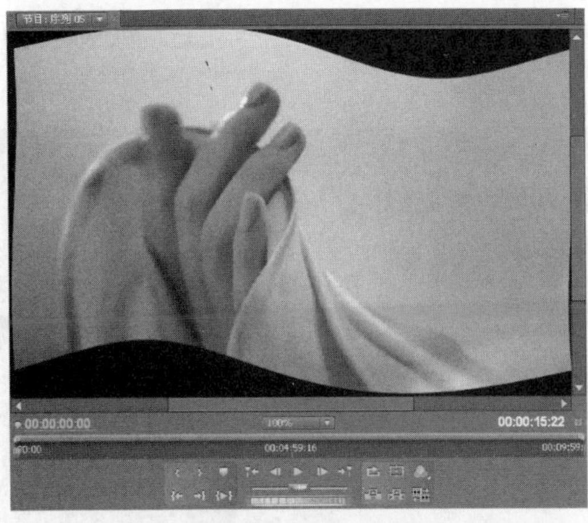

图 5.50　应用旋转的视频效果

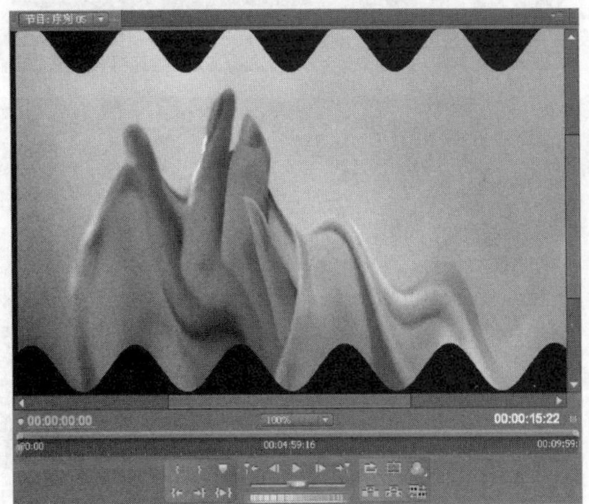

图 5.51　应用波动弯曲的视频效果

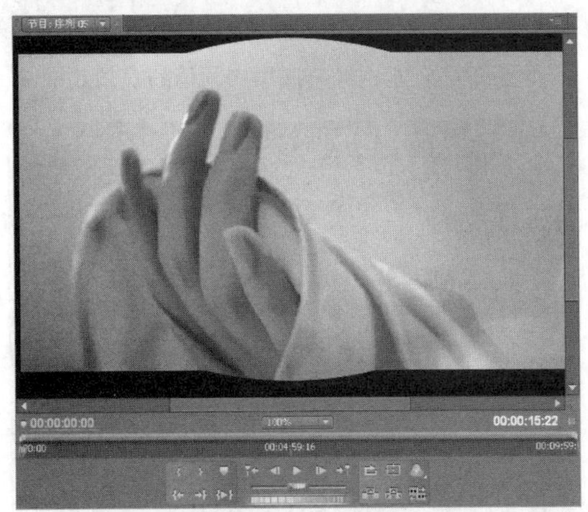

图 5.52　应用球面化的视频效果

- 紊乱置换：此特效用碎片噪波在画面上制造紊乱扭曲的效果。例如类似水流、湍流、凸出等，如图 5.53 所示。

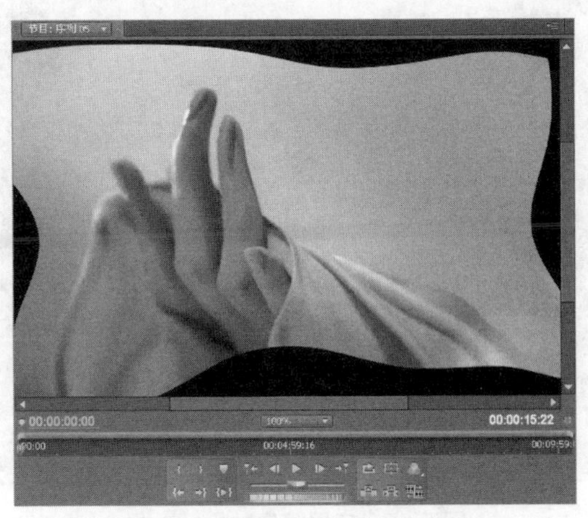

图 5.53　应用紊乱置换的视频效果

- 边角固定：此特效通过重定位四角的坐标将一个矩形图像扭曲为任意四边形，可以产生拉伸、收缩、倾斜和扭曲效果。通常用于模仿透视、打开大门的效果等，如图 5.54 所示。

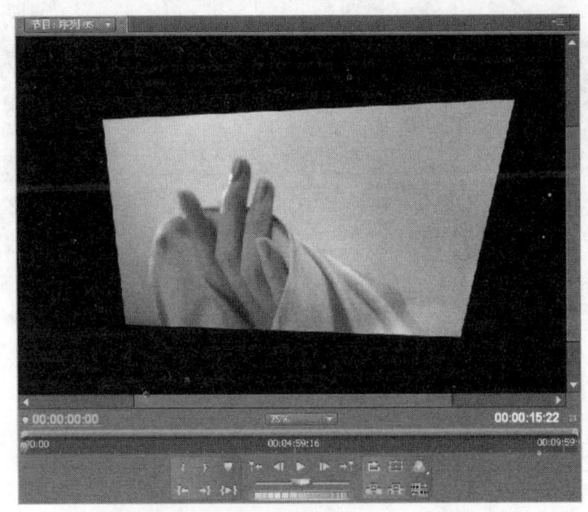

图 5.54　应用边角固定的视频效果

- 镜像：此特效可以模拟镜面反射效果。在应用此特效时，用户需要设置【反射中心】和【反射角度】选项。另外，中心坐标及反射镜面的角度决定了垂直于显示屏的一面镜子，尽管反射生成的镜像不在显示平面内，如图 5.55 所示。
- 镜头扭曲：此特效可以模拟摄像过程中，由于镜头使用方式的不同所产生的扭曲效果，如图 5.56 所示。

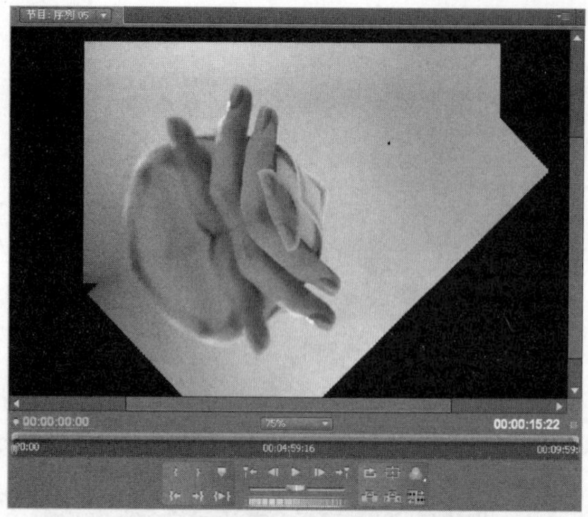

图 5.55　应用镜像的视频效果

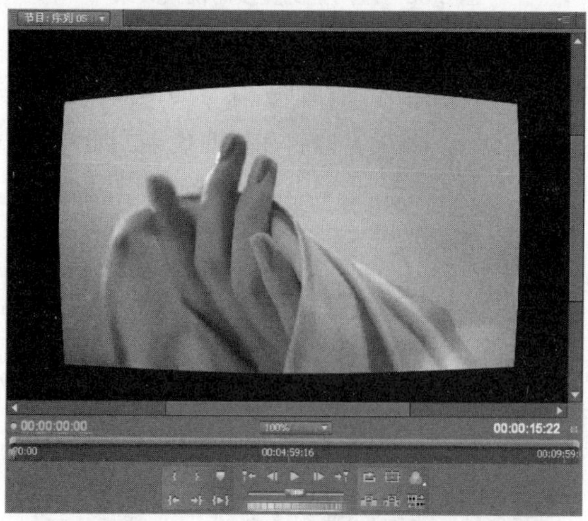

图 5.56　应用镜头扭曲的视频效果

5.3.5　杂波与颗粒类特效

噪波与颗粒类特效主要用于去除画面中的噪点或者在画面中增加噪点。此类特效包括中间值、噪波、噪波 Alpha、噪波 HLS、自动噪波 HLS、蒙尘与刮痕 6 种效果。

- 中间值：此特效可以去除视频画面中的噪点，通过去除的程度来让画面显示不同程度的模糊效果，如图 5.57 所示。
- 噪波与噪波 Alpha：这两种特效都可以为视频画面增加噪点，不同的是噪波增加的噪点呈现彩色，如图 5.58 所示。噪波 Alpha 增加的噪点则可以让画面产生透明效果，如图 5.59 所示。

图 5.57　正常视频与应用中间值的视频效果

图 5.58　应用噪波的视频效果

图 5.59　应用噪波 Alpha 的视频效果

图 5.61　应用自动噪波 HLS 的视频效果

- 噪波 HLS 与自动噪波 HLS：这两种特效同样可以为视频画面增加噪点，但跟其他噪波效果不同，这两种效果可以通过 HLS 色彩模型(Hue 色相、Lightness 明度及 Saturation 饱和度)调节噪波效果，如图 5.60 和图 5.61 所示。
- 蒙尘与刮痕：此特效通过更改有相异的像素来减少画面的噪点，如图 5.62 所示。

图 5.60　应用噪波 HLS 的视频效果

图 5.62　正常视频与应用蒙尘与刮痕的视频效果

5.3.6 模糊与锐化类特效

模糊与锐化类特效主要用于柔化或者锐化图像或边缘过于清晰以及对比度过强的图像区域，甚至把原本清晰的图像变得朦胧，以至模糊不清楚。这种特效常用于制作视频开始由模糊到清晰或者结尾由清晰到模糊的画面效果。

模糊与锐化类特效主要包括：复合模糊、定向模糊、快速模糊、摄像机模糊、残像、消除锯齿、通道模糊、锐化、非锐化遮罩和高斯模糊 10 种效果。这 10 种模糊与锐化所应用的原理虽然不一样，但其作用都是制作模糊画面效果或强化画面效果。

图 5.63 所示为正常视频与应用复合模糊的视频效果。图 5.64～图 5.71 所示为其他模糊或锐化的效果。

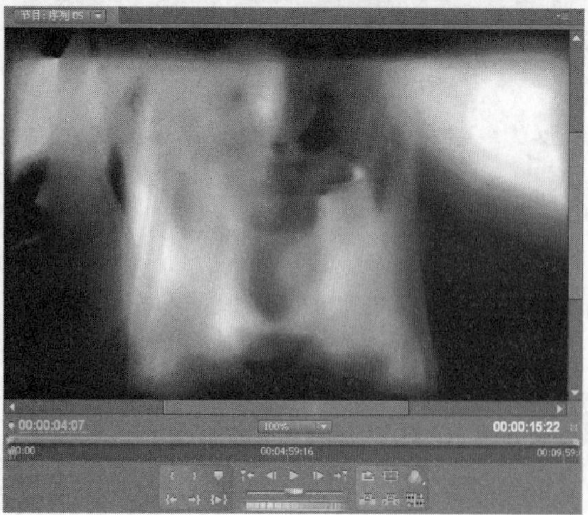

图 5.63　正常视频效果和应用复合模糊的视频效果

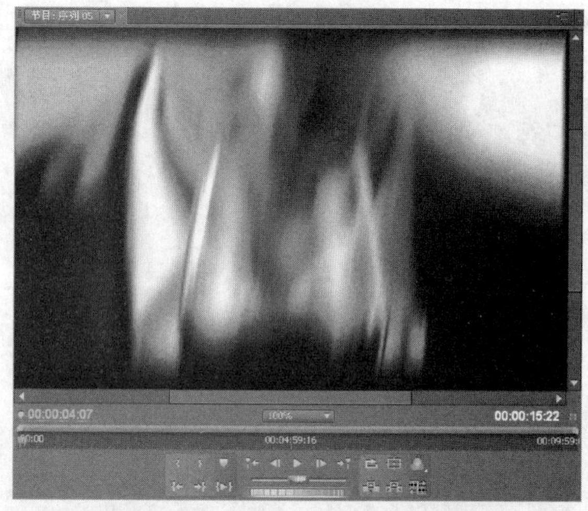

图 5.64　应用定向模糊的视频效果

图 5.65　应用快速模糊的视频效果

图 5.66　应用摄像机模糊的视频效果

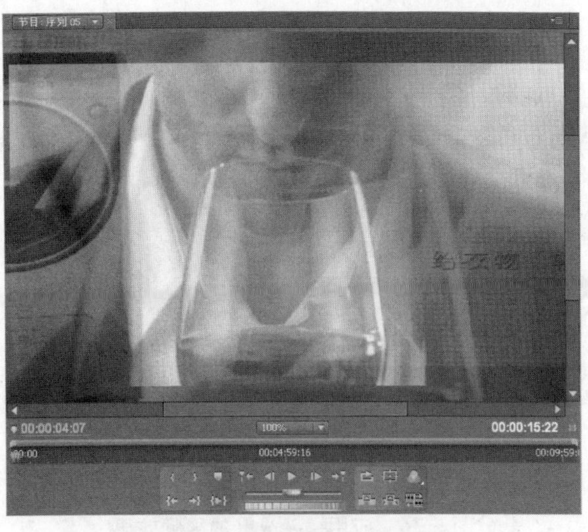

图 5.67 应用残像的视频效果

图 5.68 应用消除锯齿的视频效果

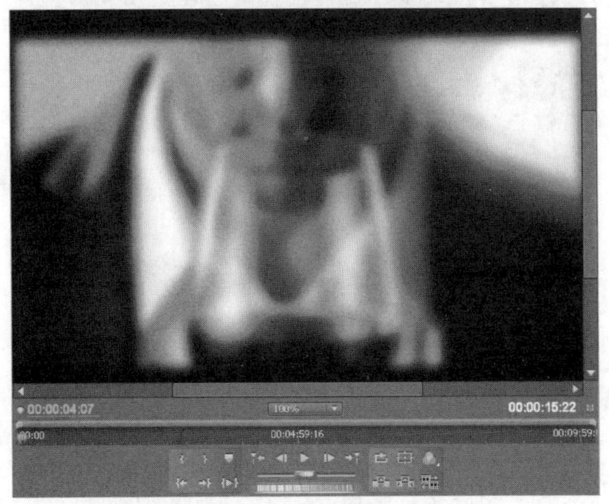

图 5.69 应用通道模糊的视频效果

图 5.70 应用锐化的视频效果

图 5.71 应用非锐化遮罩的视频效果

5.3.7 其他视频特效

Premiere Pro CS5 除了提供上述类型的视频特效外，还包括下列类型的视频特效。

1. 生成类特效

生成类特效是经过优化分类后新增加的一类效果。这类特效主要有：书写、椭圆、吸色管填充、四色渐变、圆形、棋盘、油漆桶、渐变、网格、蜂巢图案、镜头光晕和闪电等 12 种效果。

2. 色彩校正类特效

色彩校正类特效常用于对素材画面颜色做校正处理。这类特效包括：RGB 曲线、RGB 色彩校正、三路色彩校正、亮度与对比度、亮度曲线、亮度校正、广播级色彩、快速色彩校正、更改颜色、染色、分色、色彩均化、色彩平衡、色彩平衡(HLS)、视频限幅器、转换颜色和通道混合等 17 种效果。图 5.72 所示为正常视频效果，图 5.73～图 5.78 所示为应用不同视频特效的结果。

图 5.72　正常的视频效果

图 5.73　应用渐变的视频效果

图 5.74　应用镜头光晕的视频效果

图 5.75　应用三路色彩校正的视频效果

图 5.76　应用色彩均化的视频效果

图 5.77 应用着色的视频效果

图 5.78 应用脱色的视频效果

图 5.79 应用照明效果的视频效果

图 5.80 应用阴影/高光的视频效果

3. 视频类特效

视频类特效主要是通过在素材上添加时间码，显示当前视频播放的时间。此类特效只有“时间码”一种效果。

4. 调整类特效

调整类特效用于修复原始素材的偏色或者曝光不足等方面的缺陷，也可通过调整颜色或者亮度来制作特殊的色彩效果。此类特效包括：卷积内核、基本信号控制、提取、照明效果、自动对比度、自动色阶、自动颜色、色阶以及阴影/高光 9 种效果。图 5.79 与图 5.80 所示为应用调整类特效的结果。

5. 过渡类特效

过渡类特效主要用于场景过渡(转换)，其用法与“视频切换”类特效类似，但是需要设置关键帧才能产生转场效果。此类特效包括：块溶解、径向擦除、渐变擦除、百叶窗以及线性擦除 5 种效果。图 5.81 与图 5.82 所示为应用过渡类特效的结果。

6. 透视类特效

透视类特效主要用于制作三维立体效果和空间效果。此类特效包括：基本 3D、径向放射阴影、斜角边、斜角 Alpha 和阴影(投影)5 种效果。图 5.83 所示为应用斜角边的效果，图 5.84 所示为应用斜角

Alpha 的效果。

图 5.81 应用块溶解的视频效果

图 5.82 应用百叶窗的视频效果

图 5.83 应用斜角边的视频效果

图 5.84 应用斜角 Alpha 的视频效果

7. 通道类特效

通道类特效主要是利用图像通道的转换与插入等方式来改变图像，从而制作出各种特殊效果。此类特效包括：反相、固态合成、复合运算、混合、算术、计算和设置遮罩 7 种效果。图 5.85 所示为应用反相的效果，图 5.86 所示为应用复合运算的效果。

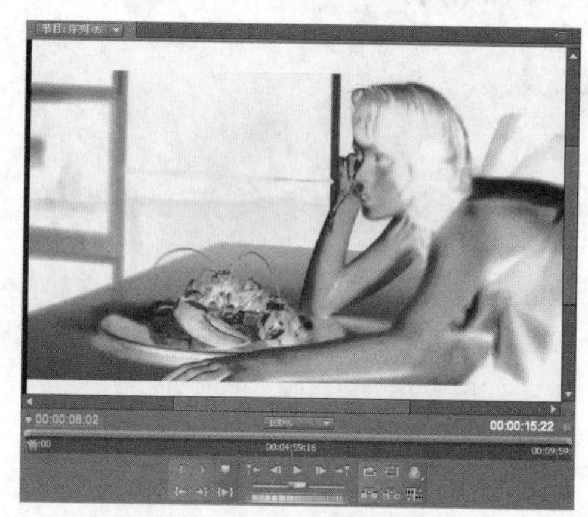

图 5.85 应用反相的视频效果

8. 键控类特效

键控类特效主要用于对图像进行抠像操作，通过各种抠像方式和不同画面图层叠加方法来合成不同的场景或者制作各种无法拍摄的画面。

此类特效包括：16 点无用信号遮罩、4 点无用信号遮罩、8 点无用信号遮罩、Alpha 调整、RGB 差异键、亮度键、图像遮罩键、差异遮罩、移除遮罩、色度键、蓝屏键、轨道遮罩键、非红色键和颜色键等 14 种效果。图 5.87 所示为应用色度键的视频效果，图 5.88 所示为应用差异遮罩的视频效果。

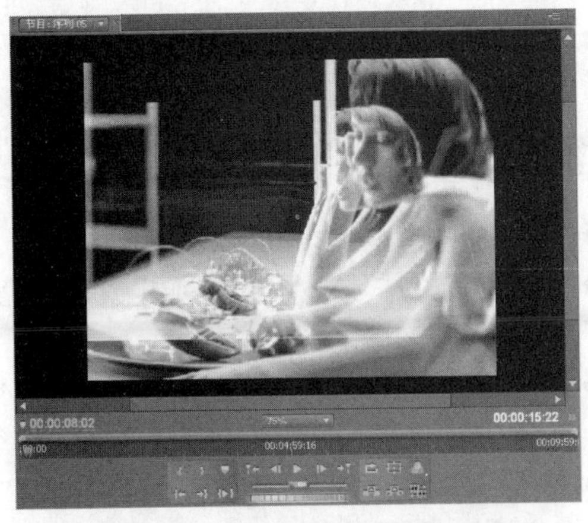

图 5.86 应用复合运算的视频效果

图 5.87 应用色度键的视频效果

图 5.88 应用差异遮罩的视频效果

9. 风格化类特效

风格化类特效主要是通过改变图像中的像素或者对图像的色彩进行处理，从而产生各种抽象派或者印象派的作品效果，也可以模仿其他门类的艺术作品(如浮雕、素描等)。

此类特效包括：Alpha 辉光、复制、彩色浮雕、招贴画、曝光过度、查找边缘、浮雕、画笔描绘、纹理材质、边缘粗糙、闪光灯、阈值和马赛克等 13 种效果。图 5.89 所示为应用彩色浮雕的视频效果，图 5.90 所示为应用画笔描绘的视频效果。

图 5.89 应用彩色浮雕的视频效果

图 5.90 应用画笔描绘的视频效果

5.4 切换特效说明与示例

视频切换是一种让不同的视频片段交替播放时产生的变换效果，它可以让视频中的各个视频片段有更融合的效果，避免产生突然改变场景的情况。

Premiere Pro CS5 提供了 10 种切换效果，用户可以通过这些特效来为视频制作不同的视频切换效果。

5.4.1 3D 运动类切换

3D 运动类切换特效可以让视频片段产生各种 3D 的切换效果。此类特效包括：向上折叠、帘式、摆入、摆出、旋转、旋转离开、立方体旋转、筋斗过渡、翻转、门等 10 种效果。

- 向上折叠：使视频 A 像纸一样被向上折叠，显示视频 B。
- 帘式：使视频 A 如同窗帘一样被拉起，显示视频 B，如图 5.91 所示。

图 5.91 应用帘式切换特效的过渡效果

- 摆入：使视频 B 过渡到视频 A 产生内关门的效果。
- 摆出：使视频 B 过渡到视频 A 产生外关门的效果。
- 旋转：使视频 B 从视频 A 的中心展开。
- 旋转离开：使视频 B 从视频 A 的中心旋转出现。
- 立方体旋转：可使视频 A 和视频 B 分别以立方体的两个面过渡转换。
- 筋斗过渡：使视频 A 旋转、翻入视频 B，如图 5.92 所示。

图 5.92 应用筋斗过渡切换特效的过渡效果

- 翻转：使视频 A 翻转到视频 B。
- 门：使视频 B 如同关门一样覆盖视频 A。

5.4.2 伸展类切换

伸展类切换特效包括交叉伸展、伸展、伸展覆盖和伸展进入 4 种效果。

- 交叉伸展：使视频 A 逐渐被视频 B 平行挤压替代。
- 伸展：使视频 A 从一边伸展覆盖视频 B，如图 5.93 所示。

图 5.93 应用伸展切换特效的过渡效果

- 伸展覆盖：使视频 B 拉伸出现，逐渐代替视频 A。
- 伸展进入：使视频 B 在视频 A 的中心横向伸展，如图 5.94 所示。

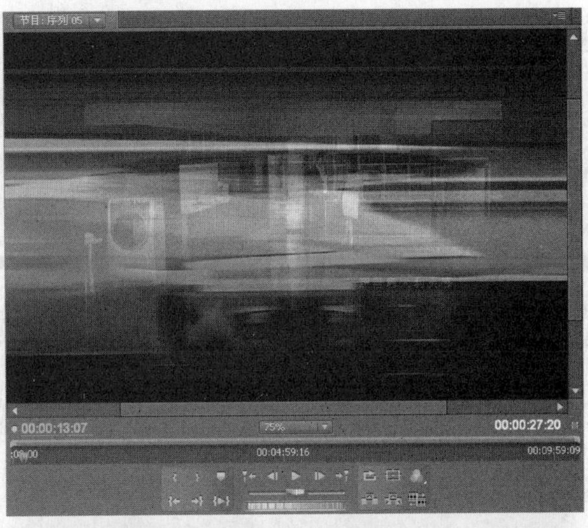

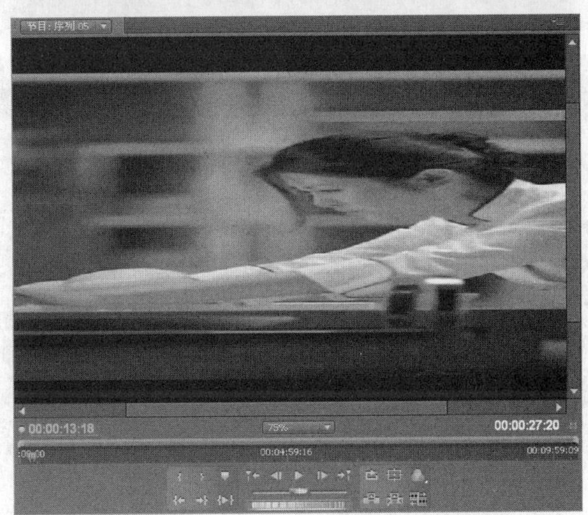

图 5.94 应用伸展进入切换特效的过渡效果

5.4.3 划像类切换

划像类切换特效可以将影像按照不同的形状在画面上展开，最后覆盖另一影像。

划像类切换特效包括：划像交叉、划像形状、圆划像、星形划像、点划像、盒形划像和菱形划像 7 种效果。

- 划像交叉：使视频 B 呈十字形从视频 A 中展开，如图 5.95 所示。

图 5.95　应用划像交叉切换特效的过渡效果

- 划像形状：使视频 B 呈矩形状态从视频 A 中展开。
- 圆划像：使视频 B 呈圆形从视频 A 中展开。
- 星形划像：使视频 B 呈星形从视频 A 中展开，如图 5.96 所示。
- 点划像：使视频 B 呈斜角十字形从视频 A 中展开。
- 盒形划像：使视频 B 产生多个规则形状从视频 A 中展开。可设置图形的数值及类型。
- 菱形划像：使视频 B 呈菱形状态从视频 A 中展开。

图 5.96　应用星形划像切换特效的过渡效果

5.4.4　卷页类切换

卷页类切换特效可以制作卷页式的视频切换视觉效果。此类特效包括中心剥落、剥开背面、卷走、翻页和页面剥落 5 种效果。

- 中心剥落：使视频 A 在中心分为 4 块分别向四角卷起，露出视频 B，如图 5.97 所示。
- 剥开背面：使视频 A 由中心点向四周分别被卷起，露出视频 B，如图 5.98 所示。
- 卷走：使视频 A 像纸一样被翻面卷起，露出视频 B。

- 翻页：使视频 A 从左上角向右下角卷动，露出视频 B。
- 页面剥落：使视频 A 产生像卷轴卷起的效果，露出视频 B，如图 5.99 所示。

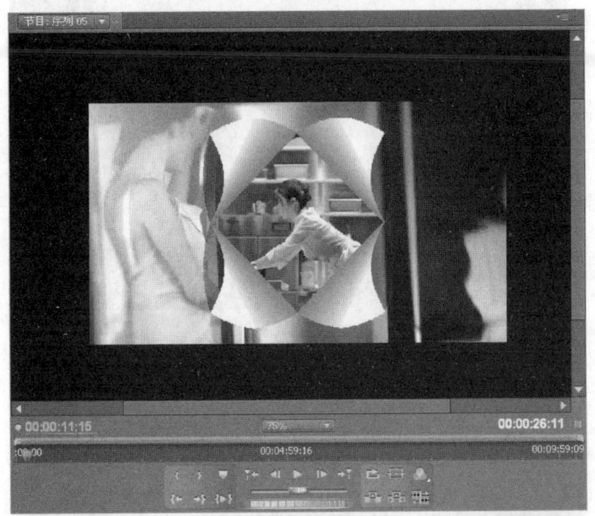

图 5.97　应用中心剥落切换特效的过渡效果

图 5.98　应用剥开背面切换特效的过渡效果

图 5.99　应用页面剥落切换特效的过渡效果

提 示

切换效果是一种视频动态过渡效果，用户应用切换特效后，建议通过【节目】窗口播放序列，以预览素材切换的效果。

图 5.99　应用页面剥落切换特效的过渡效果(续)

5.4.5　叠化类切换

叠化类切换特效主要根据两个素材相似的色彩和亮度等，使其产生淡入淡出的效果。此类特效包括交叉叠化(标准)、抖动溶解、白场过渡、附加叠化、随机反相、非附加叠化和黑场过渡 7 种效果。

- 交叉叠化(标准)：使视频 A 淡化为视频 B，这是一种标准的淡入淡出切换特效，如图 5.100 所示。
- 抖动溶解：使视频 B 以点的方式出现，取代视频 A。
- 白场过渡：使视频 A 以变亮的模式淡化为视频 B。
- 附加叠化：使视频 A 以加亮模式逐渐淡化为视频 B。
- 随机反相：以随机块方式使视频 A 过渡到视频 B，并在随机块中显示反色效果。可设置水平和垂直随机块的数量，如图 5.101 所示。
- 非附加叠化：使视频 A 与视频 B 的亮度叠加消溶。
- 黑场过渡：使视频 A 以变暗的模式淡化为视频 B。

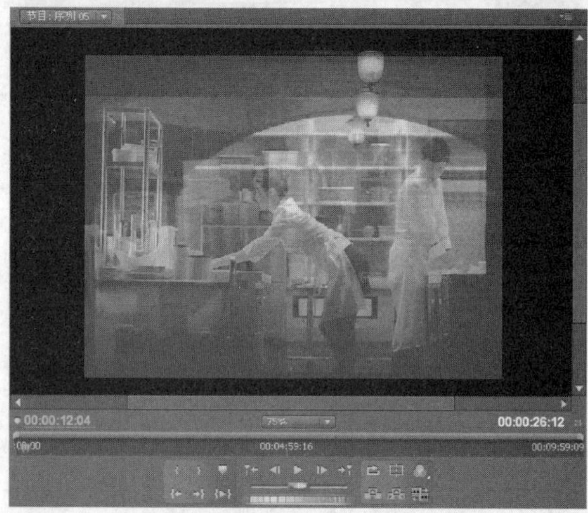

图 5.100　应用交叉叠化(标准)切换特效的过渡效果

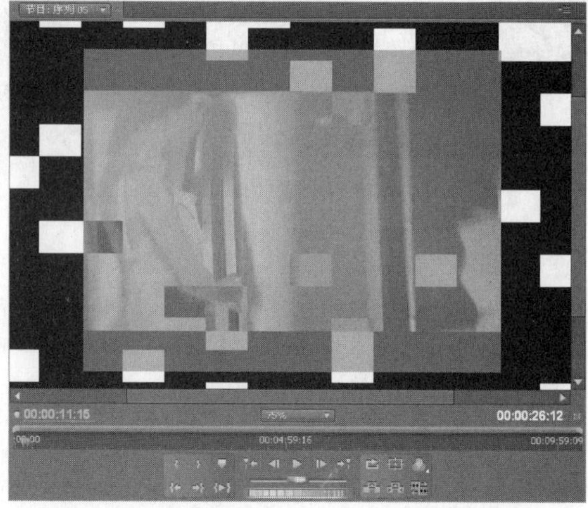

图 5.101　应用随机反相切换特效的过渡效果

图 5.101　应用随机反相切换特效的过渡效果(续)

5.4.6　擦除类切换

擦除类切换特效可以制作多种擦除式视频过渡的切换效果。

此类特效包括双侧平推门、带状擦除、径向划变、插入、擦除、时钟式划变、棋盘、棋盘划变、楔形划变、水波块、油漆飞溅、渐变擦除、百叶窗、螺旋框、随机块、随机擦除、风车 17 种效果。

- 双侧平推门：使视频 A 以展开和关门的方式过渡到视频 B。
- 带状擦除：使视频 B 从水平方向以条状进入并覆盖视频 A，如图 5.102 所示。

图 5.102　应用带状擦除切换特效的过渡效果

图 5.102　应用带状擦除切换特效的过渡效果(续)

- 径向划变：该特效可以用一张灰度图像制作渐变切换。
- 插入：使视频 B 从视频 A 的左上角斜插进入画面。
- 擦除：使视频 B 逐渐扫过视频 A。
- 时钟式划变：使视频 A 以时钟放置方式过渡到视频 B，如图 5.103 所示。
- 棋盘：使视频 A 以棋盘消失方式逐渐过渡到视频 B。
- 棋盘划变：使视频 B 以方格形式逐行出现覆盖视频 A。
- 楔形划变：使视频 B 呈扇形打开扫入。
- 水波块：使视频 B 沿 Z 字形交错扫过视频 A。可设置水平/垂直输入的方格数量。
- 油漆飞溅：使视频 B 以墨点状覆盖视频 A，如图 5.104 所示。
- 渐变擦除：使视频 B 从视频 A 的一角扫入画面。
- 百叶窗：使视频 B 在逐渐加粗的线条中逐渐显示，类似于百叶窗效果。
- 螺旋框：使视频 B 以螺旋块状旋转出现。
- 随机块：使视频 B 以方块形式随机出现并覆盖视频 A。
- 随机擦除：使视频 B 产生随机方块方式，由上向下擦除形式覆盖视频 A。

- 风车：使视频B以风车轮状旋转覆盖视频A，如图 5.105 所示。

图 5.103　应用时钟式划变切换特效的过渡效果

图 5.104　应用油漆飞溅切换特效的过渡效果

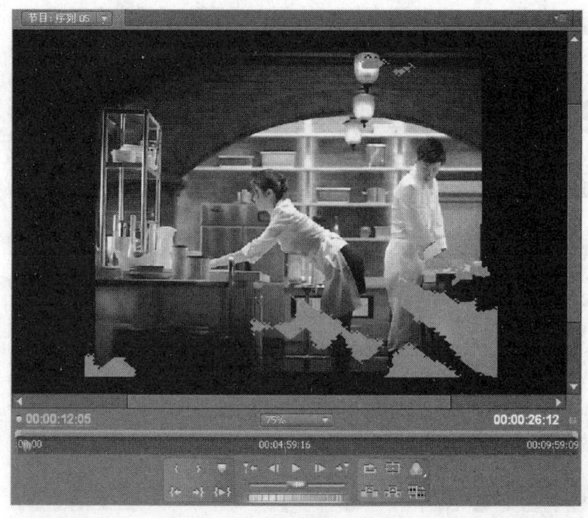

图 5.104　应用油漆飞溅切换特效的过渡效果(续)

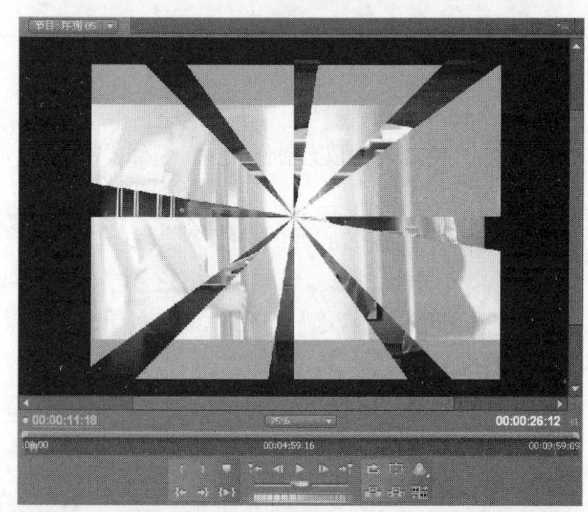

图 5.105　应用风车切换特效的过渡效果

5.4.7 映射类切换

映射类切换特效只有明亮度映射和通道映射两种效果。

- 明亮度映射：将视频 A 的亮度映射到视频 B，产生融合效果，如图 5.106 所示。

图 5.106　应用明亮度映射切换特效的过渡效果

- 通道映射：使视频 A 或视频 B 选择通道并映射导出来实现切换，如图 5.107 所示。

图 5.107　应用通道映射切换特效的过渡效果

5.4.8 滑动类切换

滑动类切换特效包括中心合并、中心拆分、互换、多旋转、带状滑动、拆分、推、斜线滑动、滑动、滑动带、滑动框和漩涡 12 种效果。

- 中心合并：使视频 A 分裂成 4 块由中心分开，并逐渐覆盖视频 B。
- 中心拆分：使视频 A 从中心分裂为 4 块，再向四角滑出。
- 互换：使视频 B 从视频 A 的后方转向前方并覆盖视频 A。

- 多旋转：使视频 B 被分割成若干小方格并旋转铺入。可设置水平/垂直方格的数量，如图 5.108 所示。

图 5.108　应用多旋转切换特效的过渡效果

- 带状滑动：使视频 B 以条状进入，并逐渐覆盖视频 A。
- 拆分：使视频 A 像自动门一样打开，逐渐露出视频 B。
- 推：使视频 B 将视频 A 推出屏幕。
- 斜线滑动：使视频 B 呈自由线条状滑入视频 A，如图 5.109 所示。
- 滑动：使视频 B 滑入并覆盖视频 A。

图 5.109　应用斜线滑动切换特效的过渡效果

- 滑动带：使视频 B 在水平或垂直的线条中逐渐显示。
- 滑动框：使视频 B 的形成更像积木的累加。
- 漩涡：使视频 B 打破为若干方块从视频 A 中旋转而出。可设置水平/垂直方块的数量以及旋转度。

5.4.9　特殊效果类切换

特殊效果类切换特效包括映射红蓝通道、纹理和置换 3 种效果。

- 映射红蓝通道：将视频A中的红蓝通道映射混合到视频B。
- 纹理：使视频A作为纹理贴图映像给视频B，如图5.110所示。

图5.110　应用纹理切换特效的过渡效果

- 置换：将处于时间线前方的片段作为位移图，以其像素颜色的明暗，分别用水平和垂直的错位，来影响与其进行切换的片段，如图5.111所示。

图5.111　应用置换切换特效的过渡效果

5.4.10　缩放类切换

缩放类切换特效包括交叉缩放、缩放、缩放拖尾和缩放框4种效果。

- 交叉缩放：使视频A放大冲出，视频B缩小进入。
- 缩放：使视频B从视频A中放大出现，如图5.112所示。
- 缩放拖尾：使视频A缩小并带有拖尾消失。
- 缩放框：使视频B分为多个方块从A中放大出现，如图5.113所示。

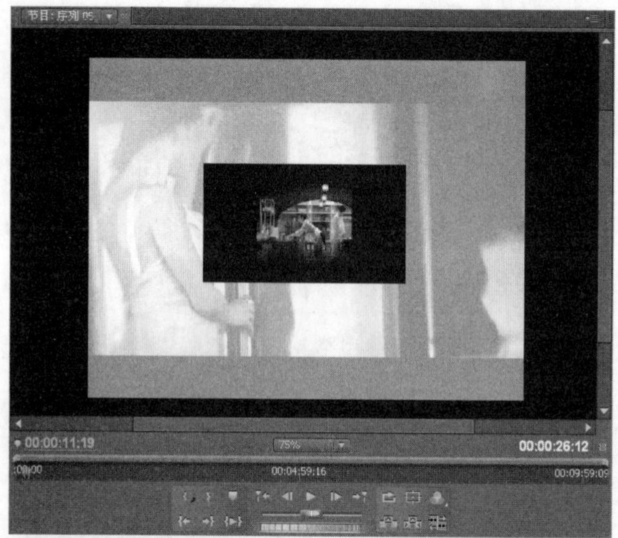

图 5.112　应用缩放切换特效的过渡效果

5.5 章后小结

本章先从基本操作讲起，介绍了查看和应用特效，以及编辑与管理特效的基本方法，然后通过典型的示例，详细介绍了视频特效和切换特效的各个效果项目的作用与效果。通过本章的学习，读者可以掌握设计影视作品时利用视频特效和切换特效来增加作品效果的方法和技巧。

5.6 章后实训

本章实训题要求分别为序列上的第一段素材添加【镜头光晕】的视频特效，然后添加【多旋转】的切换特效，并根据自己的喜好，调整特效的设置，完成如图 5.113 所示的视频和切换效果。

图 5.113　素材添加视频和切换特效的结果

本章实训题操作的流程如图5.114所示。

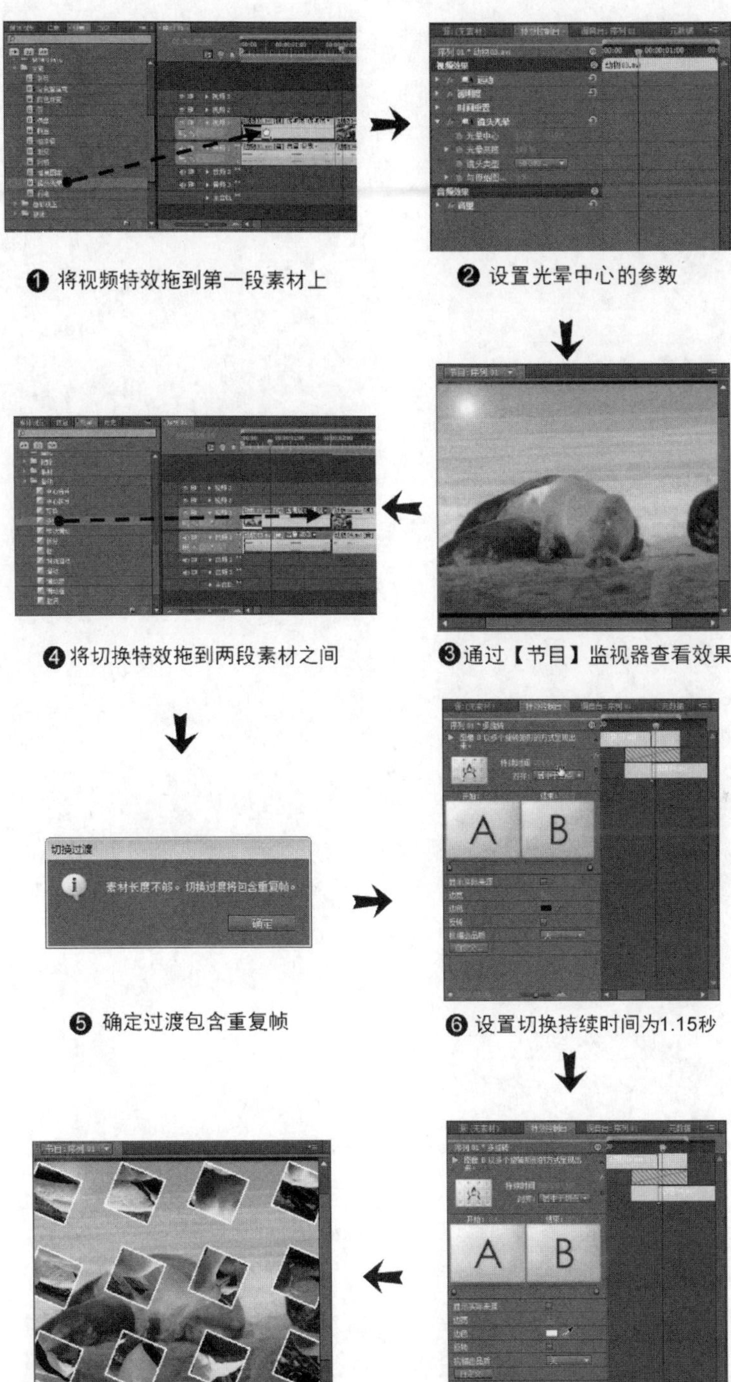

图5.114 实训题操作的流程

第 6 章 音频的录制、应用与编辑

本章学习要点

对于一个优秀的影视作品来说，除了画面效果外，声音的效果同样很重要。本章将针对作品的声音处理详细介绍通过 Adobe Premiere Pro CS5 程序对素材音频进行录制、调音和编辑的方法，以及为音频应用特效和过渡，对音效进行修改的方法。

6.1 认识调音台

Adobe Premiere Pro CS5 除了对视频素材提供强大的编辑功能外，还为音频编辑提供各种实用的功能，例如录制声音、调整音频效果等。大部分针对音频进行的录制和编辑操作，都需要通过【调音台】面板来完成。下面先来认识一下【调音台】面板。

6.1.1 打开调音台

【调音台】面板主要用于完成对音频素材的各种加工和处理工作，例如混合音频轨道，调整各声道音量平衡或录音等。

要打开【调音台】面板，用户可以先打开【窗口】菜单，然后打开【调音台】子菜单，并选择对应的序列选项，即可打开【调音台】面板，如图 6.1 所示。

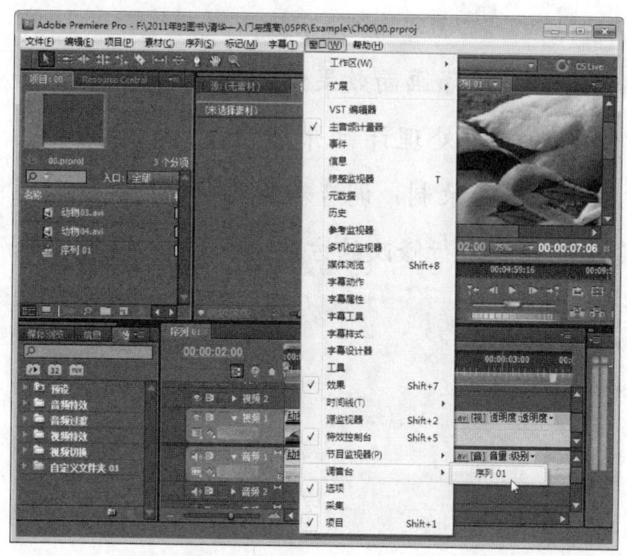

图 6.1 通过菜单打开【调音台】面板

除此以外，还可以在默认的程序界面中，单击【调音台】面板标题，打开【调音台】面板，如图 6.2 所示。

图 6.2 【调音台】面板

6.1.2 调音台面板界面

【调音台】面板由若干个轨道音频控制器、主音频控制器和播放控制器组成，如图 6.3 所示。每个控制器由控制按钮、调整杆调整音频。用户可以通过控制器调整音频的音量，或者通过控制按钮执行不同的操作，例如设置静音、激活录音等。

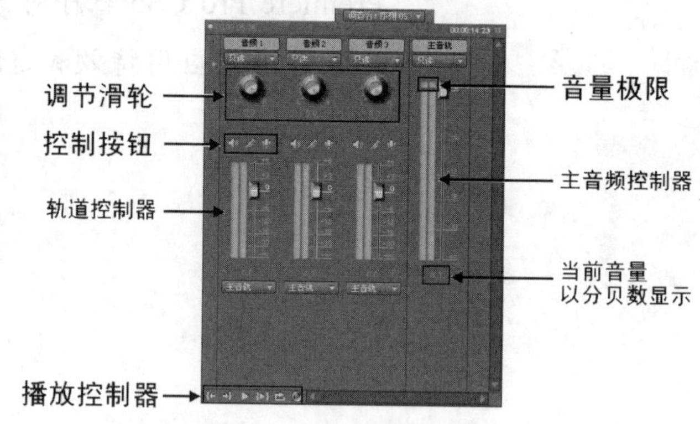

图 6.3 【调音台】面板组成说明

1. 轨道控制器

轨道控制器用于调整与其相对应轨道上的音频对象，其中轨道控制器 1 对应【音频 1】轨道，轨道控制器 2 对应【音频 2】轨道，以此类推，其数目由【时间线】面板中的音频轨道数目决定。

轨道控制器由控制按钮、调整滑轮以及调整滑杆组成。

- 控制按钮：用于控制音频调节的调整状态，由静音轨道、独奏轨道和激活录制轨道3个按钮组成。
  - 静音轨道：此轨道音频设置为静音状态。
  - 独奏轨道：让其他轨道自动设置为静音状态。
  - 激活录制轨：激活录制音频功能，以便在所选轨道上录制声音信息。
- 调整滑轮：用于控制左右声道的声音。向左转动，左声道声音增大；向右转动，右声道声音增大。
- 音量调整滑块：用于控制当前轨道音频对象的音量，向上拖动滑块可以增加音量，向下拖动滑块则可以减小音量。

> **说明**
>
> 音量调节滑杆下方的数值栏 0.0 中显示了当前音量(以分贝数显示)，用户也可以直接在数值栏中输入声音的分贝数。

2. 主音频控制器

主音频控制器可以调整【时间线】面板中所有轨道上的音频对象。主音频控制器的使用方法与轨道音频控制器相同，只是在主轨道的音量表顶部有两个小方块，表示系统能处理的音量极限，当小方块显示为红色时，表示音频音量超过极限，音量过大。图 6.4 所示为音量未达到极限时的音频波动图示，图 6.5 所示为音量达到极限时，极限图标出现红色。

3. 播放控制器

播放控制器位于【调音台】面板最下方，主要用于音频播放，其使用方法与【节目】面板的监视器窗口中的播放控制面板一样。

图 6.4　音量未达到极限

图 6.5　音量达到极限时，图标出现红色

6.1.3　调音台编辑模式

在调整音量时，用户可以设置关、只读、锁存、触动和写入 5 种编辑模式，如图 6.6 所示。

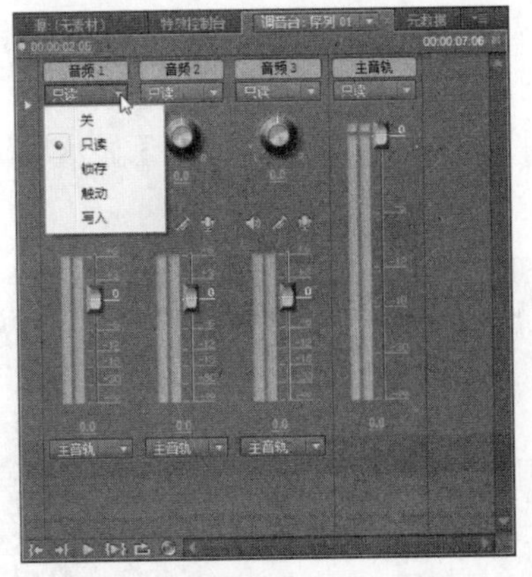

图 6.6　设置调音台的编辑模式

- 关：系统会忽略当前音频轨道上的调整，仅按照默认的设置播放。
- 只读：系统会读取当前音频轨道上的调整效果，但是不能记录音频调整过程。
- 锁存：指当使用自动模式功能实时播放记录调整数据时，每调整一次，下一次调整时调整滑块初始位置会自动转为音频对象在进行当前编辑之前的参数值。
- 触动：指当使用自动书写功能实时播放记录调整数据时，每调整一次，下一次调整时调整滑块在上一次调整后位置。当单击停止按钮停止播放音频后，当前调整滑块会自动转为音频对象在进行当前编辑之前的参数值。
- 写入：指当使用自动书写功能实时播放记录调整数据时，每调整一次，下一次调整滑块在上一次调整后位置。

6.2 通过调音台调音与录音

通过【调音台】面板可以对素材的音频进行实时调音，即素材在一边播放时用户可以一边通过【调音台】面板调整音量。如果需要录音，用户也可以通过【调音台】面板来完成。

6.2.1 通过调音台实时调音

使用【调音台】面板调整音量非常方便，用户可以在播放音频时进行音量调整。在调整前，用户需要在【时间线】面板的音频轨道上通过单击【显示关键帧】图标按钮来选择显示内容为【显示轨道音量】选项，如图 6.7 所示。

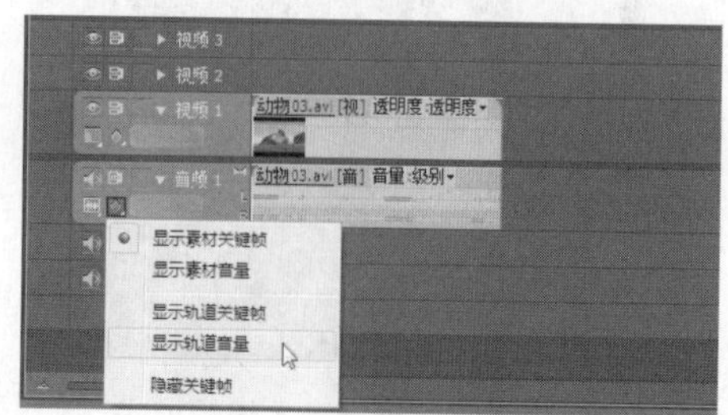

图 6.7 显示轨道音量

通过调音台实时调音的操作步骤如下。

打开练习文件(光盘：..\Example\Ch06\6.2.1.prproj)，从【项目】面板中选择【教学片 1.mpg】素材，然后将此素材拖到【时间线】面板的视频 1 轨道上，如图 6.8 所示。

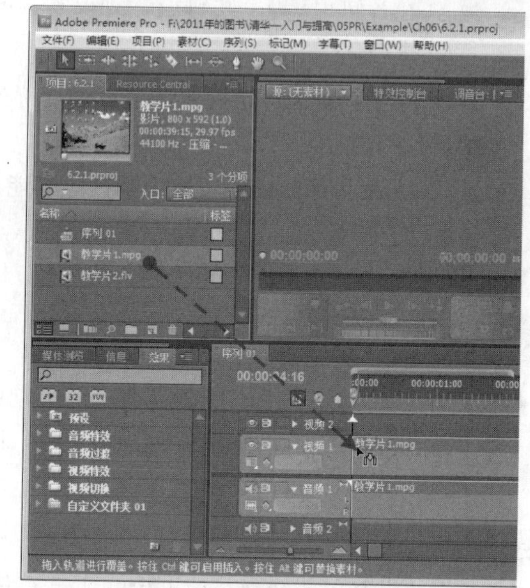

图 6.8 将素材加入轨道

在【节目】窗口的控制面板上单击【播放-停止切换】按钮▶，播放素材，如图 6.9 所示。此步骤的目的是预览素材的声音效果，以便后续调音。用户可以通过【调音台】面板查看声音播放状态，如图 6.10 所示。

图 6.9 播放素材

图 6.10　查看声音播放状态

为了让调音的效果更加符合要求，在播放素材时，可以使用鼠标在【调音台】面板上按住音量调整滑杆控制点，向上推动以提高素材音量，如图 6.11 所示。

图 6.11　实时提高音量

如果要降低音量，可以使用鼠标在【调音台】面板上按住音量调整滑杆控制点，并向下推动，如图 6.12 所示。

图 6.12　实时降低音量

确定调音的大致效果后，打开轨道的【编辑模式】列表框，然后选择【锁存】选项，以便边可以将当前调音设置保存起来，如图 6.13 所示。

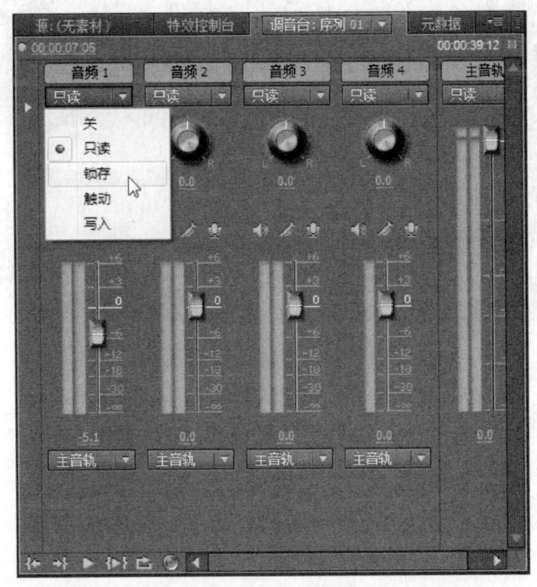

图 6.13　设置调音编辑模式

设置编辑模式后，可以再次播放素材，通过移动音量调整滑杆控制点来实时调整素材的音量，如图 6.14 所示。

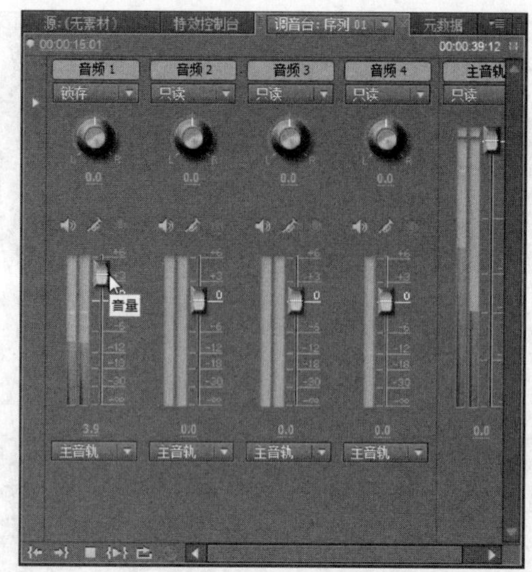

图 6.14　再次实时调整音量

Step 7　实时调整音量后，可以拉高音频 1 轨道，以查看音频线在调音后出现的变化。如图 6.15 所示，可以看到音频线呈现逐渐升高并维持在最高点的状态。

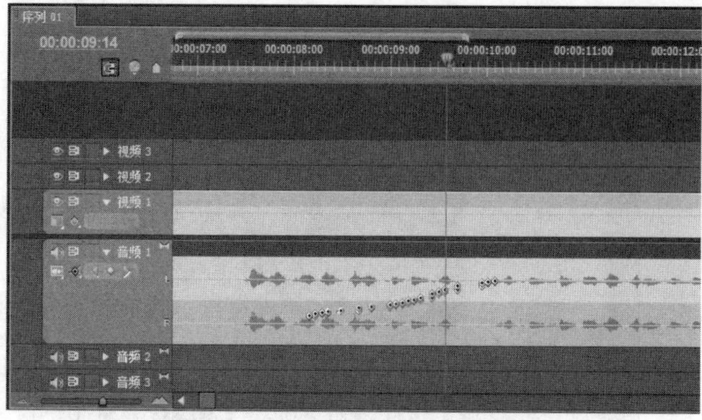

图 6.15　查看音频调整音量的结果

提 示

在图 6.15 中，逐渐升高的一段就是由播放素材时边播放边推高音量调节滑杆控制点而产生。

6.2.2　通过调音台实时录音

Premiere Pro CS5 的【调音台】面板除了能让用户对影片的音频轨道进行调整外，还提供了录音功能，让用户直接在计算机上完成解说或者配乐工作。

通过调音台为影片实时录音的操作步骤如下。

Step 1　打开练习文件(光盘：..\Example\Ch06\6.2.2.prproj)，在【时间线】窗口左侧单击鼠标右键，从弹出菜单中选择【添加轨道】命令。

Step 2　弹出对话框后，设置添加 0 条视频轨，同时添加 1 条音频轨，然后单击【确定】按钮，如图 6.16 所示。

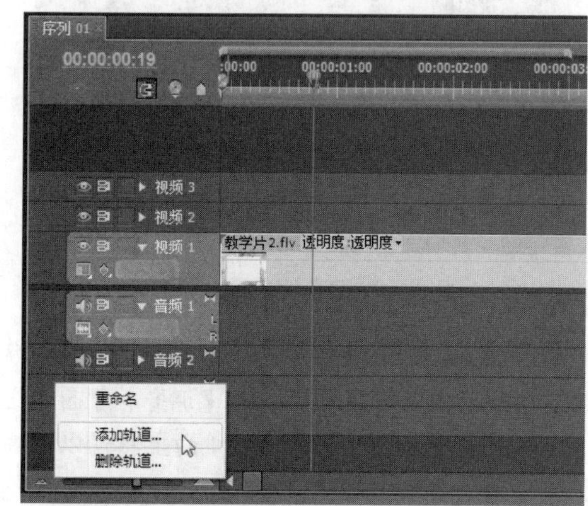

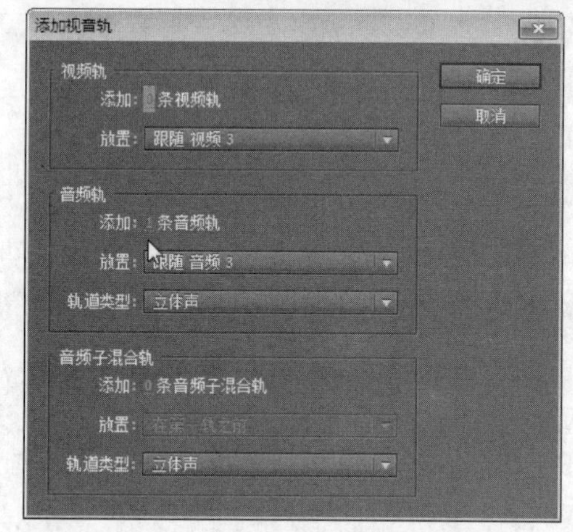

图 6.16　新增一条音频轨道

提 示

在激活录音轨道前，需要先设置用于录音的音频硬件，即选择音频输入通道，如图 6.17 所示。如果没有正确设置，程序会弹出提示信息，如图 6.18 所示。关于详细设置音频输入硬件的方法，下面的步骤将做详细介绍。

图 6.17　激活录制轨

图 6.18　程序提示设置音频设备

Step 3　选择【编辑】|【首选项】|【音频硬件】命令，打开对话框，单击【ASIO 设置】按钮，如图 6.19 所示。

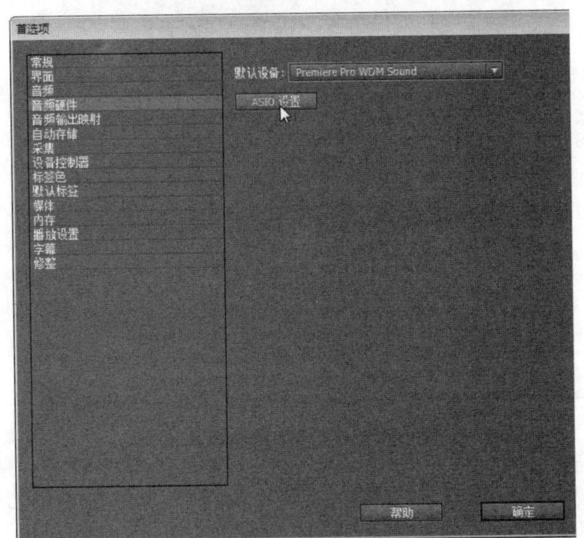

图 6.19　设置音频硬件

Step 4　打开【音频硬件设置】对话框，切换到【输入】选项卡，再选择【麦克风】复选框，最后单击【确定】按钮，如图 6.20 所示。

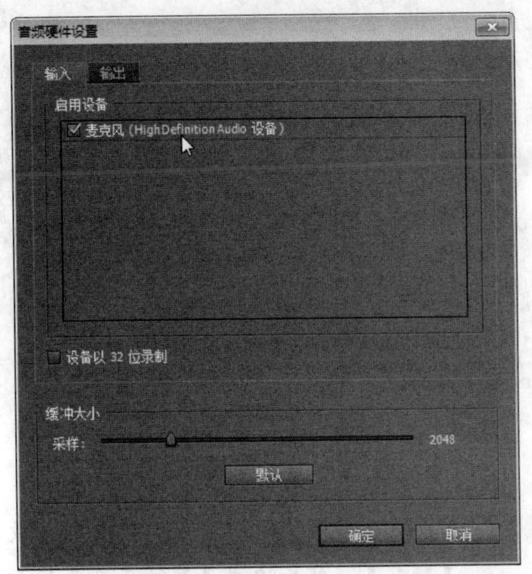

图 6.20　选择输入音频设备

Step 5　返回【调音台】面板，单击【音频 4】轨道控制器的【激活录制轨】按钮，同时选择输入设备为【麦克风】选项，如图 6.21 所示。

图 6.21　激活录制轨

Step 6　为了使录音效果更好，还需要对录制设备进行配置。首先单击任务栏的【扬声器】图标，再单击【合成器】链接，如图 6.22 所示。

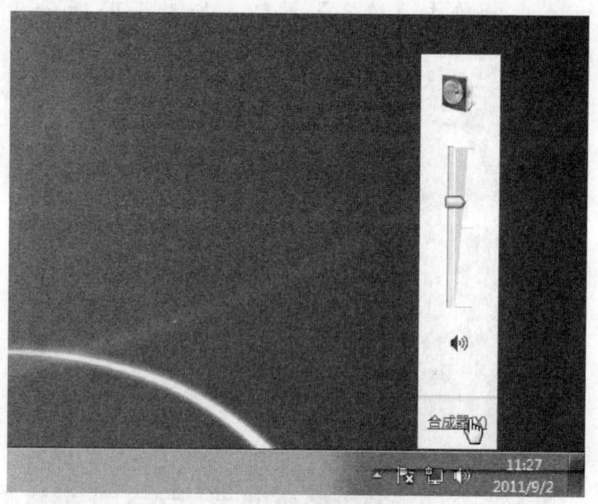

图 6.22　打开音量合成器

Step 7　打开对话框后，确保所有音量没有被设置为【静音】，然后单击【系统声音】按钮，打开【声音】设置对话框，如图 6.23 所示。

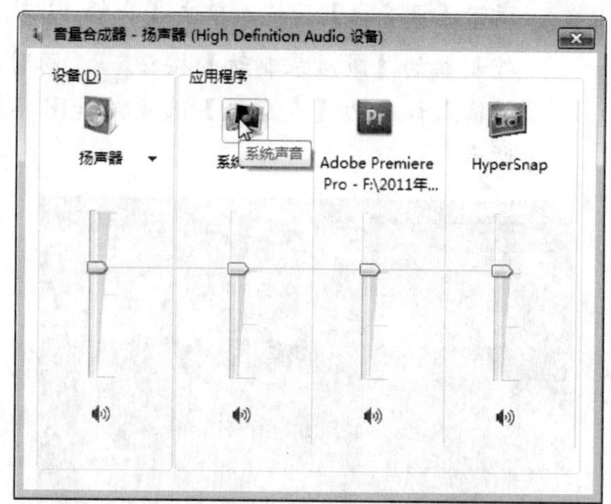

图 6.23　打开【声音】设置对话框

说明

在步骤 7 中，应确保所有音量没有被设置为【静音】，其意思就是查看【音量合成器】对话框中各个项目下方的音量图标为正常状态🔊，而不是🔇状态。

Step 8　打开【声音】对话框，切换到【录制】选项卡，再选择合适的麦克风设备，然后单击【配置】按钮，如图 6.24 所示。

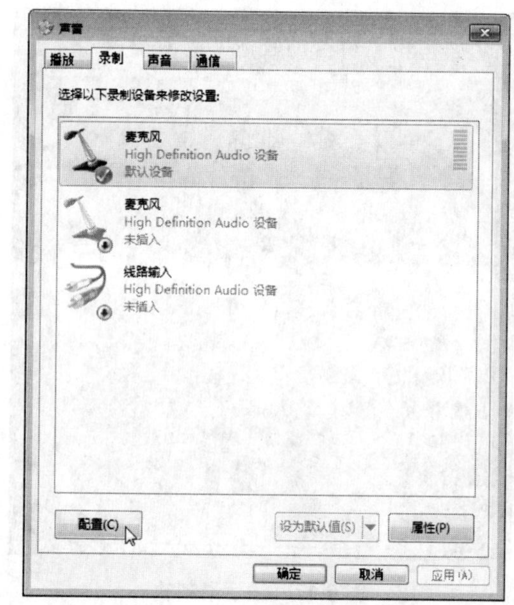

图 6.24　配置麦克风设备

Step 9　打开【语音识别】窗口，单击【设置麦克风】链接，打开麦克风设置向导，如图 6.25 所示。

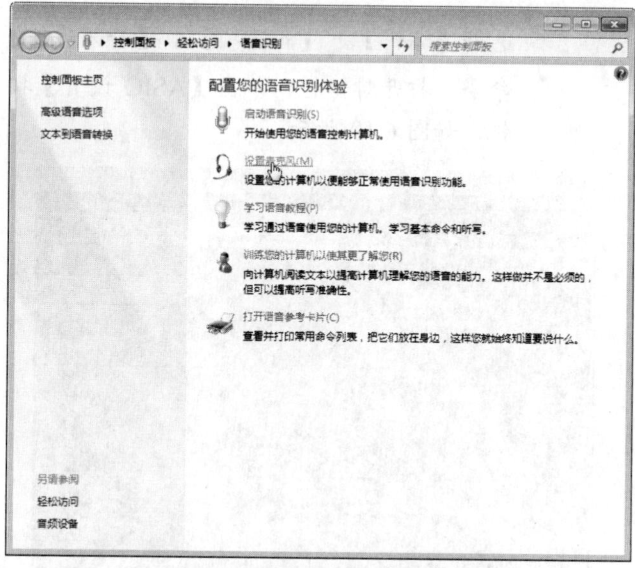

图 6.25　打开麦克风设置向导

Step 10　在【麦克风设置向导】对话框中选择麦克风的类型，然后单击【下一步】按钮，接着按照对话框的提示正确设置麦克风，再单击【下一步】按钮，如图 6.26 所示。

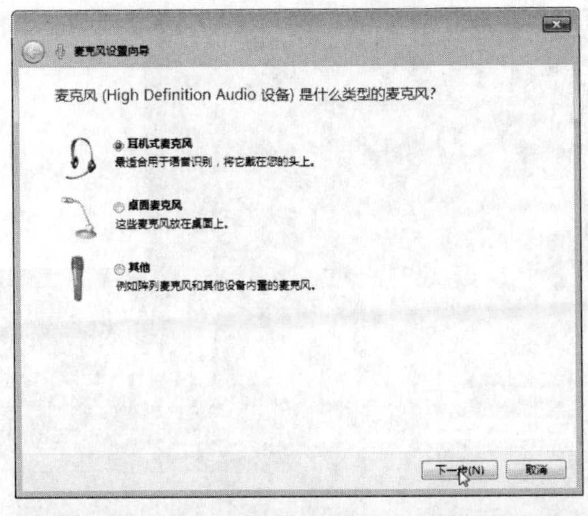

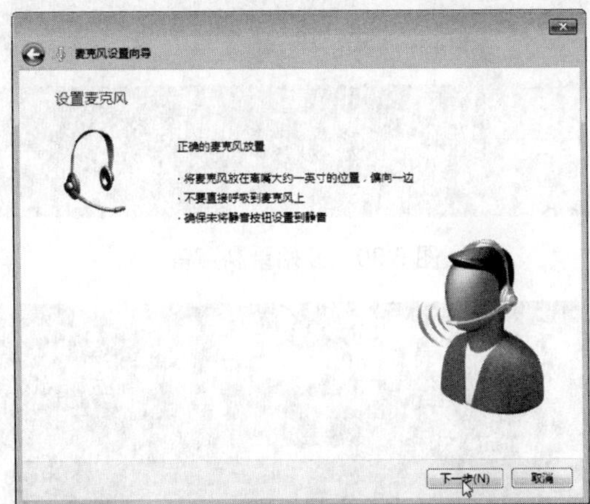

图 6.26　选择麦克风类型和设置麦克风

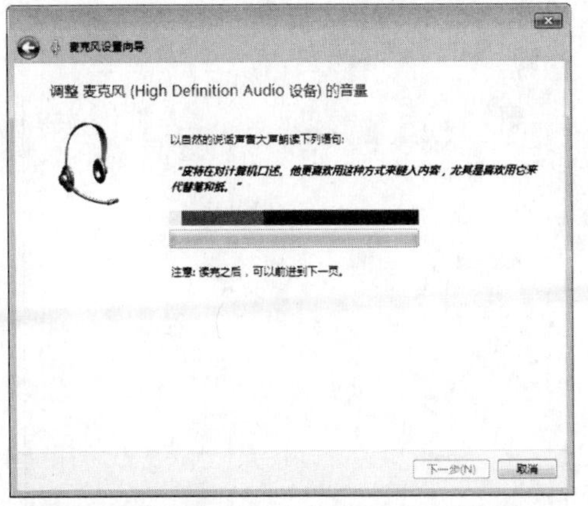

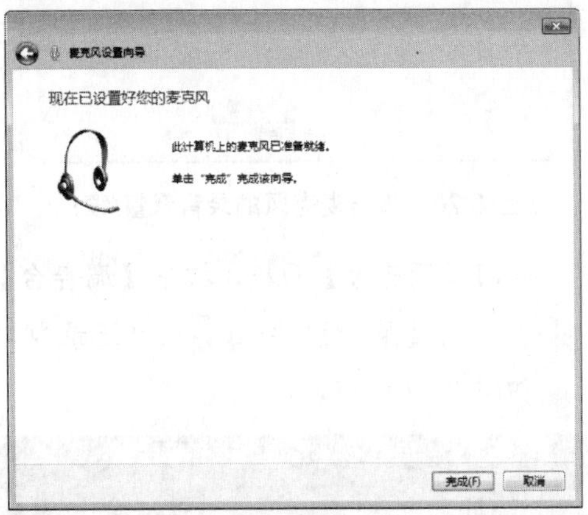

图 6.27　检测麦克风的音量并完成麦克风的配置

Step 11　此时按照对话框的提示朗读一段内容，以调整合适的麦克风音量，读完后进入下一步的操作。完成一系列配置后，用户即可让麦克风能够正常录音，此时单击【完成】按钮，完成配置，如图 6.27 所示。

图 6.28　调整麦克风的录音音量

提示

如果在配置麦克风时觉得麦克风录制的音量过大或过小，可以返回【声音】对话框，然后选择麦克风，并单击【属性】按钮。打开【麦克风 属性】对话框，切换到【级别】选项卡，然后设置麦克风的音量，最后单击【确定】按钮，如图 6.28 所示。

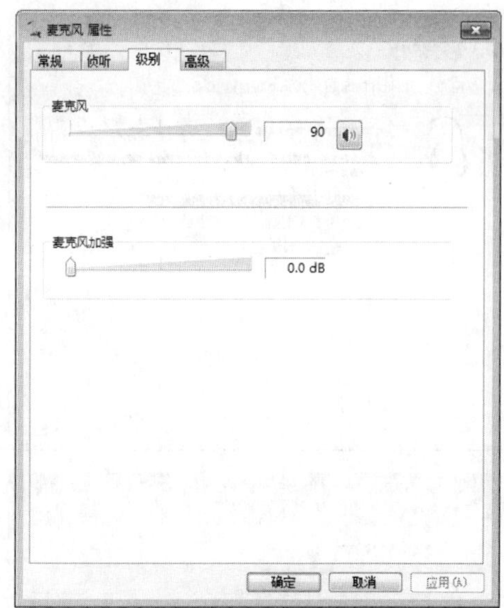

图 6.28　调整麦克风的录音音量(续)

返回【调音台】面板，按下【调音台】面板下方的【录制】按钮，激活录制功能，如图 6.29 所示。

图 6.29　激活录制功能

此时单击【调音台】面板左下方的【播放-停止切换】按钮，开始录制声音。用户可以通过麦克风根据播放的素材进行配音，如图 6.30 所示。

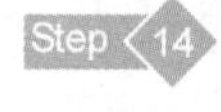

配音完成后，再次单击【播放-停止切换】按钮，即可停止录音。此时录制的声音会装配到【音频 4】轨道上，如图 6.31 所示。

图 6.30　开始录制声音

图 6.31　查看录制声音的结果

6.3　通过音频轨道进行调音

通过【调音台】面板调音仅对当前的音频素材有效，删除素材后，调整效果就消失了。而通过音频轨道调整，则可以选择对素材音频进行调整，也可以选择对当前音频轨道的所有素材音频进行调整。

6.3.1　调整素材音量

在音频轨道中，程序提供了【显示素材音量】的方式，用户可以在此方式下调整指定素材的音量。

通过音频轨道调整素材音量的操作步骤如下。

Step 1 打开练习文件（光盘：..\Example\Ch06\6.3.1.prproj），单击【时间线】窗口左侧的【显示素材关键帧】按钮，并从弹出的菜单中选择【显示素材音量】选项，如图 6.32 所示。

图 6.32　显示素材音量

Step 2 使用鼠标按住【音频 1】轨道下边缘，向下拖动扩大【音频 1】轨道，以便后续进行调音处理，如图 6.33 所示。

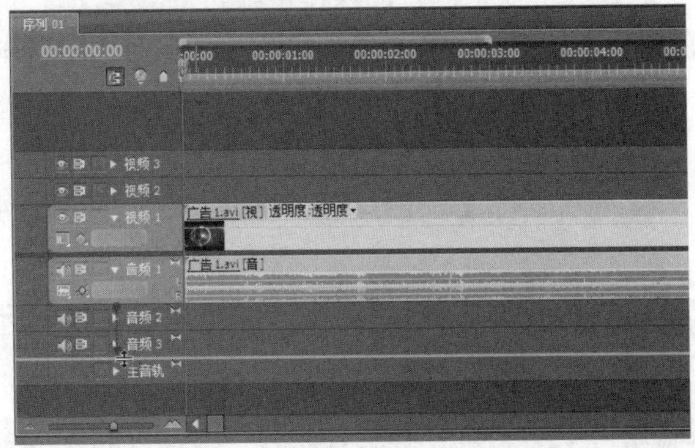

图 6.33　扩大【音频 1】轨道

在【音频 1】轨道上，可以看到有一条黄色的线，这条线就是音量线。当想要提高素材音量时，可以使用【选择工具】移到黄线上，然后按住黄线向上拖动，即可提高素材的音量。提高音量的具体数值会显示在鼠标旁，如图 6.34 所示。

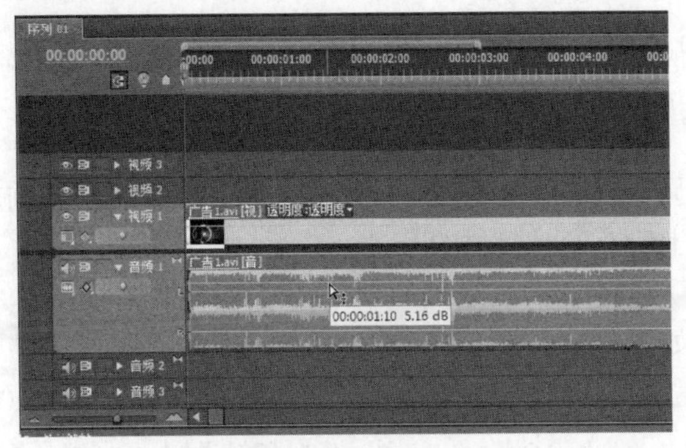

图 6.34　提高素材音量

Step 4 当需要降低素材音量时，可以使用【选择工具】按住黄线向下拖动。降低音量的具体数值同样会显示在鼠标旁，如图 6.35 所示。

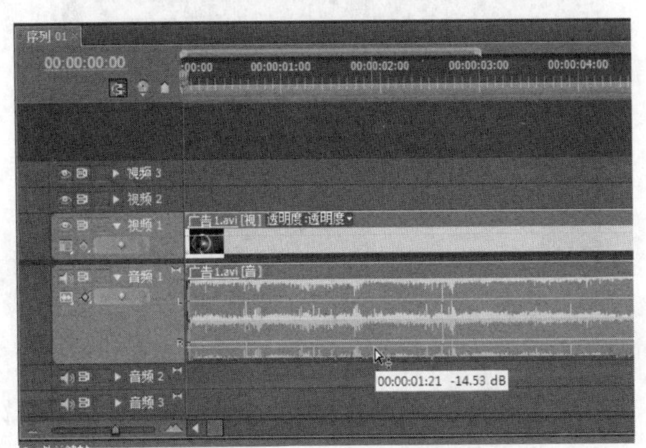

图 6.35　降低素材音量

提示

使用【显示素材音量】方式调整音量，只影响当前选定的素材，不会影响其他素材。因此，调整选定素材的音量后，其他素材的音量线没有改变，如图 6.36 所示。

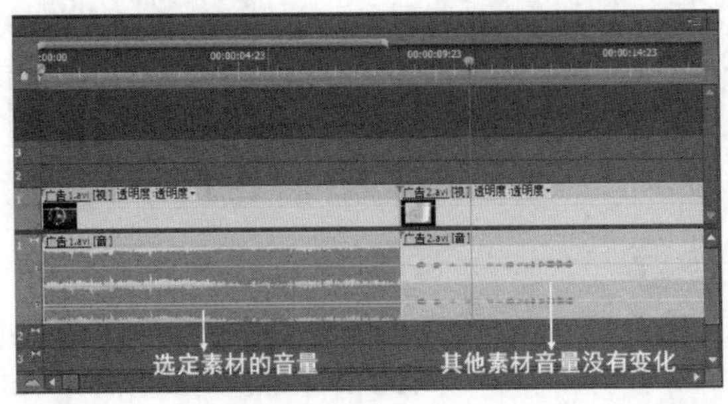

图 6.36　【显示素材音量】调音方式只影响选定的素材

6.3.2　调整轨道音量

如果想要调整整个音频轨道的音量，可以使用【显示轨道音量】的方式调音。此方式会影响当前轨道上所有音频素材的音量。

通过音频轨道调整轨道所有素材音量的操作步骤如下。

Step 1　打开练习文件(光盘：..\Example\Ch06\6.3.2.prproj)，单击【时间线】窗口左侧的【显示素材关键帧】按钮，并从弹出的菜单中选择【显示轨道音量】选项，如图 6.37 所示。

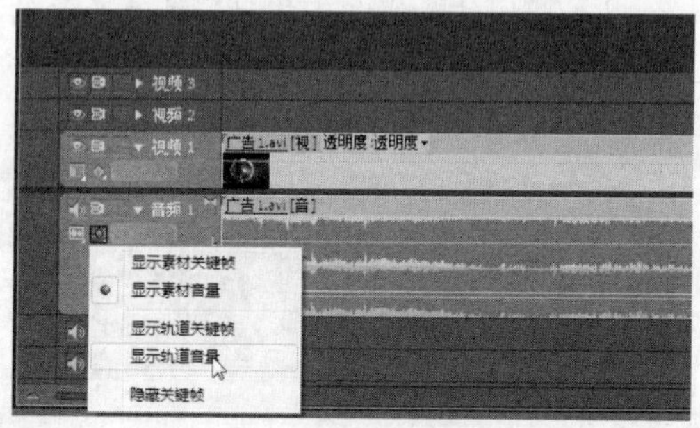

图 6.37　显示轨道音量

Step 2　当想要提高轨道上所有素材的音量时，可以使用【选择工具】按住黄线向上拖动，以提高轨道的音量，如图 6.38 所示。

图 6.38　提高轨道的音量

提示

因为显示轨道音量后，调整音量线会影响轨道上所有素材的音量，因此在图 6.38 上我们可以看到，拖动音量线时，所有素材的音量线一并移动。

如果想要降低轨道上所有素材的音量时，可以使用【选择工具】按住黄线向下拖动，以降低轨道的音量，如图 6.39 所示。

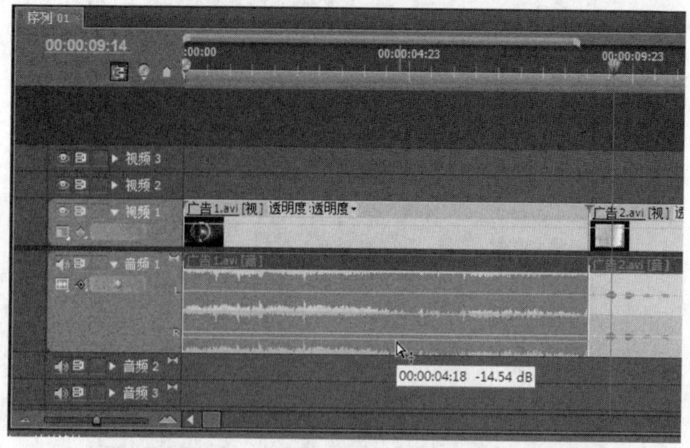

图 6.39　降低轨道的音量

6.3.3　通过关键帧来调音

在默认情况下，调整音量线会影响素材整体的音量，但在一些特殊处理上，有时要求只影响素材的某段的音量，此时用户就需要使用关键帧来控制素材音量了。

通过关键帧来调音的操作步骤如下。

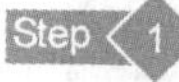

打开练习文件(光盘：..\Example\Ch06\6.3.3.prproj)，单击【时间线】窗口左侧的【显示素材关键帧】按钮，然后从弹出的菜单中选择【显示轨道关键帧】选项，如图 6.40 所示。

图 6.40　显示轨道关键帧

说明

帧是计算机动画或影片的术语，就是动画或影片中最小单位的单幅画面，相当于电影胶片上的每一格镜头。在 Premiere Pro CS5 软件中，帧表现为一个点标记。

关键帧是指一个能够定义属性的关键标记，对音频来说，关键帧为定义音频音量变化的关键动作处的那一帧。

Step 2 此时将【时间线】窗口的播放指针移到需要插入关键帧的位置，然后单击【添加-移除关键帧】按钮，在播放指针位置插入关键帧，如图 6.41 所示。

图 6.41 在播放指针位置添加关键帧

Step 3 根据步骤 1 相同的方法，分别在素材不同的时间点上添加关键帧，以用于后续音量的调整，如图 6.42 所示。

图 6.42 添加多个关键帧

Step 4 从【工具箱】面板上选择【钢笔工具】，然后选择第一个关键帧，并向下拖动此关键帧，以降低关键帧所在位置的音量，如图 6.43 所示。

图 6.43 降低第一个关键帧的音量

Step 5 使用步骤 4 的方法，分别调整其他两个关键帧的位置，以调整关键帧的音量，结果如图 6.44 所示。

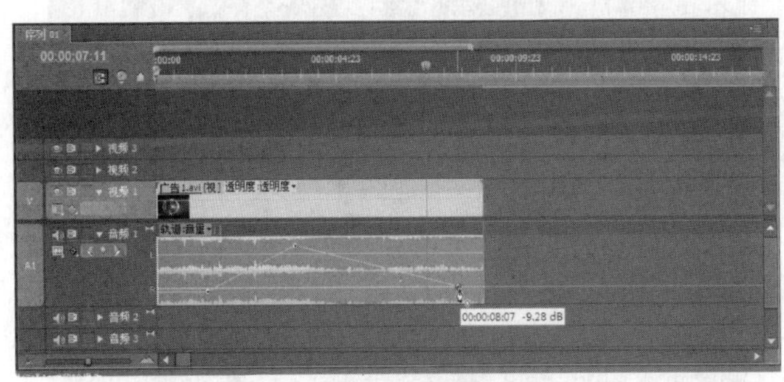

图 6.44 调整其他关键帧的音量

6.3.4 以曲线控制素材音量

在默认情况下，关键帧之间以直线连接，也就是说关键帧之间的音量是直线变化。这样的音量变化是线性变化，其声音大小的过渡不够平滑。为了让声音大小过渡的效果更加平滑，我们可以使关键帧之间以曲线连接，让音量以曲线方式进行过渡。

以曲线控制素材音量的操作步骤如下。

Step 1 打开练习文件(光盘：..\Example\Ch06\6.3.4.prproj)，选择音量线上的关键帧，然后单击鼠标右键并从弹出的菜单中选择【曲线】命令，如图 6.45 所示。

图 6.45　设置关键帧的线性

此时关键帧上出现一条蓝色的控制线，用户可以使用鼠标按住控制线的一端，并拖动鼠标，以调整曲线的形状，如图 6.46 所示。

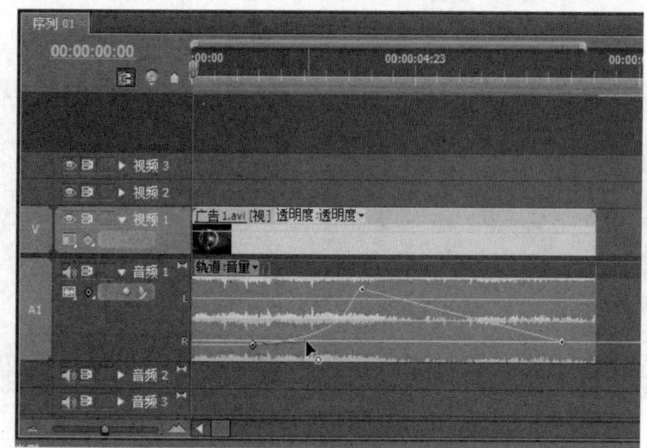

图 6.46　调整曲线的形状

选择音量线上第二个关键帧，然后单击鼠标右键并从弹出的菜单中选择【自动曲线】命令，如图 6.47 所示。

选择音量线上第三个关键帧，然后单击鼠标右键并从弹出的菜单中选择【连续曲线】命令，让该关键帧的曲线与上个关键帧的曲线连续，如图 6.48 所示。

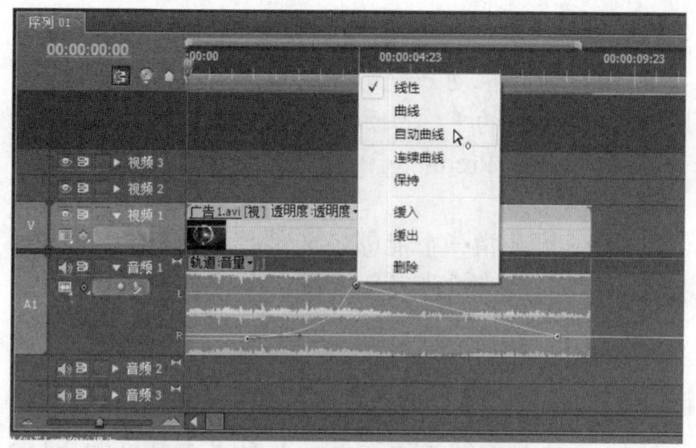

图 6.47　设置关键帧的自动曲线

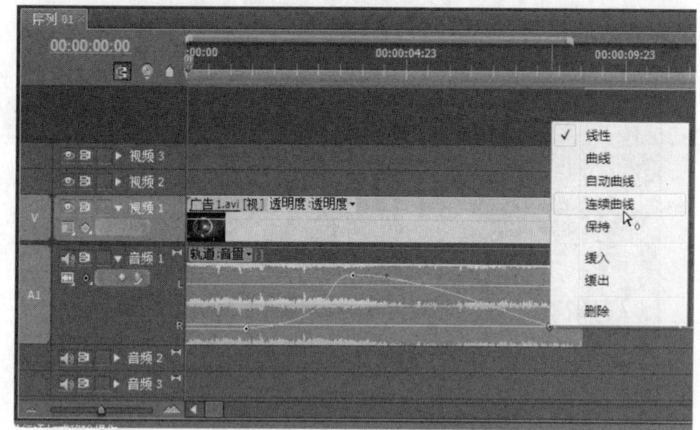

图 6.48　设置关键帧的连续曲线

继续使用鼠标按住第三个关键帧曲线的控制线的一端，并拖动鼠标，以调整曲线的形状，如图 6.49 所示。

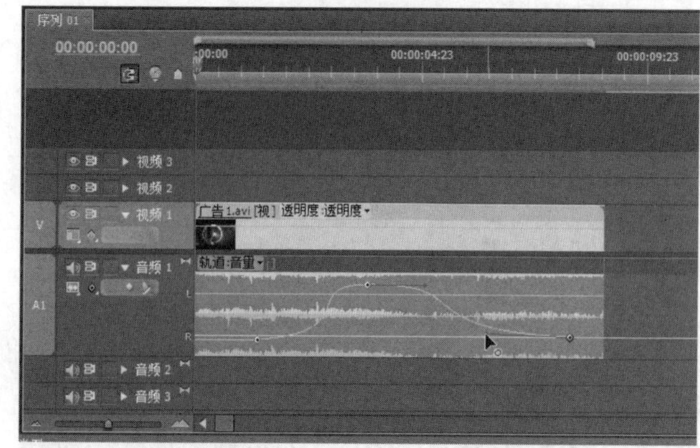

图 6.49　调整关键帧之间的连线形状

提 示

使用曲线的方式来调整素材音量，建议曲线要平滑，不要大起大落，以免声音的音量随着曲线忽高忽低。

另外，当需要删除音量线上的关键帧时，可以在关键帧上单击鼠标右键，然后选择【删除】命令，如图 6.50 所示。

图 6.50　删除关键帧

6.3.5　实例：制作缓入和缓出音乐效果

本例将通过音量线的关键帧和曲线的方式，为广告影片制作缓入和缓出的背景音乐效果。

制作缓入和缓出音乐效果的操作步骤如下。

Step 1　打开练习文件(光盘：..\Example\Ch06\6.3.5.prproj)，从【工具箱】面板上选择【选择工具】，然后按住 Ctrl 键，在音频音量线开始处单击，添加关键帧，如图 6.51 所示。

Step 2　使用与步骤 1 相同的方法，在音频音量线其他位置上添加关键帧，以用于后续制作缓入和缓出效果，如图 6.52 所示。

Step 3　选择第一个关键帧，然后向下拖动此关键帧，以降低此关键帧所在位置的音量。使用相同的方法，降低最后一个关键帧的音量，如图 6.53 所示。

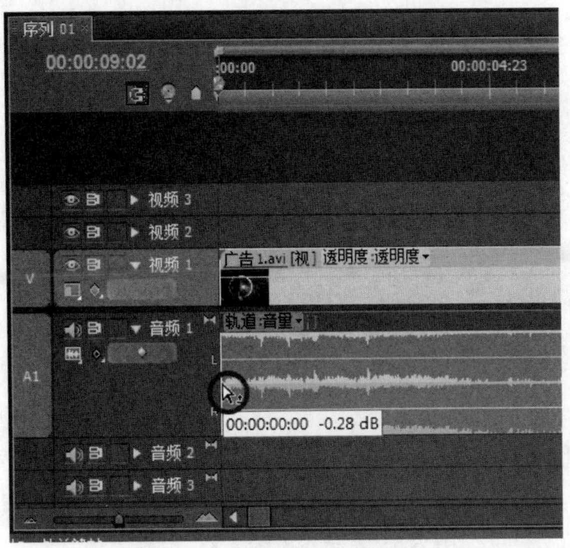

图 6.51　添加第一个关键帧

图 6.52　添加其他关键帧

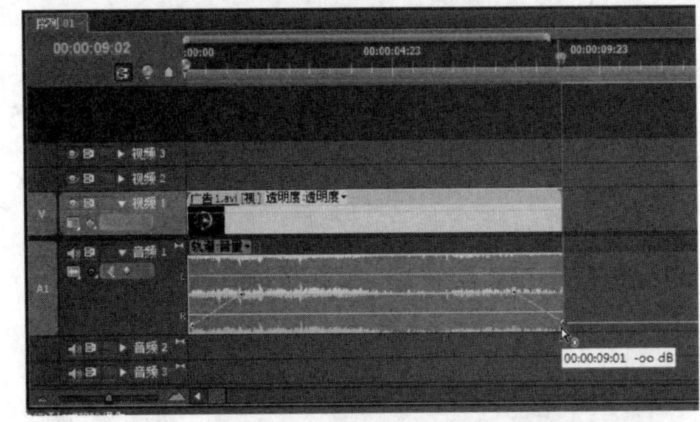

图 6.53　调整关键帧的位置

Step 4　选择第一个关键帧，然后单击鼠标右键并从弹出的菜单中选择【缓入】命令，如图 6.54 所示。

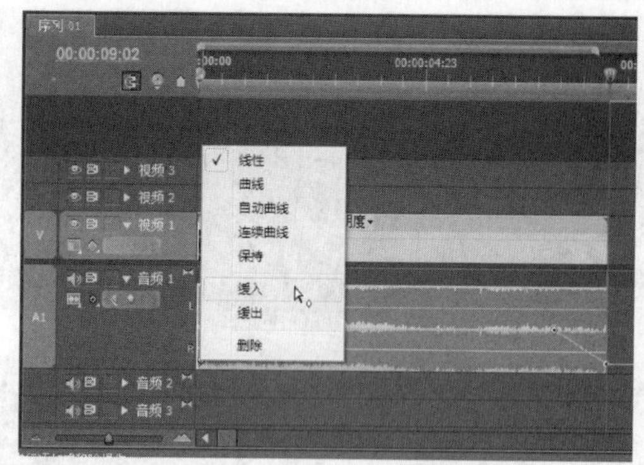

图 6.54　设置音量的缓入

按住关键帧上蓝色控制线的一端，然后拖动鼠标，以调整曲线的形状，让曲线平滑过渡，如图 6.55 所示。

图 6.55　调整缓入音量线的形状

选择最后一个关键帧，然后单击鼠标右键并从弹出的菜单中选择【缓出】命令，如图 6.56 所示。接着按住关键帧上蓝色控制线的一端，拖动鼠标调整曲线的形状，如图 6.57 所示。

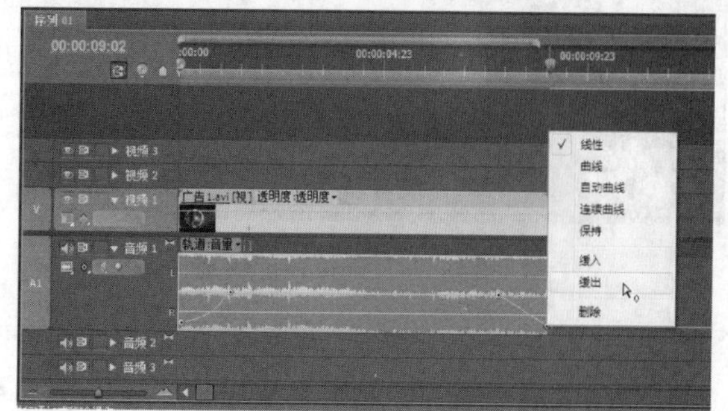

图 6.56　设置音量缓出

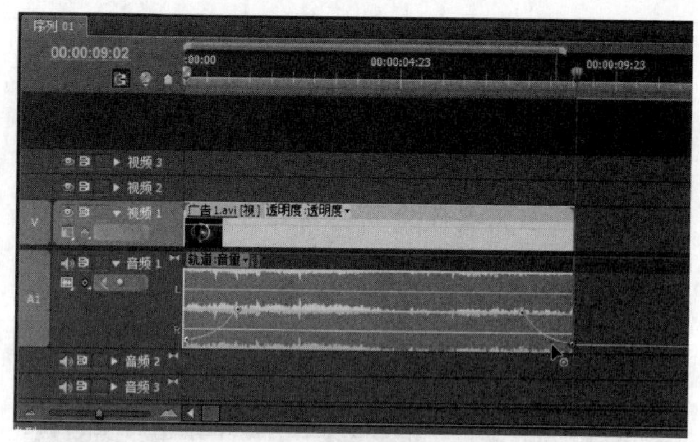

图 6.57　调整缓出音量线的形状

6.4　应用音频特效与过渡

Premiere Pro CS5 的【效果】面板不仅提供了各种视频特效，还提供了不同效果的音频特效和音频过渡效果。利用这些特效，用户可以制作出不同效果的音频，例如 5.1 音效、立体声音等效果。

6.4.1　音频特效与过渡概述

Premiere Pro CS5 的音频特效分为了 5.1、立体声和单声道 3 种类型，共提供了 80 种效果，如图 6.58 所示。用户可以通过这些特效让影片产生回声、合声以及去除噪音的效果。

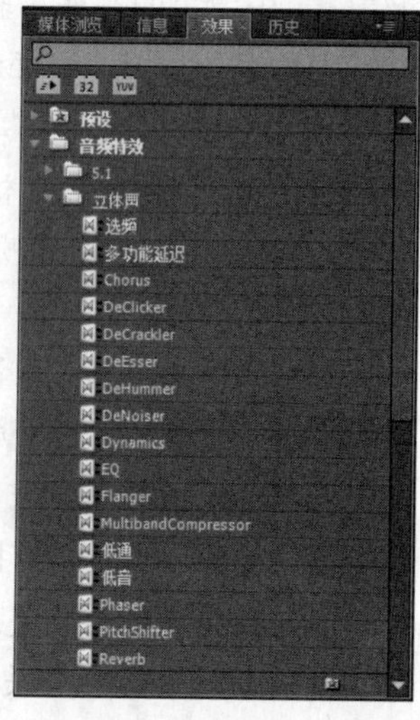

图 6.58　音频特效列表

除了音频特效外，Premiere Pro CS5 还提供了音频过渡特效，包括恒定功率、恒定增益和指数型淡入淡出 3 种效果，如图 6.59 所示。

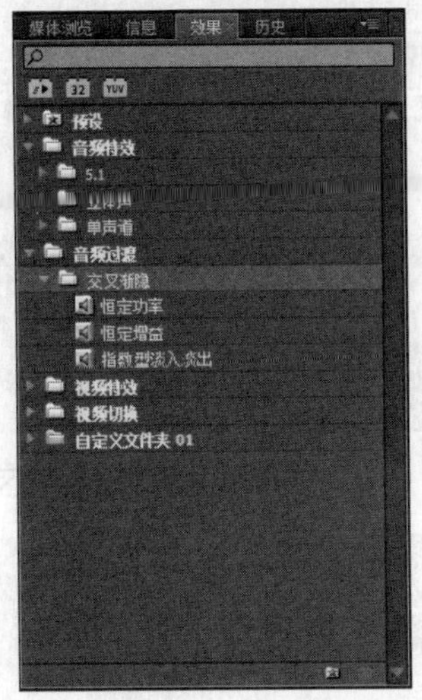

图 6.59　音频过渡特效列表

不同音频特效类型的效果仅对相同模式音频素材有效，例如单声道类型的特效只对单声道音频有效。

6.4.2　为音频素材应用特效

将音频特效应用到素材上的方法很简单，用户首先打开音频特效列表，然后将选中的效果拖到素材上再放开即可。

为音频素材应用特效的操作步骤如下。

打开练习文件(光盘：..\Example\Ch06\6.4.2.prproj)，在音频素材上单击鼠标右键，然后选择【属性】命令，打开【属性】面板，查看音频的格式属性，以查看音频是单声道还是立体声，如图 6.60 所示。

此时打开【音频特效】列表中的【立体声】特效列表，然后选择一种效果，将效果项目拖到音频素材上，以应用该特效，如图 6.61 所示。

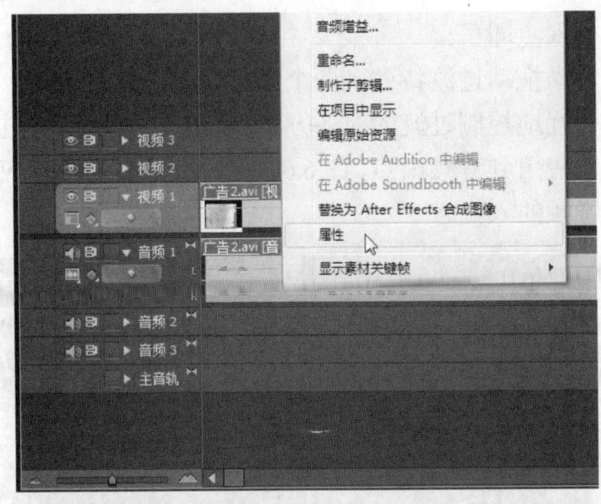

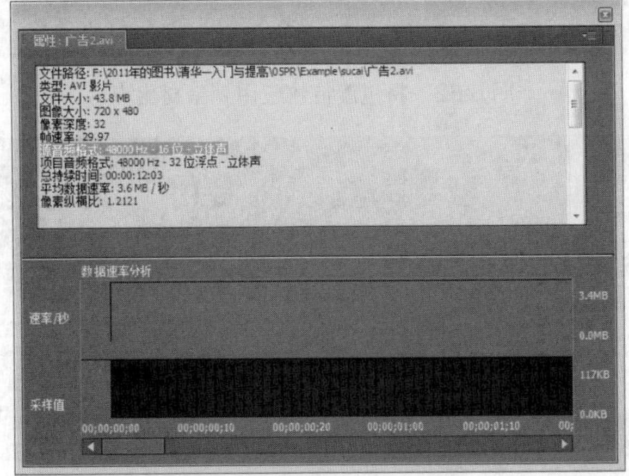

图 6.60　查看音频的属性

图 6.61　应用音频特效

6.4.3　为音频素材应用过渡

为了让不同音频素材声音的过渡效果更佳，用户可以为音频素材添加过渡特效。应用音频过渡的操作很简单，只需将过渡效果拖到前一素材的出点或下一素材入点即可。

当拖动过渡特效到两个音频素材的编辑点时，可以交互地控制过渡的对齐方式。图 6.62 所示为将过渡特效应用到音频出点，图 6.63 所示为将过渡特效应用到音频的入点。

图 6.62　将过渡特效应用到素材出点

图 6.63　将过渡特效应用到音频的入点

6.4.4　实例：为音频轨道应用特效

除了为音频素材添加特效外，还可以直接对音频轨道添加特效。为音频轨道添加特效的操作与为音频素材添加特效的操作完全不同，为音频轨道添加特效的操作是通过【调音台】面板完成的。

为音频轨道应用特效的操作步骤如下。

Step 1　打开练习文件(光盘：..\Example\Ch06\6.4.4.prproj)，打开【调音台】面板，然后单击面板左上方的三角形按钮，显示【效果与发送】区域，如图 6.64 所示。

Step 2　此时打开【效果选择】列表框，然后选择一种音频效果即可，如图 6.65 所示。

Step 3　如果一种音频效果不够，用户可以应用多种特效，但最多不能超过 5 种。图 6.66 所示为给音频轨道应用 3 种特效的结果。

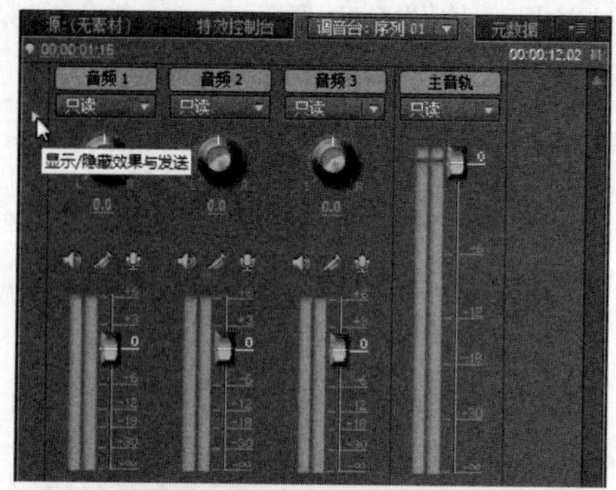

图 6.64　显示【效果与发送】区域

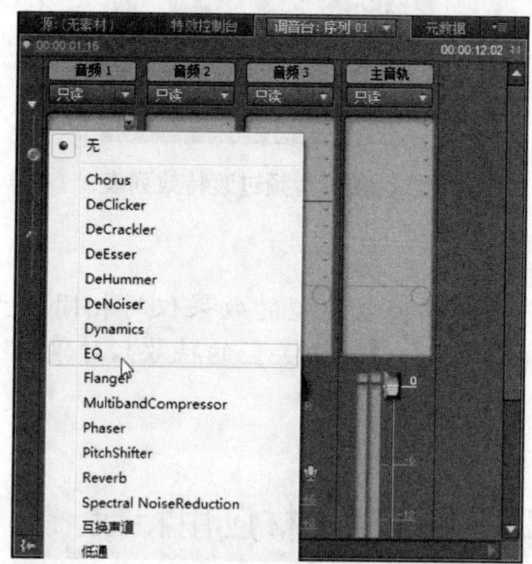

图 6.65　为音频轨道应用音频效果

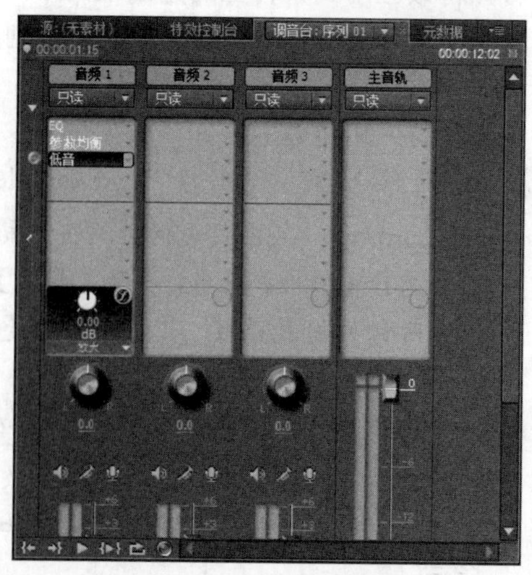

图 6.66　应用多种音频特效

6.5 编辑、存储与清除特效

将音频特效或音频过渡应用到素材后，还可以根据设计的需要对效果进行修改，以便后续再用。如果要恢复原来音频的效果，那么可以清除应用在素材上的特效。

6.5.1 通过特效控制台编辑效果

要将音频特效应用到素材上，用户可以打开【特效控制台】面板，调整特效的参数，让特效的应用更加符合制作的要求。

通过特效控制台编辑音频效果的操作步骤如下。

Step 1 打开练习文件(光盘：..\Example\Ch06\6.5.1.prproj)，选择一个音频特效，然后应用到音频素材上，如图 6.67 所示。

图 6.67 应用音频特效

Step 2 打开【特效控制台】面板，再打开【音频特效】项目的列表，设置音频特效的参数，如图 6.68 所示。

Step 3 编辑音频特效后，可以通过【节目】窗口播放素材，以检查调整音频特效后的声音效果，如图 6.69 所示。

提 示

如果设置的音频参数效果不符合要求，可以单击音频特效项目右端的【重置】按钮，恢复特效原来的设置，如图 6.70 所示。

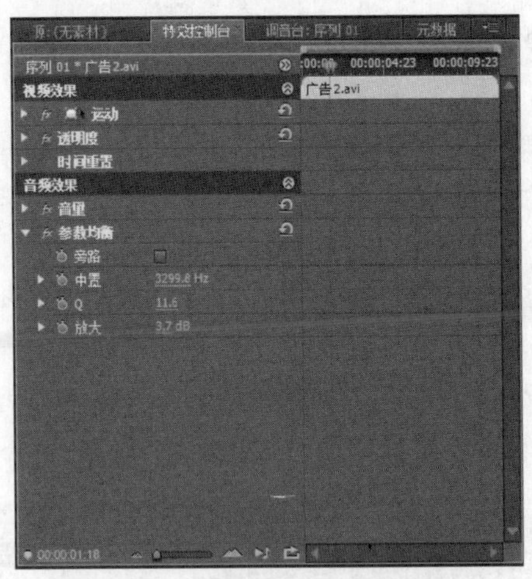

图 6.68 设置音频特效的参数

图 6.69 播放素材检查音效

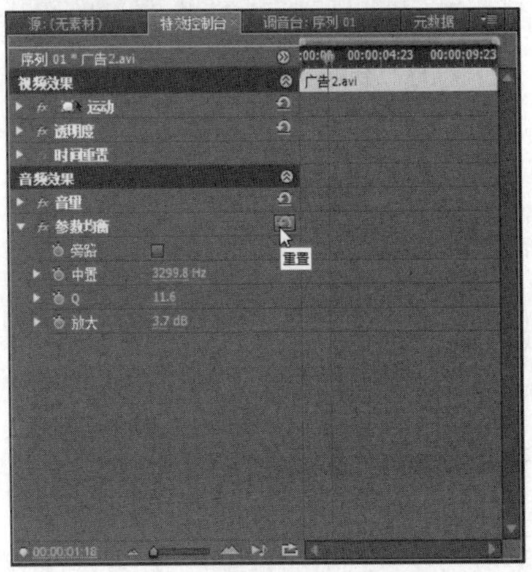

图 6.70 重置特效设置

6.5.2 将音频特效存储为预设

应用到素材上的音频特效，在经过编辑后可以将特效存储为预设特效，以便下次直接套用编辑后的音频特效。

将音频特效存储为预设的方法很简单，用户只需打开【特效控制台】面板，然后在音频特效项目上单击鼠标右键并选择【存储预设】命令，接着在弹出的对话框中设置属性即可，如图 6.71 所示。

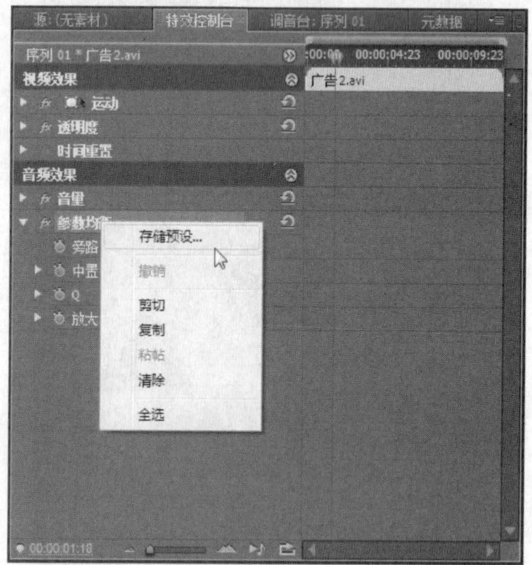

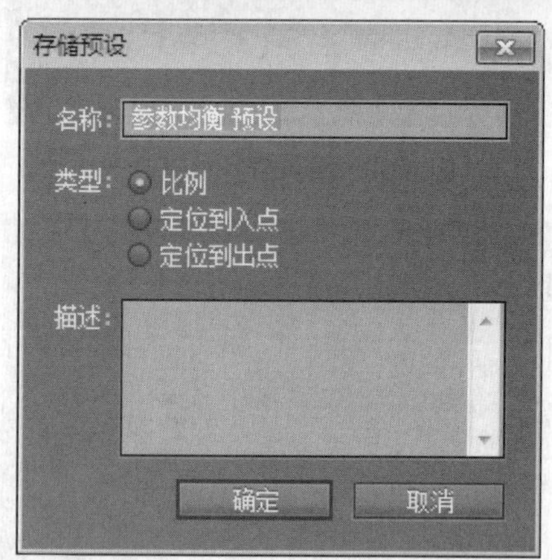

图 6.71　将音频特效存储为预设

6.5.3 清除素材和轨道的特效

如果应用在素材上的音频特效不符合制作需要，用户可以通过【特效控制台】将特效关闭或者直接清除，如图 6.72 所示。

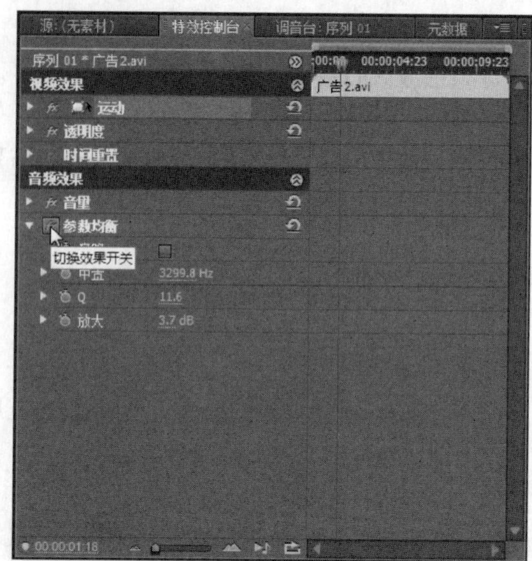

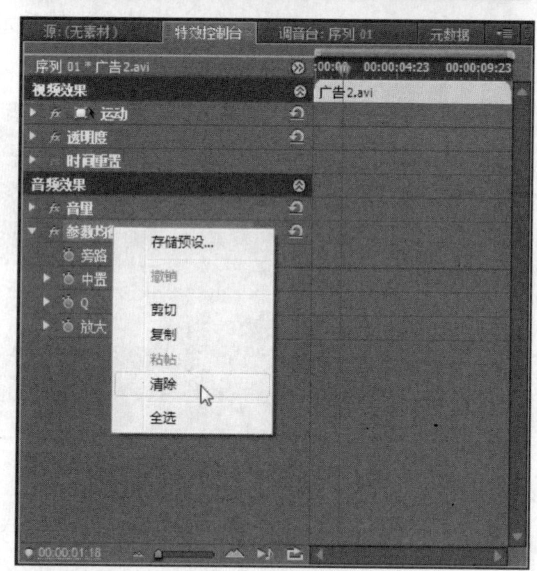

图 6.72　关闭音频特效或清除音频特效

如果是应用在轨道上的音频特效，则可以打开【特效控制台】面板，然后打开音频效果列表框，再选择【无】选项即可，如图 6.73 所示。

如果是应用在音频素材上的过渡特效，则可以在轨道上选择过渡编辑点，然后单击鼠标右键，并选择【清除】命令，如图 6.74 所示。

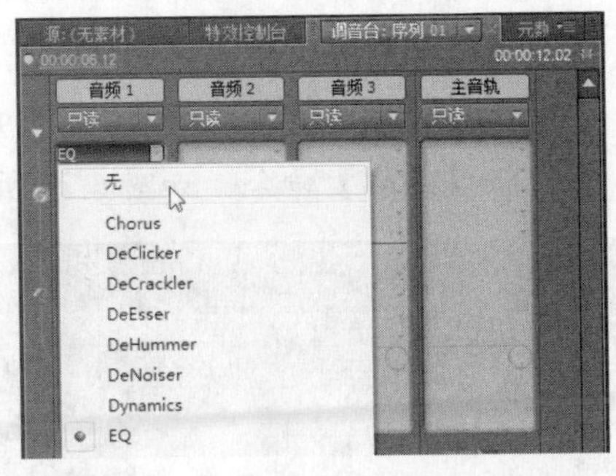

图 6.73　清除应用在轨道上的特效

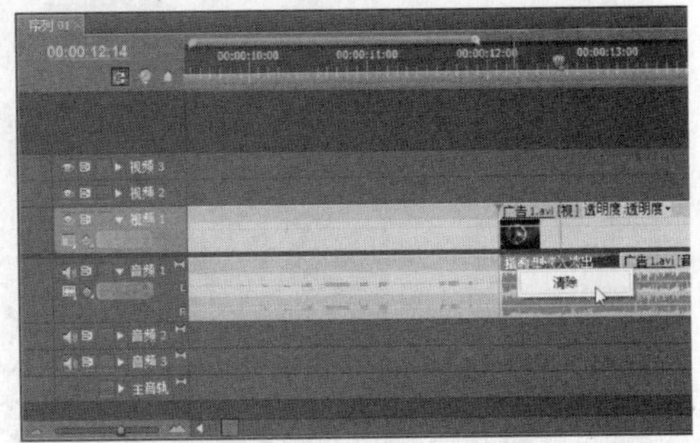

图 6.74　清除音频过渡效果

技巧

除了上述方法外，用户还可以通过下面的方法来清除音频轨道上的特效，此方法只对应用在音频素材的特效有用。首先在音频轨道上单击鼠标右键，然后从弹出的菜单中选择【移除效果】命令，接着在打开的对话框中选择【音频滤镜】复选框，最后单击【确定】按钮，如图 6.75 所示。

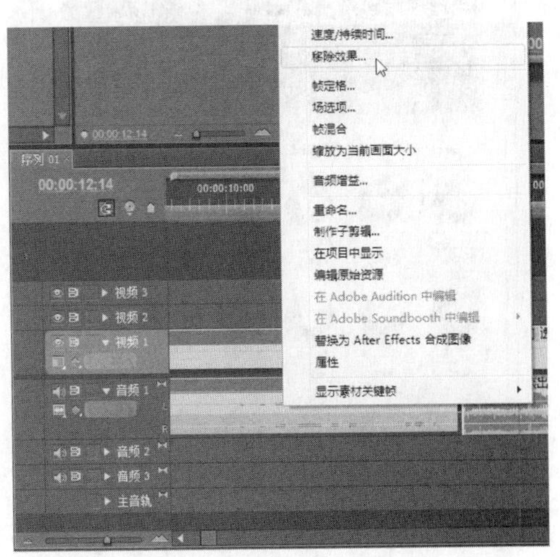

图 6.75　移除音频特效

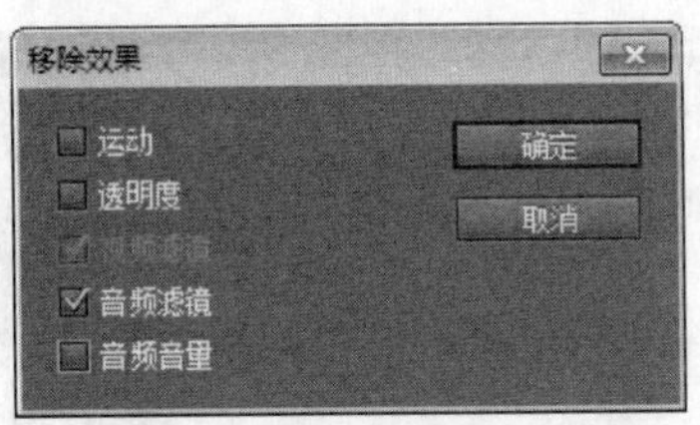

图 6.75　移除音频特效(续)

6.6　上机练习：通过调音台编辑效果

应用在轨道上的音频特效，用户无法通过【特效控制台】面板编辑，此时需要通过【调音台】面板来修改效果的设置。

通过调音台编辑音频效果的操作步骤如下。

Step 1　打开练习文件(光盘：..\Example\Ch06\6.6.prproj)，打开【调音台】面板，然后打开【效果与发送】区，此时可以查看应用到音频轨道的特效，如图 6.76 所示。

图 6.76　查看应用在音频轨道的效果

Step 2　从【效果】列表框中选择一种效果，然后在效果下方选择一种参数选项，再拖动【设置所选择参数值】旋钮，调整效果的参数，如图 6.77 所示。

图 6.77　设置选定项的参数

Step 3 可以打开效果参数下拉列表框，选择另外一个参数项，然后拖动【设置所选择参数值】旋钮，调整效果的参数，如图 6.78 所示。

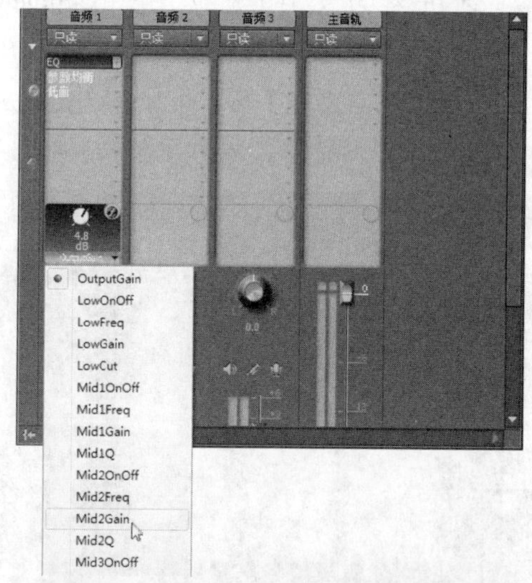

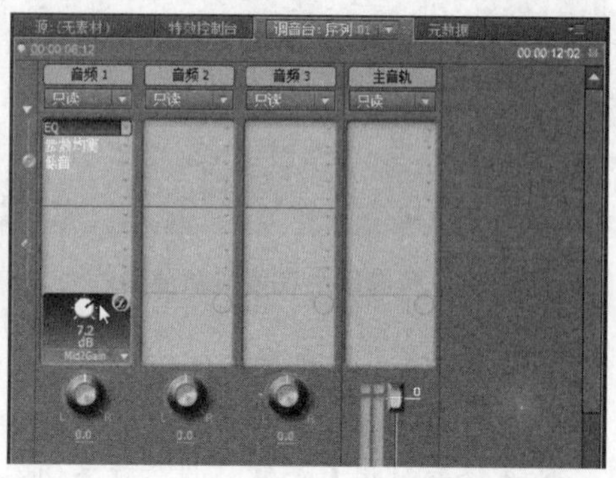

图 6.78　更改参数选项并设置参数

如果要编辑音频特效更详细的设置，则可以在效果项目上单击鼠标右键，从打开的菜单中选择【编辑】命令，如图 6.79 所示。

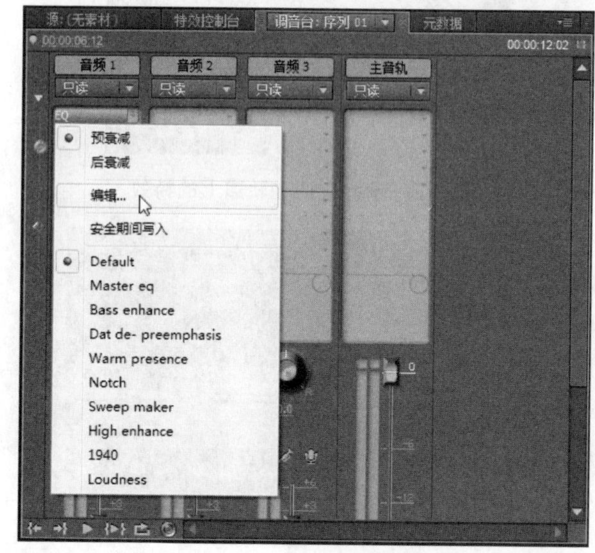

图 6.79　编辑音频效果项目

打开编辑器后，选择 Mid1 和 Mid2 复选框，并调整两个电平控制点的位置和曲线形状，如图 6.80 所示。

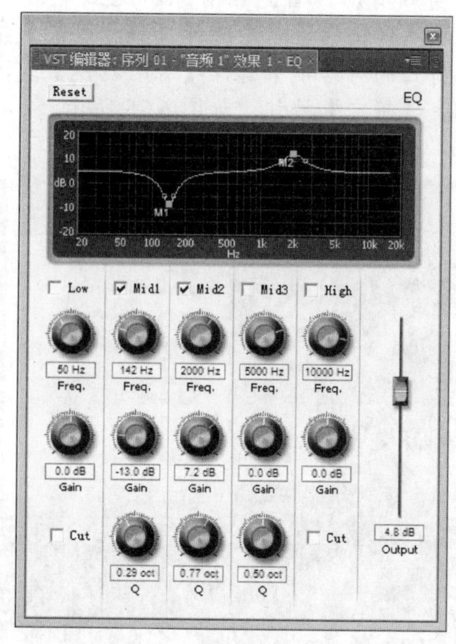

图 6.80　通过编辑器编辑音频效果

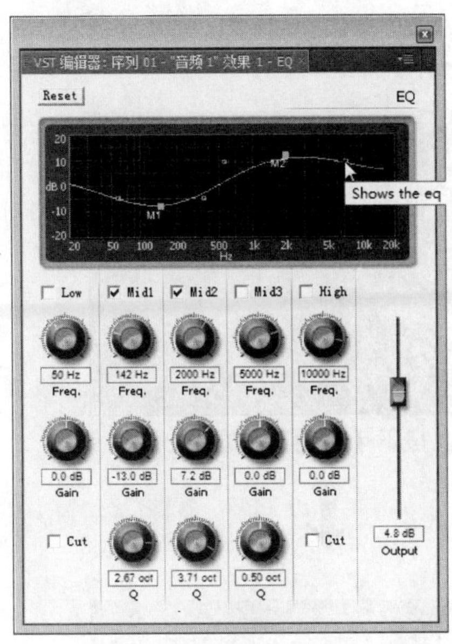

图 6.80　通过编辑器编辑音频效果(续)

完成编辑后，在音频特效项目上单击鼠标右键，然后从弹出的菜单中选择【安全期间写入】命令，将编辑的结果应用到音频上，如图 6.81 所示。

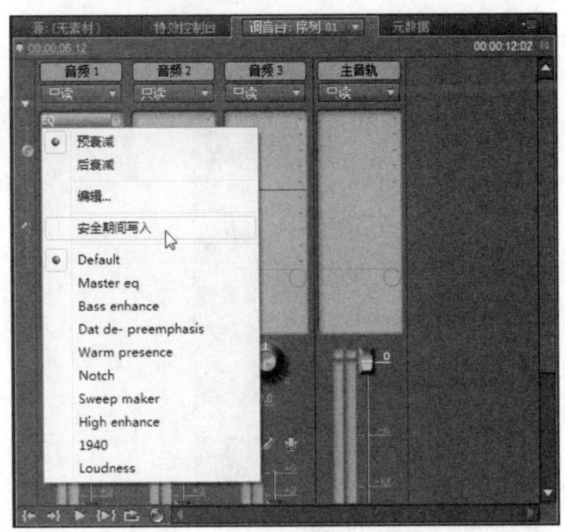

图 6.81　写入音频特效设置

完成上述的操作后，最后通过【节目】窗口播放素材，检查声音播放的效果，如图 6.82 所示。

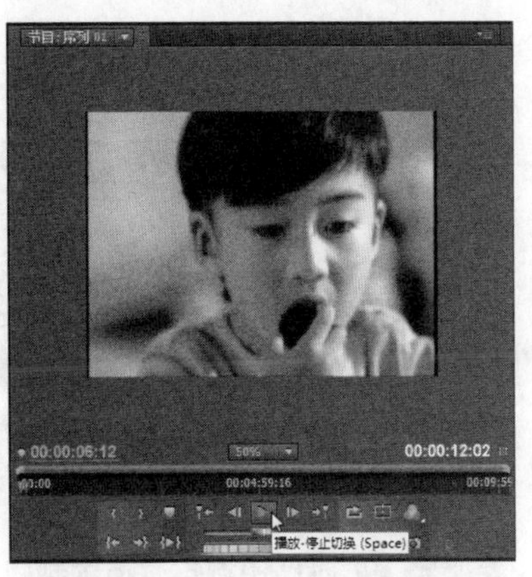

图 6.82　预览素材播放效果

6.7　章后总结

本章主要介绍了通过【调音台】面板、【时间线】窗口和【特效控制台】面板为作品进行调音、录音和应用特效和过渡，以及编辑音频特效和音频过渡的方法。在本章中，作品的调音和音效应用是重点内容，掌握了调音及应用和编辑音效的方法，可以方便用户在作品设计中制作出优秀的音响效果。

6.8　章后实训

本章实训题要求为序列上的教学影片素材录音，然后通过轨道来提高或降低配音的音量(预览录音音量的高低)，然后为录音应用一种立体声特效，以改善声音的播放效果，实训题的结果如图 6.83 所示。

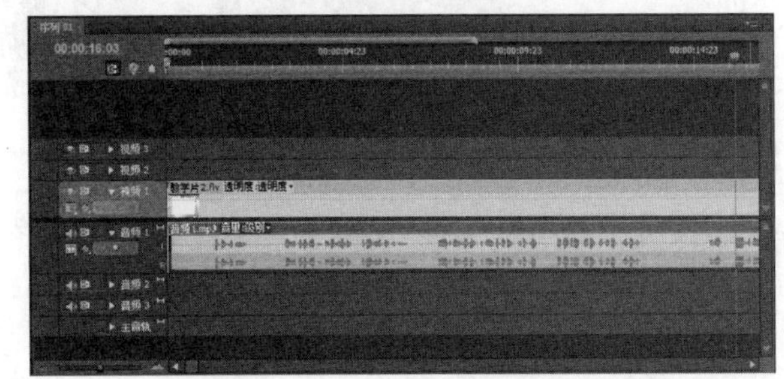

图 6.83　为教学影片录音的结果

本章实训题的操作流程如图 6.84 所示。

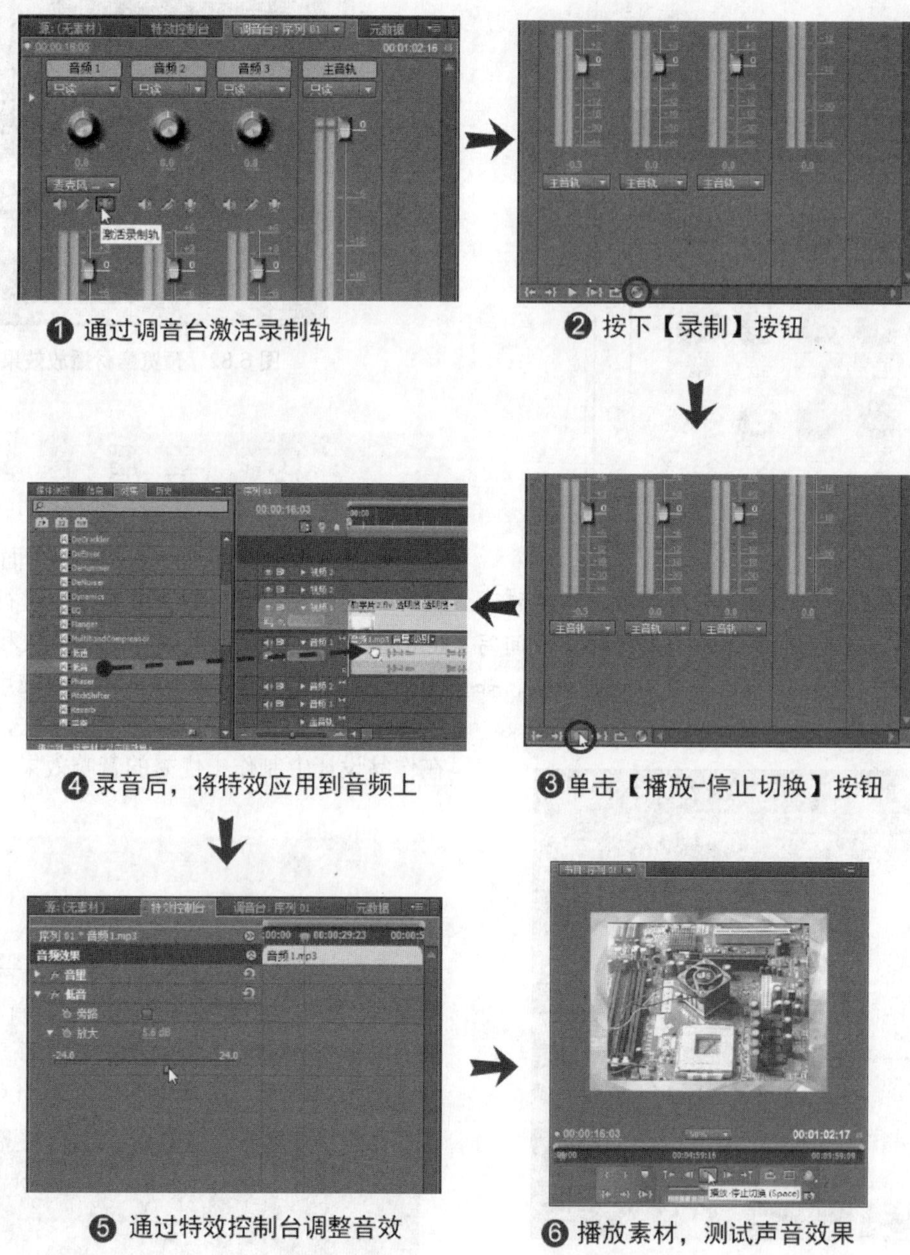

图 6.84　实训题的操作流程

第 7 章

字幕的创建、应用与设计

本章学习要点

字幕对影视作品来说是很重要的元素，作品的一些重要信息有时都需要字幕来呈现。本章将针对字幕在作品上的应用，详细介绍新建字幕，将字幕装配到序列，应用与修改字幕样式、设计静态和动态字幕，以及设计基于模板的字幕等内容。

7.1 认识字幕设计器

在 Premiere Pro CS5 中，字幕制作通过独立的字幕设计器完成。在【字幕设计器】窗口里，用户可以制作出各种常用字幕类型，不但可以制作普通的文本字幕，还可以制作简单的图形字幕。

7.1.1 打开字幕设计器

在字幕设计器中，用户能够完成字幕的创建和修饰、运动字幕的制作以及图形字幕的制作等处理工作。

用户在创建字幕时会自动打开【字幕设计器】窗口，如果没有经过创建字幕的操作就需要打开【字幕设计器】窗口，则可以打开【窗口】菜单，然后选择【字幕设计器】命令，即可打开【字幕设计器】窗口，如图 7.1 所示。

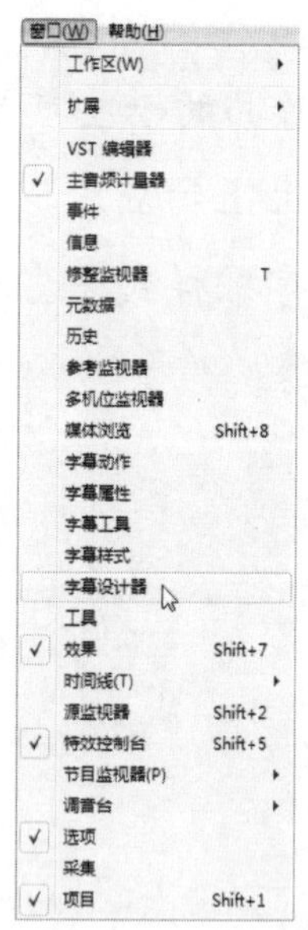

图 7.1 打开字幕设计器

7.1.2 字幕设计器的组成

字幕设计器主要分为 5 个区域，如图 7.2 所示。

- 编辑区：正中央是编辑区，字幕的制作就是在编辑区域里完成的。
- 工具箱：左边是工具箱，里面有制作字幕、图形的 20 种工具按钮以及对字幕、图形进行的排列和分布的相关按钮。
- 样式区：窗口下方是样式区，样式库中有系统设置好的数十种文字样式。用户也可以将自己设置好的文字样式存入样式库中。
- 属性区：右边是字幕属性区，里面有对字幕、图形设置的变换、属性、填充、描边、阴影、背景等栏目。
  - 【属性】栏目：用户可以设置字幕文字的字体、大小、字间距等。
  - 【填充】栏目：用户可以设置文字的颜色、透明度、光效等。
  - 【描边】栏目：用户可以设置文字内部及外部描边。
  - 【阴影】栏目：用户可以设置文字阴影的颜色、透明度、角度、距离和大小等。
  - 【变换】栏目：用户可以对文字的透明度、位置、宽度、高度以及旋转进行设置。
  - 【背景】栏目：用户可以设置字幕的背景颜色和透明度。
- 其他工具区：在窗口的上方是其他工具区，包括设置字幕运动或其他设置的一些工具按钮。

图 7.2 字幕设计器

7.2　新建与应用字幕

当需要为影片设计字幕时，需要先新建一些字幕素材。通过在【字幕设计器】窗口上设计出字幕素材，然后才可以将素材放置到视频轨道上，作为影片的字幕。

7.2.1　新建字幕素材

要新建字幕素材，通常有以下几种方法。

方法一：打开【文件】菜单，然后选择【新建】|【字幕】命令。在【新建字幕】对话框中设置字幕属性并单击【确定】按钮，即可通过【字幕设计器】窗口创建字幕，如图 7.3 所示。

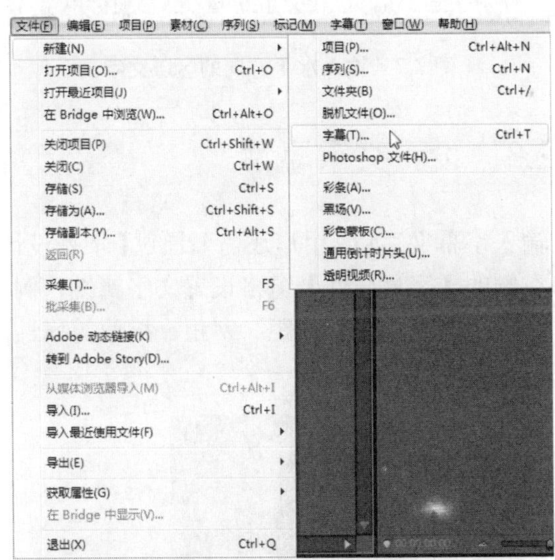

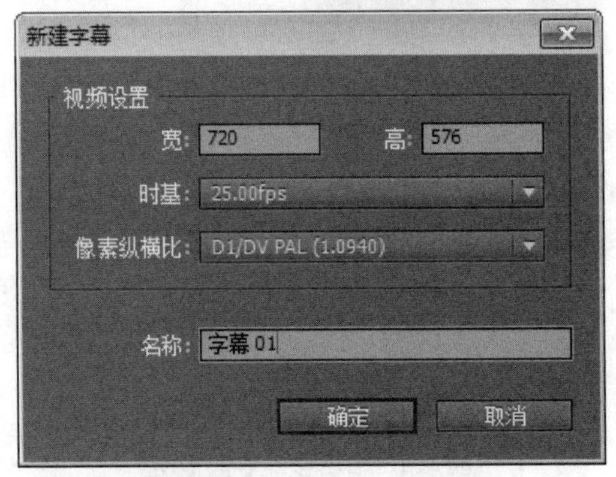

图 7.3　通过菜单命令新建字幕

方法二：按下 Ctrl+T 快捷键，然后在【新建字幕】对话框中设置字幕属性并单击【确定】按钮，接着通过【字幕设计器】窗口创建字幕素材，此方法是使用菜单的快捷方式。

方法三：在【项目】面板的空白处单击鼠标右键，并从弹出的菜单中选择【新建分项】|【字幕】命令，然后在【新建字幕】对话框中设置字幕属性并单击【确定】按钮，接着通过【字幕设计器】窗口创建字幕素材，如图 7.4 所示。

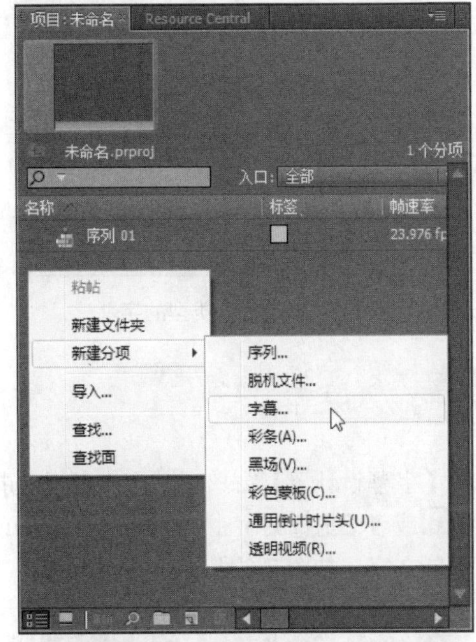

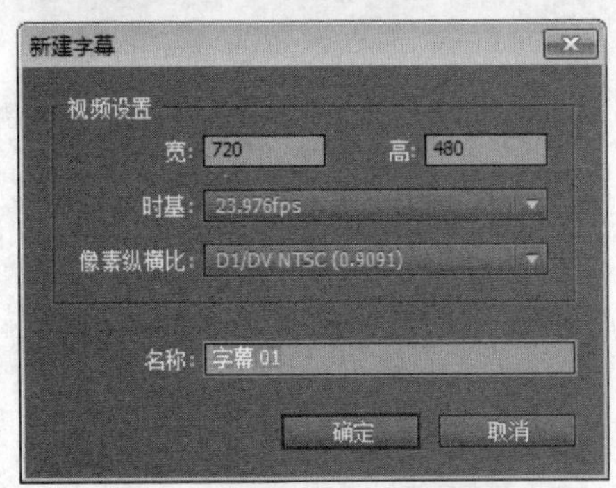

图 7.4　通过【项目】面板新建字幕

方法四：打开【窗口】菜单，然后选择【字幕动作】、【字幕属性】、【字幕工具】、【字幕样式】和【字幕设计器】任意一个命令，即可打开【字幕设计器】窗口，新建字幕素材。

方法五：打开【字幕】菜单，再打开【新建字幕】子菜单，然后选择【默认静态字幕】、【默认滚动字幕】或【默认游动字幕】命令之一，即可打开【字幕设计器】窗口，新建字幕素材，如图 7.5 所示。

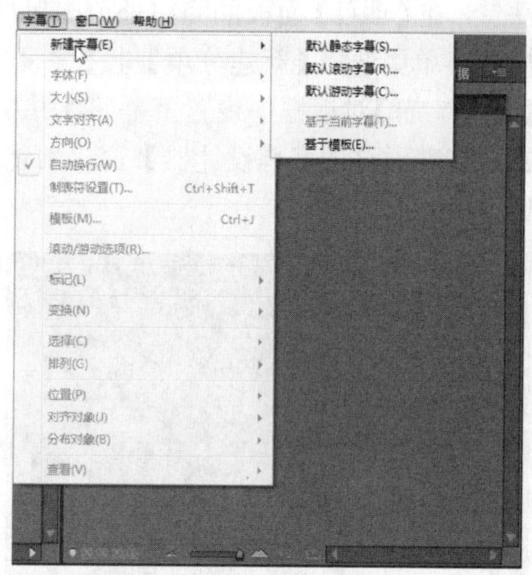

图 7.5　新建各种类型的字幕

7.2.2　输入字幕文字

打开【字幕设计器】窗口后，用户可以选择【输入工具】 或者【垂直文字工具】 输入水平或垂直方向的字幕文字，如图 7.6 所示。

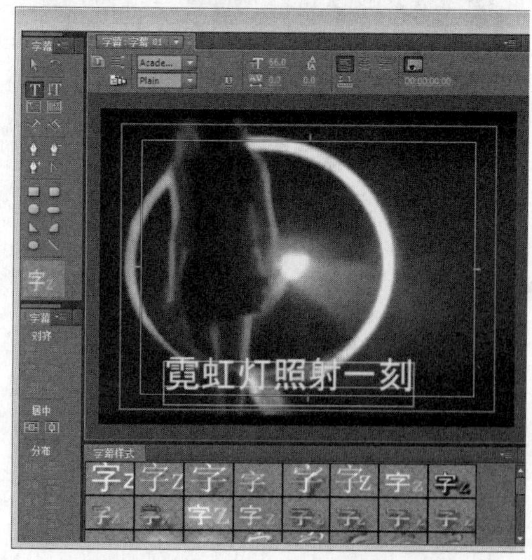

图 7.6　输入水平方向的字幕文字

如果想输入大量字幕文本，则可以选择【区域文字工具】 或者【垂直区域文字】 ，然后在监视器窗口中拖出一个区域文字框，接着输入文字内容即可，如图 7.7 所示。

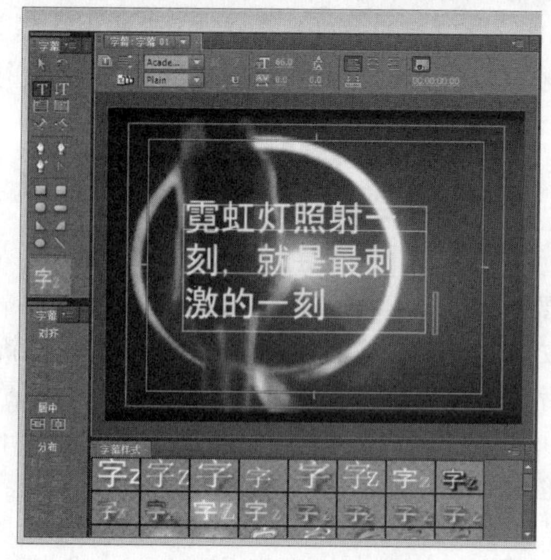

图 7.7　输入水平方向的区域文字

7.2.3　设置文字属性

输入字幕文字后，用户还需要通过【字幕设计器】窗口右侧的【字幕属性】窗格设置文字属性，例如字体、大小、填充颜色、行距、字距、描边等属性，如图 7.8 所示。

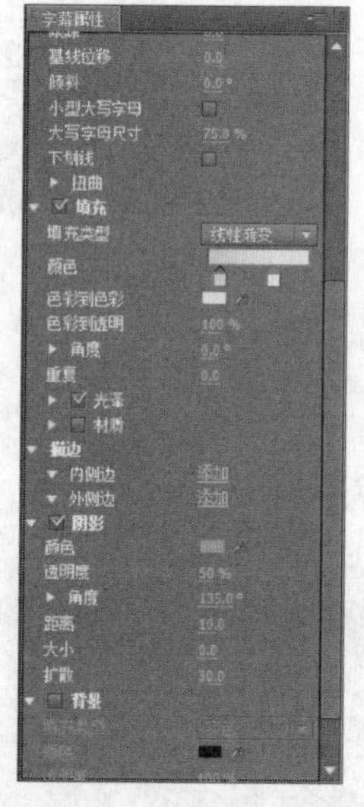

图 7.8　设置字幕文字属性

设置文字的属性后，字幕设计器的监视器会即时反映出改变属性的效果，如图 7.9 所示。

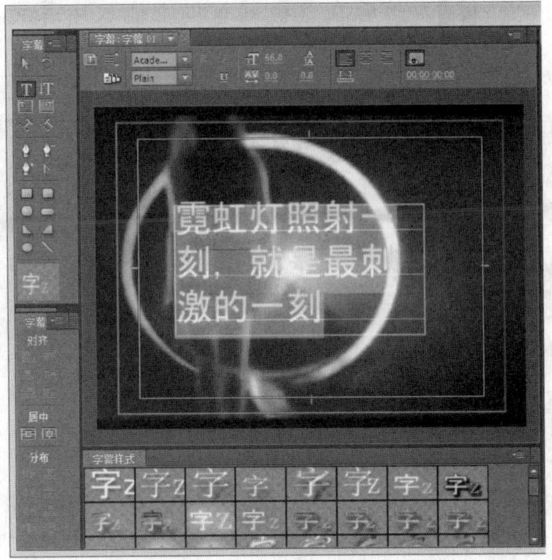

图 7.9　预览字幕效果

7.2.4　应用字幕素材

通过【字幕设计器】创建输入的字幕文字，只会保存在新建的字幕素材中，还没有装配到序列，结果还不会显示在作品上。

要将字幕显示在作品上，需要将字幕素材装配到序列，即添加到视频轨道上，如图 7.10 所示。

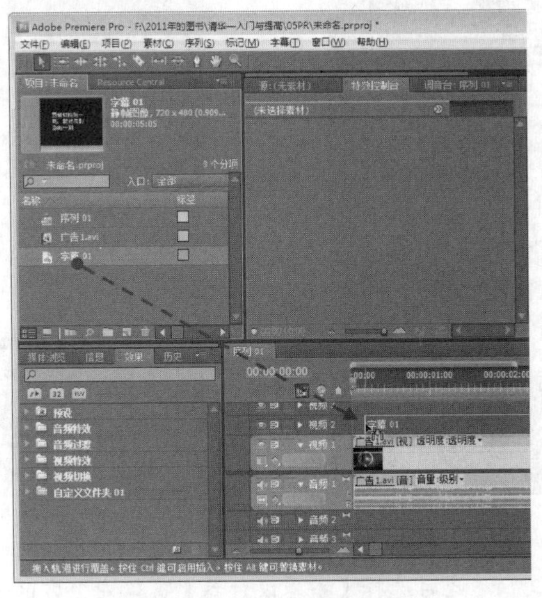

图 7.10　将素材装配到序列上

将素材放置到视频轨道上后，用户可以通过【节目】窗口播放序列，查看字幕在作品上的显示效果。此外，用户也可以直接将字幕素材拖到【源素材】窗口，通过【源素材】窗口播放字幕，如图 7.11 所示。

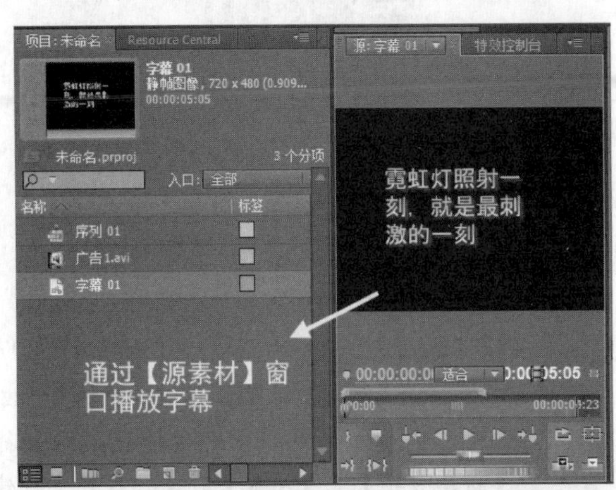

图 7.11　查看与预览字幕效果

7.2.5　实例：设计教学影片标题字幕

本例将为一个教学影片添加字幕文字作为影片的标题。首先新建一个字幕素材，然后通过【字幕设计器】窗口输入文字并设置属性，接着将字幕装配到序列，并调整字幕的持续时间，结果如图 7.12 所示。

图 7.12　为教学影片添加字幕标题的效果

设计教学影片标题字幕的操作步骤如下。

Step 1 打开练习文件(光盘：..\Example\Ch07\7.2.5.prproj)，在【项目】面板的素材区上单击鼠标右键，并从弹出的快捷菜单中选择【新建分项】|【字幕】命令，打开【新建字幕】对话框，设置字幕素材属性并单击【确定】按钮，如图 7.13 所示。

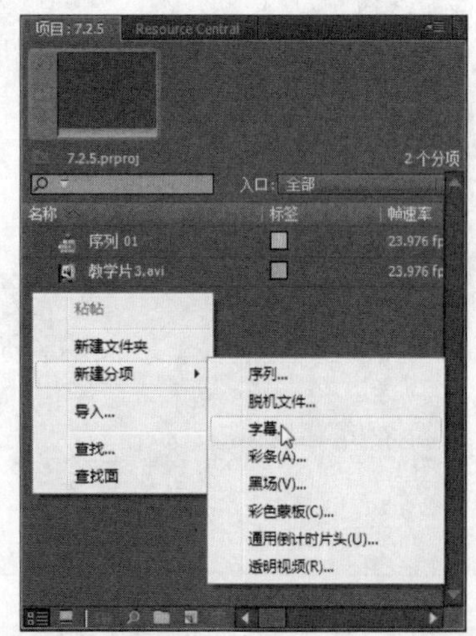

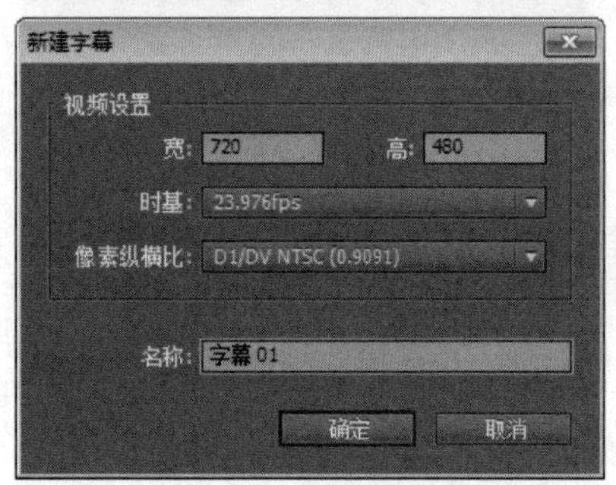

图 7.13　新建字幕素材

Step 2 打开【字幕设计器】窗口，选择【输入工具】T，然后在监视器窗口上输入字幕文字，如图 7.14 所示。

图 7.14　输入字幕文字

Step 3 在【字幕设计器】窗口右侧打开【变换】和【属性】列表，设置字幕的变换参数和基本属性，接着选择【填充】、【外侧边】和【阴影】复选框，分别设置这些项目的参数，如图 7.15 所示。

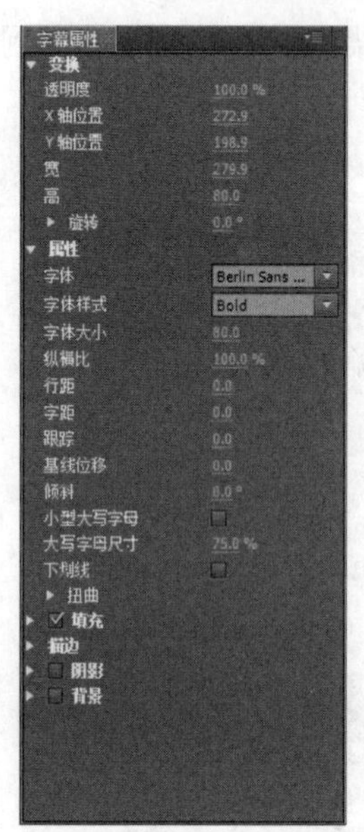

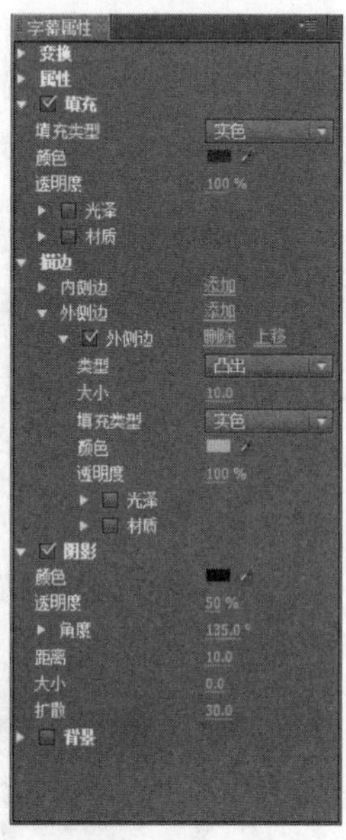

图 7.15　设置字幕文字的属性

Step 4 此时选择【字幕设计器】窗口左上方的【选

择工具】，然后将鼠标移到字幕文字右下角处，按住右下角控制点拖动鼠标，缩小字幕文字，如图7.16所示。

图7.16 缩小字幕文字

为了让字幕文字对齐屏幕，分别单击【字幕设计器】窗口左下侧的【垂直居中】按钮和【水平居中】按钮，最后关闭窗口即可，如图7.17所示。

图7.17 垂直与水平方向居中对齐字幕

在【项目】面板上选择字幕，然后将它拖到【视频2】轨道上，如图7.18所示。

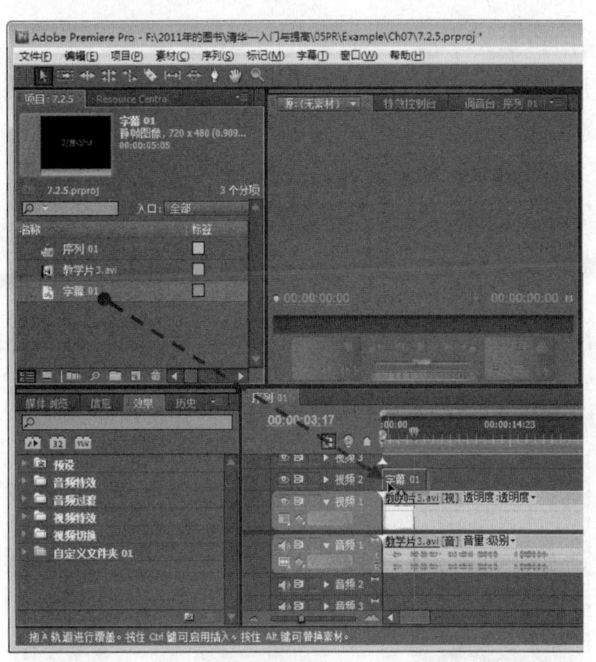

图7.18 装配字幕到序列

从【工具箱】面板上选择【选择工具】，用鼠标按住字幕素材的出点，并向右拖到序列00:00:04:10时间码处，增加字幕的持续时间，如图7.19所示。

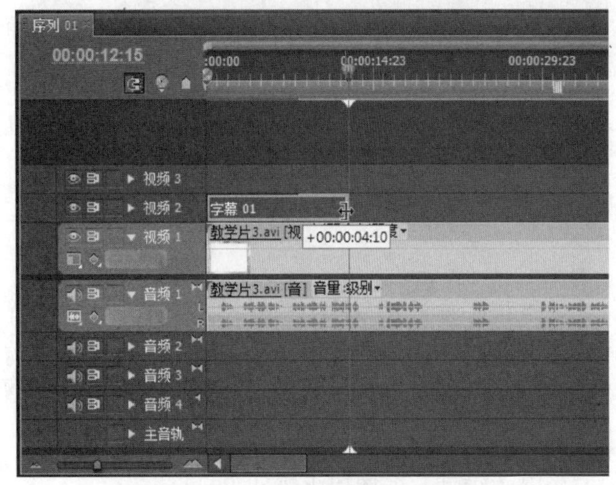

图7.19 增加字幕的持续时间

7.3 应用与修改字幕样式

字幕设计器默认为用户提供了51种字幕样式，

当用户输入字幕文字后，可以直接套用预设的样式来设计字幕。当然，套用预设样式后，用户也可以对样式进行修改，例如改变颜色、阴影等。

7.3.1 应用字幕样式

应用字幕样式的操作很简单，只需打开【字幕设计器】窗口，然后输入字幕文字，并在【字幕样式】区中单击需要应用的字幕样式图标即可，如图 7.20 所示。

图 7.20 单击样式图标应用字幕样式

7.3.2 修改字幕样式

虽然程序预设了多种字幕样式，但并非所有的样式都适合不同作品的字幕设计。因此，当应用预设的样式后，可以针对设计的需求，对应用样式后的字幕进行适当的修改。

修改字幕样式的操作步骤如下。

Step 1 打开练习文件(光盘：..\Example\Ch07\7.3.2.prproj)，在【时间线】窗口中双击字幕素材，打开【字幕设计器】窗口，如图 7.21 所示。

Step 2 打开【字幕设计器】窗口后，从【字幕样式】区选择一种字幕样式，再单击该样式的图标，如图 7.22 所示。

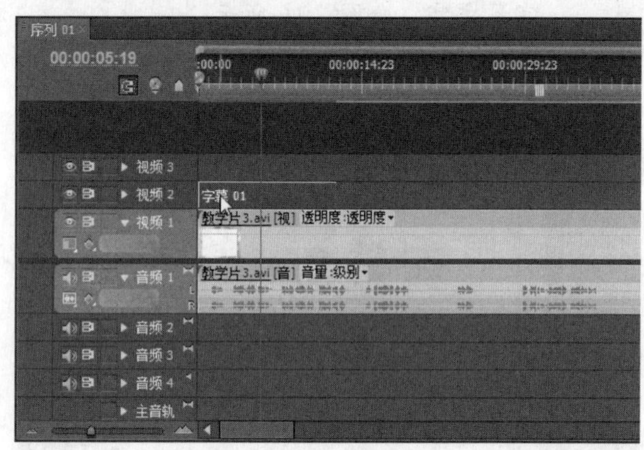

图 7.21 双击字幕素材

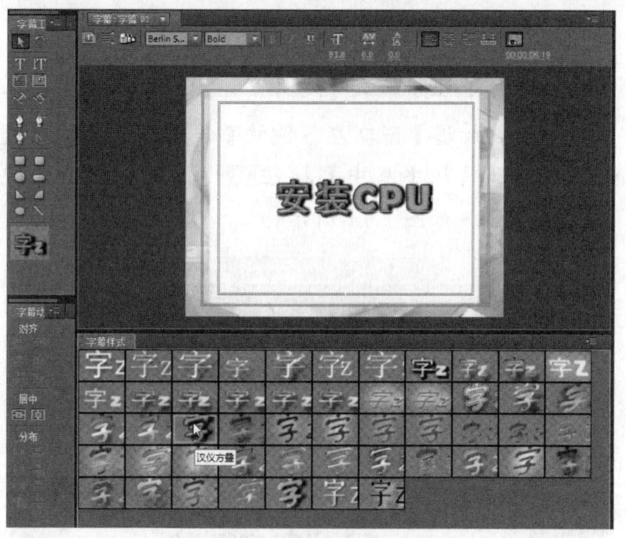

图 7.22 应用字幕样式

Step 3 将鼠标移到【字距】图标下方的数值上，当出现手指图标后按住数值并拖动，以调整字幕文字的字距。图 7.23 所示为字幕增大字距。

Step 4 打开【填充】属性列表，再单击【填充类型】下拉列表框，然后选择【线性渐变】选项，接着双击颜色控制点并选择颜色，以设置填充渐变的颜色，如图 7.24 所示。

图 7.23　增大字幕文字的效果

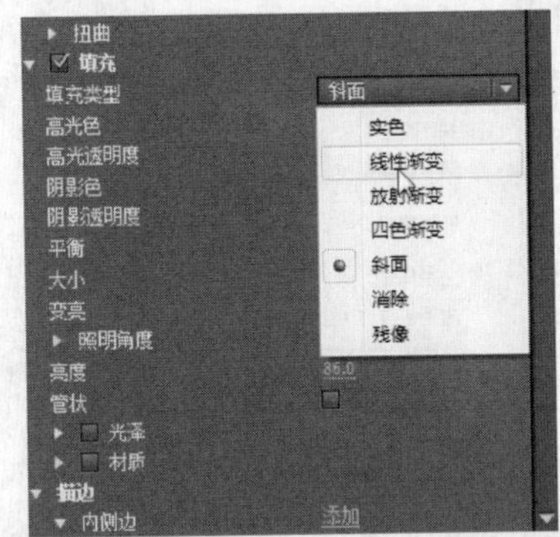

图 7.24　设置填充的类型和颜色

Step 5　打开【外侧边】属性列表，然后打开【填充类型】下拉列表框，并选择【放射渐变】选项，接着为渐变设置颜色和大小(本例外侧边大小为 21)，如图 7.25 所示。

Step 6　为了让字幕文字对齐屏幕，分别单击【字幕设计器】窗口左下侧的【垂直居中】按钮和【水平居中】按钮，最后关闭窗口即可。对齐字幕文字的结果如图 7.26 所示。

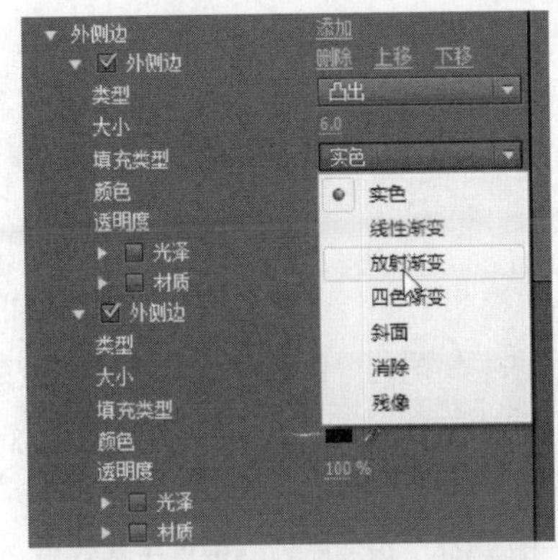

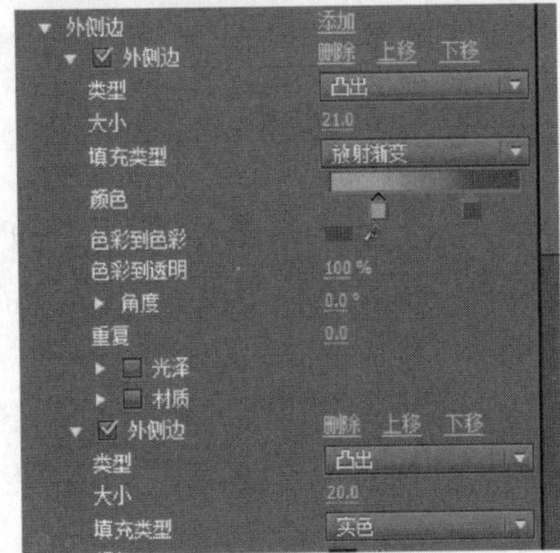

图 7.25　设置外侧边填充类型和颜色

图 7.26　居中对齐字幕文字

Step 7　为了查看修改后的字幕样式是否适合影片的整体设计，可以在【节目】窗口中单击【播放-停止切换】按钮，播放序列以检查字幕效果，如图 7.27 所示。

图 7.27　播放序列以检查字幕效果

7.3.3　新建字幕样式

除了程序本身预设的字幕样式外，用户可以自行创建字幕样式，以便定义适合于作品设计需求的字幕效果。

例如上例修改字幕样式后，就可以将该样式新建成一种新样式，并保存到样式库里，以便日后套用该样式。

新建字幕样式的操作方法是：在【字幕样式】面板中单击按钮，然后从打开的菜单中选择【新建样式】命令，再通过弹出的对话框设置样式的名称，并单击【确定】按钮，如图 7.28 所示。

图 7.28　新建样式

7.3.4　其他字幕样式设计

为了操作上的方便和字幕设计的需求，用户还可以通过不同的字幕样式操作方法来配合字幕的设计。

1. 浮动窗口与集合窗口

在默认情况下，【字幕样式】区集合在【字幕设计器】窗口中，如果要设计字幕是移动【字幕样式】区，可以将它设置为浮动的窗口。

操作方法：在【字幕样式】面板中单击按钮，然后从打开的菜单中选择【浮动窗口】命令，如图 7.29 所示。

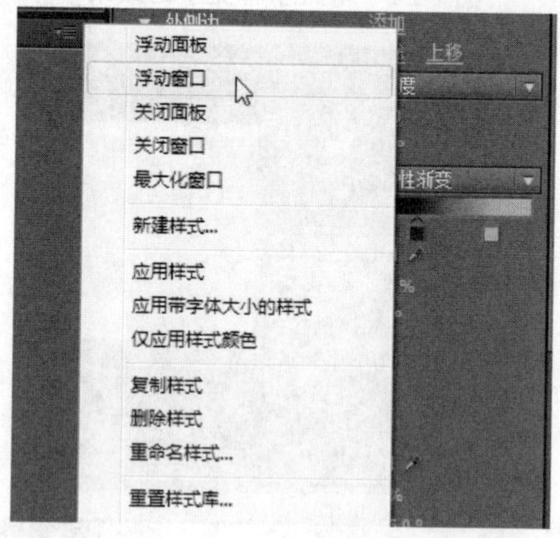

图 7.29　浮动【字幕样式】窗口

如果要将浮动的【字幕样式】面板集合到【字幕设计器】窗口中，只需使用鼠标按住【字幕样式】面板的标题栏，然后拖到【字幕设计器】窗口上即可，如图 7.30 所示。

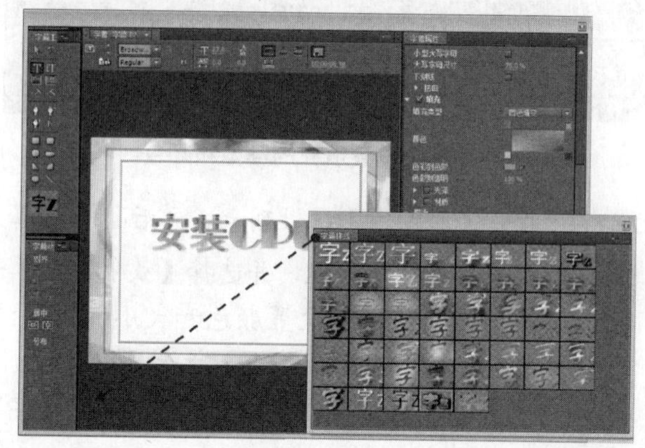

图 7.30　将【字幕样式】面板集合到【字幕设计器】窗口

2. 存储样式库

当用户新建字幕样式后，可以将当前【字幕样式】区的样式存储为新的样式库，以保存新建字幕样式。

操作方法：在【字幕样式】面板中单击按钮，然后从打开的菜单中选择【存储样式库】命令，打开【存储样式库】对话框，设置样式库文件名，再单击【保存】按钮，如图 7.31 所示。

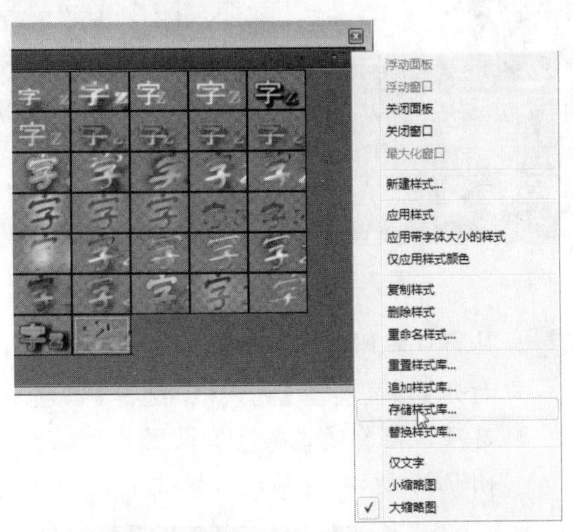

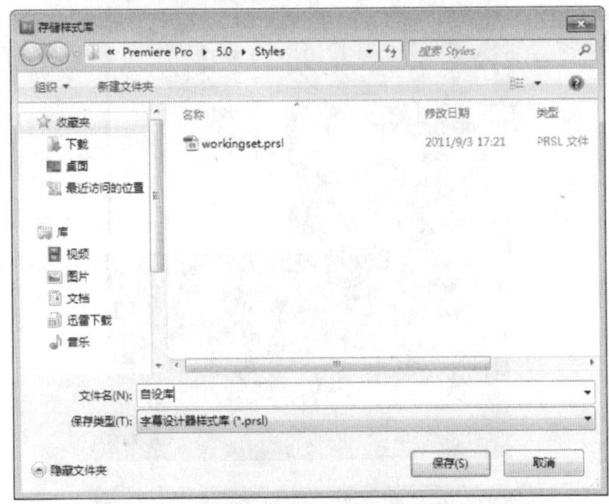

图 7.31　存储样式库

3. 删除样式

如果新建的字幕样式或者预设的字幕样式不再使用了，可以将该样式删除。

操作方法：在需要删除的样式图标上单击鼠标右键，然后选择【删除样式】命令，打开【Adobe 字幕设计器】提示对话框，单击【确定】按钮即可，如图 7.32 所示。

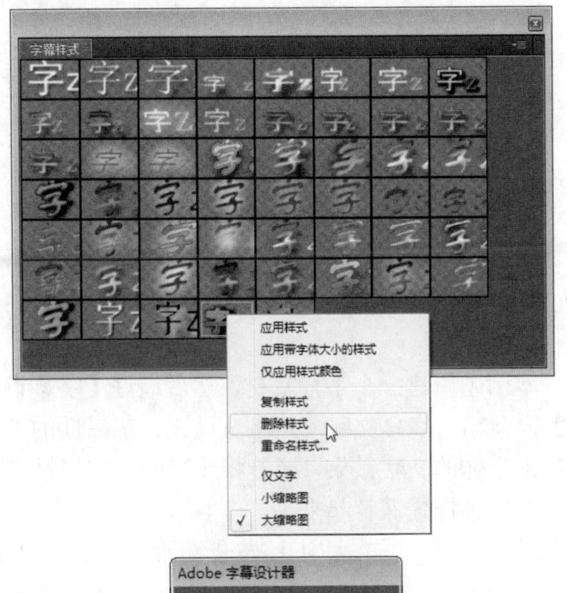

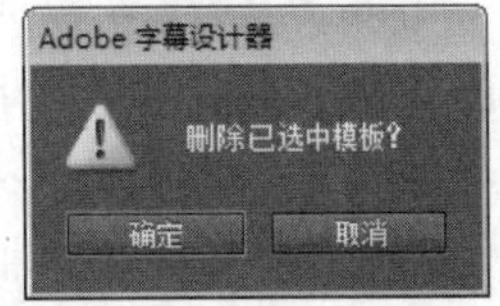

图 7.32　删除选中的字幕样式

4. 重命名样式

如果要为字幕样式进行重命名操作，可以在样式图标上单击鼠标右键，并选择【重命名样式】命令，打开【重命名样式】对话框，输入样式名称，再单击【确定】按钮即可，如图 7.33 所示。

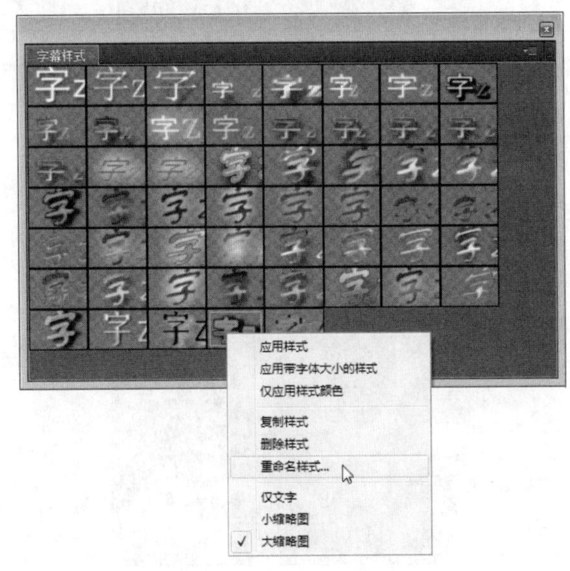

图 7.33　重命名字幕样式

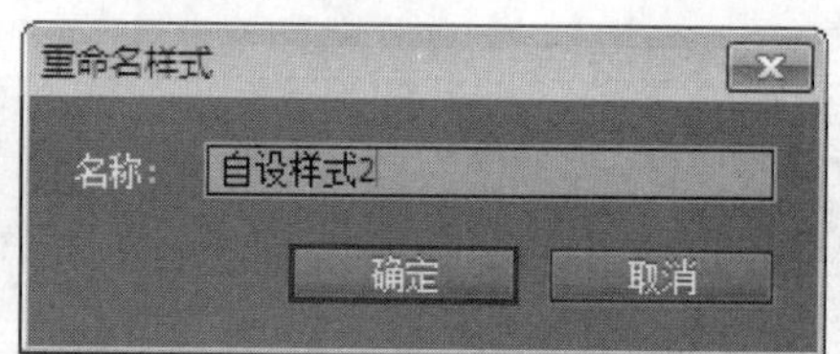

图 7.33　重命名字幕样式(续)

7.3.5　实例：创建立体效果的字幕

本例先新建一个字幕素材，然后通过【字幕设计器】窗口输入字幕文字，并通过设计文字属性的方式制作出立体的文字效果，接着将设置的文字属性新建成一个字幕样式保存起来。

Step 1 打开练习文件(光盘：..\Example\Ch07\7.3.5.prproj)，在【项目】面板的素材去上单击鼠标右键，并选择【新建分项】|【字幕】命令，接着在弹出的对话框中设置字幕名称，再单击【确定】按钮，如图 7.34 所示。

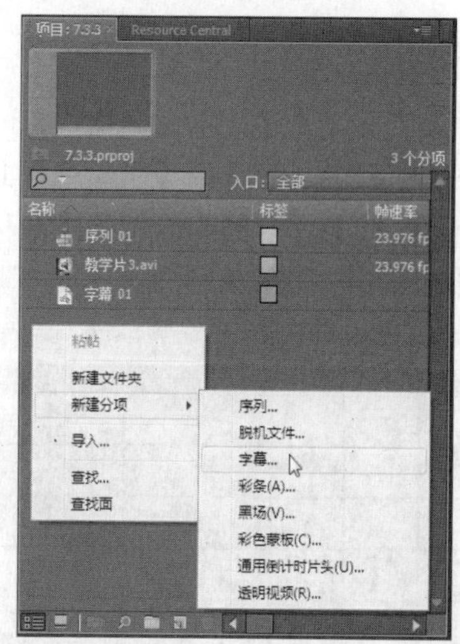

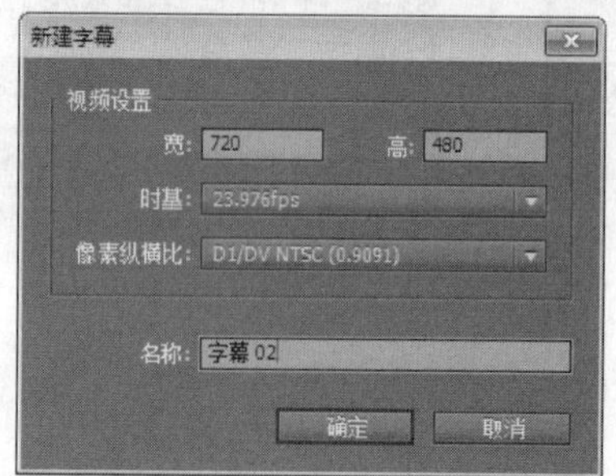

图 7.34　新建字幕素材

打开【字幕设计器】窗口，选择【输入工具】T，然后在监视器窗口上输入字幕文字，并设置文字的字体，如图 7.35 所示。

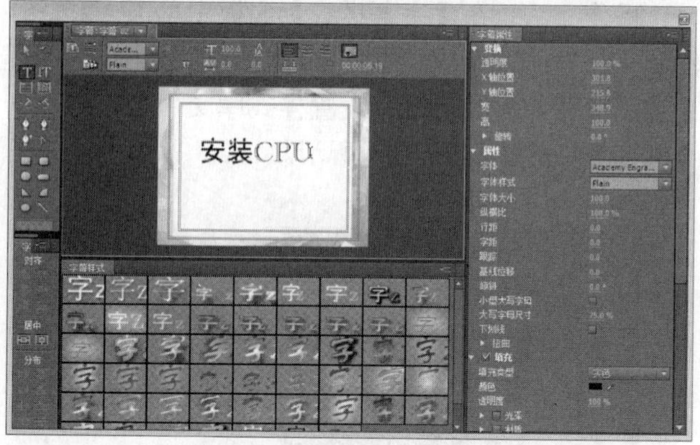

图 7.35　输入字幕文字

从窗口右侧面板上选择【填充】复选框，再打开【填充类型】列表框，选择【四色渐变】选项，接着通过拾色器设置 4 种颜色，如图 7.36 所示。

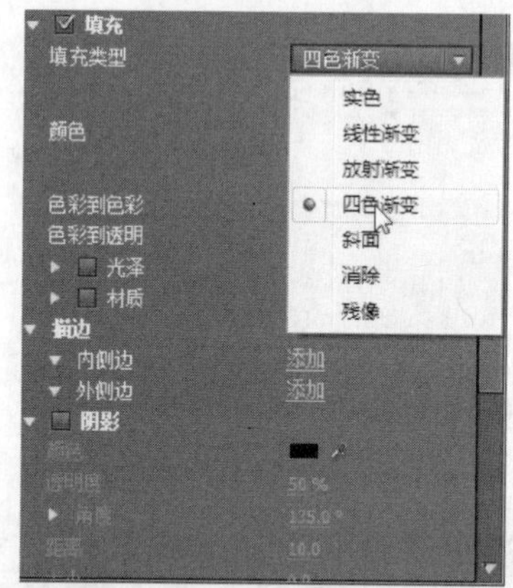

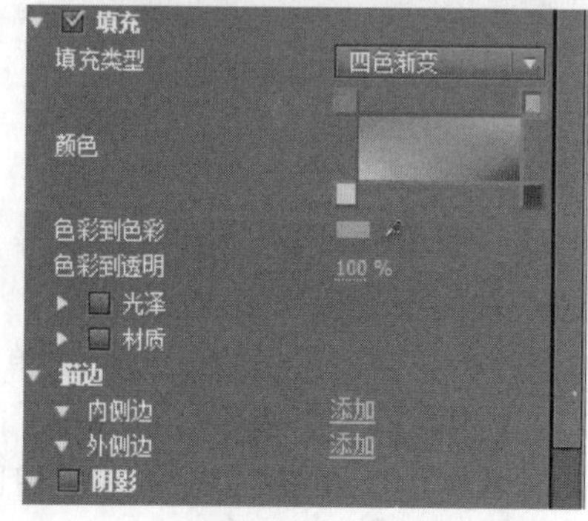

图 7.36　设置字幕填充颜色

Step 4 打开【描边】项目下的【外侧边】列表，再选择【外侧边】复选框，然后选择填充类型为【线性渐变】，并设置渐变颜色和描边大小，如图 7.37 所示。

Step 5 选择【阴影】复选框，再设置阴影的颜色、透明度、角度、大小和扩散选项，如图 7.37 所示。

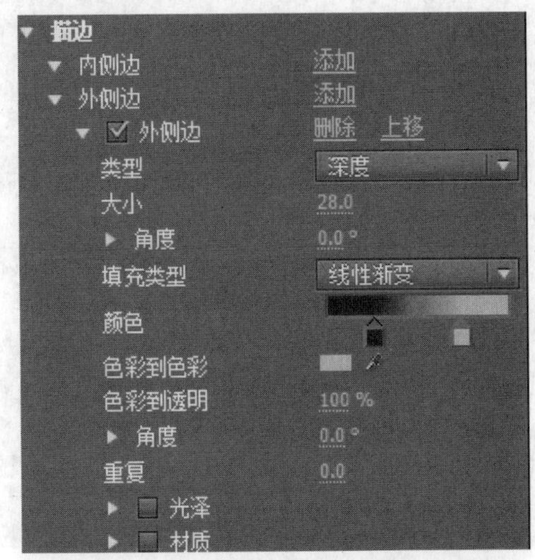

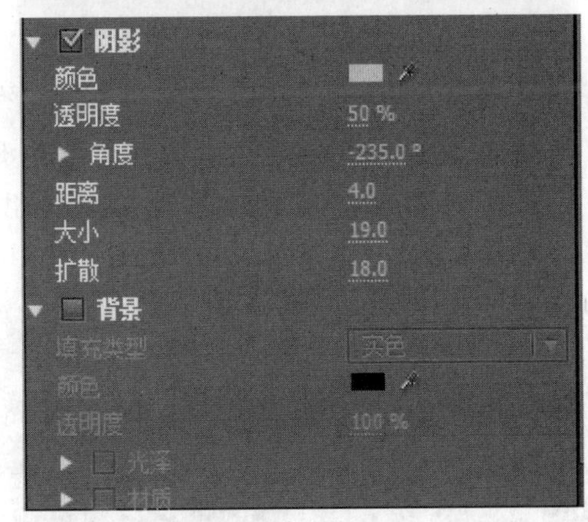

图 7.37 设置描边和阴影属性

Step 6 此时在【字幕样式】面板中单击按钮，然后从打开的菜单中选择【新建样式】命令，再通过在弹出的对话框中设置样式的名称为【自设样式】，最后单击【确定】按钮，如图 7.38 所示。

说明

在设置字幕文字的属性时，可以根据【字幕设计器】窗口在中央编辑区的监视器中预览字幕效果，以确定字幕样式是否适合作品的设计需求。

图 7.38 新建字幕样式

7.4 设计字幕的高级技巧

字幕设计并非只是输入文字并设置文字属性那么简单。在不同的作品制作中，字幕设计需要运用不同的技巧进行处理，以适应影视作品的要求。本节将通过实例，介绍几种设计字幕的高级技巧。

7.4.1 设计跟随路径字幕

除了制作水平或垂直方向的字幕外，用户还可以利用【路径文字工具】和【垂直路径文字工具】设计沿着路径的字幕，例如弯曲字幕、波浪形字幕等。

设计跟随路径字幕的操作步骤如下。

Step 1 打开练习文件(光盘：..\Example\Ch07\7.4.1.prproj)，在【项目】面板的素材上单击鼠标右键，并选择【新建分项】|【字幕】命令，接着在弹出的对话框中设置字幕名称，再单击【确定】按钮，如图 7.39 所示。

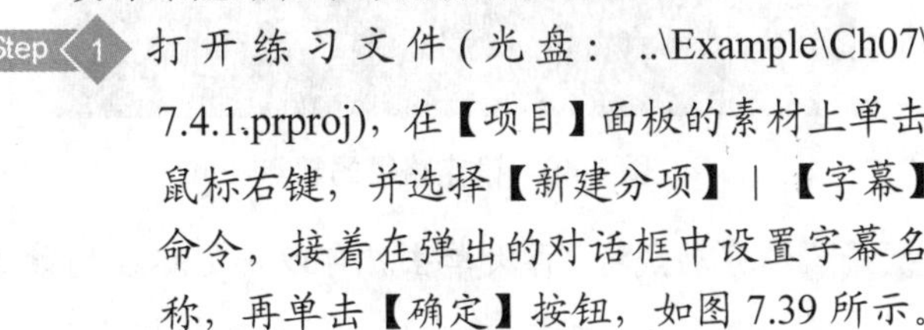

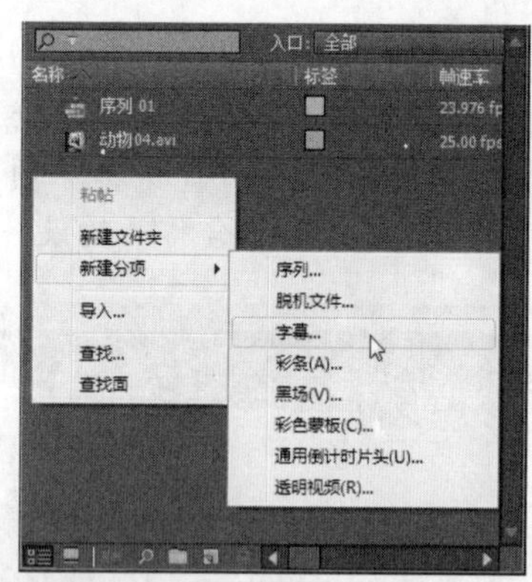

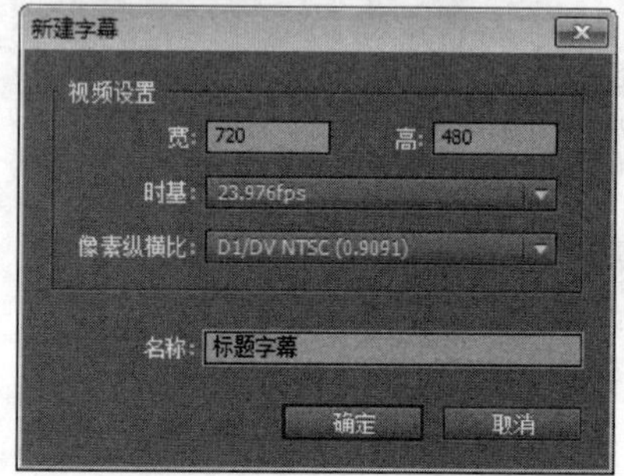

图 7.39　新建字幕素材

Step 2 打开【字幕设计器】窗口后，选择【路径文字工具】，此时工具在编辑区中的指针变成钢笔图标，单击即可确定路径的起点，如图 7.40 所示。

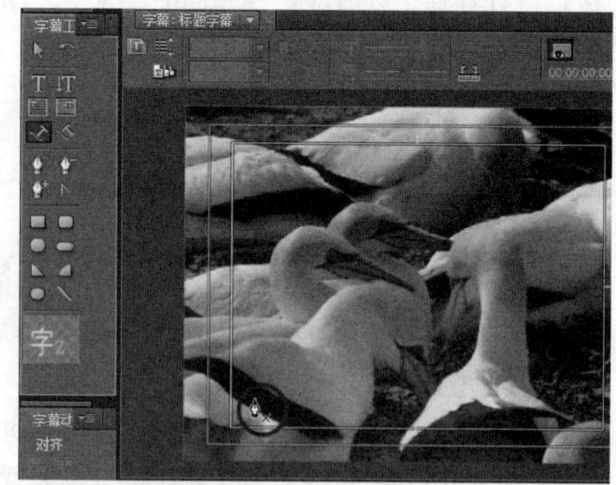

图 7.40　确定路径的起点

移动鼠标，再次单击就可以确定路径的第二个节点。注意，单击后并按住鼠标拖出路径。使用相同的方法，绘制出提供字幕装配的路径，如图 7.41 所示。

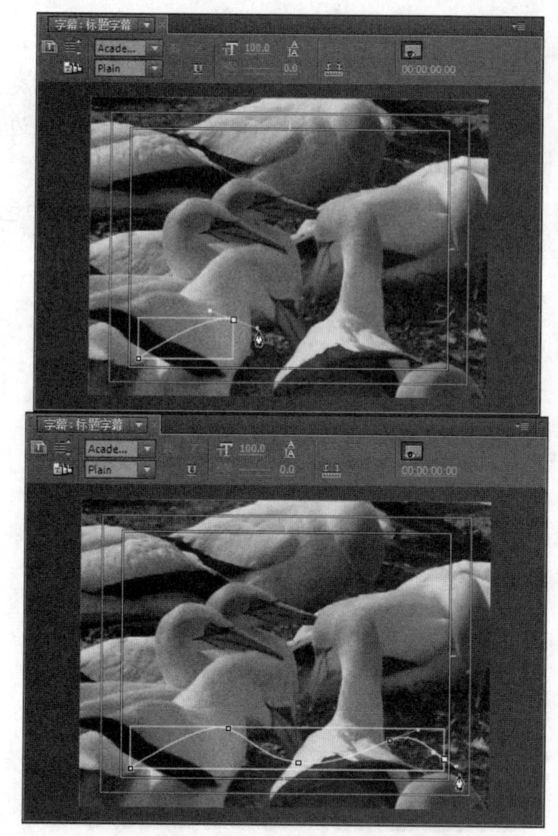

图 7.41　绘制出一条弯曲的路径线

Step 4 此时再次选择【路径文字工具】，然后在路径上单击并输入字幕内容【我最喜欢的动物专辑】，接着设置字幕的字体，如图 7.42 所示。

图 7.42　沿路径输入文字并设置字体

技 巧

输入字幕文字时，可能有部分文字无法正常显示，而显示为一个矩形框。这是因为字幕设计器默认的字体并非中文字体，因为对某些中文字并不能辨认，所以无法正常显示，例如图示。

用户只要选择支持中文的字体就可以让所输入的文字显示出来。

Step 5 打开右侧的【属性】列表，然后设置字体大小、字距、基线位移等属性，接着设置文字的填充颜色和描边属性，如图 7.43 所示。

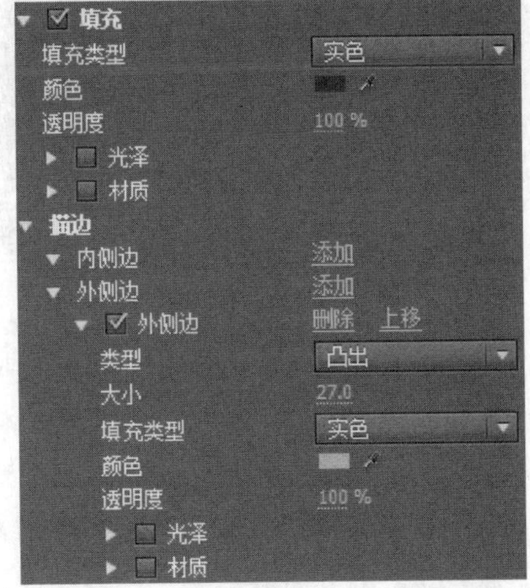

图 7.43 设置字幕文字的属性

Step 6 此时在【字幕设计器】窗口的监视器中查看字幕的效果，然后选择【选择工具】，再调整字幕的位置，最后关闭窗口完成字幕的设计，如图 7.44 所示。

图 7.44 调整字幕的位置

Step 7 返回主程序界面，将字幕素材拖到【视频 2】轨道上，然后向右拖动字幕素材出点，使之播放持续时间与视频素材一样，如图 7.45 所示。

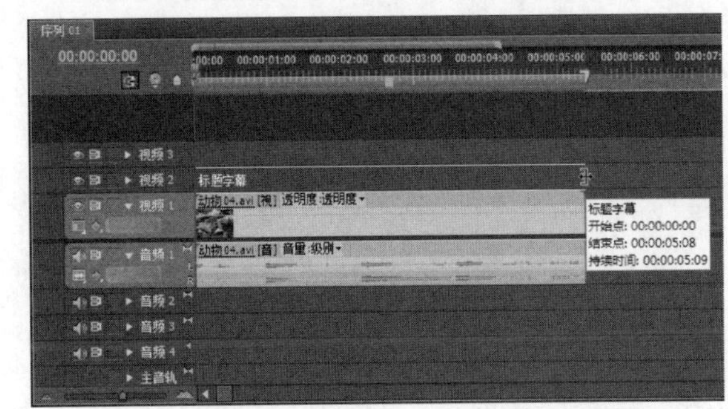

图 7.45 将素材加入轨道并调整持续时间

Step 8 此时可以单击【节目】窗口的【播放-停止切换】按钮，播放素材，以检查字幕的最终效果，如图 7.46 所示。

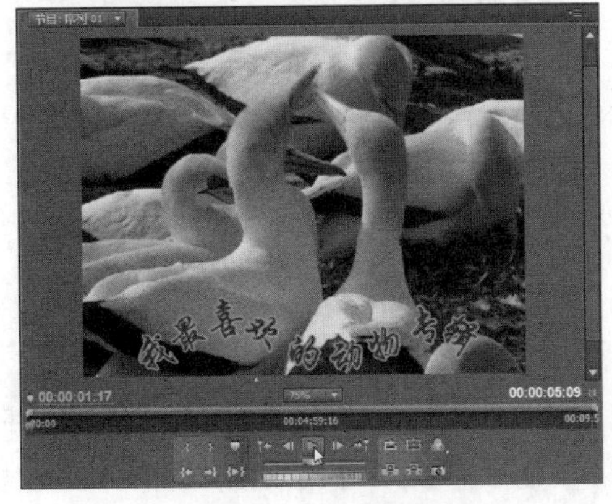

图 7.46 检查字幕效果

7.4.2 设计滚动字幕

滚动字幕是指沿屏幕垂直方向移动的字幕，本节将介绍通过字幕设计器的【滚动】选项，设计由屏幕外的一侧开始移动至屏幕外另一侧结束的滚动字幕。

设计滚动字幕的操作步骤如下。

Step 1 打开练习文件(光盘：..\Example\Ch07\7.4.2.prproj)，打开【字幕】菜单，并选择【新建字幕】|【默认滚动字幕】命令，接着在弹出的对话框中设置字幕名称，再单击【确定】按钮，如图 7.47 所示。

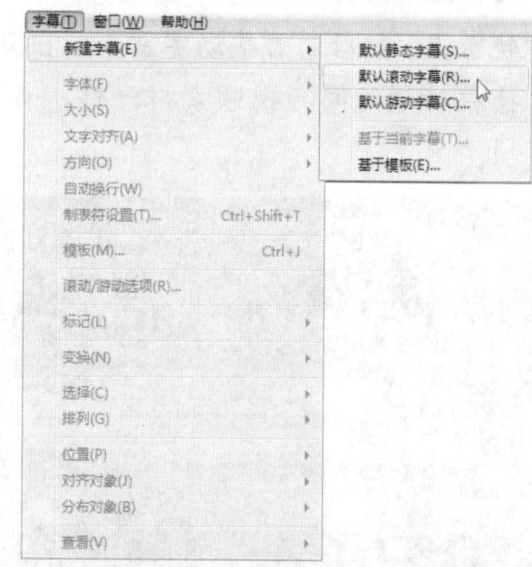

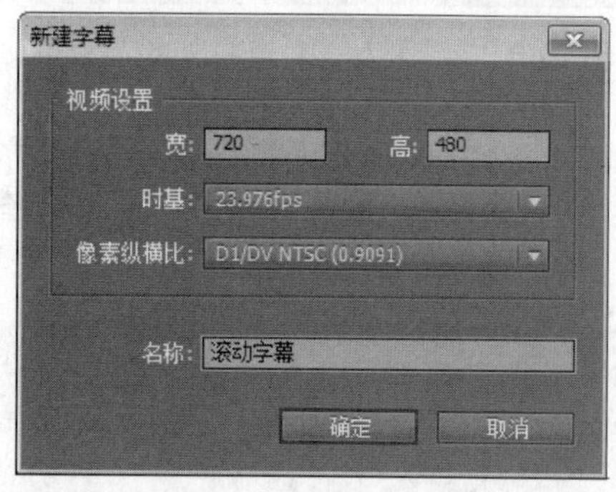

图 7.47 新建滚动字幕

Step 2 打开【字幕设计器】窗口，选择【输入工具】T，然后在监视器窗口上输入字幕文字，如图 7.48 所示。

Step 3 使用【输入工具】T拖动以选择文字，然后打开【字体】列表框，选择一种支持中文字的字体选项，如图 7.49 所示。

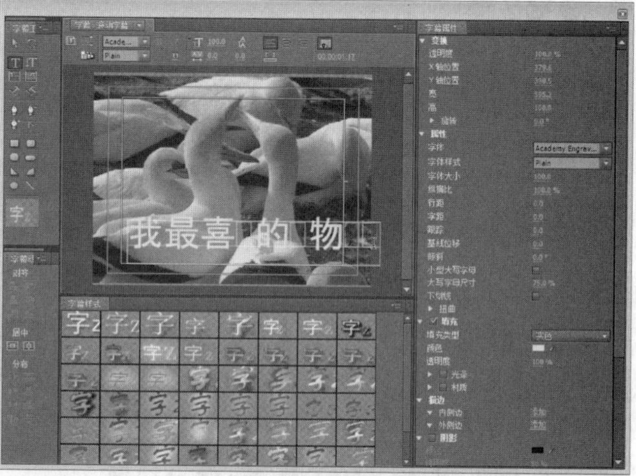

图 7.48 输入字幕文字

图 7.49 设置文字的字体

Step 4 单击【字幕样式】面板上的样式，为文字应用一种字幕样式，再根据设计需要修改文字属性，如图 7.50 所示。

Step 5 此时单击编辑器左上角的【滚动/游动选项】按钮，打开对话框后已经默认选择了【滚动】字幕类型，此时只需选择【开始于屏幕外】和【结束于屏幕外】复选框，再单击【确定】按钮即可，如图 7.51 所示。

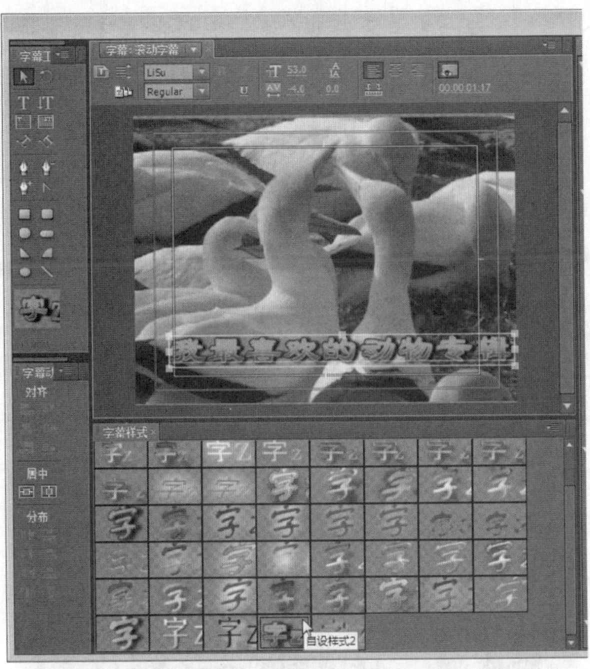

图 7.50 应用字幕样式

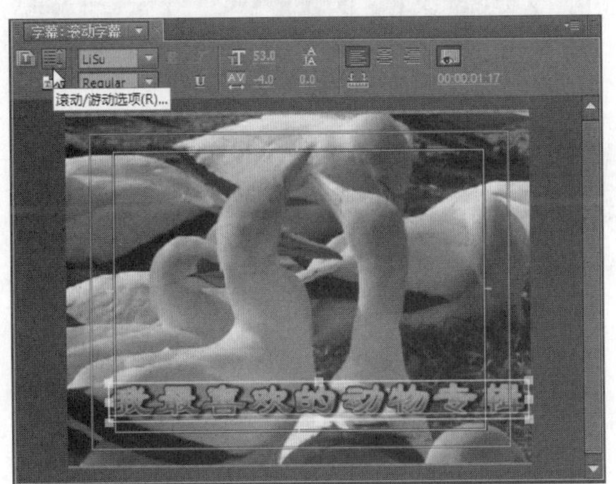

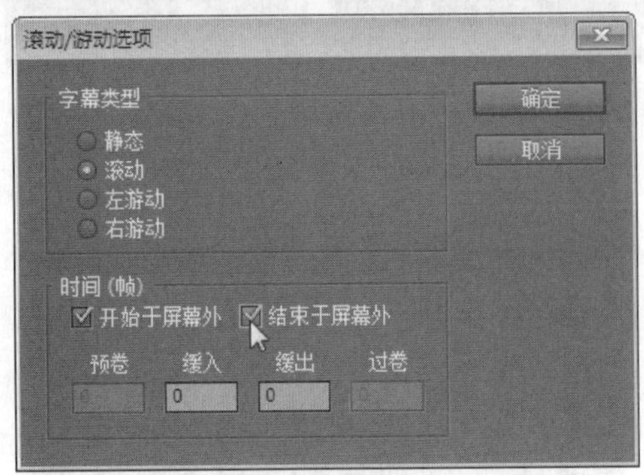

图 7.51 设置字幕的滚动属性

Step 6 关闭【字幕设计器】窗口返回主程序界面，将字幕素材拖到【视频 2】轨道上，然后向右拖动字幕素材出点，使之播放持续时间与视频素材一样，如图 7.52 所示。

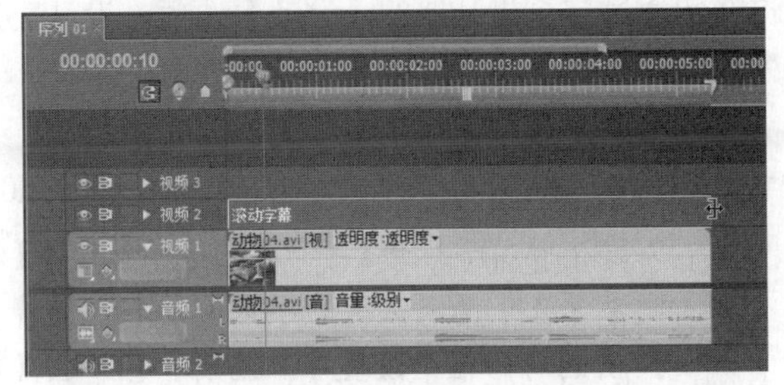

图 7.52 装配字幕并调整字幕素材的持续时间

Step 7 单击【节目】窗口的【播放-停止切换】按钮，预览字幕效果，如图 7.53 所示。

图 7.53 预览字幕效果

7.4.3 设计游动字幕

游动字幕是指沿屏幕水平方向移动的字幕，本小节将介绍通过字幕设计器的【游动】选项，设计由屏幕外开始移入屏幕的游动字幕。

设计游动字幕的操作步骤如下。

Step 1 打开练习文件(光盘：..\Example\Ch07\7.4.3.prproj)，打开【字幕】菜单，并选择【新建字幕】|【默认游动字幕】命令，接着在弹出的对话框中设置字幕名称，再单击【确定】按钮，如图 7.54 所示。

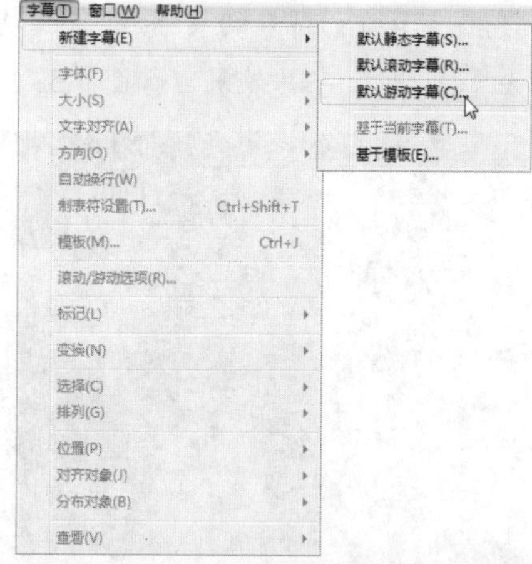

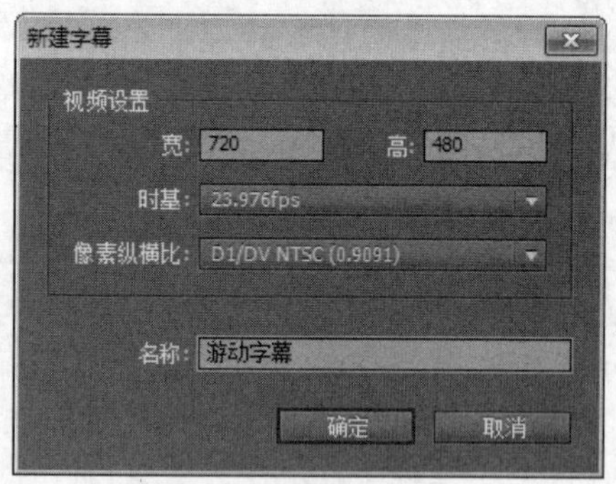

图 7.54　新建游动字幕

Step 2 打开【字幕设计器】窗口，选择【输入工具】T，然后在监视器窗口上输入字幕文字，应用字幕样式并根据需要修改属性，如图 7.55 所示。

Step 3 此时单击编辑器左上角的【滚动/游动选项】按钮，打开对话框后已经默认选择了【左游动】字幕类型，此时只需选择【开始于屏幕外】复选框，再单击【确定】按钮即可，如图 7.56 所示。

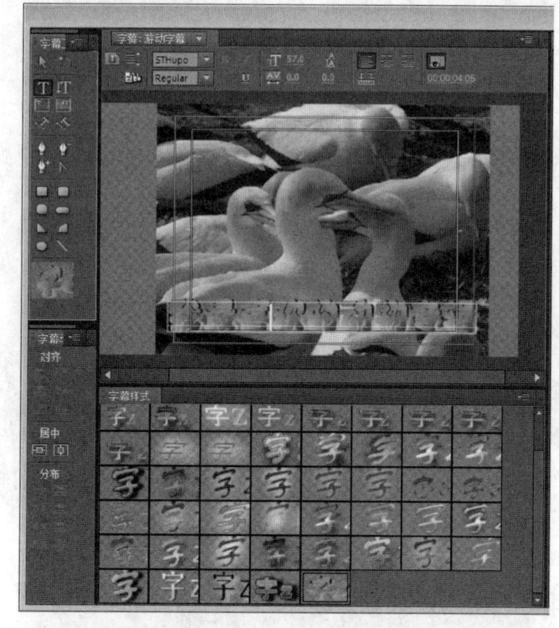

图 7.55　应用字幕样式

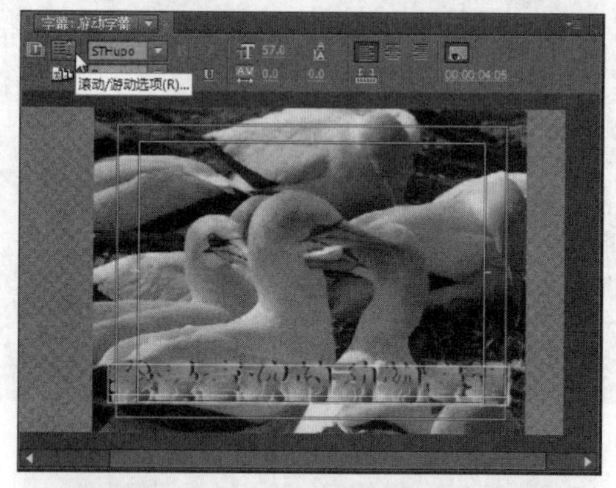

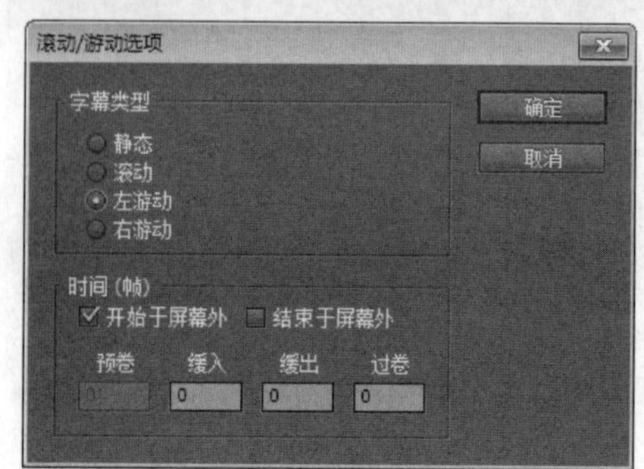

图 7.56　设置字幕的游动属性

关闭【字幕设计器】窗口返回主程序界面，将字幕素材拖到【视频 2】轨道上，然后向右拖动字幕素材出点，使之播放持续时间与视频素材一样，如图 7.57 所示。

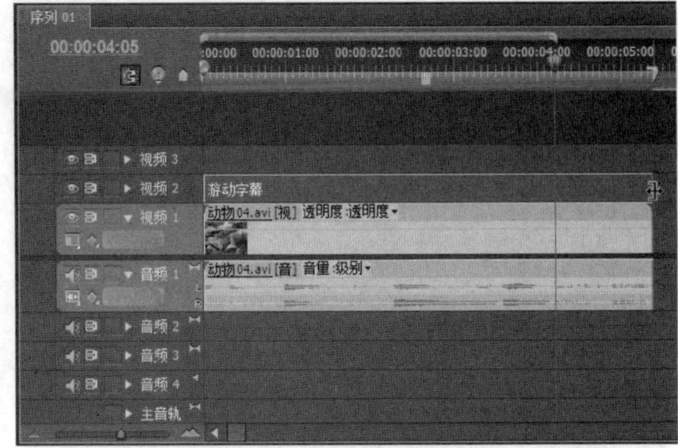

图 7.57　装配字幕并调整字幕素材的持续时间

单击【节目】窗口的【播放-停止切换】按钮▶，预览字幕效果，如图 7.58 所示。

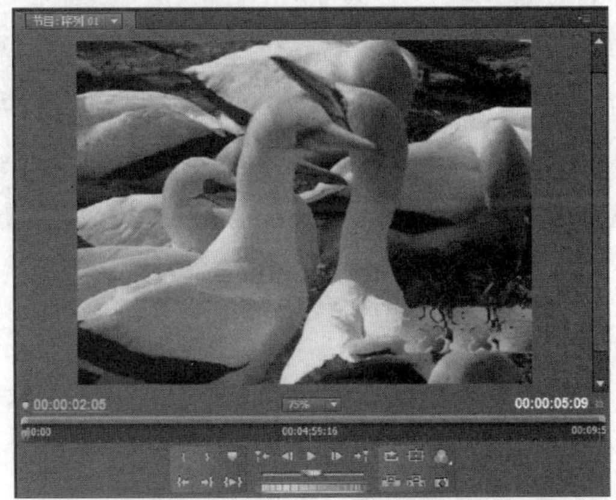

图 7.58　预览字幕效果

7.4.4　设计基于模板的字幕

为了达到快速设计字幕的目的，Premiere Pro CS5 提供了多种字幕模板，用户只需应用这些字幕模板，然后修改字幕内容即可。

设计基于模板字幕的操作步骤如下：

Step 1　打开练习文件(光盘：..\Example\Ch07\7.4.4.prproj)，打开【字幕】菜单，并选择【新建字幕】|【基于模板】命令，接着在【模板】对话框中选择一种字幕模板，并设置字幕名称，最后单击【确定】按钮，如图 7.59 所示。

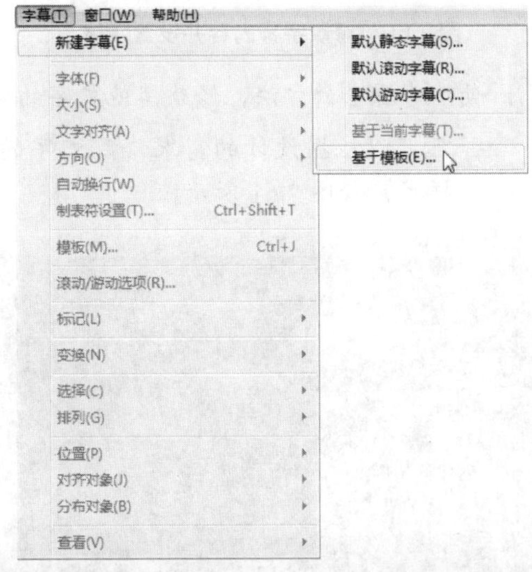

图 7.59　新建基于模板的字幕

打开【字幕设计器】窗口，选择【输入工具】T，然后在监视器窗口上选择字幕原文字并修改为新的文字，再设置文字字体，如

图 7.60 所示。

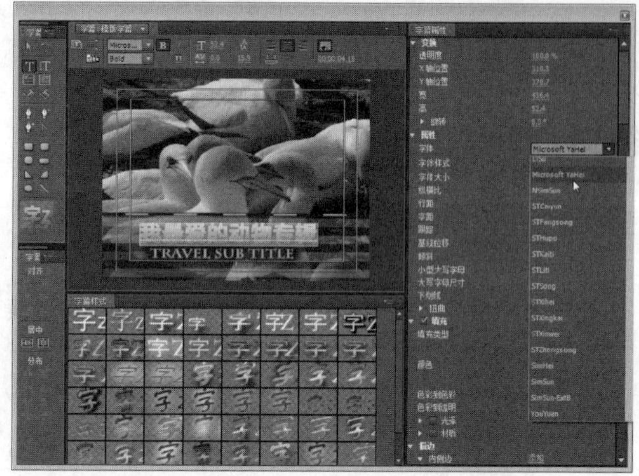

图 7.60　修改字幕内容并设置字体

Step 3　使用步骤 2 的方法，修改其他文字的内容，并且可以根据设计的需求修改文字的属性和样式，如图 7.61 所示。

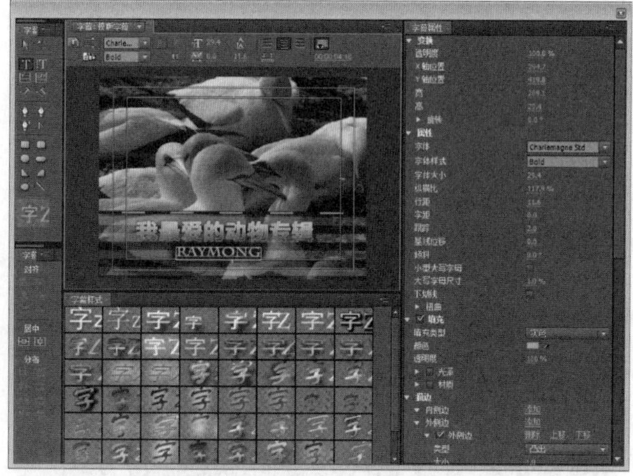

图 7.61　修改其他字幕文字

Step 4　如果要修改面板某个对象的大小或位置，可以选择该对象，然后拖动以缩放对象或调整位置。图 7.62 所示为缩小色块高度的操作。

Step 5　如果要修改全部或多个对象的大小或位置，则可以拖动鼠标选择这些对象，然后批量缩放或调整位置即可。图 7.63 所示为将对象向下稍作移动的操作。

图 7.62　调整单个对象

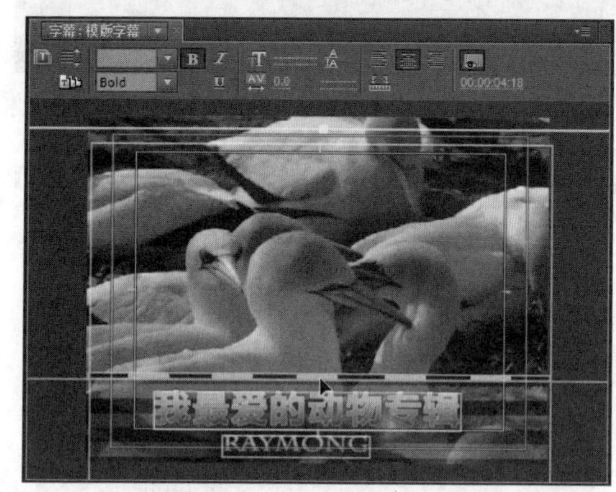

图 7.63　调整多个或全部对象

Step 6　关闭【字幕设计器】窗口返回主程序界面，将字幕素材拖到【视频 2】轨道上，然后向右拖动字幕素材出点，使之播放持续时间与视频素材一样，如图 7.64 所示。

图 7.64　装配字幕并调整字幕素材的持续时间

单击【节目】窗口的【播放-停止切换】按钮▶，预览字幕效果，如图 7.65 所示。

图 7.65　预览字幕效果

7.5　上机练习：利用字幕设计器设计 Logo

字幕设计器不仅仅提供设计文字字幕的功能，还提供了设计图形字幕的功能。本例将利用字幕设计器的图形绘制功能，为作品设计一个 Logo 图形字幕，然后装配到序列上，结果如图 7.66 所示。

图 7.66　利用字幕设计器设计 Logo 的结果

利用字幕设计器设计 Logo 的操作步骤如下。

Step 1　打开练习文件(光盘：..\Example\Ch07\7.5.prproj)，在【项目】面板的素材上单击鼠标右键，并选择【新建分项】|【字幕】命令，接着在弹出的对话框中设置字幕名称，再单击【确定】按钮，如图 7.67 所示。

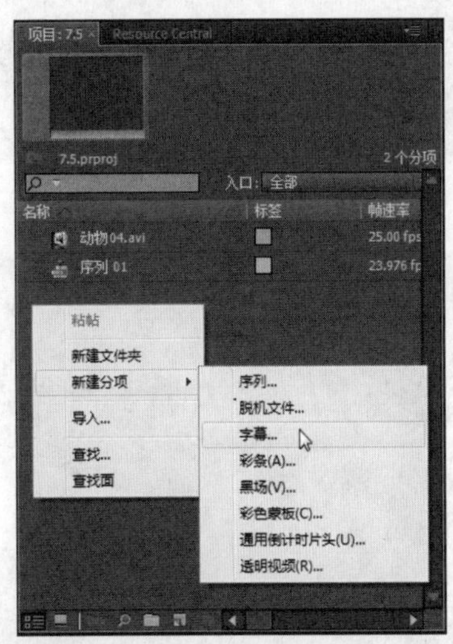

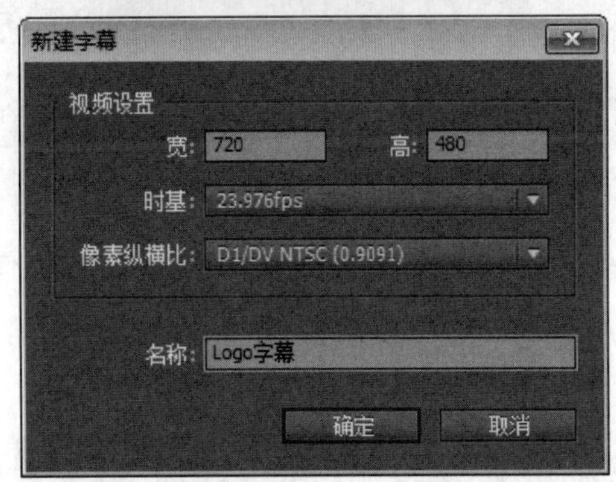

图 7.67　新建字幕素材

Step 2　打开【字幕设计器】窗口，选择【楔形工具】◣，然后在编辑区绘制一个楔形图形，如图 7.68 所示。

Step 3　选择上一步骤绘制的楔形图形，然后按下 Ctrl+C 快捷键复制图形，再按下 Ctrl+V 快捷键粘贴图形，接着将粘贴的图形移开，如图 7.69 所示。

图 7.68　绘制一个楔形图形

图 7.69　复制并粘贴一个新的楔形图形

Step 4 选择新的楔形图形，然后按住图形右侧中间的控制点，接着向左拖动，让图形依照水平方向翻转过来，如图 7.70 所示。

图 7.70　翻转其中一个楔形图形

Step 5 此时从【工具箱】面板上选择【椭圆形工具】，然后按住 Shift 键绘制一个正圆形，如图 7.71 所示。

图 7.71　绘制一个圆形

Step 6 选择新绘制的圆图形，然后从【属性】面板上选择【填充】复选框，再选择【填充类型】为【放射渐变】选项，接着设置渐变的颜色，如图 7.72 所示。

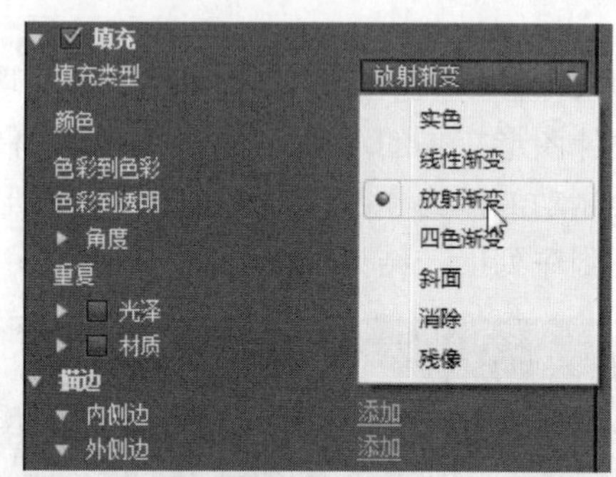

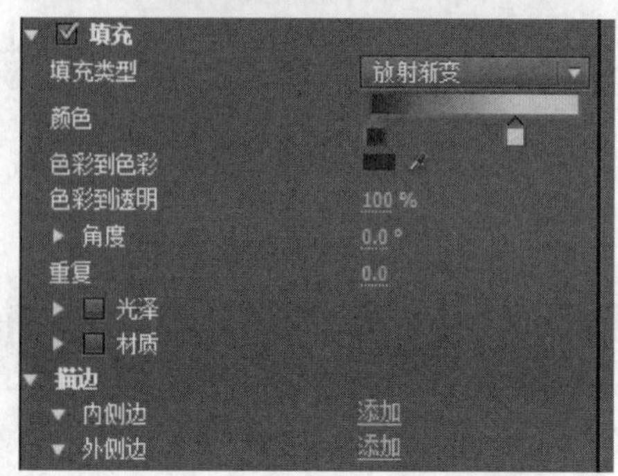

图 7.72　设置圆形的填充颜色

Step 7 依照步骤 6 的方法，分别选择其他两个楔形

图形，再设置图形的填充颜色为深红色，结果如图 7.73 所示。

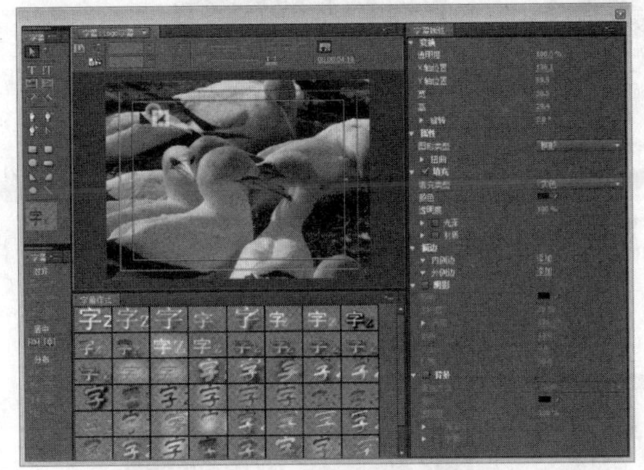

图 7.73　设置两个楔形图形的填充颜色

使用【选择工具】选择所有的 Logo 图形，然后将图形移到监视器屏幕的左上角，最后关闭【字幕设计器】窗口，如图 7.74 所示。

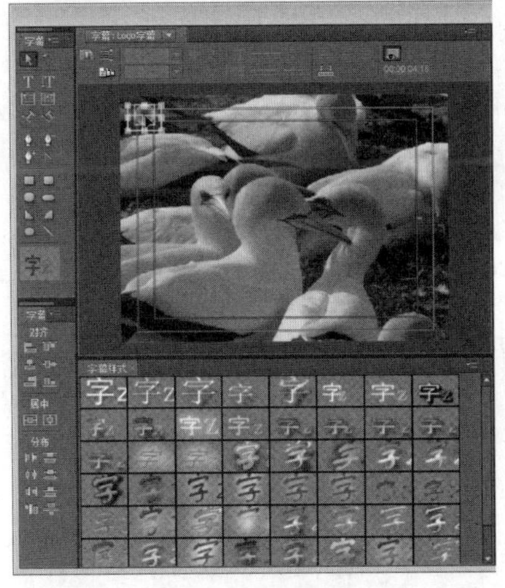

图 7.74　选择图形并调整图形的位置

返回主程序界面后，将字幕素材拖到【视频 2】轨道上，然后向右拖动字幕素材出点，使之播放持续时间与视频素材一样，最后通过【节目】窗口查看 Logo 的效果，如图 7.75 所示。

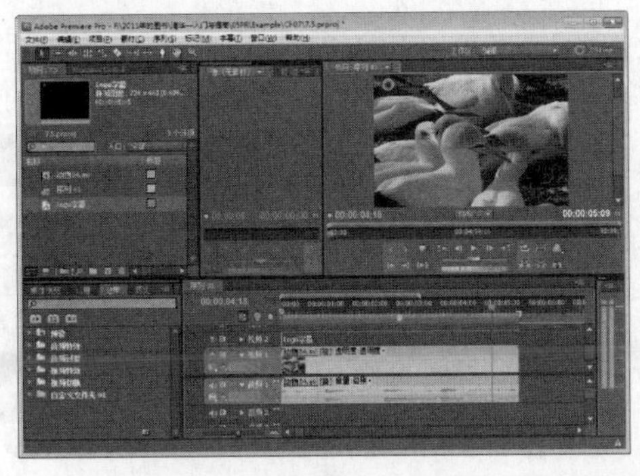

图 7.75　将图形字幕装配到序列并预览 Logo 的效果

7.6　章后总结

本章主要介绍了新建字幕素材，以及通过【字幕设计器】窗口设计字幕的方法。其中包括新建字幕素材，输入与设置字幕文字，为文字应用字幕样式，将字幕装配到序列等基础内容，以及设计跟随路径字幕、滚动字幕、游动字幕、基础模板字幕等高级技巧。

7.7　章后实训

本章实训题要求新建一个名为【标题字幕】的字幕素材，然后通过【字幕设计器】窗口先绘制一个矩形图形并应用字幕样式，再输入标题文字并应用字幕样式。通过【属性】面板修改字幕样式的描边效果，最后将字幕装配到序列，并调整持续时间，结果如图 7.76 所示。

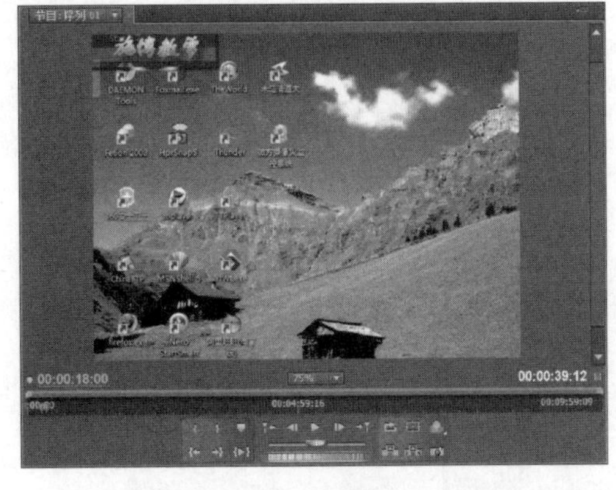

图 7.76　制作标题字幕的结果

本章实训题的操作流程如图 7.77 所示。

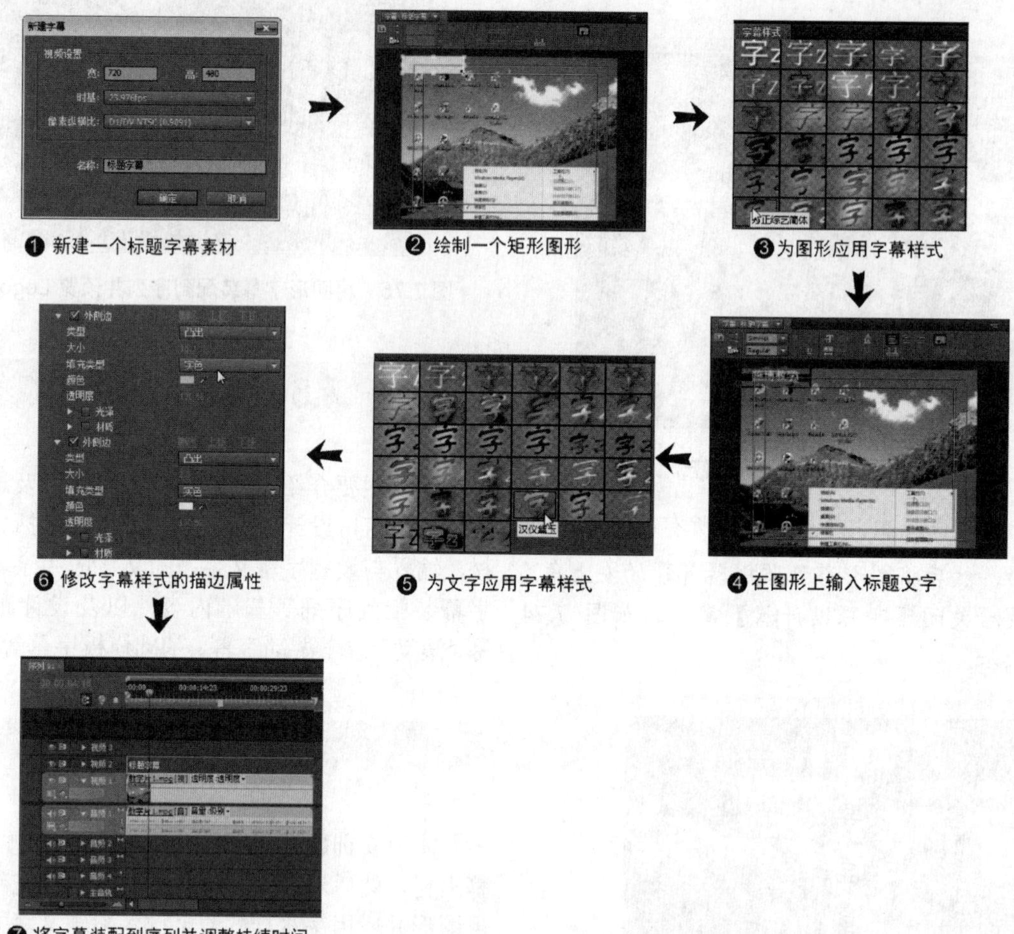

图 7.77　实训题的操作流程

第 8 章

作品的渲染、导出与刻录

本章学习要点

通过 Adobe Premiere Pro CS5 完成作品的设计后，可以渲染和导出，将项目输出为成品。获得成品后，可以通过各种途径应用成品，例如使用刻录软件将成品刻录成 DVD。本章通过讲解渲染和导出的功能和操作，介绍将作品输出为成品，并通过第三方刻录软件将成品刻录成光盘的方法。

8.1 项目的渲染

影视项目通过各项设计处理后，用户可以对项目或素材进行渲染，以检查作品导出的效果。所谓渲染就是对项目每帧的图像进行重新优化的过程。当作品完成后，一般可以执行渲染操作，以重新优化的过程导出成品。

8.1.1 渲染工作区

渲染工作区就是对工作区所编辑的视频素材进行渲染输出。渲染工作区的方式包括渲染工作区域内的效果和渲染完整工作区两种。

要渲染工作区素材，可以打开【序列】菜单，然后选择【渲染工作区域内的效果】或【渲染完整工作区】命令即可，如图 8.1 所示。

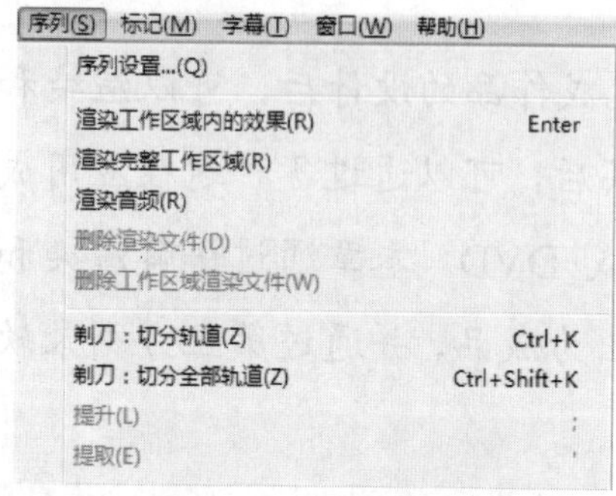

图 8.1 执行渲染命令

执行渲染命令后，程序会弹出渲染对话框，以显示渲染的进度和详细信息，如图 8.2 所示。另外，渲染后的文件会以新文件夹保存在当前项目文件所在的目录里，如图 8.3 所示。

提示

因为项目渲染后，会将预览文件保存在项目文件所在的目录里，因此用户在没有进行其他编辑时，执行一次渲染后，下次再执行渲染时，程序会自动直接播放上次渲染的结果，即不会再执行渲染过程。

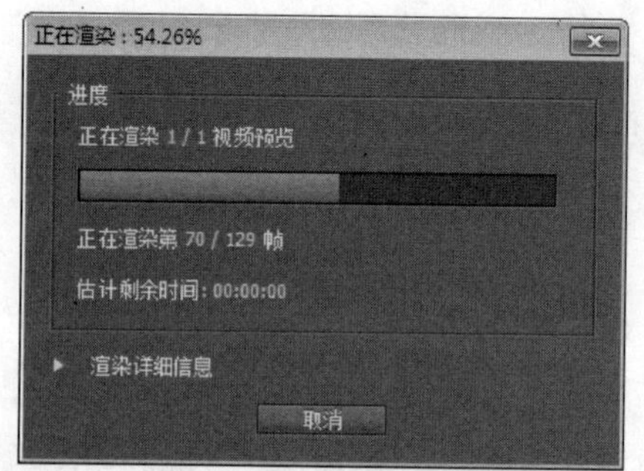

图 8.2 执行渲染的过程

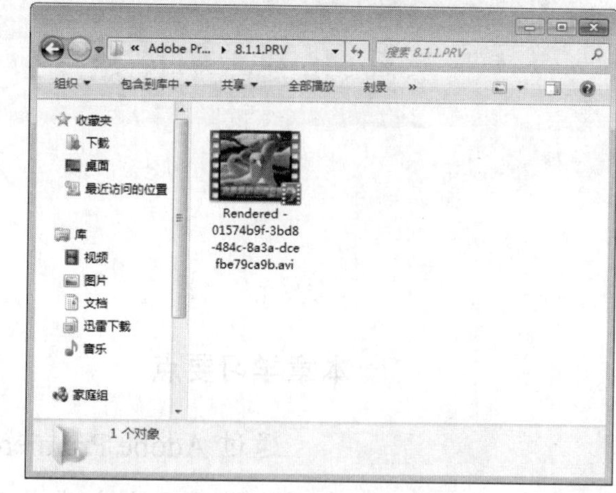

图 8.3 渲染后的预览文件

8.1.2 渲染音频

渲染工作区后导出的预览文件并没有保存音频轨道，如果想要导出项目的声音，则可以进行渲染音频的处理，如图 8.4 所示。

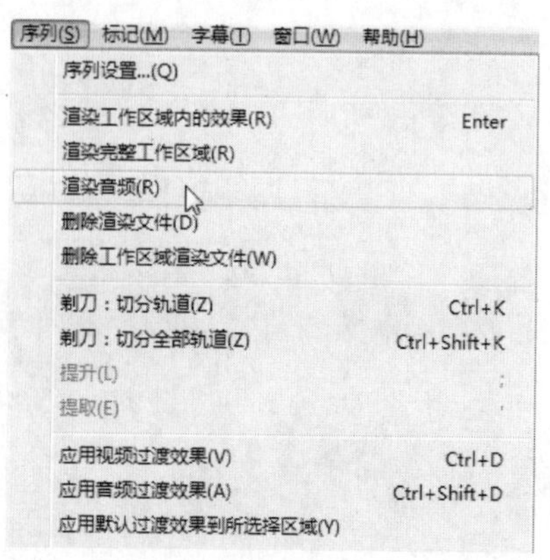

图 8.4 渲染音频

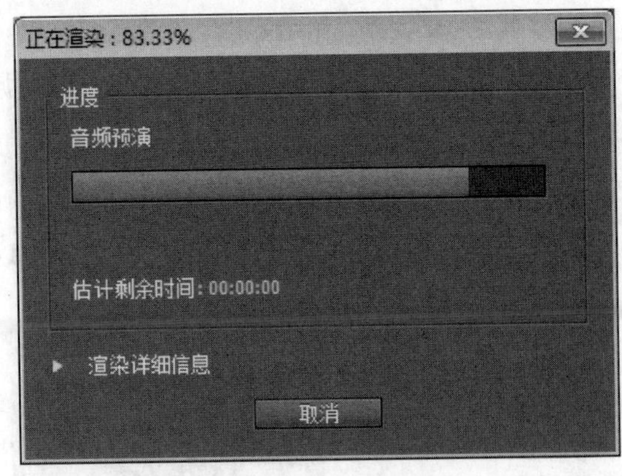

图 8.4 渲染音频(续)

渲染音频后，对应的音频渲染文件会保存在项目文件所在目录里，并与渲染出的预览视频文件放置在一起，如图 8.5 所示。

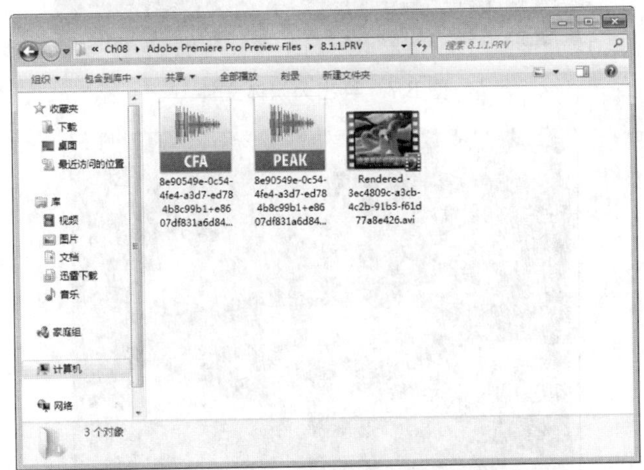

图 8.5 渲染音频的导出结果

8.1.3 删除渲染文件

如果渲染的结果不合适，可以将渲染文件删除，以节省磁盘空间。删除渲染文件同样有“删除渲染文件”和“删除工作区域渲染文件”两种方式，如图 8.6 所示。

说明

执行删除渲染文件后，图 8.3 和图 8.5 所示的工作区渲染文件和音频渲染文件都会被删除。如果选择【删除工作区域渲染文件】命令，则只删除工作区渲染文件，即图 8.3 所示的渲染文件。

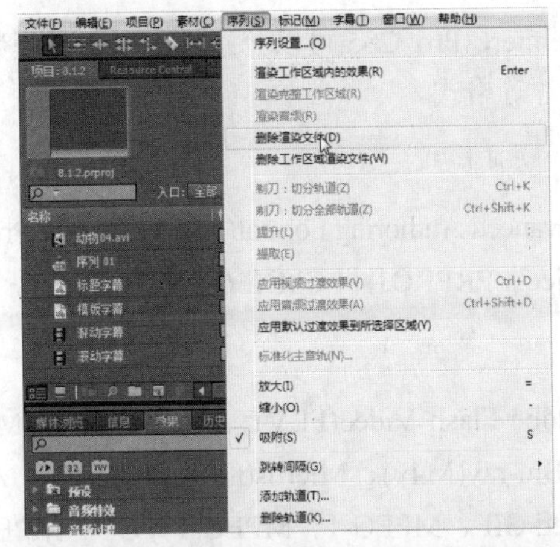

图 8.6 删除渲染文件

8.2 项目的导出

当已经完成序列素材的组合和编辑后，可以将项目导出为成品，以制成最终的影片。Adobe Premiere Pro CS5 提供了多种导出用途，例如导出成适合 DVD 播放的影片，导出为可以在互联网上观看的视频文件等。

8.2.1 导出的各类格式

Premiere Pro CS5 可以根据用户导出文件的用途和发布媒介，将素材或序列导出为所需的各种格式。

说明

Premiere Pro CS5 为各种导出途径提供了广泛的视频编码和文件格式。对于高清格式的视频，提供了诸如 DVCPRO HD、HDCAM、HDV、H.264、WM9 HDTV 和不压缩的 HD 等编码格式；对于网络下载视频和流媒体视频，则提供了 Adobe Flash Video、QuickTime、Windows Media 和 RealMedia 等相关格式。此外，Adobe Media Encoder 还支持为 Apple iPod、3GPP 手机和 Sony PSP 等移动设备导出 H.264 格式的视频文件。

Premiere Pro CS5 可以分别导出项目、视频、音频、图片等格式。

1. 项目格式

Advanced Authoring Format(AAF)、Adobe Premiere Pro projects(PRPROJ)和 CMX3600 EDL(EDL)。

2. 视频格式

Adobe Flash Video(FLV)、H.264(3GP 及 MP4)、H.264 Blu-ray(M4v)、Microsoft AVI 及 DV AVI、Animated GIF、MPEG-1、MPEG-1-VCD、MPEG-2、MPEG2 Bluray、MPEG-2-DVD、MPEG2 SVCD、QuickTime(MOV)、RealMedia(RMVB)和 Windows Media(WMV)。

3. 音频格式

Adobe Flash Video(FLV)、Dolby Digital/AC3、Microsoft AVI 及 DV AVI、MPG、PCM、QuickTime、RealMedia、Windows Media Audio(WMA)和 Windows Waveform(WAV)。

4. 图像格式

GIF、Targa(TGF/TGA)、TIFF 和 Windows Bitmap (BMP)。

8.2.2 导出媒体的设置

在导出项目的序列或素材为媒体时，需要经过【导出设置】窗口的设置。

要打开【导出设置】窗口，可以打开【文件】菜单，然后选择【导出】|【媒体】命令，或者直接按 Ctrl+M 快捷键，如图 8.7 所示。

打开【导出设置】窗口，用户可以通过在窗口左侧的【源】或【导出】选项卡里的监视器中预览工作区域或序列的效果，如图 8.8 所示。

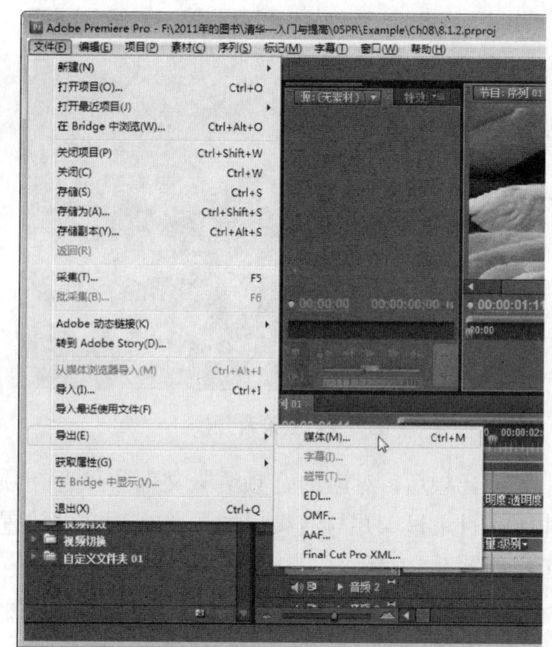

图 8.7 导出为媒体文件

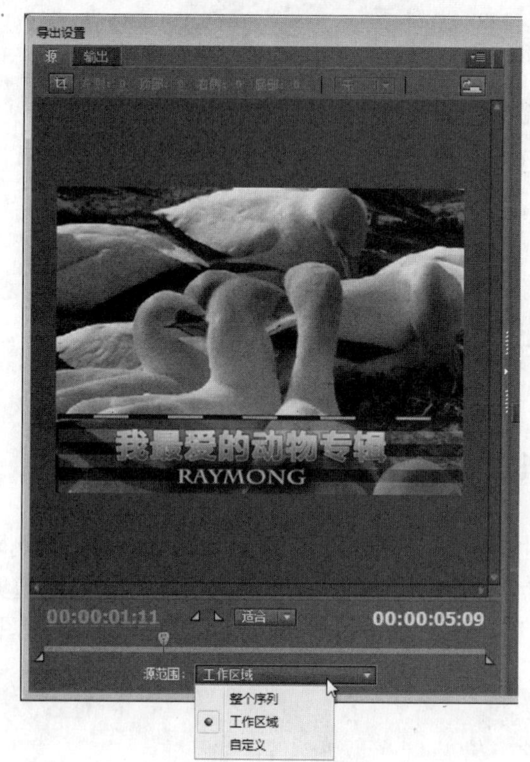

图 8.8 设置导出的源范围

【导出设置】窗口各类设置项目说明如下。

1. 导出设置

- 与序列设置匹配：选择该复选框，可以忽略当前导出设置，而使用与项目文件所包含的序列的设置导出项目。
- 如果不选择【与序列设置匹配】复选框，则用户可以自定义下列导出设置。
  - 格式：设置导出媒体的格式，包括 AVI、MPEG、FLV 等视频格式，也包括 GIF、JPEG、PNG 等图片格式，以及其他常用媒体格式，如图 8.9 所示。
  - 预设：可以自定义或选择一种预设转换代码的设置，该设置包括广播制式和转换设备类型。例如 NTSC DV、PAL DV 等，如图 8.10 所示。
  - 注释：添加导出媒体的注释内容。

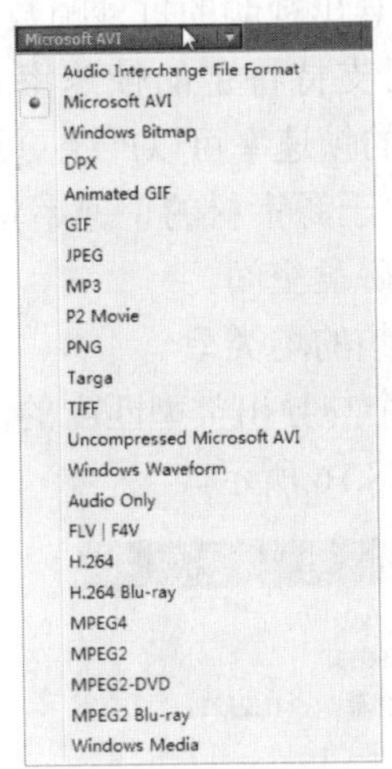

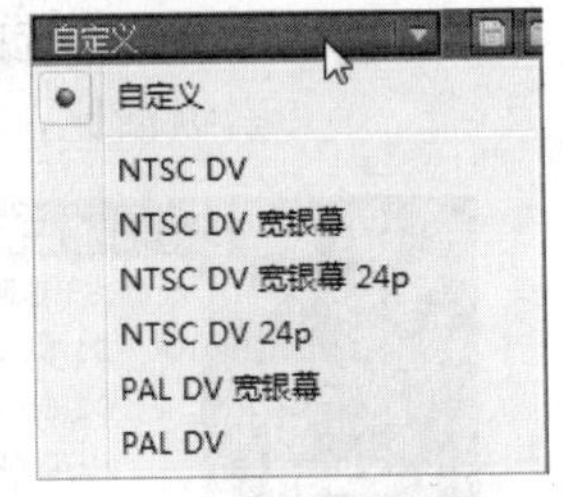

图 8.9　选择导出格式　　图 8.10　自定义或选择转换设置

- 导出名称：默认导出名称与序列名称同名。用户可以单击该名称来指定导出媒体保存的位置和名称，如图 8.11 所示。
- 导出视频：选择该复选框，可定义导出视频素材。
- 导出音频：选择该复选框，可以定义导出音频素材。
- 在 Device Central 中打开：选择该复选框，可以在导出媒体时在设备控制中心打开。
- 摘要：显示目前导出设置的各项信息。

图 8.11　单击名称即可打开【保存为】对话框

2. 【滤镜】选项卡

在此选项卡中，用户可以选择是否应用滤镜特效；默认提供【高斯模糊】滤镜。

当选择【高斯滤镜】复选框，即可设置【模糊度】和【模糊尺寸】两个选项，如图 8.12 所示。

图 8.12　设置高斯模糊滤镜

3. 【视频】选项卡

在此选项卡中，用户可以设置【视频编解码器】选项和其他设置。不同的导出格式提供了不同的视频选项，下面以 Microsoft AVI 类型为例说明视频设置选项。

- 视频编解码器

  可用的编解码器取决于在【导出设置】栏目中选择的导出格式类型，例如从导出格式中选择了 Microsoft AVI 类型，那么用户可以在【视频】选项卡中选择图 8.13 所示的视频编解码器。

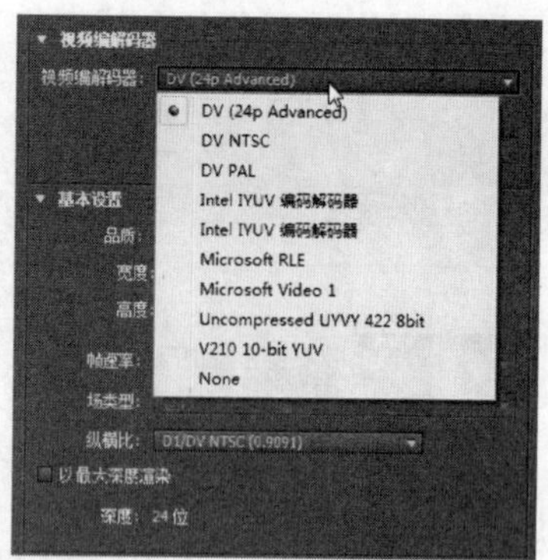

图 8.13 视频编解码器

说明

如果发现不能选择编解码器提供的选项，则可以参阅硬件使用手册。一些编解码器是视频采集卡硬件自带的，需要在这些编解码器提供的对话框中设置编码(或压缩)选项，而不是通过上面描述的选项。

选择视频编解码器主要是为了让导出的媒体适合于在支持该视频编解码的播放器中播放。有些编解码器允许用户设置，此时用户可以单击【编解码器设置】按钮，设置编解码器选项，如图 8.14 所示。

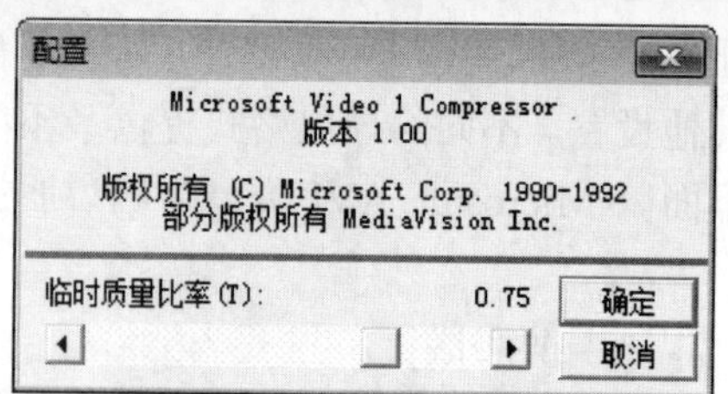

图 8.14 设置编解码器

- 基本设置

  基本设置栏目主要提供视频导出的基本设置项目，如图 8.15 所示。

  - 品质：设置导出媒体时压缩素材的品质。
  - 宽度和高度：设置视频帧的宽度和高度，即视频显示画面的尺寸。增大视频帧尺寸可以显示更多的细节，但会使用更多的磁盘空间，并在回放时需要更多的运算。

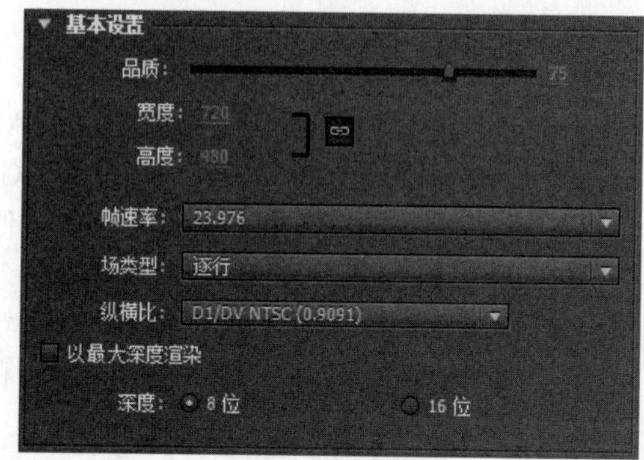

图 8.15 基本设置

  - 帧速率：选择要导出视频的每秒帧数，有部分编解码器支持特定的帧速率设置。选择数值高的帧速率可以产生更加平滑的运动(取决于源素材的正速率)，但会占用更多的磁盘空间。
  - 场类型：设置视频的场类型。
  - 纵横比：选择一个与导出类型匹配的像素纵横比，如图 8.16 所示。

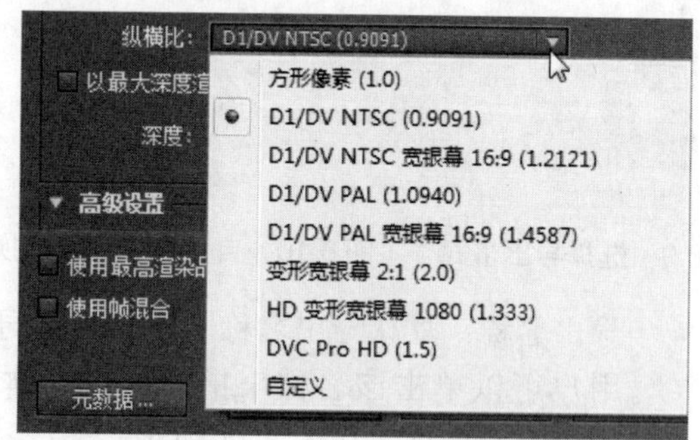

图 8.16 选择纵横比

说明

如果纵横比不是 1.0，则输出类型使用矩形像素，因为计算机通常以方形像素显示，所以使用非方形像素比的内容在计算机上观看将拉伸，但是当在一个视频监视器中观看时将显示正确的比例，例如宽屏监视器。

- 深度：指颜色深度，即导出的视频包含的颜色数量。如果选择的编解码器只支持单色，这个选项将不可用。
- 以最大深度渲染：选择这个复选框，可以源素材的最大颜色深度导出媒体。

● 高级设置

在【高级设置】栏目中可以设置关键帧的间隔和优化静态帧，如图 8.17 所示。

图 8.17　高级设置

4. 【音频】选项卡

在【音频】选项卡中，用户可以设置音频编码和基本音频属性。

● 音频编码

该选项可以指定程序压缩音频时所使用的编解码器，用户的编解码器取决于导出格式类型的设置。有一些文件类型和采集卡只支持无压缩音频，这也是最高的质量，例如 AVI 格式。

如图 8.18 所示，选择 AVI 格式后，【音频编码】选项不可设置。因为 AVI 格式导出不会压缩素材，即不会经过编码处理。

● 基本音频设置

- 采样率：选择一个采样率以决定导出媒体音频的质量。采样率越高，音频质量也越高。
- 声道：指定导出媒体的声道，可以设置【单声道】或【立体声】。
- 采样类型：选择较高或较低的位深度，让音频获得较高的质量，或让音频减少处理时间和节省磁盘空间。

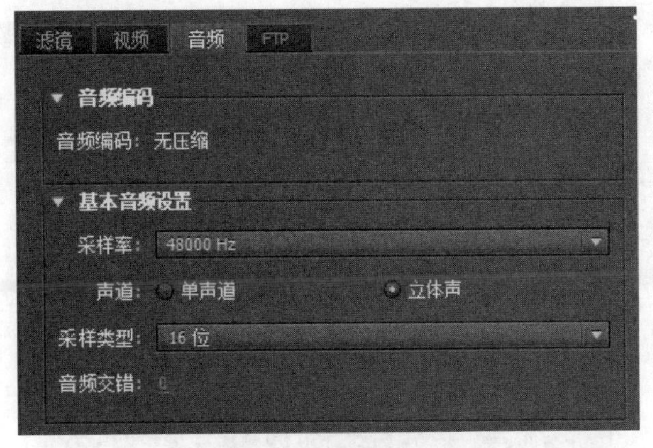

图 8.18　设置音频选项

5. FTP 选项卡

用户可以通过该选项卡指定一个 FTP 空间，将媒体导出并上传到 FTP 空间，如图 8.19 所示。

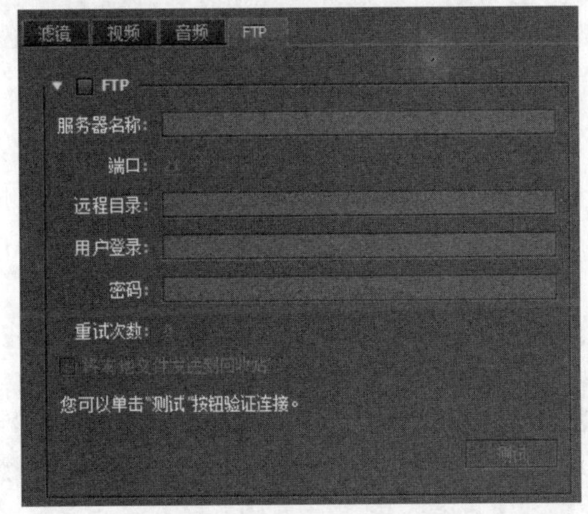

图 8.19　设置 FTP 选项

6. 其他选项

- 使用最高渲染品质：该选项可提供更高品质的压缩，但会增加编码的时间。
- 使用已经生成的预览文件：如果程序已经生成了预览文件，选择该选项可使用这些预览文件以加快导出渲染。该选项仅适用于从程序导出序列。
- 使用帧混合：当输入帧速率与导出帧速率不符时，可混合相邻的帧以生成更平滑的运动效果。
- 【元数据】按钮：单击此按钮可以打开【元

数据导出】对话框，选择要写入/导出的元数据，如图 8.20 所示。

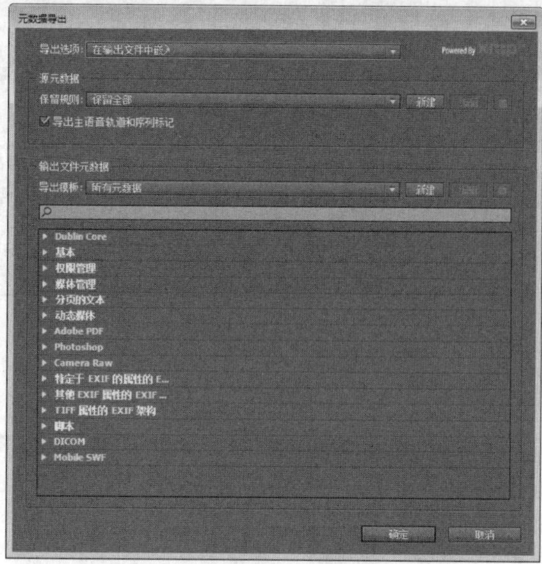

图 8.20　选择要写入/导出的元数据

- 【队列】按钮：单击此按钮可以将项目添加到 Adobe Media Encoder 程序队列，以便通过 Adobe Media Encoder 程序导出媒体，如图 8.21 所示。

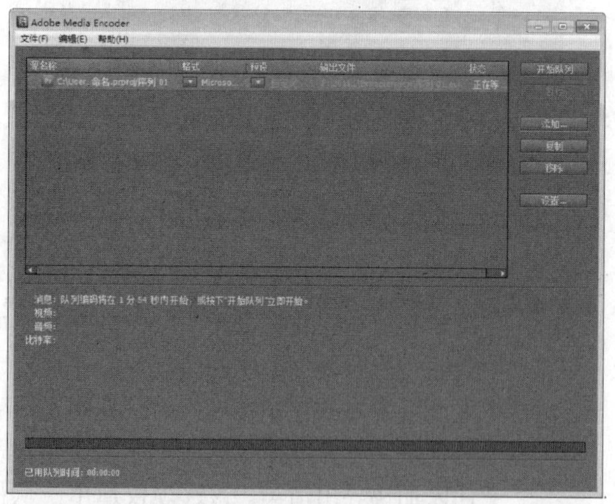

图 8.21　Adobe Media Encoder 程序

- 【导出】按钮：单击此按钮可使用当前设置导出媒体。
- 【取消】按钮：单击此按钮取消导出。

8.2.3　导出字幕素材

当新建并设计好字幕后，用户可以单独将字幕素材导出为字幕文件，以便将此字幕应用到其他项目设计上。

导出字幕素材的操作步骤如下。

 打开练习文件(光盘：..\Example\Ch08\8.2.3.prproj)，然后将【项目】面板中的【游动字幕】字幕素材加入【素材源】窗口，如图 8.22 所示。

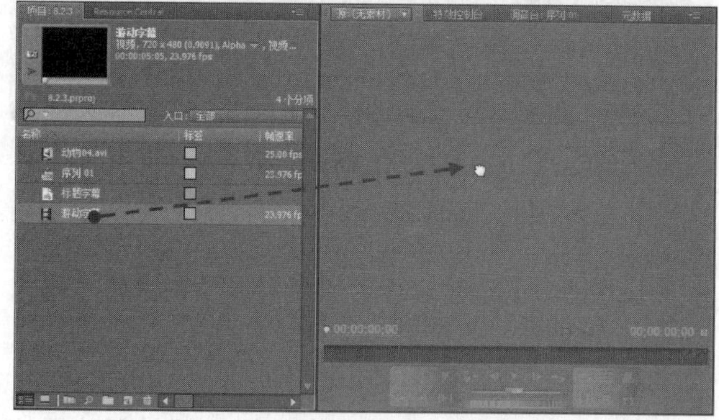

图 8.22　将字幕素材加入【素材源】窗口

 在【素材源】窗口的控制面板上单击【播放-停止切换】按钮▶，播放字幕素材以预览字幕的效果，如图 8.23 所示。

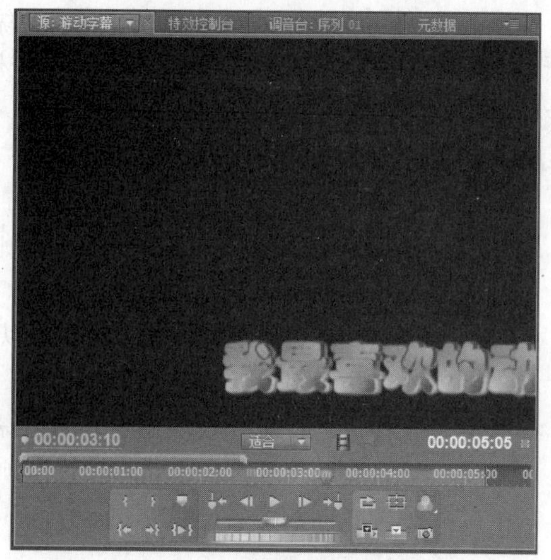

图 8.23　播放字幕素材

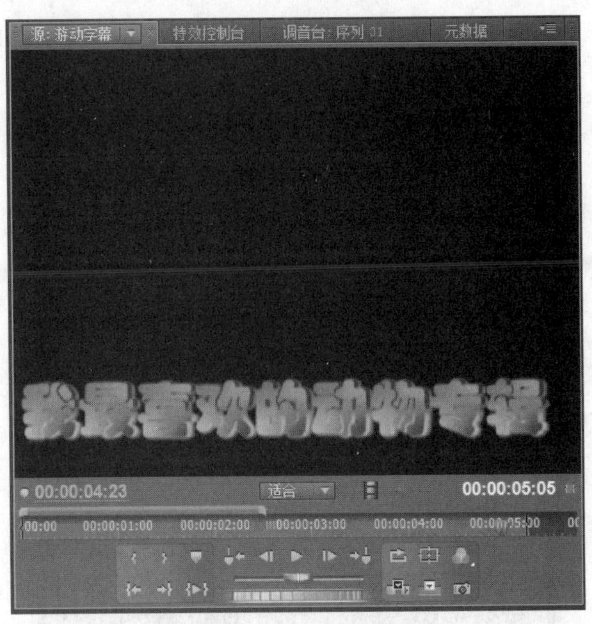

图 8.23　播放字幕素材(续)

Step 3 在【项目】面板中选择字幕素材，然后打开【文件】菜单，再选择【导出】|【字幕】命令，如图 8.24 所示。

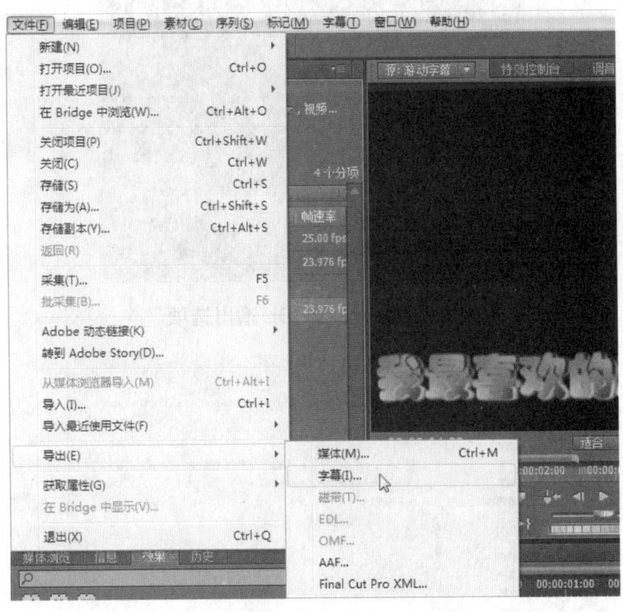

图 8.24　导出字幕素材

打开【存储字幕】对话框，设置字幕的文件名，然后单击【保存】按钮，如图 8.25 所示。

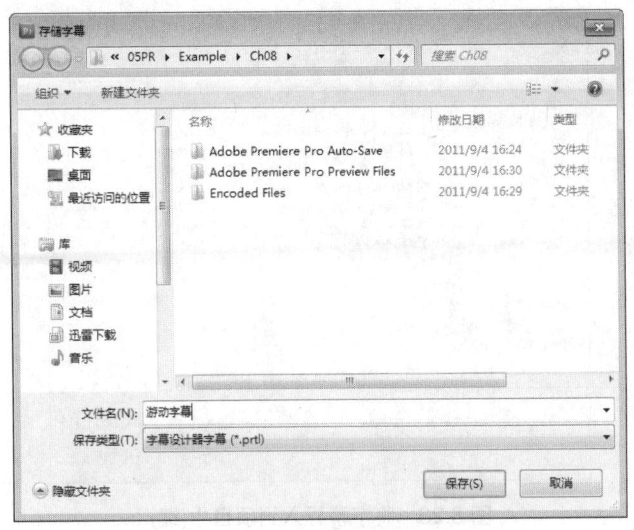

图 8.25　存储字幕

提示

将字幕素材导出为字幕文件后，当其他项目需要使用该字幕时，可以在【项目】面板的素材区上单击鼠标右键，并选择【导入】命令，接着通过【导入】对话框选择字幕文件，然后单击【打开】按钮，即可将字幕导入当前项目文件，如图 8.26 所示。

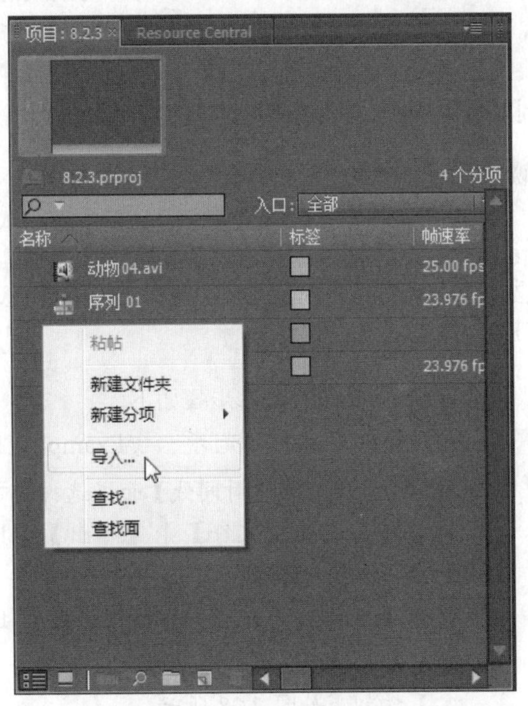

图 8.26　将字幕导入到项目中

图 8.26　将字幕导入到项目中(续)

8.2.4　导出序列为 EDL

本节所讲的 EDL 文件是指编辑决策列表文件。EDL(Editorial Determination List，编辑决策列表)是一个表格形式的列表，由时间码值形式的电影剪辑数据组成。

EDL 是在编辑时由很多编辑系统自动生成的，并可保存到磁盘中。当在脱机或联机模式下工作时，编辑决策列表极为重要。脱机编辑下生成的 EDL 被读入到联机系统中，作为最终剪辑的基础。

说明

目前有各种各样的 EDL 格式，例如 Sony、CMX 和 GVG 格式。这些格式之间可以通过软件工具来相互转换。Adobe Premiere Pro CS5 默认保存 CMX 的 EDL 格式。

导出为 EDL 文件的操作步骤如下。

Step 1 打开练习文件(光盘：..\Example\Ch08\8.2.4.prproj)，在【时间线】面板选择当前序列，然后选择【文件】|【导出】| EDL 命令，如图 8.27 所示。

Step 2 打开【EDL 输出设置】对话框，设置 EDL 的标题，然后设置其他选项，接着单击【确定】按钮，如图 8.28 所示。

Step 3 打开【存储序列为 EDL】对话框，设置文件名和保存类型，然后单击【保存】按钮，如图 8.29 所示。

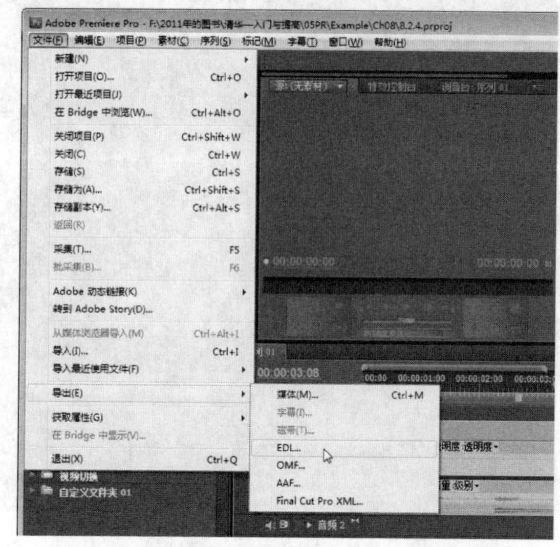

图 8.27　选择导出 EDL 文件

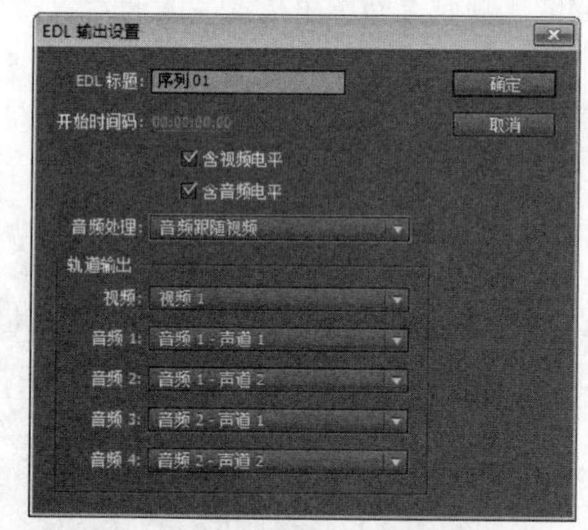

图 8.28　设置 EDL 输出选项

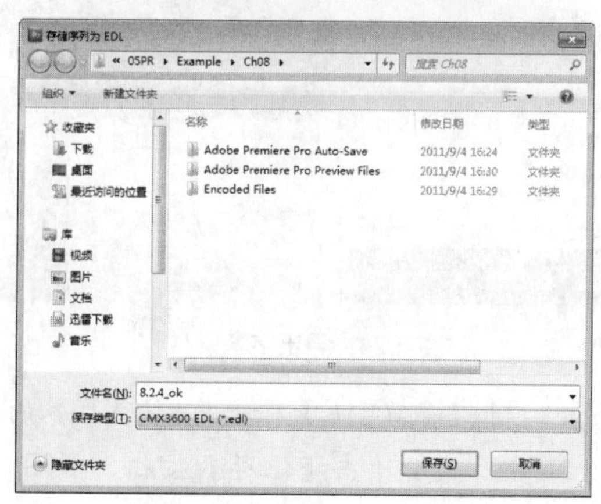

图 8.29　存储 EDL 文件

因此功能只对序列起作用，因此在执行导出前，用户需要先选择序列，并确保序列上装配了素材，否则导出为 EDL 功能将不可用。

8.2.5 导出序列为 OMF

OMF 的英文全称是 Open Media Framework(开放媒体框架)，是一种编辑数据交换的格式。

导出为 OMF 文件的操作步骤如下。

Step 1 打开练习文件(光盘：..\Example\Ch08\8.2.5.prproj)，在【时间线】面板上选择当前序列，然后选择【文件】|【导出】|OMF 命令，如图 8.30 所示。

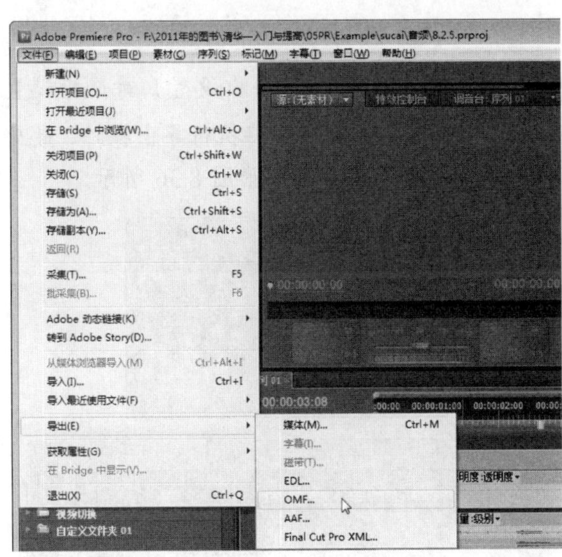

图 8.30 选择导出 OMF 文件

打开【OMF 导出设置】对话框，设置 OMF 的标题，然后设置其他选项，接着单击【确定】按钮，如图 8.31 所示。

打开【存储序列为 OMF】对话框后，设置文件名和保存类型，然后单击【保存】按钮，如图 8.32 所示。

此时程序将执行输出 OMF 的操作，并通过【输出媒体文件到 OMF 文件夹】对话框提示执行进度，最后显示 OMF 的输出信息，如图 8.33 所示。

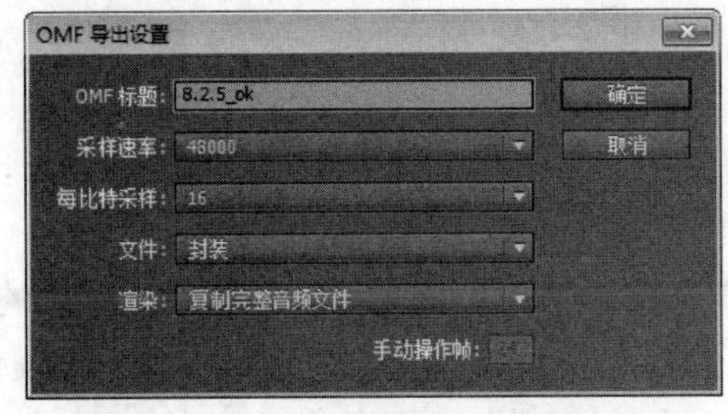

图 8.31 设置 OMF 输出选项

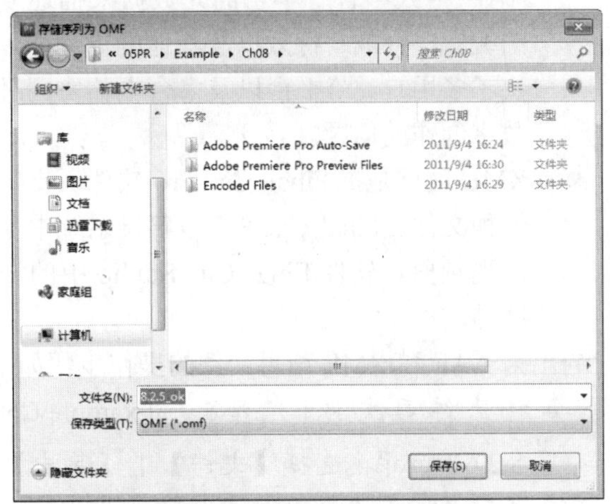

图 8.32 存储 OMF 文件

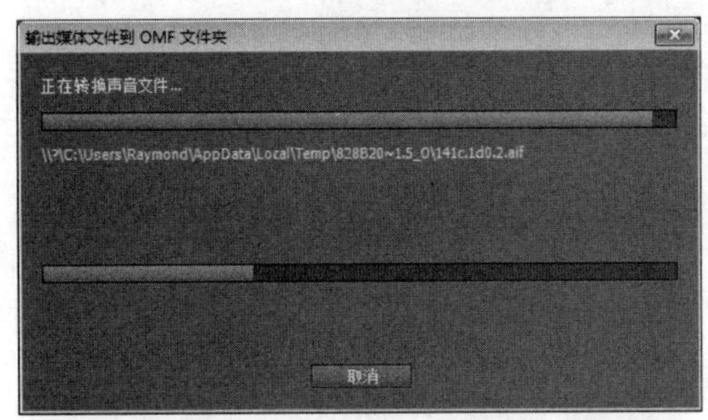

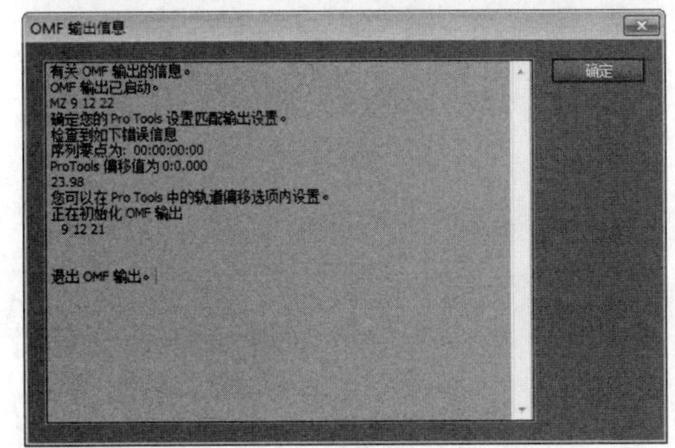

图 8.33 执行输出并查看输出信息

8.2.6 实例：导出为 AAF 和 XML 项目文件

本例将当前项目文件导出为 AAF 项目文件和 XML 项目文件。

- AAF 是 Advanced Authoring Format 的缩写，意为高级制作格式，是一种用于多媒体创作及后期制作、面向企业界的开放式标准。AAF 格式中含有丰富的元数据来描述复杂的编辑、合成、特效以及其他编辑功能，解决了多用户、跨平台以及多台电脑协同进行数字创作的问题。
- XML 项目是指 Final Cut Pro 软件所支持的一种文件。Final Cut Pro 是苹果系统中专业的视频剪辑软件 Final Cut Studio 中的一个产品。

导出为 AAF 和 XML 项目文件的操作步骤如下。

Step 1 打开练习文件(光盘：..\Example\Ch08\8.2.6.prproj)，选择【文件】|【导出】|AAF 命令，如图 8.34 所示。

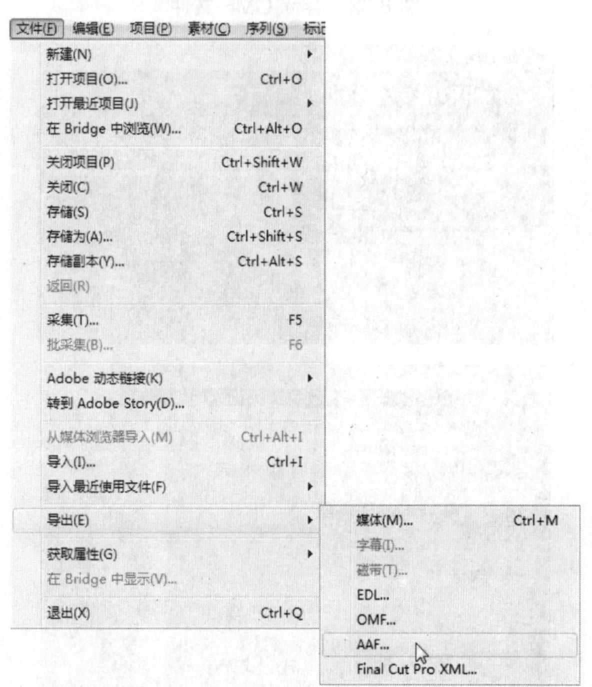

图 8.34 选择导出 AAF 文件

Step 2 打开【AAF-存储转换项目为】对话框，设置文件名和保存类型，然后单击【保存】按钮，如图 8.35 所示。

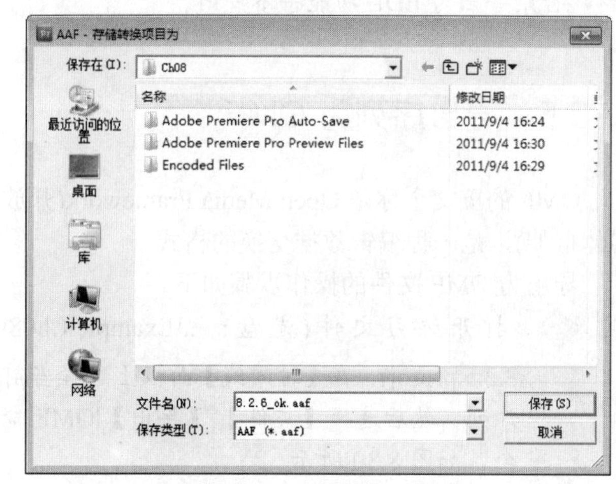

图 8.35 设置文件名称并保存

Step 3 此时通过【AAF 导出设置】对话框设置导出选项，然后程序将执行导出操作，最后显示导出记录信息，如图 8.36 所示。

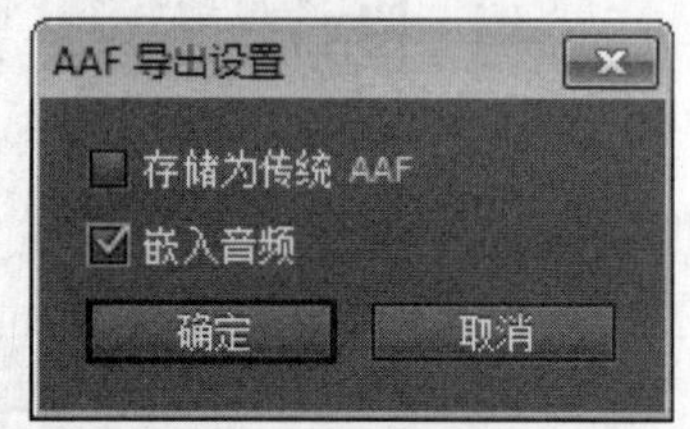

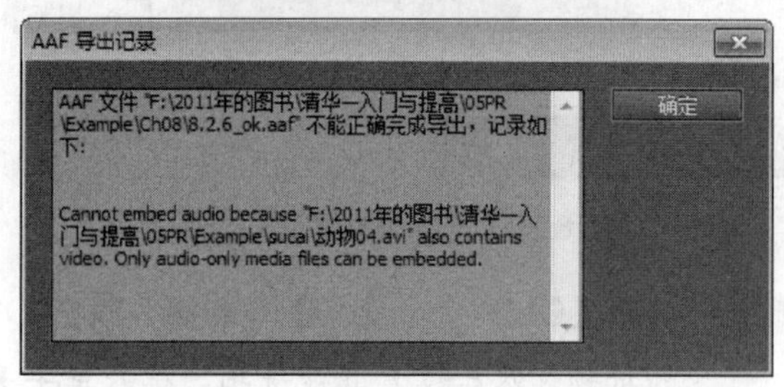

图 8.36 选择导出设置并执行导出

Step 4 此时再打开【文件】菜单，然后选择【导出】|Final Cut Pro XML 命令，如图 8.37 所示。

Step 5 打开【Final Cut Pro XML-存储转换项目为】对话框，设置文件名和保存类型，然后单击【保存】按钮，如图 8.38 所示。

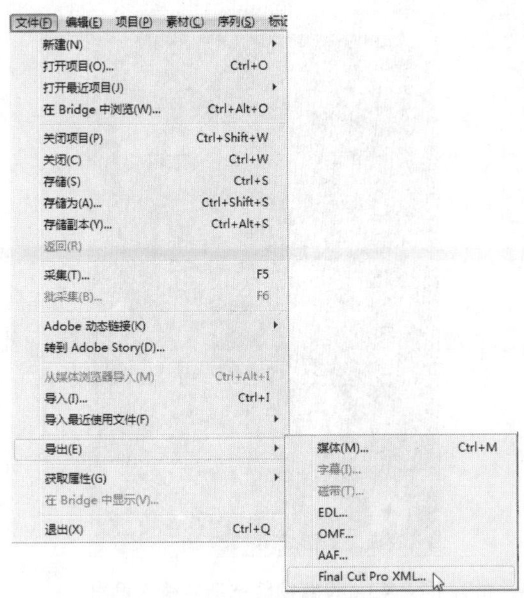

图 8.37　选择导出 XML 文件

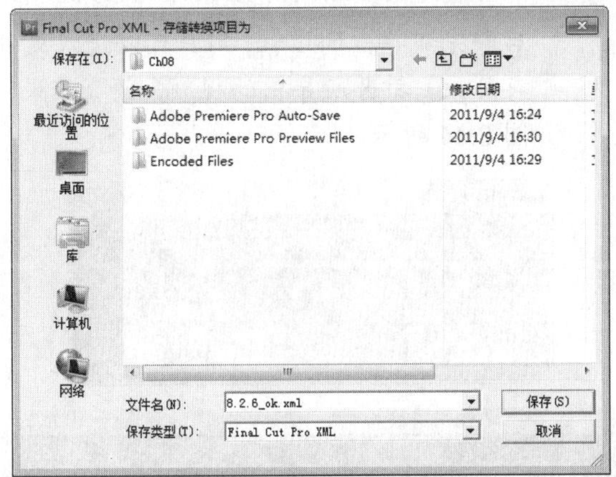

图 8.38　设置文件名称并保存

8.3　导出媒体的应用实例

项目设计完成后，导出成各种媒体文件是最常用的方法。本节将针对导出为媒体的问题，通过多个实例，介绍影视作品设计过程中导出媒体的应用。

8.3.1　导出序列为媒体文件

如果在序列上加入了素材，可以将整个序列作为一个对象导出为媒体文件。这种方式常应用在将多个视频合并为一个视频的处理上。

导出序列为媒体文件的操作步骤如下。

Step 1　打开练习文件(光盘：..\Example\Ch08\8.3.1.prproj)，然后将【项目】面板中的视频素材和模板字幕加入到序列上，如图 8.39 所示。

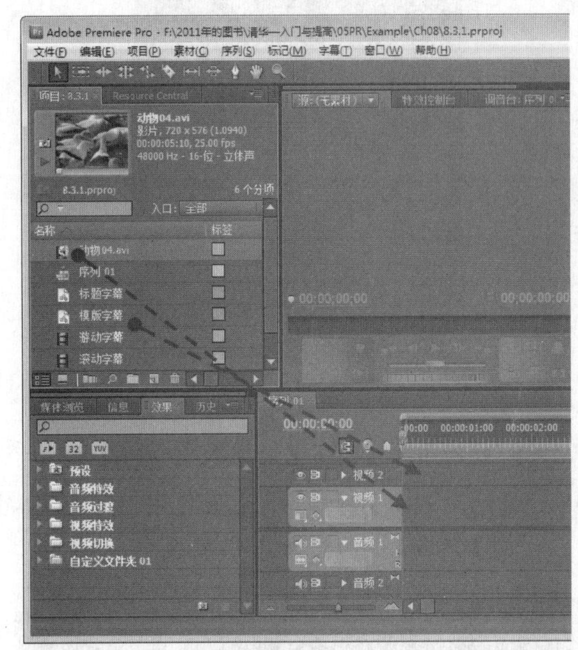

图 8.39　将素材加入序列

Step 2　按住字幕素材的出点并向右拖动，使之播放持续时间与视频素材一样，如图 8.40 所示。

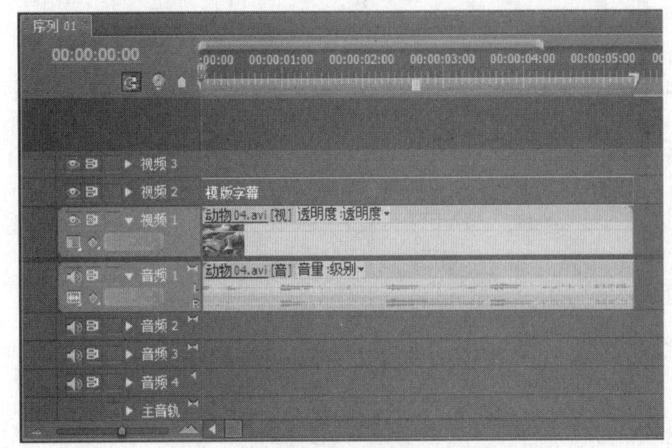

图 8.40　调整字幕的持续时间

Step 3　选择【文件】|【导出】|【媒体】命令，打开【导出设置】窗口，设置视频格式，再

选择【导出视频】和【导出音频】两个复选框，如图 8.41 所示。

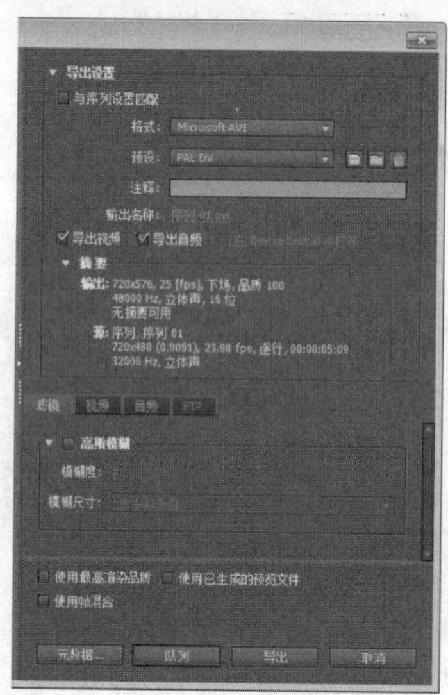

图 8.41 设置视频导出选项

Step 4 此时单击【输出名称】选项旁的名称，打开【另存为】对话框，设置文件名，然后单击【保存】按钮，如图 8.42 所示。

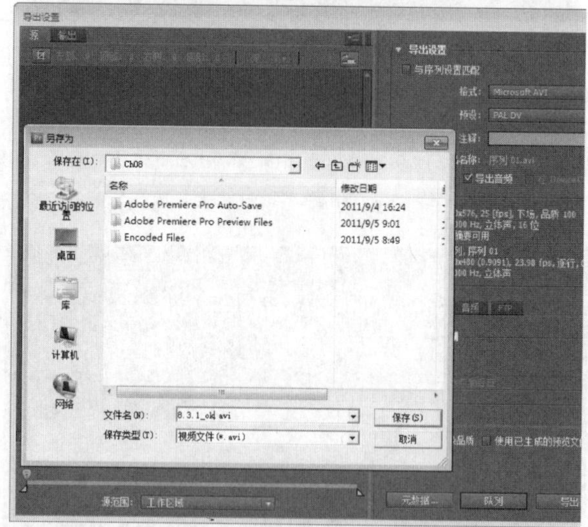

图 8.42 设置文件名称和保存位置

Step 5 切换到【视频】选项卡，然后设置视频选项，接着选择【使用帧混合】复选框。完成所有的设置后，单击【导出】按钮，执行导出媒体操作，如图 8.43 所示。

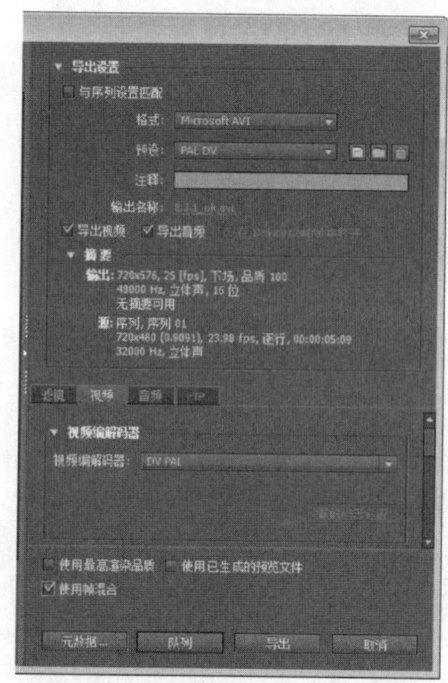

图 8.43 设置视频选项并执行导出

此时程序会自动对序列执行编码，编码完成后即完成导出的过程。用户可以进入文件保存目录，打开所导出的视频，预览效果，如图 8.44 所示。

图 8.44 编码序列并播放导出的视频

8.3.2 通过导出媒体转换格式

通过 Adobe Premiere Pro CS5 导出媒体时会经过视频编码处理，利用这个特性，我们可以通过导出媒体的操作改变视频素材的格式。例如录音的教学视频为 MPG 格式，可以通过导出的处理，将视频转换为应用于网络的 FLV 格式。

通过导出媒体进行转换格式的操作如下。

Step 1 打开练习文件(光盘：..\Example\Ch08\8.3.2.prproj)，然后将【项目】面板中 MPG 格式的视频素材拖到【素材源】窗口中，如图 8.45 所示。

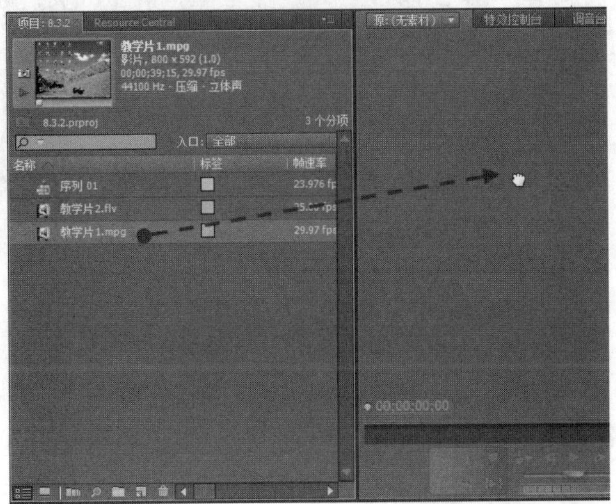

图 8.45 将视频素材加入【素材源】窗口

Step 2 此时在【素材源】窗口上单击，激活【素材源】窗口(激活的窗口会显示景色的外框线)，接着选择【文件】|【导出】|【媒体】命令，如图 8.46 所示。

Step 3 打开【导出设置】窗口，设置导出的格式，再选择预设的压缩器，如图 8.47 所示。

Step 4 单击【输出名称】选项旁的名称，打开【另存为】对话框后，设置文件名，然后单击【保存】按钮，如图 8.48 所示。

Step 5 切换到【视频】选项卡，然后设置视频选项，接着选择【使用帧混合】复选框。完成所有的设置后，单击【导出】按钮，执行导出媒体操作，如图 8.49 所示。

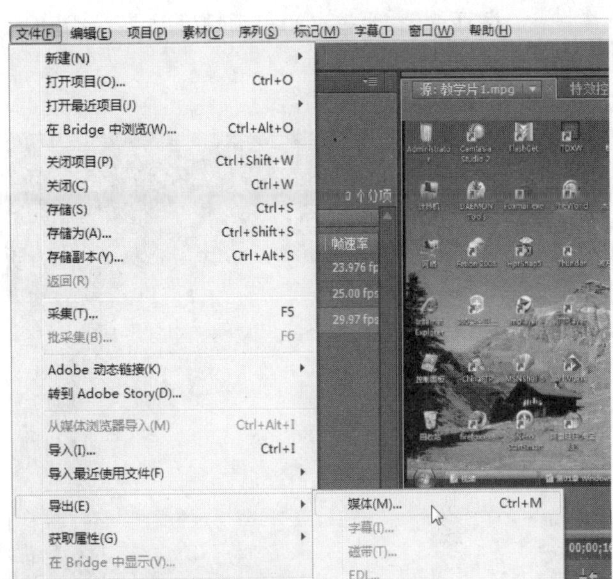

图 8.46 导出【素材源】窗口素材

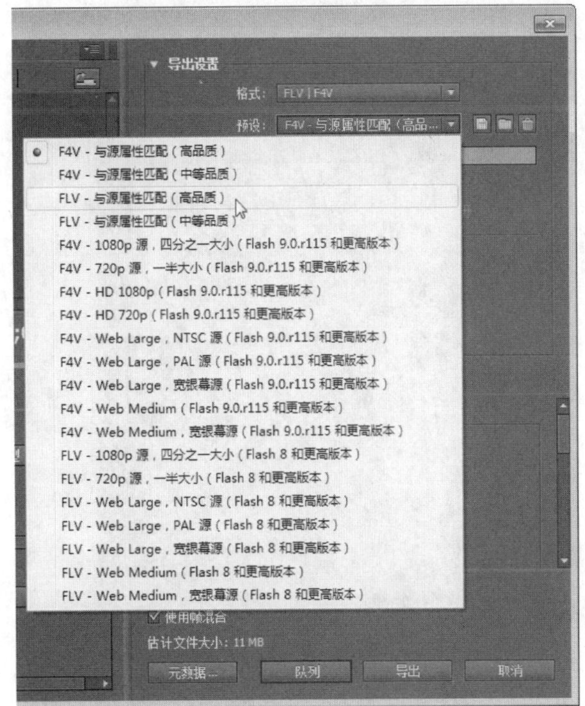

图 8.47 设置导出格式和预设压缩器

此时程序会自动对序列执行编码，编码完成

后即完成导出的过程。用户可以进入文件保存目录，打开导出的视频预览效果，如图 8.50 所示。

图 8.48　设置文件名称和保存位置

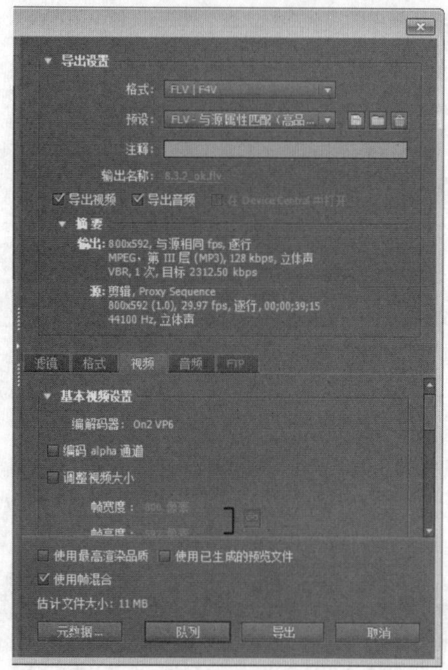

图 8.49　设置视频选项并执行导出

图 8.50　执行编码并播放导出的视频

8.3.3　通过【素材源】窗口截取视频

很多时候，视频素材中会有一些无用的场景，而需要使用的场景只有一部分。此时可以将素材加入【素材源】窗口，并为素材设置入点和出点，接着通过导出媒体的处理，将素材入点和出点的一段导出为视频文件，从而达到截取视频的目的。

通过【素材源】窗口截取视频的操作步骤如下。

Step 1　打开练习文件(光盘：..\Example\Ch08\8.3.3.prproj)，然后将【项目】面板中源视频素材拖到【素材源】窗口，如图 8.51 所示。

Step 2　拖动【素材源】窗口播放轴的蓝色播放指针控制点，找到需要截取的素材片段，然后在截取的开始处停止播放，再单击【设置入点】按钮，如图 8.52 所示。

Step 3　接着将蓝色播放指针控制点移到要截取视频的结束处，然后单击【设置出点】按钮，如图 8.53 所示。

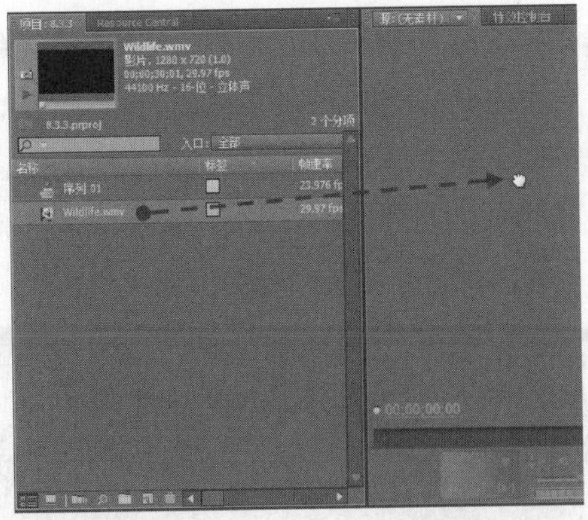

图 8.51 将视频素材加入【素材源】窗口

图 8.52 设置素材的入点

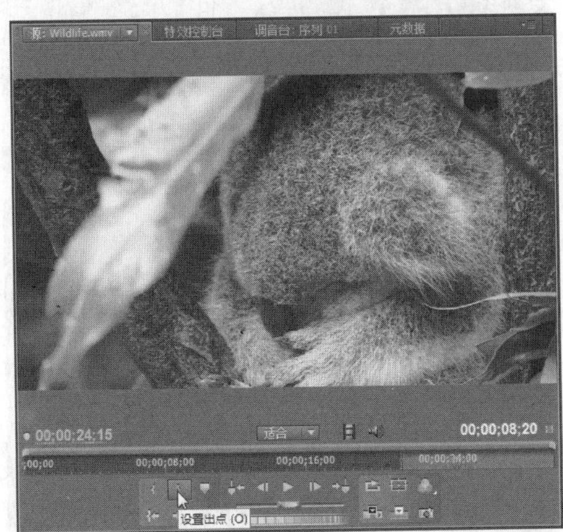

图 8.53 设置素材的出点

Step 4 选择【文件】|【导出】|【媒体】命令，打开【导出设置】窗口，用户可以在监视器下方的播放条中看到素材被设置了入点和出点的一段(金色显示)。此时设置导出格式和其他选项，接着单击【导出】按钮，如图 8.54 所示。

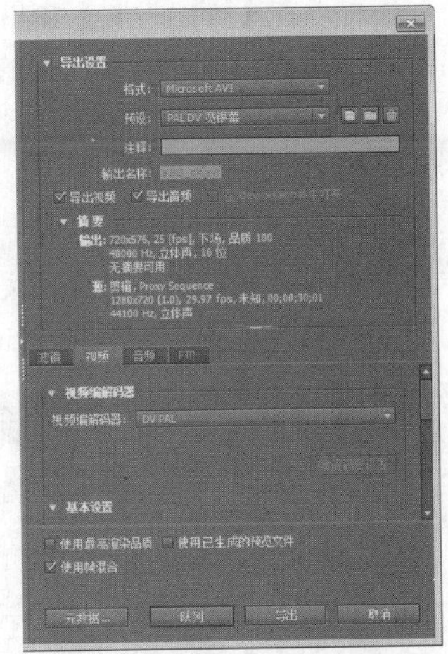

图 8.54 设置选项并执行导出

Step 5 此时程序会自动对序列执行编码，编码完成后即完成导出的过程。用户可以进入文件保存目录，打开导出的视频预览效果，如图 8.55 所示。

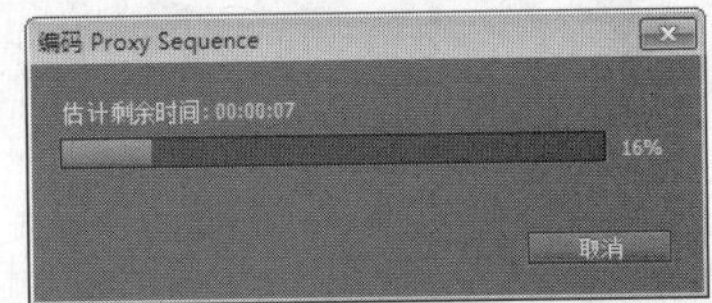

图 8.55 执行编码并播放导出的视频

8.3.4 通过【导出设置】窗口截取视频

除了通过【素材源】窗口预先设置素材的入点和出点外，用户还可以在【导出设置】窗口中为素材设置入点和出点，从而达到截取视频的目的。

通过【导出设置】窗口截取视频的操作步骤如下：

Step 1 打开练习文件(光盘：..\Example\Ch08\8.3.4.prproj)，在【项目】面板中选择需要截取视频的源素材，然后选择【文件】|【导出】|【媒体】命令，如图 8.56 所示。

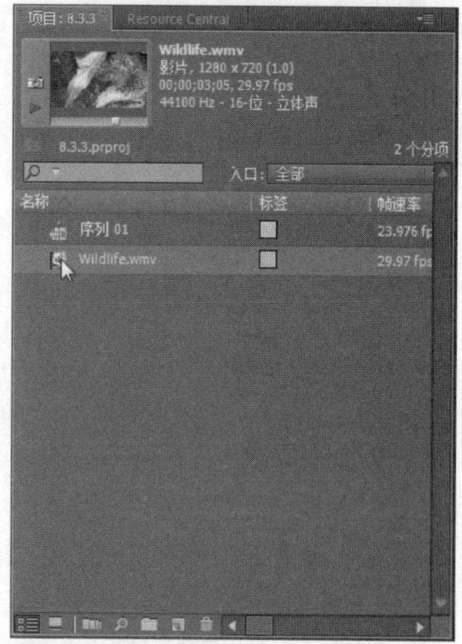

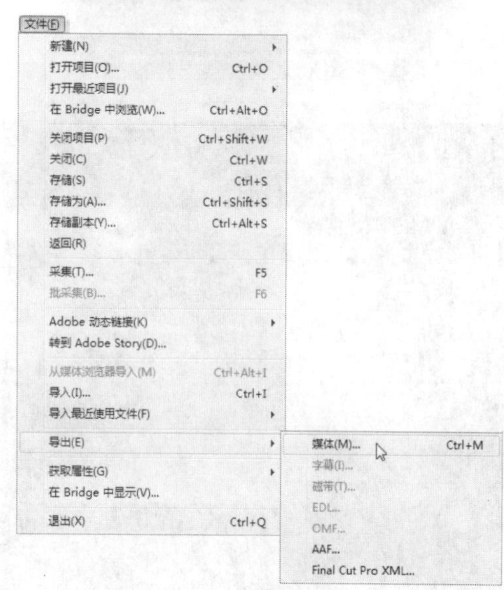

图 8.56 选择素材并准备导出

Step 2 打开【导出设置】窗口，拖动播放轴上方的金色播放指针控制点，搜索需要截取的视频。搜索出来后，将播放指针控制点移到截取视频的开始处，再单击【设置入点】按钮 ◺，如图 8.57 所示。

图 8.57 设置素材的入点

继续移动播放指针控制点，控制点移到要截取视频的结束处，再单击【设置出点】按钮 ，如图 8.58 所示。

图 8.58　设置素材的出点

如果要调整入点或出点，可以按住入点或出点图标，然后移动即可。图 8.59 所示为调整素材出点。

图 8.59　调整素材的出点

设置素材的入点和出点后，再设置导出格式和其他选项，接着单击【导出】按钮，执行编码即可截取入点到出点之间的一段视频，如图 8.60 所示。

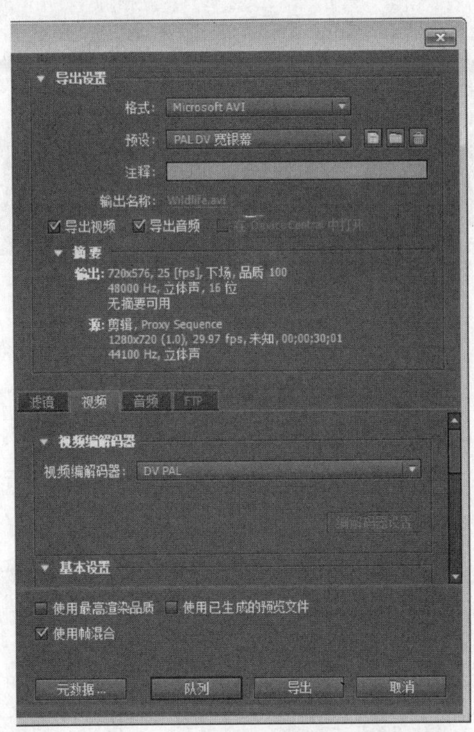

图 8.60　设置导出格式和其他选项并执行导出

8.3.5　以裁剪方式将标准视频导出为宽屏视频

在【导出设置】窗口中，不仅可以通过设置素材的入点和出点的方式修剪素材，还可以使用【裁剪输出视频】功能裁剪素材。有了这个功能，我们就可以通过裁剪的方式，修改视频的尺寸，例如将标准 4∶3 比例的视频裁剪为 16∶9 的宽屏视频。

以裁剪方式将标准视频导出为宽屏视频的操作步骤如下。

打开练习文件（光盘：..\Example\Ch08\8.3.5.prproj），从【项目】面板中选择视频素材，然后拖到【素材源】面板中并播放，查看视频的尺寸的比例，如图 8.61 所示。

图 8.61　通过【素材源】窗口预览视频

Step 2　继续从【项目】面板中选择素材，然后按 Ctrl+M 快捷键，打开【导出设置】窗口，接着单击【裁剪输出视频】按钮，再设置裁剪框的尺寸比例，如图 8.62 所示。

图 8.62　设置裁减框的尺寸比例

Step 3　按住裁剪框，然后向下移动，调整裁剪框的位置，如图 8.63 所示。

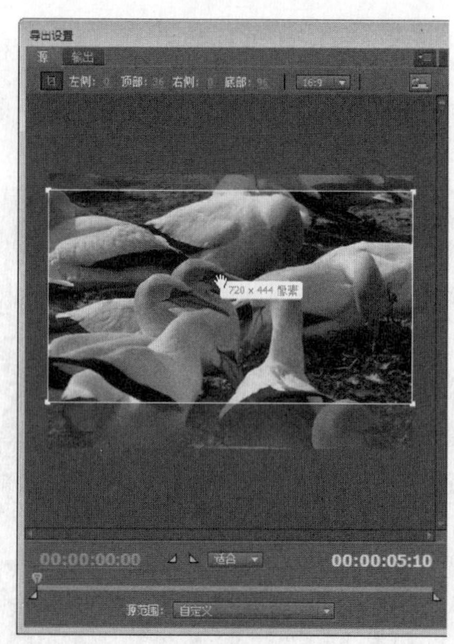

图 8.63　移动裁剪框的位置

此时切换到【视频】选项卡，然后设置视频的纵横比为宽屏，接着单击【导出】按钮，执行导出操作，如图 8.64 所示。

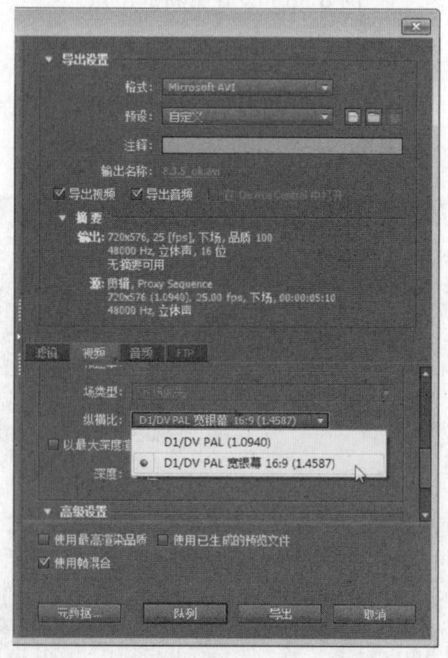

图 8.64　设置视频选项并执行导出

此时程序会自动对序列执行编码，编码完成后即完成导出的过程。用户可以进入文件保存目录，打开导出的视频预览效果，如图 8.65

所示。

图 8.65　执行编码并播放导出的视频

8.4　影片的刻录

输出的视频可以在计算机上播放，也可以刻录成影片光盘，通过影碟播放机或光驱播放。图 8.66 所示为我们常见的 DVD 影碟的外包装。

目前影片光盘主要有 VCD、SVCD、DVD、miniDVD 等类型。由于目前数码播放器的发展和 DVD 视频光盘具有容量大的特点，现在常用的视频光盘有 DVD 和 miniDVD，而 VCD 和 SVCD 光盘已经很少使用了。

8.4.1　关于 DVD

DVD 的全称为数字多功能光盘(Digital Versatile Disc)，它也是一种光盘存储器，通常用来播放标准电视机清晰度的电影，高质量的音乐用于大容量存储数据用途。DVD 一般采用 MPEG-2 压缩技术来储存影像，因此能够提供优质的回放效果。

图 8.66　DVD 影片光盘

DVD 的系统码流由主视频码流、子图像码流(最多可有 32 个码流，可用于 32 种文字对白或字幕显示)以及音频码流(最多可有 8 个码流，支持 8 种语言)3 个码流组成。从音效上看，DVD 可提供两个立体声声道和 1 个 5+1 杜比 AC-3 环绕立体声声道，能播放高质量的环绕立体声。

此外，DVD 还提供了人机交互的选项菜单，以及多种语言的字幕支持，如图 8.67 所示。

图 8.67　DVD 提供选项菜单

8.4.2 使用 Nero Vision 刻录 DVD

Nero Vision 是一款刻录 VCD、SVCD 以及 DVD 的应用程序，使用该程序不仅可以将视频文件刻录成 VCD、SVCD 和 DVD 影碟，还可以为 DVD 影碟制作人机交互的选项菜单，让用户可以使用遥控器来遥控需要观看的影碟片段。

使用 Nero Vision 刻录 DVD 的操作步骤如下。

Step 1 安装 Nero 软件，然后单击【开始】按钮，打开程序列表，再选择 Nero Vision 应用程序，如图 8.68 所示。

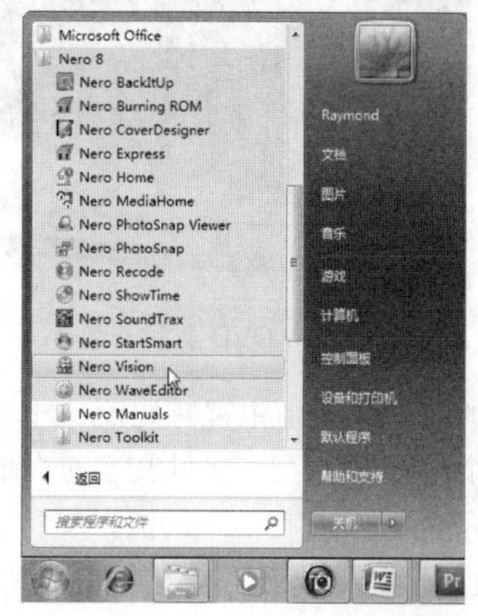

图 8.68 启动 Nero Vision 程序

Step 2 运行 Nero Vision 程序后，单击【制作 DVD】选项，再选择【DVD-视频】选项，如图 8.69 所示。

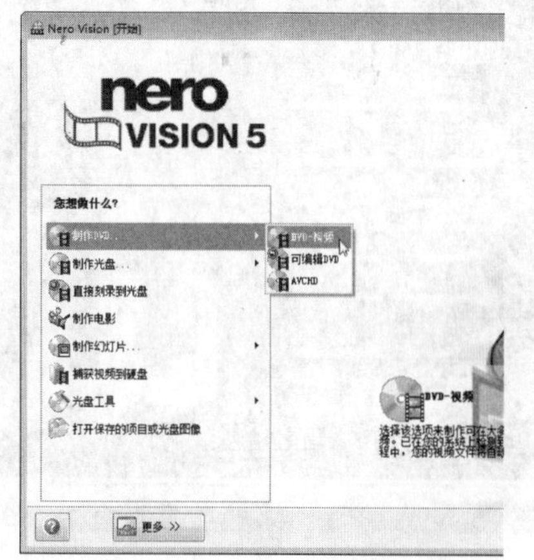

图 8.69 选择刻录 DVD 视频

Step 3 打开程序向导后，从【您想做什么？】列表框中选择【添加视频文件】项目，如图 8.70 所示。

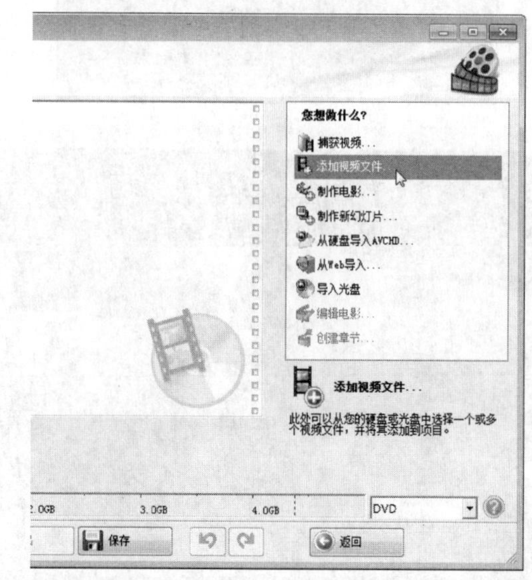

图 8.70 添加视频文件

Step 4 打开【打开】对话框后，选择需要制作成 DVD 影碟的视频文件，然后单击【打开】按钮，如图 8.71 所示。

图 8.71 打开需要制成 DVD 的视频文件

Step 5 此时在界面右下角的下拉列表框中设置光碟类型为 DVD，然后单击【更多】按钮，如图 8.72 所示。

Step 6 单击【视频选项】按钮，弹出【视频选项】对话框，选择视频模式为 PAL，如图 8.73

所示。

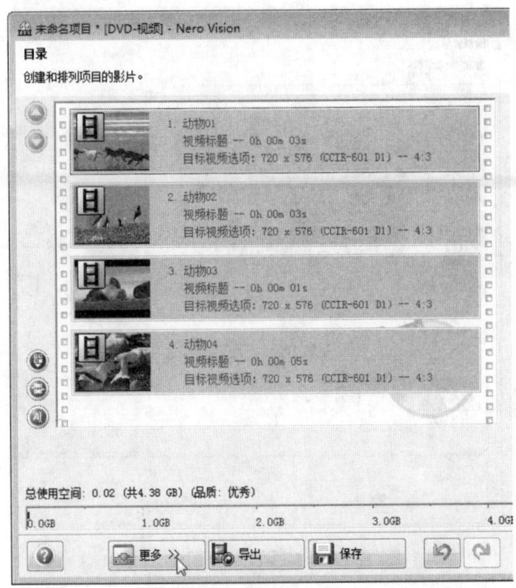

图 8.72　设置光碟类型并打开更多设置选项

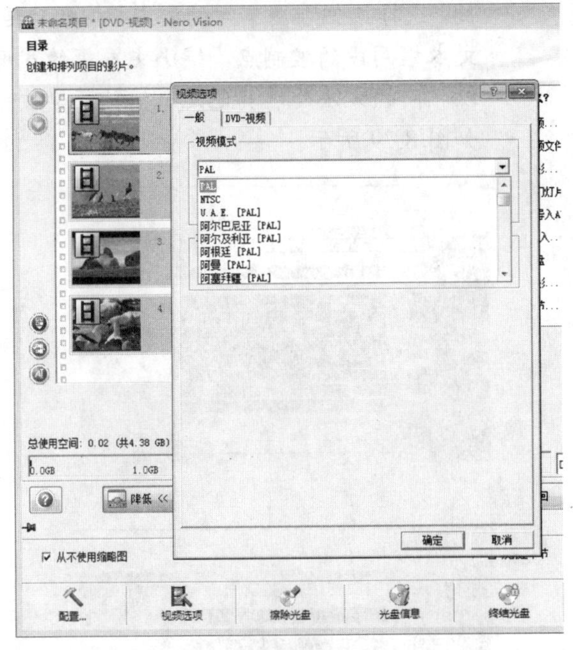

图 8.73　设置合适的制式

在【视频选项】对话框中切换到【DVD-视频】选项卡，然后设置长宽比为 16∶9(如果想看标准屏幕的影片，可设置为 4∶3)，接着单击【确定】按钮，最后在程序向导界面上单击【下一个】按钮，如图 8.74 所示。

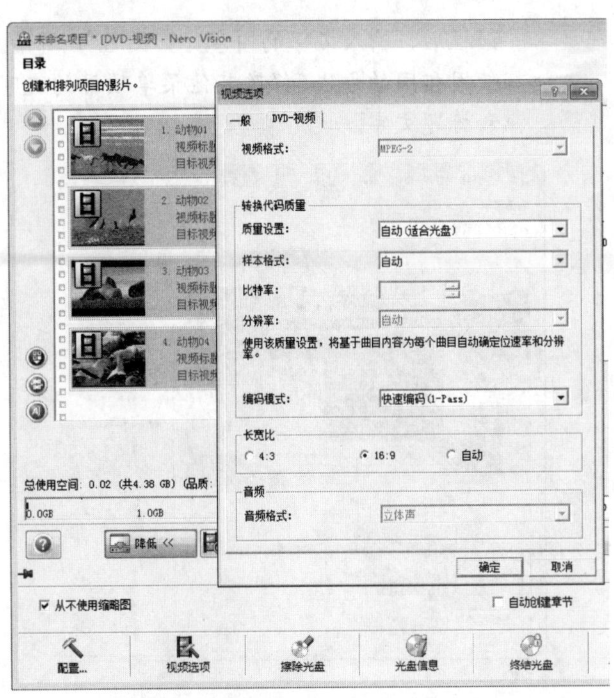

图 8.74　设置长宽比并进入下一步操作

进入【编辑菜单】向导界面，从【模板】选项卡中选择一种菜单模板。例如本例选择 Orbit 模板，如图 8.75 所示。

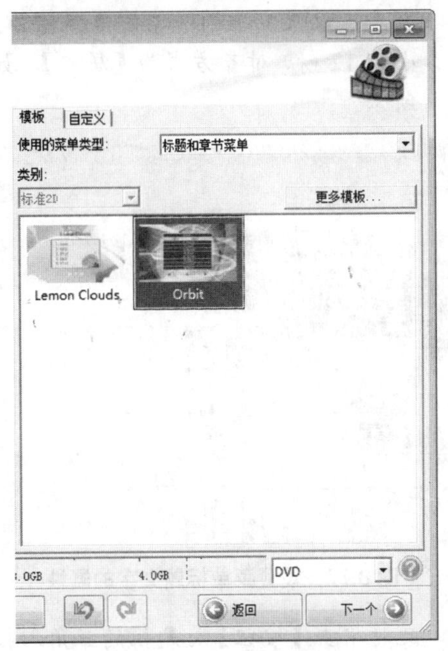

图 8.75　选择菜单模板

双击菜单模板的文字对象，弹出【文本】对

话框后，输入文字的内容，如图 8.76 所示。使用相同的方法，修改其他菜单项目的文字和标题文字。

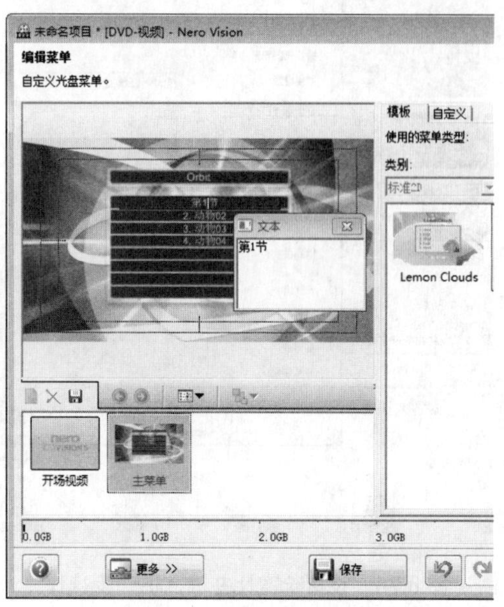

图 8.76　修改菜单文字内容

Step 10 选择菜单的标题文字对象，然后切换到【自定义】选项卡，再打开【属性：文本】项目列表，设置文字的字体为【微软雅黑】，大小为 12 磅、对齐方式为【居中】，如图 8.77 所示。

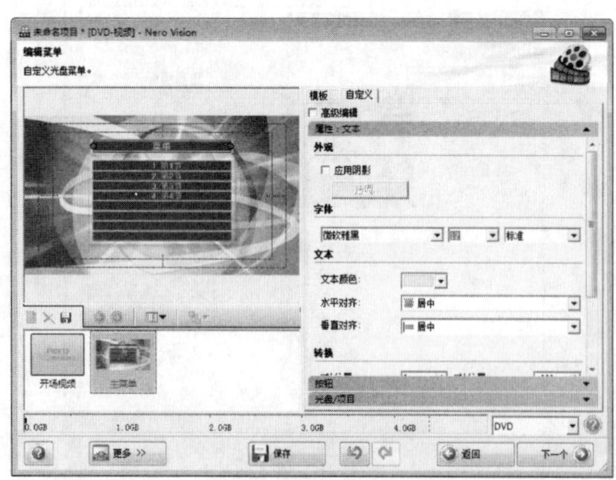

图 8.77　设置菜单标题文字的属性

Step 11 此时单击【按钮】标题栏的三角形按钮，打开【按钮】属性列表，再选择一种缩略图按钮样式并双击缩图，应用样式，如图 8.78 所示。

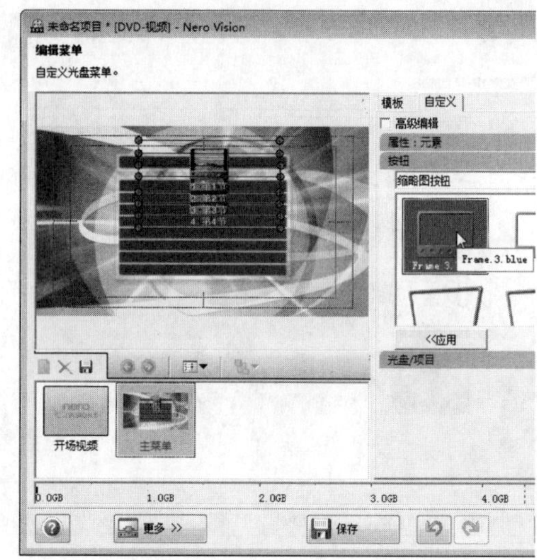

图 8.78　应用缩略图的样式

Step 12 应用按钮样式后，将第一个按钮移到菜单左侧，选择按钮缩图下方的文本框，然后拖动文本框两段的控制点，缩小文本框的宽度。以相同的方法处理其他几个播放菜单按钮，如图 8.79 所示。

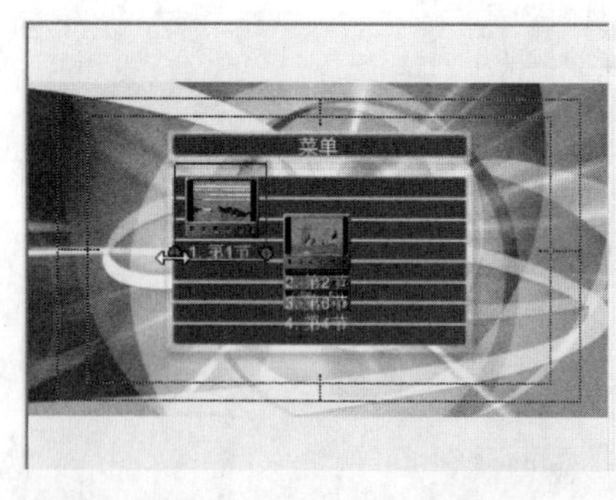

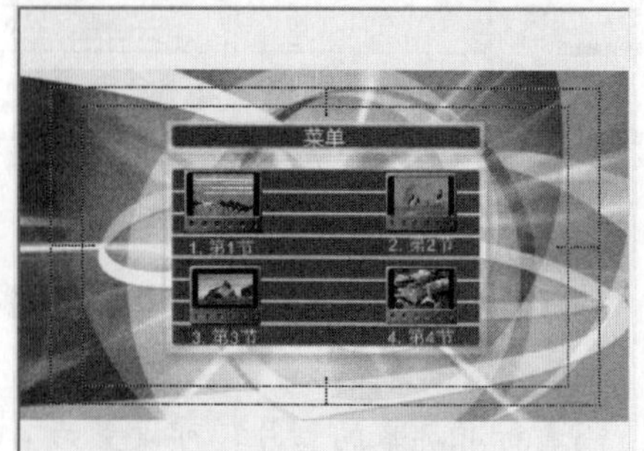

图 8.79　编辑菜单缩图按钮

打开【光盘/项目】属性列表，然后设置结束操作为【播放下一标题】，接着单击【下一个】按钮，如图 8.80 所示。

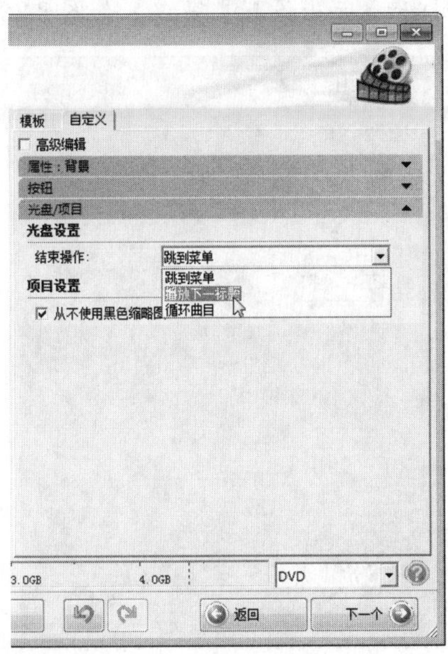

图 8.80　设置光盘选项并进入下一步操作

Step 14 进入【预览】向导界面后，在遥控器图像上单击【播放】按钮，模拟测试 DVD 的播放效果，如图 8.81 所示。测试完成后单击【下一个】按钮。

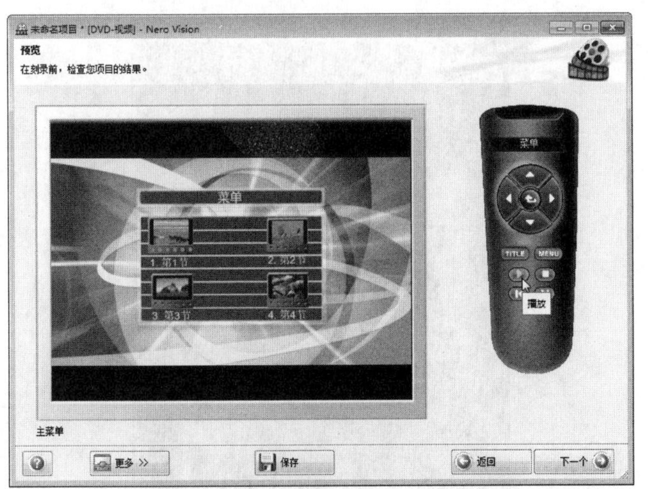

图 8.81　模拟测试 DVD 播放效果

进入【刻录选项】向导界面，单击【刻录】选项，然后从列表框中选择用于刻录的光驱，如图 8.82 所示。

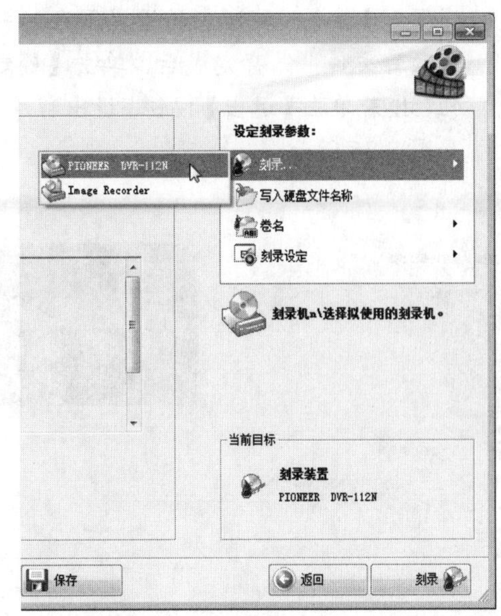

图 8.82　选择用于刻录的光驱

Step 16 此时单击【刻录设定】选项，再从下拉列表框中设置刻录速度，然后选择【写入】复选框，最后单击【刻录】按钮，执行刻录，如图 8.83 所示。

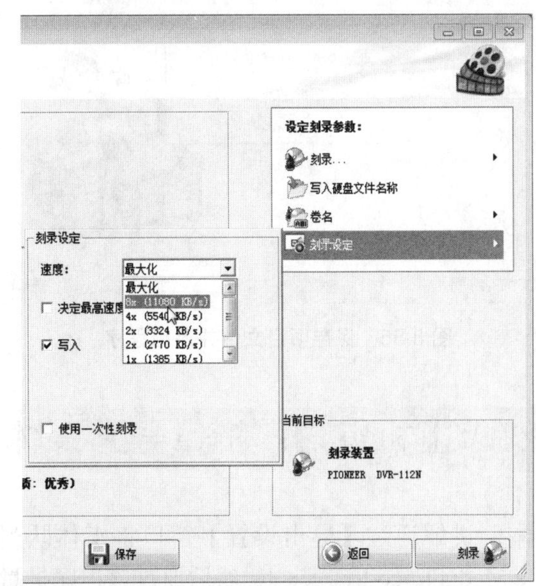

图 8.83　设置刻录速度并执行刻录

此时程序将执行刻录，并在程序界面上显示刻录的进度，如图 8.84 所示。

Step 18 刻录完成后将回到程序界面，用户可以单击【保存】按钮，将所有的设置保存为一个刻录项目文件。保存完成后，单击【确定】按钮，接着单击【退出】按钮，退出程序即可，如图 8.85 所示。

图 8.84　程序执行刻录

图 8.85　保存项目文件并退出程序

8.5　上机练习：批量导出媒体

本例讲解通过【导出设置】窗口将媒体队列到 Adobe Media Encoder 程序上，然后通过该程序批量导出媒体。

通过 Adobe Media Encoder 批量导出媒体的操作步骤如下：

Step 1 打开练习文件（光盘：..\Example\Ch08\8.5.prproj），从【项目】面板中选择第一个需要导出的视频素材，然后按 Ctrl+M 快捷键打开【导出设置】窗口，如图 8.86 所示。

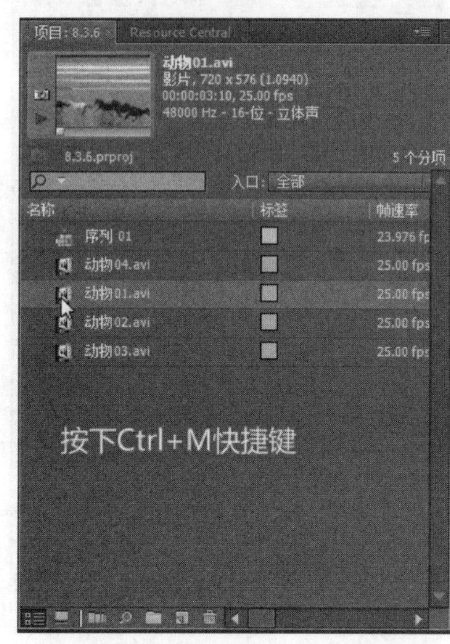

图 8.86　选择素材并执行导出

Step 2 在【导出设置】窗口中设置导出格式和其他导出选项，然后单击【队列】按钮，将导出设置队列到 Adobe Media Encoder 程序上，如图 8.87 所示。

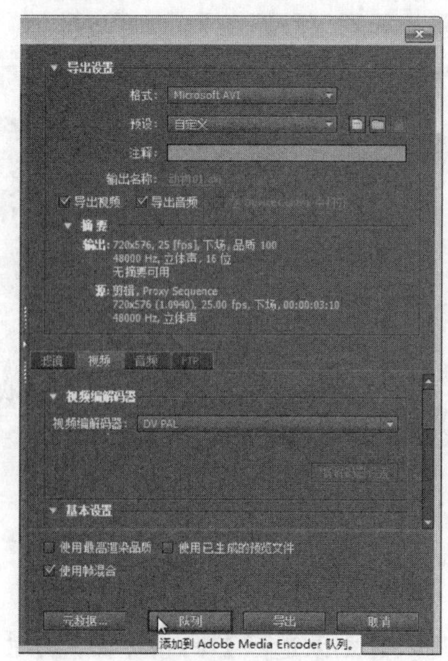

图 8.87　设置导出选项并执行队列

打开 Adobe Media Encoder，用户可以再打开【格式】列表框，更改导出媒体的格式，如图 8.88 所示。

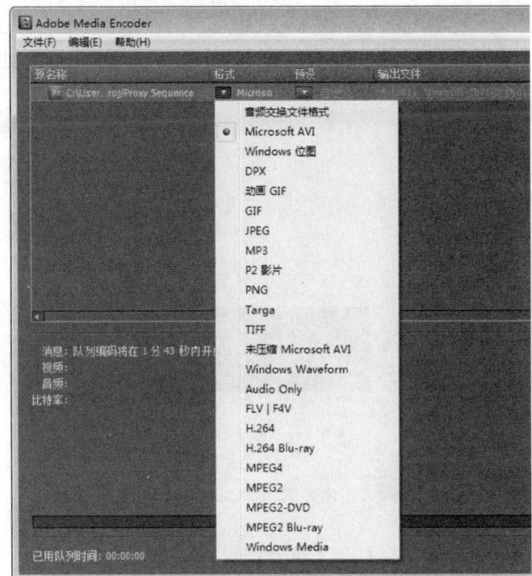

图 8.88 更改导出媒体的格式

单击【预设】项目的三角形按钮，打开【预设】列表框，更改预设压缩器的设置，如图 8.89 所示。如果要更改导出设置，则选择【编辑导出设置】选项。

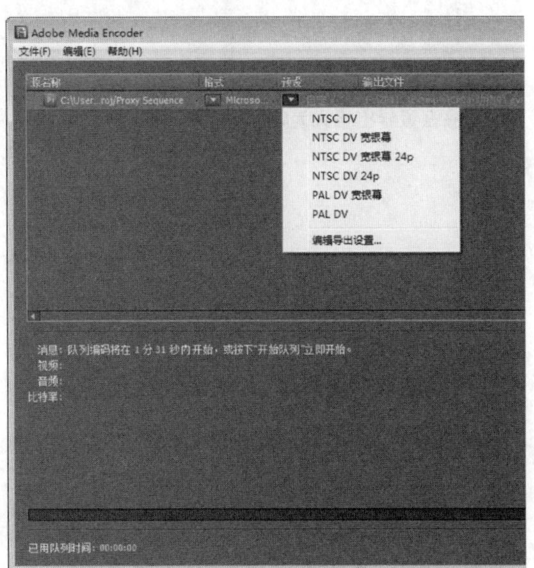

图 8.89 更改预设选项

使用步骤 1 和步骤 2 的方法，将其他需要导出的素材队列到 Adobe Media Encoder 程序，然后单击【开始队列】按钮，执行批量导出处理，如图 8.90 所示。

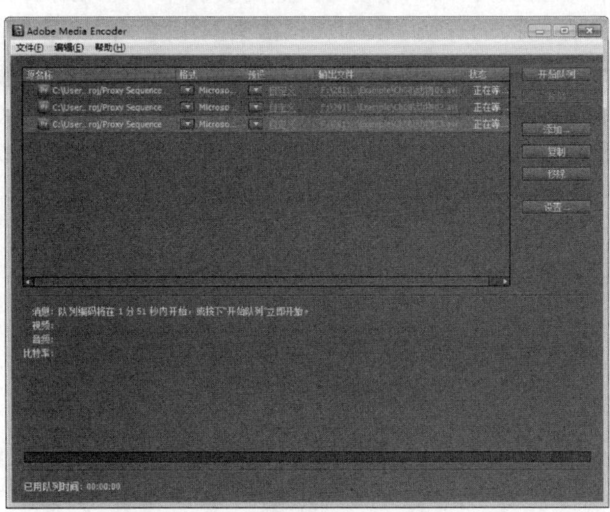

图 8.90 队列其他素材并执行批量导出

执行导出时，Adobe Media Encoder 会逐一对队列里的素材进行编码。导出完成后，每个队列项目后将显示一个绿色的勾图标，表示导出已经成功完成，如图 8.91 所示。

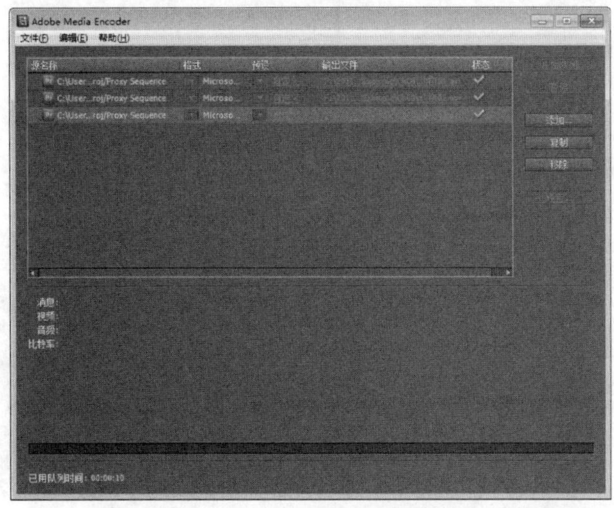

图 8.91 完成批量导出

8.6 章后总结

本章主要介绍了通过 Adobe Premiere Pro CS5 渲染和导出影片，以及使用其他刻录软件将视频刻录成 DVD 影碟的方法。其中包括渲染工作区、渲染音频、导出序列中的素材、导出字幕素材、导出 AAF 等项目文件和利用导出媒体功能进行的一些相关应用，以及使用 Nero Vision 制作与刻录 DVD 影碟等内容。

8.7 章后实训

本章实训题要求将练习文件中的 WAV 格式的声音素材装配到序列，然后通过导出序列素材的方式，将该声音导出为 MP3 格式的文件，从而达到转换音频格式的目的。

本章实训题的操作流程如图 8.92 所示。

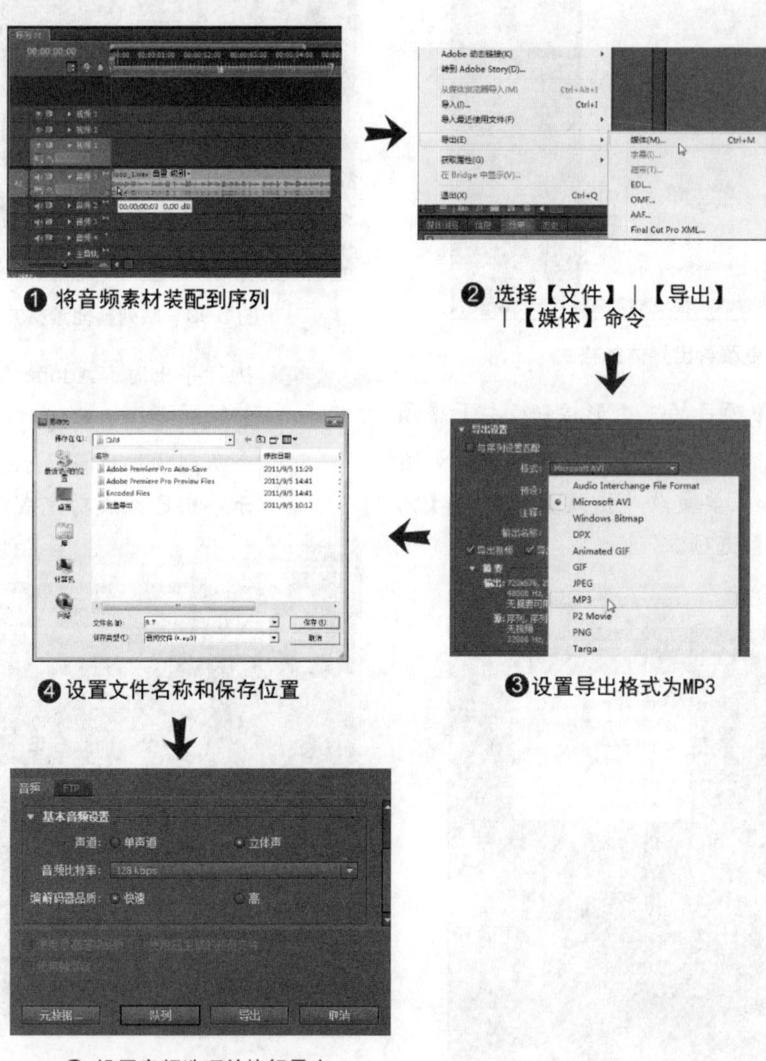

图 8.92　实训题的操作流程

第 9 章 影像的高级合成处理

本章学习要点

影像合成是影视作品不可缺少的技法，通过对素材的合成，可以制作出各种画面变化和场景过渡的效果。本章从影像合成的基础讲起，详细介绍合成的透明度设置和应用键控合成影像的方法，最后通过多个实例讲解影像合成的实际应用。

9.1 影像合成的基础

在很多影视作品中，影像的合成是最常用的方法，也是必不可少的制作处理手法。通过各种合成处理，可以让作品产生很多不同效果的画面元素，让观众被这些效果所吸引，从而达到作品设计的目的。

9.1.1 合成的概念

对影视作品制作来说，合成就是通过添加多个影像素材来产生一个合成影片的处理过程。

因为视频素材在默认状态下是完全不透明的，合成则需要让视频素材的某部分出现透明。当素材的某部分透明时，透明信息会存储在素材的 Alpha 通道中。通过堆叠轨道可以将素材透明部分合成在一起，并通过使用素材的颜色通道，在低层轨道素材中创建效果。图 9.1 所示为利用素材透明部分产生影像合成的效果。

图 9.1 合成影像的效果

说明

影视节目中的影像一般是由 3 个通道(Red 通道、Green 通道和 Blue 通道)合成的。这样的影像称为 RGB 影像。RGB 影像中还包含第四个通道即 Alpha 通道，Alpha 通道用来定义影像中的哪些部分是透明的或者半透明的。

9.1.2 定义素材的透明

如果要合成素材，就必须保证素材有部分透明。用户在合成素材时，需要定义素材的透明部分。

在 Adobe Premiere Pro CS5 程序中，用户可以通过 Alpha 通道、遮罩、蒙版、键控等方式来定义素材的透明部分。

1. Alpha 通道

Alpha 通道是 RGB 颜色通道中用来定义素材透明区域的附加通道。Alpha 通道表示透明，但自身通常是不可见的。更重要的是，Alpha 通道提供了一个将素材和它的透明信息存储在同一个文件中而不妨碍颜色通道的方法，如图 9.2 所示。

图 9.2 Alpha 通道与所有通道合成的结果

说明

当在监视器窗口中查看 Alpha 通道时，白色区域表示不透明，褐色区域表示透明，而灰色区域表示不同程度的透明。因为 Alpha 通道使用灰度深浅来存储透明信息，所以有些效果可以使用一个灰度图像(或一个彩色图像的亮度值)作为一个 Alpha 通道。图 9.3 所示为原不透明的视频素材，显示 Alpha 通道后，素材变成白色，表示不透明。

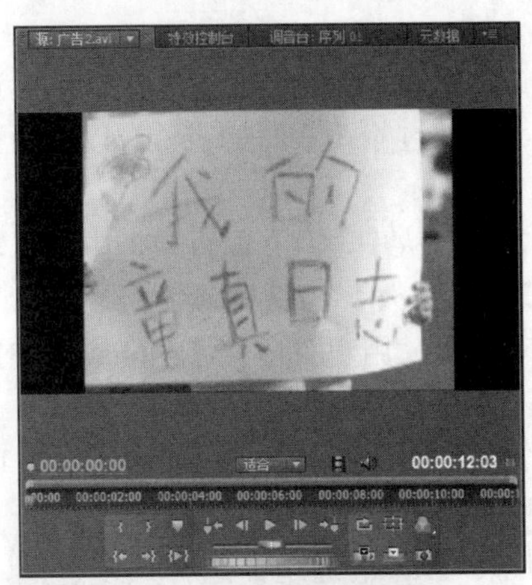

图 9.3 原不透明素材与显示 Alpha 通道后的结果

2. 遮罩

遮罩的本质还是 Alpha 通道。有时候遮罩作为对 Alpha 通道的另一种称谓，也用来描述对 Alpha 通道的修改过程。

3. 蒙版

蒙版用来定义或修改自身素材以及其他素材的透明区域的一个文件或通道。当具有比 Alpha 通道能更好地定义所需要的透明区域的通道或素材时，用户可以使用蒙版。当然，即使素材不具有 Alpha 通道时，也可以使用蒙版来定义透明区域。图 9.4 所示为使用一个彩色蒙版定义素材透明的效果。

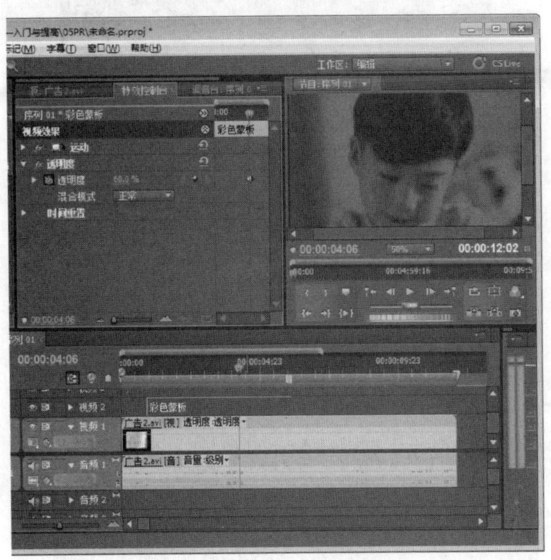

图 9.4 利用蒙版定义透明

4. 键控

键控是通过影像特定的颜色(色键)或亮度(亮键)来定义透明，与键控颜色匹配的像素将变成透明。

利用键控的特性，用户可以通过键控来消除一个具有统一颜色的素材，例如消除统一颜色为蓝色的背景。

图 9.5 所示为原影像，图 9.6 所示为应用【蓝屏键】键控的效果。

图 9.5 原影像

图 9.6　应用【蓝屏键】键控的效果

9.1.3　合成素材的规则

每个在【时间线】窗口中的视频轨道都包含一个存储透明信息的 Alpha 通道，所有的视频轨道可以是完全透明，除非添加了不透明的内容，例如视频、静态图像或字幕等。

说明

Adobe Premiere Pro 合成素材是从较低的轨道开始，最终的视频帧将是所有可见轨道素材的合成，所有轨道的空白或透明区域均显示为黑色。

当进行素材和轨道合成时，用户应该遵循以下几个规则。

- 如果要对整个素材应用同样程度的透明度，只需在【特效控制台】面板中调整素材的透明度。
- 实际工作中使用最多、最有效的是输入包含 Alpha 通道的素材，以此定义需要透明的区域。在默认状态下，Adobe Premiere Pro CS5 会在使用素材的序列中保持和显示素材的透明度。
- 如果一个源素材不包含 Alpha 通道，则必须人为地应用透明度赋予它一个需要透明度的素材片段，即可以通过调整素材的不透明性或应用效果，对序列中的素材应用透明。
- 如果确定需要在源文件中提供透明信息，而且存储的文件格式能够支持 Alpha 通道，则可以通过第三方软件提供存储包含 Alpha 通道的素材，例如 Adobe After Effects、Adobe Photoshop 软件等。

9.1.4　修改素材通道的解释

在默认情况下，视频素材包含了 Alpha 通道的信息，用户可以通过修改素材的方法，以修改素材通道的解释。

操作方法：从【项目】面板中选中素材，然后选择【素材】|【修改】|【解释素材】命令，打开【修改素材】对话框，用户可以在【Alpha 通道】栏目中修改 Alpha 通道的选项，如图 9.7 所示。

- 忽略 Alpha 通道：选择该复选框，可以不应用素材自带的 Alpha 通道。
- 反转 Alpha 通道：选择该复选框，可以将 Alpha 通道的亮区与暗区反转，从而导致透明与不透明区域反转。

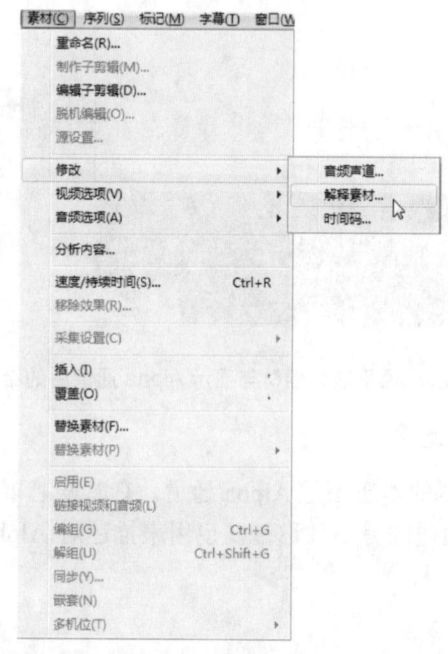

图 9.7　修改素材通道的解释

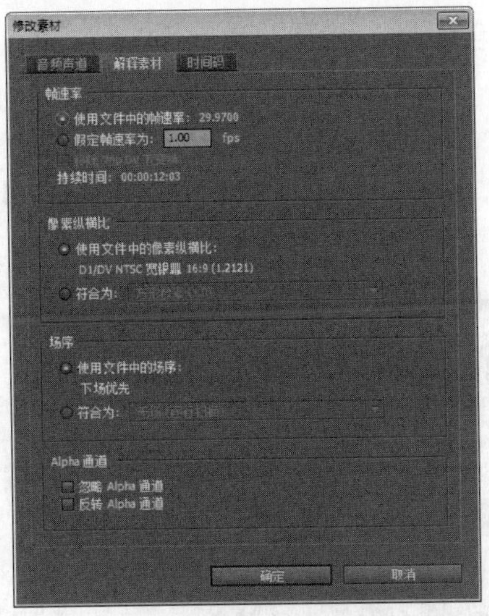

图 9.7 修改素材通道的解释(续)

9.2 设置素材的透明

要合成素材，就需要定义素材的透明区域，或素材本身的透明度。本节将详细介绍定义素材和轨道透明的方法。

9.2.1 设置素材整体的透明

在默认状态下，除了使用遮罩、蒙版或 Alpha 通道定义透明外，素材在轨道中是完全不透明的。要定义素材的透明，可以通过设置素材的不透明度低于 100%来实现。

说明

如果把一个素材的不透明度设置为低于 100%，那么在它下面轨道上的素材就可以看见；当不透明度为 0%时，那么这个素材是完全透明度的；如果在透明素材的下面没有其他素材，则序列就会显示黑色背景。

设置素材整体透明的操作步骤如下。

Step 1 打开练习文件(光盘：..\Example\Ch09\9.2.1.prproj)，然后将【项目】面板中的视频素材拖到【视频 1】轨道上，如图 9.8 所示。

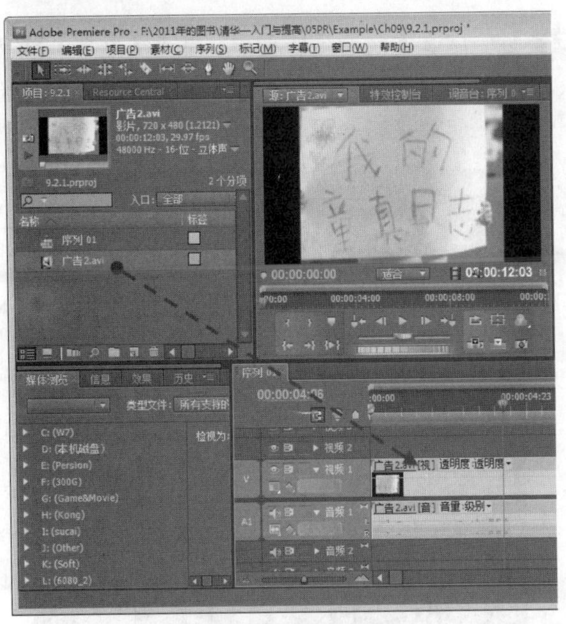

图 9.8 将视频素材加入轨道

Step 2 打开【特效控制台】面板，再打开【透明度】列表，设置透明度为 50%，如图 9.9 所示。

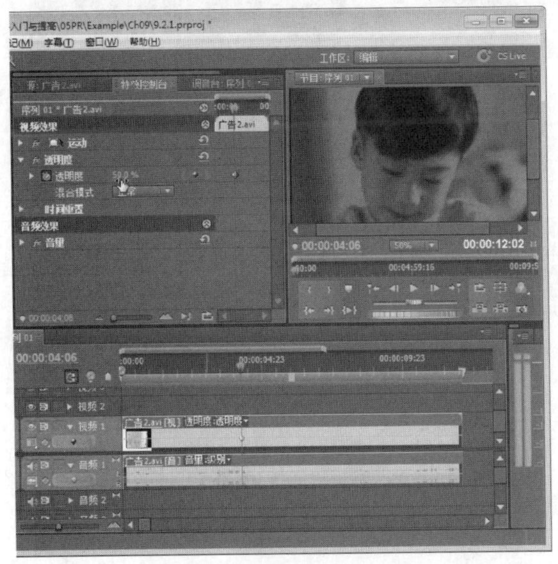

图 9.9 设置素材的透明度

说明

图 9.9 所示的【特效控制台】面板的【透明度】列表中的【透明度】选项，其含义是不透明度。即当该选项为 100%时，表示不透明度为 100%；当该选项为 0%时，表示不透明度为 0，即完全透明。

Step 3 设置素材的透明度后，单击【节目】窗口中的【播放-停止切换】按钮，查看素材的透明效果，如图 9.10 所示。

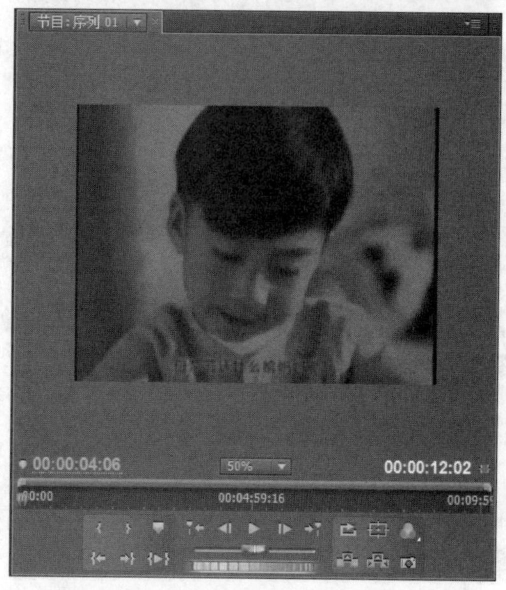

图 9.10　未设透明度与设置 50%透明度的效果

9.2.2　利用关键帧定义素材的透明

上例的方法会改变素材整个播放过程的透明，而利用关键帧，则可以定义素材在某点的透明，从而让素材在透明变化当中更可控制。

利用关键帧定义素材透明的操作步骤如下。

Step 1 打开练习文件(光盘：..\Example\Ch09\9.2.2.prproj)，然后将【项目】面板中的【动物 04.avi】视频素材拖到【视频 2】轨道上，如图 9.11 所示。

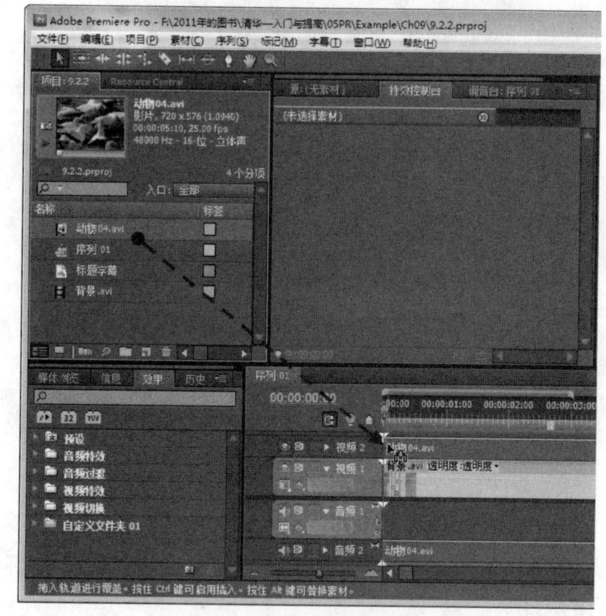

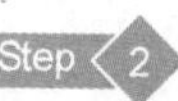

图 9.11　将视频素材加入轨道

Step 2 选择【视频 2】轨道的素材，然后在【节目】窗口的监视器中缩小素材的尺寸，如图 9.12 所示。

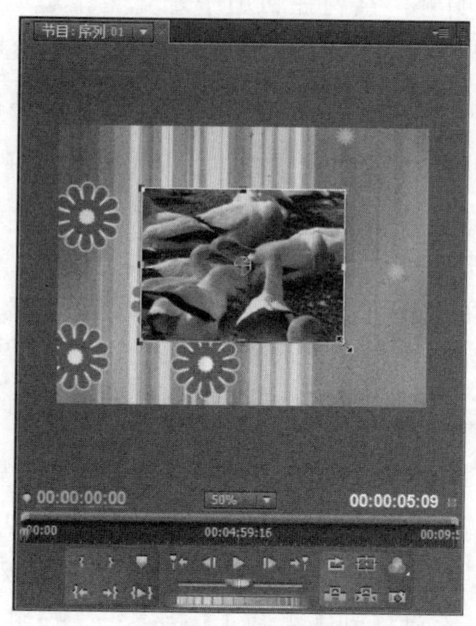

图 9.12　缩小素材的尺寸

打开【特效控制台】面板，将蓝色的播放指针控制点拖到素材入点处，然后打开【透明度】列表，单击【添加/移除关键帧】按钮，在素材入点处添加一个关键帧，接着设置该关键帧的透明度为 0%，如图 9.13 所示。

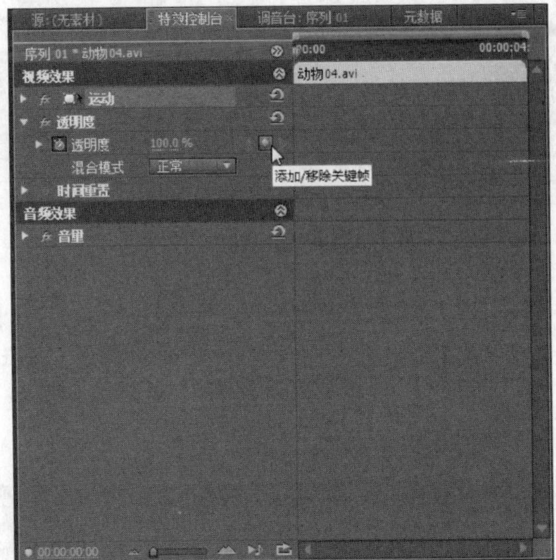

图 9.13　添加关键帧并设置透明度

再次移动蓝色的播放指针控制点，然后打开【透明度】列表，单击【添加/移除关键帧】按钮，在素材的前段处添加一个关键帧，并设置该关键帧的透明度为 100%，如图 9.14 所示。

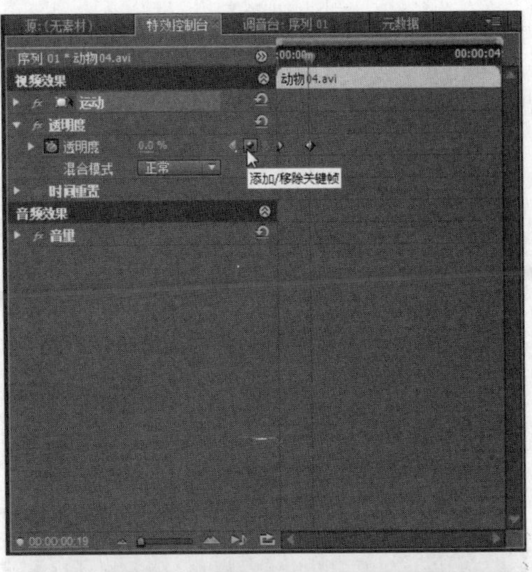

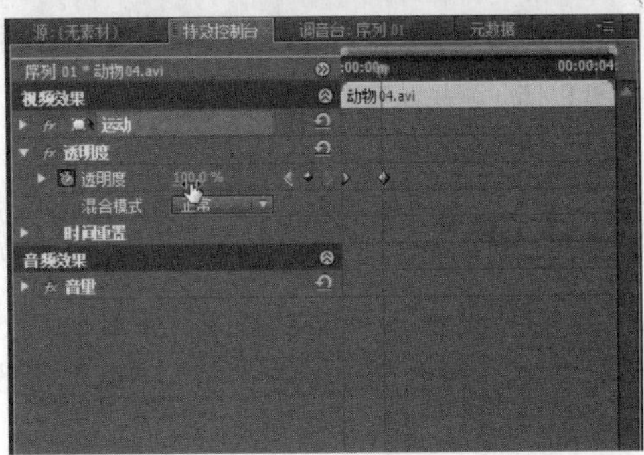

图 9.14　添加另一个关键帧并设置透明度

Step 5　设置素材的透明度后，单击【节目】窗口中的【播放-停止切换】按钮，查看素材的透明效果，如图 9.15 所示。

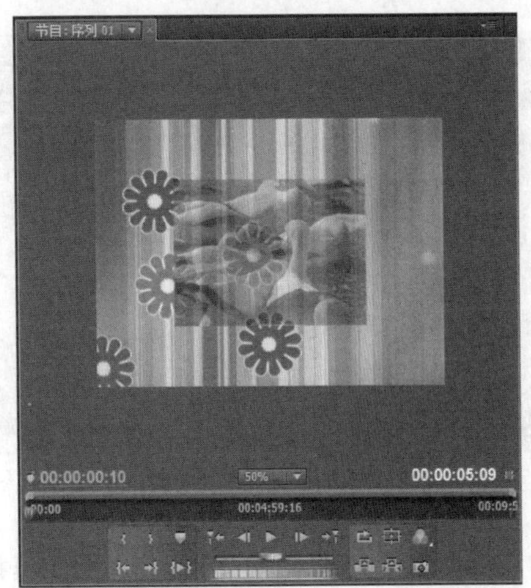

图 9.15　素材从完全透明渐变成不透明

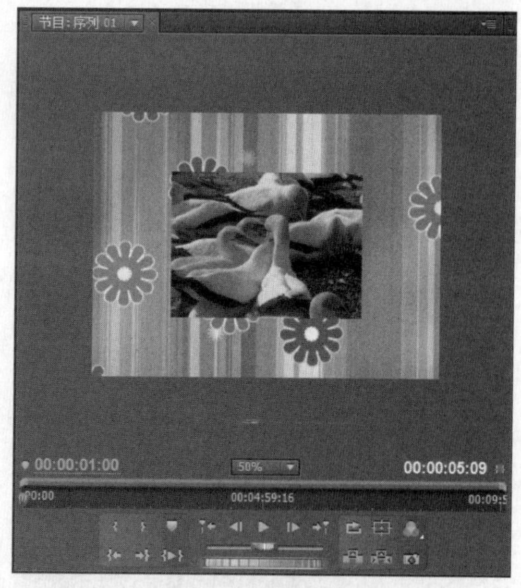

图 9.15　素材从完全透明渐变成不透明(续)

9.2.3　通过轨道设置素材的透明

除了通过【特效控制台】面板设置素材的透明度外，还可以通过【时间线】窗口的轨道编辑来设置素材的透明度。

通过轨道设置素材透明的操作步骤如下。

Step 1　打开练习文件(光盘：..\Example\Ch09\9.2.3.prproj)，然后将【项目】面板中的【动物 01.avi】素材和【动物 04.avi】素材分别拖到【视频 1】轨道上，如图 9.16 所示。

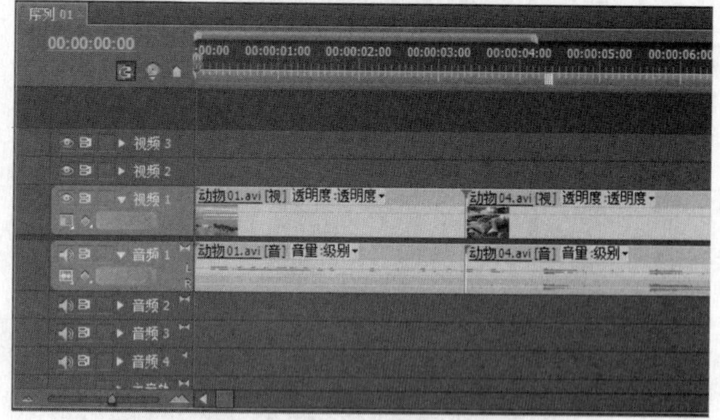

图 9.16　将素材装配到序列

在轨道名称左侧单击【显示关键帧】按钮◇，然后从弹出的菜单中选择【显示透明度控制】命令，如图 9.17 所示。

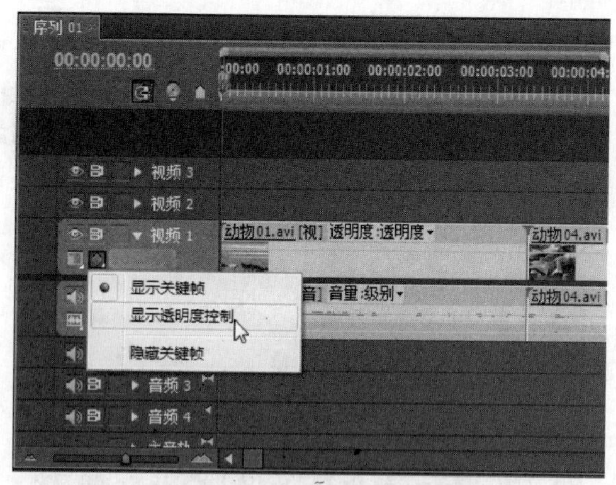

图 9.17　显示透明度控制

此时将鼠标移到视频轨道素材的黄色透明线上，向下移动透明线即可设置素材的透明度，鼠标下方显示的数值就是透明度数值，如图 9.18 所示。

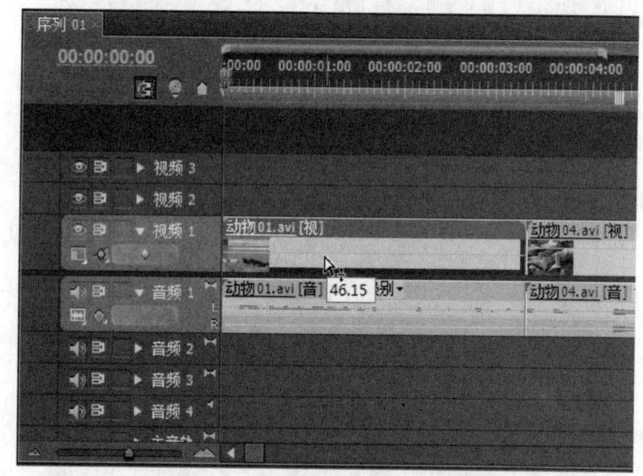

图 9.18　拖动透明线调整透明度

按住 Ctrl 键在第二个素材的透明线上单击添加关键帧，此时按住关键帧拖动可调整该关键帧所控制透明线的透明度，如图 9.19 所示。

使用步骤 4 的方法，在第二个素材出点前和出点处分别添加两个关键帧，然后将出点处的关键帧设置成完全透明，以制作视频淡出的效果，如图 9.20 所示。

图 9.19　插入关键帧

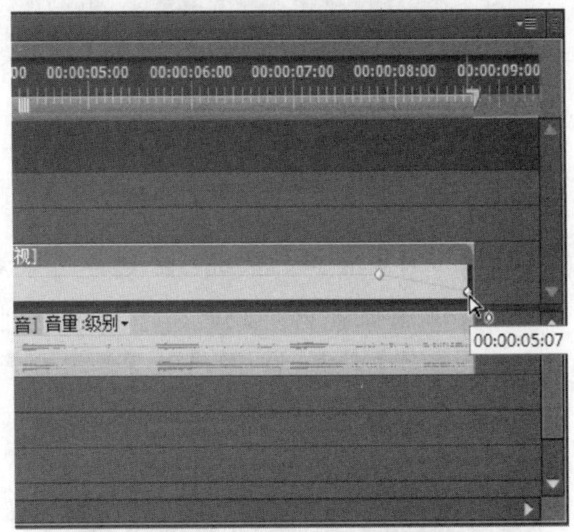

图 9.20　调整关键帧的透明度

9.3　应用键控合成影像

用户可以根据颜色或亮度应用键控来定义素材的透明区域。例如使用色度键可以消除背景，使用亮度键可以添加纹理或特定的效果，使用 Alpha 调整键可以调整素材的 Alpha 通道，使用遮罩键可以添加跟踪遮罩或将其他素材作为遮罩。

9.3.1　应用色度键

使用色度键，可以选择素材中的一种颜色或一定的颜色范围，使其变透明。这种键控可用于以包含一定颜色范围的屏幕为背景的场景，例如蓝屏抠像。

应用色度键合成影像的操作步骤如下。

Step 1　打开练习文件(光盘：..\Example\Ch09\9.3.1.prproj)，然后将【项目】面板中的【图像 1】素材拖到【视频 2】轨道上，如图 9.21 所示。

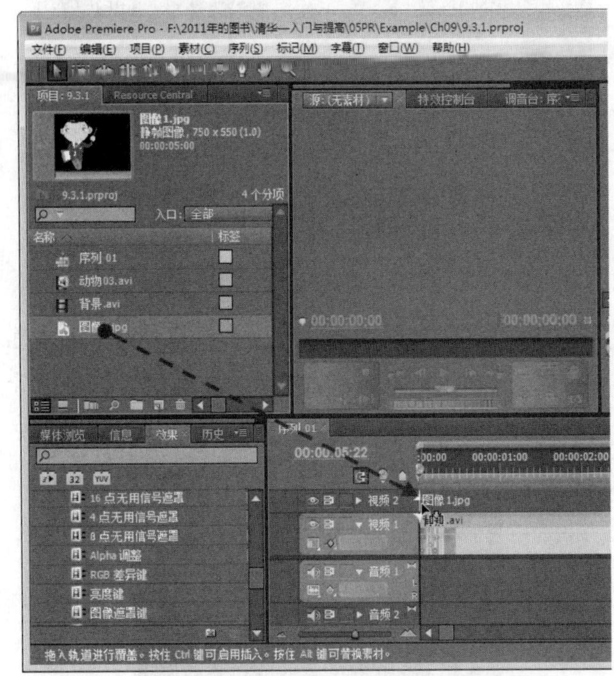

图 9.21　将图像素材加入轨道

Step 2　按住图像素材的出点，然后向右拖动，使图像素材的持续时间与【视频 1】轨道的素材一样，如图 9.22 所示。

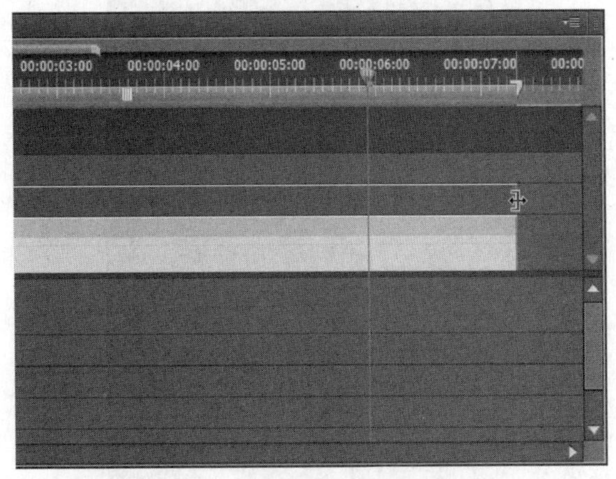

图 9.22　调整素材的持续时间

Step 3　打开【效果】面板，再打开【视频特效】|

【键控】列表，然后选择【色度键】效果，将此效果拖到图像素材上，如图 9.23 所示。

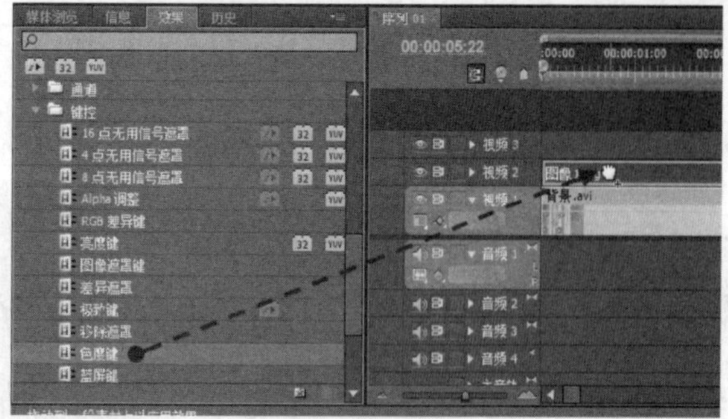

图 9.23　将【色度键】特效应用到图像素材

Step 4　此时打开【特效控制台】面板，再打开【色度键】列表，单击【颜色】选项右侧的吸管图标，然后在【节目】窗口的监视器上吸取图像素材的背景色，如图 9.24 所示。

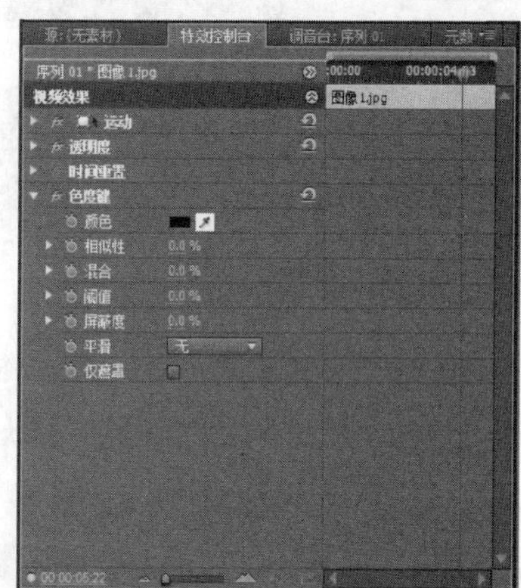

图 9.24　设置色度键的颜色

Step 5　设置色度键颜色后，再设置色度键的【相似性】参数和【平滑】选项，如图 9.25 所示。

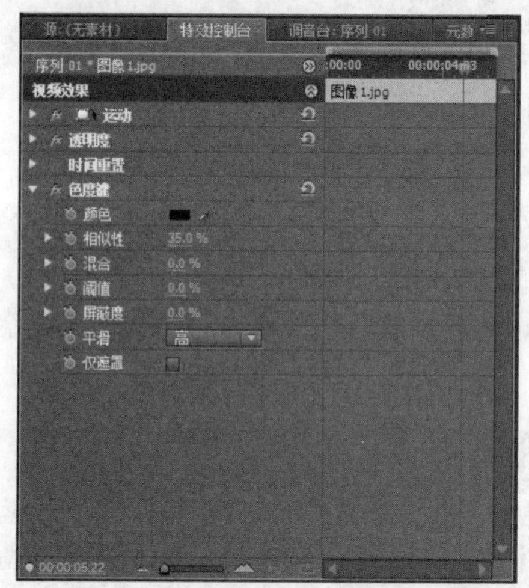

图 9.25　设置【色度键】的参数

Step 6　从【节目】窗口的监视器上选择图像素材，并缩小图像素材。此时用户可以看到应用【色度键】特效后，图像与背景视频产生很好的合成效果，如图 9.26 所示。

图 9.26　调整图像素材并查看合成效果

9.3.2　应用亮度键

亮度键可以将图像中比较暗的值产生透明，而保留比较亮的颜色为不透明，同时可以产生敏感的叠印或键出黑色区域。

应用亮度键合成影像的操作步骤如下。

Step 1 打开练习文件(光盘：..\Example\Ch09\9.3.2.prproj)，然后将【项目】面板中的【图像 2】素材拖到【视频 2】轨道上，如图 9.27 所示。

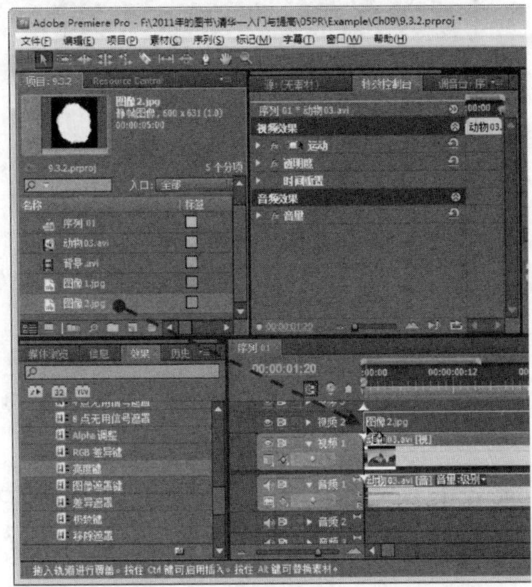

图 9.27 将图像素材加入轨道

Step 2 按住图像素材的出点，然后向右拖动，使图像素材的持续时间与【视频 1】轨道的素材一样，如图 9.28 所示。

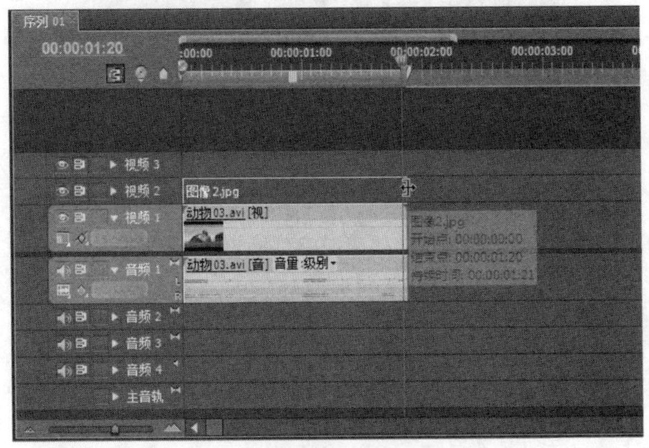

图 9.28 调整图像素材持续时间

Step 3 以【节目】窗口中选择图像素材，然后按住控制点扩大图像，使之完全遮挡【视频 1】轨道的素材，如图 9.29 所示。

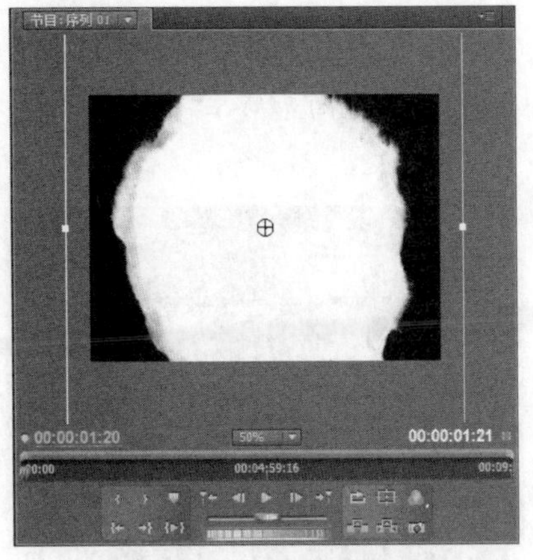

图 9.29 扩大图像素材

Step 4 打开【效果】面板，再打开【视频特效】|【键控】列表，然后选择【亮度键】效果，将此效果拖到图像素材上，如图 9.30 所示。

图 9.30 应用【亮度键】特效

Step 5 此时打开【特效控制台】面板，再打开【亮度键】列表，设置【阈值】为 0.0%，【屏蔽度】为 100.0%，如图 9.31 所示。

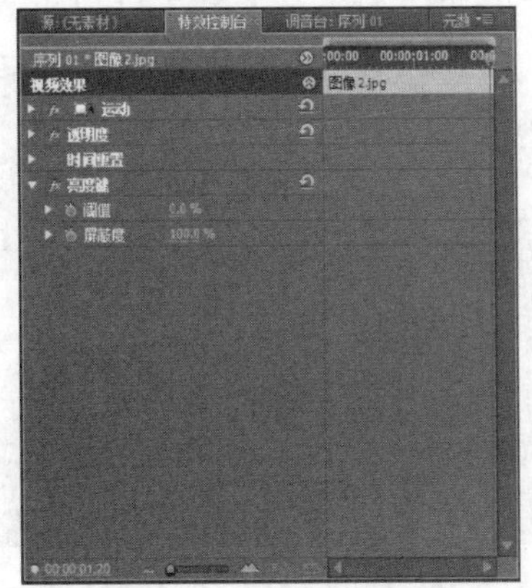

图 9.31 设置效果的参数

Step 6 设置效果参数后，可以在【节目】窗口中播放序列，查看影像合成的效果，如图 9.32 所示。

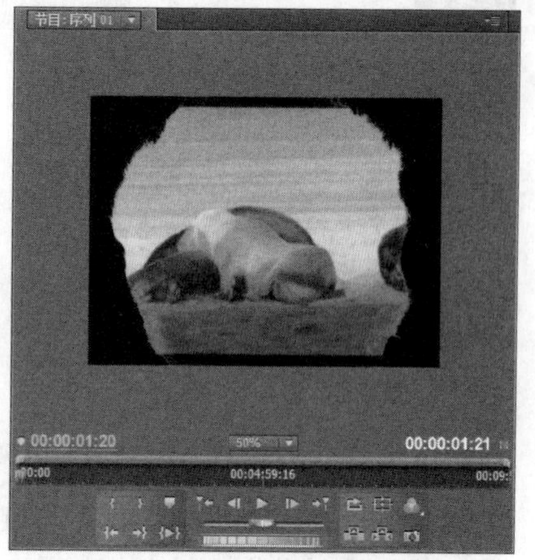

图 9.32　查看影像合成的结果

9.3.3　应用 Alpha 调整键

Alpha 调整键控可以调整素材的 Alpha 通道，其效果就如同调整素材本身包含的 Alpha 通道的透明度一样。因此，Alpha 调整键控适合应用到本身没有包含 Alpha 通道的素材上。

应用 Alpha 调整键合成影像的操作步骤如下。

Step 1 打开练习文件(光盘：..\Example\Ch09\9.3.3.prproj)，打开【效果】面板，再打开【视频特效】|【键控】列表，然后选择【Alpha 调整键】效果，并将此效果拖到【视频 2】轨道的素材上，如图 9.33 所示。

图 9.33　应用【Alpha 调整键】特效

此时打开【特效控制台】面板，再打开【Alpha 调整】列表，并设置【透明度】为 63.0%，如图 9.34 所示。

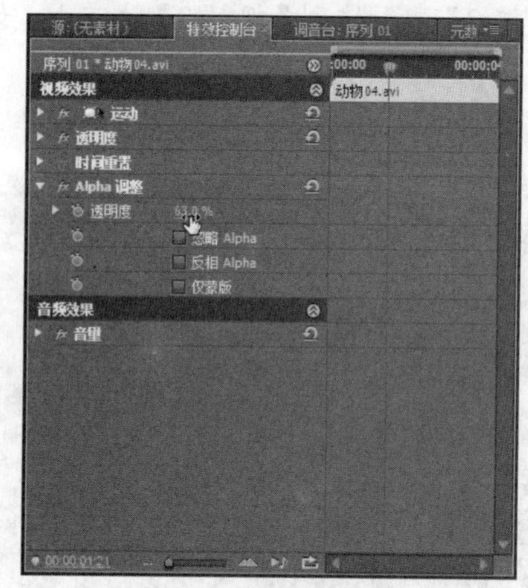

图 9.34　调整透明度设置

设置效果参数后，可以在【节目】窗口中播放序列，查看影像合成的效果，如图 9.35 所示。

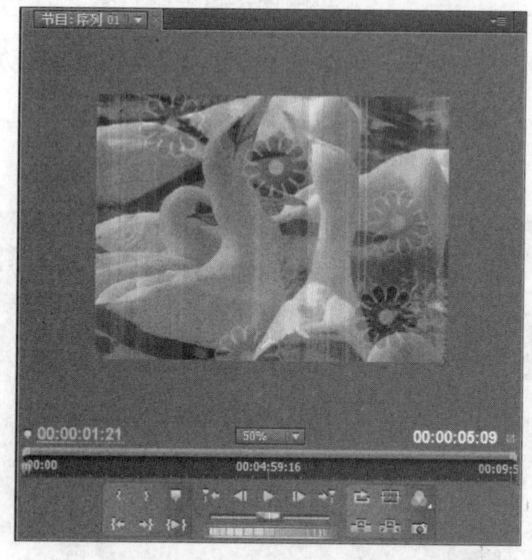

图 9.35　播放素材查看合成的效果

提示

如果在设置【Alpha 调整】效果参数时选择【仅蒙版】复选框，则可以将素材以蒙版的方式显示，即变成【视频 1】轨道素材上覆盖了一层蒙版。效果设置的透明度，也就是蒙版的透明度。图 9.36 所示为选择【仅蒙版】复选框的合成效果。

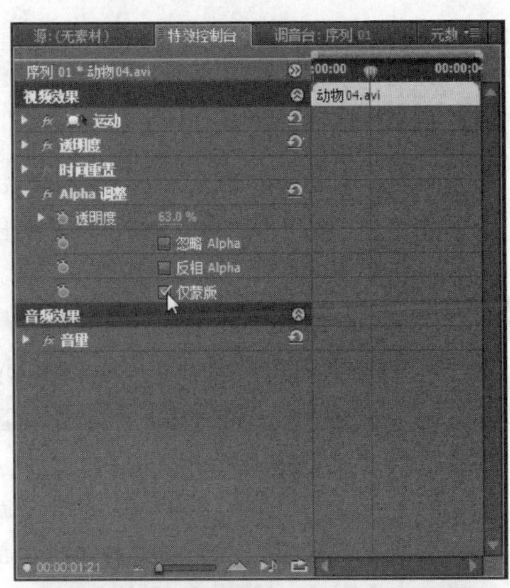

图 9.36 选择【仅蒙版】复选框的合成效果

9.3.4 应用轨道遮罩键

遮罩键控是指一个用来确定素材应用效果区域指定的静态图像，用户可以通过添加遮罩来制作具有叠印的影像合成效果。

应用轨道遮罩键合成影像的操作步骤如下。

Step 1 打开练习文件(光盘：..\Example\Ch09\9.3.4.prproj)，将【项目】面板中的【背景.avi】素材、【动物 04.avi】素材和【图像 2.jpg】素材分别加入到视频轨道，并设置相同的持续时间，如图 9.37 所示。

图 9.37 将素材装配到序列并设置持续时间

Step 2 从【节目】窗口的监视器上选择图像素材，然后控制素材控制点缩小素材，并将素材放置在屏幕中央，如图 9.38 所示。

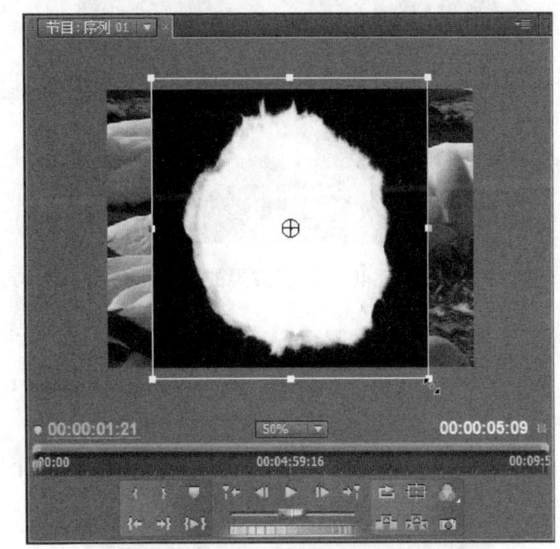

图 9.38 调整图像素材大小和位置

Step 3 打开【效果】面板，再打开【视频特效】|【键控】列表，然后选择【轨道遮罩键】效果，并将此效果拖到【视频 2】轨道的素材上，如图 9.39 所示。

Step 4 打开【特效控制台】面板，再打开【轨道遮罩键】列表，然后设置【遮罩】为【视频 3】轨道，合成方式为【Luma 遮罩】，如图 9.40

所示。

图 9.39　应用特效到素材上

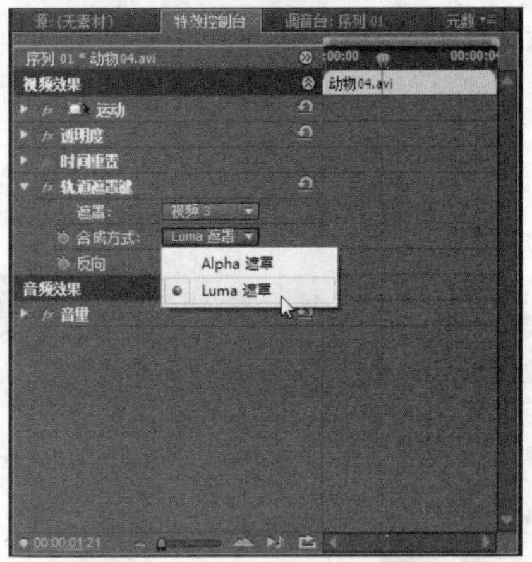

图 9.40　设置效果的选项

设置效果参数后，可以在【节目】窗口中播放序列，查看影像合成的效果，如图 9.41 所示。

图 9.41　查看影像合成的效果

9.3.5　实例：利用遮罩制作画面键出效果

有时场景中的主要对象要想完全键出，即可利用无用信号遮罩来制作场景键出的前幕，从而让场景的出现产生特殊的效果。

利用遮罩制作画面键出效果的操作步骤如下。

Step 1　打开练习文件(光盘：..\Example\Ch09\9.3.5.prproj)，在【项目】面板的素材区中单击鼠标右键，并从弹出的菜单中选择【新建分项】|【彩色蒙版】命令，打开【新建彩色蒙版】对话框，设置相关的属性，再单击【确定】按钮，如图 9.42 所示。

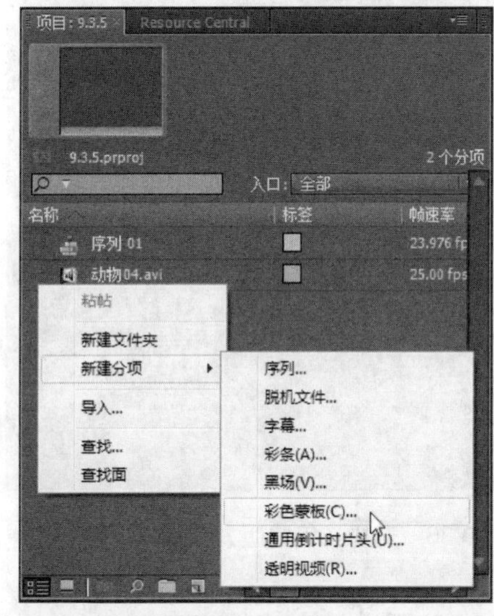

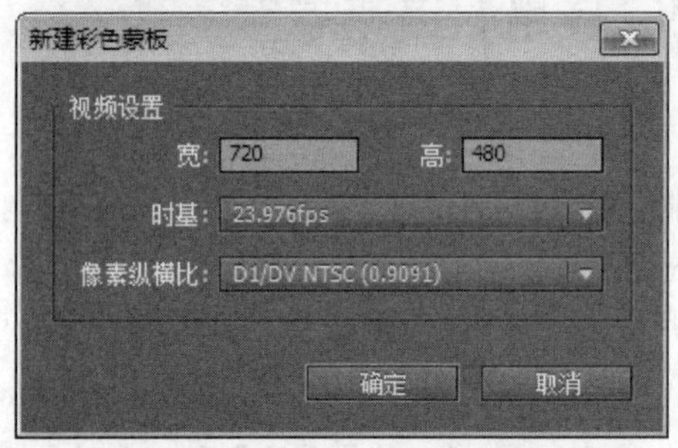

图 9.42　新建彩色蒙版素材

此时打开【颜色拾取】对话框，在该对话框中选择一种颜色，然后单击【确定】按钮，接着在【选择名称】对话框中设置素材名称，

最后再次单击【确定】按钮，如图 9.43 所示。

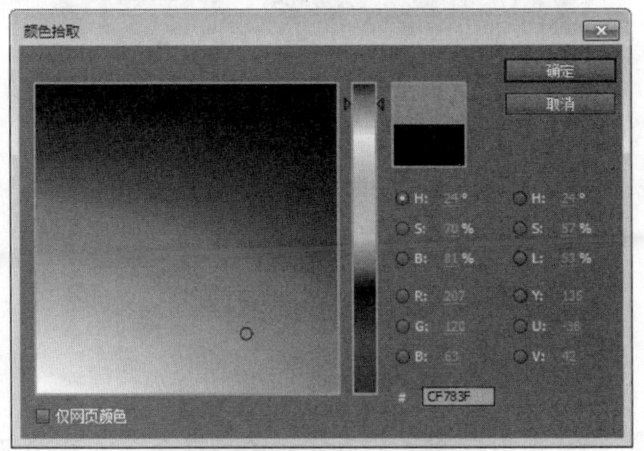

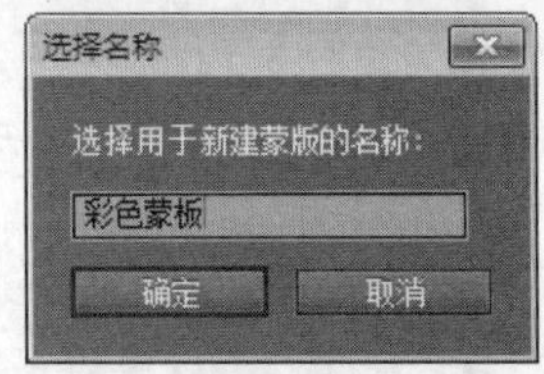

图 9.43 设置蒙版颜色和素材的名称

Step 3 将新建的彩色蒙版素材加入【视频 2】轨道上，然后设置持续时间与【视频 1】轨道的素材一样，如图 9.44 所示。

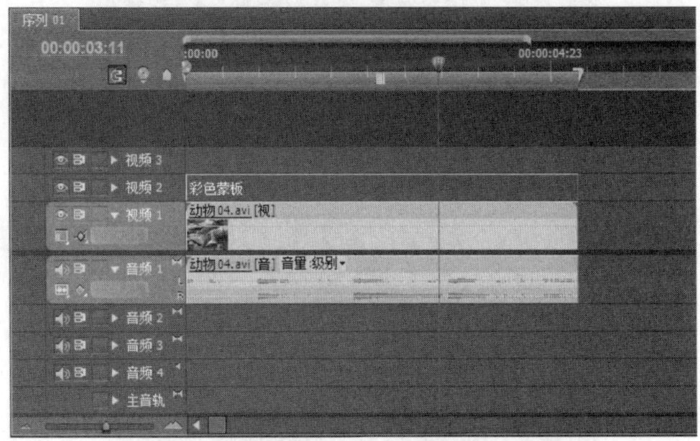

图 9.44 装配素材蒙版并设置持续时间

打开【效果】面板，打开【视频特效】|【键控】列表，然后选择【4 点无用信号遮罩】效果，并将此效果拖到【视频 2】轨道的素材上，如图 9.45 所示。

打开【特效控制台】面板，再打开【4 点无用信号遮罩】列表，单击【上左】选项左侧的【切换动画】按钮，接着将播放指针控制点移到入点处。单击【添加/移除关键帧】按钮，添加一个关键帧，并设置该关键帧的【上左】选项参数，如图 9.46 所示。

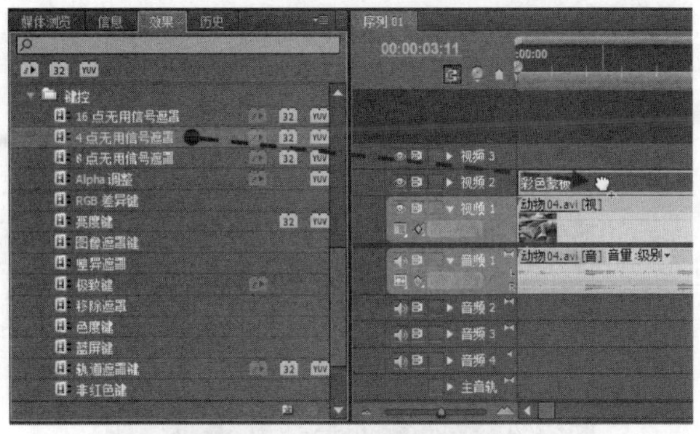

图 9.45 应用特效到素材上

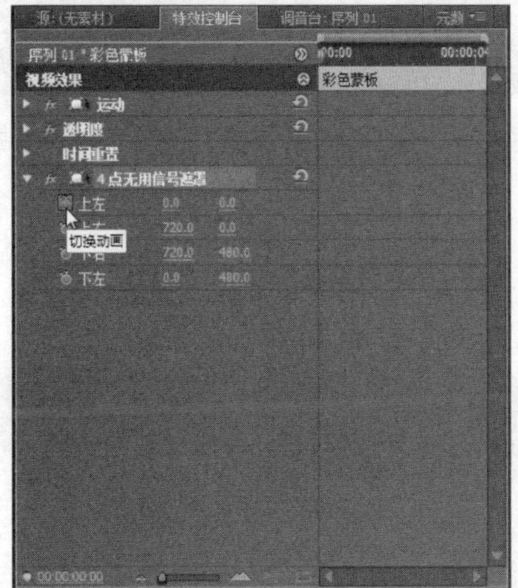

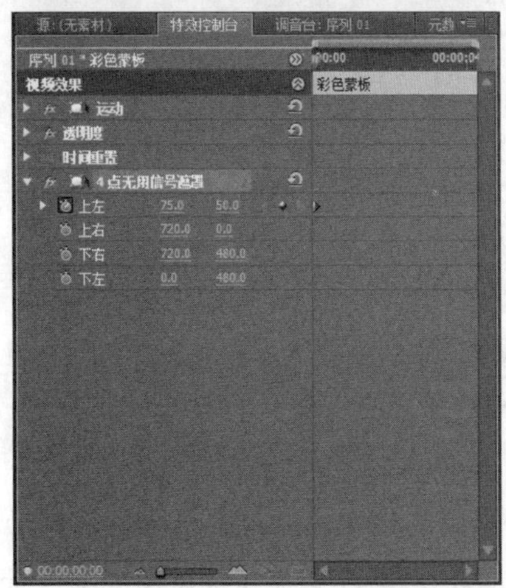

图 9.46 添加关键帧并设置关键帧的参数

Step 6 将播放指针控制点向右移动一段位置，然后单击【添加/移除关键帧】按钮，接着为添加的关键帧设置效果参数，如图 9.47 所示。

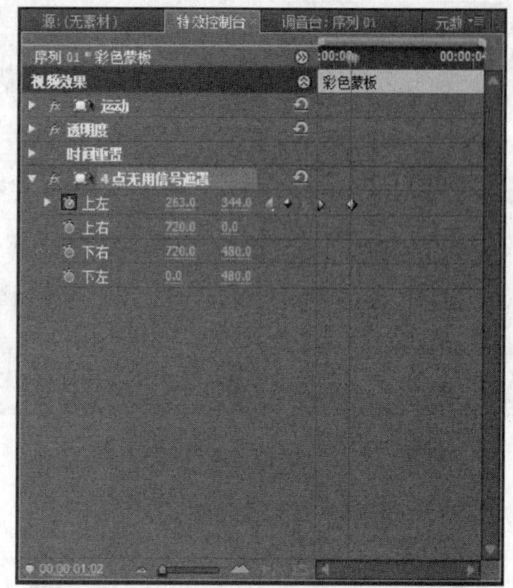

图 9.47　添加第二个关键帧并设置效果参数

Step 7 使用步骤 6 的方法，在素材另一个时间点中添加关键帧，再修改该关键帧的【上左】选项参数，如图 9.48 所示。

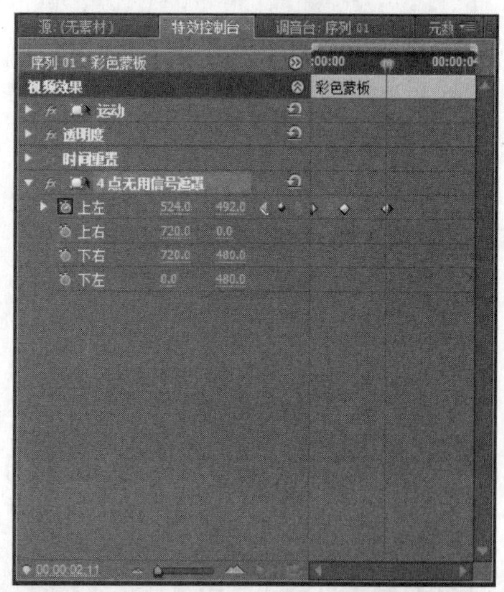

图 9.48　添加第三个关键帧并设置效果参数

Step 8 此时单击其他选项左侧的【切换动画】按钮，然后在当前播放时间点上添加关键帧，并设置各个关键帧的效果参数，如图 9.49 所示。

图 9.49　切换各个选项的动画并添加关键帧

Step 9 使用步骤 8 的方法，分别为各个选项添加其他关键帧，并分别设置各个关键帧的效果参数，如图 9.50 和图 9.51 所示。

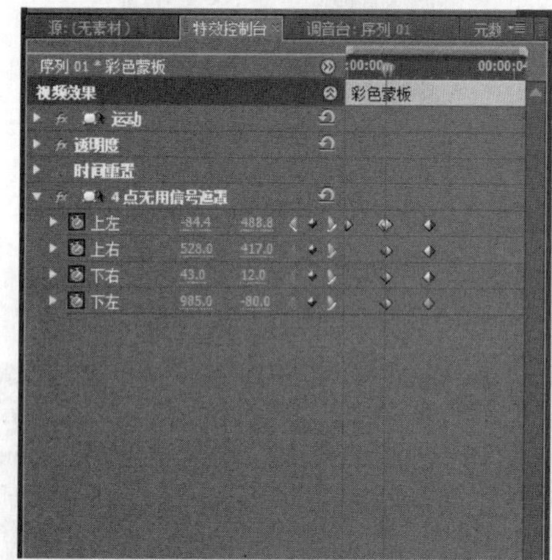

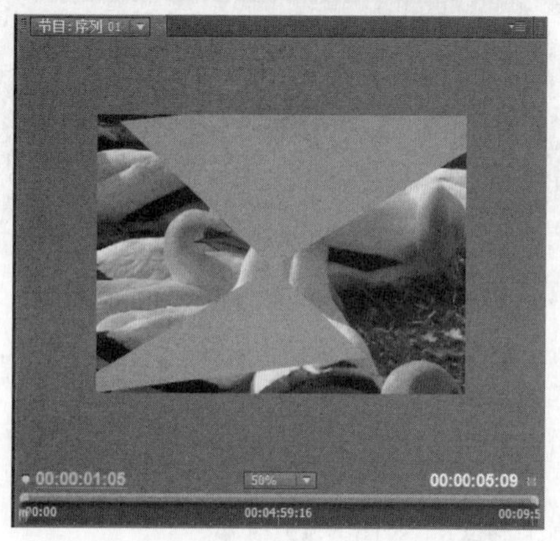

图 9.50　为各选项添加第二个关键帧并设置参数

Step 10 设置效果参数后，可以在【节目】窗口中播放序列，查看视频键出的效果，如图 9.52

所示。

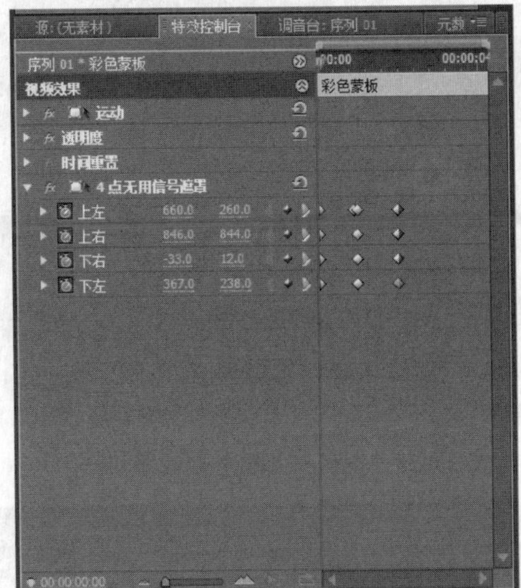

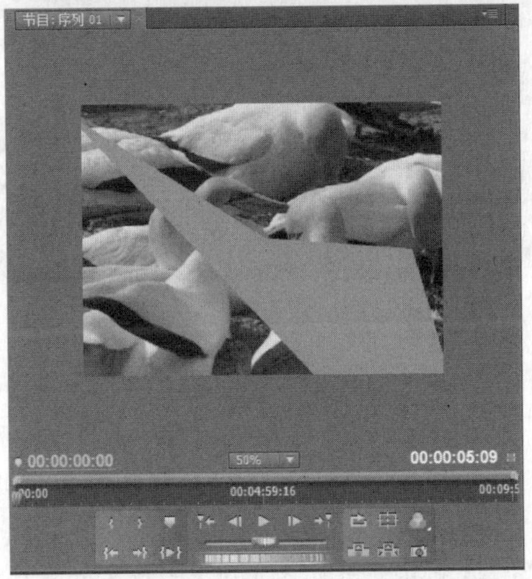

图 9.51 为各选项添加入点的关键帧并设置参数

图 9.52 预览播放的效果

图 9.52 预览播放的效果(续)

9.4 上机练习：制作电视机放映效果

本例将利用一个电视机图像素材、一个遮罩图像素材和一个视频素材，并为视频素材应用【轨道遮罩键】特效，制作出电视机放映视频的效果。

制作电视机放映效果的操作步骤如下。

Step 1 打开练习文件(光盘：..\Example\Ch09\9.3.5.prproj)，在【项目】面板的素材区中单

击鼠标右键，并从弹出的菜单中选择【导入】命令，打开【导入】对话框，选择需要导入的图像素材(光盘 sucai 文件夹)，再单击【打开】按钮，如图 9.53 所示。

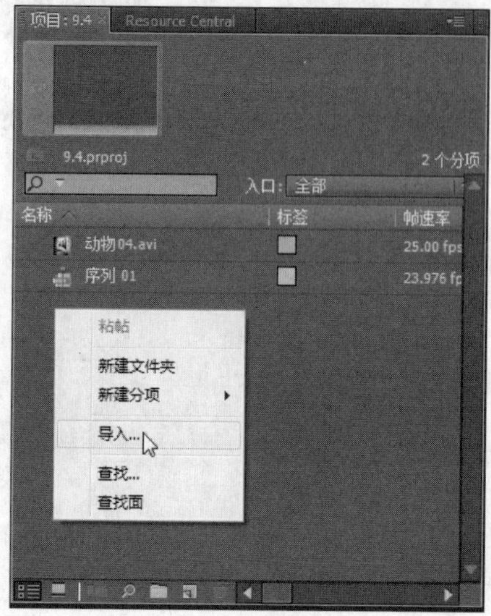

图 9.53　导入图像素材

Step 2　返回【项目】面板，分别将【图像 3.jpg】素材、【动物 04.avi】素材和【图像 4.jpg】素材加入到视频轨道上，并设置素材的持续时间都一样，如图 9.54 所示。

Step 3　打开【效果】面板，打开【视频特效】|【键控】列表，然后选择【轨道遮罩键】效果，并将此效果拖到【视频 2】轨道的素材上，如图 9.55 所示。

图 9.54　将素材装配到序列

图 9.55　应用特效至素材上

Step 4　打开【特效控制台】面板，再打开【轨道遮罩键】列表，然后设置【遮罩】为【视频 3】轨道，合成方式为【Luma 遮罩】，如图 9.56 所示。

Step 5　设置效果参数后，从【节目】窗口的监视器上选择【视频 1】轨道的图像素材，然后缩小素材与监视器屏幕一样大小，如图 9.57 所示。

Step 6　接着从【节目】窗口的监视器上选择【视频 2】轨道的视频素材，然后缩小素材与电视机的监视器屏幕一样大小，如图 9.58 所示。

Step 7　完成上述操作后，用户可以在【节目】窗口中播放序列，查看视频在电视机图像的监视器屏幕中播放的效果，如图 9.59 所示。

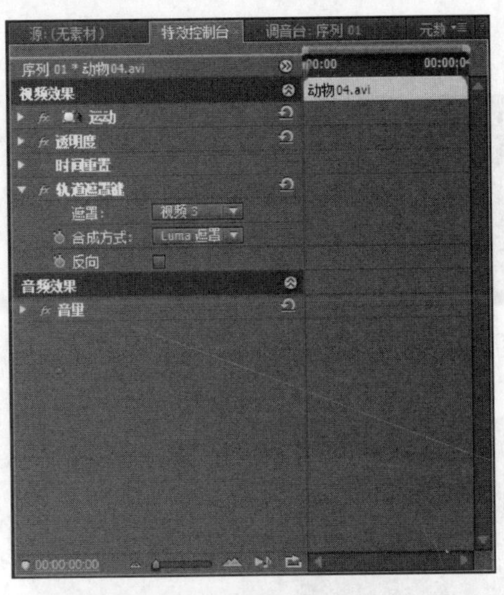

图 9.56 设置效果的选项

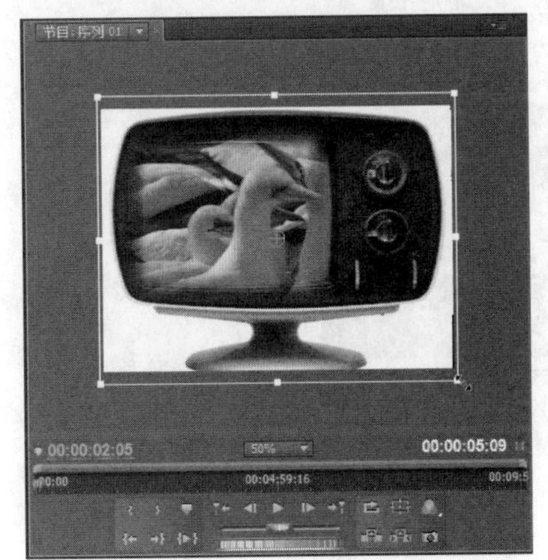

图 9.57 缩小电视机图像素材

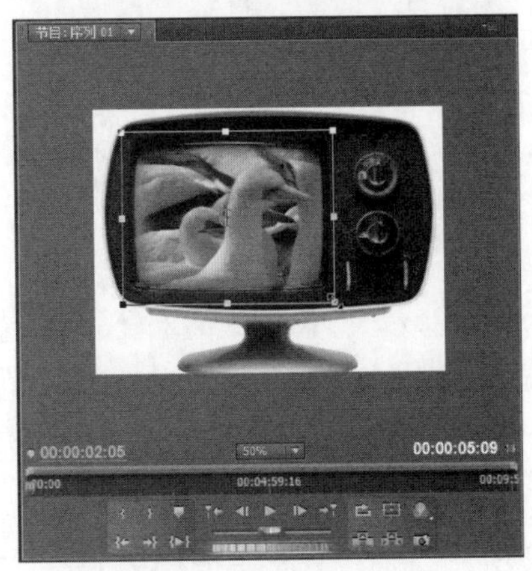

图 9.58 缩小视频素材的尺寸

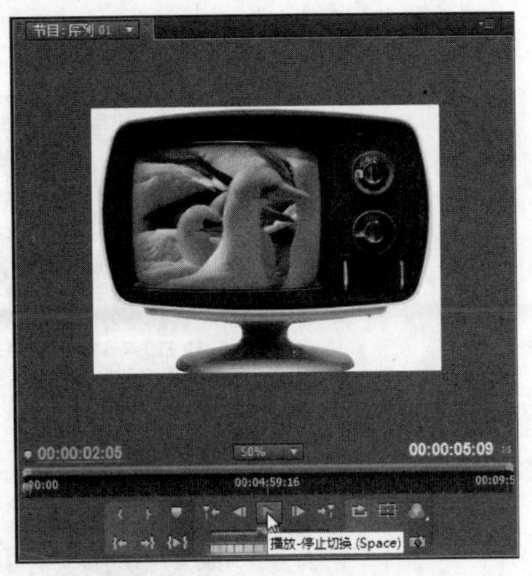

图 9.59 播放序列预览效果

9.5 章后总结

本章主要介绍了在 Adobe Premiere Pro CS5 中通过定义素材的透明来制作影像合成的方法，其中包括通过【特效控制台】面板定义素材透明、通过【时间线】窗口的轨道定义素材透明，以及应用视频键控特效来定义素材透明的方法。

9.6 章后实训

本章实训题要求通过【特效控制台】面板为素材添加 4 个关键帧，分别为素材前端两个和素材后端两个，其中素材入点关键帧和出点关键帧均为完全透明度，其他两个关键帧之间则完全不透明，制作出视频素材淡入和淡出的播放效果。

本章实训题的操作流程如图 9.60 所示。

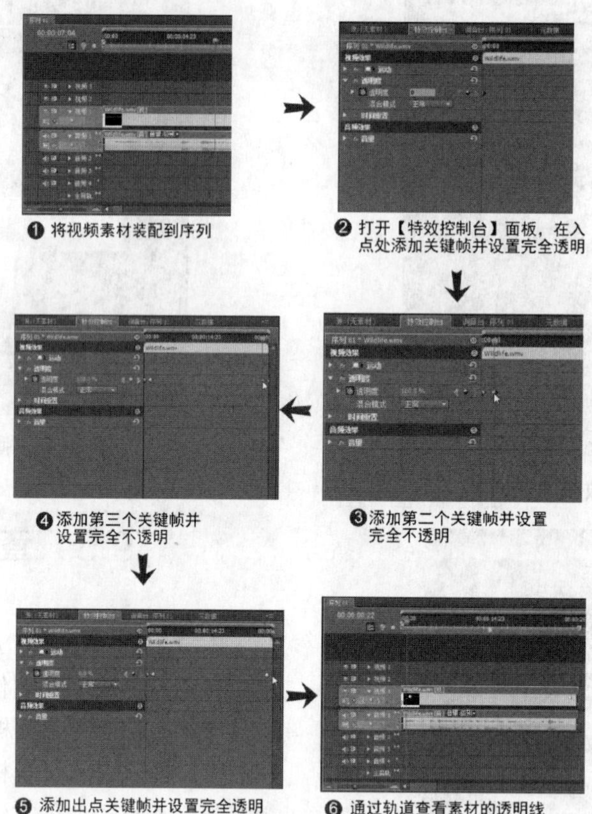

图 9.60　实训题的操作流程

第 10 章

制作婚礼记录片

本章学习要点

本章将综合书中所介绍的各项功能，通过一个婚礼记录影片为例，带领读者通过实例的操作学习实际影视作品案例的设计。

10.1 采集与修剪视频

我们在参加婚礼时，通常会自带或委托朋友携带DV机拍摄婚礼录像，然后通过视频处理软件将婚礼视频采集并编辑，制作出婚礼记录影片。

当使用DV机拍摄到婚礼视频后，可以将DV机通过采集卡(例如IEEE 1394卡)将DV机连接到电脑，然后通过视频编辑软件采集视频，并对拍摄到的视频进行修剪。

10.1.1 新建项目文件

要通过Adobe Premiere Pro CS5采集DV机的视频，首先需要新建一个项目文件，然后通过文件来执行采集和处理。

新建项目文件的操作步骤如下。

Step 1 将DV机通过采集卡连接到电脑，然后打开DV机的电源。当电脑检测到DV机时，系统会打开【自动播放】对话框，此时单击【编辑并录制视频】选项，打开Adobe Premiere Pro CS5程序，如图10.1所示。

图10.1 编辑并录制视频

 启动Adobe Premiere Pro CS5后，首先打开【欢迎使用Adobe Premiere Pro】对话框，此时单击【新建项目】按钮，执行新建项目的操作，如图10.2所示。

图10.2 新建项目

 打开【新建项目】对话框，切换到【常规】选项卡，然后设置常规选项，并进行保存位置和项目文件名称的设置，然后单击【确定】按钮，如图10.3所示。

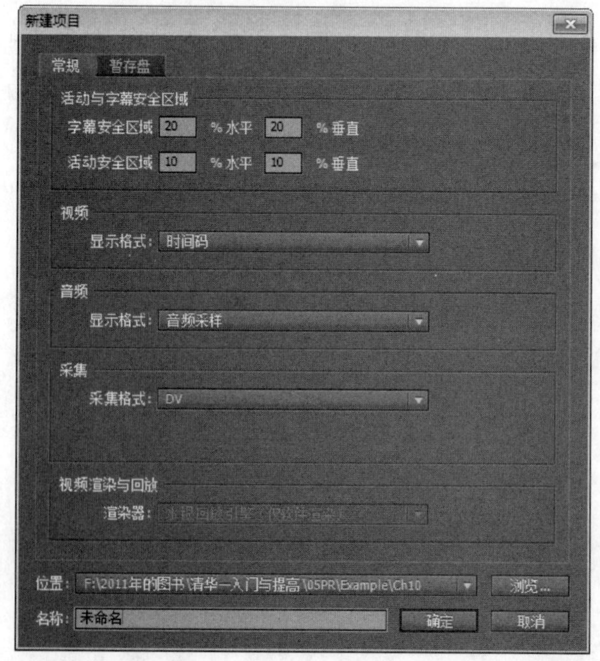

图10.3 设置项目常规选项

 此时程序打开【新建序列】对话框，切换到

【序列预设】选项卡，然后从【有效预设】列表中选择一种序列，接着单击【确定】按钮，如图 10.4 所示。

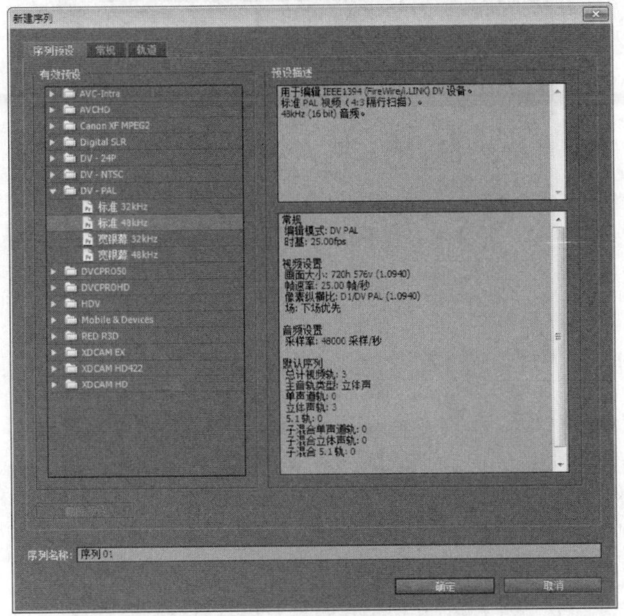

图 10.4　选择预设序列

完成上述操作后，即可新建一个空白的项目文件，并且可以继续后续采集视频的处理。

10.1.2　采集入点到出点的视频

新建项目文件后，即可通过 Adobe Premiere Pro CS5 的“采集”功能采集 DV 机拍摄的视频。采集 DV 视频有多种方式，本节将通过设置入点和出点的方式来采集视频。

> **注意**
>
> 如果在执行程序“采集”功能时发现设备处于脱机状态，那么用户需要确认 DV 是否通过有效的采集设备与电脑连接，然后确保采集设备的驱动程序正常安装。如果上述环节没有出现问题，用户可以先关闭 DV 电源，再次打开 DV 电源，以便让程序重新检测 DV。

采集入点到出点的视频的操作步骤如下。

Step 1　打开上例新建的项目文件，然后打开【文件】菜单，再选择【采集】命令，如图 10.5 所示。

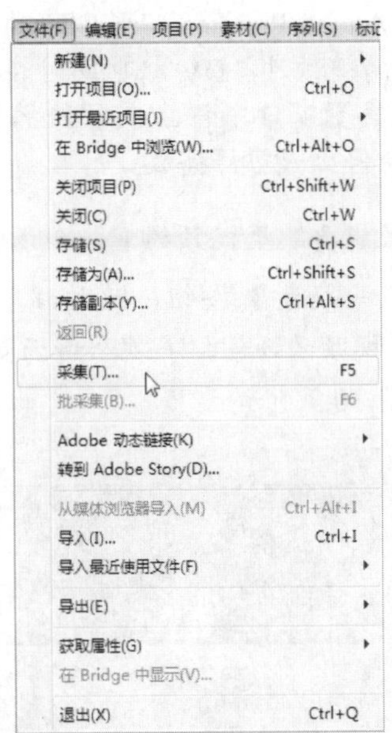

图 10.5　选择【采集】命令

Step 2　打开【采集】窗口后，可以按下 DV 机的播放按钮，或者单击窗口中的【播放】按钮，播放 DV 拍摄的视频，如图 10.6 所示。

图 10.6　播放 DV 视频

提 示

在通过 Adobe Premiere Pro CS5 的“采集”功能播放 DV 的视频时，DV 机也同时在播放。如果用户在【采集】窗口中停止或暂停播放视频，则 DV 机同样会停止或暂停播放。

Step 3 如果想要跳至视频的下一个场景，可以单击【下一场景】按钮，此时程序会自动检测 DV 视频的场景，并跳至新场景开始播放，如图 10.7 所示。

图 10.7　跳至下一场景播放

Step 4 当播放到需要采集的时间点时，单击【暂停】按钮，先暂停播放，然后单击【设置入点】按钮，将当前播放点设置为采集的入点，如图 10.8 所示。

Step 5 继续播放视频并注意观看，当播放到结束采集的时间点上时，暂停播放，然后单击【设置出点】按钮，将当前播放点设置为采集的出点，如图 10.9 所示。

图 10.8　设置采集的入点

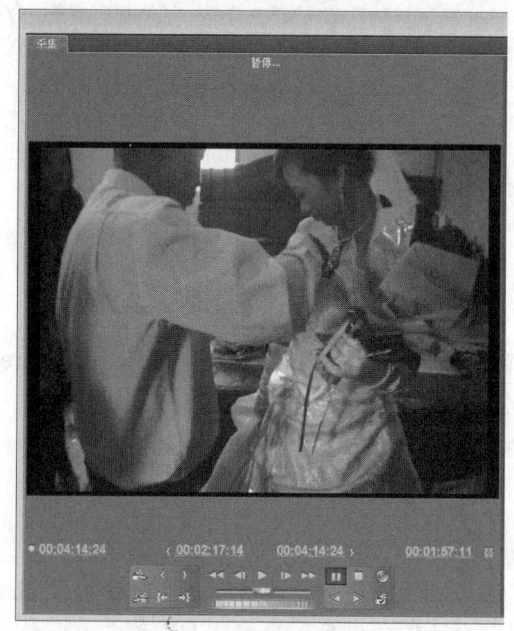

图 10.9　设置采集的出点

Step 6 设置入点和出点后，单击【入点/出点】按钮，以采集入点到出点之间的视频片段，如图 10.10 所示。此时 DV 会自动倒带返回步骤 4 所设置的入点处，重新播放并执行采集的动作。

图 10.10　执行采集入点到出点的视频

当程序采集完成后，弹出【存储已采集素材】对话框，此时设置素材名称及其他信息，然后单击【确定】按钮，保存采集到的素材，如图 10.11 所示。

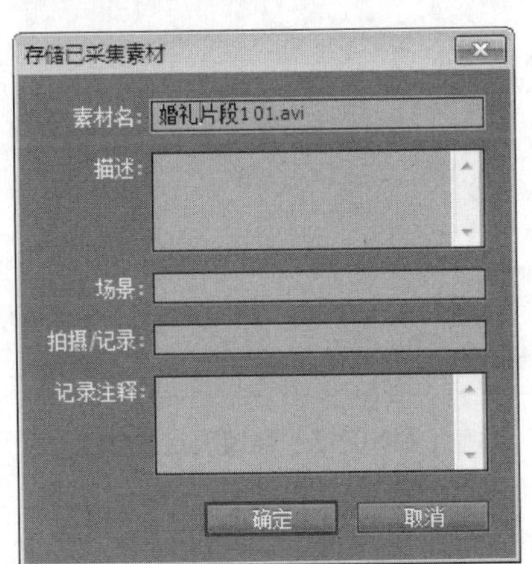

图 10.11　保存采集的视频素材

10.1.3　手控采集 DV 视频片段

除了设置入点和出点后进行自动采集外，用户还可以通过手控的方式采集 DV 视频。其实这种方式很简单，在需要采集的时间点上执行录制操作，然后在结束时取消录制即可。

手控采集 DV 视频片段的操作步骤如下。

继续使用上例的项目文件，然后打开【采集】窗口，单击【播放】按钮播放 DV 视频。当需要采集时，单击【录制】按钮，执行录制的操作，如图 10.12 所示。

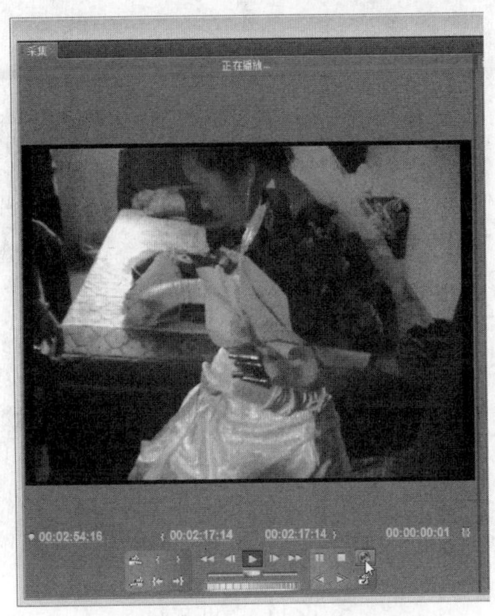

图 10.12　执行录制的操作

Step 2　执行录制的操作后，【采集】窗口的监视器上方将显示采集信息，如图 10.13 所示。

图 10.13　程序正在录制 DV 视频

当需要停止录制时，再次单击【录制】按钮停止录制，如图 10.14 所示。

图 10.14　停止录制

停止录制后，程序弹出【存储已采集素材】对话框，此时设置素材名称及其他信息，然后单击【确定】按钮，保存采集到的素材，如图 10.15 所示。

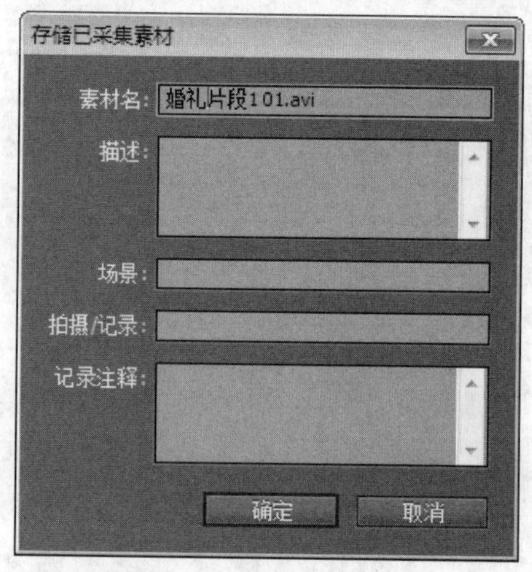

图 10.15　保存采集的视频素材

使用相同的方法采集 DV 视频的其他片段，并将这些视频素材保存起来。采集到的视频素材会显示在【项目】面板的素材区中，如图 10.16 所示。

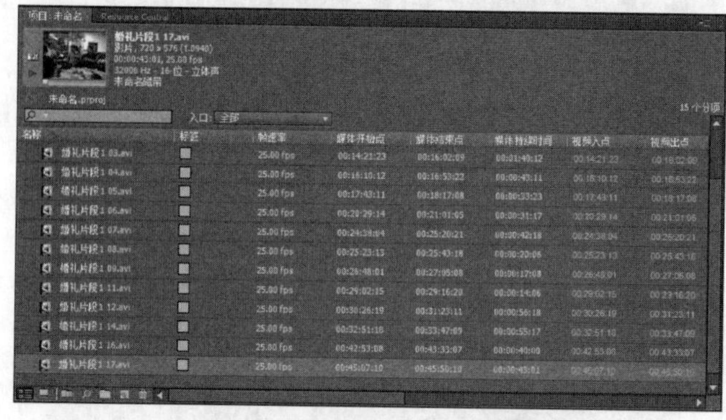
图 10.16　采集到的 DV 视频素材

完成采集后，选择【文件】|【存储为】命令，保存项目文件，如图 10.17 所示。

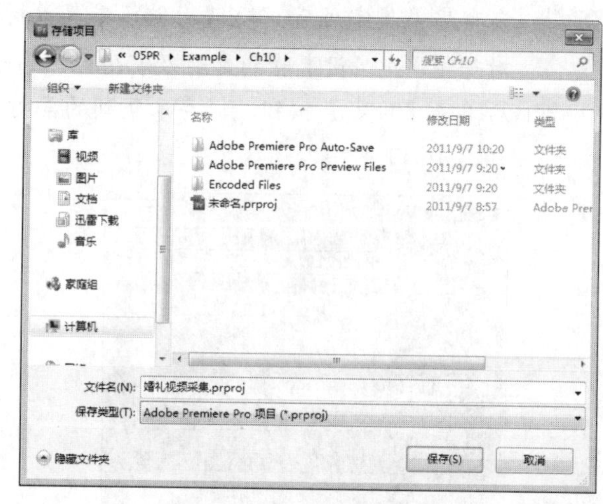

图 10.17　存储项目文件

10.1.4　修剪素材并删除原声音

采集到 DV 的视频后，可以通过 Adobe Premiere Pro CS5 播放素材，预览视频的内容，以便确定哪些素材不要，哪些素材需要修剪。当视频素材经过修剪处理后，用户可以将视频的原声删除。因为通常 DV 现场拍摄的婚礼场景都会有很多杂音，用户可以去除这些杂音，再为视频添加悦耳的背景音乐，让作品效果更佳。

修剪素材并删除原声音的操作步骤如下。

继续使用上例保存的项目文件，然后将【项目】面板中的视频素材拖到【素材源】窗口，如图 10.18 所示。

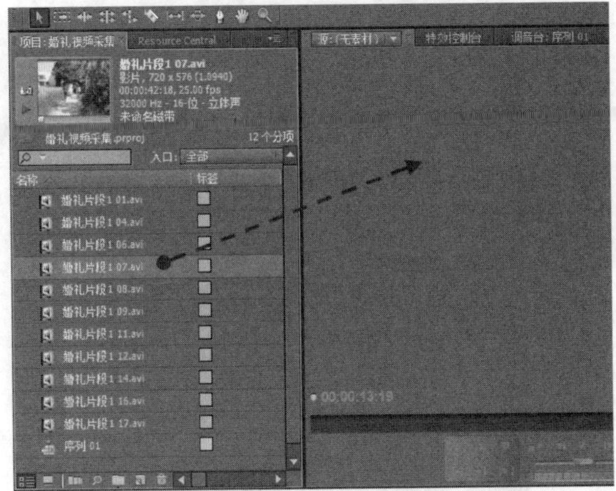

图 10.18　将素材加入【素材源】窗口

单击【素材源】窗口下方控制面板的【播放-停止切换】按钮▶，预览视频的内容，如图 10.19 所示。

图 10.19　预览视频素材的内容

通过预览素材决定保留一些有用的视频，将其他不需要的视频素材项目删除，然后在素材名称上单击切换成【重命名】状态，接着输入新的名称，如图 10.20 所示。

将视频素材装配到序列，然后拖动播放指针预览视频内容。通过拖动视频的入点或出点，对素材进行修剪处理，将多余片段删除，如图 10.21 所示。

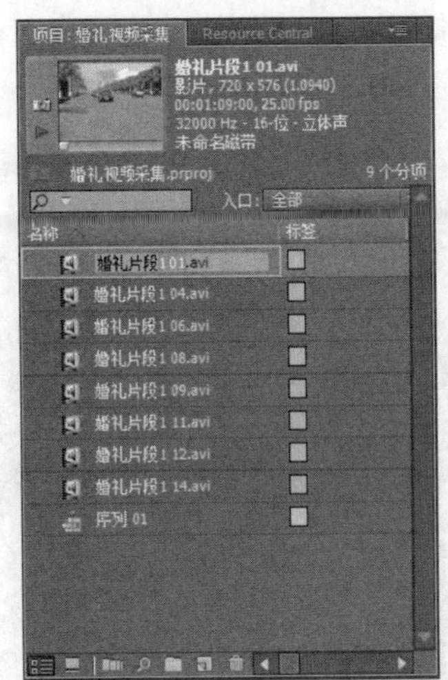

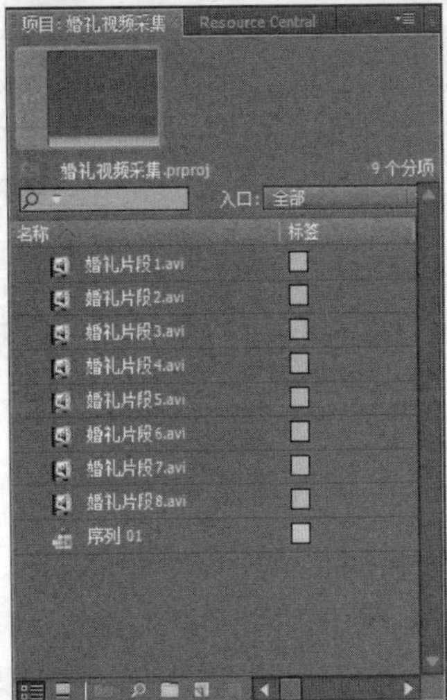

图 10.20　删除不需要的素材并重命名保留的素材

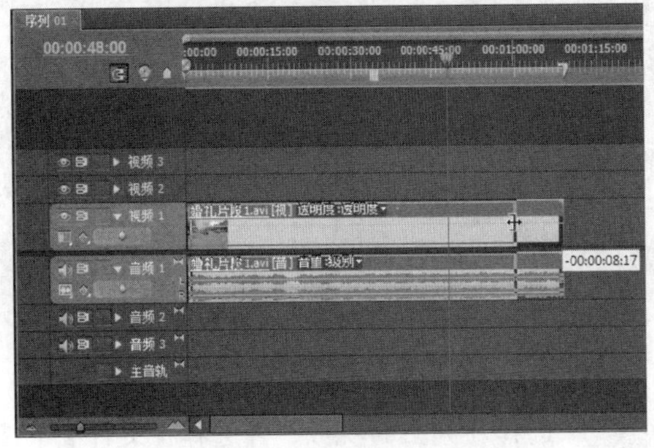

图 10.21　修剪多余的片段

Step 5 选择序列上的素材，然后选择【素材】|【解除视音频链接】命令，解除素材的视频和音频链接，以便后续单独将素材的音频删除，如图 10.22 所示。

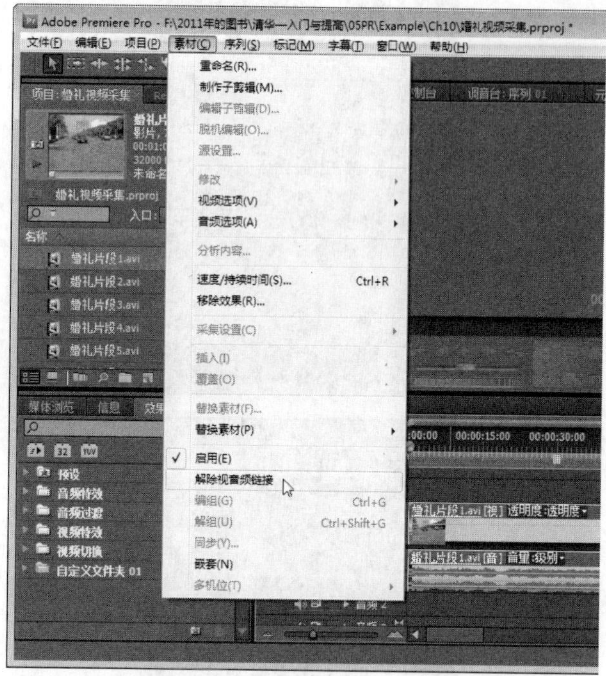

图 10.22 解除视音频的链接

Step 6 此时在序列上选择素材的音频，然后按 Delete 键，删除素材的音频，如图 10.23 所示。

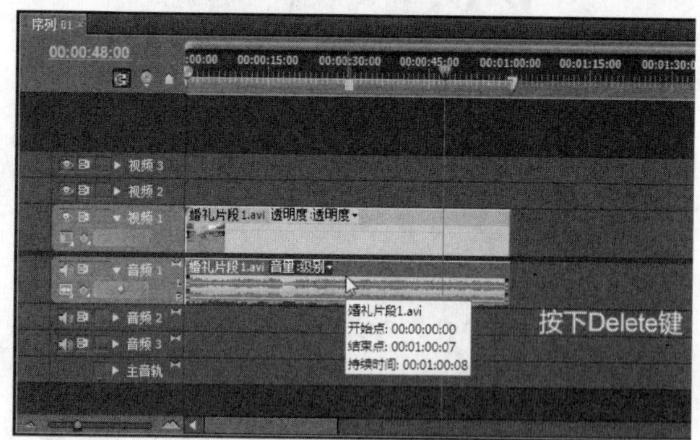

图 10.23 删除素材的音频

Step 7 选择序列上的视频，再选择【文件】|【导出】|【媒体】命令，打开【导出】窗口，设置输出格式，然后单击【队列】按钮，将导出设置队列到 Adobe Media Encoder 程序，如图 10.24 所示。

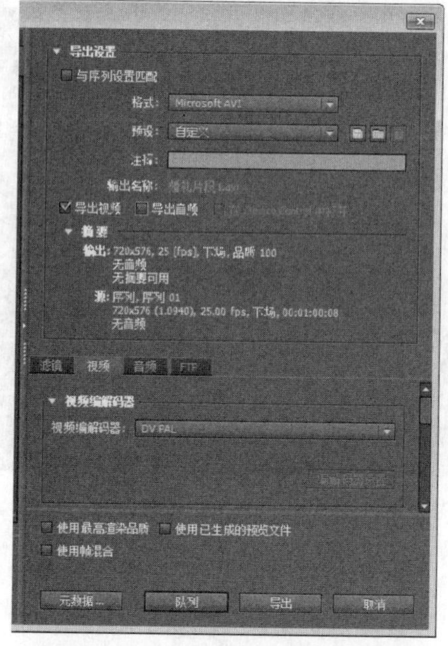

图 10.24 将素材导出设置进行队列

Step 8 使用步骤 5 到步骤 7 的方法，将其他素材分别装配到序列并进行修剪，然后删除素材的音频，并通过【导出】窗口将导出设置队列到 Adobe Media Encoder 程序，最后单击【开始队列】按钮，批量导出媒体，如图 10.25 所示。

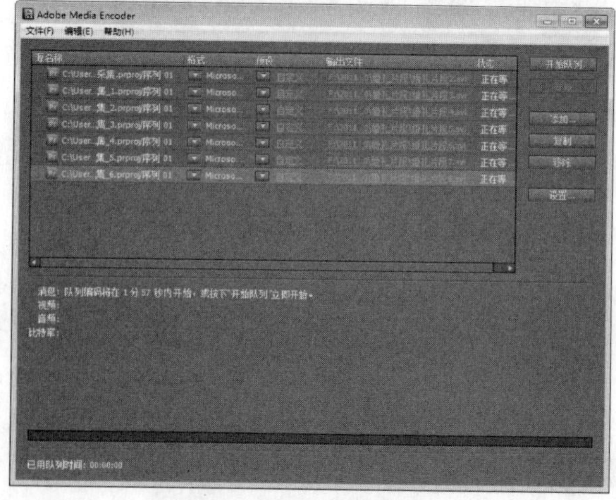

图 10.25 批量导出媒体

> **说明**
> 通过 Adobe Media Encoder 批量导出视频的目的是为了将修剪和去声后的视频重新生成为新文件，以便后续将这些视频文件导入项目并进行婚礼影片作品的设计。

Step 9 完成导出处理后，Adobe Media Encoder 程序界面在每个项目的状态栏显示一个绿色勾图标，表示导出成功，如图 10.26 所示。

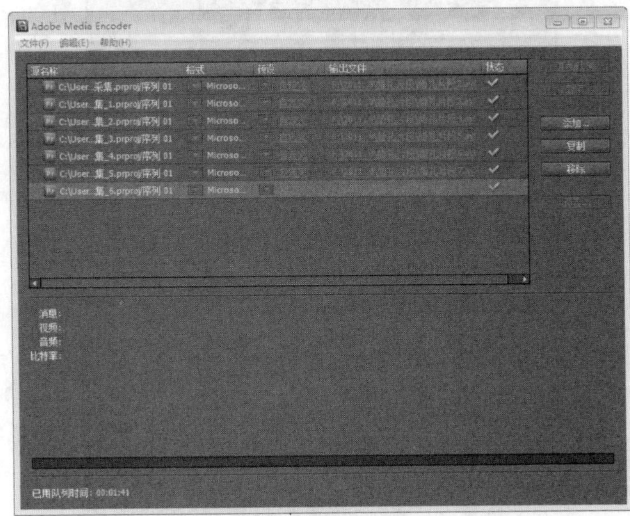

图 10.26　完成导出

10.2　视频的基本编辑与切换

当准备好婚礼影片的素材后，就可以通过序列来装配素材，并利用软件的编辑功能来对素材进行制作，以及应用视频切换特效，让组接的素材之间产生完美的过渡。

10.2.1　制作片头淡入与切换效果

本节先为作品添加一个婚礼影片的片头，然后制作片头的淡入效果，再为片头素材与婚礼视频素材之间添加切换效果，使它们通过滑动的方式进行过渡。

制作片头淡入与切换效果的操作步骤如下。

Step 1 打开练习文件(光盘：..\Example\Ch10\10.2.1.prproj)，在【项目】面板的素材区上单击鼠标右键，然后选择【导入】命令，打开【导入】对话框，将处理好的婚礼视频文件全部导入到项目内，如图 10.27 所示。

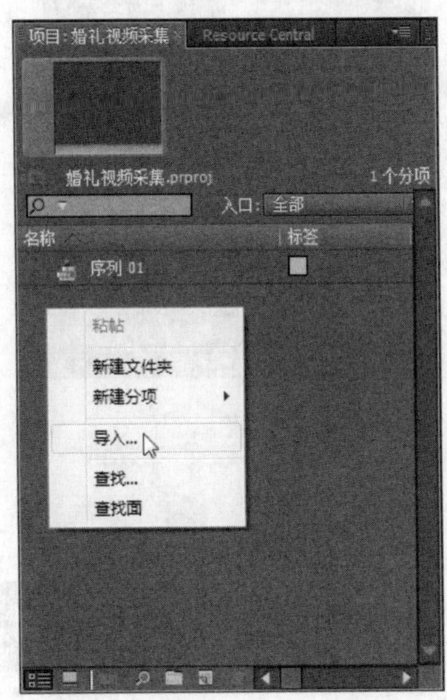

图 10.27　导入婚礼视频文件

Step 2 再次在【项目】面板的素材区上单击鼠标右键，然后选择【导入】命令，打开【导入】对话框，选择片头视频文件，接着单击【打开】按钮，如图 10.28 所示。

Step 3 将导入的片头素材拖到【视频 1】轨道上，然后在【节目】窗口中选择该素材，拖动素材控制点，扩大素材的尺寸，如图 10.29 所示。

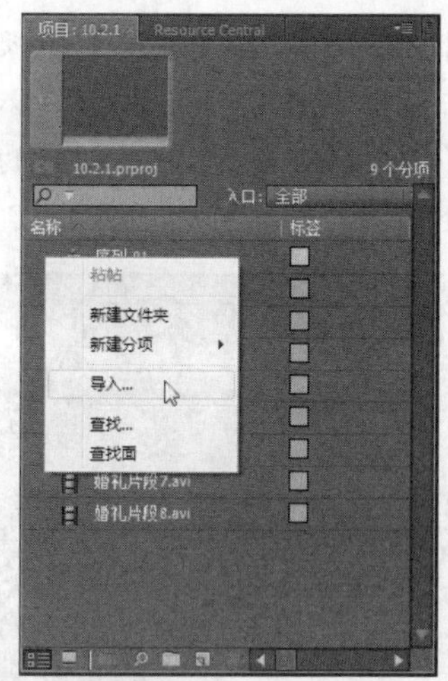

图 10.28　导入片头素材

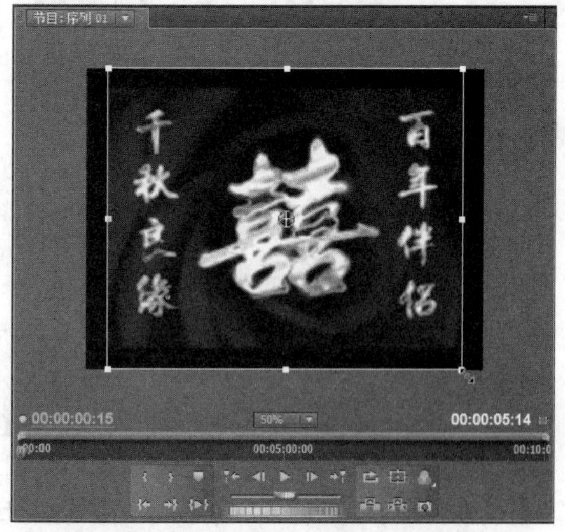

图 10.29　将片头加入轨道并调整尺寸

Step 4　打开【特效控制台】面板，再打开【透明度】列表，将播放指针移到素材入点处，然后单击【添加/移除关键帧】按钮，接着设置关键帧的透明度为 0%，如图 10.30 所示。

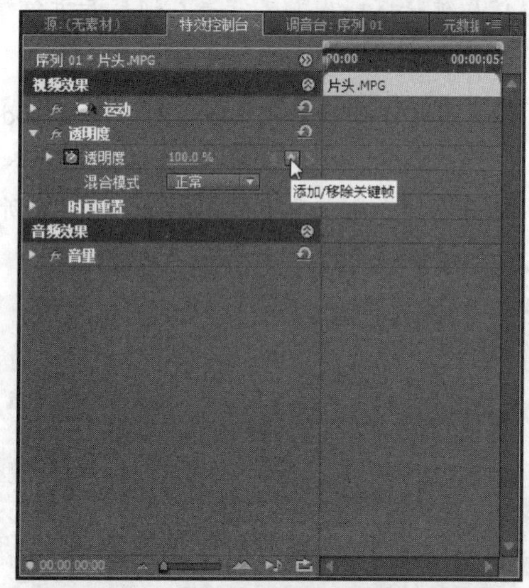

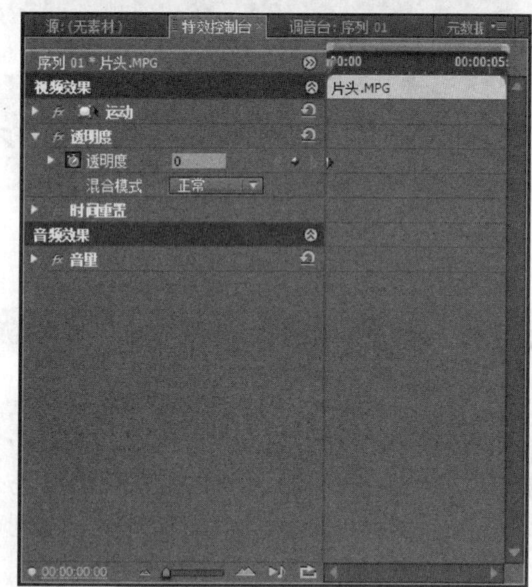

图 10.30　添加关键帧并设置透明度

Step 5　将播放指针向右移动一小段，然后单击【添加/移除关键帧】按钮，接着设置该关键帧的透明度为 100.0%，如图 10.31 所示。

Step 6　此时将【婚礼片段 1.avi】素材拖到【视频 1】轨道，使其与片头素材的出点连在一起，如图 10.32 所示。

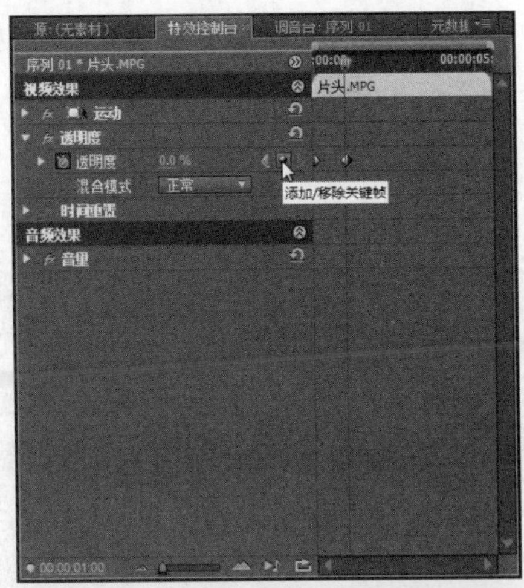

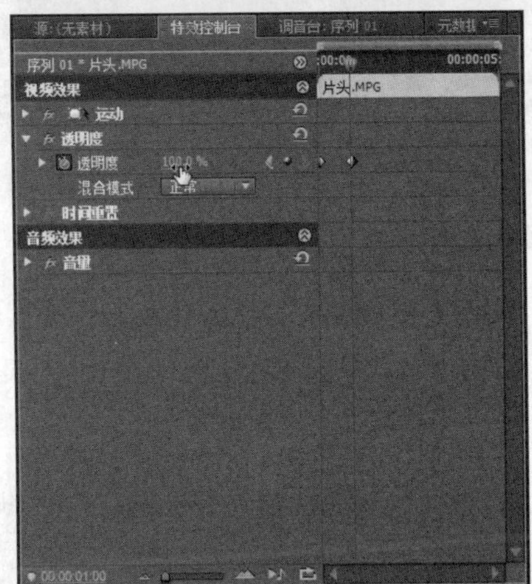

图 10.31 添加第二个关键帧并设置透明度

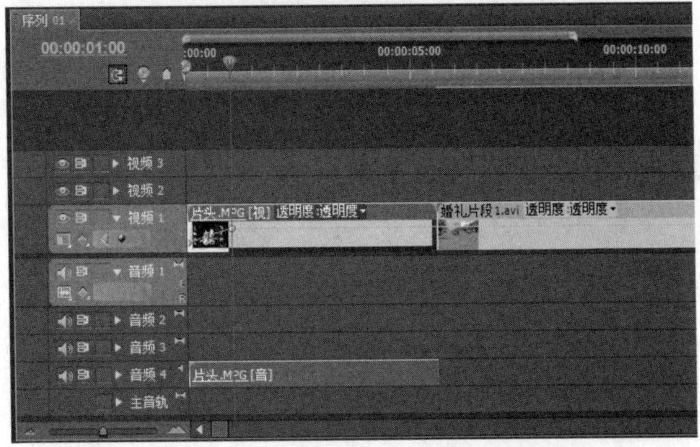

图 10.32 将第一个婚礼视频素材装配到序列

打开【效果】面板，然后从【视频切换】列表中选择【斜线滑动】效果，并将此效果应用到片头素材与婚礼视频素材之间，如

图 10.33 所示。

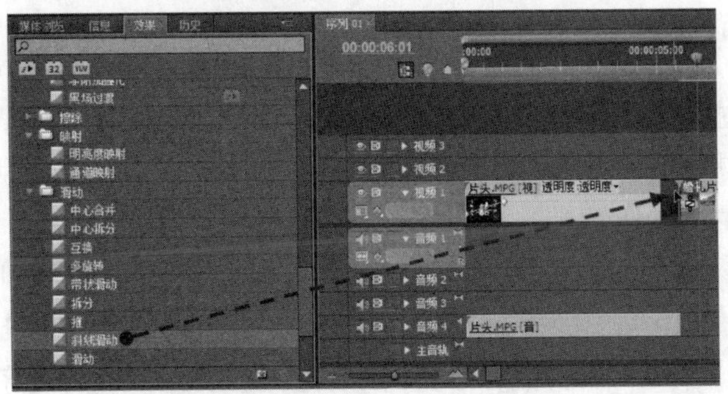

图 10.33 应用切换效果

打开【特效控制台】面板，然后使用鼠标按住切换编辑点的入点向左拖动，再按住切换编辑点的出点向右拖动，以增加切换效果的持续时间，如图 10.34 所示。

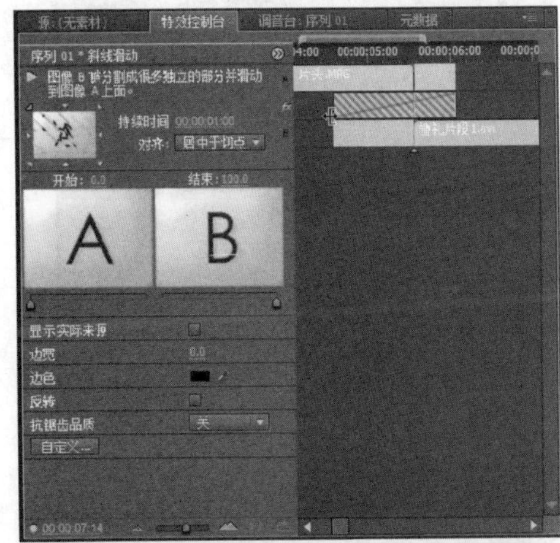

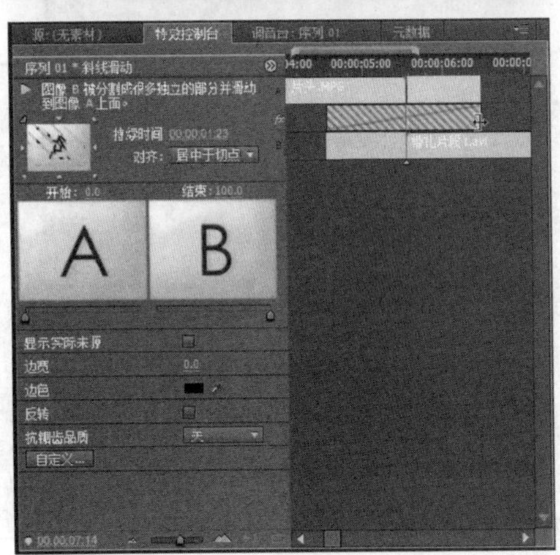

图 10.34 增加切换效果的持续时间

10.2.2 制作婚礼影片期间的字幕

婚姻影片的设计少不了字幕的制作，通过在不同时间段制作符合场景的字幕，可以给观众直接传达信息，能够为影片增添乐趣。

制作婚礼影片期间的字幕的操作步骤如下。

Step 1 打开练习文件(光盘：..\Example\Ch10\10.2.2.prproj)，在【项目】面板的素材区上单击鼠标右键，然后选择【新建分项】|【字幕】命令，打开【新建字幕】对话框，设置字幕名称，再单击【确定】按钮，如图 10.35 所示。

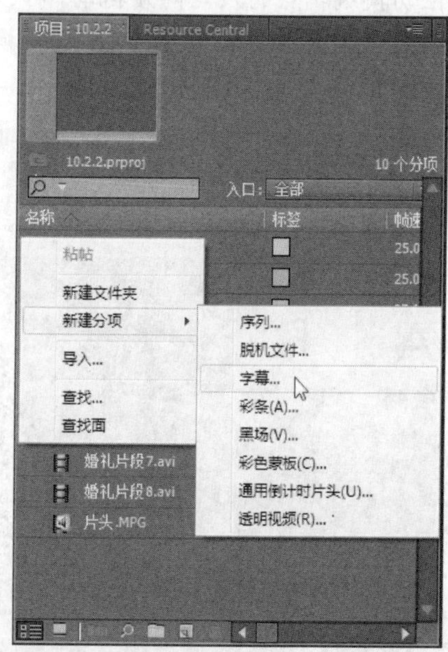

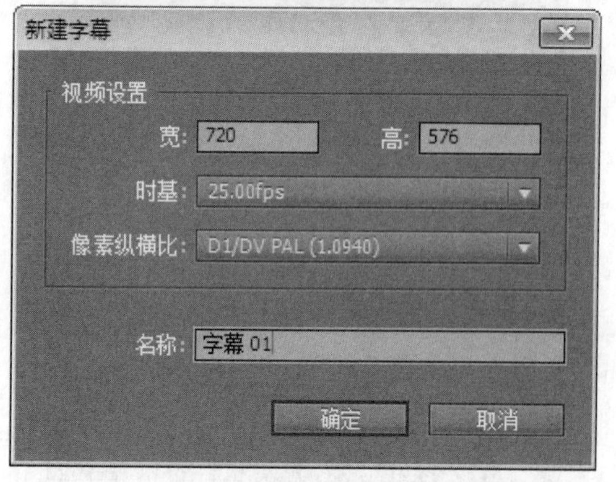

图 10.35 新建字幕

Step 2 打开【字幕设计器】窗口后，单击【输入工具】按钮，在窗口编辑区中输入字幕文字，然后设置文字的字体和大小，如图 10.36 所示。

图 10.36 输入字幕文本并设置字体和大小

Step 3 打开【字幕样式】面板，选择一种字幕样式。再次修改文字的字体为适合中文显示的字体，如图 10.37 所示。

图 10.37 应用字幕样式并设置字体

Step 4 此时以【字幕属性】面板中选择【外侧边】复选框，然后设置类型为【凸出】，大小为 100，填充类型为【实色】、颜色为【淡黄色】，如图 10.38 所示。

Step 5 单击窗口左上方的【滚动/游动选项】按钮

，打开【滚动/游动选项】对话框，选择【左游动】单选按钮，再选择【开始于屏幕外】复选框，接着单击【确定】按钮，如图 10.39 所示。

图 10.38　设置字幕的外侧边属性

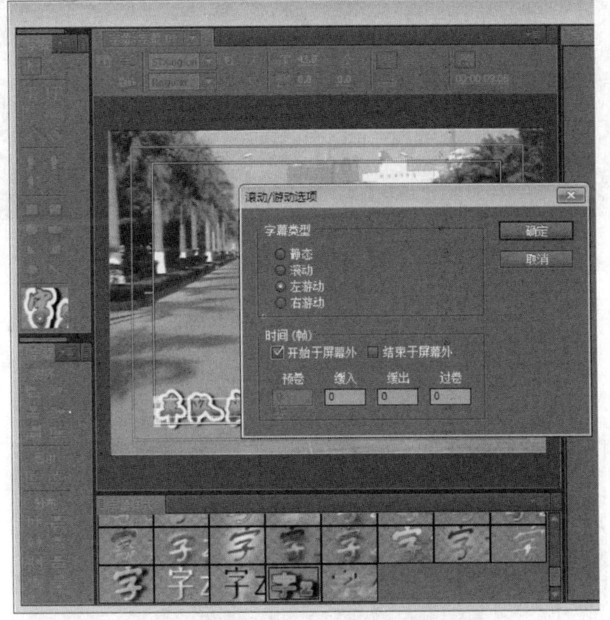

图 10.39　设置字幕的游动选项

Step 6　单击【字幕】面板右上角的按钮，然后从菜单中选择【新建样式】命令，将当前字幕的属性新建为字幕样式，如图 10.40 所示。

Step 7　从【项目】窗口中选择新建的字幕，然后将该字幕素材拖到【视频 2】轨道上，接着向右拖动字幕出点，增加字幕的持续时间，如图 10.41 所示。

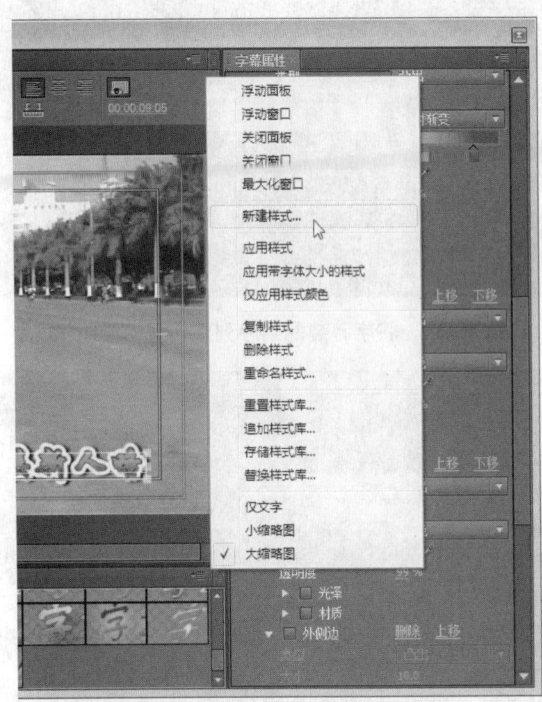

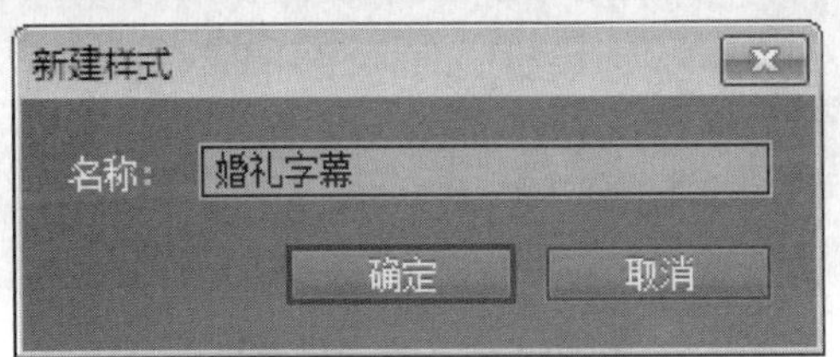

图 10.40　新建字幕样式

Step 8　为了让字幕游动入屏幕后能够停留一段时间，此时双击字幕素材，打开【滚动/游动选项】对话框，设置【过卷】选项的参数为 550(此参数为字幕停留在屏幕的时间长)，最后单击【确定】按钮，如图 10.42 所示。

说明

在默认情况下，字幕从左游动入屏幕设定位置的时间等于该素材的持续时间，当字幕游动入屏幕指定位置后即可消失。通过【滚动/游动选项】对话框的【过卷】选项，可以设置让字幕游动到指定位置后，继续停留在屏幕的时间。

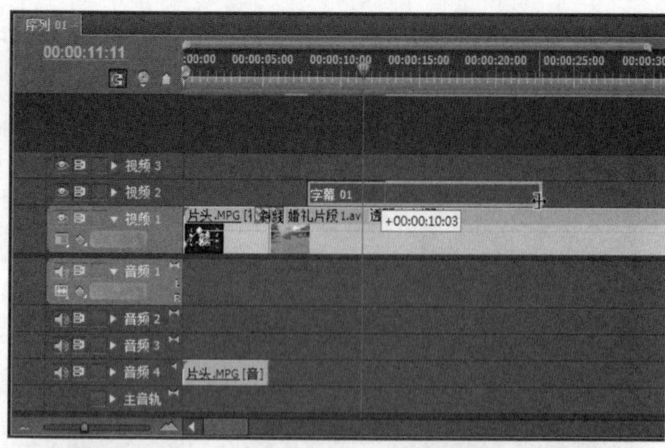

图 10.41 将字幕装配到序列并调整持续时间

图 10.42 设置过卷参数

10.2.3 制作画中画切换的效果

在婚礼影片制作过程中，我们可以应用画中画技巧来在同一画面中播放不同场景的内容。为了让画中画的幅画能够逐渐取代主画面，我们可以通过设置素材的【位置】属性来实现画中画的切换。

制作画中画切换效果的操作步骤如下。

Step 1 打开练习文件（光盘：..\Example\Ch10\10.2.3.prproj），从【项目】面板的素材区上选择【婚礼片段 2.avi】素材，将此素材拖到【视频 1】轨道上，如图 10.43 所示。

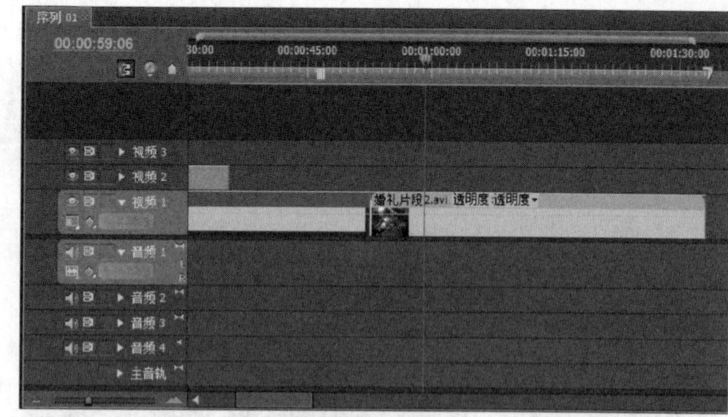

图 10.43 加入第二个婚礼视频素材

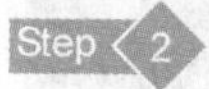

Step 2 打开【效果】面板，然后从【视频切换】列表中选择【向上折叠】的 3D 运动切换效果，并将此效果应用到第一段婚礼视频素材与第二段婚礼视频素材之间，如图 10.44 所示。

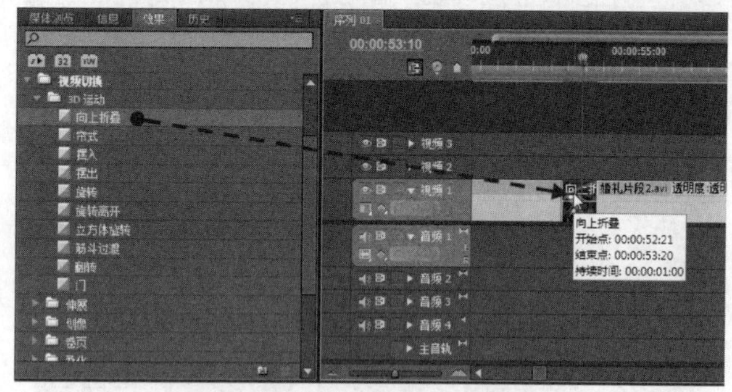

图 10.44 应用视频切换效果

Step 3 从【工具箱】面板中选择【剃刀工具】，然后在第二段视频素材的中央位置单击，将素材一份为二，如图 10.45 所示。

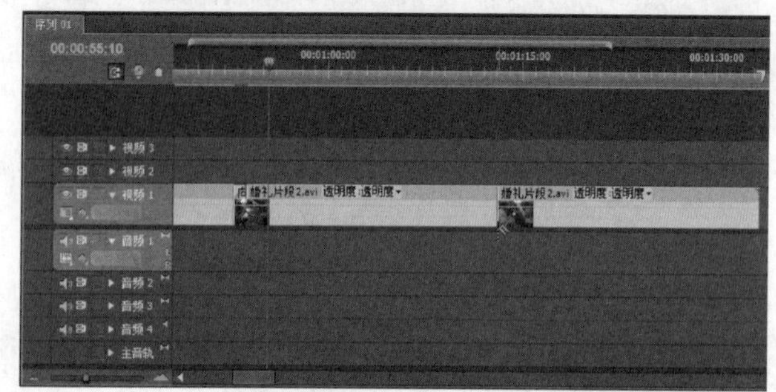

图 10.45 将第二段素材一分为二

Step 4 将最后一段素材拖到【视频 2】轨道上，对应于前段素材的入点，并以此视频为画中画

的子视频，如图 10.46 所示。

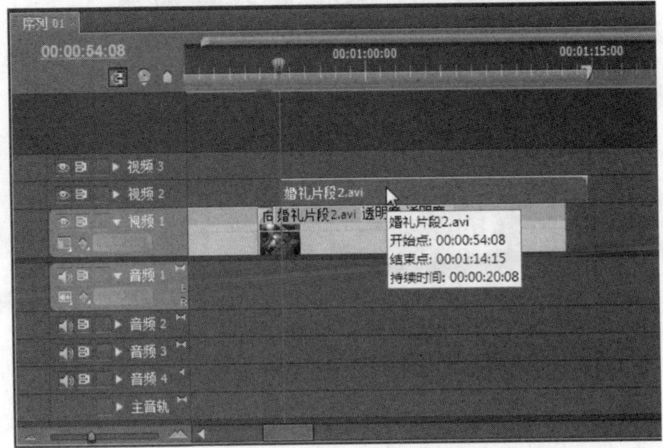

图 10.46　调整素材的轨道

Step 5 从【节目】窗口中选择【视频 2】轨道上的素材，然后缩小素材尺寸并将它放置在画面的左下角，如图 10.47 所示。

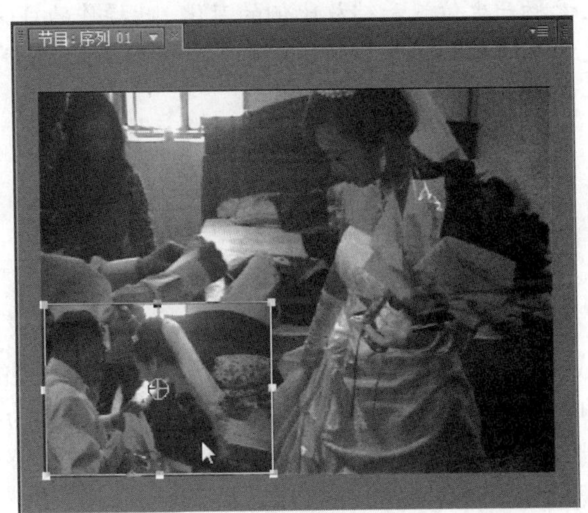

图 10.47　调整子画面素材的尺寸和位置

Step 6 打开【效果】面板，然后从【视频特效】列表中选择【投影】效果，并将此效果应用到【轨道 2】的素材上，如图 10.48 所示。

Step 7 打开【特效控制台】面板，再打开【投影】列表，设置阴影颜色为【白色】，同时再设置其他参数，如图 10.49 所示。

Step 8 选择【视频 2】轨道上的素材并按下 Ctrl+C 快捷复制该素材，接着按下 Ctrl+Shift+V 快捷，以粘贴插入的方式将所复制的素材粘贴到【视频 1】轨道上，并与上段素材的出点连接，最后选择在【视频 2】轨道上多出的一小段素材，将之删除，如图 10.50 所示。

图 10.48　应用视频特效至素材

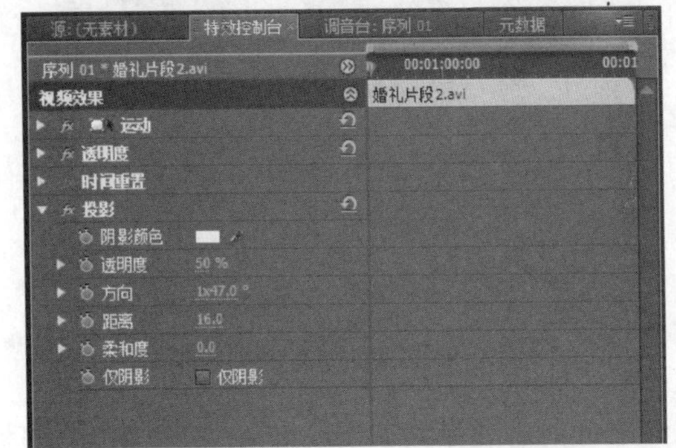

图 10.49　设置投影的参数

图 10.50　以粘贴插入的方式将素材再次插入【视频 1】轨道

Step 9 选择粘贴插入的视频素材，再打开【特效控制台】面板，然后打开【运动】列表，分别单击【位置】项目和【缩放比例】项目前的【切换动画】按钮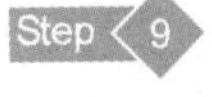，接着分别在素材前段的【位置】项目和【缩放比例】项目中添加关键帧，如图 10.51 所示。

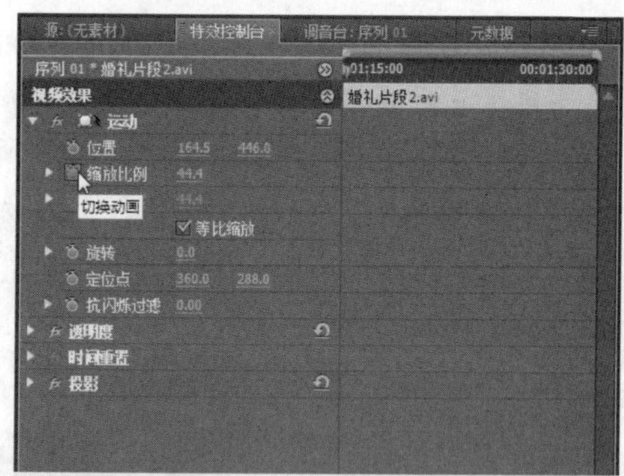

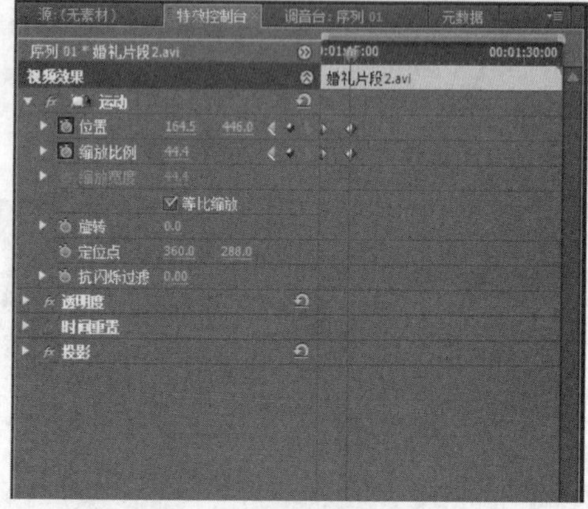

图 10.51　添加素材的关键帧

Step 10　此时从【节目】窗口的监视器中选择素材，然后将素材移到屏幕中央位置，接着扩大素材的尺寸，使之填满整个屏幕，如图 10.52 所示。

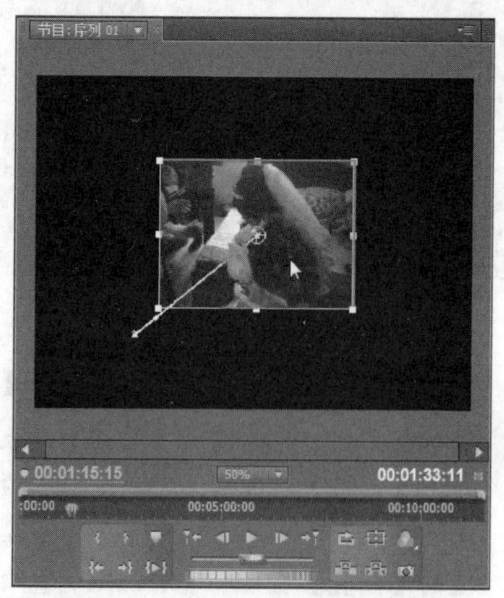

图 10.52　调整素材的尺寸和位置

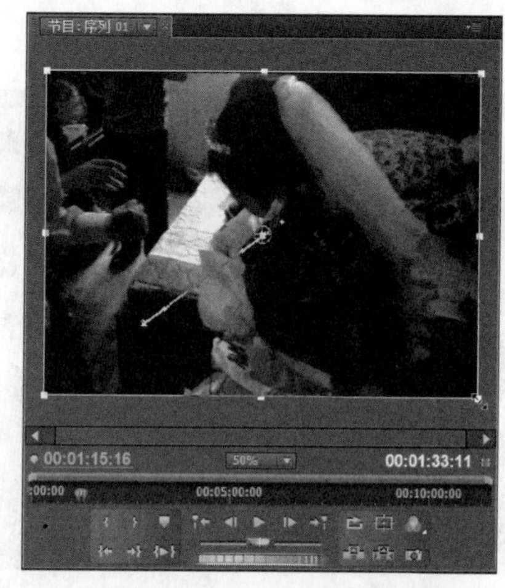

图 10.52　调整素材的尺寸和位置(续)

说明

当在【位置】项目和【缩放比例】项目中添加关键帧后，用户可以通过关键帧设置不同的状态，让素材产生位置和缩放比例的变化。此操作的目的是让子画面的视频移到屏幕中央并逐渐放大，成为主画面。

10.3　影片的合成与音频处理

除了简单的轨道覆叠外，我们还可以通过高级的合成技巧来处理婚礼影片，以便让影片的效果更加出色和具有吸引力。视频素材处理完成后，还需要为整个影片添加一个符合婚礼主题的背景音乐，这样整个作品的元素都完整了。

10.3.1　制作静态的遮罩合成效果

本节将利用一个遮罩图像素材，以及两个视频素材，制作一个静态的遮罩合成效果，即遮罩区固定在屏幕的一个位置上。

制作静态的遮罩合成效果的操作步骤如下。

Step 1　打开练习文件(光盘：..\Example\Ch10\10.3.1.prproj)，从【项目】面板的素材区上选择【婚礼片段 04.avi】素材，然后将此素材加到【视频 1】轨道上，并与上段素材的出点连接，如图10.53所示。

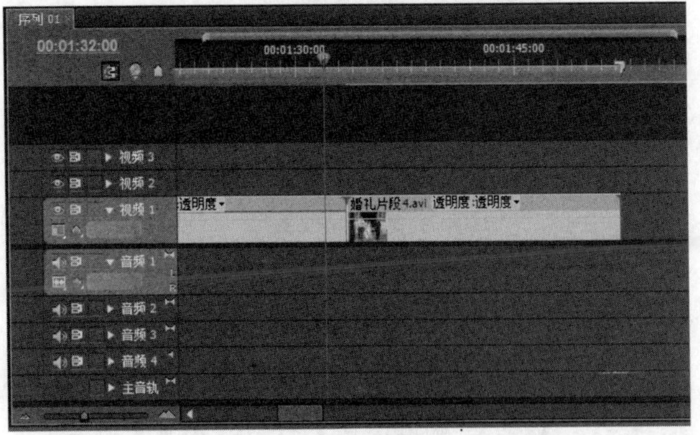

图10.53 将素材加入视频轨道

在【项目】面板的素材区上单击鼠标右键，然后选择【导入】命令，打开【导入】对话框，选择【遮罩图 1.jpg】素材，接着单击【打开】按钮，如图10.54所示。

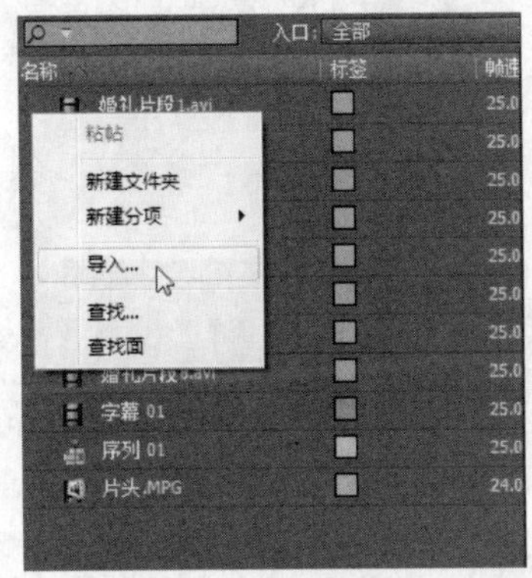

图10.54 导入遮罩图像素材

分别将【遮罩图 1.jpg】素材与【婚礼片段 3.avi】素材加入【视频3】轨道和【视频2】轨道，接着修剪【婚礼片段 3.avi】素材，如图10.55所示。

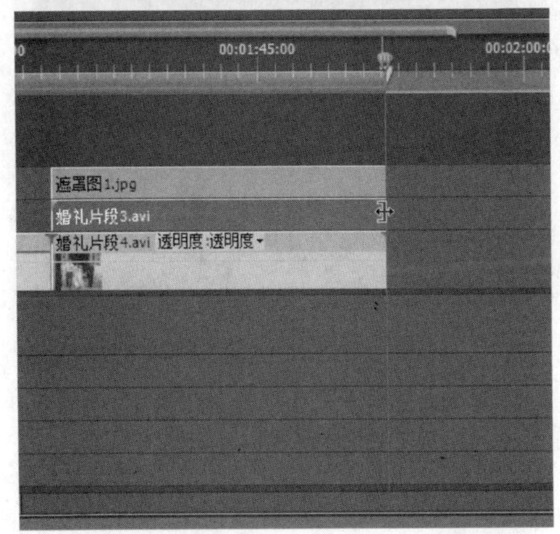

图10.55 加入素材至轨道并修剪素材

从【节目】窗口的监视器上选择图像素材，然后缩小其尺寸并放置在屏幕的右下角，如图10.56所示。

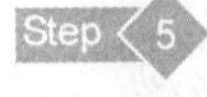

继续从【节目】窗口的监视器上选择【婚礼片段 3.avi】素材，然后缩小该素材的尺寸并放置在遮罩图像素材的位置，如图10.57所示。

打开【效果】面板，然后选择【轨道遮罩键】效果，并将此效果应用到【婚礼片段 3.avi】素材上，如图10.58所示。

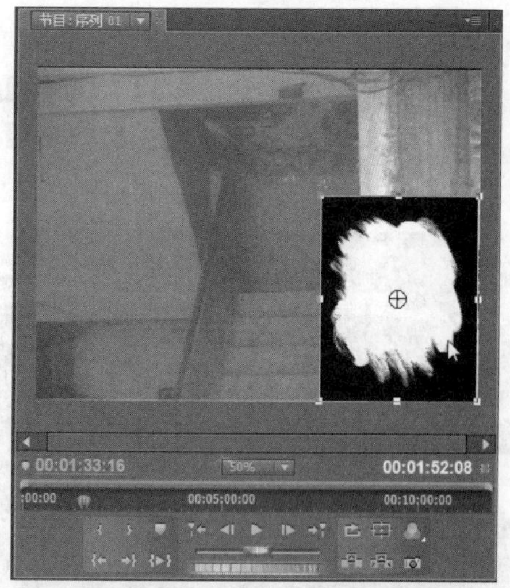

图 10.56　调整遮罩图像的尺寸和位置

图 10.57　调整视频素材的尺寸和位置

图 10.58　应用【轨道遮罩键】特效

Step 7　打开【特效控制台】面板，再打开【轨道遮罩键】列表，分别设置特效的【遮罩】和【合成方式】选项，如图 10.59 所示。

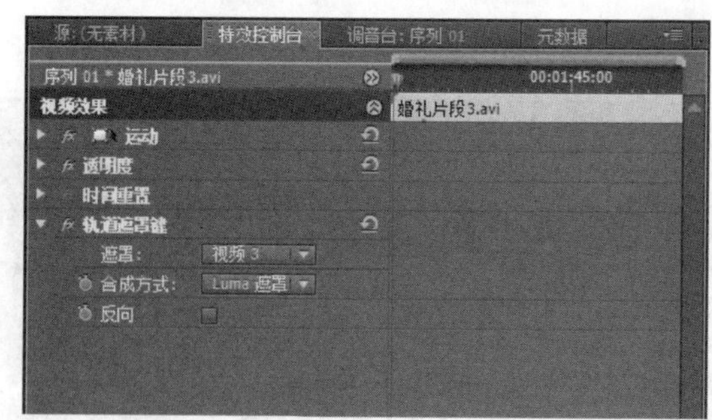

图 10.59　设置效果的选项

Step 8　此时可以在【节目】窗口的控制面板上单击【播放-停止切换】按钮，预览影片合成的效果，如图 10.60 所示。

图 10.60　预览合成的效果

10.3.2 制作移动的遮罩合成效果

上例制作的遮罩合成是固定在一个位置上，现在我们来制作可以移动的遮罩合成效果，即让遮罩区域按照指定的位置移动。

制作移动的遮罩合成效果的操作步骤如下。

Step 1 打开练习文件(光盘：..\Example\Ch10\10.3.2.prproj)，在【项目】面板的素材区上单击鼠标右键，然后选择【导入】命令，打开【导入】对话框，选择【遮罩图 2.jpg】图像素材，最后单击【打开】按钮，如图 10.61 所示。

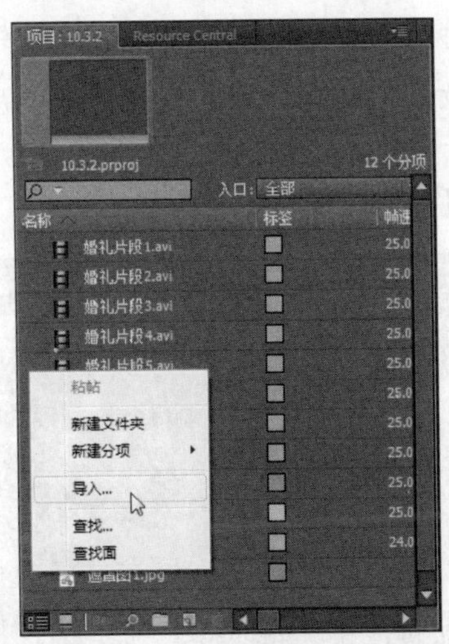

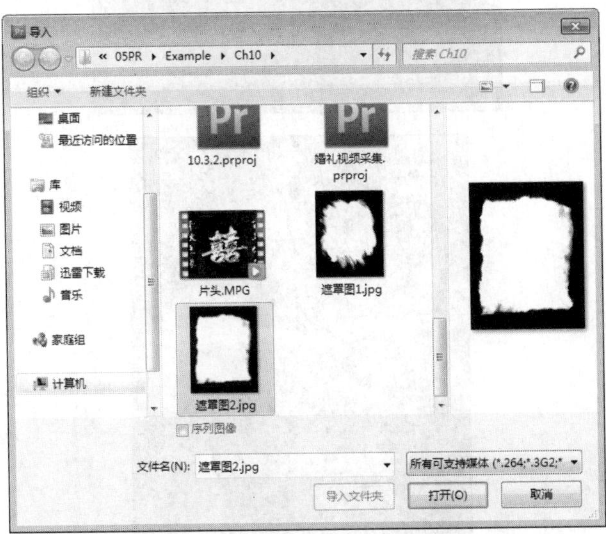

图 10.61 导入第二个遮罩图像素材

Step 2 分别将【婚礼片段 5.avi】素材、【婚礼片段 6.avi】素材和【遮罩图 2.jpg】素材加入【视频 1】、【视频 3】轨道和【视频 2】轨道，并适当调整遮罩图素材的持续时间，如图 10.62 所示。

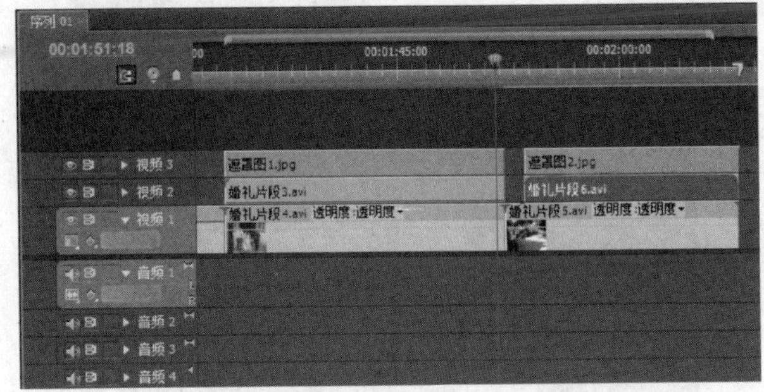

图 10.62 将素材装配到序列

Step 3 打开【效果】面板，然后从【视频切换】列表中选择【附加叠化】效果，将切换效果应用在两个视频素材之间，如图 10.63 所示。

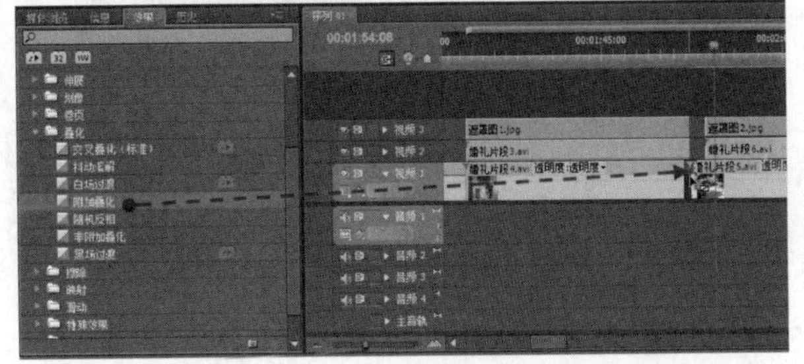

图 10.63 应用视频切换特效

Step 4 打开【特效控制台】面板，然后使用鼠标按住切换编辑点的入点向左拖动，再按住切换编辑点的出点向右拖动，增加切换效果的持续时间，如图 10.64 所示。

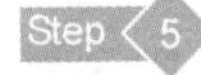

Step 5 通过【节目】窗口的监视器先分别缩小【婚礼片段 6.avi】素材和【遮罩图 2.jpg】素材，然后使用鼠标移到遮罩图像素材的右上角控制点上，当指针变成 时，旋转图像素材，最后将【视频 2】轨道的视频素材移到遮罩图的位置，如图 10.65 所示。

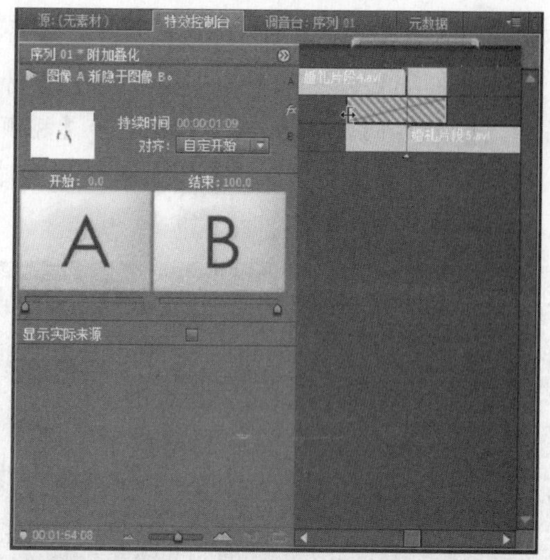

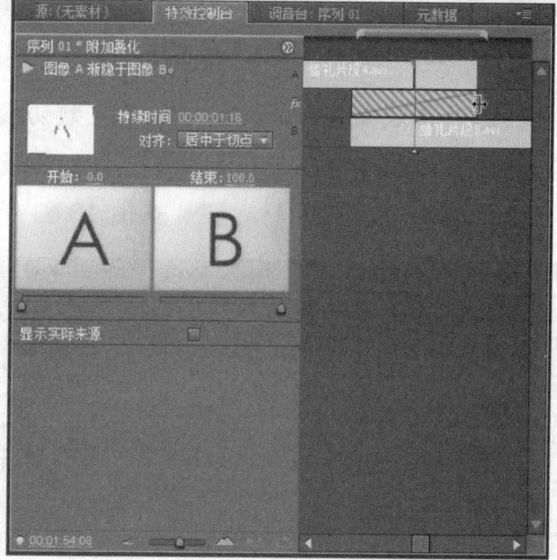

图 10.64　延迟切换特效的持续时间

图 10.65　调整素材的尺寸并旋转遮罩图像素材

图 10.65　调整素材的尺寸并旋转遮罩图像素材(续)

打开【效果】面板，然后选择【轨道遮罩键】效果，将此效果应用到【婚礼片段 6.avi】素材上，接着通过【特效控制台】面板设置【轨道遮罩键】效果选项，如图 10.66 所示。

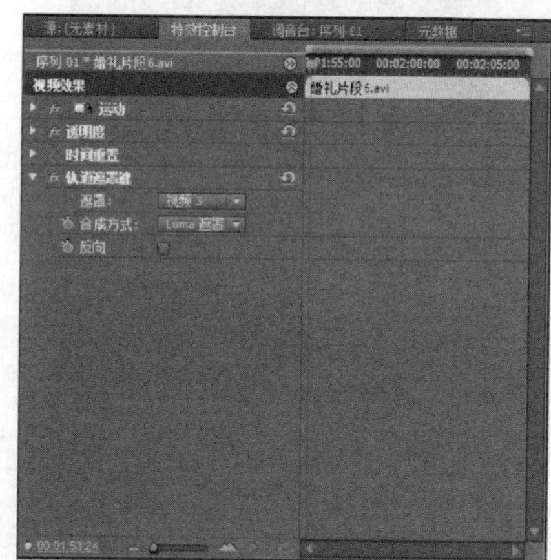

图 10.66　设置效果选项并预览遮罩效果

选择【遮罩图 2.jpg】素材，在【特效控制台】面板中打开【运动】列表，单击【位置】项目前的【切换特效】按钮，接着在素材的入点处添加关键帧，并设置关键帧中素材的位置参数。此时将播放指针移到素材出点并添加关键帧，再设置关键帧中素材的位置参数，如图 10.67 所示。

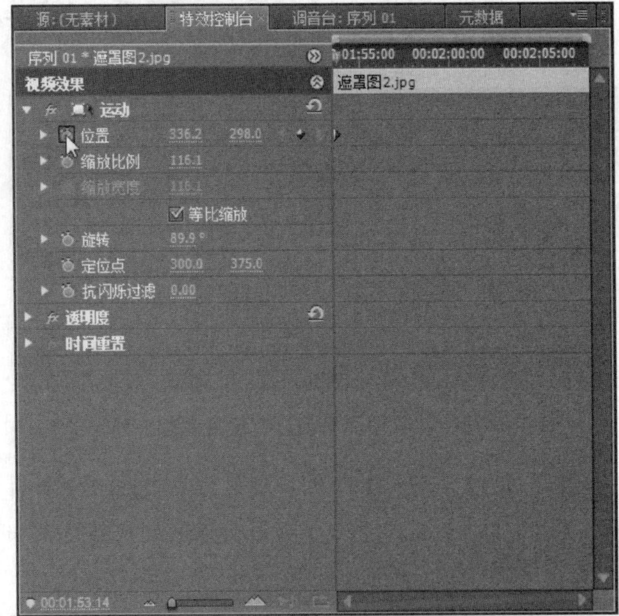

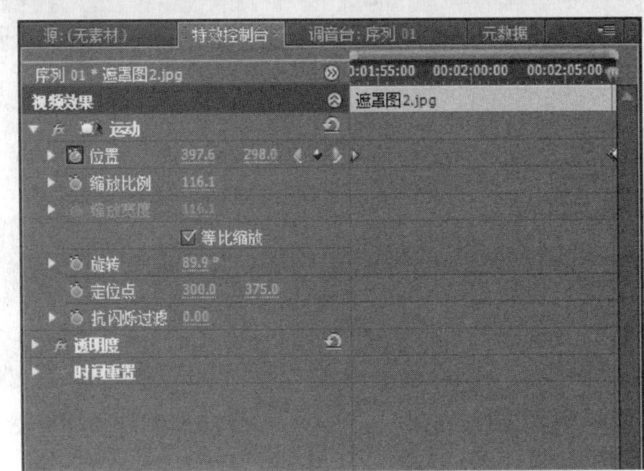

图 10.67　制作遮罩图素材位置移动的效果

选择【婚礼片段 6.avi】素材，在【特效控制台】面板中打开【运动】列表，单击【位置】项目前的【切换特效】按钮，接着在素材的入点处添加关键帧，并设置关键帧中素材的位置参数。此时将播放指针移到素材出点并添加关键帧，再设置关键帧中素材的位置参数，如图 10.68 所示。

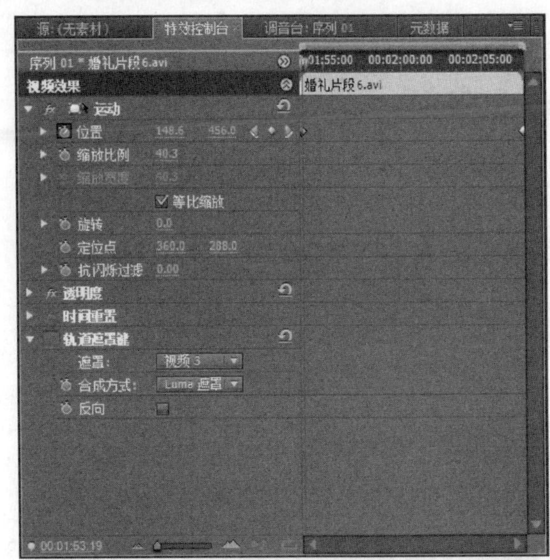

图 10.68　制作视频素材位置移动的效果

说明

步骤 7 和步骤 8 的目的是为遮罩图像素材和被遮罩的视频素材设置入点和出点的位置。其中入点是素材的位置在屏幕左下方，出点是素材的位置在屏幕右下方。经过这样的设置，播放序列时，遮罩片段就会产生从左向右移动的效果。

此时可以在【节目】窗口的控制面板上单击【播放-停止切换】按钮，预览影片的效果。用户可以在窗口中看到遮罩片段从屏幕左边移动到右边，如图 10.69 所示。

图 10.69　预览遮罩片段移动的效果

10.3.3　制作融合重叠和模板的字幕

本例将利用一个已经配好音的视频素材与婚礼视频素材重叠，并设置素材的透明度，制作出视频融合的重叠效果。接着新建基于模板的字幕，并将字幕放置在影片下方。

制作融合重叠和模板字幕的操作步骤如下。

Step 1　打开练习文件(光盘：..\Example\Ch10\10.3.3.prproj)，通过【项目】面板分别将【婚礼片段 7.avi】素材和【婚礼片段 8.avi】素材加入【视频 1】轨道上，并与前段素材连接在一起，如图 10.70 所示。

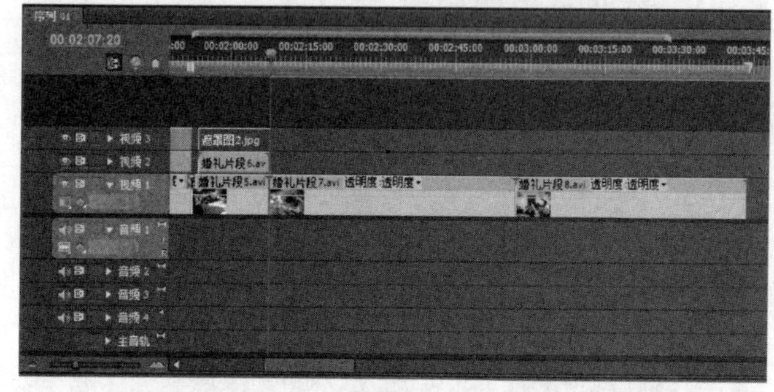

图 10.70　将其他两个婚礼片段视频加入轨道

Step 2　通过【效果】面板，分别为素材连接处应用【缩放拖尾】和【页面剥落】切换特效，如图 10.71 所示。

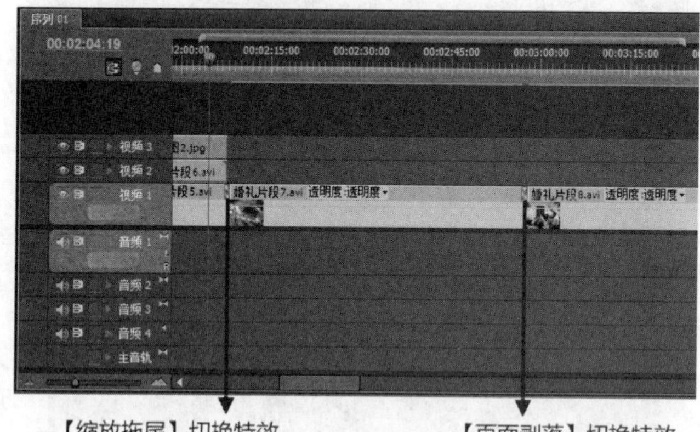

图 10.71　应用视频切换特效

在【项目】面板的素材区上单击鼠标右键，然后选择【导入】命令，打开【导入】对话框，选择【合成片.MPG】素材，接着单击【打开】按钮，如图 10.72 所示。

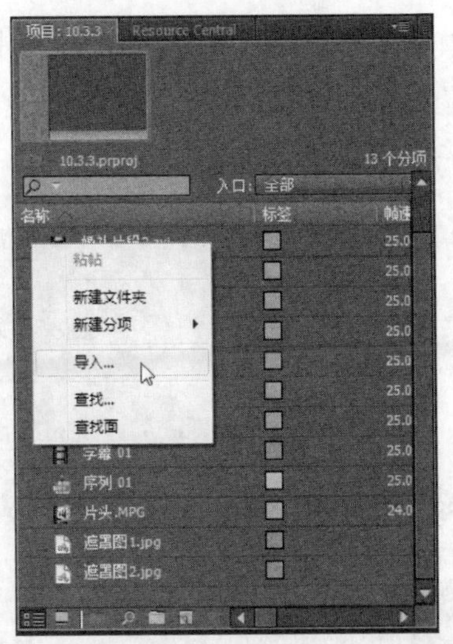

图 10.72 导入配好音的视频素材

Step 4 将【合成片.MPG】素材拖到【视频 2】轨道上，然后向左拖动素材出点，修剪素材，如图 10.73 所示。

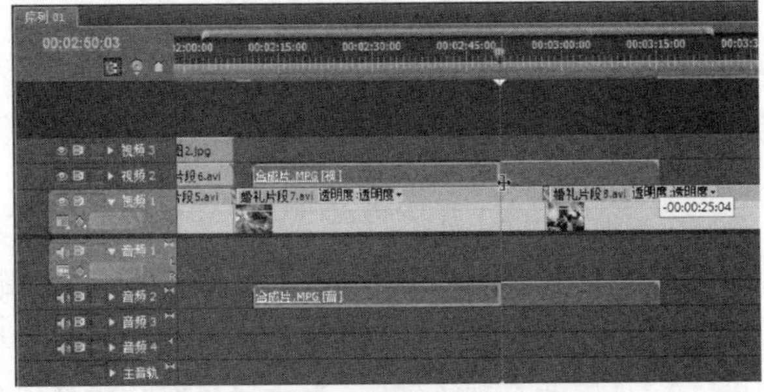

图 10.73 将素材加入轨道并修剪

Step 5 打开【效果】面板，再打开【视频特效】列表，然后选择【羽化边缘】效果，并将此效果应用到【合成片.MPG】素材上，如图 10.74 所示。

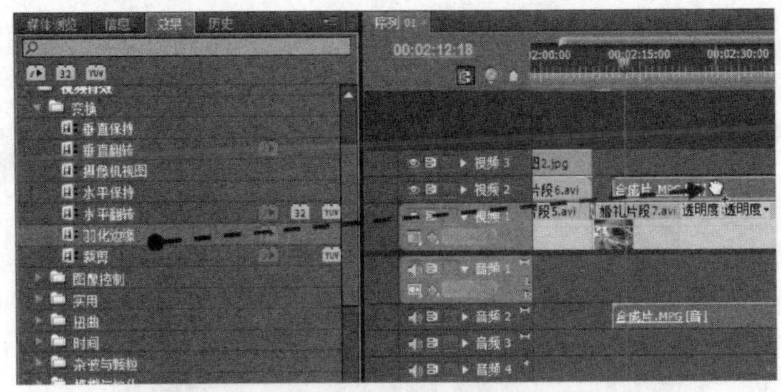

图 10.74 应用视频特效

Step 6 打开【特效控制台】面板，然后打开【羽化边缘】列表，并设置数量为 100，接着打开【透明度】列表，并设置透明度为 40.0%，如图 10.75 所示。

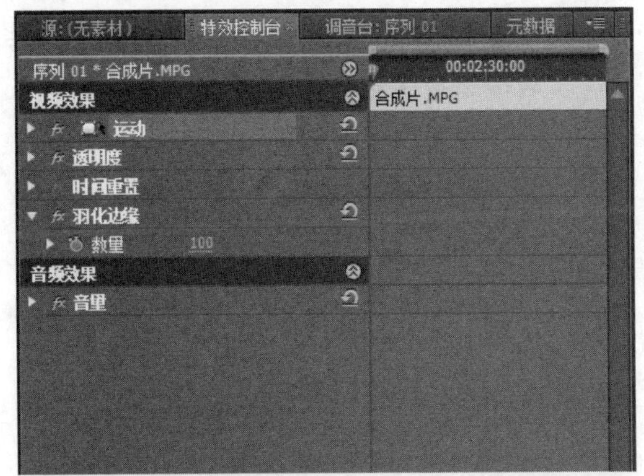

图 10.75 设置羽化边缘参数和透明度参数

Step 7 此时从【节目】窗口中选择【合成片.MPG】素材，再拖动控制点，以扩大素材尺寸，如图 10.76 所示。

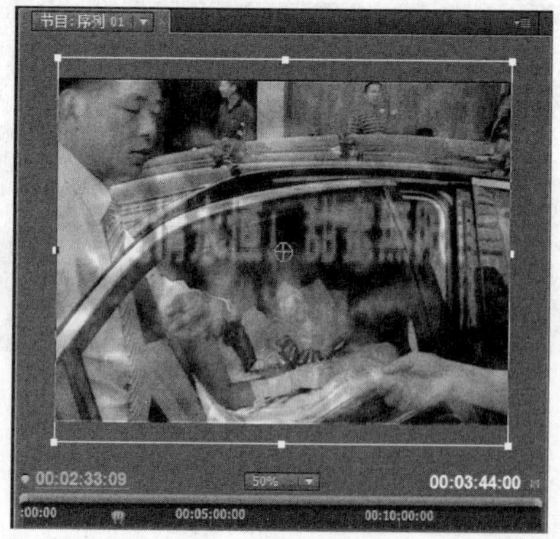

图 10.76 扩大素材的尺寸

Step 8 打开【字幕】菜单，然后选择【新建字幕】|【基于模板】命令，打开【模板】对话框后，选择【周年纪念_屏下三分一】模板，再单击【确定】按钮，如图 10.77 所示。

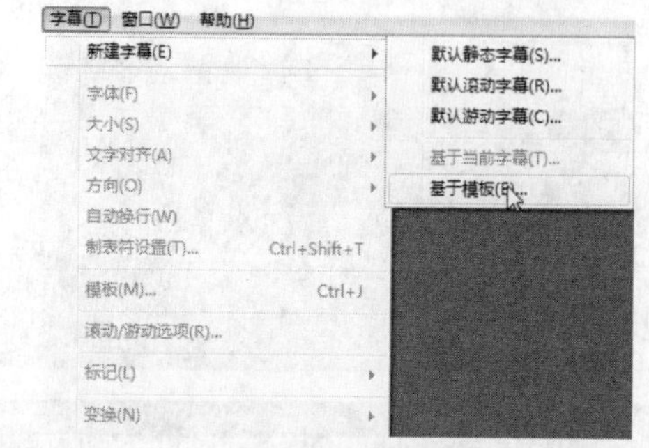

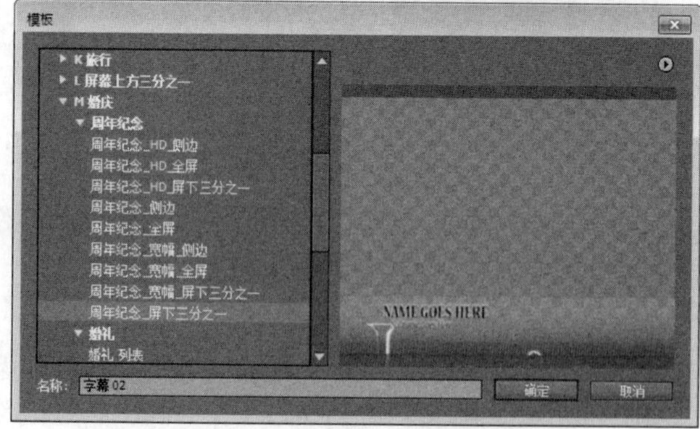

图 10.77 新建基于模板的字幕

Step 9 打开【字幕设计器】窗口，使用【输入工具】T，修改预设文字的内容，并更改文字的字体和大小，如图 10.78 所示。

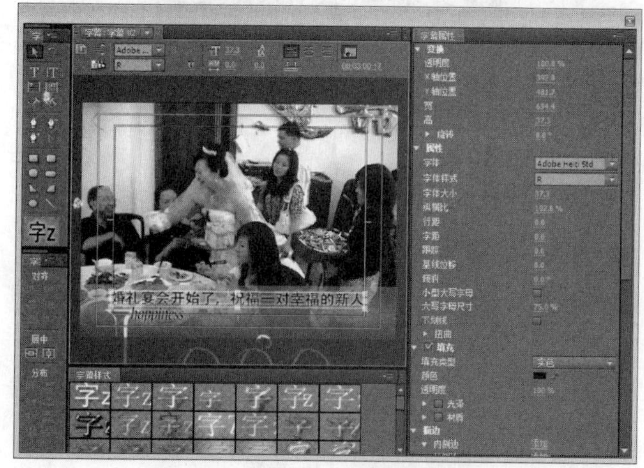

图 10.78 修改文字内容和属性

Step 10 选择模板预设的 Logo 图形框(在文字下方)，然后按 Delete 键，删除这个图形，最后关闭【字幕设计器】窗口，如图 10.79 所示。

图 10.79 删除图形并关闭窗口

Step 11 通过【项目】面板将字幕素材拖到【视频 2】轨道上，并对齐最后一段视频素材的入点，如图 10.80 所示。

Step 12 选择【婚礼片段 8.avi】素材，再打开【特效控制台】面板，然后将播放指针移到素材尾段并添加关键帧，接着将播放指针移到素材出点处并添加另外一个关键帧，接着设置第二个关键帧的透明度为 0.0%，制作视频淡出的效果，如图 10.81 所示。

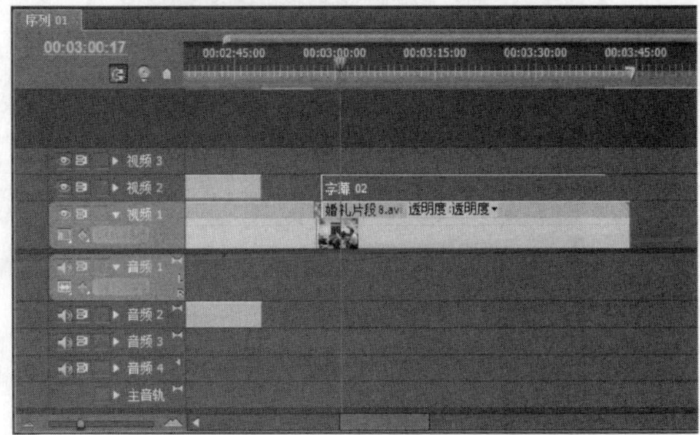

图 10.80　将字幕装配到序列

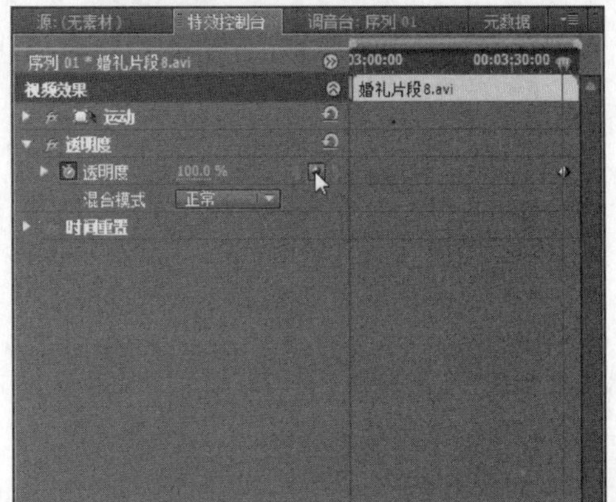

图 10.81　制作最后一段视频淡出的效果

10.3.4　添加背景音乐并导出影片

完成上述的处理后，影片的效果制作基本完成，现在即可为影片添加一个背景音乐，并制作音乐的淡入和淡出效果，最后将影片导出。

添加背景音乐并导出影片的操作步骤如下。

Step 1　打开练习文件(光盘：..\Example\Ch10\10.3.4.prproj)，在【项目】面板的素材区上单击鼠标右键，然后选择【导入】命令，打开【导入】对话框，选择音频素材，最后单击【打开】按钮，如图 10.82 所示。

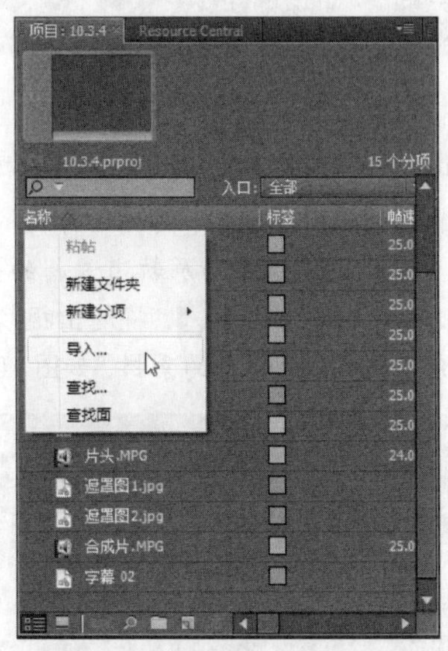

图 10.82　导入音频素材

Step 2　在【项目】面板中选择上一步骤的音频素材，然后将该素材加入到【音频 1】轨道上，如图 10.83 所示。

图 10.83　将音频加入轨道

由于音频素材的持续时间比【视频 1】轨道的素材播放时间短，因此应再次将音频拖到【音频 1】轨道并与原轨道素材的出点连接。选择【剃刀工具】，将超出视频素材部分分割，并删除超出的素材，如图 10.84 所示。

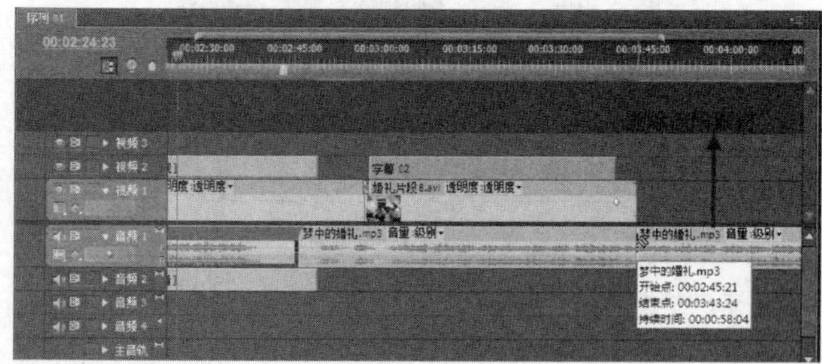

图 10.84　分割音频素材并删除多余的部分

单击【音频 1】轨道名称左侧的【显示素材关键帧】按钮，然后从弹出的菜单中选择【显示轨道音量】选项，接着向下拖动音量线，降低音频的音量，如图 10.85 所示。

按住 Ctrl 键在音频素材前段添加两个关键帧，然后将入点处的关键帧音量设置为 0，让音频产生淡入的效果。使用相同的方法，为最后一段音频素材的出点添加关键帧，并设置出点关键帧的音量为 0，使之产生淡出的效果，如图 10.86 所示。

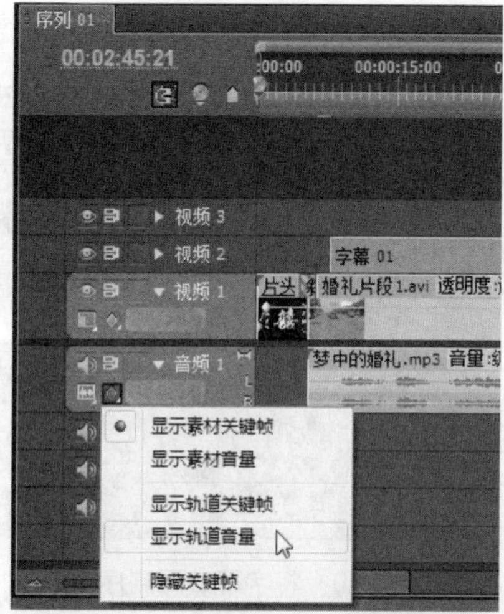

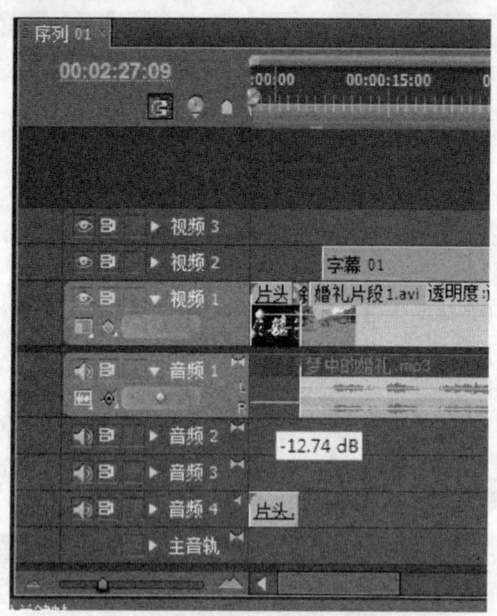

图 10.85　降低【音频 1】轨道的音量

图 10.86　制作音频淡入和淡出效果

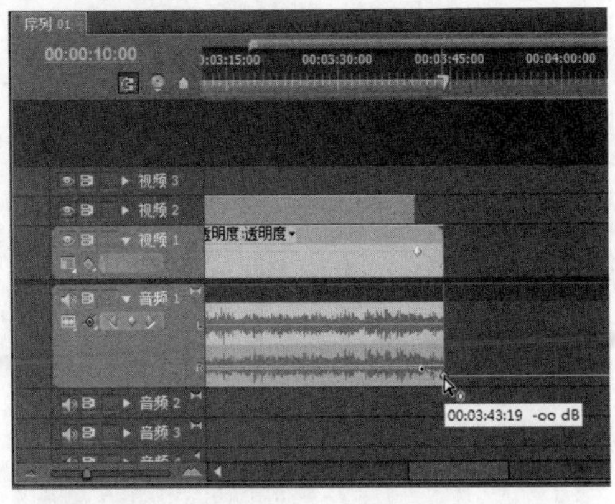

图 10.86　制作音频淡入和淡出效果(续)

此时选择【文件】|【导出】|【媒体】命令，打开【导出设置】窗口，设置输入格式和其他导出选项，如图 10.87 所示。

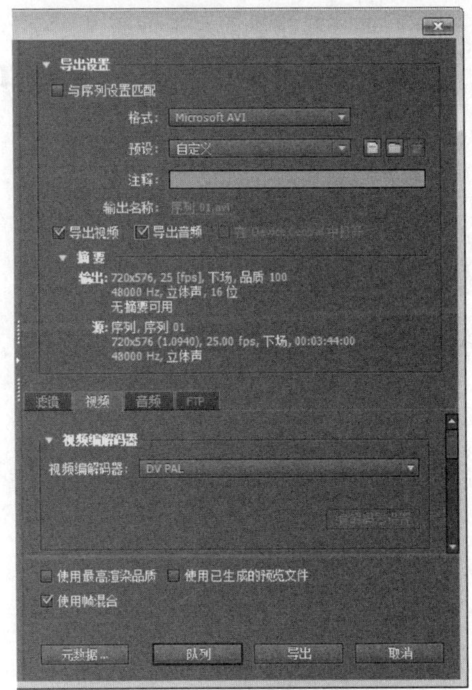

图 10.87　设置导出格式和选项

单击【输出名称】项目右侧的名称，打开【另存为】对话框，设置保存的位置和文件名称，并单击【保存】按钮，最后单击【导出】按钮，将设计结果导出为 AVI 格式的影片，如图 10.88 所示。

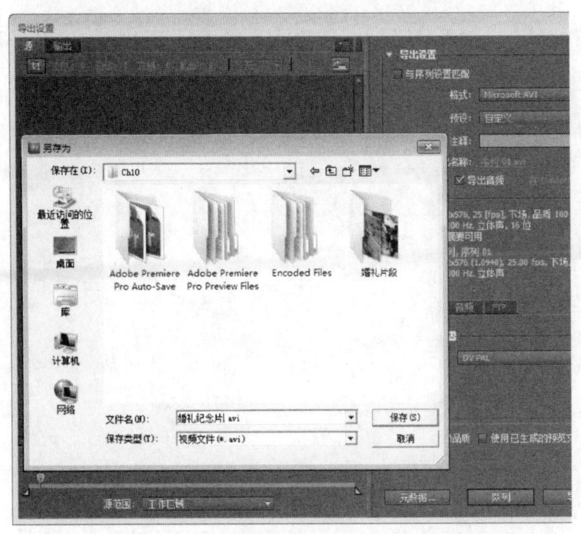

图 10.88　设置文件名称并执行导出处理

10.3.5　将影片刻录成 DVD

将婚礼影片导出成媒体文件后，我们可以将影片刻录成 DVD 光盘，以便让婚礼影片通过 DVD 播放机在电视机上播放。

本例将介绍利用 Windows 7 系统的 Windows DVD Maker 程序，将婚礼影片刻录成 DVD 光盘。

刻录 DVD 光盘的操作步骤如下。

打开系统的【开始】菜单，然后单击【所有程序】选项，从打开的【所有程序】列表中选择 Windows DVD Maker 选项，如图 10.89 所示。

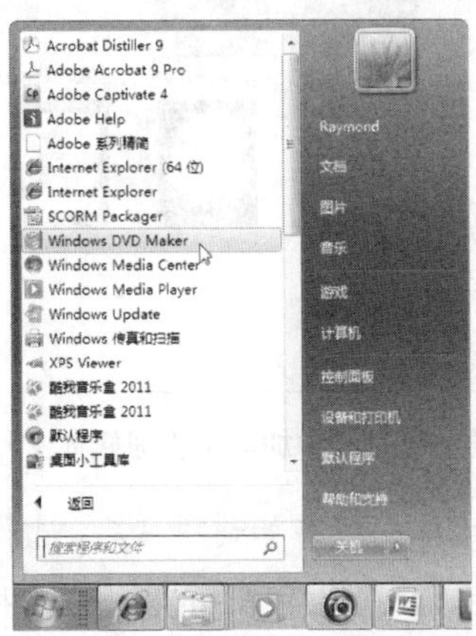

图 10.89　选择 Windows DVD Maker 选项

Step 2 打开 Windows DVD Maker 窗口后，程序默认新建了一个项目文件，此时用户只需单击【添加项目】按钮，如图 10.90 所示。

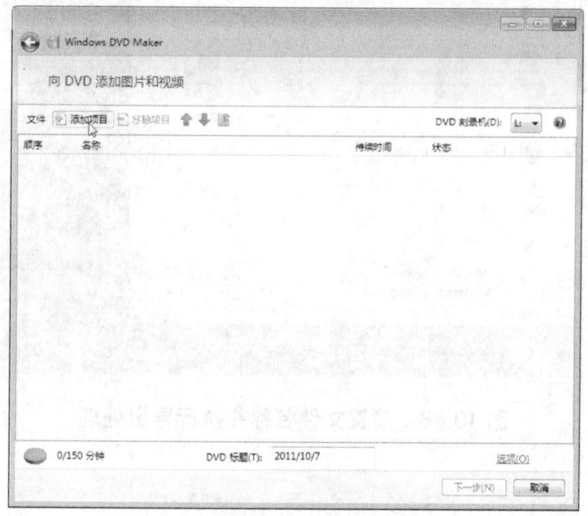

图 10.90 添加项目

Step 3 打开【将项目添加到 DVD】对话框，选择婚礼媒体文件，然后单击【添加】按钮，将此媒体添加到 Windows DVD Maker 程序的项目文件内，如图 10.91 所示。

图 10.91 添加电子相册媒体文件

Step 4 将媒体文件添加到项目后，选择媒体并单击鼠标右键，从打开的快捷菜单中选择【播放】命令，播放电子相册媒体，如图 10.92 所示。

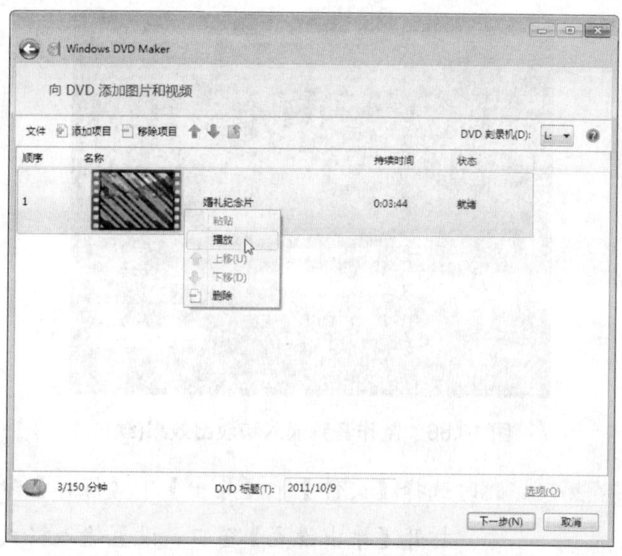

图 10.92 播放电子相册媒体

Step 5 此时单击程序界面右下方的【选项】链接，打开【DVD 选项】对话框，再切换到【DVD-视频】选项卡，设置 DVD 选项，接着单击【确定】按钮，如图 10.93 所示。

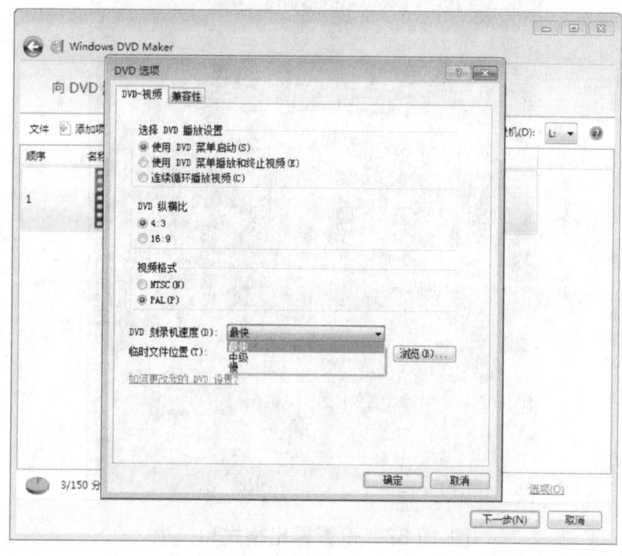

图 10.93 设置 DVD 选项

Step 6 返回程序界面，然后设置 DVD 标题为“最浪漫的婚礼”，接着单击【下一步】按钮，进入下一步操作，如图 10.94 所示。

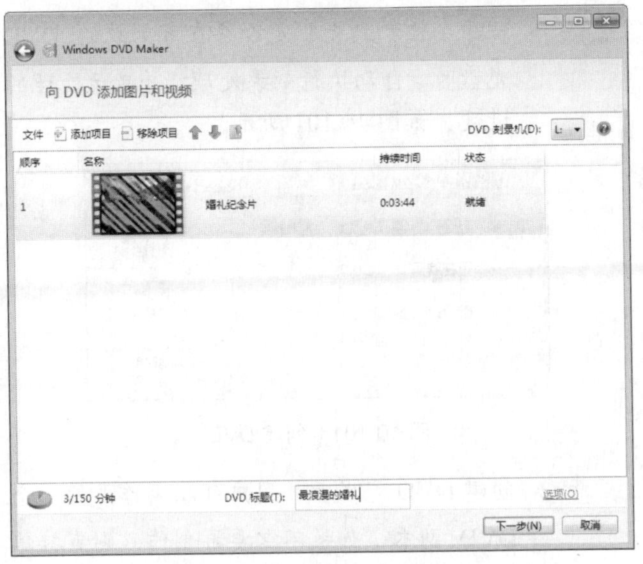

图 10.94　设置 DVD 的标题

Step 7　进入【准备刻录 DVD】设置界面后，从【菜单样式】列表框中选择菜单样式，如图 10.95 所示。

图 10.95　选择菜单样式

Step 8　在【准备刻录 DVD】设置界面上单击【预览】按钮，进入【预览 DVD】界面，预览婚礼 DVD 的播放效果，如图 10.96 所示。

Step 9　预览完成后，单击【确定】按钮，返回【准备刻录 DVD】界面。在界面上方单击【菜单文本】按钮，准备设置播放菜单的文本属性，如图 10.97 所示。

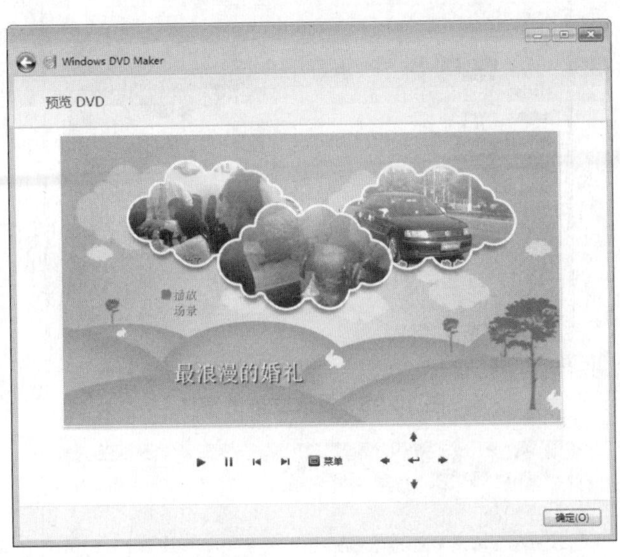

图 10.96　预览 DVD

图 10.97　单击【菜单文本】按钮

Step 10　打开【更改 DVD 菜单文本】界面，选择一种合适的字体样式，接着单击【更改文本】按钮，返回上一层界面，如图 10.98 所示。

Step 11　返回【准备刻录 DVD】界面，单击【刻录】按钮，执行刻录的处理，如图 10.99 所示。

Step 12　此时弹出要求插入光盘的提示框，如图 10.100 所示。用户需要打开光驱，然后将一张可刻录的 DVD 光盘放置到光驱里，并关闭光驱。这样程序会自动检测光驱是否存在可刻录的 DVD 光盘。

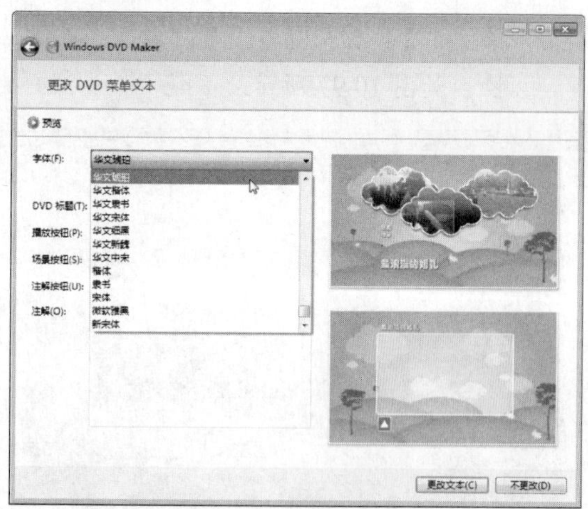

图 10.98　更改文本的字体

图 10.99　单击【刻录】按钮

图 10.100　提示插入光盘

程序会检测到光驱是否存在可刻录的 DVD 光盘时，自动执行刻录处理，并显示处理的进度，如图 10.101 所示。

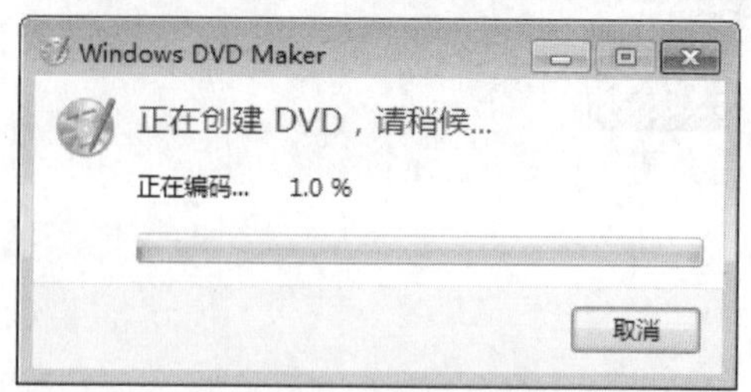

图 10.101　创建 DVD

创建 DVD 完成后，用户可以制作另外一个 DVD 副本，如果不需要再制作，则直接单击【关闭】按钮，如图 10.102 所示。

图 10.102　关闭对话框

此时返回 Windows DVD Maker 程序，并提示是否保存当前项目，单击【是】按钮，如图 10.103 所示。

图 10.103　保存项目

打开【保存项目】对话框，设置文件的名称，然后单击【保存】按钮，如图 10.104 所示。

图 10.104 保存项目文件

10.4 章后总结

本章通过制作一个婚礼记录片的案例，详细介绍了通过 Adobe Premiere Pro CS5 采集 DV 拍摄的婚礼视频和修剪视频，制作视频效果，添加字幕，制作画中画，制作影片遮罩合成效果，以及添加影片背景音乐和导出影片的方法。

10.5 章后实训

本章实训题要求为影片新建一个倒计时片头素材，然后通过【源素材】窗口设置入点和出点，接着将素材以“覆盖”的方式装配到序列开始处，最后在片头素材和婚礼片段之间应用【筋斗过渡】切换特效，效果如图 10.105 所示。

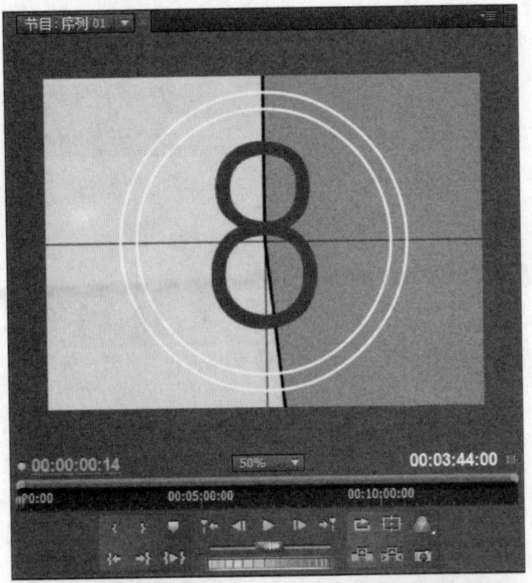

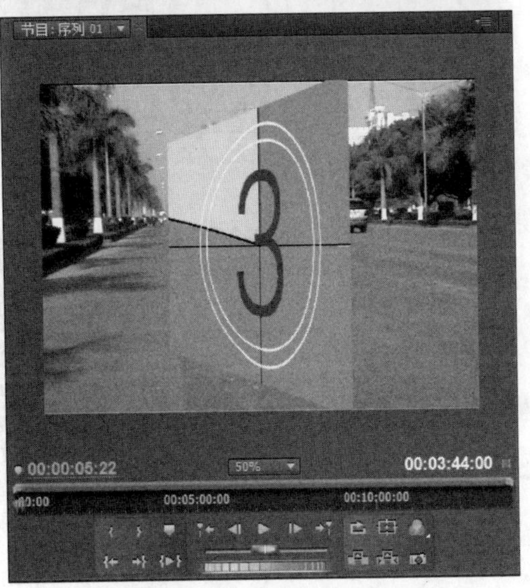

图 10.105 添加倒计时片头的效果

本章实训题的操作流程如图 10.106 所示。

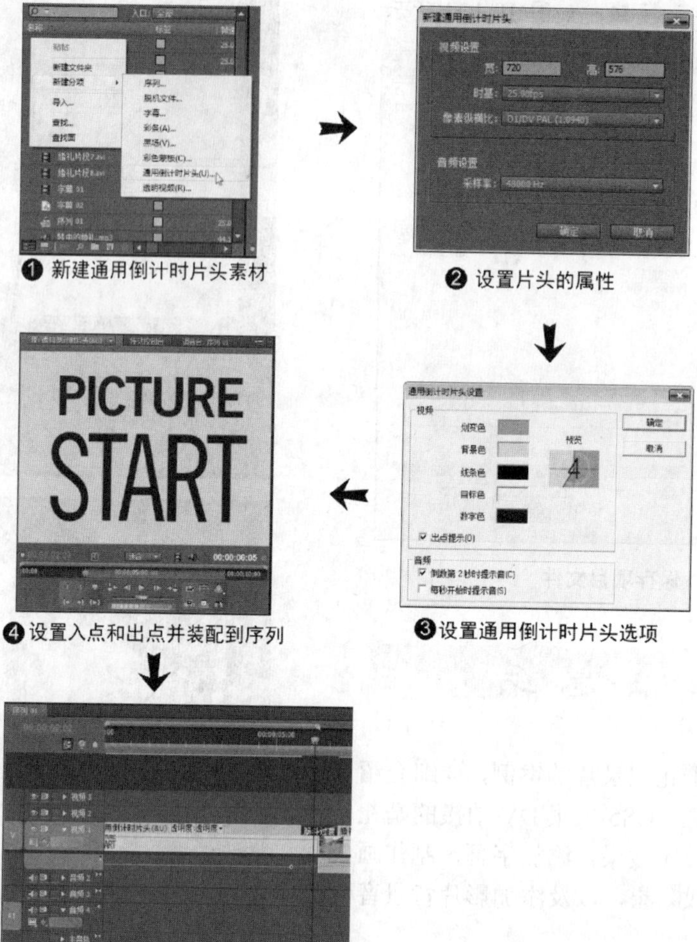

图 10.106　实训题的操作流程

第 11 章

制作旅游电子相册影片

本章学习要点

本章通过制作旅游电子相册影片的案例，综合介绍使用 Adobe Premiere Pro CS5 编辑和设计影片，以及应用电子相册的方法，其中包括导入素材、装配序列、制作切换特效、制作遮罩特效、设计影片字幕、导出影片、刻录影片、设计光盘封面等内容。

11.1　旅游相片的预处理

我们出外旅游，一般都会携带相机去拍照，回来后可以利用 Adobe Premiere Pro CS5 对相片进行后期处理，自己 DIY 电子相册影片。

在制作电子相册影片前，首先要对相片进行一些预处理，例如调整相片大小，为相片加边框等。

11.1.1　录制批处理动作

一般使用数码相机拍摄的相片尺寸都比较大，因此在制作电子相册时需要进行一些基本的处理。

但对大量的相片而言，逐一处理实在太浪费时间了。因此，我们将介绍利用 Adobe Photoshop CS5 的“动作”功能，批量处理相片。

在本例中，首先通过 Adobe Photoshop CS5 录制动作，以便将缩小相片尺寸、为相片设置边框、添加投影等操作记录下来，后续即可利用动作批量处理相片。图 11.1 所示为录制动作的所有操作，图 11.2 所示为将操作应用到相片的结果。

图 11.1　录制的动作

录制批处理动作的操作步骤如下。

Step 1　从数码相机中挑选用于制作电子相册的相片，然后将这些相片放置在一个文件夹内。本例将相片放置在“光盘: ..\Example\Ch11\相片\原相片”文件夹内，如图 11.3 所示。

Step 2　启动 Photoshop CS5，任意挑选一个相片，然后在 Photoshop CS5 中打开，如图 11.4 所示。

图 11.2　动作操作应用在相片的结果

图 11.3　挑选出用于制作相册的相片

图 11.4　打开相片

此时打开【窗口】菜单，然后选择【动作】命令，或者直接按 Alt+F9 快捷键，打开【动作】面板，如图 11.5 所示。

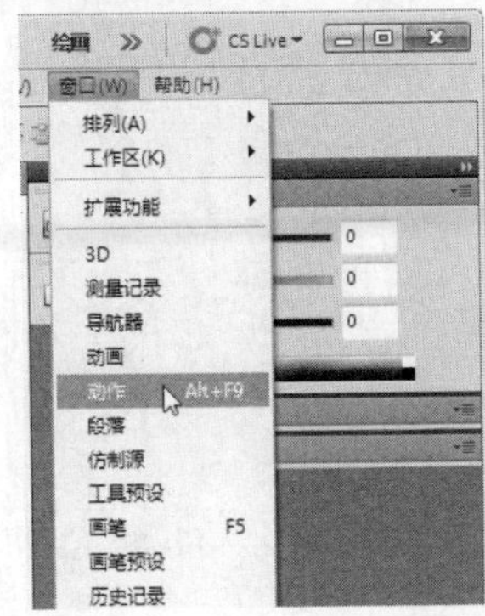

图 11.5 打开【动作】面板

打开【动作】面板后，单击面板下方的【创建新动作】按钮，如图 11.6 所示。

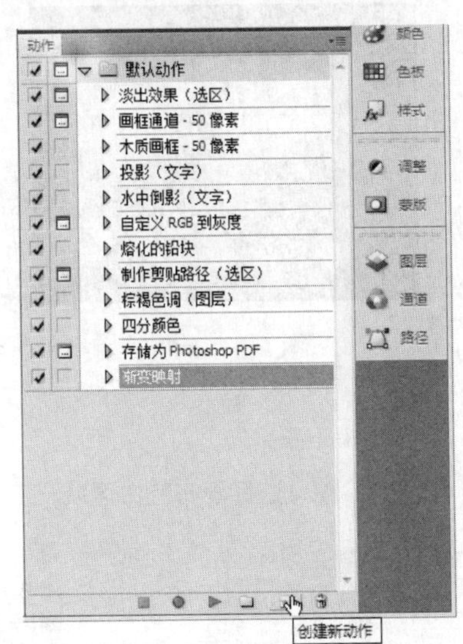

图 11.6 创建新动作

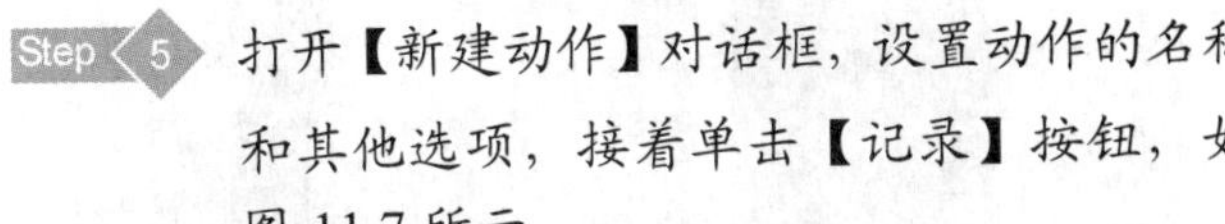

打开【新建动作】对话框，设置动作的名称和其他选项，接着单击【记录】按钮，如图 11.7 所示。

Step 6 此时动作处于记录的状态。打开【图像】菜单，然后选择【图像大小】命令，或者按 Alt+Ctrl+I 快捷键。打开【图像大小】对话框，设置宽度和高度分别为 600 和 450，最后单击【确定】按钮，如图 11.8 所示。

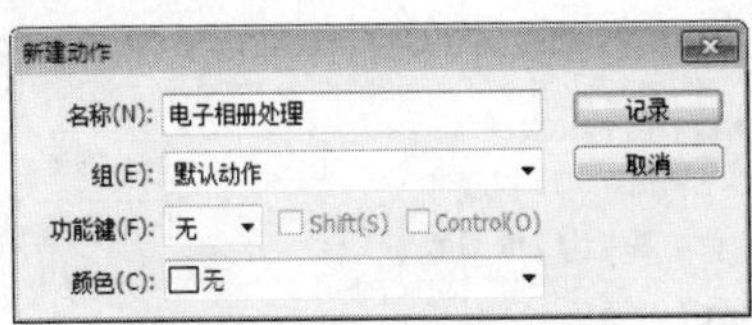

图 11.7 设置动作属性

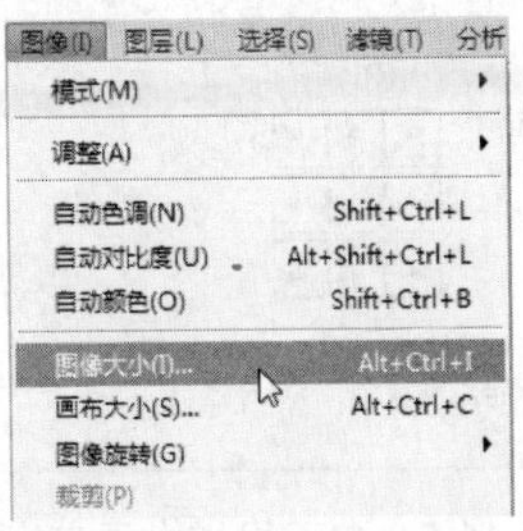

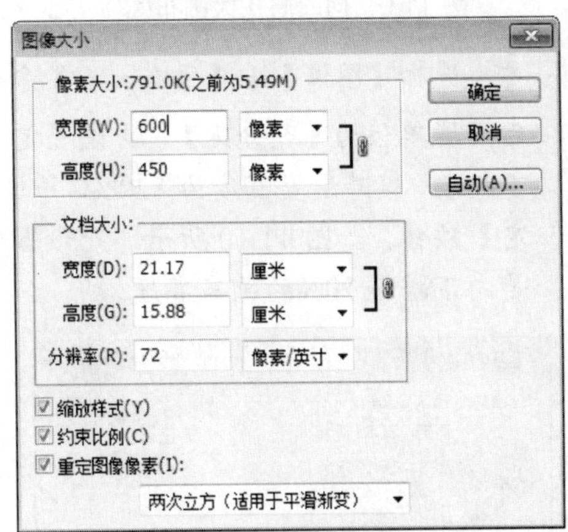

图 11.8 设置图像大小

Step 7 打开【图像】菜单，然后选择【画布大小】命令，接着在【画布大小】对话框中选择单位为【百分比】，再设置宽度和高度均为 102%，最后单击【确定】按钮，如图 11.9 所示。

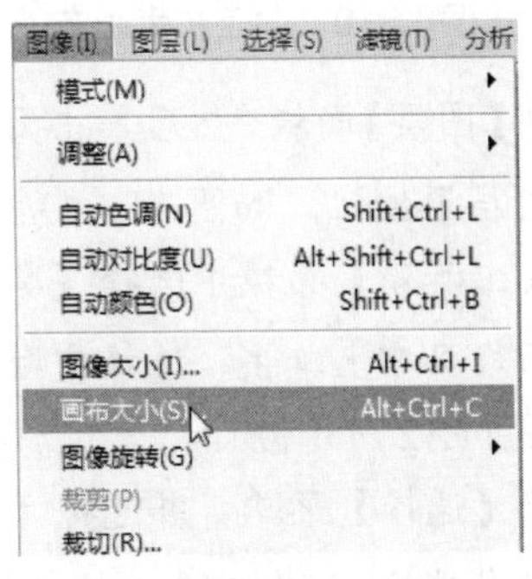

图 11.9 向四周扩大画布

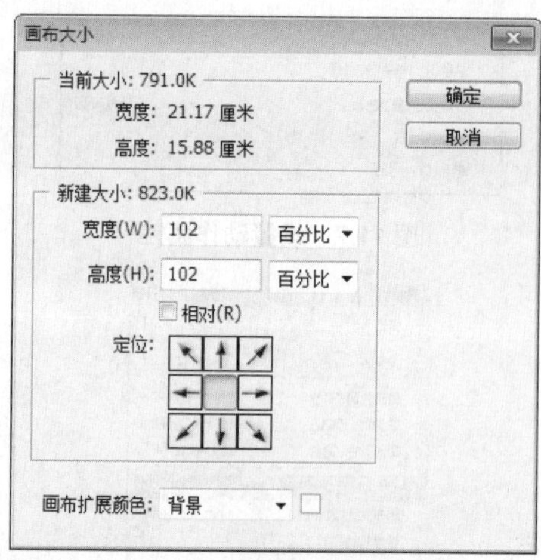

图 11.9　向四周扩大画布(续)

Step 8 再次选择【图像】|【画布大小】命令，然后设置单位为【百分比】，再设置定位为向下扩展，接着设置高度为 120%，并单击【确定】按钮，如图 11.10 所示。此步骤的目的是向下扩展 20%的画布高度。

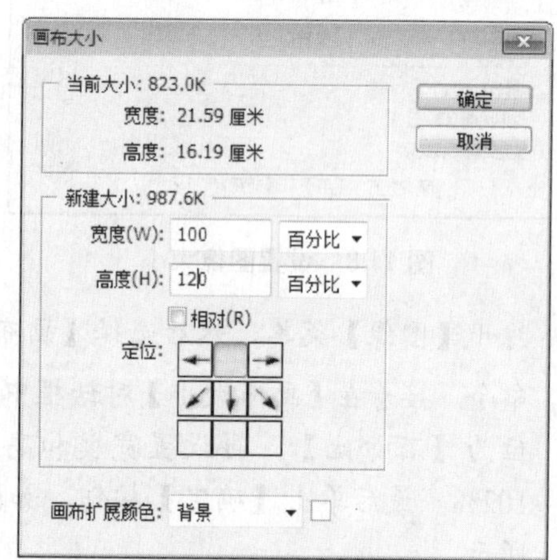

图 11.10　向下扩大画布

Step 9 打开【图层】面板，然后单击面板下方的【新建图层】按钮，如图 11.11 所示。

Step 10 从【工具箱】面板中选择【魔术棒工具】，然后在画布上单击，选择空白的画布区域，如图 11.12 所示。

Step 11 打开【选择】菜单，并选择【反向】命令，或者直接按 Shift+Ctrl+I 快捷键，反向创建选区，如图 11.13 所示。

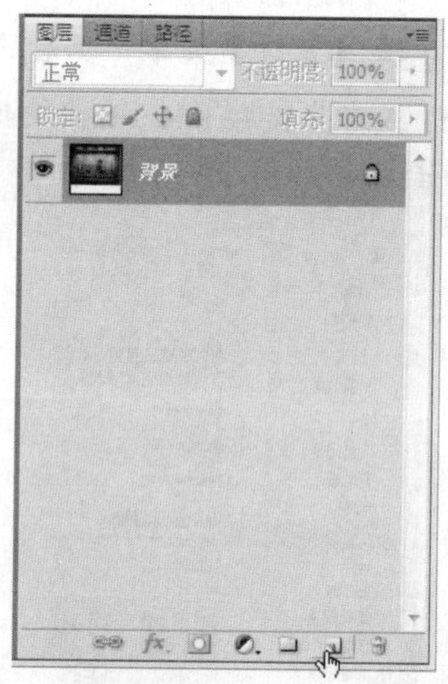

图 11.11　新建图层

图 11.12　选择画布空白区域

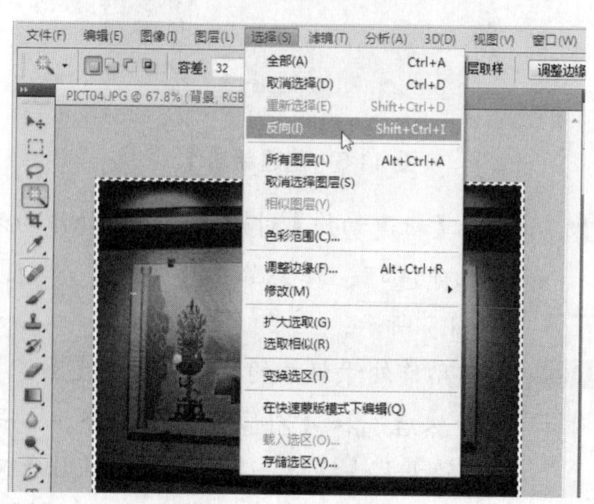

图 11.13　反向创建选区

Step 12 此时相片上的图像被包含在选区内，按 Ctrl+X 快捷键，剪切选区里的图像，如图 11.14 所示。

图 11.14　剪切选区内的图像

Step 13 在【图层】面板中选择新建的图层，然后选择【编辑】|【选择性粘贴】|【原位粘贴】命令(或按 Shift+Ctrl+V 快捷键)，在原位置上将图像粘贴到图层 1，如图 11.15 所示。

图 11.15　原位粘贴图像

Step 14 在【图层】面板中双击图层 1 的缩图，打开【图层样式】对话框，选择【描边】复选框，然后设置描边的大小、不透明度、填充颜色等属性，如图 11.16 所示。

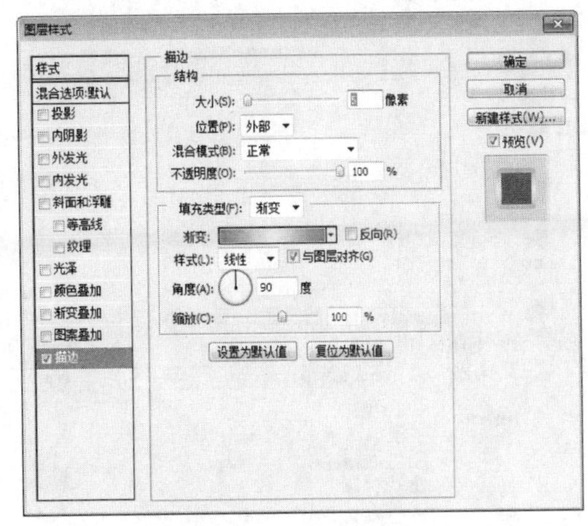

图 11.16　设置描边样式

Step 15 在【图层样式】对话框中选择【投影】复选项，再设置投影的各项属性，接着单击【确定】按钮，如图 11.17 所示。

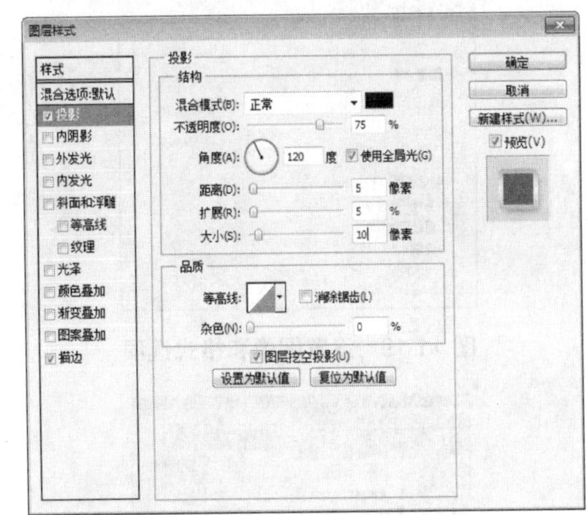

图 11.17　设置投影样式

Step 16 选择【文件】|【存储为】命令，打开【存储为】对话框，设置文件的格式和名称，接着单击【保存】按钮，如图 11.18 所示。

Step 17 此时弹出【JPEG 选项】对话框，设置图像选项和格式选项等属性，接着单击【确定】按钮，完成保存的操作，如图 11.19 所示。

Step 18 返回 Photoshop，在【动作】面板上单击【停止录制】按钮，停止录制动作，如图 11.20 所示。

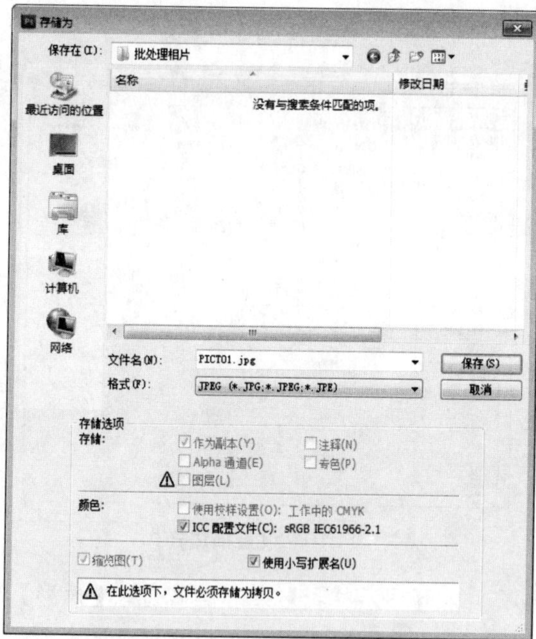

图 11.18　保存编辑后的相片

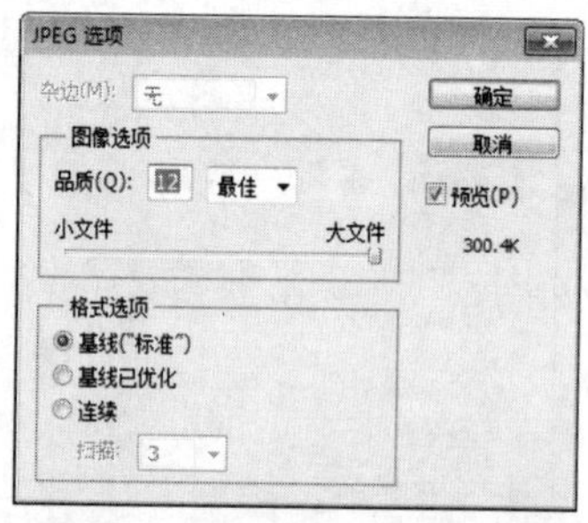

图 11.19　设置图像和格式选项

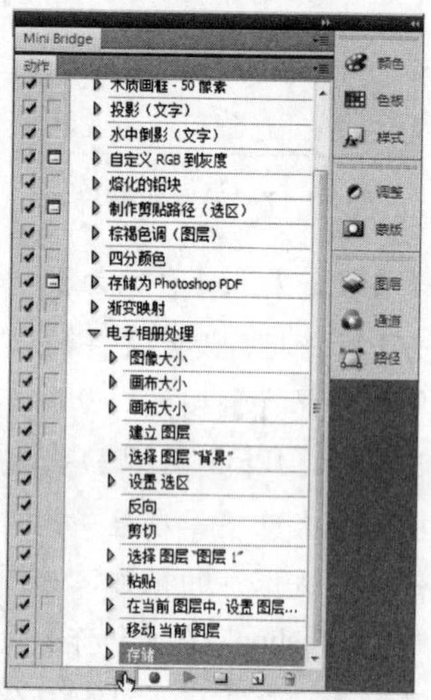

图 11.20　停止录制动作

11.1.2　应用动作批处理相片

录制动作后，即可使用该动作对相片进行批处理，即将动作所包含的操作逐一自动应用到相片上，让相片产生对应的操作结果。图 11.21 所示为批处理相片后的结果。

图 11.21　批处理相片的结果

应用动作批处理相片的操作步骤如下。

Step 1　启动 Photoshop CS5 程序，然后选择【文件】|【自动】|【批处理】命令，如图 11.22 所示。

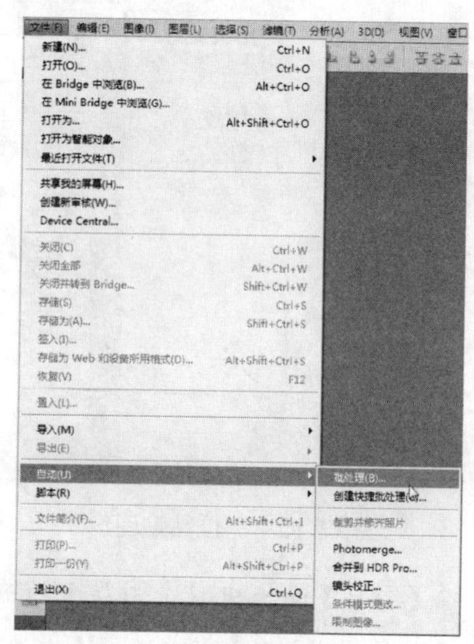

图 11.22　选择【批处理】命令

打开【批处理】对话框，选择动作为上例录制的动作，然后单击【选择】按钮，并从【浏览文件夹】对话框中指定相片来源文件夹，如图 11.23 所示。

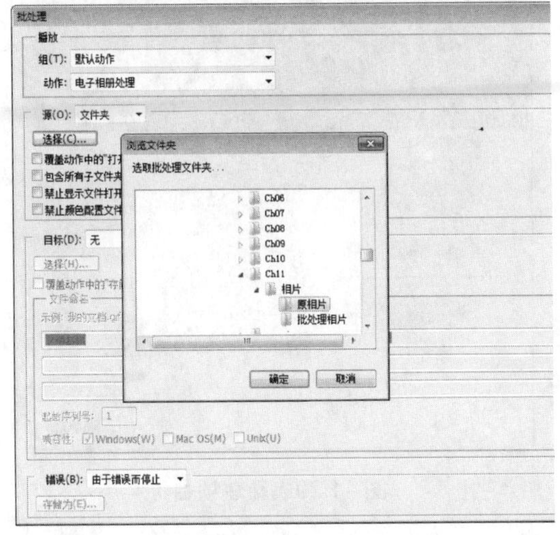

图 11.23　指定动作和来源

选择【目标】选项为【文件夹】，然后单击【选择】按钮，并从【浏览文件夹】对话框中指定用户保存批处理相片所在的文件夹，如图 11.24 所示。

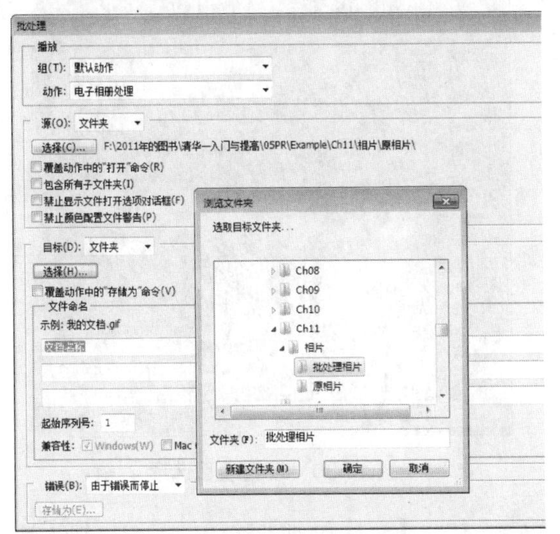

图 11.24　指定目标文件夹

此时在【文件命名】选项组中指定第一个选项为【文件名称】，第二个选项为【扩展名(小写)】，如图 11.25 所示。

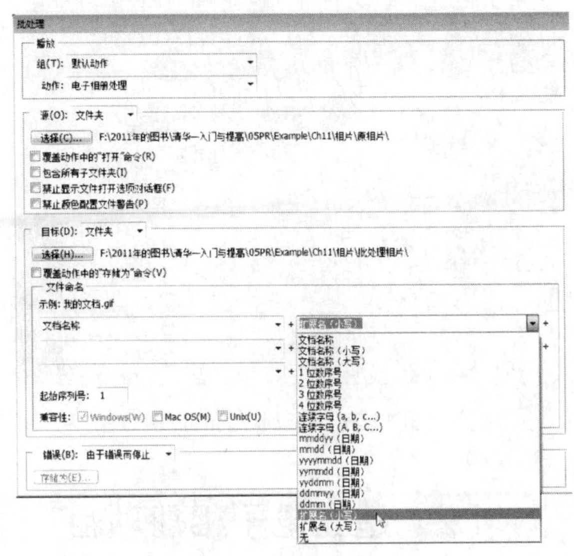

图 11.25　设置文件命名规则

分别选择【禁止显示文件打开选项对话框】复选框、【禁止颜色配置文件警告】复选框和【覆盖动作中的“存储为”命令】复选框，最后单击【确定】按钮，如图 11.26 所示。

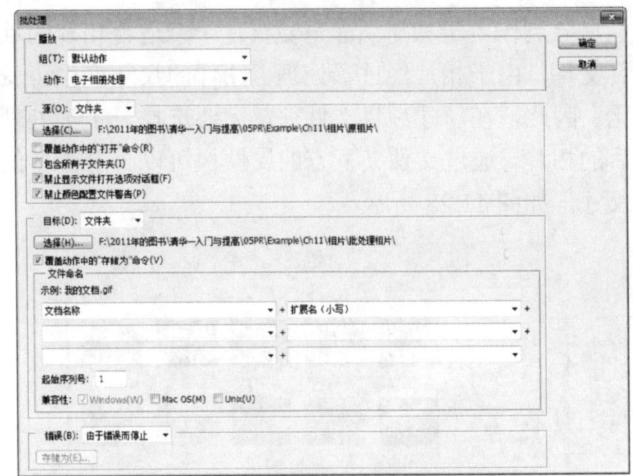

图 11.26　设置选项并执行批处理

此时 Photoshop 将自动对来源文件夹中所有的相片应用动作进行自动化处理。用户可以在【动作】面板中看到动作中每个操作自动播放到图像的过程，如图 11.27 所示。

图 11.27　自动执行批处理

11.2　建立电子相册项目

处理好相片素材后，即可通过 Adobe Premiere Pro CS5 来制作电子相册。

11.2.1　新建项目并导入相片

要制作电子相册，首先要新建一个适合相片的项目文件。由于相片经过了处理，图像的尺寸产生了变化。因此，在新建项目文件前，需要选择一个被处理后的相片，通过文件夹下方的属性栏可以查看图像的尺寸，如图 11.28 所示。

图 11.28　查看图像的尺寸

新建项目并导入相片的操作步骤如下。

Step 1　启动 Adobe Premiere Pro CS5，然后在欢迎窗口中单击【新建项目】按钮，如图 11.29 所示。

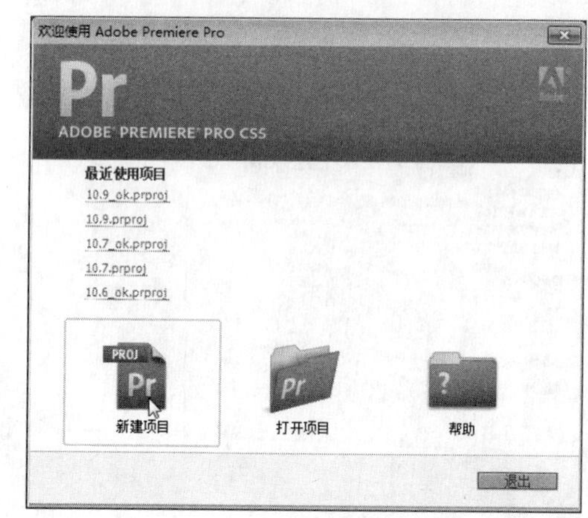

图 11.29　新建项目

Step 2　打开【新建项目】对话框，指定文件保存的位置和名称，再设置其他常规选项，接着单击【确定】按钮，如图 11.30 所示。

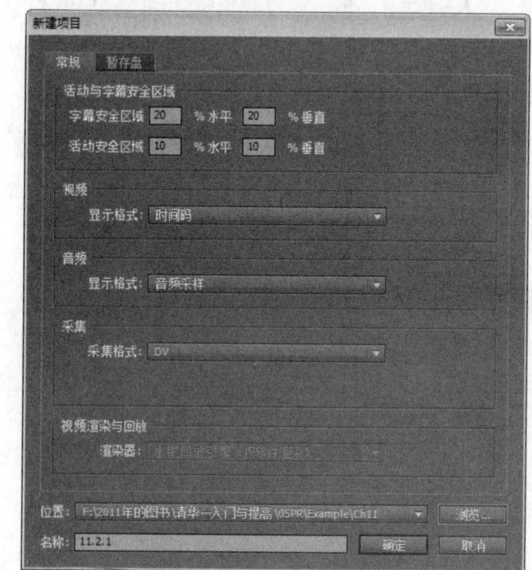

图 11.30　设置项目选项

Step 3　打开【新建序列】对话框，切换到【序列预设】选项卡，再选择一种预设的序列类型，如图 11.31 所示。

Step 4　在【新建序列】对话框中切换到【常规】选

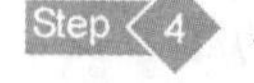

项卡，然后根据图像的尺寸设置视频画面的大小，设置后单击【重置】按钮重置预览尺寸，最后单击【确定】按钮，如图 11.32 所示。

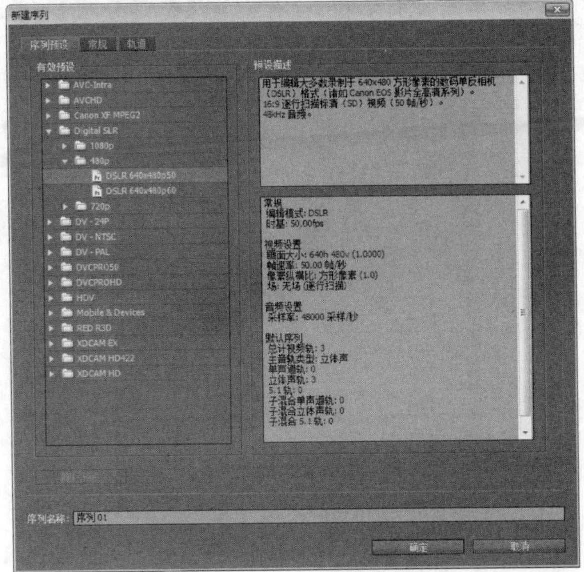

图 11.31　选择预设的序列

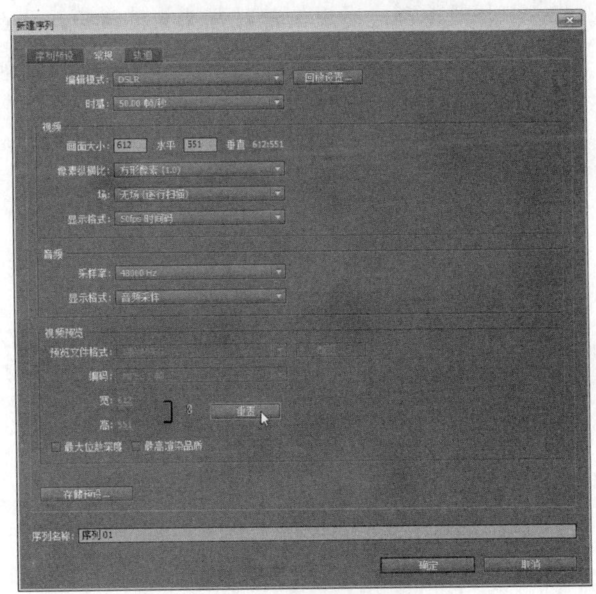

图 11.32　设置序列常规选项

Step 5 新建项目后，在【项目】面板的素材区上单击鼠标右键，然后从快捷菜单中选择【导入】命令，如图 11.33 所示。

Step 6 打开【导入】对话框，打开经过处理的相片所在的文件夹，然后按 Ctrl+A 快捷键选择所有相片，再单击【打开】按钮，如图 11.34 所示。导入的相片全部显示在【项目】面板中，如图 11.35 所示。

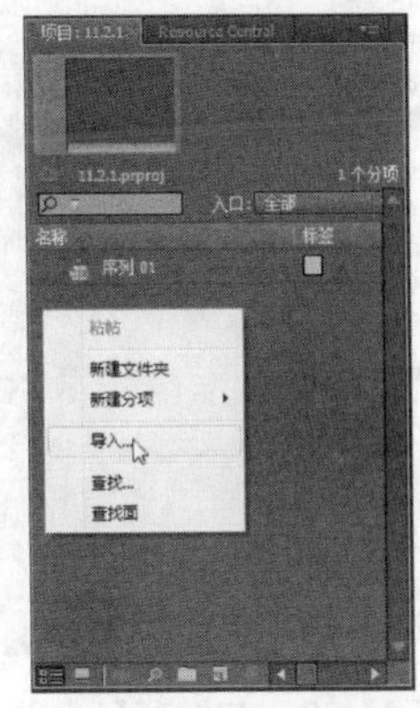

图 11.33　导入素材

图 11.34　导入所有相片

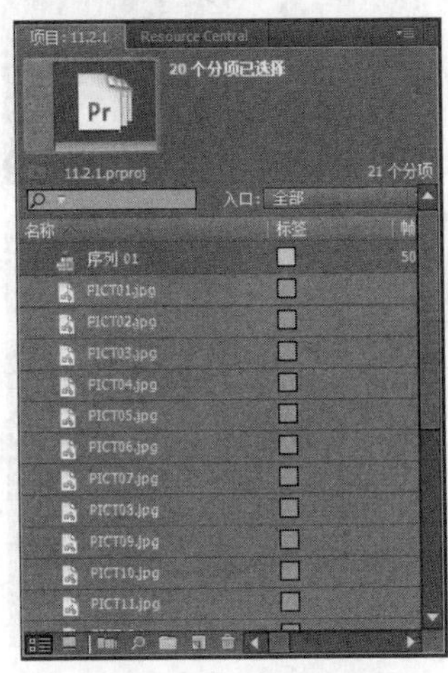

图 11.35　导入相片的结果

此时选择【文件】|【存储】命令，存储项目文件即可，如图 11.36 所示。

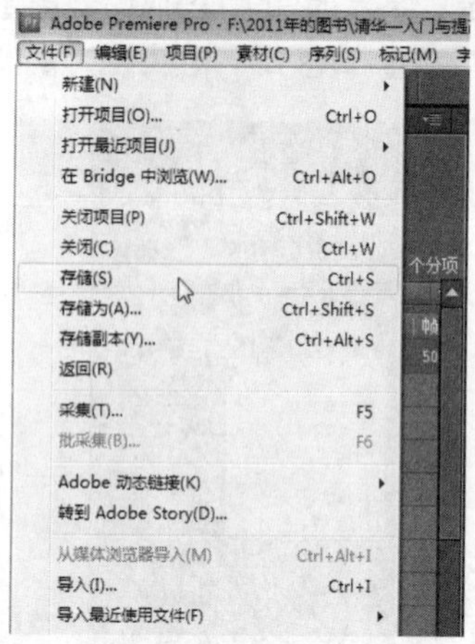

图 11.36　存储项目文件

11.2.2　制作通用倒计时片头

本例将为电子相册影片制作一个倒计时片头。此片头的制作很简单，只需新建一个通用倒计时片头视频素材，然后设置片头素材的相关属性即可。图 11.37 所示为片头的效果。

图 11.37　倒计时片头

制作通用倒计时片头的操作步骤如下。

Step 1　打开练习文件(光盘：..\Example\Ch11\11.2.2.prproj)，在【项目】面板的素材区上单击鼠标右键，然后选择【新建分项】|【通用倒计时片头】命令，如图 11.38 所示。

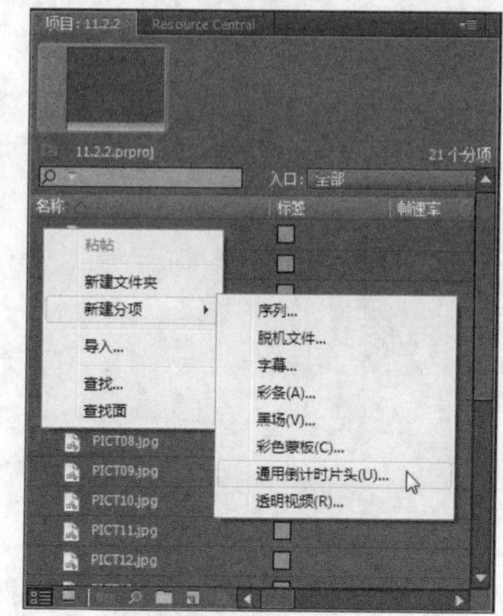

图 11.38　新建通用倒计时片头素材

打开【新建通用倒计时片头】对话框，设置视频的尺寸，然后单击【确定】按钮，如图 11.39 所示。

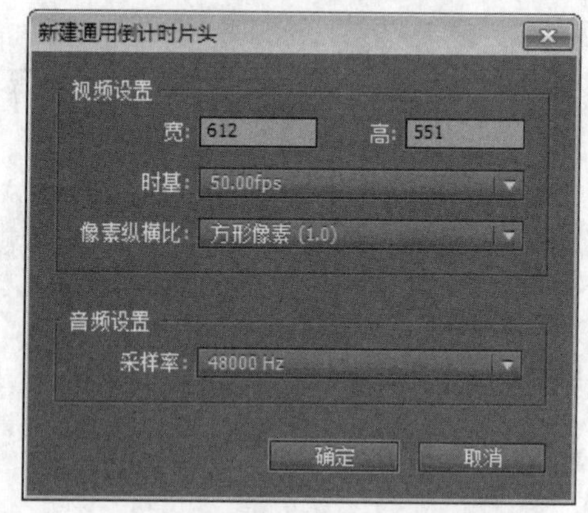

图 11.39　设置片头视频的尺寸

打开【通用倒计时片头设置】对话框，单击【划变色】选项的色块，然后从【颜色拾取】对话框中选择一种颜色，再单击【确定】按钮插入，如图 11.40 所示。

单击【线条色】选项的色块，然后从【颜色

拾取】对话框中选择一种颜色，再单击【确定】按钮，如图 11.41 所示。

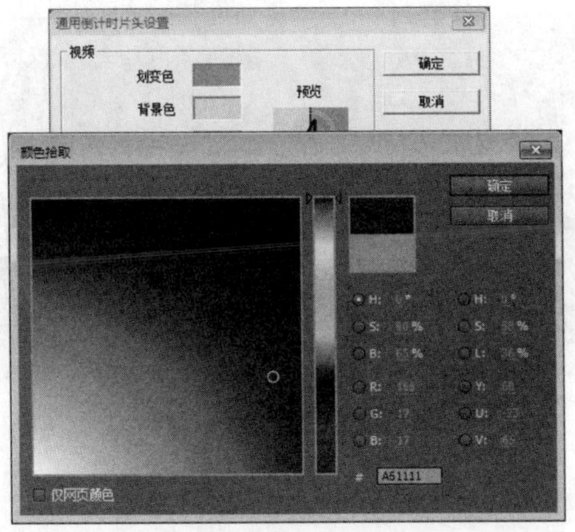

图 11.40 设置划变色

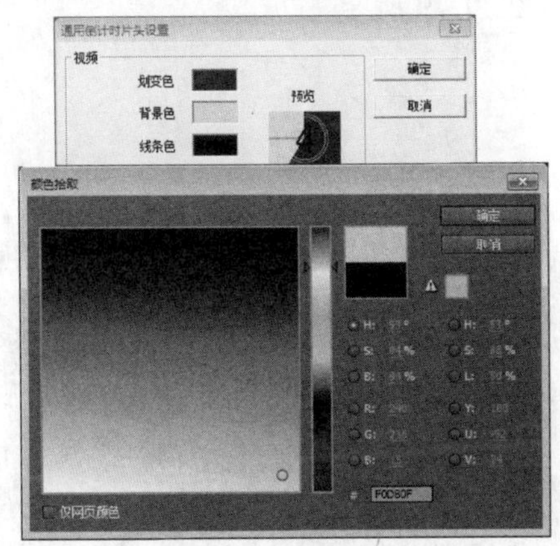

图 11.41 设置线条色

 使用相同的方法，分别设置目标色和数字色，最后单击【确定】按钮即可，如图 11.42 所示。

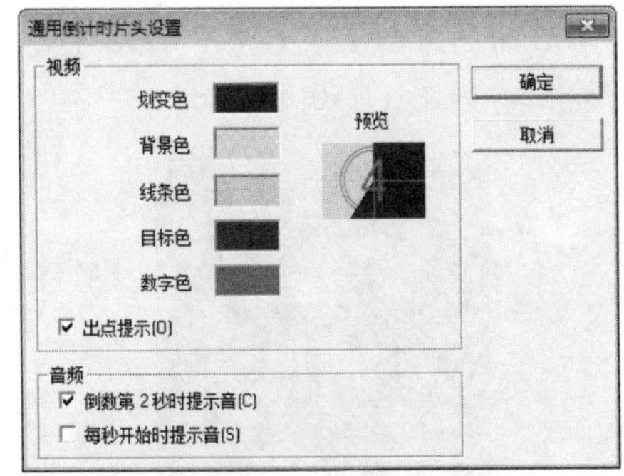

图 11.42 设置其他颜色

Step 6 新建倒计时片头素材后，将此素材拖到【素材源】窗口，然后单击【播放-停止切换】按钮，播放视频预览效果，如图 11.43 所示。

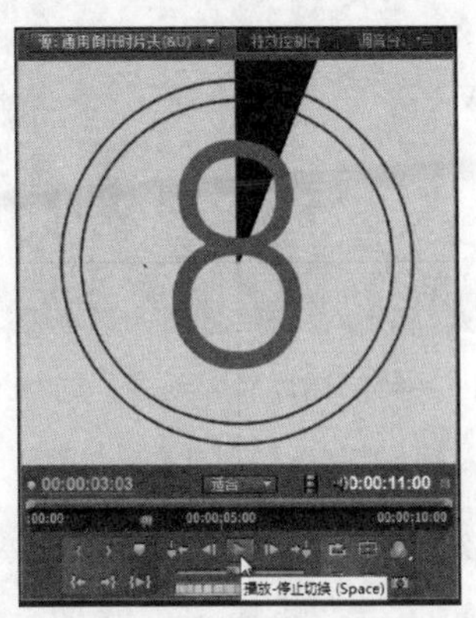

图 11.43 预览片头视频

 在【项目】面板中选择倒计时片头素材，然后拖到序列的【视频 1】轨道上，将片头装配到序列，如图 11.44 所示。

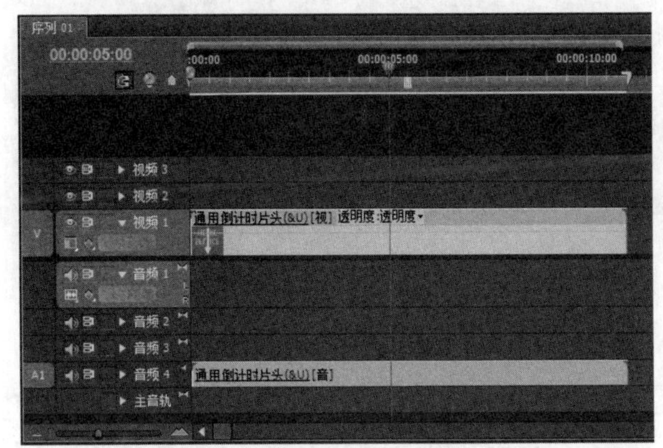

图 11.44 将片头装配到序列

11.2.3 完成序列的基本装配

制作片头后，接下来就可以将相片添加到序列的视频轨道上，以便后续制作电子相册，结果如图 11.45 所示。

完成序列的基本装配的操作步骤如下。

Step 1 打开练习文件(光盘：..\Example\Ch11\11.2.3.prproj)，【项目】面板中选择第一个相片素材，然后将该素材拖到【视频 1】轨道上，并与片头的出点相连，如图 11.46 所示。

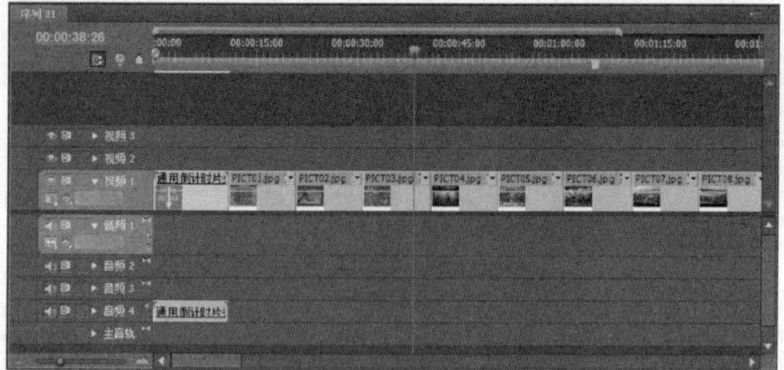

图 11.45　相片装配到序列的结果

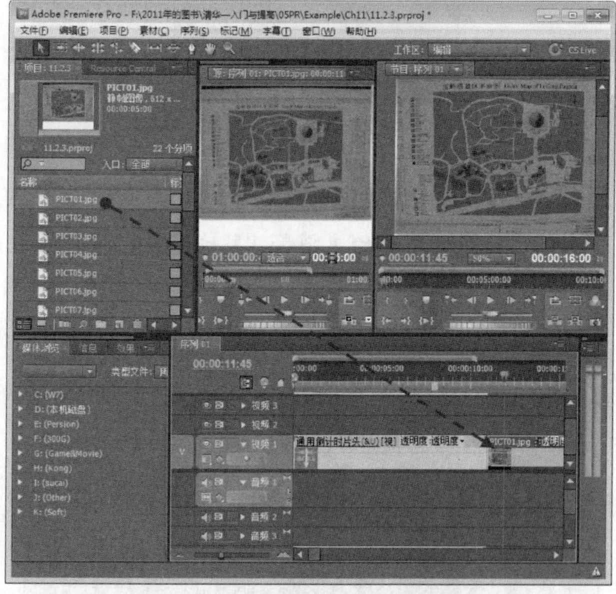

图 11.46　将相片添加到序列

使用步骤 1 的方法，将在【项目】面板素材区的前 12 个相片素材都添加到【视频 1】轨道，并使素材间连接，如图 11.47 所示。

图 11.47　将前 12 个相片素材添加到序列

使用【选择工具】在序列上拖动以选择所有的相片素材，如图 11.48 所示。

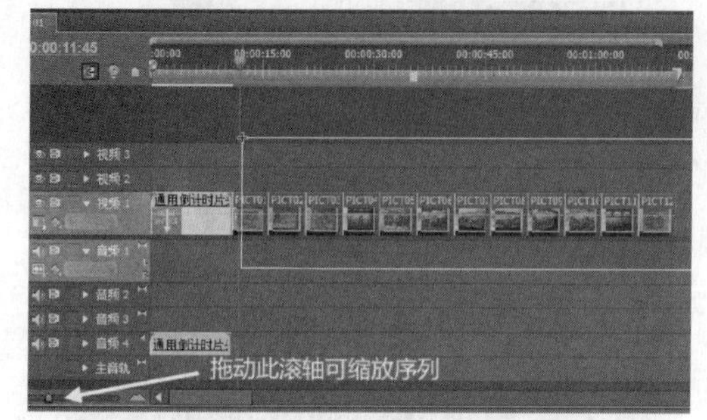

图 11.48　选择序列的所有相片素材

在选定的相片素材上单击鼠标右键，并从快捷菜单中选择【速度/持续时间】命令，如图 11.49 所示。

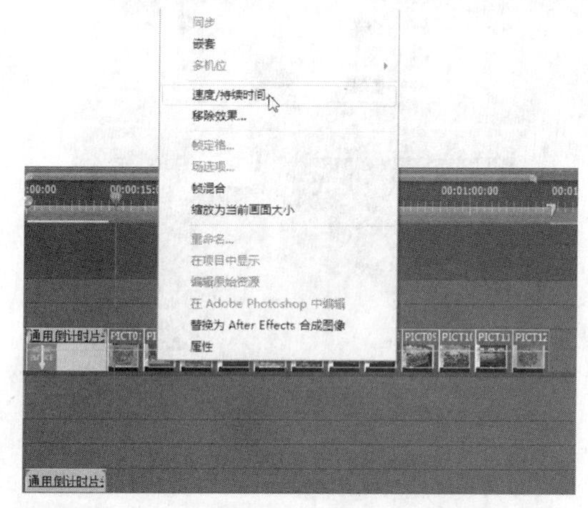

图 11.49　选择【速度/持续时间】命令

打开【素材速度/持续时间】对话框，设置持续时间为 10 秒，再选择【波纹编辑，移动后面的素材】复选框，最后单击【确定】按钮，如图 11.50 所示。

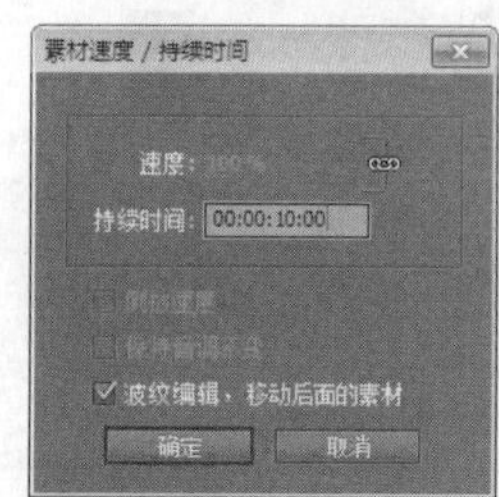

图 11.50　调整素材的持续时间

11.3 电子相册特效设计

一个电子相册影片，可以直接让相片像幻灯片那样一张张地播放，但也可以设计成花样百出。本节就为装配到序列的相片添加切换特效，并以剩下还没有装配到序列的相片为主角，设计出各种相册特效。

11.3.1 添加与设置切换特效

为了让已经装配到序列的相片在切换时不会过于单调，本例将为轨道上的各个素材添加切换特效，并设置相关特效的选项。

添加与设置切换特效的操作步骤如下。

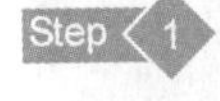

打开练习文件(光盘：..\Example\Ch11\11.3.1.prproj)，向右拖动【时间线】窗口左下方的缩放滚动条，增大序列显示，以便后续应用切换特效，如图 11.51 所示。

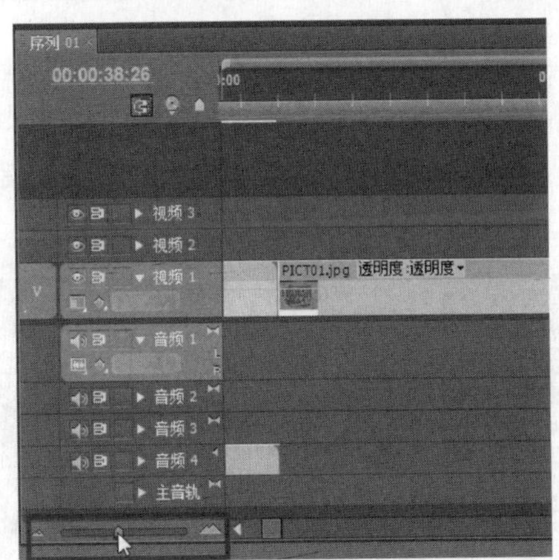

图 11.51 增大序列显示

打开【效果】面板，再打开【视频切换】列表框，然后选择【向上折叠】切换效果，并将此效果拖到片头素材的出点位置，如图 11.52 所示。

选择切换特效，然后打开【特效控制台】面板，再按住切换编辑点向左拖动，增加切换特效的持续时间，如图 11.53 所示。

再次打开【效果】面板，再打开【视频切换】列表框，然后选择【翻页】切换效果，并将此效果拖到【视频 1】轨道的第一个相片素材与第二个相片之间，如图 11.54 所示。

图 11.52 应用切换特效至片头出点

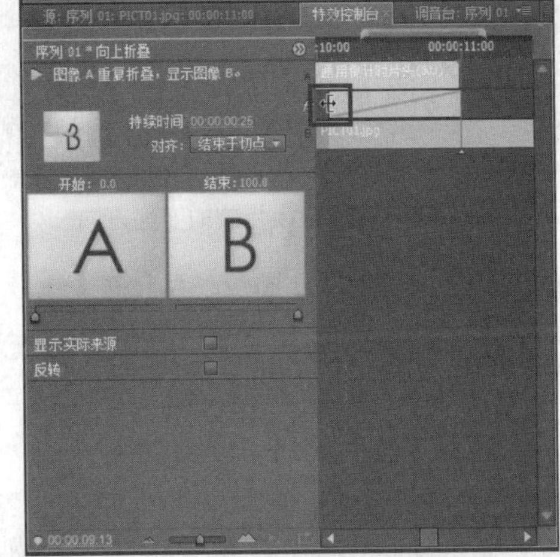

图 11.53 增加切换特效持续时间

图 11.54 为前两个相片素材之间应用切换特效

Step 5 选择切换特效，然后打开【特效控制台】面板，单击特效缩图右下角的按钮，设置切换方向为【从南东到北西】，如图 11.55 所示。

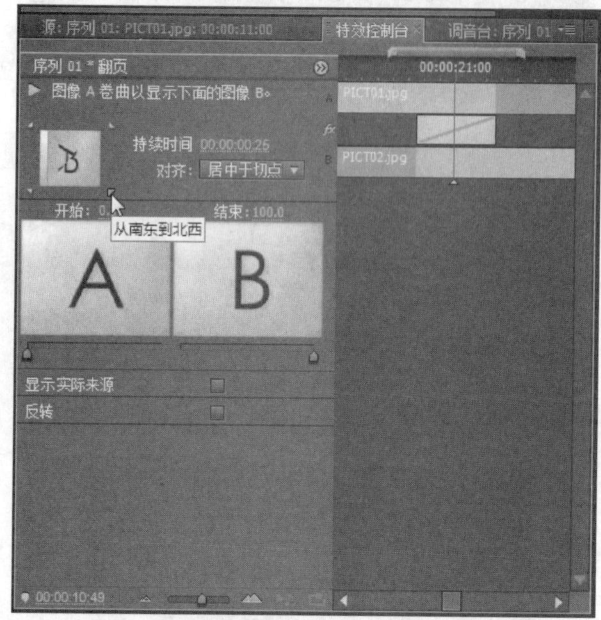

图 11.55 设置切换特效的变化方向

Step 6 继续打开【效果】面板，再打开【视频切换】列表框，然后选择【油漆飞溅】切换效果，并将此效果拖到【视频 1】轨道的第二个相片素材与第三个相片之间，如图 11.56 所示。

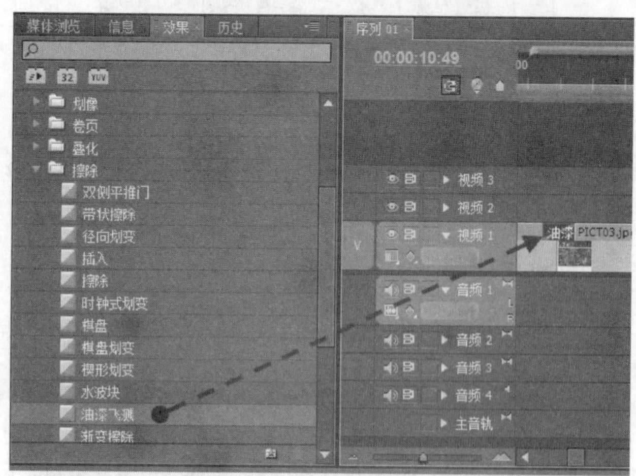

图 11.56 为第二个相片与第三个相片应用切换特效

Step 7 选择切换特效，然后打开【特效控制台】面板，单击【持续时间】选项的时间点，并设置持续时间为 1 秒，如图 11.57 所示。

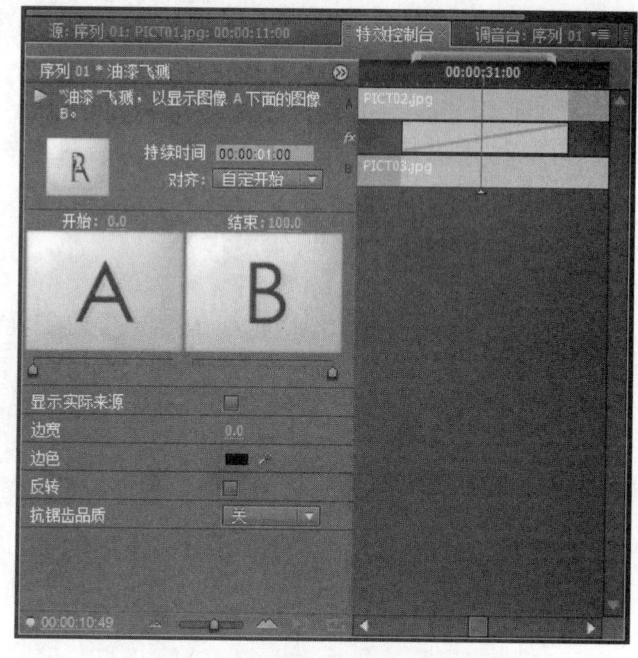

图 11.57 设置切换特效持续时间

Step 8 使用与上述步骤相同的方法，为其他相片素材添加切换特效，然后根据需要，设置切换特效的属性，结果如图 11.58 所示。

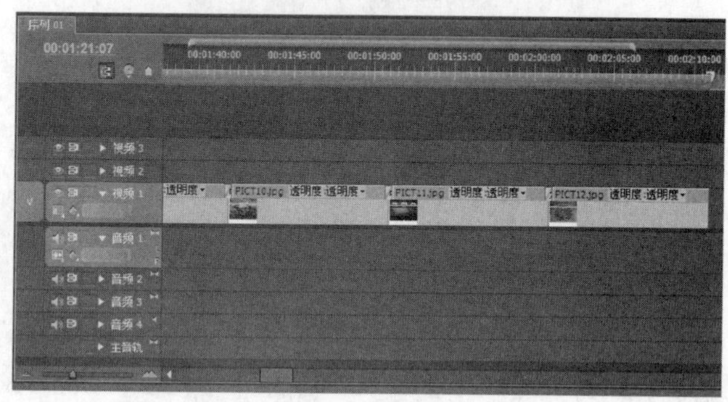

图 11.58 为其他相片添加切换特效

Step 9 添加和设置完切换特效后，在【节目】窗口中单击【播放-停止切换】按钮，播放序列，以预览素材之间切换特效的播放效果，如图 11.59 所示。

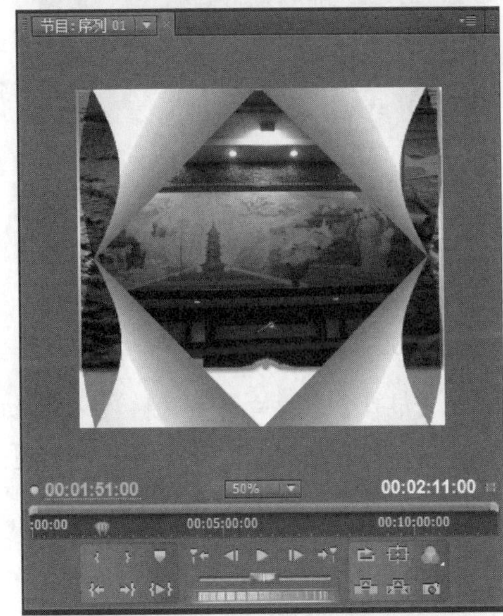

图 11.59　预览素材切换的播放效果

11.3.2　制作相片移动的效果

本例将项目中的 PICT13.jpg 相片装配到序列，然后制作该相片从监视器左边移入屏幕，并从右边移出屏幕的移动效果。

制作相片移动效果的操作步骤如下。

Step 1　打开练习文件(光盘：..\Example\Ch11\11.3.2.prproj)，然后从【项目】面板中选择 PICT13.jpg 素材，将该素材拖到【视频 2】轨道上，并放置在 PICT02.jpg 素材正上方，接着调整 PICT13.jpg 素材的播放持续时间，如图 11.60 所示。

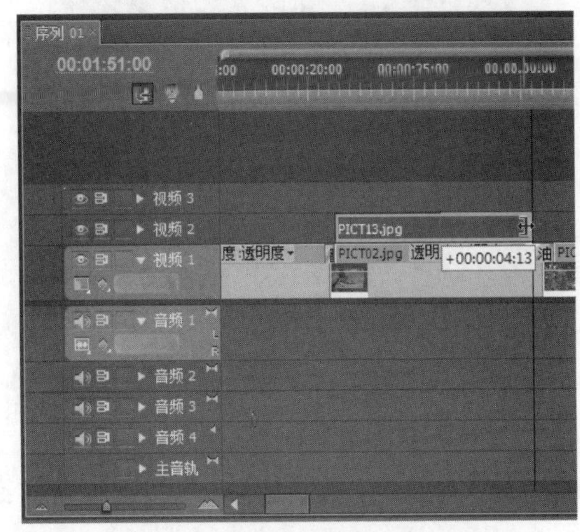

图 11.60　加入素材并设置持续时间

Step 2　在【节目】窗口中打开【显示比例】列表框，然后选择 25%选项，如图 11.61 所示。本步骤的目的是缩小窗口显示比例，方便后续调整素材位置的操作。

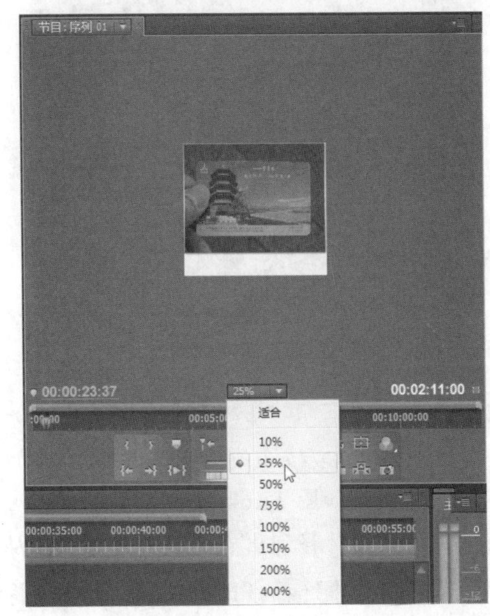

图 11.61　缩小窗口显示比例

Step 3　选择 PICT13.jpg 素材，然后将素材移到【节目】窗口的左侧，如图 11.62 所示。

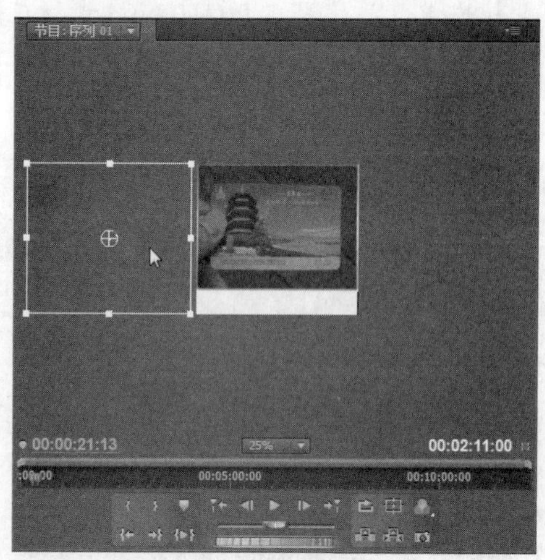

图 11.62　调整素材的位置

Step 4　打开【特效控制台】面板，再打开【运动】列表框。将面板右侧的播放指针拖到素材入点处，单击【位置】选项左侧的【切换动画】按钮，如图 11.63 所示。

图 11.63　切换成动画

Step 5　再将面板右侧的播放指针拖到素材出点处，单击【添加/移除关键帧】按钮，添加一个关键帧，如图 11.64 所示。

Step 6　将播放指针移到出点关键帧处，然后从【节目】窗口中选择 PICT13.jpg 素材，将该素材水平移动到监视器屏幕右侧，如图 11.65 所示。

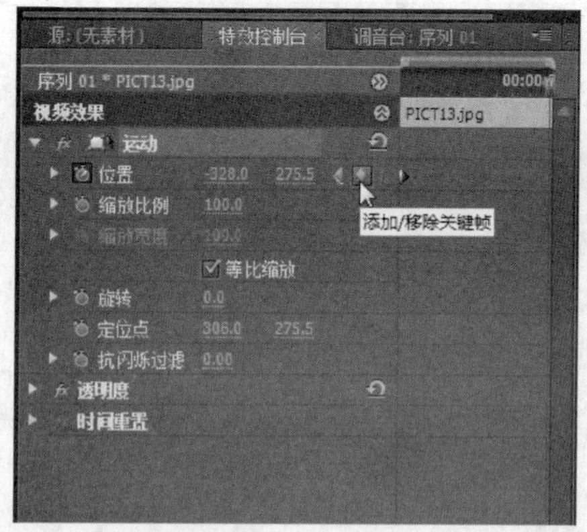

图 11.64　添加关键帧

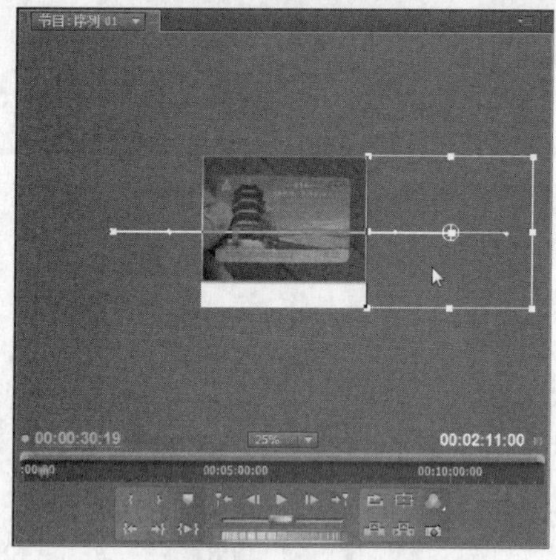

图 11.65　调整出点关键帧的素材位置

Step 7　在【节目】窗口中单击【播放-停止切换】按钮，播放序列，以预览 PICT13.jpg 素材的移动效果，如图 11.66 所示。

图 11.66　预览相片移动效果

图 11.66　预览相片移动效果(续)

11.3.3　制作相片过渡的效果

本例将 PICT14.jpg 相片素材装配到序列，然后为相片应用【线性擦除】视频特效，接着通过【特效控制台】面板设置特效动画，制作相片过渡的效果。

制作相片过渡效果的操作步骤如下：

Step 1　打开练习文件(光盘：..\Example\Ch11\11.3.3.prproj)，从【项目】面板中选择 PICT14.jpg 素材，然后将该素材拖到【视频 2】轨道上，并放置在 PICT04.jpg 素材正上方，接着调整 PICT14.jpg 素材的播放持续时间，如图 11.67 所示。

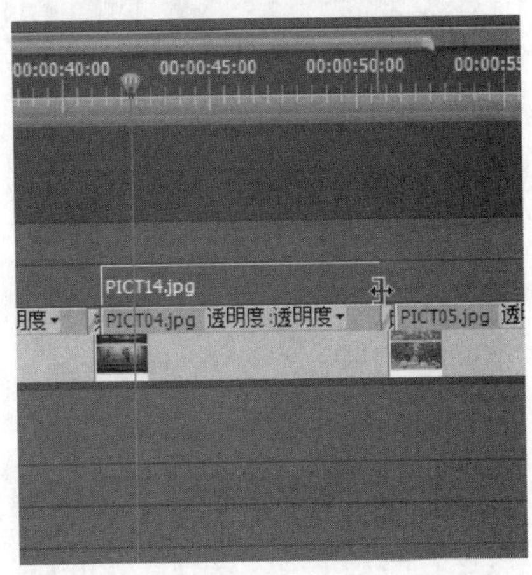

图 11.67　将 PICT14.jpg 素材装配到序列

 打开【效果】面板，再打开【视频特效】列表，然后选择【线性擦除】效果，并将此效果应用到 PICT14.jpg 素材上，如图 11.68 所示。

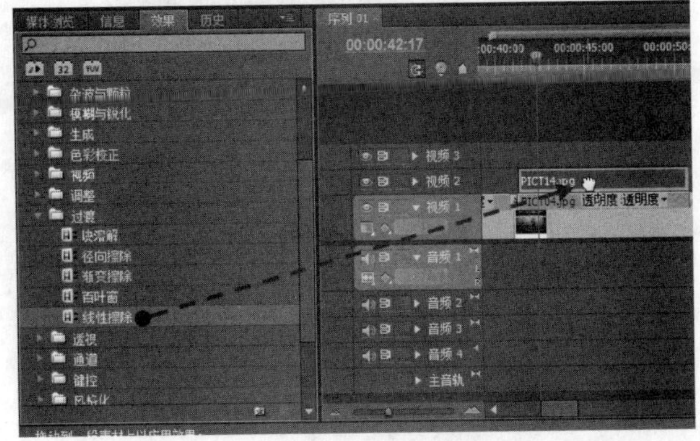

图 11.68　应用视频特效

 打开【特效控制台】面板，然后将播放指针拖到素材的入点处，如图 11.69 所示。

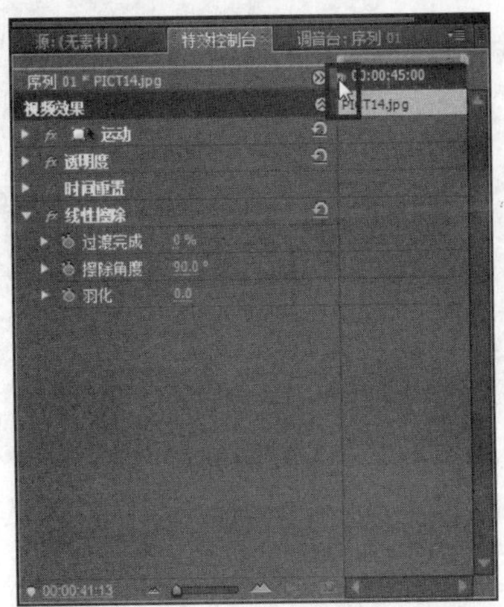

图 11.69　将播放指针拖到素材的入点处

 打开【线性擦除】效果列表框，然后单击【过渡完成】选项左侧的【切换动画】按钮，如图 11.70 所示。

 向右拖动播放指针一小段距离，然后单击【添加/移除关键帧】按钮，添加关键帧，再设置【过渡完成】选项为 50%，如图 11.71 所示。

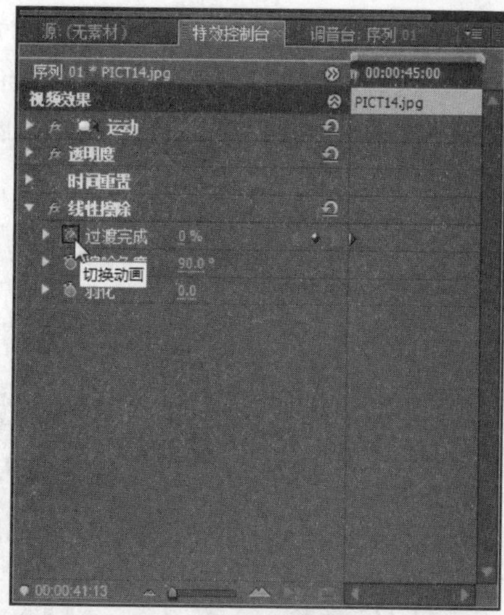

图 11.70　切换动画状态

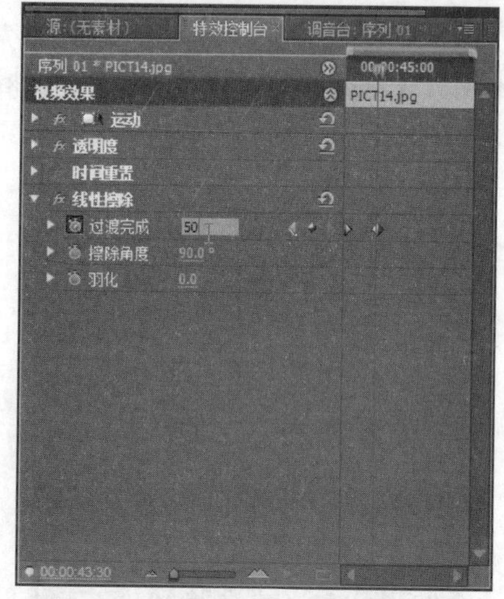

图 11.71　添加关键帧并设置过渡完成选项

Step 6　继续向右拖动播放指针一小段距离，然后单击【添加/移除关键帧】按钮，添加关键帧，再设置【过渡完成】选项为 20%。再次向右拖动播放指针一小段距离，单击【添加/移除关键帧】按钮，添加关键帧，最后设置【过渡完成】选项为 100%，如图 11.72 所示。

Step 7　此时设置【线性擦除】效果的【羽化】选项为 50，使擦除时产生羽化效果，如图 11.73 所示。

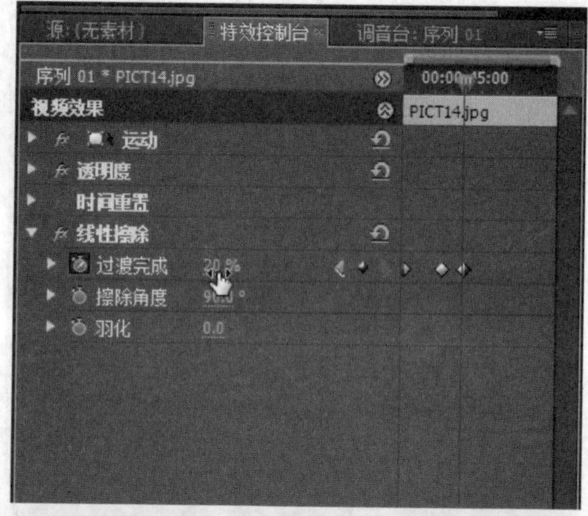

图 11.72　添加其他关键帧并设置过渡完成选项

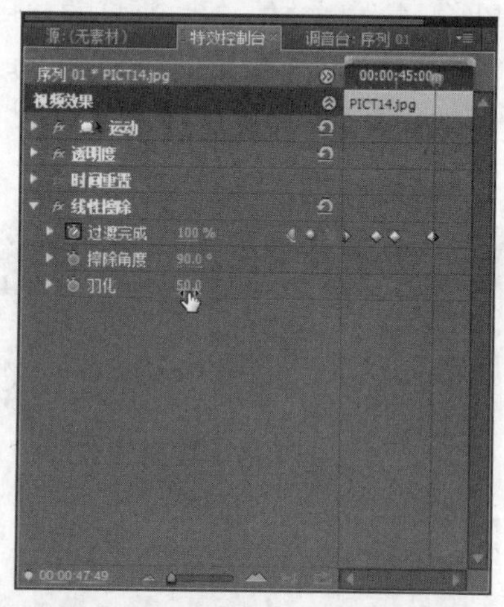

图 11.73　设置效果的羽化选项

Step 8　在【节目】窗口中单击【播放-停止切换】按钮，播放序列，以预览 PICT14.jpg 素材的擦除过渡效果，如图 11.74 所示。

图 11.74　预览素材擦除过渡效果

11.3.4　制作相片的缩放变化

本例将利用两个相片素材，制作从第一个相片扩大显示到第二个相片缩小消失的变化效果。

制作相片的缩放变化效果的操作步骤如下。

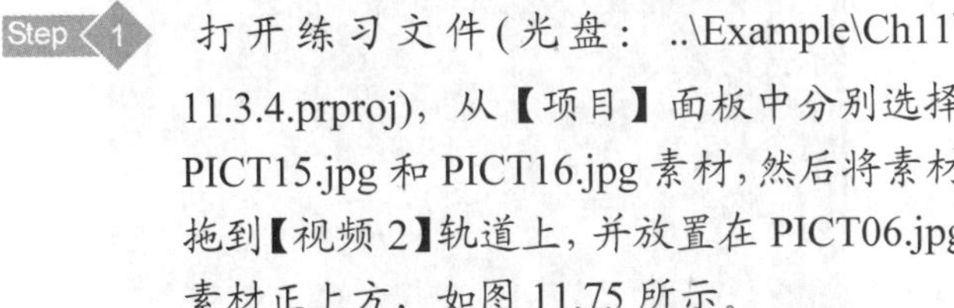

Step 1　打开练习文件(光盘：..\Example\Ch11\11.3.4.prproj)，从【项目】面板中分别选择 PICT15.jpg 和 PICT16.jpg 素材，然后将素材拖到【视频 2】轨道上，并放置在 PICT06.jpg 素材正上方，如图 11.75 所示。

Step 2　打开【效果】面板，再打开【视频切换】列表，然后选择【随机反相】效果，并将此效果应用到 PICT15.jpg 和 PICT16.jpg 素材之间，如图 11.76 所示。

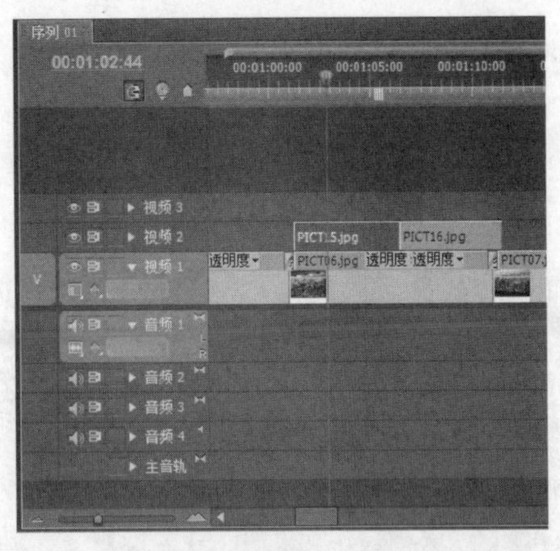

图 11.75　将素材装配到序列

图 11.76　应用切换特效

Step 3　选择 PICT15.jpg 素材，打开【特效控制台】面板，然后按图 11.77 所示调整播放指针的位置，再分别单击【位置】和【缩放比例】选项左侧的【切换动画】按钮。

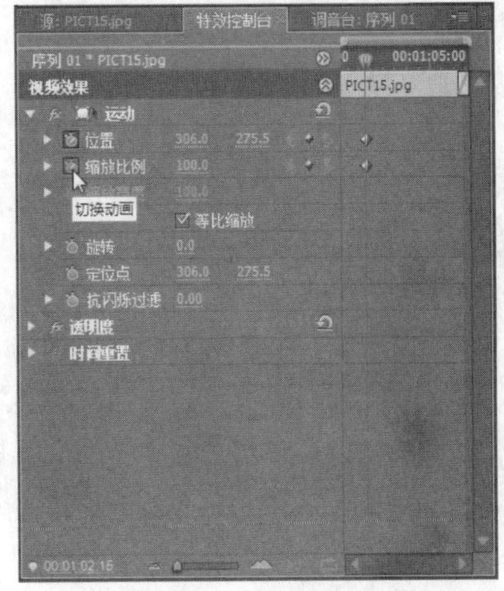

图 11.77　切换选项为动画状态

Step 4 将播放指针拖到 PICT15.jpg 素材的入点处，然后分别单击【位置】和【缩放比例】选项的【添加/移除关键帧】按钮，添加关键帧，如图 11.78 所示。

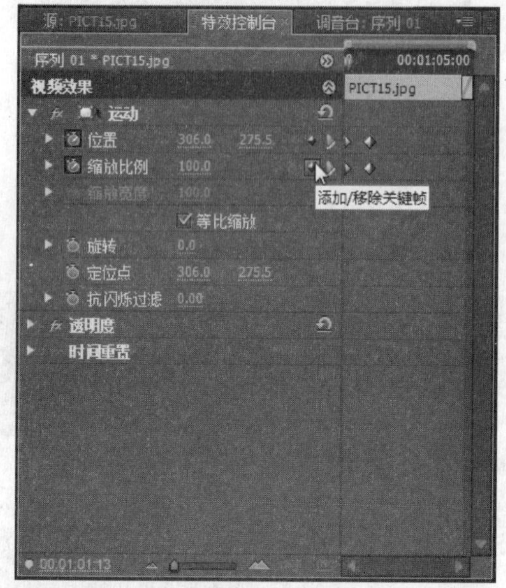

图 11.78 调整播放指针位置并添加关键帧

Step 5 此时从【节目】窗口上选择 PICT15.jpg 素材，然后缩小该素材并将其移到监视器左下方，如图 11.79 所示。

图 11.79 缩小素材并调整素材位置

Step 6 选择 PICT16.jpg 素材，打开【特效控制台】面板，然后按图 11.80 所示调整播放指针的位置，再分别单击【位置】和【缩放比例】选项左侧的【切换动画】按钮。

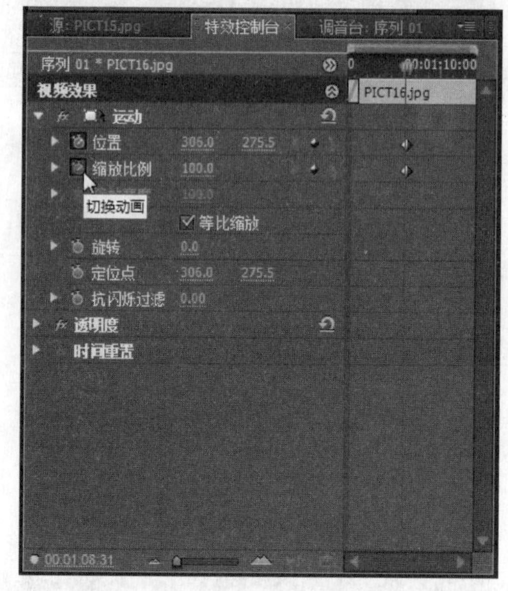

图 11.80 切换选项为动画状态

Step 7 将播放指针拖到【PICT16.jpg】素材的右侧，然后分别单击【位置】选项和【缩放比例】选项的【添加/移除关键帧】按钮，添加关键帧，如图 11.81 所示。

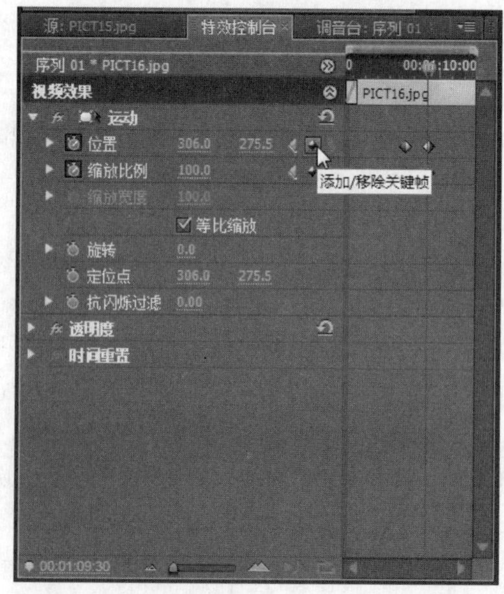

图 11.81 调整播放指针位置并添加关键帧

Step 8　在【节目】窗口上选择 PICT16.jpg 素材，然后缩小该素材并将其移动到监视器右下方，如图 11.82 所示。

图 11.82　缩小素材并调整素材位置

Step 9　此时在【特效控制台】面板中打开【透明度】列表框，然后单击【添加/移除关键帧】按钮，在当前播放指针位置添加一个关键帧，如图 11.83 所示。

Step 10　将播放指针移到 PICT16.jpg 素材的出点处，然后在【透明度】选项上单击【添加/移除关键帧】按钮，添加一个关键帧，接着设置该关键帧的透明度为 0%，即让素材完成透明，如图 11.83 所示。

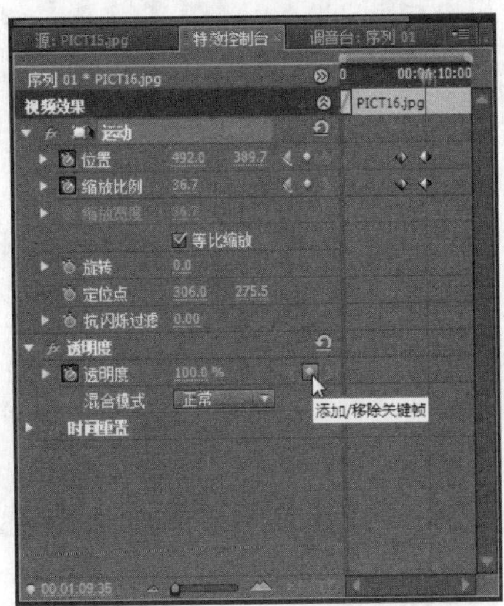

图 11.83　添加关键帧并设置透明度

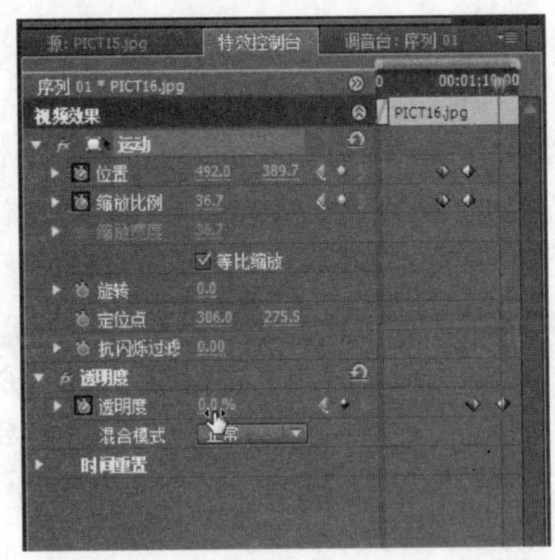

图 11.83　添加关键帧并设置透明度(续)

Step 11　在【节目】窗口中单击【播放-停止切换】按钮，播放序列，以预览 PICT15.jpg 和 PICT16.jpg 素材从扩大显示到缩小消失的变化效果，如图 11.84 所示。

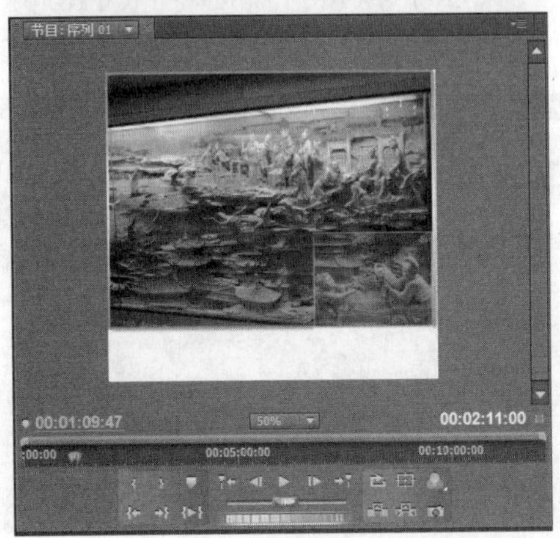

图 11.84　预览素材的变化效果

11.3.5　制作相片旋转的变化

本例将利用两个相片素材，制作从第一个相片旋转扩大显示到第二个相片旋转缩小消失的变化效果。

制作相片的旋转变化的操作步骤如下。

Step 1　打开练习文件(光盘：..\Example\Ch11\11.3.5.prproj)，从【项目】面板中分别选择PICT17.jpg和PICT18.jpg素材，然后将素材拖到【视频2】轨道上，并放置在PICT09.jpg素材正上方，如图11.85所示。

图 11.85　将素材装配到序列

Step 2　打开【效果】面板，再打开【视频切换】列表，然后选择【划像形状】效果，并将此效果应用到PICT17.jpg和PICT18.jpg素材之间，如图11.86所示。

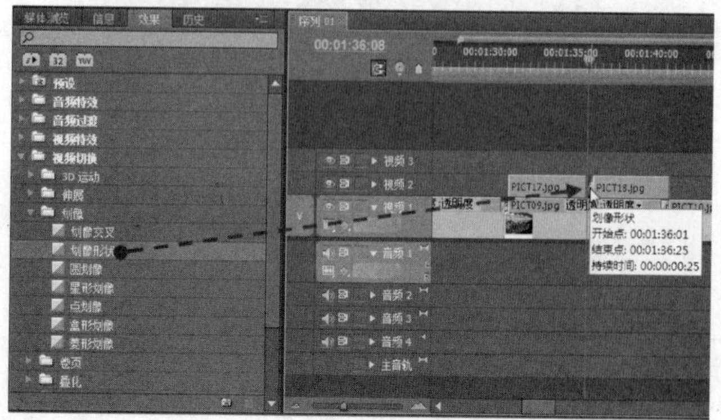

图 11.86　应用切换特效

选择PICT17.jpg素材，打开【特效控制台】面板，然后按图11.87所示调整播放指针的位置，再分别单击【旋转】和【缩放比例】选项左侧的【切换动画】按钮。

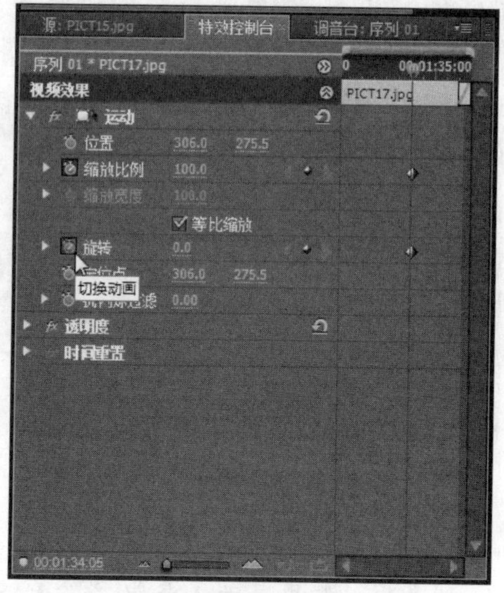

图 11.87　切换选项为动画状态

将播放指针拖到PICT17.jpg素材的入点处，然后分别单击【旋转】和【缩放比例】选项的【添加/移除关键帧】按钮，添加关键帧，如图11.88所示。

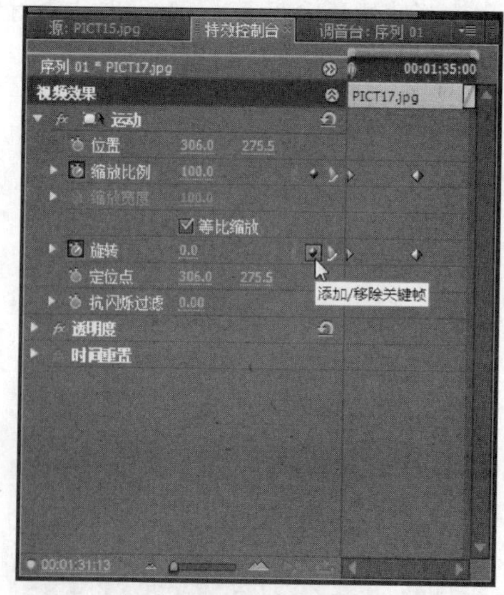

图 11.88　添加关键帧

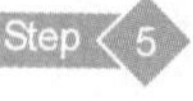
此时从【节目】窗口上选择PICT17.jpg素材，

然后缩小该素材并将其从右到左旋转 270 度，如图 11.89 所示。

图 11.89　缩小和旋转素材

Step 6 将播放指针移到 PICT17.jpg 素材的入点处，然后在【透明度】选项上单击【添加/移除关键帧】按钮，添加一个关键帧，接着设置该关键帧的透明度为 0%，即让素材完成透明，如图 11.90 所示。

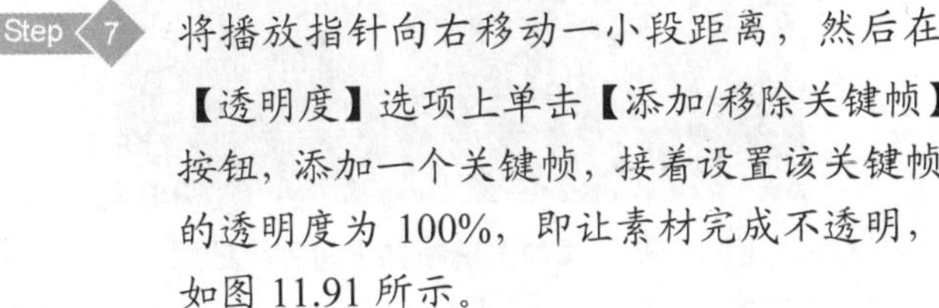

Step 7 将播放指针向右移动一小段距离，然后在【透明度】选项上单击【添加/移除关键帧】按钮，添加一个关键帧，接着设置该关键帧的透明度为 100%，即让素材完成不透明，如图 11.91 所示。

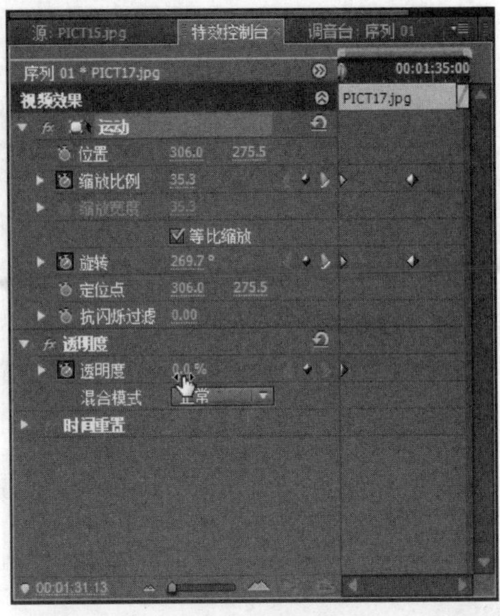

图 11.90　添加关键帧并设置完全透明

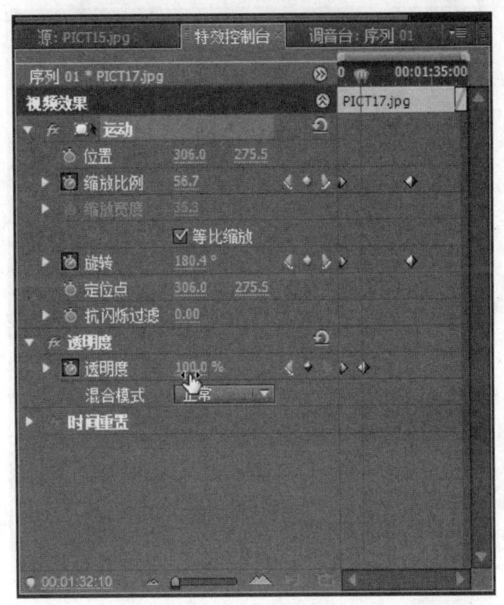

图 11.91　添加关键帧并设置完全不透明度

Step 8 选择 PICT18.jpg 素材，打开【特效控制台】面板，然后按图 11.92 所示调整播放指针的位置，再分别单击【旋转】和【缩放比例】选项左侧的【切换动画】按钮。

Step 9 将播放指针拖到 PICT18.jpg 素材的出点处，然后分别单击【旋转】和【缩放比例】选项的【添加/移除关键帧】按钮，添加关键帧，如图 11.93 所示。

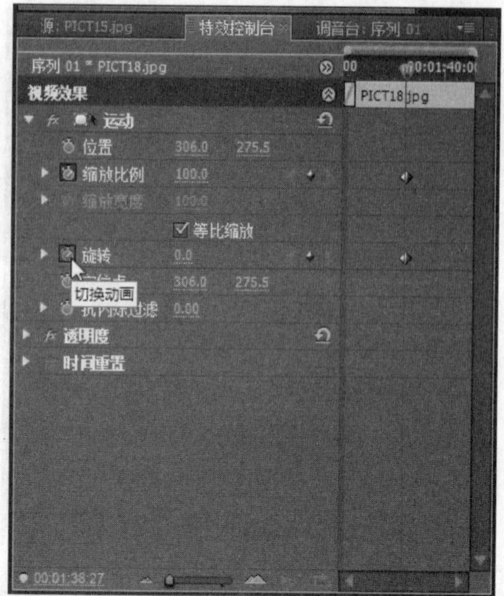

图 11.92 切换选项为动画状态

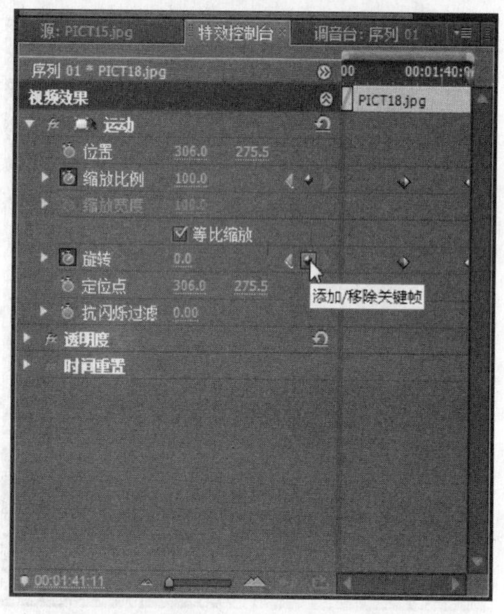

图 11.93 调整播放指针位置并添加关键帧

Step 10 从【节目】窗口上选择 PICT18.jpg 素材，然后缩小该素材并将其从左到右旋转 270 度，如图 11.94 所示。

Step 11 将播放指针移到 PICT18.jpg 素材的出点处，然后在【透明度】选项上单击【添加/移除关键帧】按钮，添加一个关键帧，接着设置该关键帧的透明度为 0%，即让素材完全透明，如图 11.95 所示。

图 11.94 缩小和旋转素材

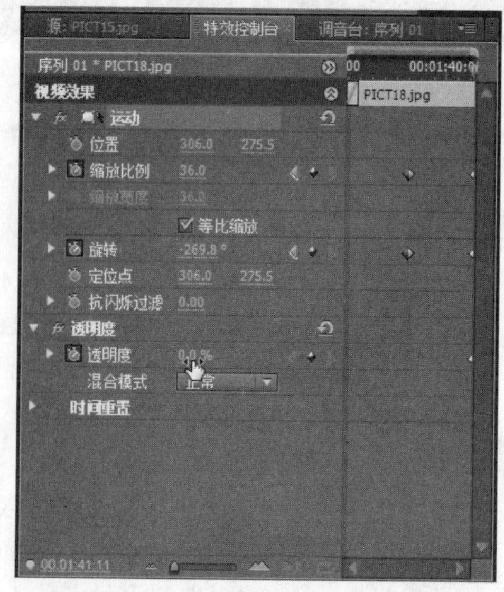

图 11.95 添加关键帧并设置完全透明

Step 12 将播放指针向左移动一小段距离，然后在【透明度】选项上单击【添加/移除关键帧】按钮，添加一个关键帧，接着设置该关键帧的透明度为 100%，使素材能够完全显示，如图 11.96 所示。

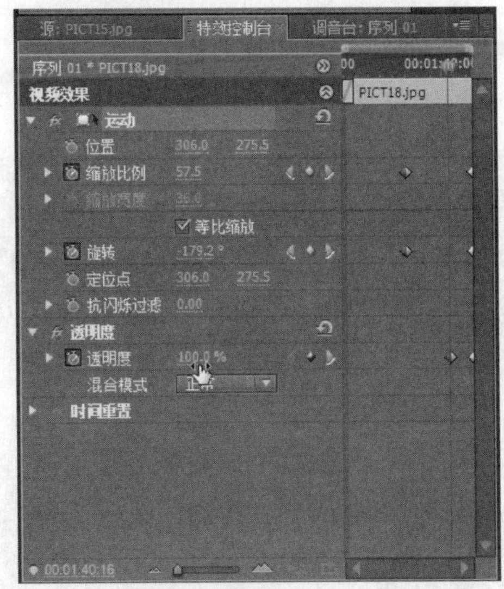

图 11.96 添加关键帧并设置完全不透明

Step 13 在【节目】窗口中单击【播放-停止切换】按钮，播放序列，以预览 PICT17.jpg 和 PICT18.jpg 素材从旋转扩大显示到旋转缩小消失的变化效果，如图 11.97 所示。

图 11.97 预览素材旋转变化效果

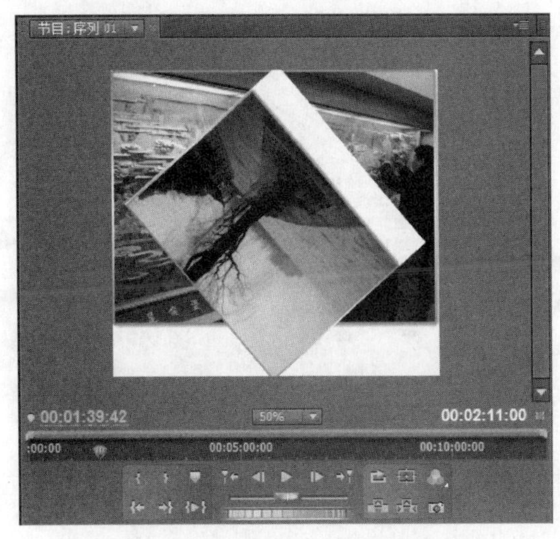

图 11.97 预览素材旋转变化效果(续)

11.3.6 制作相片的遮罩效果

本例将利用一个遮罩图像，结合两个相片素材，制作出相片遮罩变化的效果。

制作相片的遮罩效果的操作步骤如下。

Step 1 打开练习文件(光盘：..\Example\Ch11\11.3.6.prproj)，将【项目】面板的素材区中单击鼠标右键，并从弹出的菜单中选择【导入】命令，打开【导入】对话框，选择需要导入的遮罩图素材，再单击【打开】按钮，如图 11.98 所示。

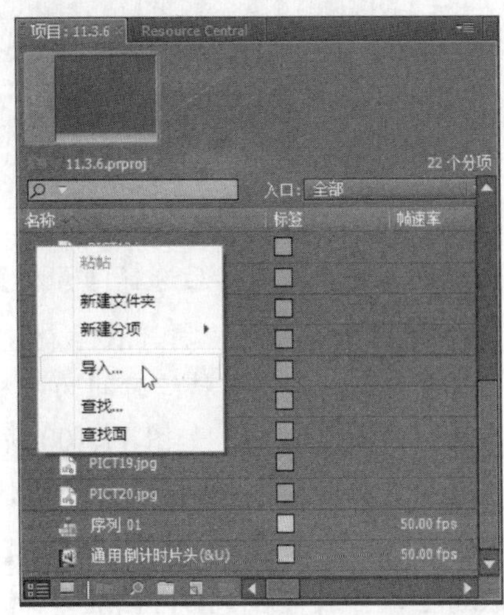

图 11.98 导入遮罩图像素材

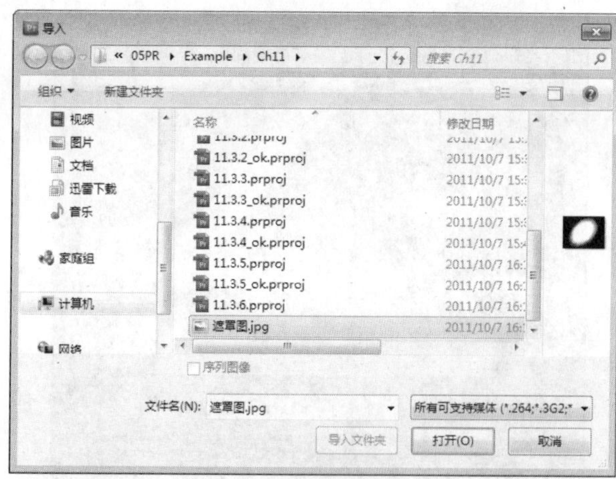

图 11.98　导入遮罩图像素材(续)

Step 2　在【项目】面板上选择遮罩图素材，然后将该素材拖到【视频 3】轨道上，并放置在 PICT11.jpg 素材正上方，如图 11.99 所示。

图 11.99　将遮罩图素材装配到序列

Step 3　选择遮罩图素材，然后选择【素材】|【速度/持续时间】命令，打开【素材速度/持续时间】对话框，设置持续时间为 7 秒，最后单击【确定】按钮，如图 11.100 所示。

Step 4　在【项目】面板中分别选择 PICT19.jpg 和 PICT20.jpg 素材，然后将素材拖到【视频 2】轨道上，并放置在 PICT11.jpg 素材正上方，如图 11.101 所示。

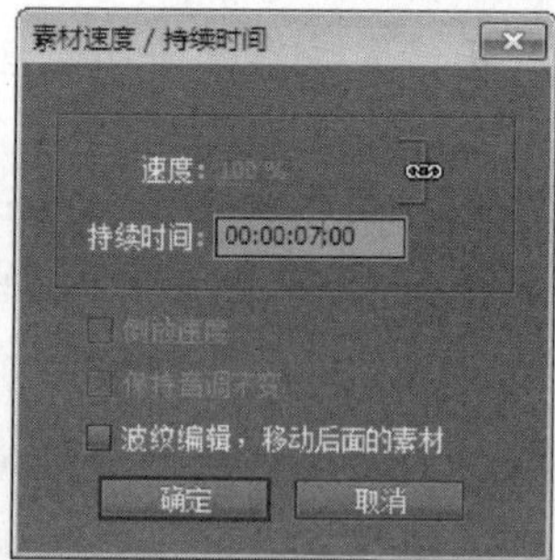

图 11.100　设置持续时间

图 11.101　将最后两个相片素材装配到序列

Step 5　在【节目】窗口中选择遮罩图素材，然后向上移动素材，调整素材的位置，如图 11.102 所示。

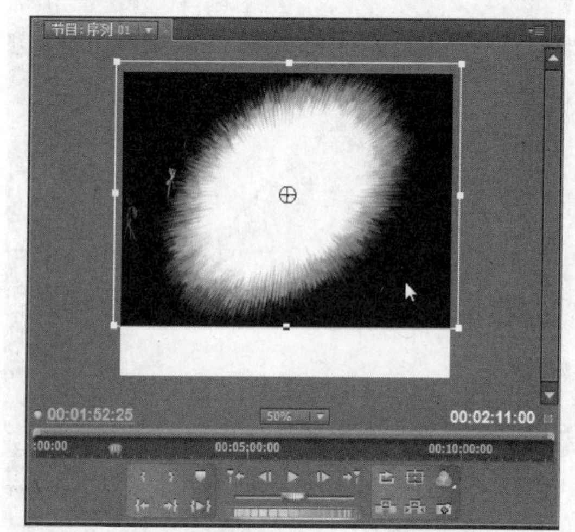

图 11.102　调整遮罩图素材的位置

打开【效果】面板，再打开【视频特效】列表，然后选择【轨道遮罩键】效果，并将此效果分别应用到 PICT19.jpg 和 PICT20.jpg 素材上，如图 11.103 所示。

图 11.103　将视频特效应用到相片上

选择 PICT19.jpg 素材，再打开【特效控制台】面板。打开【轨道遮罩键】列表，设置【遮罩】为【视频 3】轨道，合成方式为【Luma 遮罩】，如图 11.104 所示。

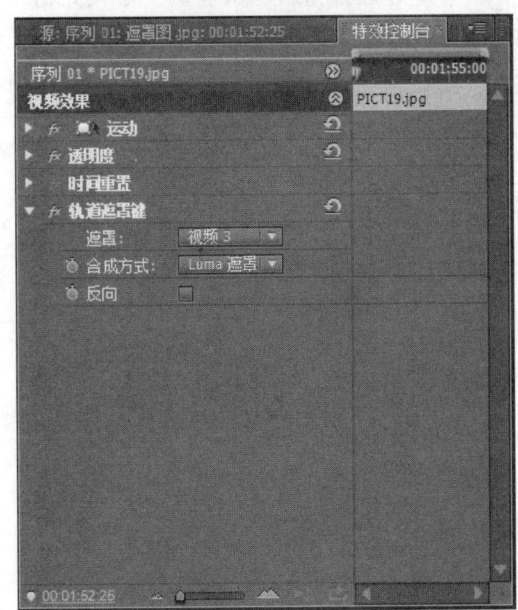

图 11.104　设置 PICT19.jpg 素材的特效选项

选择 PICT20.jpg 素材，再次打开【特效控制台】面板。打开【轨道遮罩键】列表，设置【遮罩】为【视频 3】轨道，合成方式为【Luma 遮罩】，如图 11.105 所示。

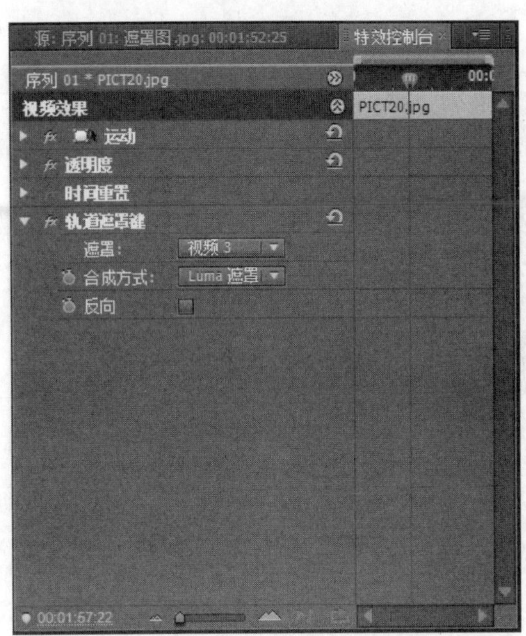

图 11.105　设置 PICT20.jpg 素材的特效选项

选择遮罩图素材，然后在【特效控制台】面板上将播放指针拖到素材的入点处，接着单击【缩放比例】选项的【切换动画】按钮，如图 11.106 所示。

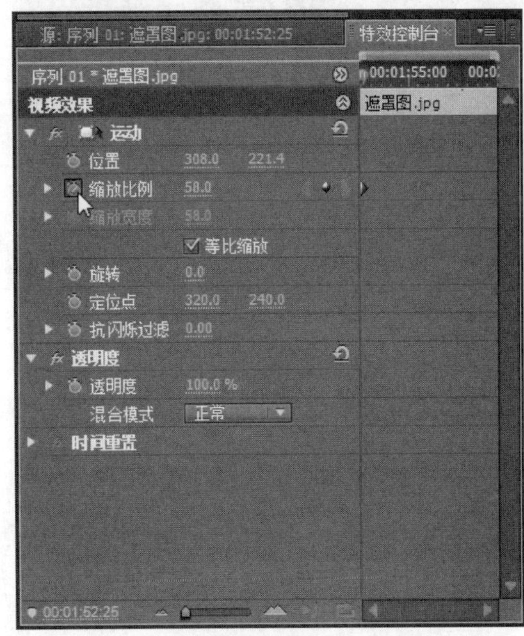

图 11.106　切换选项为动画状态

Step 10 在【节目】窗口上选择遮罩图素材，然后缩小该素材，如图 11.107 所示。

图 11.107　缩小遮罩图素材

Step 11 返回【特效控制台】面板，然后单击【透明度】选项的【添加/移除关键帧】按钮，添加关键帧，再设置透明度为 0%，如图 11.108 所示。

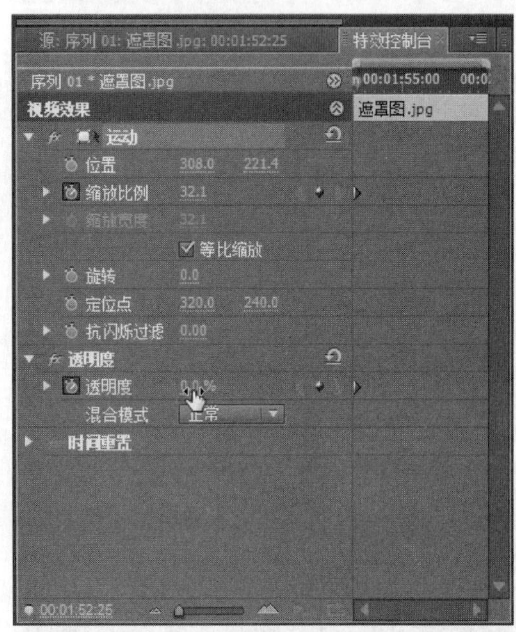

图 11.108　添加关键帧并设置完全透明

Step 12 向右将播放指针移动一小段距离，然后单击【透明度】选项的【添加/移除关键帧】按钮，添加一个关键帧，接着设置透明度为 100%，使遮罩完全显示，如图 11.109 所示。

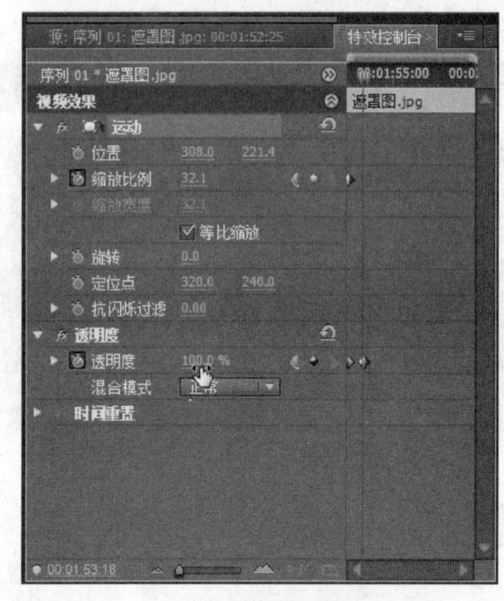

图 11.109　添加关键帧并设置透明度

Step 13 继续向右将播放指针移动一小段距离，然后单击【缩放比例】选项的【添加/移除关键帧】按钮，添加一个关键帧，如图 11.110 所示。

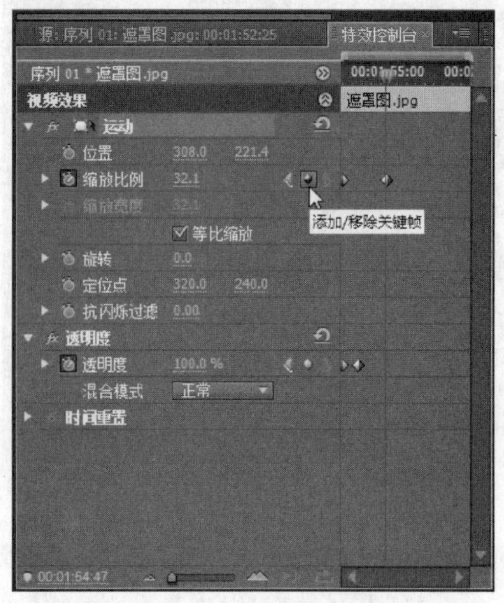

图 11.110　添加【缩放比例】选项的关键帧

Step 14 在【节目】窗口上设置显示比例为25%，接着选择遮罩图素材，再适当扩大该素材，如图11.111所示。

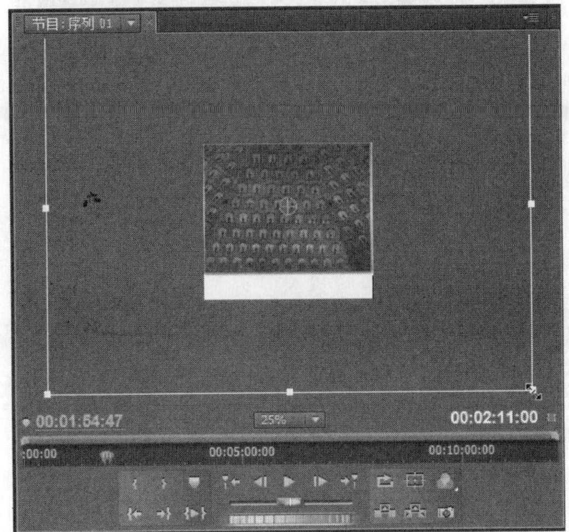

图11.111 扩大遮罩图素材

Step 15 返回【特效控制台】面板，再次向右将播放指针移动一小段距离，然后单击【缩放比例】选项的【添加/移除关键帧】按钮，添加一个关键帧，如图11.112所示。

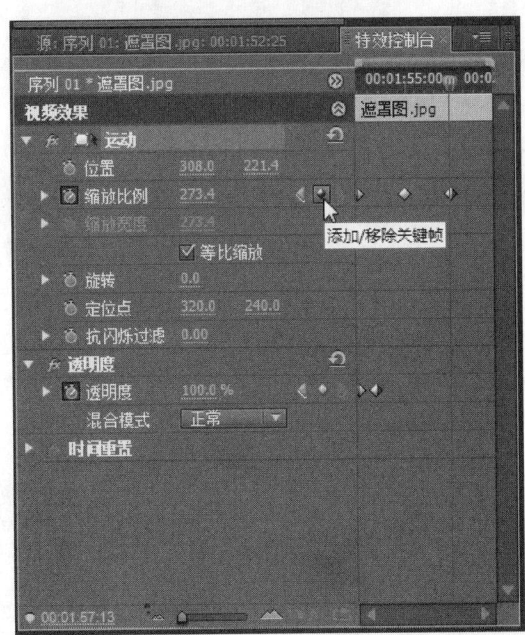

图11.112 添加【缩放比例】选项的关键帧

Step 16 再向右将播放指针移动一小段距离，然后单击【透明度】选项的【添加/移除关键帧】按钮，添加一个关键帧，如图11.113所示。

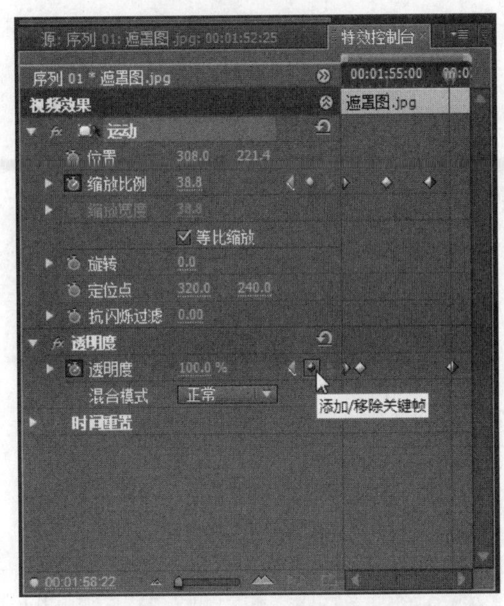

图11.113 添加透明度的关键帧

Step 17 将播放指针拖到遮罩图素材的出点处，然后单击【透明度】选项的【添加/移除关键帧】按钮，添加一个关键帧，接着设置透明度为0%，使遮罩素材可以完全透明，如图11.114所示。

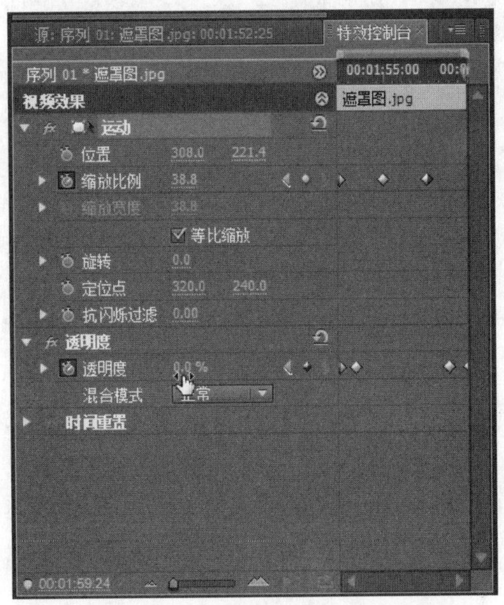

图11.114 添加关键帧并设置透明度

Step 18 此时单击【缩放比例】选项的【添加/移除关键帧】按钮，添加一个关键帧，接着在【节目】窗口上选择遮罩图素材，再缩小素材，如图 11.115 所示。

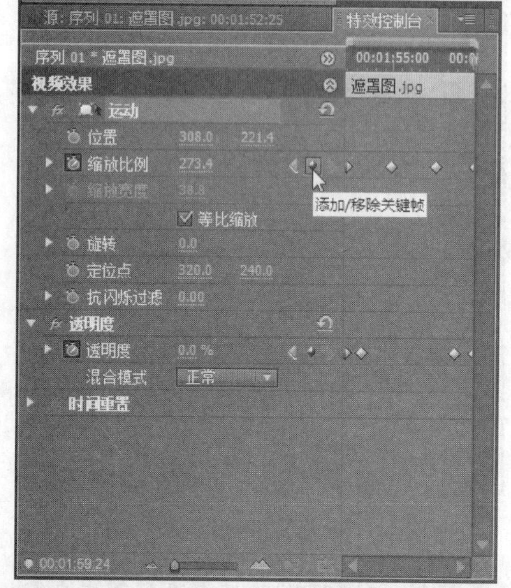

图 11.115　添加关键帧并缩小素材

在【节目】窗口中单击【播放-停止切换】按钮，播放序列，以预览 PICT19.jpg 和 PICT20.jpg 素材从遮罩扩大显示到遮罩缩小消失的变化效果，如图 11.116 所示。

图 11.116　预览遮罩变化的效果

11.4　电子相册其他处理

经过上述设计后，电子相册的特效基本完成，接下来对电子相册进行其他的处理，例如制作标题字幕，添加背景音乐等。

11.4.1　制作相册标题字幕

本例将为电子相册制作一个基于模板的标题字幕素材，如图 11.117 所示。

图 11.117　制作标题字幕的效果

制作相册标题字幕的操作步骤如下。

Step 1 打开练习文件(光盘：..\Example\Ch11\11.4.1.prproj)，再打开【字幕】菜单，然后选择【新建字幕】|【基于模板】命令，如图 11.118 所示。

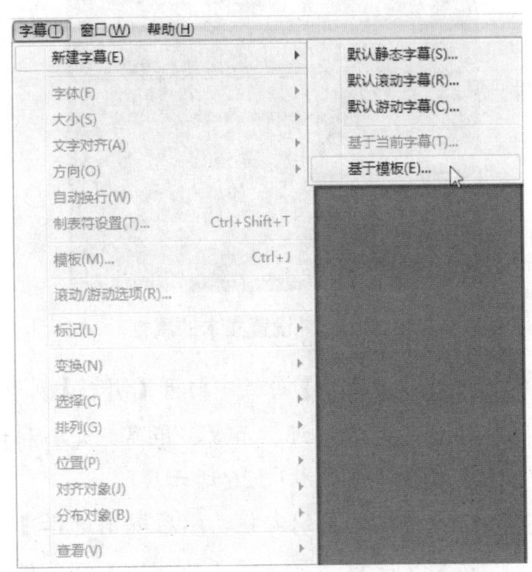

图 11.118　新建基于模板的字幕

Step 2 打开【模板】对话框，打开【运动】|【水上运动】列表框，再选择【水上运动 屏下三分之一】模板，接着设置字幕名称，并单击【确定】按钮，如图 11.119 所示。

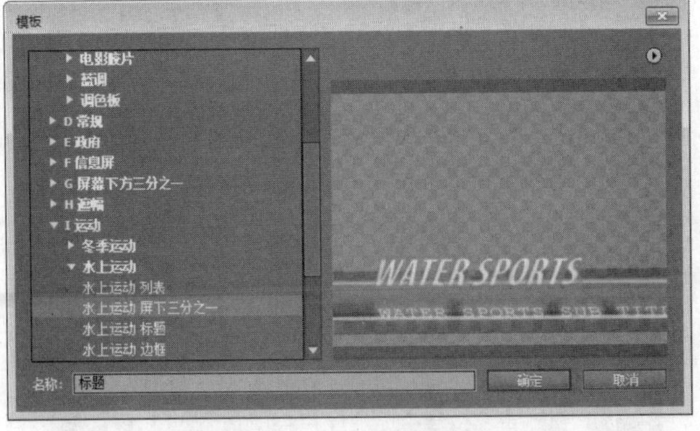

图 11.119　选择字幕模板

Step 3 打开【字幕设计器】窗口，按 Ctrl+A 快捷键选择所有字幕对象，然后向下移动，调整字幕对象的位置，如图 11.120 所示。

图 11.120　向下移动所有字幕对象

Step 4 选择【选择工具】，然后使用该工具选择字幕对象中的橙黄色渐变矩形对象，再将该对象移到相片图像与空白区域交界处，如图 11.121 所示。

Step 5 再使用【选择工具】选择另外一个橙黄色渐变矩形，并向上调整位置，结果如图 11.122 所示。

Step 6 在【工具箱】面板中选择【输入工具】T，然后修改字幕较大的文本内容，如图 11.123 所示。

图 11.121　调整第一个橙黄色渐变矩形的位置

图 11.122　调整第二个橙黄色渐变矩形的位置

图 11.123　修改大标题的内容

Step 7 在【属性】面板中打开【字体】列表框，然后选择一种适合中文字的字体，如图 11.124 所示。

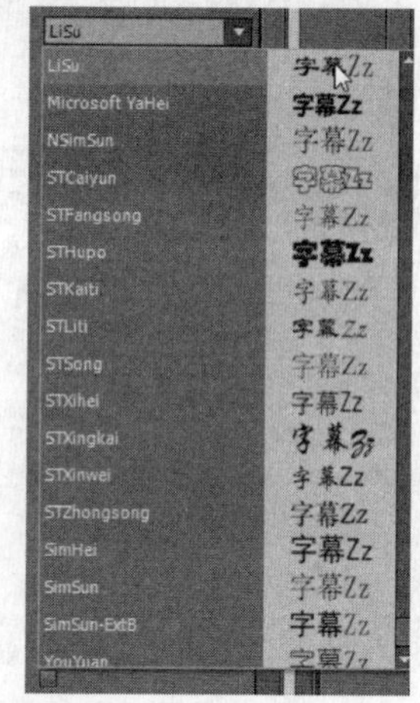

图 11.124　设置文本的字体

Step 8 接着在【属性】面板的【属性】列表框中设置文本的字体大小、纵横比、行距、倾斜等属性，如图 11.125 所示。

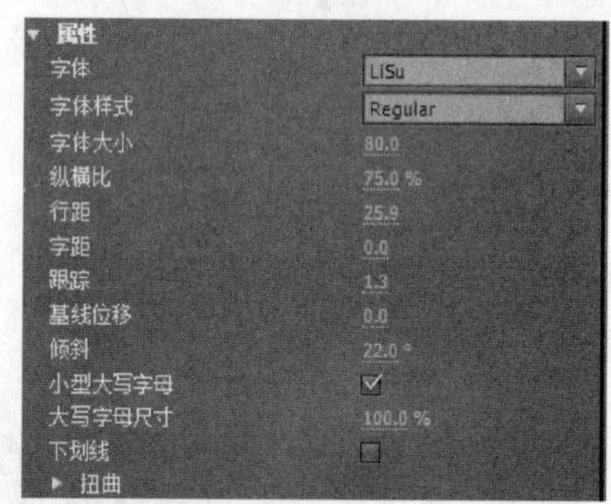

图 11.125　设置文本的属性

Step 9 此时在【属性】面板中打开【阴影】列表框，然后设置透明度、角度、距离、大小和扩散等属性，如图 11.126 所示。

Step 10 打开【描边】列表框，然后取消选择【内侧边】复选框，再选择【外侧边】复选框，并设置外侧边的各项属性，如图 11.127 所示。

Step 11 在【工具箱】面板中选择【输入工具】，然后修改小字幕的文本内容，接着打开【文本字体】列表框，选择一种字体，如图 11.128 所示。

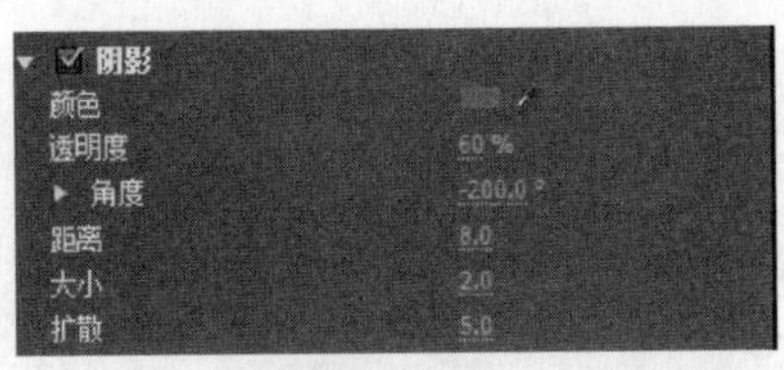

图 11.126　设置阴影的属性

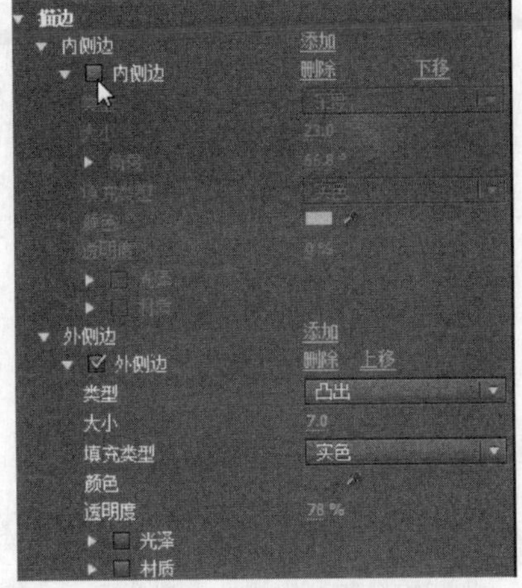

图 11.127　设置描边的属性

图 11.128　修改小字幕文本并设置字体

Step 12　选择【选择工具】，然后使用工具分别调整大字幕和小字幕的位置，最后关闭【字幕设计器】窗口，如图 11.129 所示。

图 11.129　调整字幕的位置

11.4.2　应用与设置标题字幕

上例新建字幕素材后，本例要将字幕素材装配到序列，然后制作字幕从屏幕右边移入屏幕的动画效果，如图 11.130 所示。

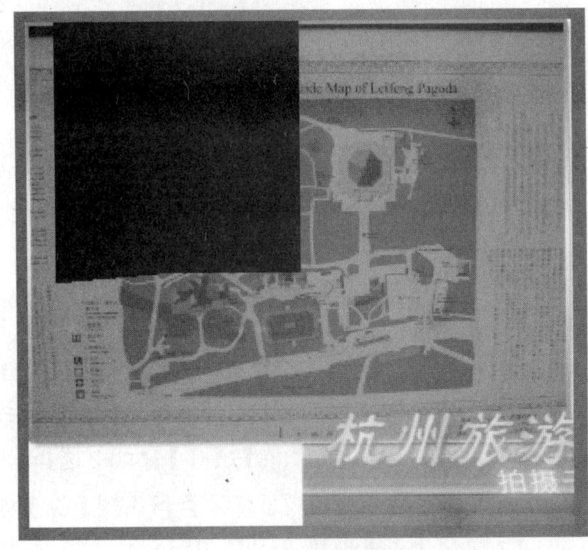

图 11.130　制作标题字幕动画

图 11.130　制作标题字幕动画(续)

应用和设置标题字幕的操作步骤如下。

Step 1　打开练习文件(光盘：..\Example\Ch11\11.4.2.prproj)，在【时间线】窗口的轨道名称区域上单击鼠标右键，然后选择【添加轨道】命令，如图 11.131 所示。

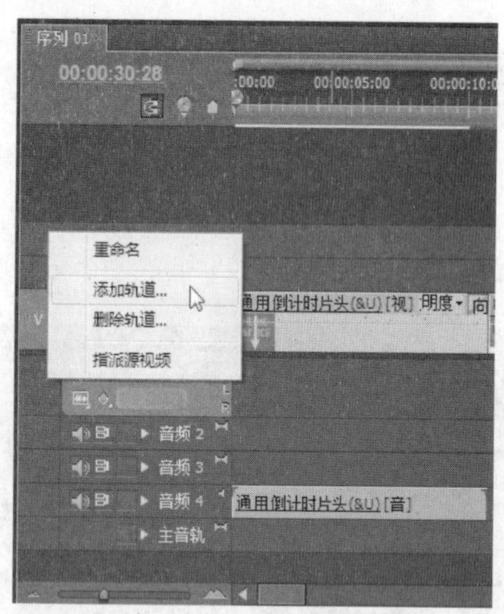

图 11.131　添加轨道

Step 2　打开【添加视音轨】对话框，设置音频轨道为 0，视频轨道为 1，放置为【跟随　视频 3】，接着单击【确定】按钮，如图 11.132 所示。

Step 3　添加视频轨道后，在【项目】窗口中选择【标题】字幕素材，然后将该素材拖到【视频 4】轨道上，并放置在 PICT01.jpg 素材正上方，如图 11.133 所示。

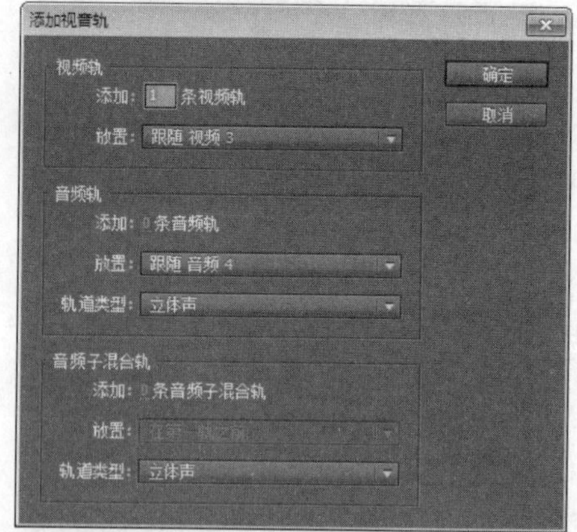

图 11.132　添加一条视频轨道

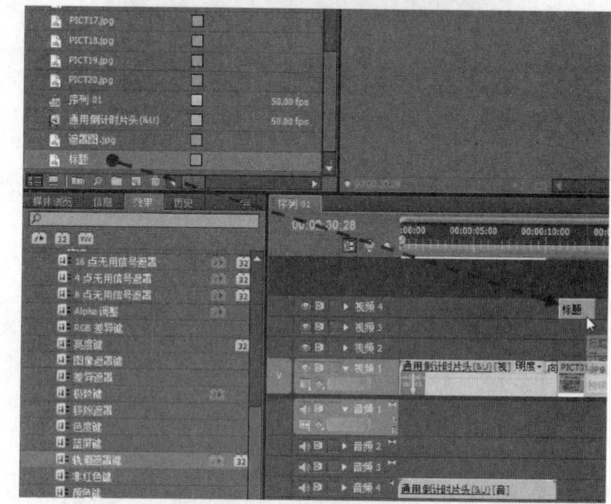

图 11.133　将字幕素材添加到【视频 4】轨道

Step 4　使用【选择工具】选择字幕素材的出点，然后将出点拖到与最后一个相片素材出点相同的位置上，以增加字幕的播放持续时间，如图 11.134 所示。

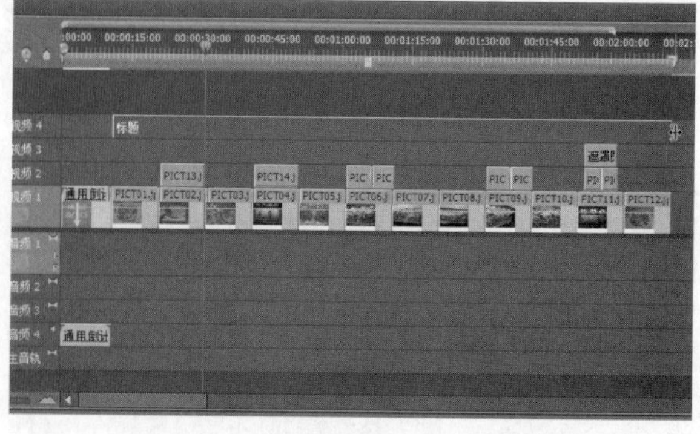

图 11.134　调整字幕素材的持续时间

在【时间线】窗口中拖动播放指针到接近字幕素材的入点处，然后打开【特效控制台】面板。打开【运动】列表，单击【位置】选项左侧的【切换动画】按钮，如图 11.135 所示。

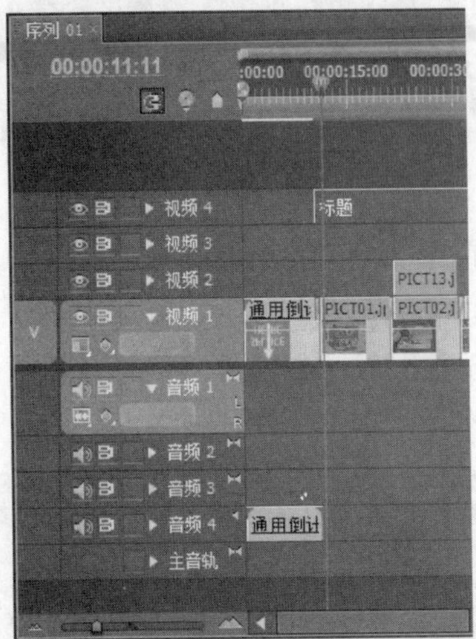
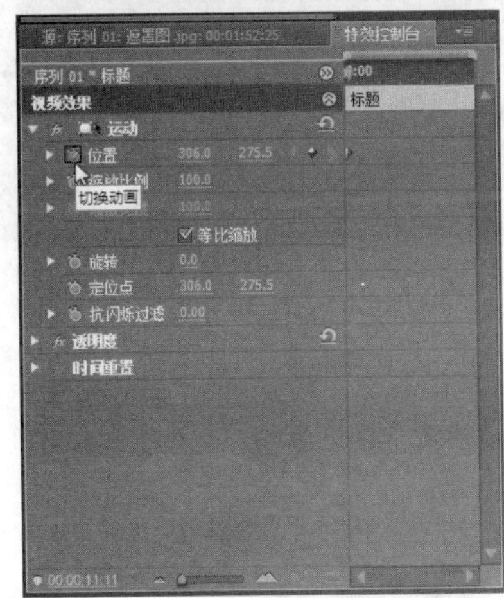

图 11.135　调整播放指针位置并切换动画

接着在【时间线】窗口中拖动播放指针到字幕素材的入点处，然后在【特效控制台】面板中单击【位置】选项后的【添加/移除关键帧】按钮，在入点位置添加一个关键帧，如图 11.136 所示。

在【节目】窗口中选择字幕素材，然后将字幕移到屏幕外的右侧，如图 11.137 所示。

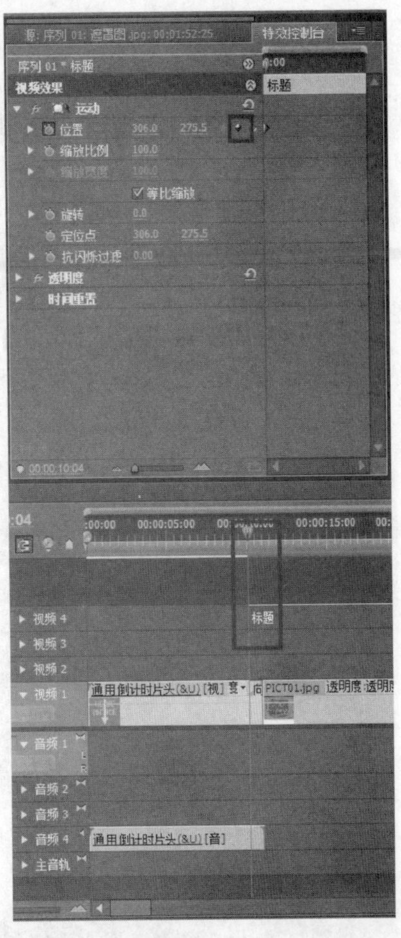

图 11.136　移动播放指针到入点并添加关键帧

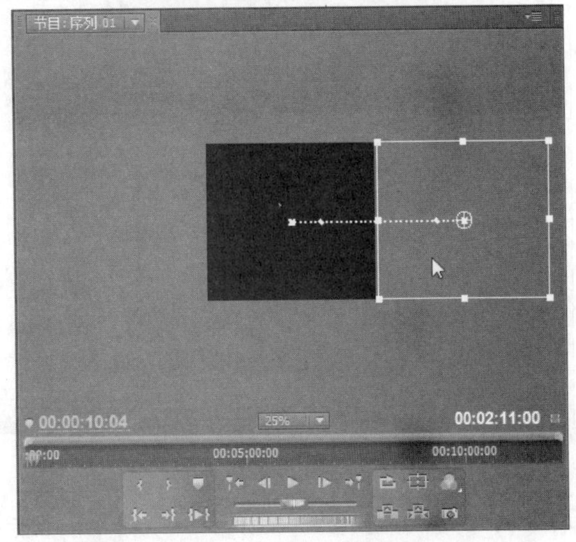

图 11.137　调整入点关键帧的字幕位置

11.4.3 添加与设置背景音乐

本例为电子相册添加一段背景音乐，并制作音乐的淡入和淡出效果。

添加与设置背景音乐的操作步骤如下。

Step 1 打开练习文件(光盘：..\Example\Ch11\11.4.3.prproj)，在【项目】面板的素材区上单击鼠标右键，然后选择【导入】命令，打开【导入】对话框，选择音频素材，最后单击【打开】按钮，如图 11.138 所示。

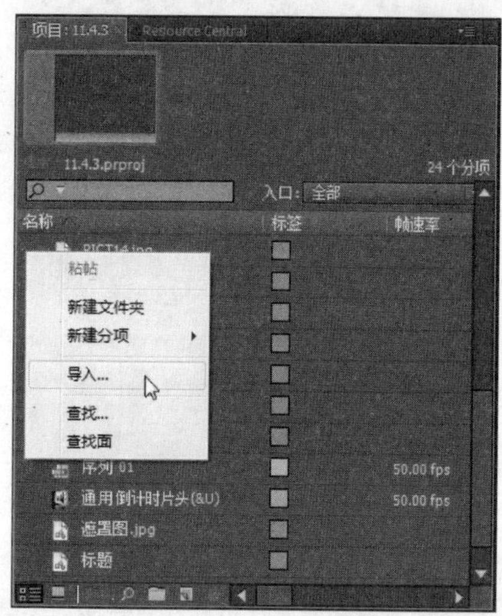

图 11.138 导入音频素材

Step 2 在【项目】面板中选择上一步骤导入的音频素材，然后将素材加入到【音频 1】轨道上，如图 11.139 所示。

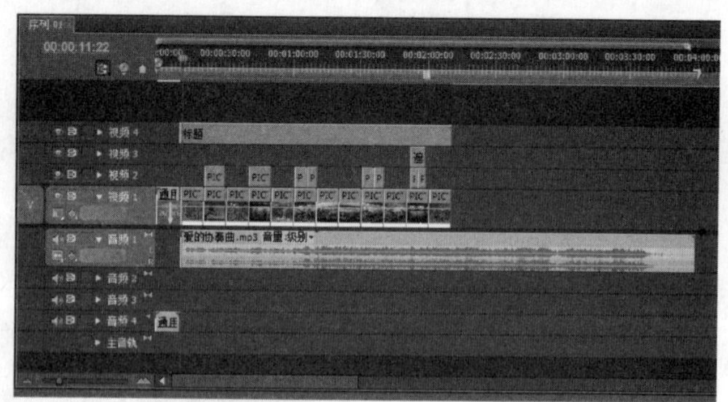

图 11.139 将音频加入轨道

Step 3 由于音频素材的持续时间比【视频 1】轨道的素材播放时间长，因此需要使用【选择工具】按住素材出点并向左拖动，修剪音频，如图 11.140 所示。

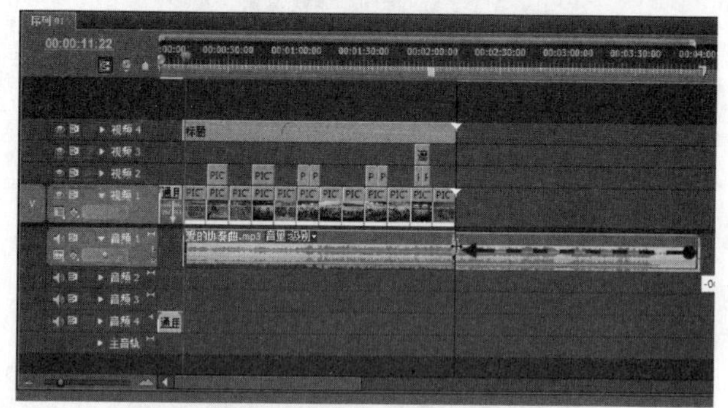

图 11.140 修剪多出的音频片段

Step 4 单击【音频 1】轨道名称左侧的【显示素材关键帧】按钮，然后从弹出的菜单中选择【显示素材音量】命令，如图 11.141 所示。

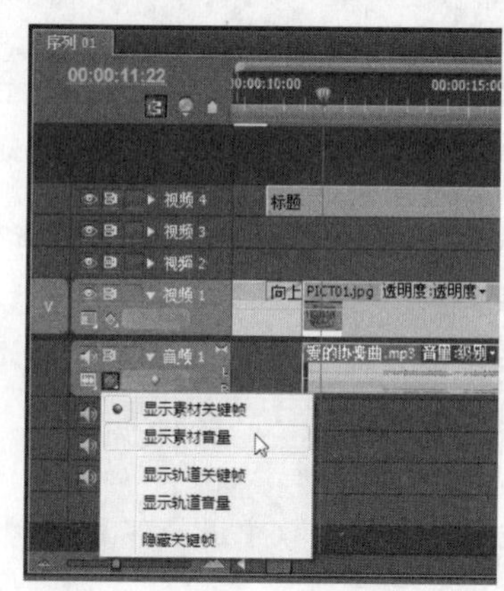

图 11.141 显示素材音量

按住 Ctrl 键在音频素材前段添加两个关键帧，然后将入点的关键帧音量设置为 0，让音频产生淡入的效果，如图 11.142 所示。

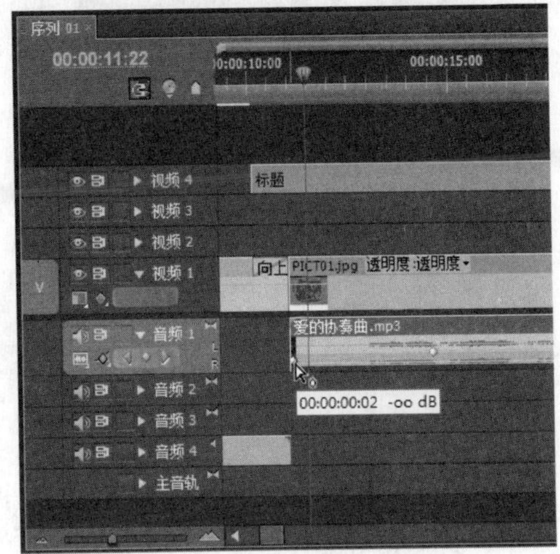

图 11.142　制作音频淡入效果

使用相同的方法，为最后一段音频素材的出点添加关键帧，并设置出点关键帧的音量为 0，使之产生淡出的效果，如图 11.143 所示。

图 11.143　制作音频淡出效果

11.4.4　制作电子相册片尾

本例将为电子相册导入一个用于影片片尾的图像并添加切换特效，然后添加一个短暂的音频素材作为声音的切换，结果如图 11.144 所示。

图 11.144　电子相册片尾

制作电子相册片尾的操作步骤如下。

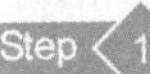

打开练习文件(光盘：..\Example\Ch11\11.4.4.prproj)，在【项目】面板的素材区上单击鼠标右键，然后选择【导入】命令，打开【导入】对话框，选择图像素材，最后单击【打开】按钮，如图 11.145 所示。

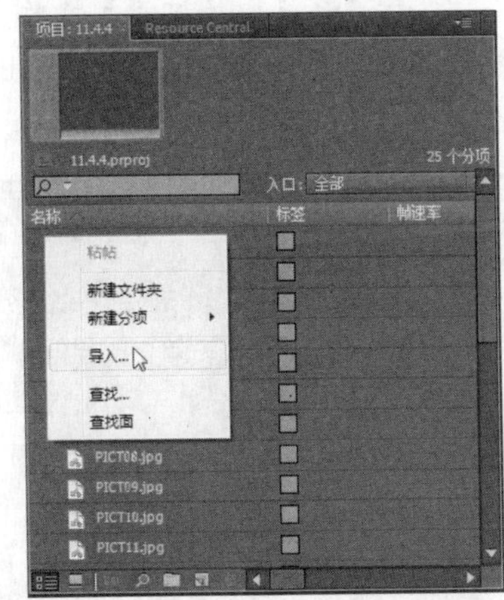

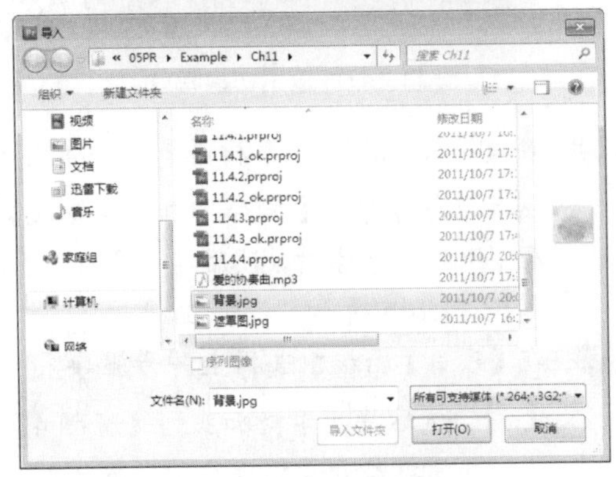

图 11.145　导入背景图像素材

在【项目】面板中选择上一步骤导入的图像素材，然后将该素材加入到【视频 1】轨道上，并与 PICT12.jpg 素材相连，如图 11.146 所示。

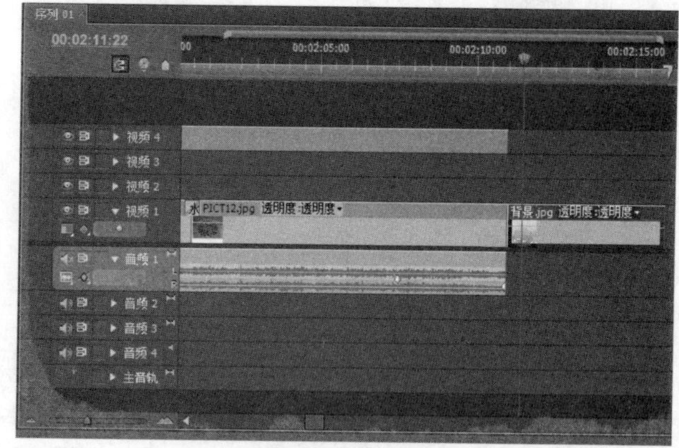

图 11.146　将图像添加到序列上

打开【效果】面板，再打开【视频切换】列表，然后选择【白场过渡】特效，并将此特效应用到 PICT12.jpg 素材的出点上，如图 11.147 所示。

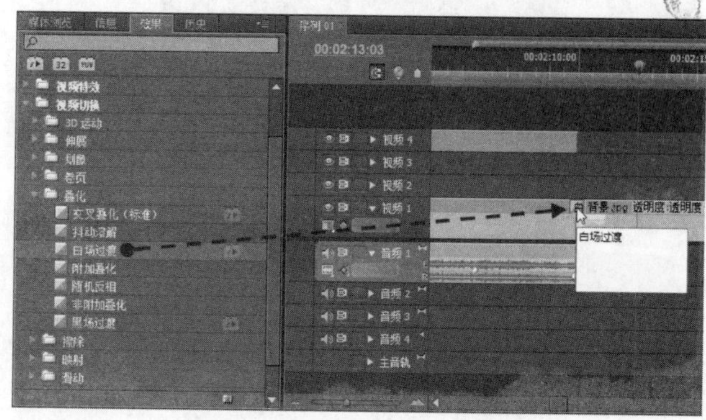

图 11.147　应用切换特效

在【项目】面板的素材区上单击鼠标右键，然后选择【导入】命令，打开【导入】对话框，选择音频素材，最后单击【打开】按钮，如图 11.148 所示。

在【项目】面板中选择上一步骤导入的音频素材，然后将此素材加入到【音频 4】轨道上，并使之与背景图像素材的入点对齐，如图 11.149 所示。

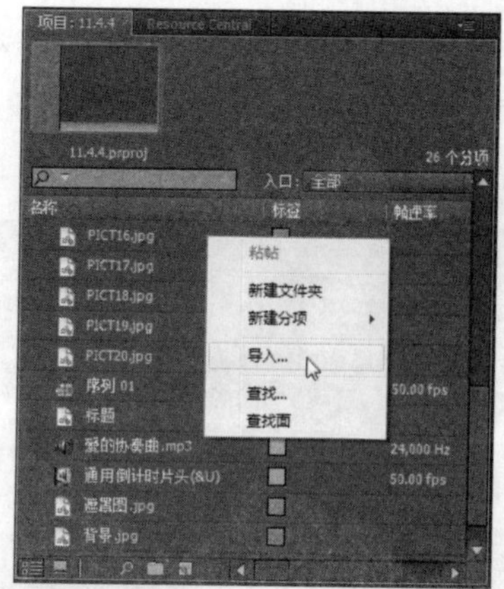

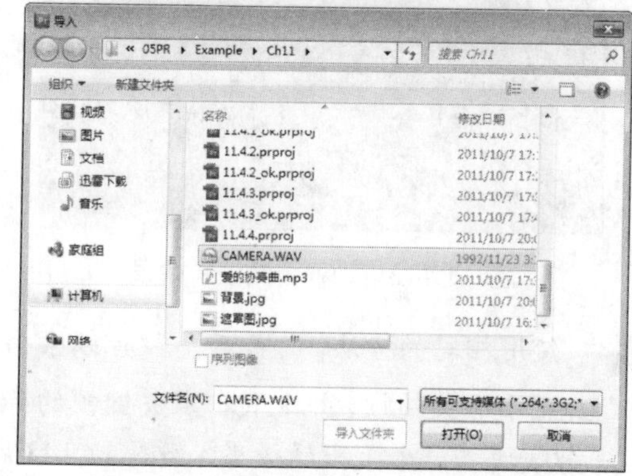

图 11.148　导入音频素材

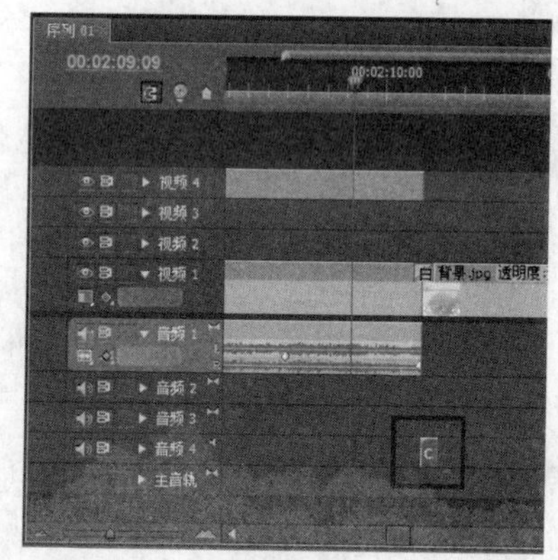

图 11.149　将音频素材添加到序列

11.4.5　制作相册片尾字幕动画

本例将新建一个基于模板的字幕素材，然后通过【字幕设计器】窗口修改字幕内容和属性，接着将字幕装配到序列，以制作从屏幕下方移入屏幕的动画，如图 11.150 所示。

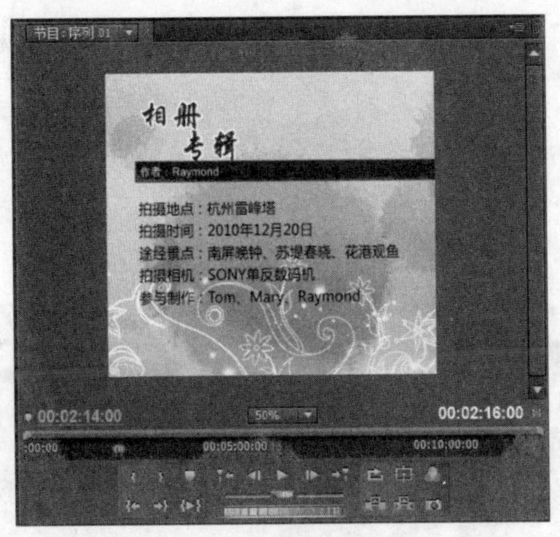

图 11.150 制作片尾字幕的结果

制作相册片尾字幕动画的操作步骤如下。

Step 1 打开练习文件(光盘：..\Example\Ch11\11.4.5.prproj)，打开【字幕】菜单，然后选择【新建字幕】|【基于模板】命令，打开【模板】对话框，选择【时髦_HD_全屏】模板，接着设置字幕名称，并单击【确定】按钮，如图 11.151 所示。

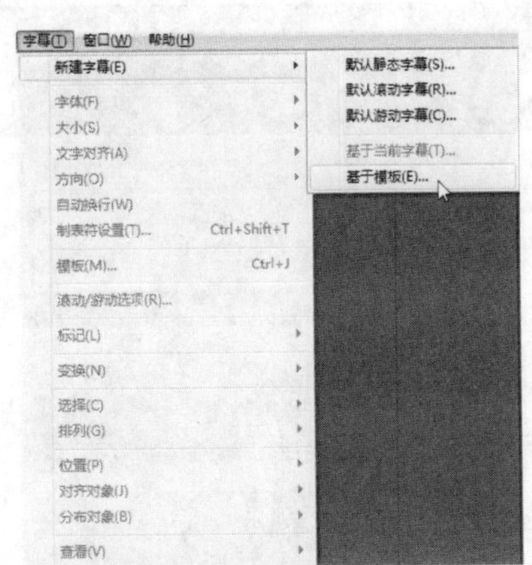

图 11.151 新建基于模板的字幕

打开【字幕设计器】窗口，使用【输入工具】修改大标题字幕文本内容，然后为文本设置一种字体，如图 11.152 所示。

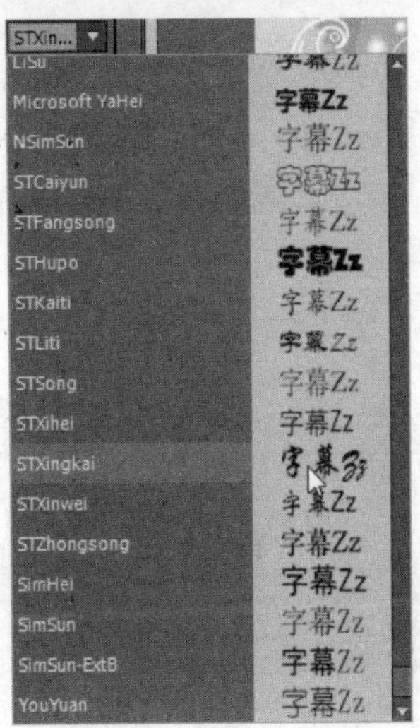

图 11.152 修改大标题文本并设置字幕

此时在【属性】面板中修改字幕文本的填充和描边属性，如图 11.153 所示。

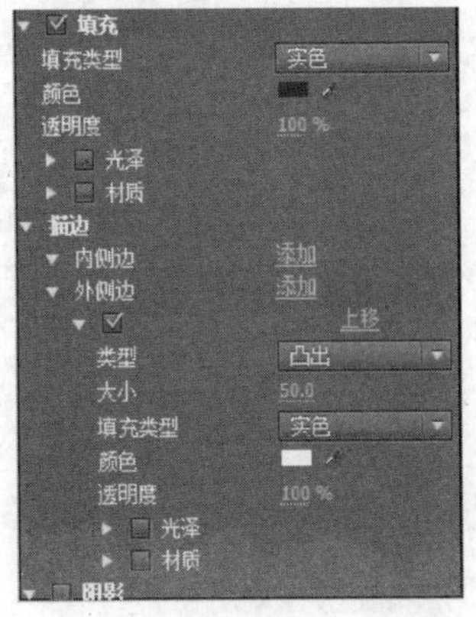

图 11.153 修改填充和描边属性

Step 4 再次使用【输入工具】修改红色矩形上面的字幕标题内容，如图 11.154 所示。

图 11.154 修改红色矩形上面的字幕内容

Step 5 继续使用【输入工具】修改文本区域中的内容，然后通过【属性】面板打开【字体】列表框，选择一种合适的中文字体，再设置文本文字的填充颜色为黑色，如图 11.155 所示。

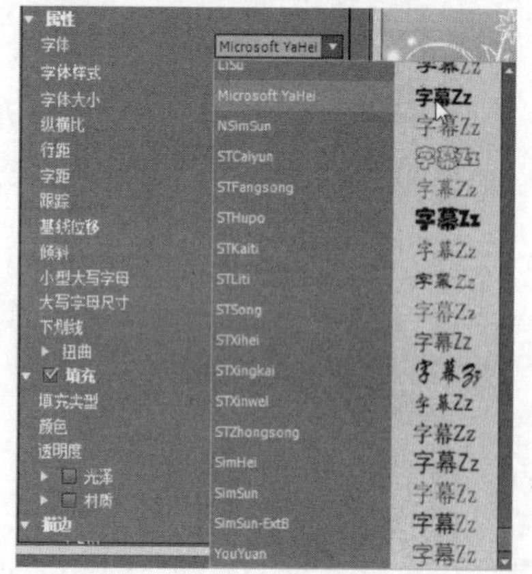

图 11.155 修改文本区域的内容并设置文字属性

Step 6 选择【选择工具】，然后选择监视器上的大标题字幕对象，接着设置文本行距为 47.5。选择字幕下层的 Logo 文本对象，按 Delete 键将该对象删除，最后关闭【字幕设计器】窗口，如图 11.156 所示。

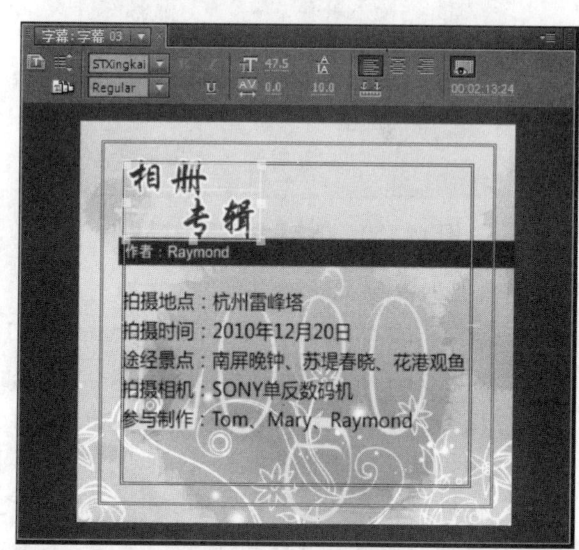

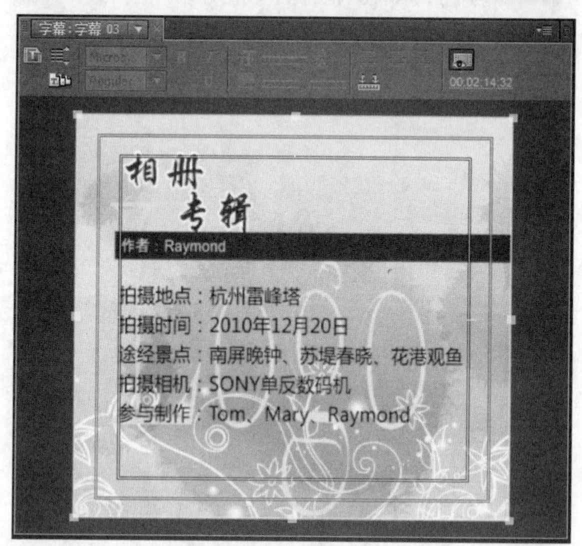

图 11.156 设置标题行距并删除位于底层的 Logo 文本对象

Step 7 在【项目】窗口中选择字幕素材，然后将素材拖到【视频 4】轨道上，并调整字幕的持续时间，结果如图 11.157 所示。

Step 8 打开【特效控制台】面板，将播放指针移到字幕素材前段位置上，再打开【运动】列表框，接着单击【位置】选项左侧的【切换动画】按钮，此时播放指针出自动添加一个关键帧，如图 11.158 所示。

图 11.157　将字幕添加到序列上

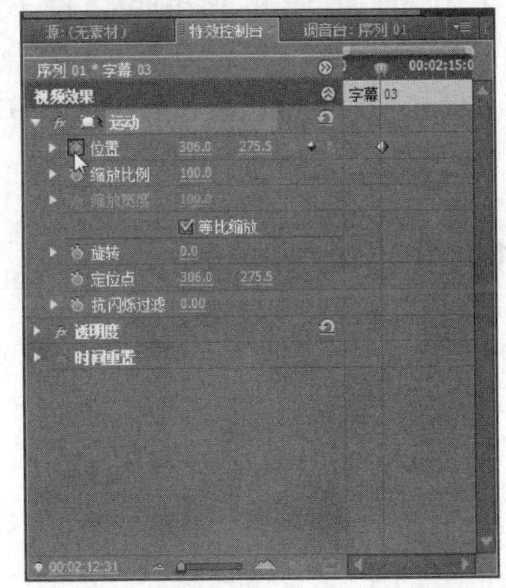

图 11.158　调整播放指针并切换动画状态

Step 9　将播放指针拖到字幕素材入点处，然后单击【位置】选项的【添加/移除关键帧】按钮，添加一个关键帧，如图 11.159 所示。

Step 10　此时将【节目】窗口的显示比例调整为 25%，然后选择字幕素材，并将字幕处置向下移到屏幕外，如图 11.160 所示。

Step 11　返回【特效控制台】面板，然后向右移动播放指针，接着打开【透明度】列表框，并单击【添加/移除关键帧】按钮，添加一个关键帧，如图 11.161 所示。

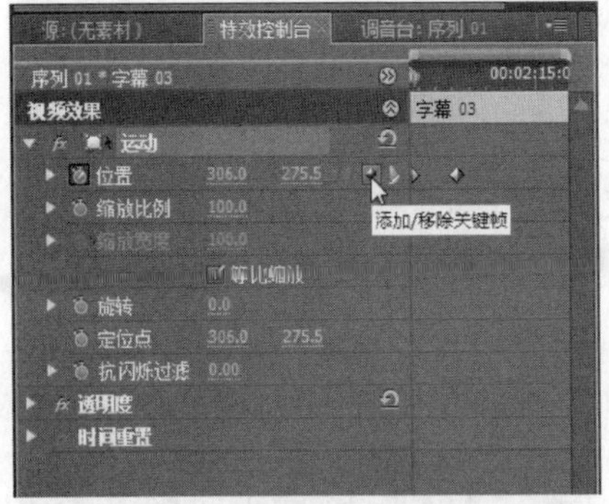

图 11.159　在入点处添加关键帧

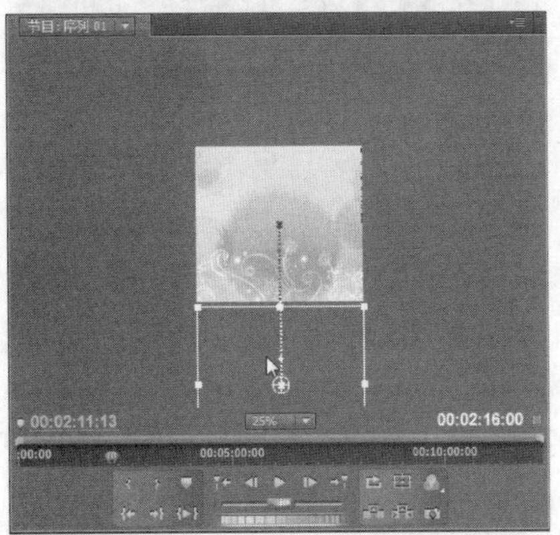

图 11.160　调整字幕素材的位置

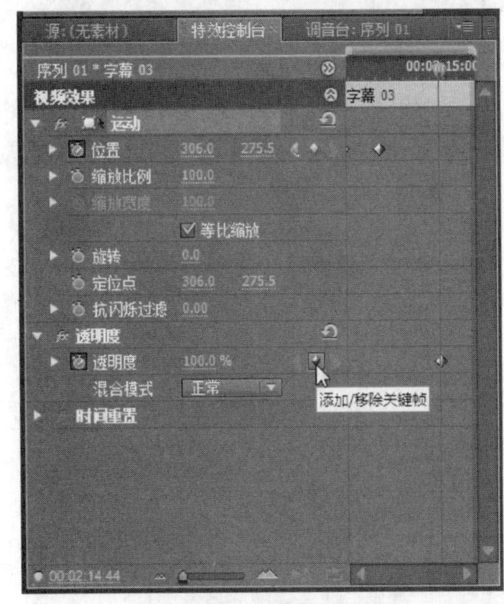

图 11.161　调整播放指针位置并添加关键帧

Step 12　将播放指针拖动字幕素材的出点处，然后单击【透明度】选项的【添加/移除关键帧】

按钮，接着设置该关键帧的透明度为 0%，如图 11.162 所示。

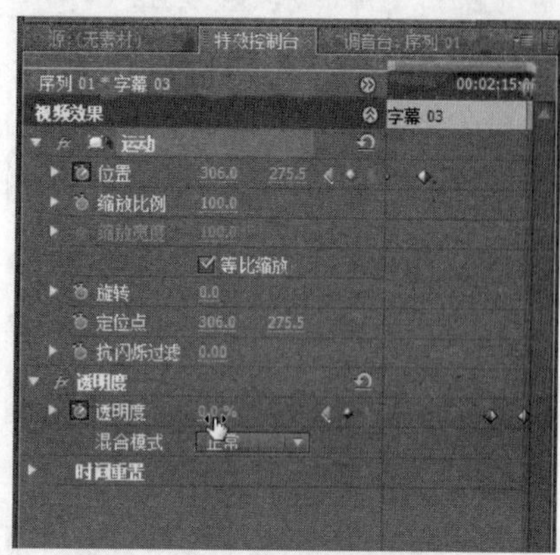

图 11.162　添加关键帧并设置透明度

Step 13 在【节目】窗口中单击【播放-停止切换】按钮，播放序列，以预览字幕从屏幕下方移入屏幕，最后变成透明的动画效果，如图 11.163 所示。

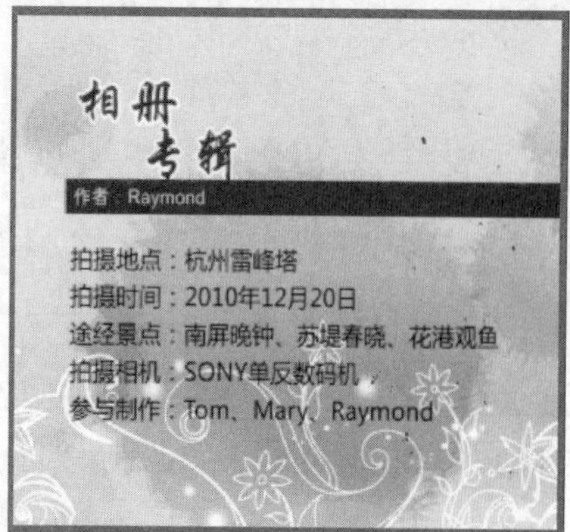

图 11.163　预览片尾字幕的效果

图 11.163　预览片尾字幕的效果(续)

11.5　电子相册导出和其他应用

经过上述的处理后，电子相册基本设计完成，接下来将利用电子相册向导导出为媒体文件，然后根据自己的需要制作其他应用，例如刻录成 DVD 光盘送给亲戚朋友。

11.5.1　导出电子相册视频

本例将电子相册项目导出为与序列设置匹配的 MPEG 媒体文件，以便后续应用该文件。

导出电子相册视频的操作步骤如下。

Step 1 打开练习文件(光盘：..\Example\Ch11\11.5.1.prproj)，打开【文件】菜单，然后选择【导出】|【媒体】命令，如图 11.164 所示。

Step 2 打开【导出设置】窗口，拖动监视器屏幕下方的播放指针，预览整个电子相册的效果，如图 11.165 所示。

Step 3 此时选择【与序列设置匹配】复选框，让导出设置与序列设置一样，如图 11.166 所示。

Step 4 单击【输出名称】项目右侧的名称链接，打开【另存为】对话框，设置保存的位置和文件名称，再单击【保存】按钮，如图 11.167 所示。

图 11.164　导出为媒体

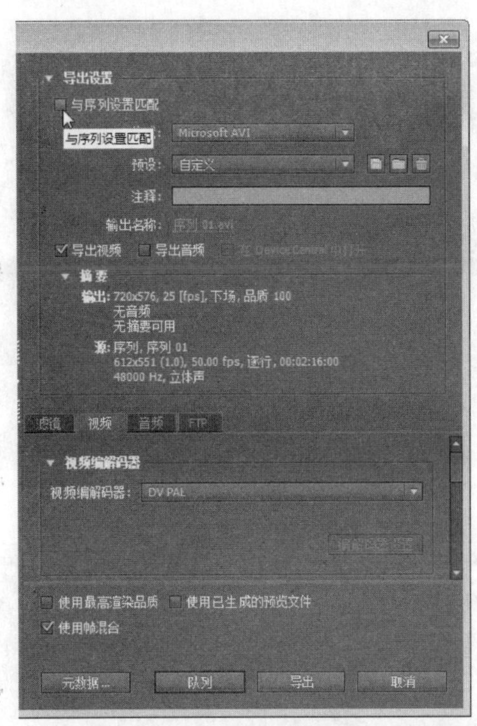

图 11.166　选择【与序列设置匹配】复选框

图 11.165　预览电子相册

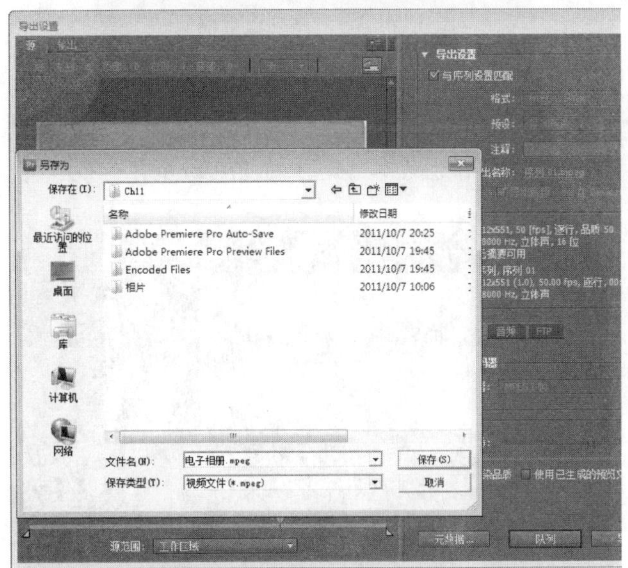

图 11.167　设置文件名称并执行导出处理

Step 5　最后单击【导出】按钮，将设计结果导出为 MPEG 格式的影片，如图 11.168 所示。

Setp 6　此时程序将对序列进行编码处理，并显示编码的进度，如图 11.169 所示。

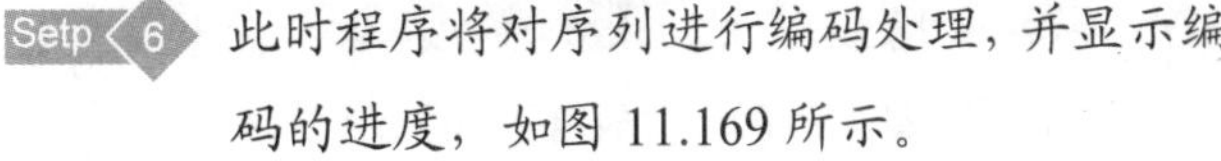

图 11.168　导出媒体

图 11.169　对序列进行编码

Step 7　完成导出后，可以进入电子相册视频文件所在目录，双击打开文件，通过播放器播放电子相册视频，如图 11.170 所示。

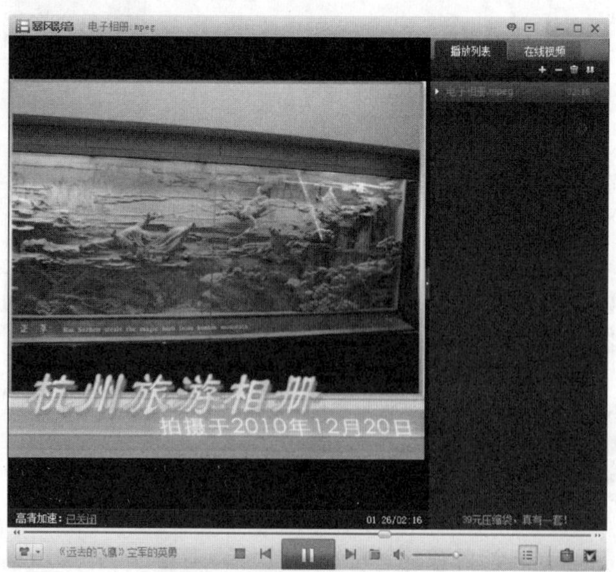

图 11.170　播放电子相册视频

11.5.2　制作带播放条的电子相册

经过导出的电子相册影片并没有播放控制功能，如果有需要，用户可以通过 Adobe Flash CS5 制作带有播放条的电子相册影片。这样，在播放电子相册时，观赏者就可以控制电子相册的播放、暂停，甚至可以调整音量的大小等控制，如图 11.171 所示。

图 11.171　带播放条的电子相册

制作带播放条电子相册的操作步骤如下。

Step 1　启动 Flash CS5 程序，然后在【欢迎屏幕】窗口中单击 ActionScript 3.0 按钮，新建一个支持 ActionScript 3.0 脚本的 Flash 文件，如图 11.172 所示。

图 11.172　新建 Flash 文件

新建文件后，打开【文件】菜单，然后选择【导入】|【导入视频】命令，如图 11.173 所示。

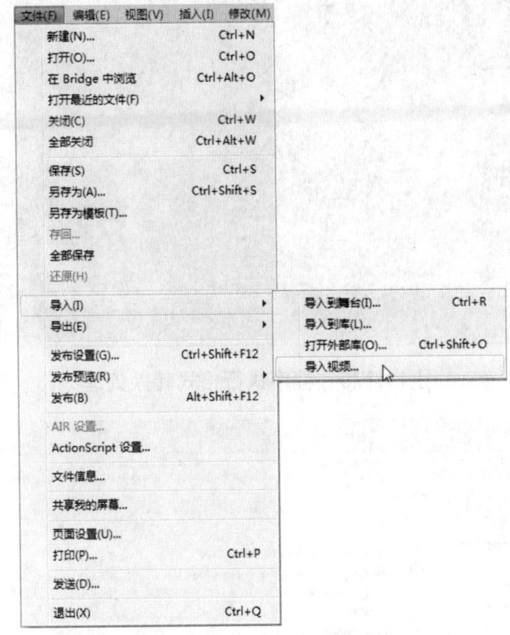

图 11.173 导入视频

打开【打开】对话框，选择需要导入的电子相册视频文件，然后单击【打开】按钮，如图 11.174 所示。

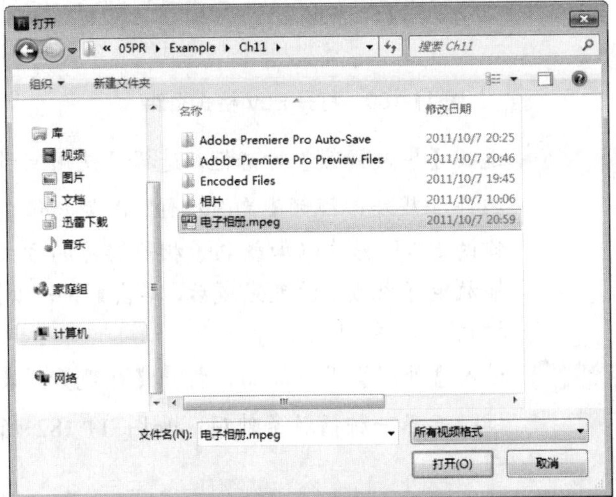

图 11.174 打开电子相册视频文件

此时程序打开【导入视频】对话框，同时弹出提示该文件格式不被支持的提示信息。不过不要紧，我们可以通过 Adobe Media Encoder 将电子相册视频转换为 Flash 播放器支持的 FLV 格式或 F4V 格式。单击提示框中的【确定】按钮，再单击【启动 Adobe Media Encoder】按钮，如图 11.175 所示。

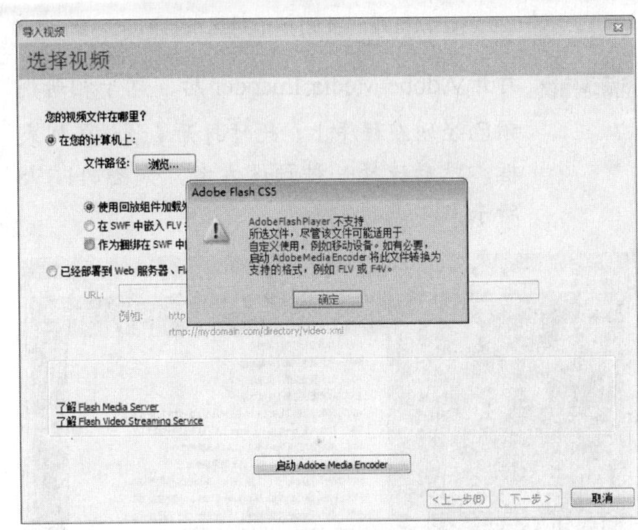

图 11.175 启动 Adobe Media Encoder

此时 Flash 要求先保存文件，在【另存为】对话框中指定保存文件的目录，然后设置文件名称，再单击【保存】按钮，如图 11.176 所示。

图 11.176 保存 Flash 文件

保存文件后，程序弹出提示框，用户只需单击【确定】按钮即可，如图 11.177 所示。

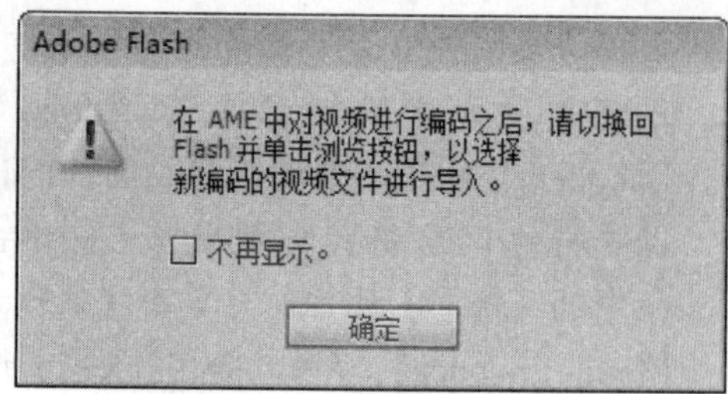

图 11.177 关闭提示对话框

Step 7 打开 Adobe Media Encoder 后，电子相册视频已经列在程序上，此时打开【预设】列表框，然后选择一种预设方案，如图 11.178 所示。

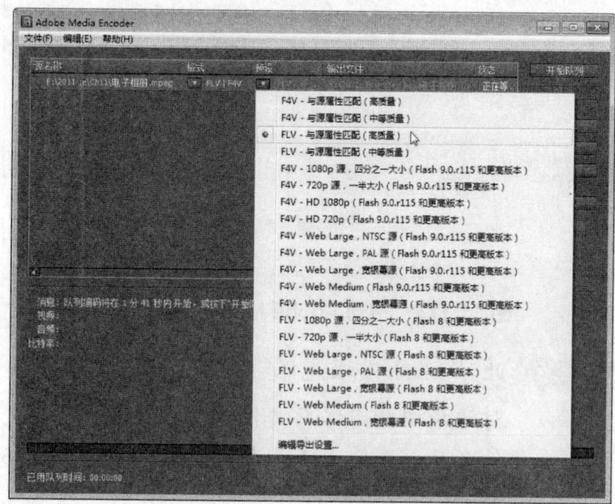

图 11.178 选择预设格式方案

Step 8 在 Adobe Media Encoder 中单击【开始队列】按钮，执行转换视频格式的处理。此时程序会对源视频进行编码处理，并显示进度信息，如图 11.179 所示。

Step 9 转换视频文件格式后，返回【导入视频】对话框，单击【浏览】按钮，接着在【打开】对话框中选择转换出来的 FLV 格式的电子相册媒体文件，最后单击【打开】按钮，如图 11.180 所示。

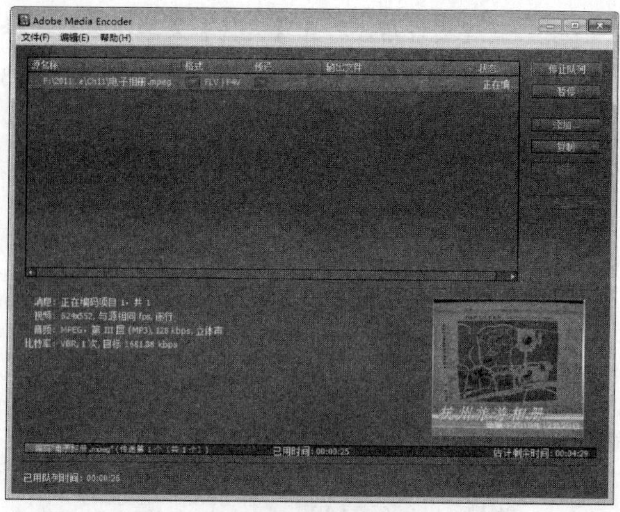

图 11.179 程序执行格式转换处理

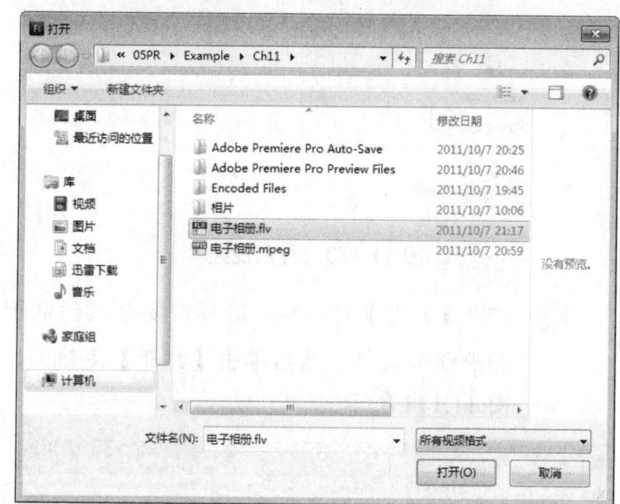

图 11.180 打开 FLV 格式文件

Step 10 返回【导入视频】对话框，选择【使用回放组件加载外部视频】单选按钮，以便后续制作的 SWF 影片以加载电子相册影片的方式播放电子相册。设置完成后，单击【下一步】按钮，如图 11.181 所示。

Step 11 进入【外观】设置界面，打开【外观】列表框，选择一种播放条外观，如图 11.182 所示。

Step 12 单击【颜色】选项右侧的色块，然后从打开的颜色列表框中选择一种颜色，如图 11.183 所示。本步骤选择的颜色，将作为播放条面板的颜色。

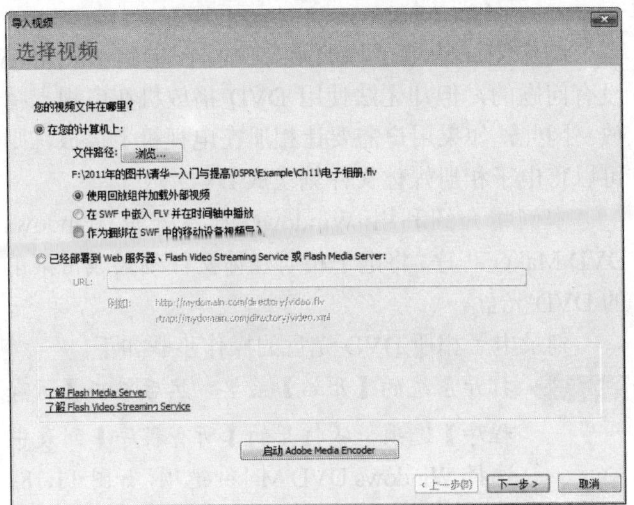

图 11.181　选择导入视频的方式

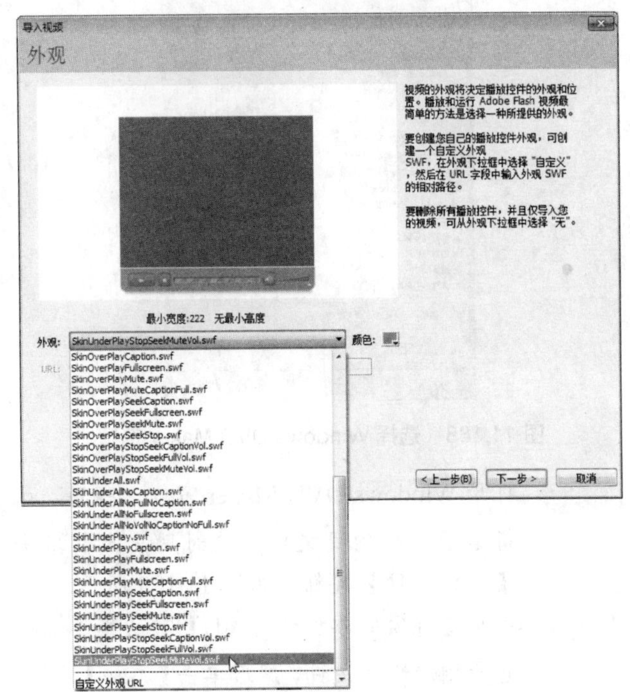

图 11.182　选择一种外观

Step 13 完成外观的设置后，单击【下一步】按钮，进入下一步操作。

Step 14 此时【导入视频】对话框上显示导入视频来源的信息和其他说明。用户经过查看确认没有问题后，即可单击【完成】按钮，执行导入视频的操作，如图 11.184 所示。

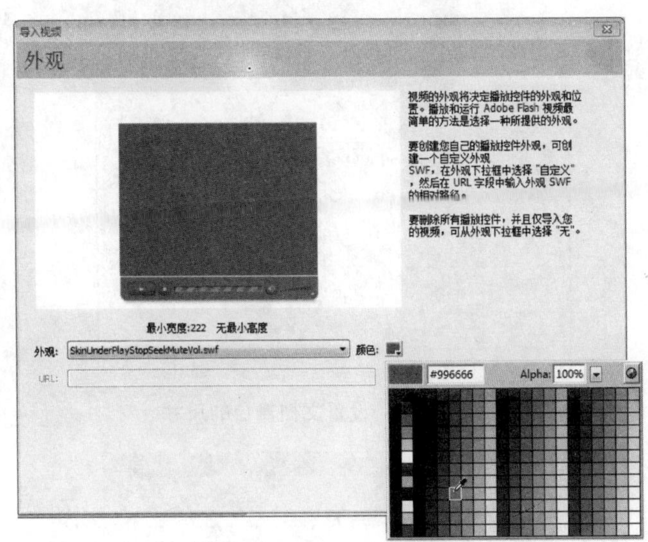

图 11.183　选择一种颜色

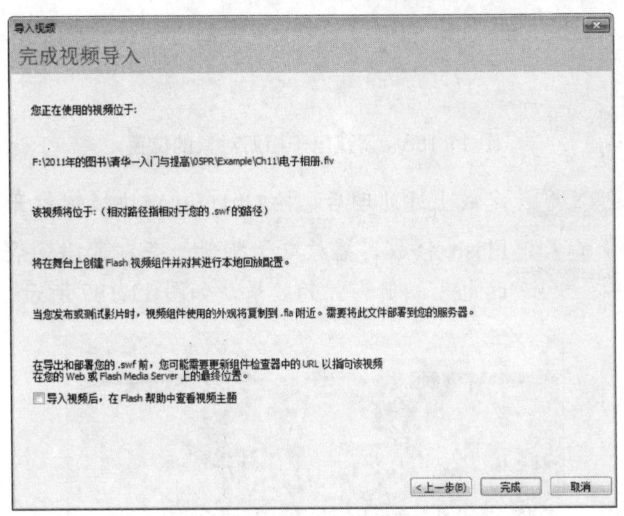

图 11.184　完成导入

Step 15 导入视频后，打开 Flash 程序的【属性】面板，然后单击【属性】栏内的【编辑】按钮，并在打开的【文档设置】对话框中设置舞台的尺寸，最后单击【确定】按钮，如图 11.185 所示。

Step 16 此时选择舞台上的对象，然后打开【属性】面板，并设置 X 和 Y 位置都为 0，即将电子相册播放组件放置在舞台内，如图 11.186 所示。

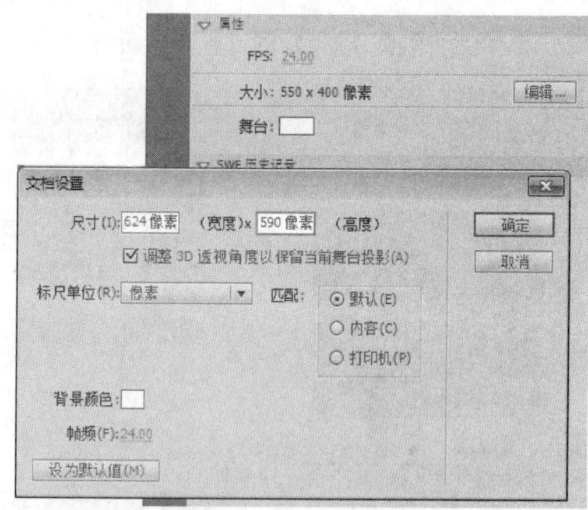

图 11.185　设置文档舞台的尺寸

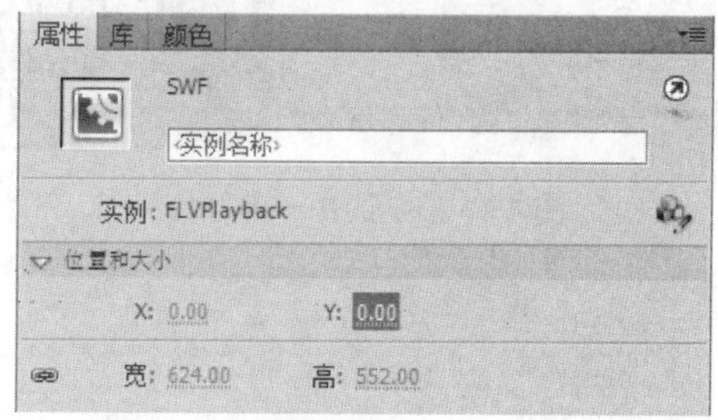

图 11.186　调整电子相册对象的位置

完成上述处理后，按 Ctrl+Enter 快捷键打开 Flash 播放器播放电子相册，查看带播放条的电子相册影片的效果，如图 11.187 所示。

图 11.187　播放影片

11.5.3　刻录电子相册 DVD 光盘

制作完成的电子相册媒体文件在电脑上使用是没有问题的，但却无法使用 DVD 播放机在电视上播放。因此，如果用户需要让相册在电视机上播放，则可以将电子相册媒体文件刻录成 DVD 光盘。

本例将介绍利用 Windows 7 系统的 Windows DVD Maker 程序，将电子相册媒体文件刻录成带菜单的 DVD 光盘。

刻录电子相册 DVD 光盘的操作步骤如下。

Step 1　打开系统的【开始】菜单，然后单击【所有程序】选项，从打开的【所有程序】列表中选择 Windows DVD Maker 选项，如图 11.188 所示。

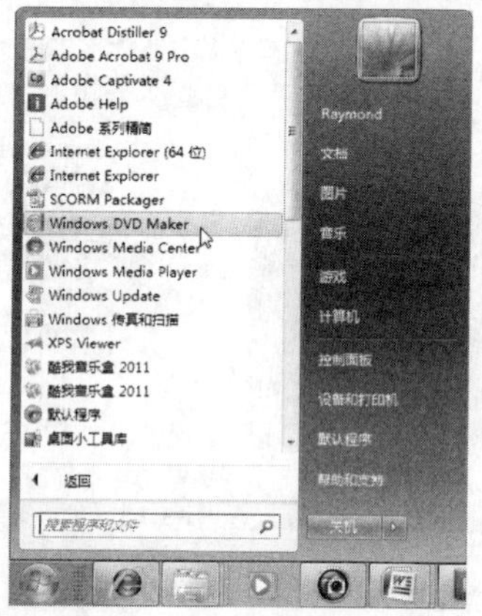

图 11.188　选择 Windows DVD Maker 选项

打开 Windows DVD Maker 窗口，程序默认新建了一个项目文件，此时用户只需单击【添加项目】按钮，如图 11.189 所示。

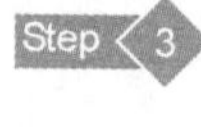

打开【将项目添加到 DVD】对话框，选择电子相册媒体文件，然后单击【添加】按钮，将此媒体添加到 Windows DVD Maker 的项目文件内，如图 11.190 所示。

将电子相册媒体文件添加到项目后，选择媒体并单击鼠标右键，再从打开的右键快捷菜单中选择【播放】命令，播放电子相册媒体，如图 11.191 所示。

此时单击程序界面右下方的【选项】链接，

打开【DVD 选项】对话框，再切换到【DVD-视频】选项卡，设置 DVD 选项，接着单击【确定】按钮，如图 11.192 所示。

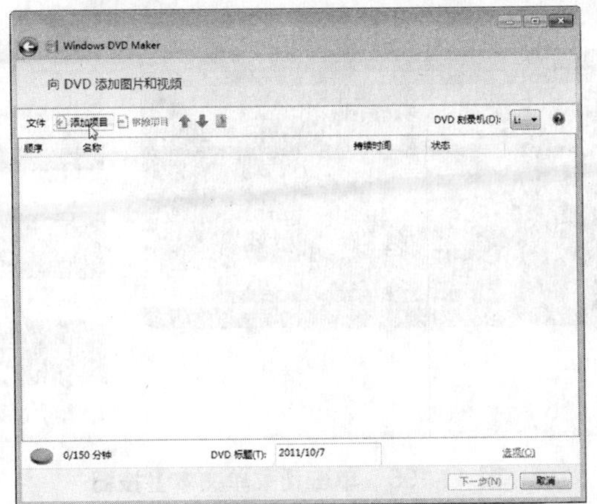

图 11.189　添加项目

图 11.190　添加电子相册媒体文件

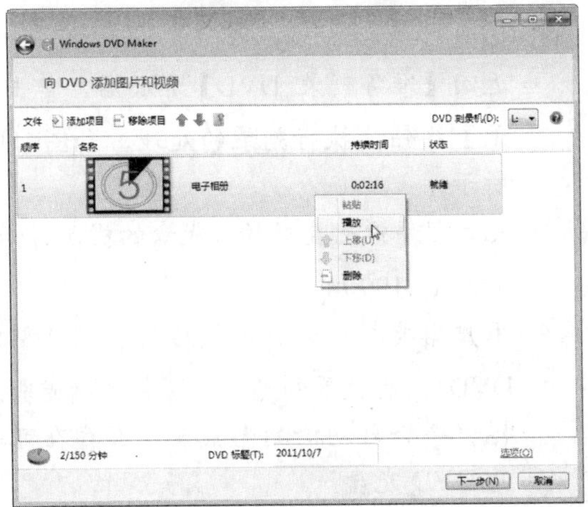

图 11.191　播放电子相册媒体

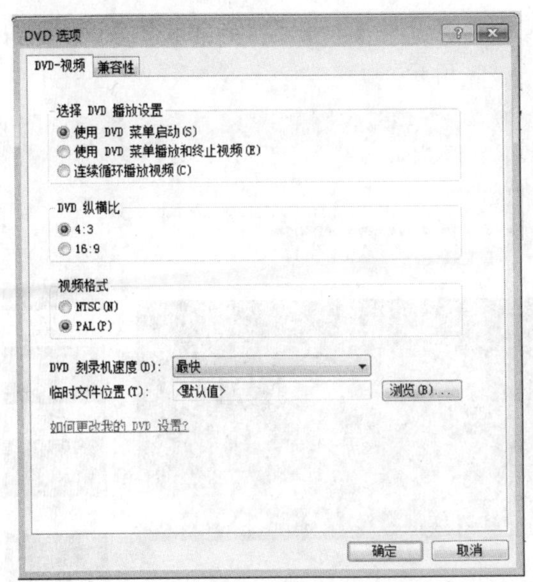

图 11.192　设置 DVD 选项

Step 6　返回程序界面，然后设置 DVD 标题为“我的电子相册”，接着单击【下一步】按钮，进入下一步操作，如图 11.193 所示。

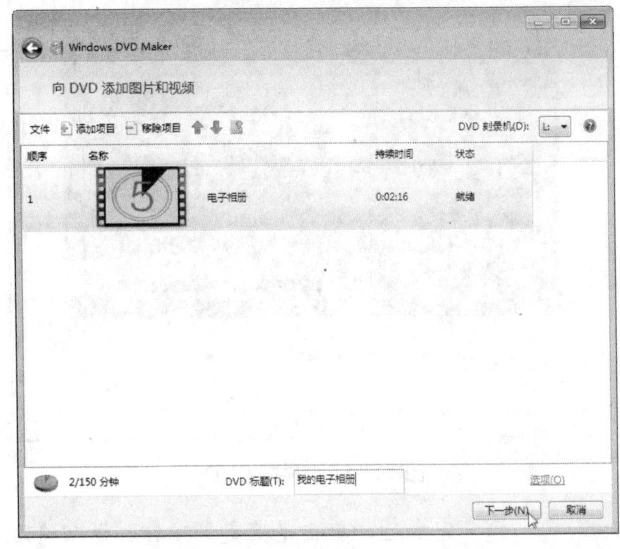

图 11.193　进入下一步操作

Step 7　进入【准备刻录 DVD】设置界面，从右侧的【菜单样式】列表框中选择一种菜单样式，如图 11.194 所示。

Step 8　此时在【准备刻录 DVD】设置界面上单击【预览】按钮，进入【预览 DVD】界面，预览电子相册光盘的播放效果，如图 11.195 所示。

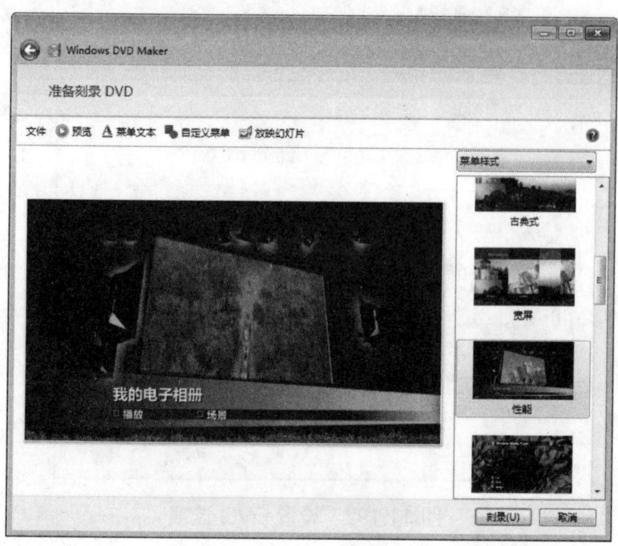

图 11.194 选择菜单样式

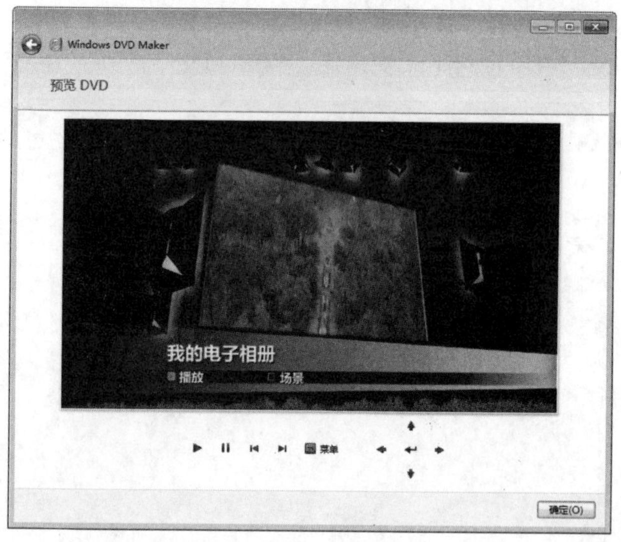

图 11.195 预览 DVD

Step 9 预览完成后，单击【确定】按钮，返回【准备刻录 DVD】界面。

Step 10 在界面上方单击【菜单文本】按钮，准备设置播放菜单的文本属性，如图 11.196 所示。

Step 11 打开【更改 DVD 菜单文本】界面，选择一种合适的字体样式，接着单击【更改文本】按钮，返回上一层界面，如图 11.197 所示。

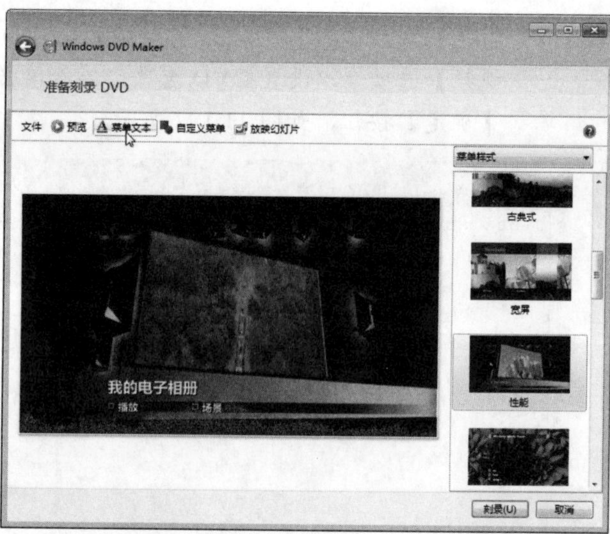

图 11.196 单击【菜单文本】按钮

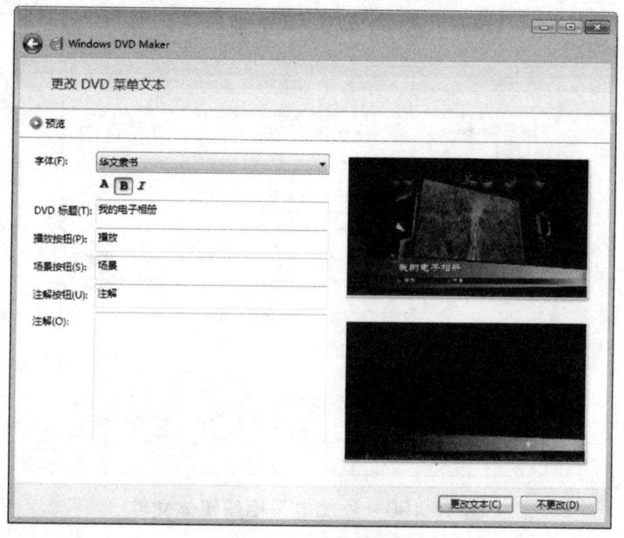

图 11.197 更改文本

Step 12 返回【准备刻录 DVD】界面后，单击【刻录】按钮，执行刻录的处理，如图 11.198 所示。

Step 13 此时程序弹出要求插入光盘的提示对话框，如图 11.199 所示。

Step 14 用户需要打开光驱，然后将一张可刻录的 DVD 光盘放置到光驱上，并关闭光驱。这样程序会自动检测光驱里是否存在可刻录的 DVD 光盘。

图 11.198　执行刻录

图 11.199　提示插入光盘

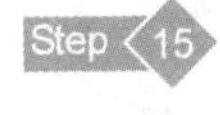

当程序检测到光驱存在可刻录的 DVD 光盘时，自动执行刻录的处理，并显示处理的进度，如图 11.200 所示。

图 11.200　创建 DVD

创建 DVD 完成后，用户可以制作另外一个 DVD 副本，如果不需要再制作，则直接单击【关闭】按钮，如图 11.201 所示。

图 11.201　关闭对话框

Step 17　此时返回 Windows DVD Maker 程序，并提示是否保存当前项目，单击【是】按钮，如图 11.202 所示。

图 11.202　保存项目

Step 18　打开【保存项目】对话框后，设置文件的名称，然后单击【保存】按钮，如图 11.203 所示。

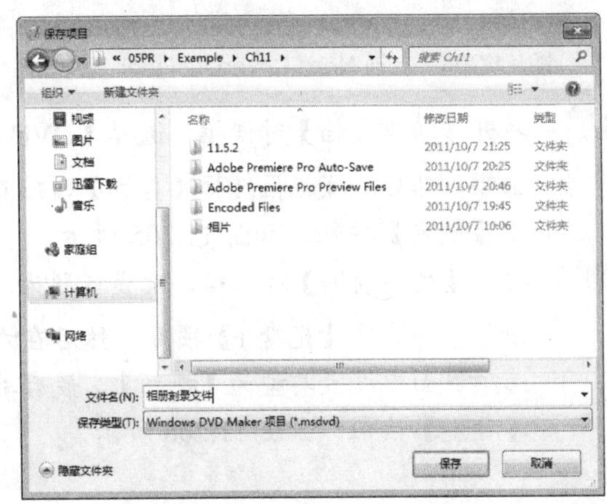

图 11.203　保存项目文件

11.5.4 设计电子相册光盘的封面

将电子相册刻录成 DVD 光盘后，如果要送给朋友，还可以专门为 DVD 光盘设计一个漂亮的封面，这样送出去的光盘就更美观大方了。

本例将介绍使用 Nero 套装软件中的 Nero CoverDesigner 应用程序来简单设计一个适合应用于旅游相册光盘的封面。

设计电子相册光盘的封面的操作步骤如下。

Step 1 打开系统的【开始】菜单，然后单击【所有程序】选项，从打开的【所有程序】列表中选择 Nero CoverDesigner 选项，如图 11.204 所示。

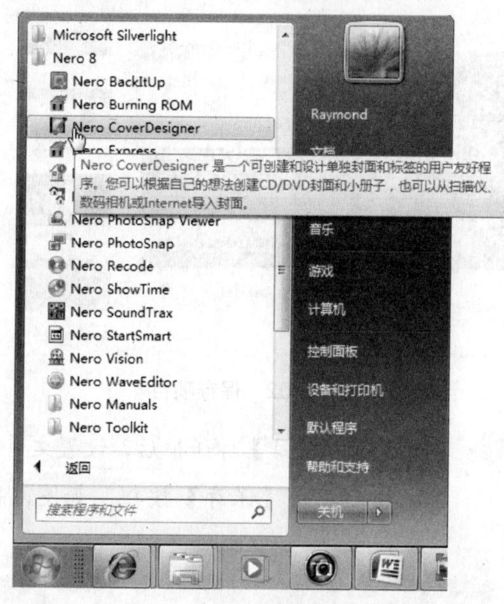

图 11.204 启动 Nero CoverDesigner 程序

Step 2 打开【新建文档】对话框，选择【DVD 舶】选项，然后从模板区选择【剪影】，接着单击【确定】按钮，如图 11.205 所示。

Step 3 打开【文档数据】对话框，设置标题为“相册”，再选择【光盘 1】项目，然后在右侧选项界面中设置类型为【视频】，最后单击【确定】按钮，如图 11.206 所示。

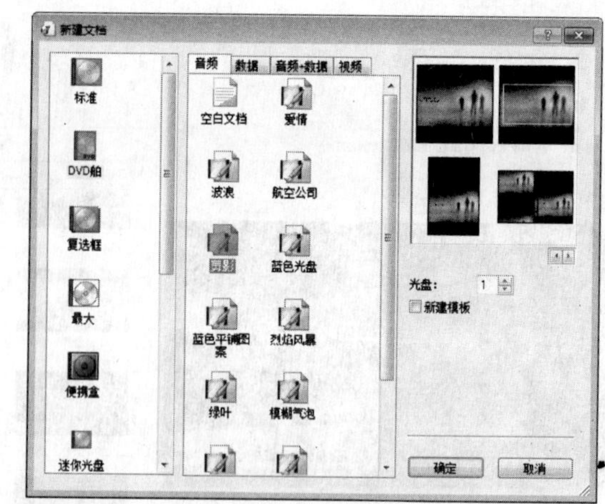

图 11.205 新建文档

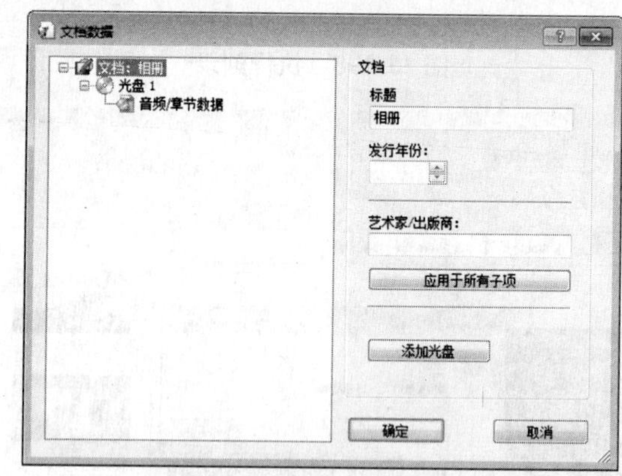

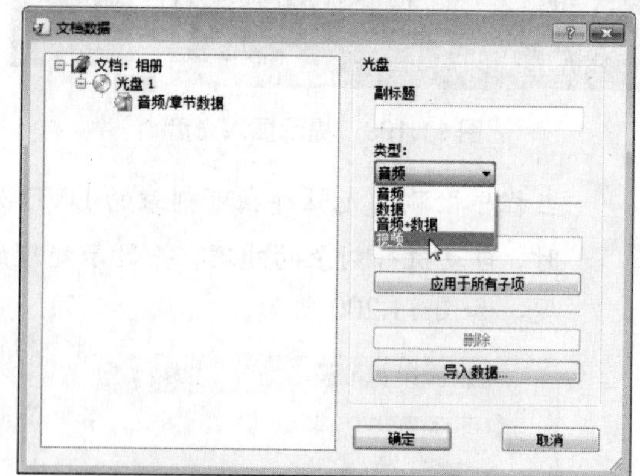

图 11.206 设置文档数据

Step 4 打开文档后，选择程序自动添加到封面上的剪影图像，然后按 Delete 键，删除该图像，如图 11.207 所示。

图 11.207 删除原文档的剪影图像

Step 5 从程序左侧的工具箱中单击【图像工具】按钮，打开【打开】对话框，选择封面图像素材，再单击【打开】按钮，如图 11.208 所示。

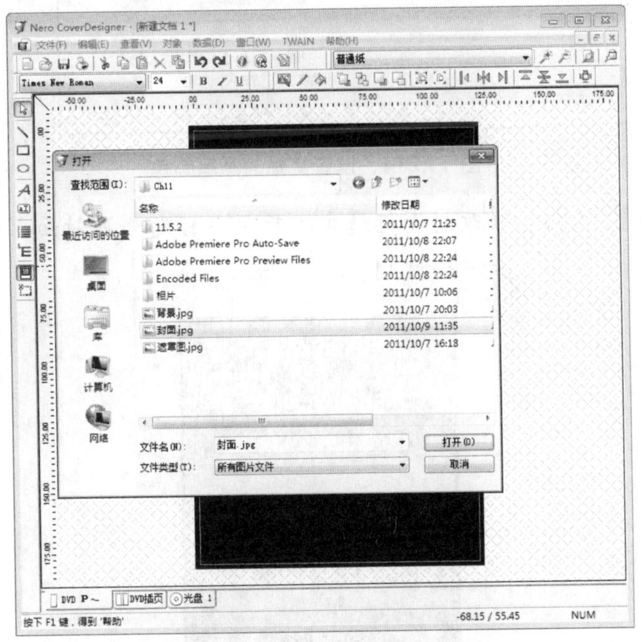

图 11.208 打开封面图像素材

Step 6 此时在封面文档上移动鼠标，设置放置图像的位置，如图 11.209 所示。

图 11.209 设置放置图像的位置

Step 7 放置好图像素材后，按住图像右下方的控制点向下拖动，以增大图像素材，结果如图 11.210 所示。

图 11.210 增大图像素材

Step 8 在图像素材上单击鼠标右键，然后在打开的快捷菜单中选择【排列】|【到底部】命令，

如图 11.211 所示。

图 11.211　将图像排列到底部

此时双击 TITLE 文本对象，打开【属性】对话框后切换到【文本】选项卡，在【内容】文本框中修改文本内容，如图 11.212 所示。

图 11.212　修改标题文本内容

切换到【字体】选项卡，然后从【字体】列表框中选择一种字体，接着设置字体的大小，如图 11.213 所示。

切换到【画笔】选项卡，然后单击 ✕ 按钮，取消该按钮的按下状态，接着在【选择颜色】框内设置画笔的颜色为白色，最后单击【确定】按钮，如图 11.214 所示。

说　明

这里设置画笔颜色，其实就是封面标题文本的描边颜色。

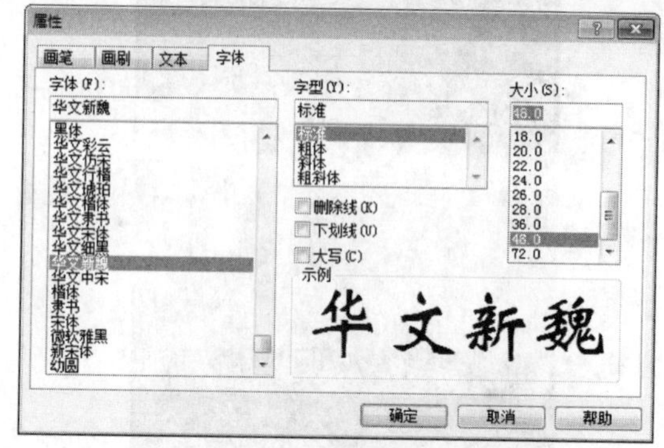

图 11.213　设置标题文本的字体

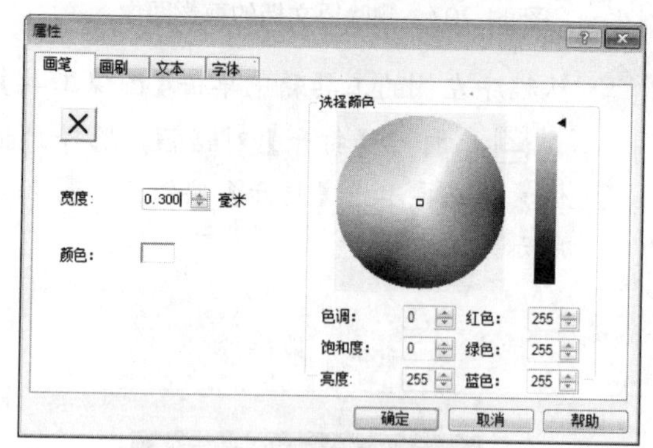

图 11.214　设置文本的画笔颜色

修改封面标题文本后，将标题移到封面上方，如图 11.215 所示。

图 11.215　调整标题的位置

将文档上文本内容为“相册”的小标题移到大标题下方，然后双击小标题，在弹出的对话框中切换到【字段】选项卡，接着修改文本内容，如图 11.216 所示。

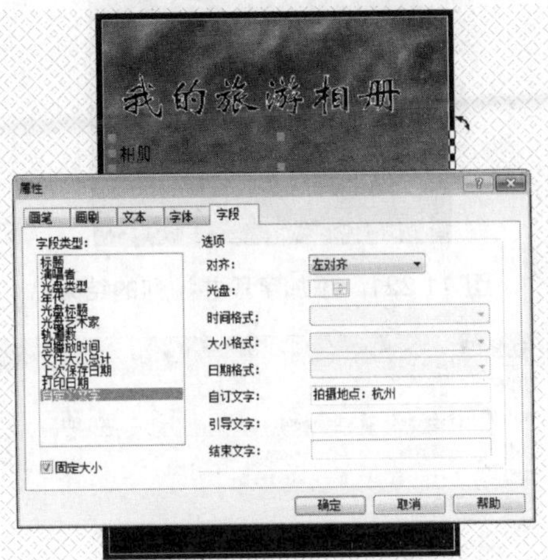

图 11.216 修改小标题文本

在【属性】对话框中切换到【字体】选项卡，选择一种合适的字体，再设置字体的大小，接着切换到【画刷】选项卡，并取消☒按钮的按下状态，最后设置画刷的颜色为白色，单击【确定】按钮，如图 11.217 所示。

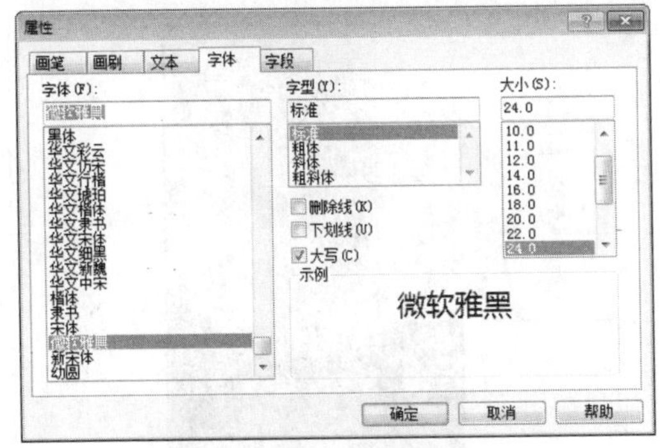

图 11.217 设置小标题文本的属性

在程序左侧的工具箱中单击【字段工具】按钮，然后从打开的列表框中选择【自定义文字】选项，如图 11.218 所示。

此时双击新增的字段对象，打开【属性】对话框后切换到【字段】选项卡，接着输入文字，如图 11.219 所示。

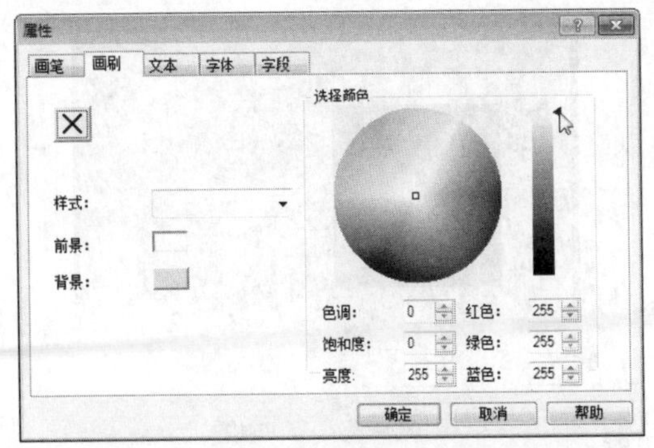

图 11.217 设置小标题文本的属性(续)

图 11.218 添加字段对象

在【属性】对话框中切换到【字体】选项卡，选择一种合适的字体，再设置字体的大小，接着切换到【画笔】选项卡，按下☒按钮，再单击【确定】按钮，如图 11.220 所示。

使用相同的方法，添加另外一个字段并设置文本，最后调整字段对象的位置，使之排列在封面左上方，如图 11.221 所示。

打开【文件】菜单，然后选择【打印设置】命令，打开【打印设置】对话框，设置纸张大小和打印方向，接着单击【确定】按钮，如图 11.222 所示。

再次打开【文件】菜单，然后选择【打印】命令，如图 11.223 所示。

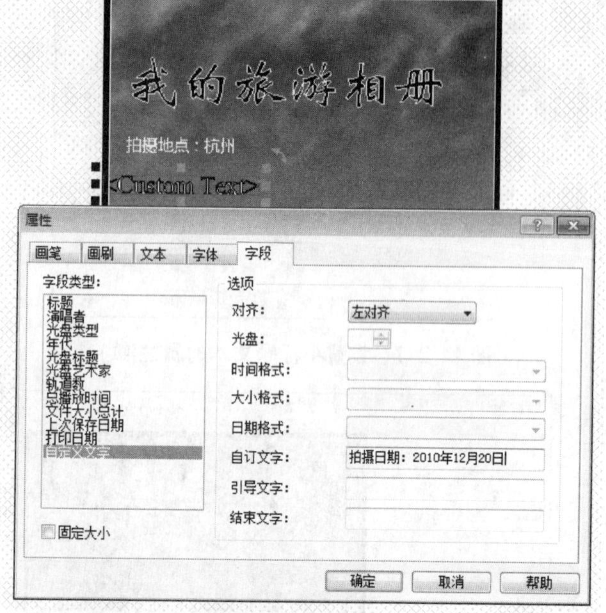

图 11.219　输入字段内容

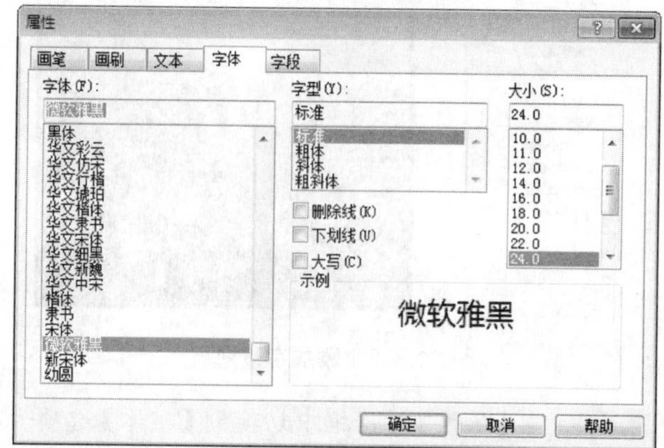

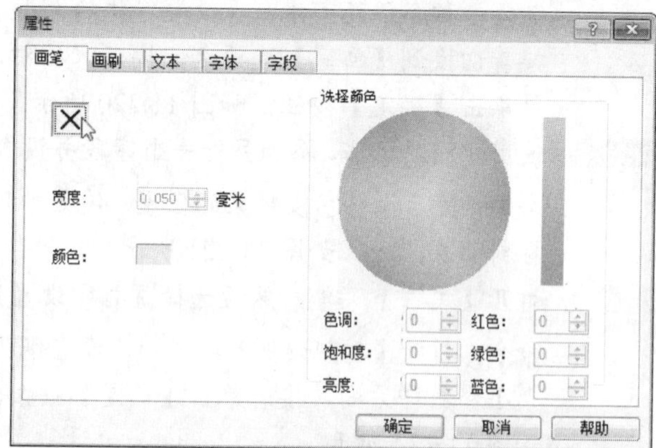

图 11.220　设置文本字体并取消画笔属性

图 11.221　添加字段并排列的结果

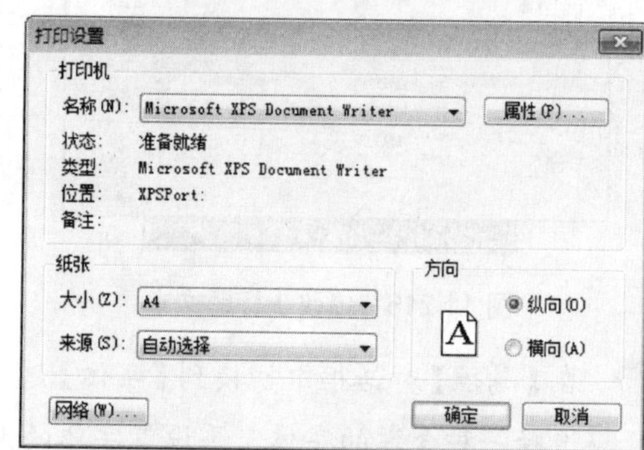

图 11.222　设置打印选项

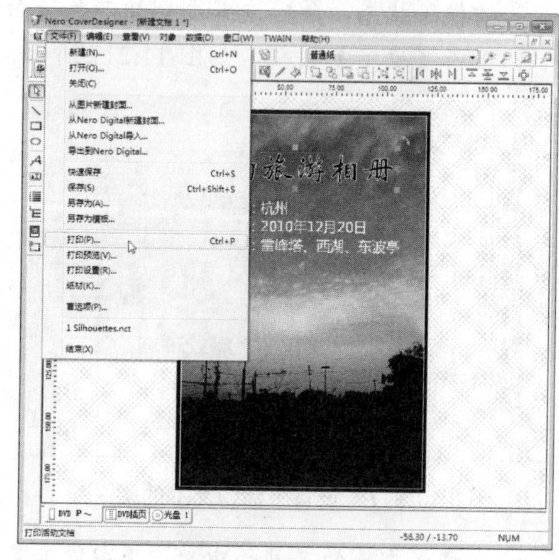

图 11.223　选择【打印】命令

Step 21 打开【打印】对话框，选择打印机，然后单击【打印】按钮，将 DVD 光盘封面打印到纸张上，以后即可将封面放到光盘上了，如图 11.224 所示。

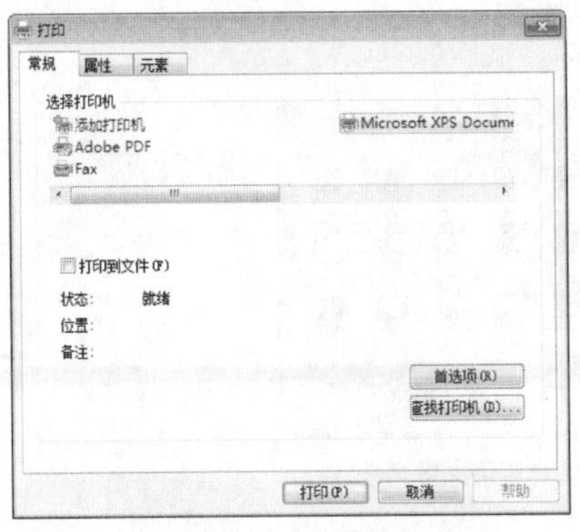

图 11.224　打印封面

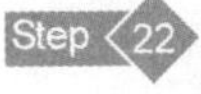

此时选择【文件】|【保存】命令，打开【另存为】对话框，设置文件的名称，然后单击【保存】按钮，保存封面项目文件，以便后续编辑修改，如图 11.225 所示。设计好的封面如图 11.226 所示。

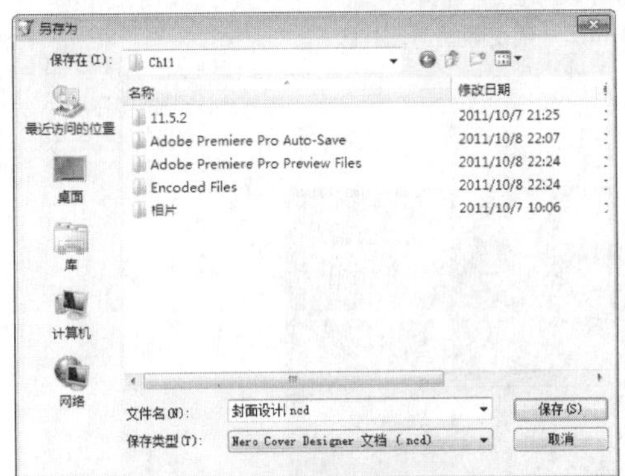

图 11.225　保存封面项目文件

图 11.226　设计好的 DVD 光盘封面

11.6　章后总结

本章通过一个电子相册的案例，详细介绍了使用 Adobe Photoshop CS5 处理相片素材，再通过 Adobe Premiere Pro CS5 编辑和设计电子相册并导出为媒体文件，最后使用 Adobe Flash CS5 将电子相册制作成带播放条的影片，以及使用 Windows DVD Maker 刻录电子相册光盘和使用 Nero CoverDesigner 设计光盘封面等方法。

11.7　章后实训

本章实训题要求将一个框架装饰图像素材(光盘: ..\Example\Ch11\装饰框架.jpg)导入项目，然后将素材装配到序列，并调整素材持续时间，最后应用【颜色键】特效，将图像黑色部分抠出，结果如图 11.227 所示。

图 11.227　添加装饰图的结果

本章实训题的操作流程如图 11.228 所示。

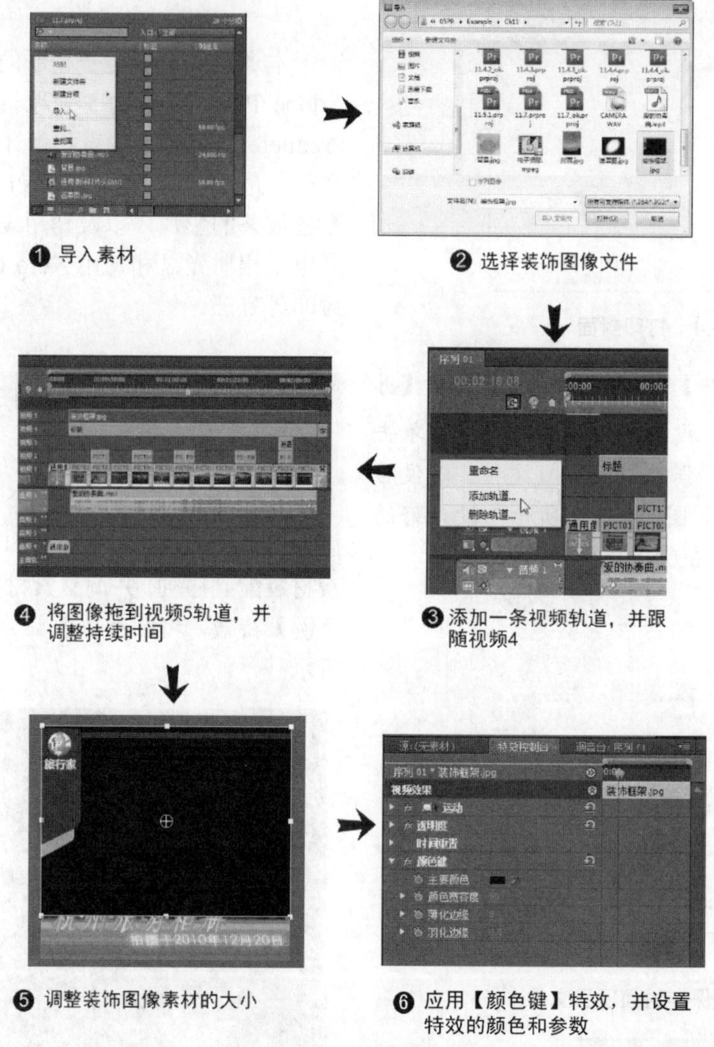

图 11.228　实训题操作流程

第 12 章 制作儿童舞蹈专辑影片

本章学习要点

本章通过制作儿童舞蹈专辑影片的案例，综合介绍使用 Adobe Premiere Pro CS5 同时配合 Adobe Photoshop CS5、Adobe Encore CS5 等程序编辑和设计影片，以及将影片做成支撑 DVD 光盘的方法，其中包括设计影片的素材、安装第三方特效插件、编辑影片项目、应用 Adobe Encore CS5 制作 DVD 光盘等内容。

12.1 设计影片的素材

在制作影片项目前，首先设计好项目中需要的素材，例如用于影片片头的封面图像素材。这种封面图像，就如同影片的开幕，主要起到显示主题的作用。

12.1.1 截取与保存视频画面

设计封面图像素材，需要使用到视频素材的画面内容。

本例先介绍利用 Windows 7 系统的截图工具，将视频素材的画面截取并保存下来，以便后续用于素材的设计。图 12.1 所示为截取视频画面的结果。

图 12.1 截取视频画面

截取与保存视频画面的操作步骤如下。

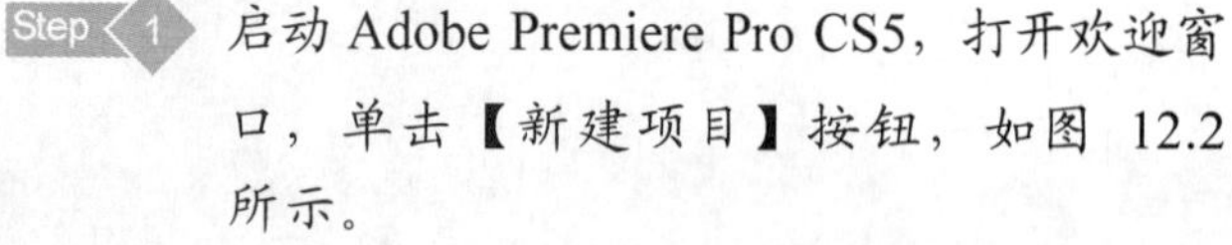

Step 1 启动 Adobe Premiere Pro CS5，打开欢迎窗口，单击【新建项目】按钮，如图 12.2 所示。

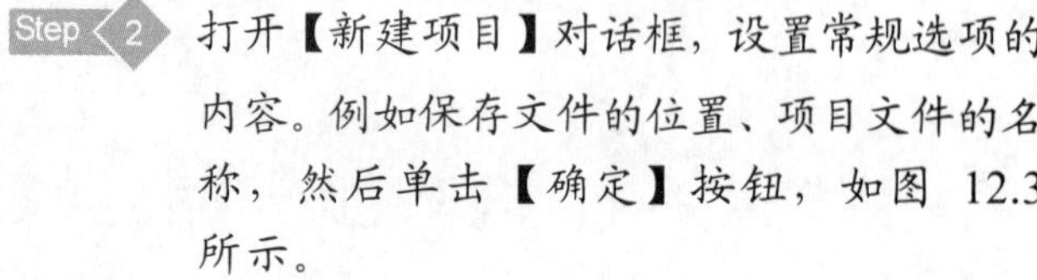

Step 2 打开【新建项目】对话框，设置常规选项的内容。例如保存文件的位置、项目文件的名称，然后单击【确定】按钮，如图 12.3 所示。

图 12.2 新建项目

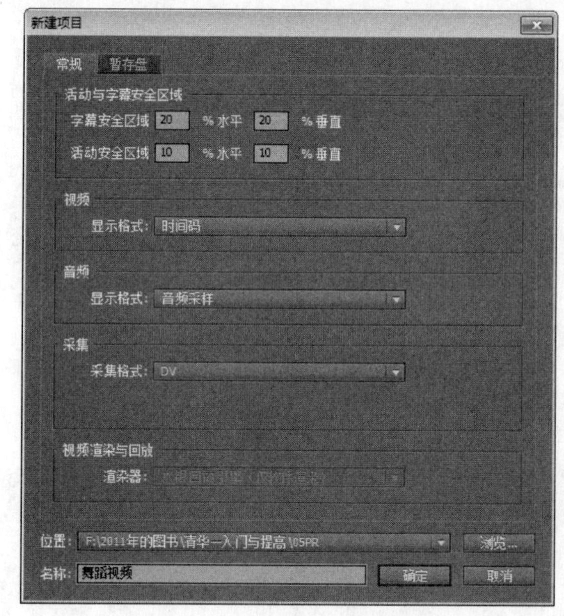

图 12.3 设置项目常规选项

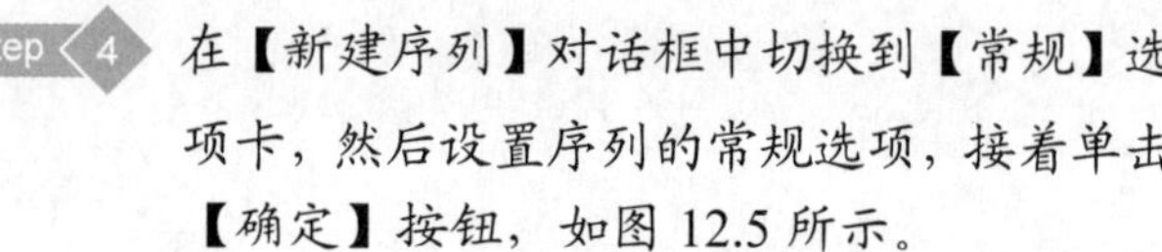

Step 3 打开【新建序列】对话框，从【有效预设】列表框中选择一种预设的序列，如图 12.4 所示。

Step 4 在【新建序列】对话框中切换到【常规】选项卡，然后设置序列的常规选项，接着单击【确定】按钮，如图 12.5 所示。

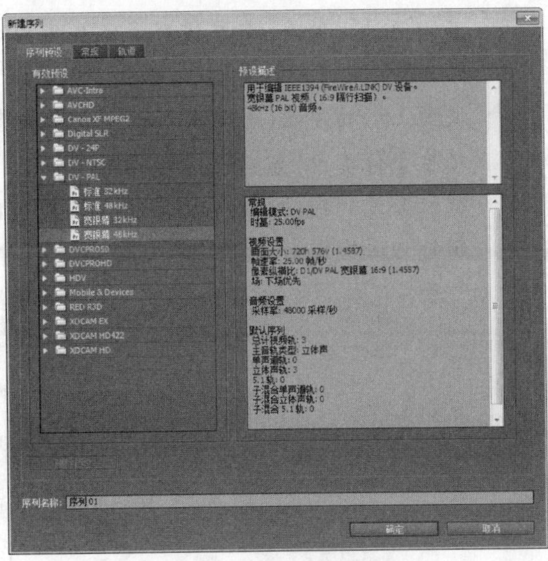

图 12.4 选择预设的序列

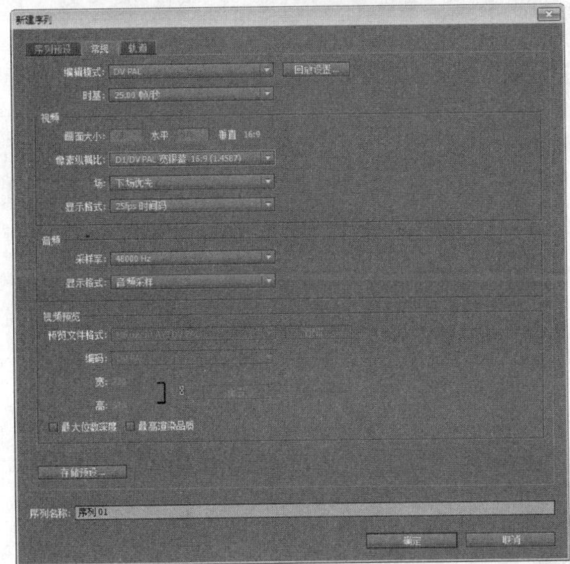

图 12.5 设置序列的常规选项

新建项目文件后，在【项目】面板的素材区上单击鼠标右键，然后从打开的快捷菜单中选择【导入】命令，接着在打开的对话框中选择需要截取画面的视频素材(素材可以从随书光盘的“..\Example\Ch12\视频”文件夹中取得)，并单击【打开】按钮，如图 12.6 所示。

导入视频素材后，将视频素材拖到【素材源】面板中，如图 12.7 所示。

图 12.6 导入视频素材

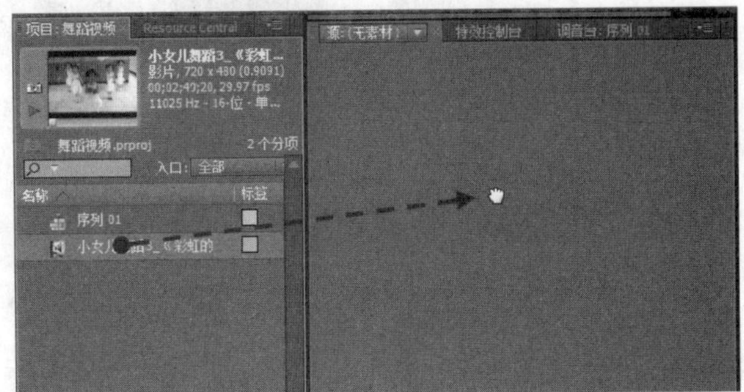

图 12.7 将视频素材拖到【素材源】面板

Step 7 打开【素材源】面板的【显示比例】列表框，然后选择 100%选项，即以百分百比例显示视频素材，如图 12.8 所示。

图 12.8 设置视频的显示比例

Step 8 此时单击系统任务栏中的【开始】按钮，然后打开【所有程序】列表，再打开【附件】列表，并选择【截图工具】项目，如图 12.9 所示。

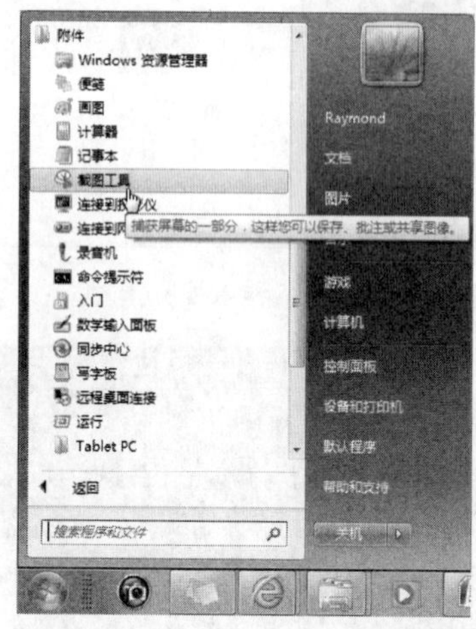

图 12.9 启动【截图工具】程序

Step 9 启动【截图工具】程序后，单击【新建】按钮打开列表框，然后选择【矩形截图】选项，如图 12.10 所示。

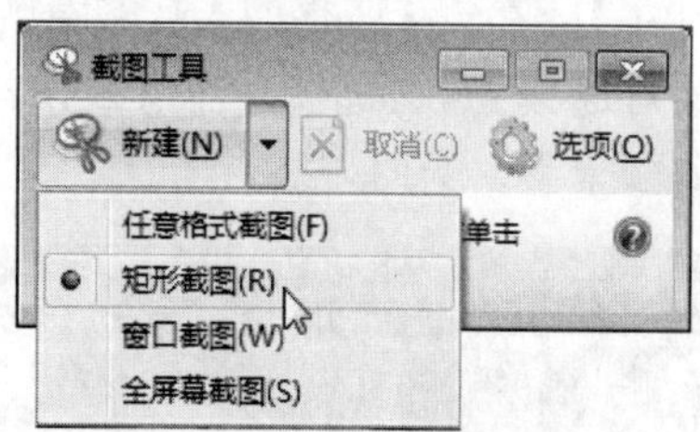

图 12.10 设置截图方式

Step 10 将【素材源】面板拉大使之可以完成显示视频画面，接着使用截图工具在视频画面上拖动，截取当前视频画面，如图 12.11 所示。

Step 11 如果第一次截取视频画面效果不佳，可以通过步骤 9 和步骤 10 的方法重复操作，以截取到合适的画面。

Step 12 截取到合适的视频画面后，可以在【截图工具】界面上检查画面内容，确认可用后，单击【保存截图】按钮，如图 12.12 所示。

Step 13 打开【另存为】对话框后，选择保存视频画面图像的文件夹，然后设置文件名和文件格式，再单击【保存】按钮，如图 12.13 所示。

Step 14 使用上述的方法，分别将其他视频素材导入项目文件夹中，然后使用系统的【截图工具】截取合适的视频画面，并保存成图像文件，以作为后续设计影片图像的素材。

图 12.11 截取视频画面

图 12.12 保存截图

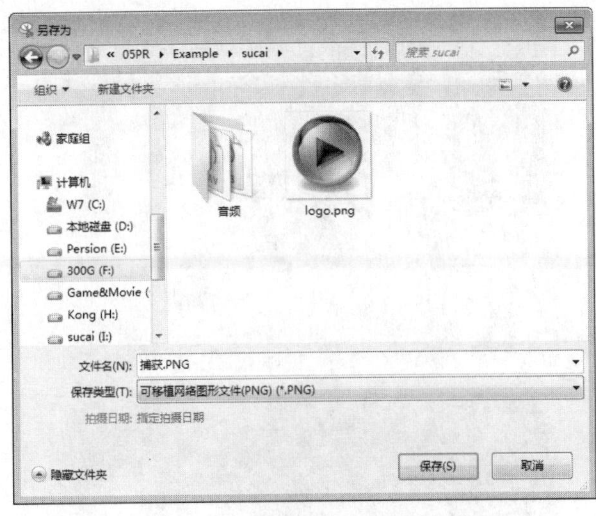

图 12.13　将截取保存为图像文件

12.1.2　设计片头封面图像

片头封面图像对于本案例设计来说，就是用于每个儿童舞蹈视频片头的图像，如同视频的开幕效果，目的是表现视频的主题，其功能就像图书的封面一样。

本例设计的片头封面图像需要使用 Adobe Photoshop CS5 进行处理，设计效果如图 12.14 所示。

图 12.14　片头封面图像

设计片头封面图像的操作步骤如下。

Step 1 启动 Adobe Photoshop CS5，然后选择【文件】|【新建】命令，打开【新建】对话框后，设置文件的各项属性，接着单击【确定】按钮，如图 12.15 所示。

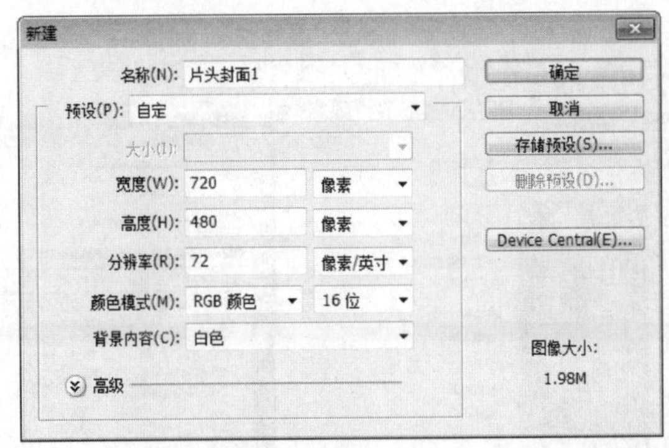

图 12.15　新建 Photoshop 文件

Step 2 选择【文件】|【打开】命令，打开【打开】对话框，选择上一节截取并保存的图像，然后单击【打开】按钮，如图 12.16 所示。

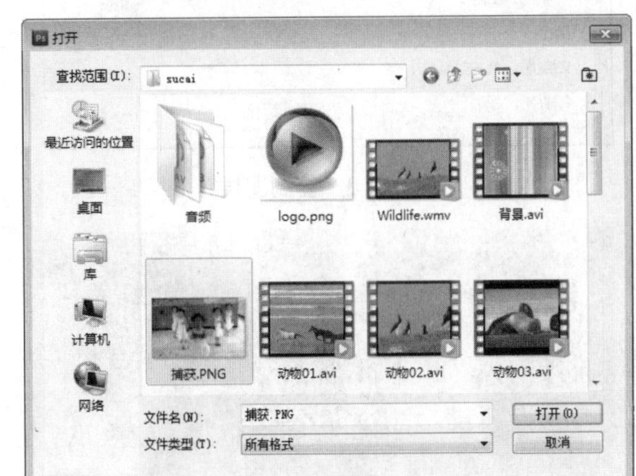

图 12.16　打开视频画面图像

Step 3 打开视频画面图像后，选择该图像的图层，然后选择【图层】|【复制图层】命令，如图 12.17 所示。

Step 4 打开【复制图层】对话框，设置目标文档为步骤 1 新建的文件，然后单击【确定】按钮，将视频画面图像复制到封面图像上，如图 12.18 所示。

Step 5 返回封面图像，然后选择新增的图层图像，按 Ctrl+T 快捷键执行【自由变换】命令，接着选择并按住图像变换框的右下角控制点，向右下方拖动，增大图像，如图 12.19 所示。

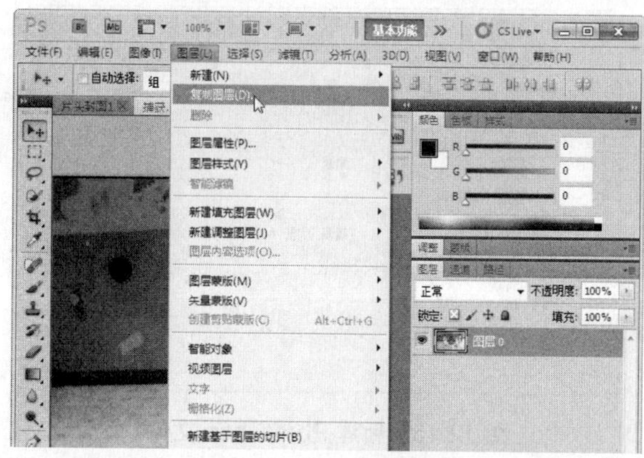

图 12.17　复制图层

复制图层
复制：图层 0
为(A)：图层 1
确定
取消
目标
文档(D)：片头封面1
名称(N)：

图 12.18　复制图层

图 12.19　增大图像

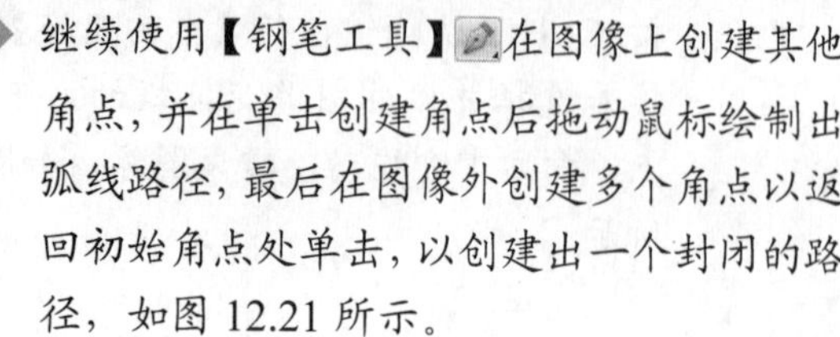

Step 6 此时在【工具箱】面板上选择【钢笔工具】，然后在图像左下角上单击创建第一个角点，接着在图像左下方单击创建第二个角点，并在单击后直接按住鼠标左键拖出弧线路径，如图 12.20 所示。

Step 7 继续使用【钢笔工具】在图像上创建其他角点，并在单击创建角点后拖动鼠标绘制出弧线路径，最后在图像外创建多个角点以返回初始角点处单击，以创建出一个封闭的路径，如图 12.21 所示。

图 12.20　创建角点并拖出弧线路径

图 12.21　创建其他角点并闭合路径

Step 8 在【工具箱】面板上选择【直接选择工具】，然后选择路径的角点，当出现控制手柄后，拖动手柄以调整路径的弧度，如图 12.22 所示。

图 12.22 通过手柄调整路径弧度

Step 9 利用步骤 8 的方法，使用【直接选择工具】调整路径，使路径的弧形更加平滑，结果如图 12.23 所示。

图 12.23 使用【直接选择工具】调整路径

Step 10 调整路径后，打开【路径】面板，然后单击【路径】面板下方的【将路径作为选区载入】按钮，如图 12.24 所示。

Step 11 切换到【图层】面板，然后单击面板下方的【创建新图层】按钮，创建出图层 2。接着在【工具箱】面板上选择【渐变工具】，在工具栏上打开【渐变拾色器】，并选择一种渐变颜色，如图 12.25 所示。

图 12.24 将路径作为选区载入

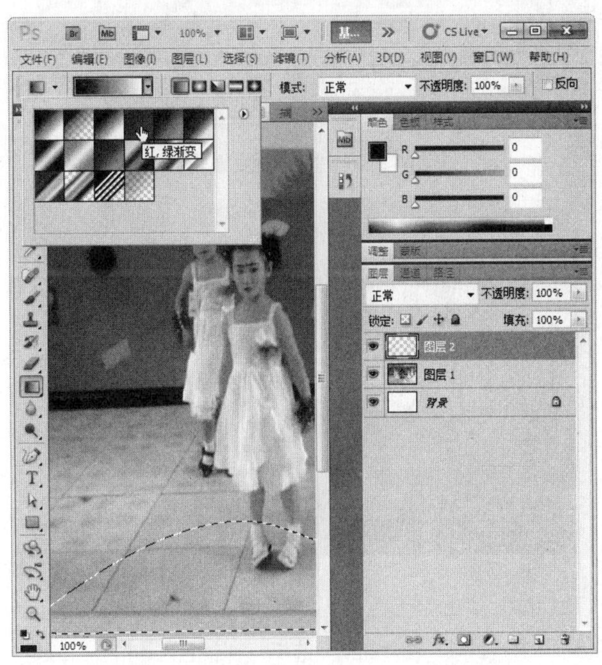

图 12.25 创建新图层并选择一种渐变颜色

Step 12 单击工具栏上的【编辑渐变】按钮，打开【渐变编辑器】对话框，选择渐变样式轴右端的渐变色标，然后单击【更改所选色标的颜色】按钮，如图 12.26 所示。

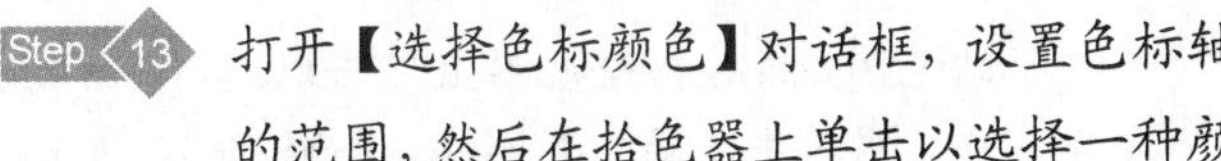

Step 13 打开【选择色标颜色】对话框，设置色标轴的范围，然后在拾色器上单击以选择一种颜

色，接着单击【确定】按钮，如图 12.27 所示。

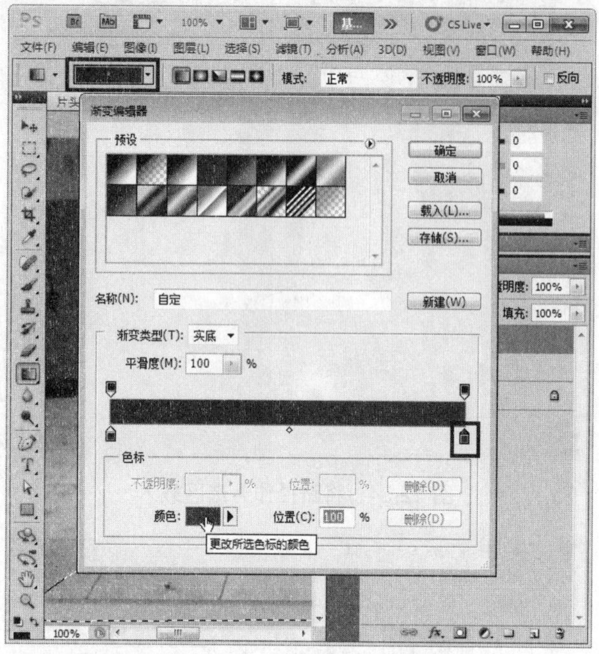

图 12.26　打开渐变编辑器

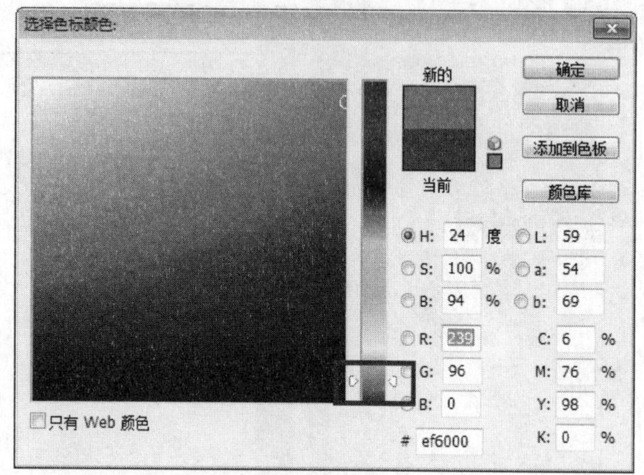

图 12.27　选择一种颜色

Step 14　返回【渐变编辑器】对话框，选择渐变样式轴左端的色标，然后单击【更改所选色标的颜色】按钮，以更改该色标的颜色，如图 12.28 所示。

Step 15　打开【选择色标颜色】对话框，设置色标轴的范围，然后在拾色器上单击以选择一种颜色，再单击【确定】按钮，如图 12.29 所示。

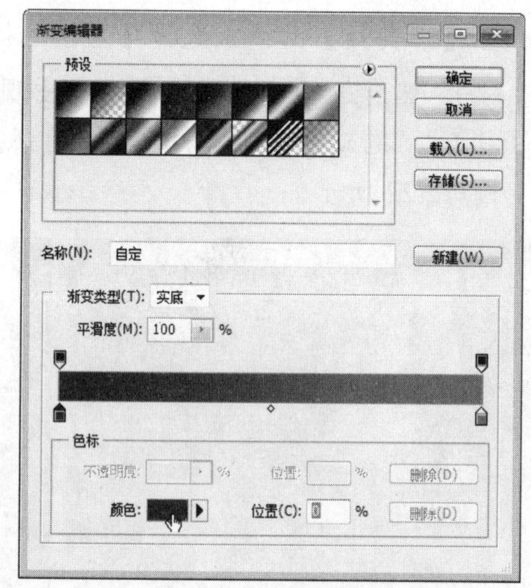

图 12.28　更改所选色标的颜色

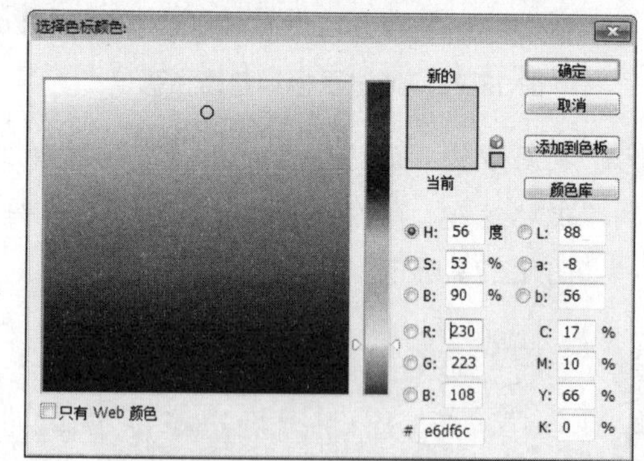

图 12.29　设置色标的颜色

Step 16　在【渐变编辑器】对话框中单击【确定】按钮，然后在图像的选区上向下拖动填充渐变颜色，如图 12.30 所示。

图 12.30　填充渐变颜色

Step 17 填充渐变颜色后，按 Ctrl+D 快捷键取消当前的选区，如图 12.31 所示。

图 12.31 取消选区

双击图层 2 的缩图，打开图层 2 的【图层样式】对话框，然后从左侧列表框中选择【投影】复选框，并在右侧的窗格中设置投影选项，如图 12.32 所示。

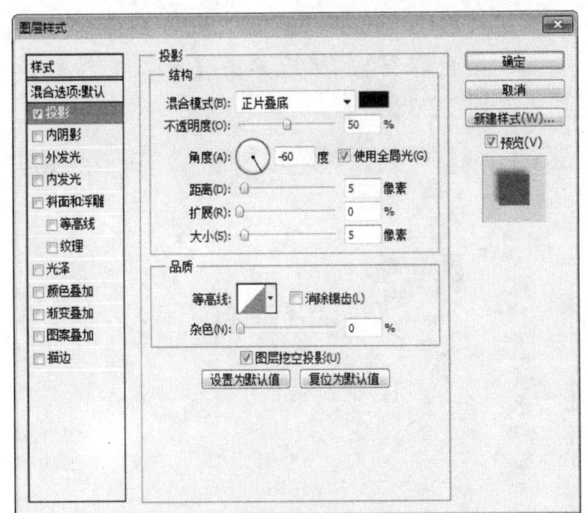

图 12.32 添加投影样式并设置选项

从【图层样式】对话框左侧的列表框中选择【内发光】复选框，接着在右侧的窗格中设置【内发光】选项，其中发光颜色的值为 #ffffbe，如图 12.33 所示。

继续从【图层样式】对话框左侧的列表框中选择【斜面和浮雕】复选框，接着在右侧的窗格中设置斜面和浮雕的各个选项，最后单击【确定】按钮，返回图像中查看图层添加样式的结果，如图 12.34 所示。

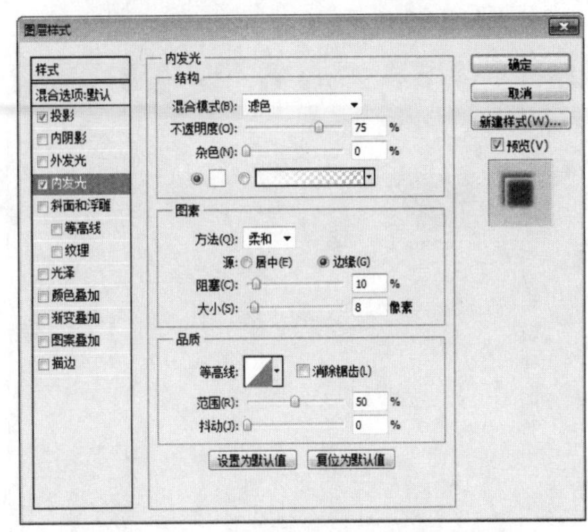

图 12.33 添加内发光样式并设置选项

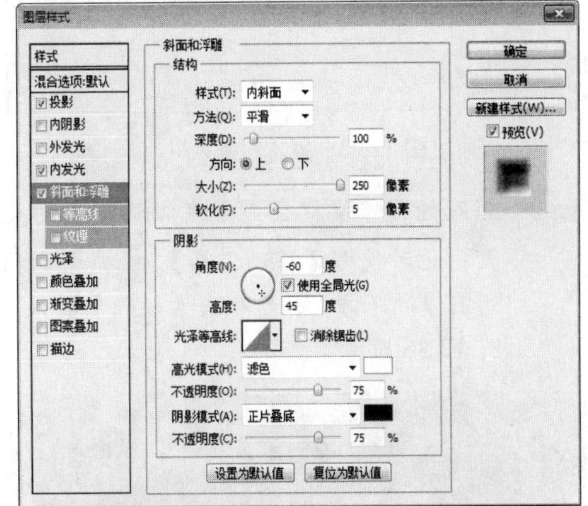

图 12.34 添加斜面和浮雕样式并查看效果

Step 21 选择【文件】|【置入】命令，打开【置入】对话框，选择“装饰.gif”图像素材(可以从光盘取得)，然后单击【置入】按钮，如图 12.35 所示。

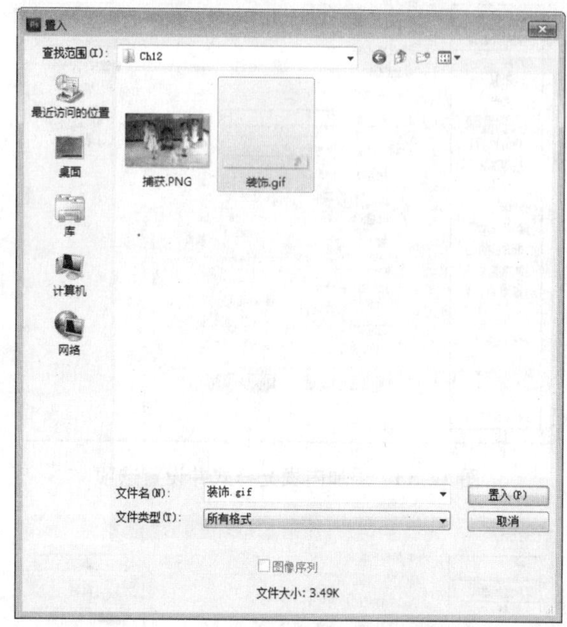

图 12.35 置入图像素材

Step 22 置入的图像素材会显示在编辑窗口的文件上，此时使用【移动工具】将素材移动到图像的下方，然后双击素材确定置入，如图 12.36 所示。

图 12.36 调整置入素材的位置

Step 23 使用步骤 6 到步骤 20 的操作方法，新创建一个图层并使用【钢笔工具】绘制一个弧形路径，然后填充渐变颜色。最后通过【图层样式】对话框为图层添加样式，制作成图 12.37 所示的效果(可以从光盘中打开成果文件，查看具体的图层样式设置)。

图 12.37 制作左侧图形的效果

Step 24 选择【文件】|【置入】命令，打开【置入】对话框，选择“装饰 2.gif”图像素材(可从光盘取得)，然后单击【置入】按钮，如图 12.38 所示。

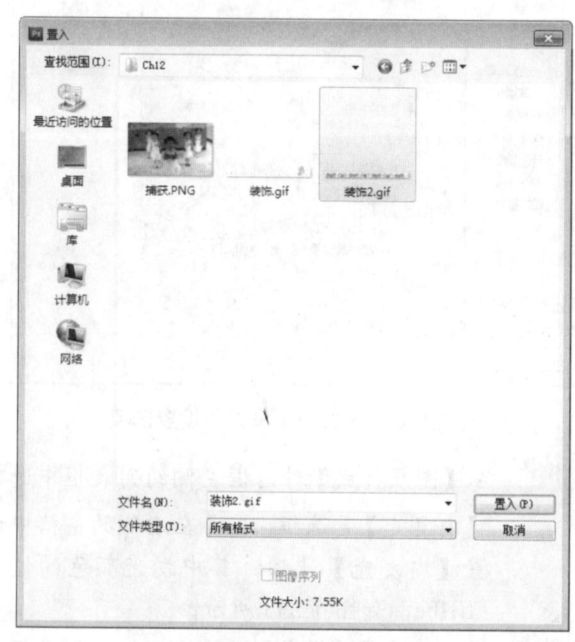

图 12.38 置入第二个装饰素材

Step 25 置入的图像素材会显示在编辑窗口的文件

上，此时使用【移动工具】将素材移动到图像的上方，然后双击素材确定置入，如图 12.39 所示。

图 12.39 调整置入素材的位置

Step 26 在【工具箱】面板中选择【横排文字工具】，然后在图像左侧的图形上输入文字“舞蹈《彩虹的微笑》”，如图 12.40 所示。

图 12.40 输入文字

Step 27 此时将【横排文字工具】定位在文字上，然后按 Ctrl+A 快捷键全选文字，并通过工具栏设置文字的字体、大小、效果等属性，如图 12.41 所示。

Step 28 此时在【工具箱】面板上选择【选择工具】，然后适当调整文字位置，如图 12.42 所示。

图 12.41 设置文字的属性

图 12.42 调整文字的位置

Step 29 双击文字图层的缩图，打开【图层样式】对话框，然后从左侧列表框中选择【投影】复选框，并在右侧的窗格中设置投影选项，如图 12.43 所示。

Step 30 从如图 12.44 所示的【图层样式】对话框左侧的列表框中选择【内发光】复选框，接着在右侧的窗格中设置内发光选项，其中发光颜色的值为#ffffbe。

Step 31 继续从【图层样式】对话框左侧的列表框中选择【渐变叠加】复选项，接着在右侧的窗格中设置各个选项，然后单击【渐变】选项的【编辑渐变】按钮，打开【渐变编辑器】对话框，选择一种渐变样式，最后单击【确定】按钮，如图 12.45 所示。

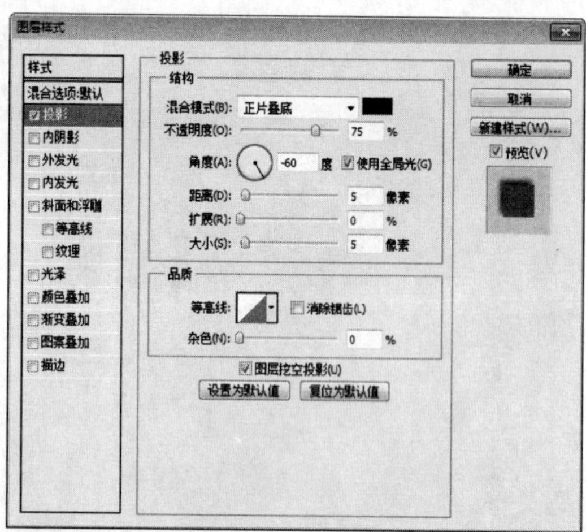

图 12.43　添加投影样式并设置选项

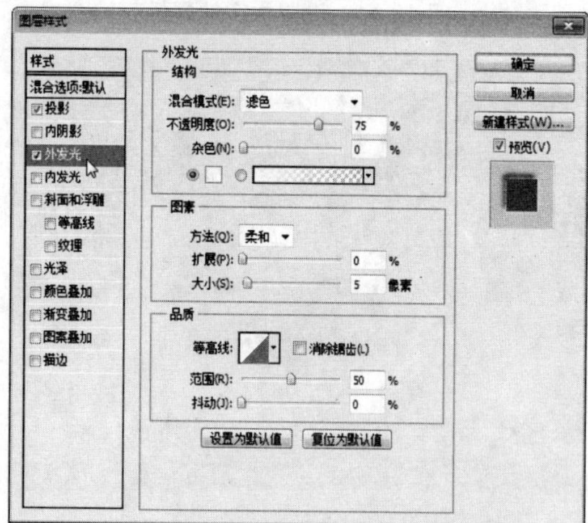

图 12.44　添加内发光样式并设置选项

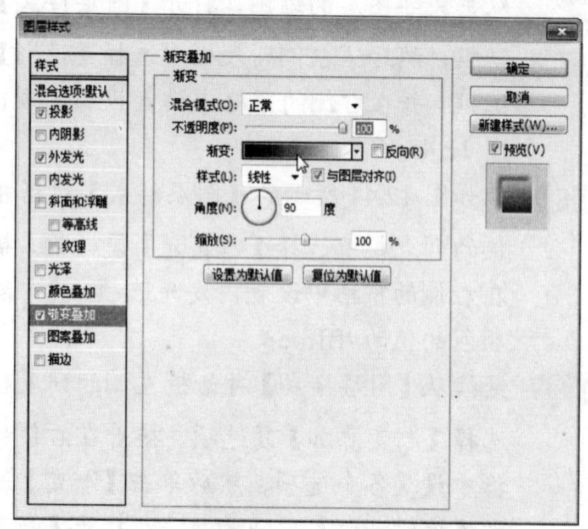

图 12.45　添加渐变叠加样式并设置选项

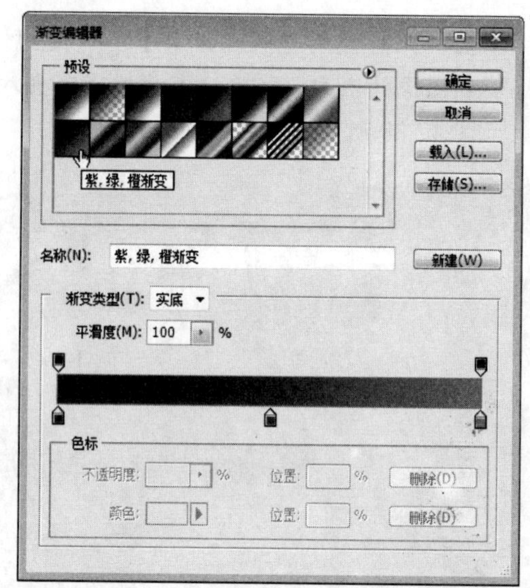

图 12.45　添加渐变叠加样式并设置选项(续)

从【图层样式】对话框左侧的列表框中选择【描边】复选框，接着在右侧的窗格中设置描边的各个选项，然后单击【确定】按钮，如图 12.46 所示。

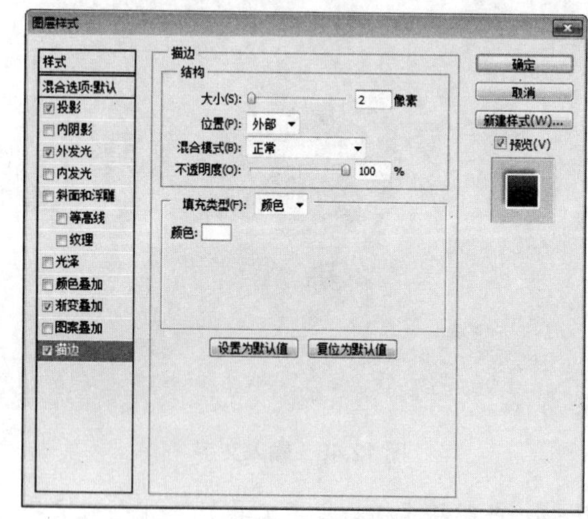

图 12.46　添加描边样式并设置选项

完成上述操作后，封面图像设计已经完成。此时选择【文件】|【存储】命令，打开【存储为】对话框，指定保存位置和名称，再单击【保存】按钮，如图 12.47 所示。

由于图像需要应用到 Adobe Premiere Pro CS5 上，所以需要另存为一个 JPG 格式的图

像文件。选择【文件】|【存储为】命令，打开【存储为】对话框，设置文件的格式，再单击【保存】按钮，如图 12.48 所示。

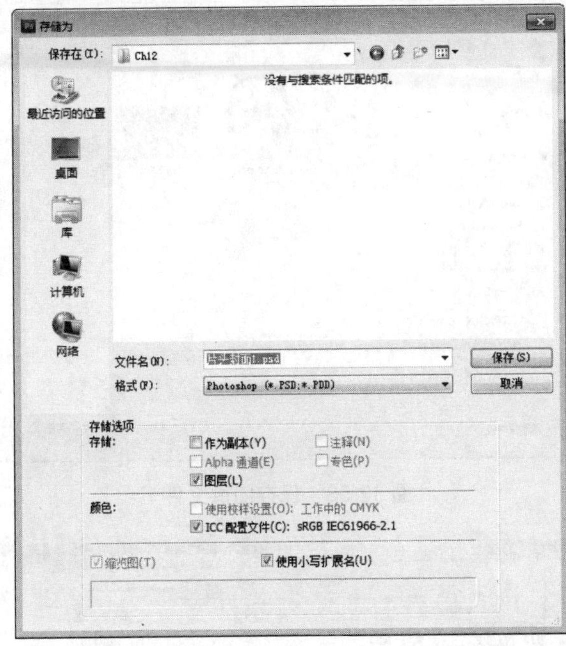

图 12.47 保存 Photoshop 文件

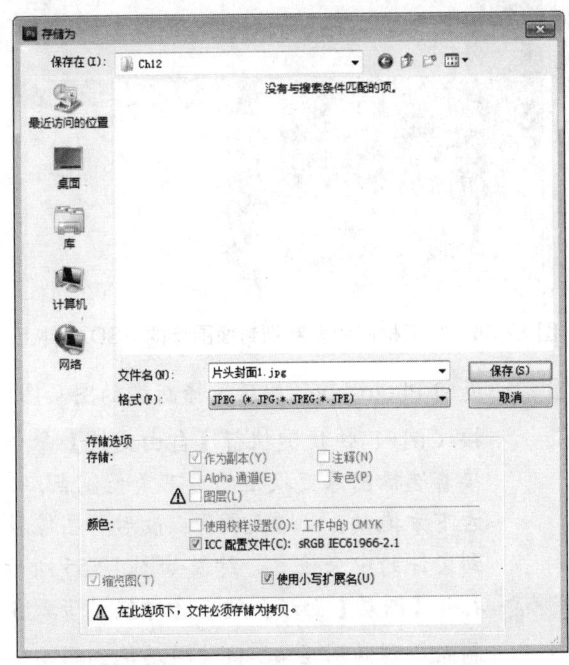

图 12.48 将文件另存为 JPG 格式的图像

打开【JPEG 选项】对话框，设置 JPEG 选项，这里主要是设置图像的品质，然后单击【确定】按钮，如图 12.49 所示。

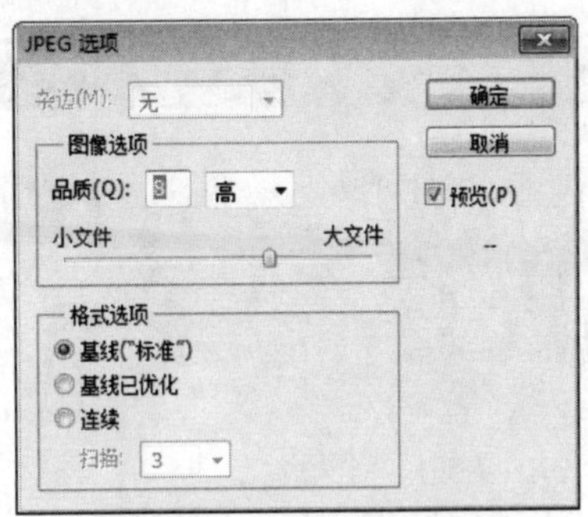

图 12.49 设置 JPEG 选项

12.1.3 设计其他片头封面图像

设计出第一个影片的封面图像后，其他图像也要设计成类似的效果。因此，我们可以利用上面设计的结果作为基础，针对一些细节进行修改，即可快速完成其他封面图像的设计。

设计其他片头封面图像的操作步骤如下。

启动 Adobe Premiere Pro CS5，新建一个项目文件，然后在【项目】面板的素材区上单击鼠标右键并选择【导入】命令。打开【导入】对话框，选择另一个视频素材，接着单击【打开】按钮，如图 12.50 所示。

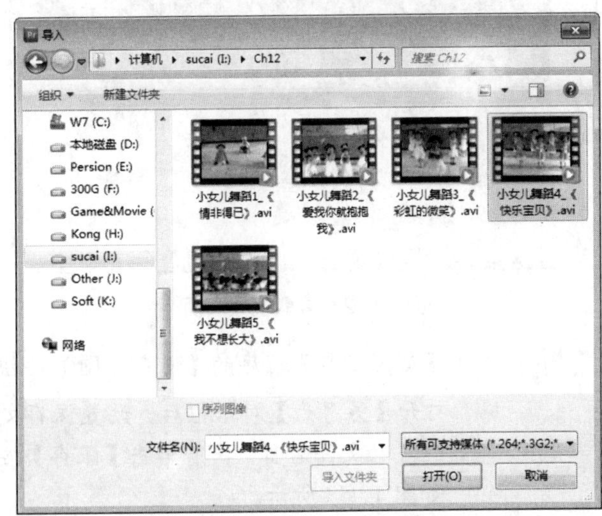

图 12.50 导入另一个视频素材

Step 2 将导入的视频素材拖到【素材源】面板上，并放大监视器窗口，如图 12.51 所示。

图 12.51 将素材拖到【素材源】面板

Step 3 启动系统的【截图工具】程序，然后将【素材源】面板的视频画面截取下来(应截取多个)，如图 12.52 所示。

图 12.52 截取视频画面

Step 4 单击【截图工具】程序的【保存截图】按钮，打开【另存为】对话框后，设置保存文件的位置和文件名称，接着单击【保存】按钮，如图 12.53 所示。

Step 5 将保存的图像文件在 Photoshop CS5 中打开，并通过【复制图层】功能将图像复制到第 12.1.2 节步骤 34 保存的 Photoshop 文件上，如图 12.54 所示。

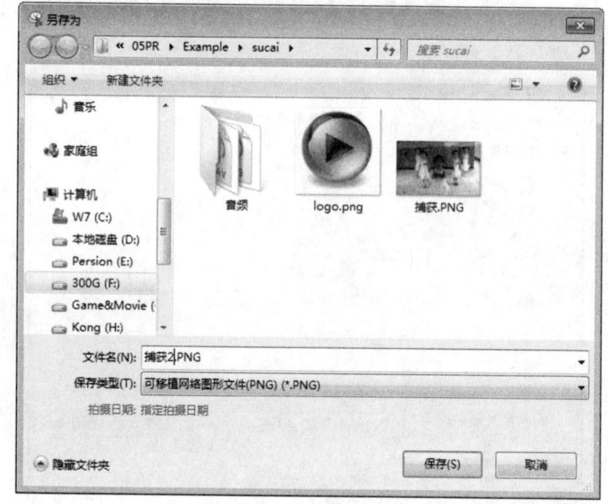

图 12.53 保存图像文件

图 12.54 将素材图像复制到封面图像的 PSD 文件上

Step 6 返回 Photoshop，然后选择新增的图层图像，按 Ctrl+T 快捷键执行【自由变换】命令。接着选择图像变换框的右下角控制点，并向右下方拖动，以增大图像。最后将图像移动到文件的中央位置，结果如图 12.55 所示。

Step 7 打开【图层】面板，然后选择经过步骤 5 复制而得到的图层 4，将该图层拖到图层 1 的上方，如图 12.56 所示。

图 12.55 调整经过复制的视频画面素材

图 12.56 将图层 4 移到图层 1 的上方

Step 8 选择【文件】|【置入】命令，打开【置入】对话框，选择“装饰 4.gif”图像素材(可从光盘取得)，然后单击【置入】按钮，如图 12.57 所示。

Step 9 置入的图像素材会显示在编辑窗口的文件上，此时使用【移动工具】将素材移动到图像的下方，然后双击素材确定置入，如图 12.58 所示。

Step 10 在【图层】面板上选择【装饰】图层，然后单击面板下方的【删除图层】按钮，打开提示对话框后，单击【是】按钮，确定删除该图层，如图 12.59 所示。

图 12.57 置入图像素材

图 12.58 调整置入图像的位置

Step 11 在【工具箱】面板中选择【横排文字工具】，然后选择图像上的文字，并修改文字内容，如图 12.60 所示。

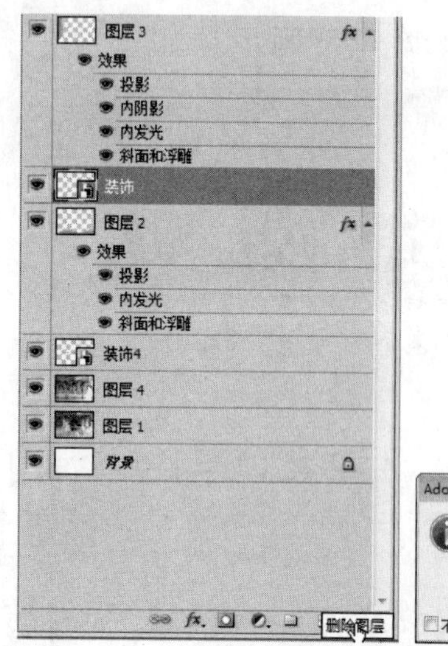

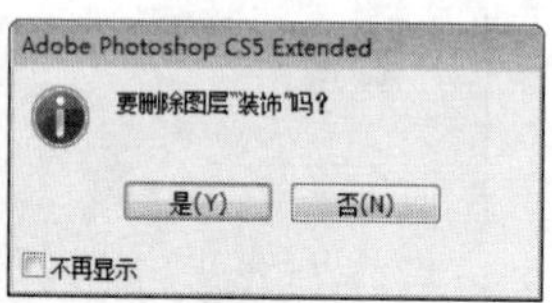

图 12.59　删除文件多余的装饰素材图层

图 12.60　修改文字内容

Step 12 选择【文件】|【存储为】命令，打开【存储为】对话框，设置文件的格式为 JPEG，再单击【保存】按钮，如图 12.61 所示。

Step 13 打开【JPEG 选项】对话框，设置 JPEG 选项，然后单击【确定】按钮，如图 12.62 所示。

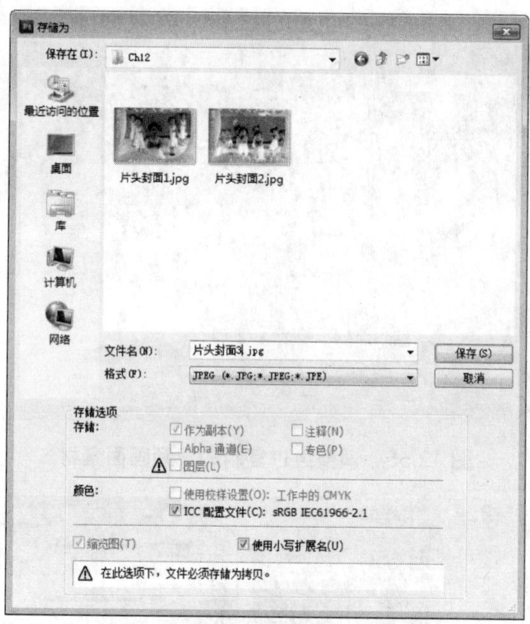

图 12.61　将文件另存为 JPEG 图像

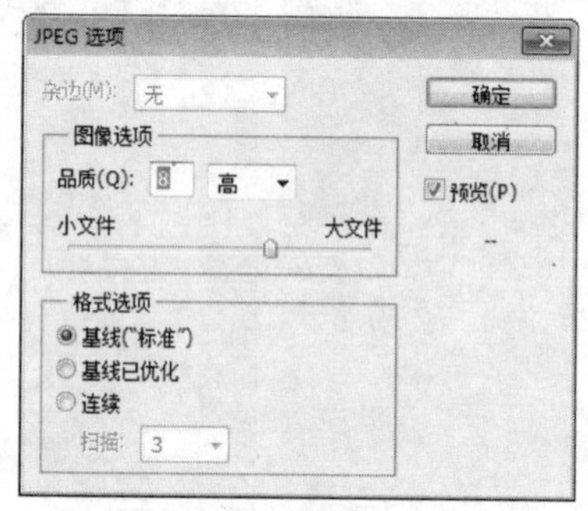

图 12.62　设置 JPEG 选项

12.2　制作影片项目的序列

设计好制作影片项目的图像素材后，接下来就可以通过 Adobe Premiere CS5 制作影片项目。在本例中，我们使用了 4 个儿童舞蹈视频作为源素材，通过 Premiere 分别将这 4 个视频素材制作成儿童舞蹈的专辑，并且每个视频应用于一个序列上，即项目由 4 个序列组成。本节将介绍这 4 个序列的制作过程和方法。

12.2.1　安装 Premiere 切换插件

Adobe Premiere CS5 提供了大量的切换特效，方便用户制作素材切换效果。除此以外，用户还可以自行安装一些切换特效的外部插件，以增加额外的切换特效，让影片项目的切换设计更加突出。

本例的设计将使用到一个提供 6 个 3D 切换效果的外部插件，它就是“3D_Six-Pack_for_Premiere_64 位简体中文版”，下面将介绍安装这个插件的方法。

提 示

“3D_Six-Pack_for_Premiere_64 位简体中文版”插件可以通过 Google 网站搜索并下载，如图 12.63 所示。

如果读者搜索不到，可以通过 115 网盘的地址下载该插件：http://115.com/file/cl0ku0lf。

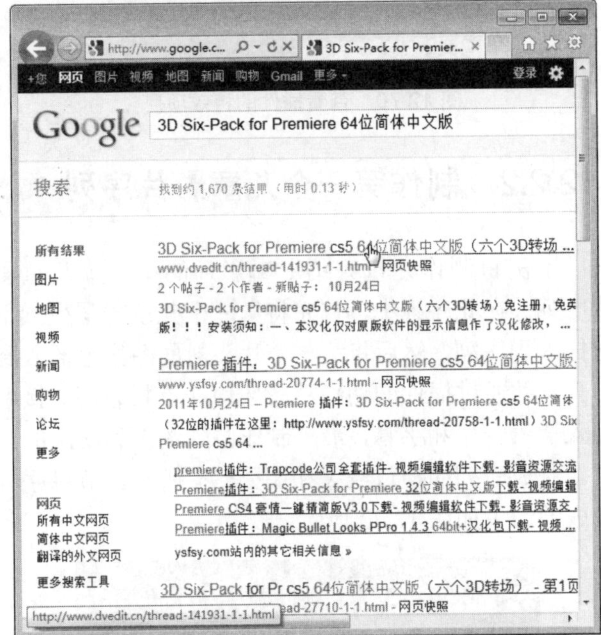

图 12.63　搜索并下载插件程序

安装 Premiere 切换插件的操作步骤如下。

Step 1　下载插件程序，然后进入下载目录，双击插件的安装程序图标，运行安装，如图 12.64 所示。

Step 2　打开插件程序的安装向导后，单击【下一步】按钮，开始进行该插件的安装操作，如图 12.65 所示。

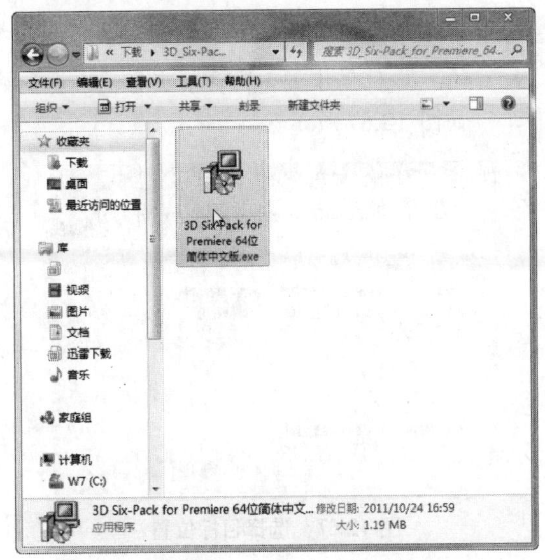

图 12.64　运行安装程序

图 12.65　单击【下一步】按钮

Step 3　显示【许可协议】界面后，用户可以先阅读协议条款，然后选择【我同意此协议】单选按钮，接着单击【下一步】按钮，如图 12.66 所示。

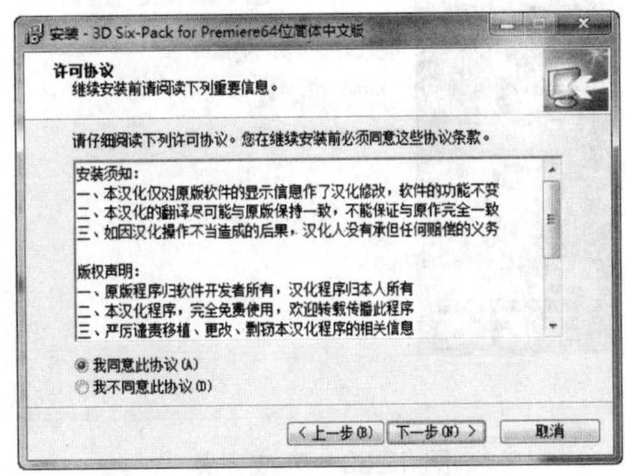

图 12.66　同意许可协议

Step 4 显示【选择目标位置】界面，维持程序提供的默认位置设置，然后单击【下一步】按钮，如图 12.67 所示。

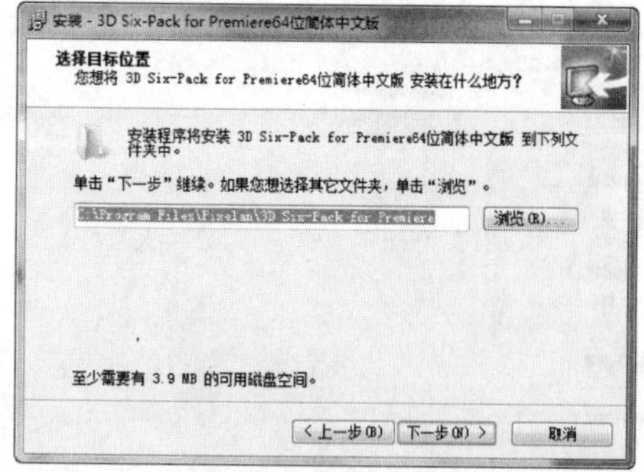

图 12.67　选择目标位置

Step 5 显示【准备安装】界面，直接单击【安装】按钮，开始自动执行安装，如图 12.68 所示。

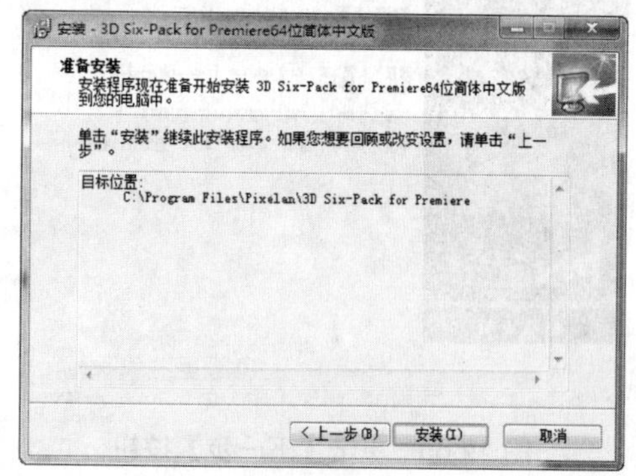

图 12.68　执行安装

Step 6 安装过程完成后将显示安装向导完成界面，单击【完成】按钮即可，如图 12.69 所示。

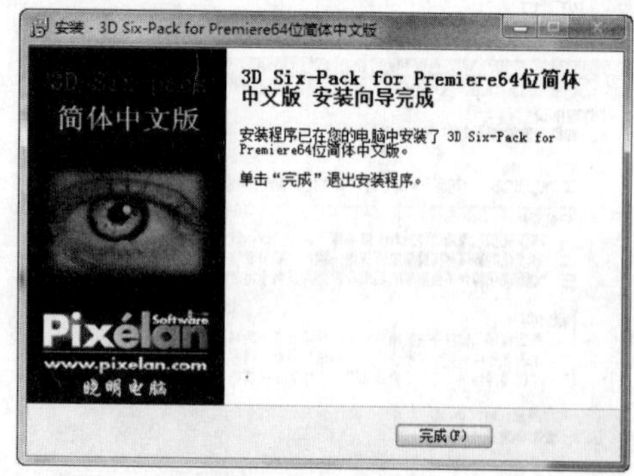

图 12.69　完成安装

Step 7 安装插件后，启动 Adobe Premiere Pro CS5 程序，然后打开【视频切换】特效列表，可以查看 Pixelan 插件的特效项目，如图 12.70 所示。

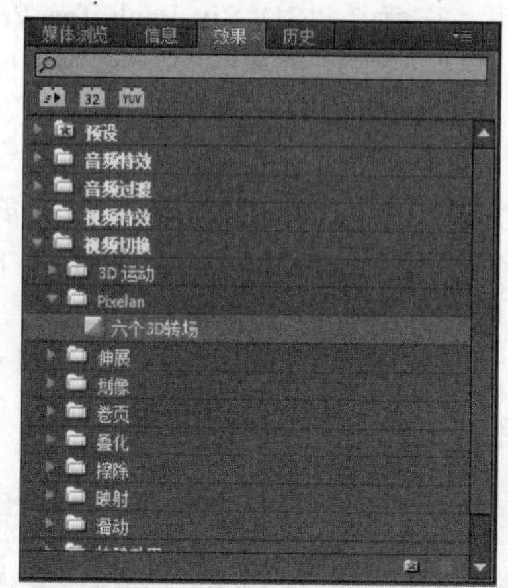

图 12.70　查看插件的特效项目

12.2.2　制作第一个儿童影片序列

本例将制作儿童舞蹈专辑影片的第一个儿童影片序列。在此序列中，首先将第一个儿童舞蹈视频素材插入到序列，然后将第一个片头封面图像也插入到序列，并通过插件的切换特效应用在素材之间。接着加入背景音乐和字幕，最后制作序列淡入和淡出的效果。制成序列的播放结果如图 12.71 所示。节目序列制成的结果如图 12.72 所示。

图 12.71　序列播放的结果

图 12.72 序列制成的结果

制作第一个儿童影片序列的操作步骤如下。

Step 1 启动 Adobe Premiere Pro CS5 程序，打开欢迎窗口时单击【新建项目】按钮，如图 12.73 所示。

图 12.73 新建项目

Step 2 打开【新建项目】对话框，设置常规选项的内容，例如保存文件的位置、项目文件的名称，然后单击【确定】按钮，如图 12.74 所示。

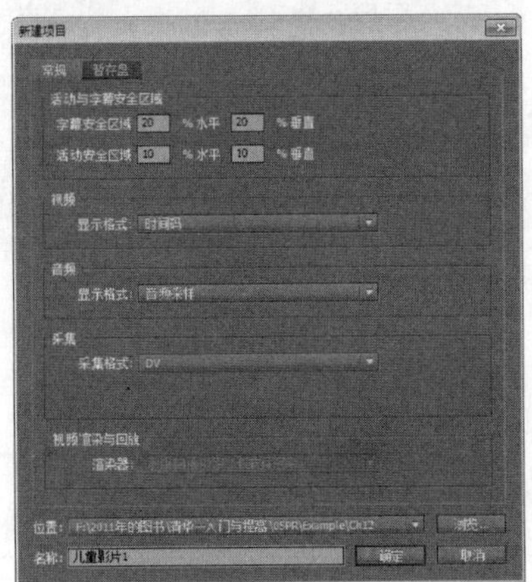

图 12.74 设置常规选项

打开【新建序列】对话框，从【有效预设】列表框中选择一种预设的序列，如图 12.75 所示。

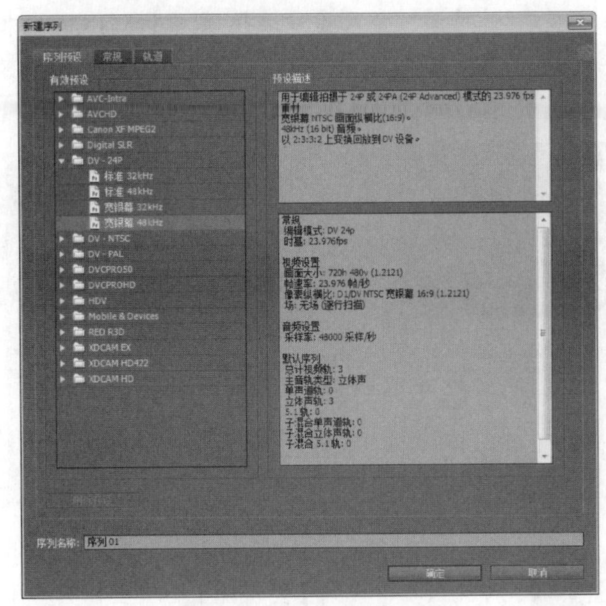

图 12.75 选择预设的序列

在【新建序列】对话框中切换到【常规】选项卡，然后设置序列的常规选项，接着单击【确定】按钮，如图 12.76 所示。

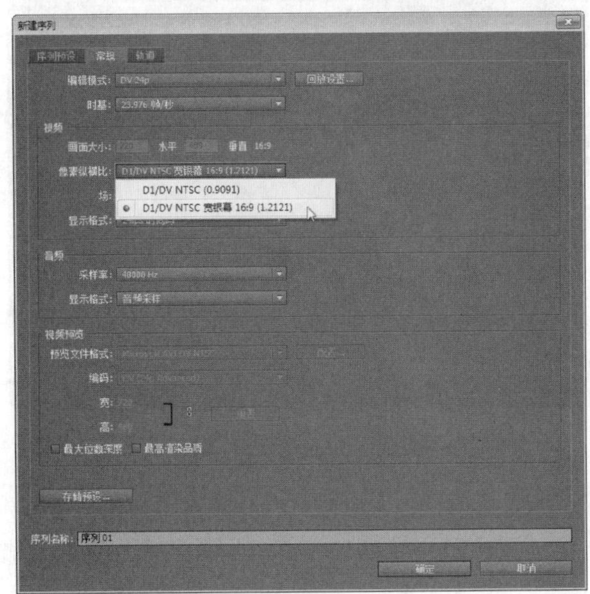

图 12.76 设置序列常规选项

Step 5 新建项目文件后，在【项目】面板的素材区上单击鼠标右键，然后从打开的快捷菜单中选择【导入】命令，接着在打开的对话框中选择第一个儿童舞蹈视频(素材可以从随书光盘的“..\Example\Ch12\视频”文件夹中取得)，并单击【打开】按钮，如图 12.77 所示。

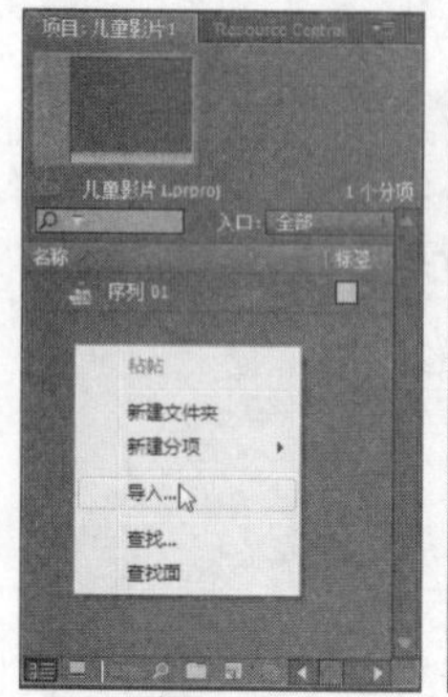

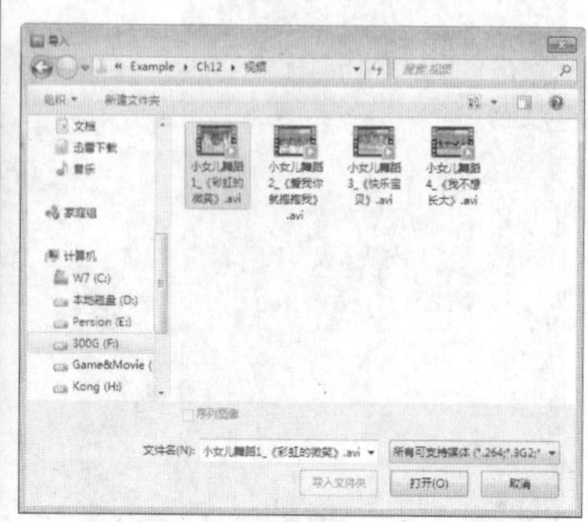

图 12.77 导入视频素材

Step 6 将视频素材拖到【素材源】面板上，然后单击【播放-停止切换】按钮，播放视频，查看视频内容，如图 12.78 所示。

图 12.78 播放视频素材

Step 7 在【项目】面板上选择视频素材，然后单击鼠标右键并从弹出的快捷菜单中选择【修改】|【音频声道】命令，如图 12.79 所示。

Step 8 打开【修改素材】对话框，切换到【音频声道】选项卡，然后在【激活】栏中取消声道，即让素材的声音不播放，如图 12.80 所示。本步骤取消激活视频声道的目的是取消视频原来的声音，因为视频原来的声音有很多杂音，后续会使用歌曲音乐素材来取代视频本身的音乐。

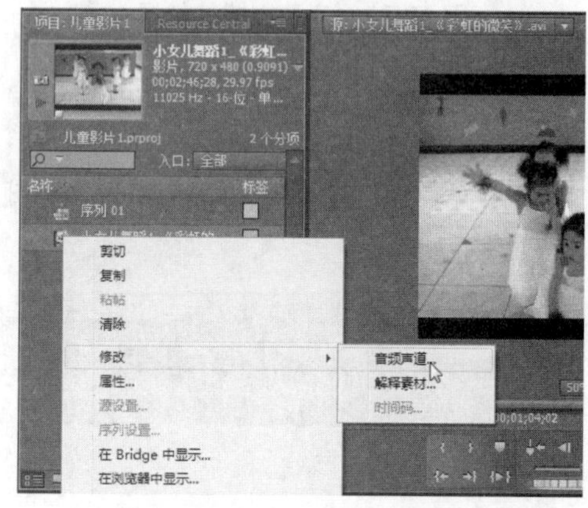

图 12.79 修改音频声道

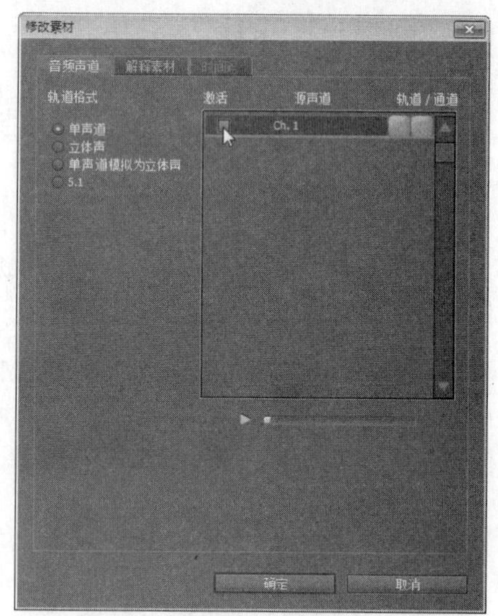

图 12.80 取消激活声道

Step 9 在【素材源】面板中拖动播放指针，然后单击【设置入点】按钮，如图 12.81 所示。

Step 10 将播放指针移到视频播放轴最后，然后单击【设置出点】按钮，如图 12.82 所示。步骤 9 和步骤 10 的目的是将视频素材初始小部分排除在外，不使用那部分的视频内容。

图 12.81　设置视频的入点

图 12.82　设置视频的出点

此时单击【素材源】面板的控制面板上的【插入】按钮，将入点和出点之间的视频素材插入序列的【视频 1】轨道，如图 12.83 所示。

图 12.83　将视频插入序列的视频轨道

在【项目】面板的素材区上单击鼠标右键，然后从打开的快捷菜单中选择【导入】命令，接着在打开的对话框中选择“彩虹的微笑.mp3”音频素材(素材可以从随书光盘的“..\Example\Ch12\音频”文件夹中取得)，并单击【打开】按钮，如图 12.84 所示。

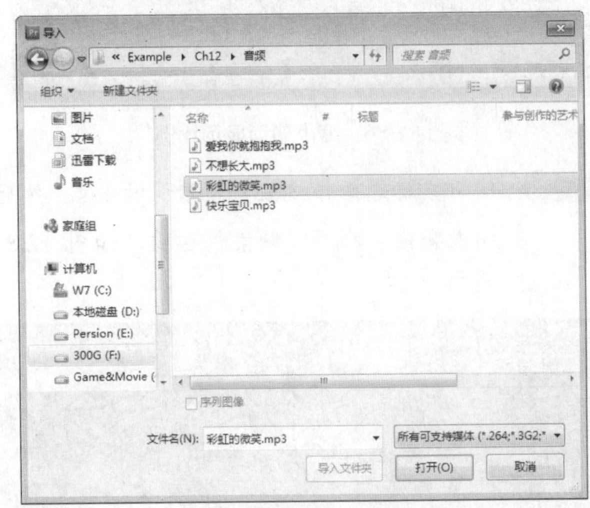

图 12.84　导入音频素材

Step 13　选择上一步骤导入的音频素材，然后将素材拖到序列的【音频 1】轨道上，如图 12.85 所示。

图 12.85　将音频素材加入序列

使用鼠标选择并按住序列上方的缩放控制按钮，向右边拖动，将序列的显示比例缩小，以便后续编辑音频素材，如图 12.86 所示。

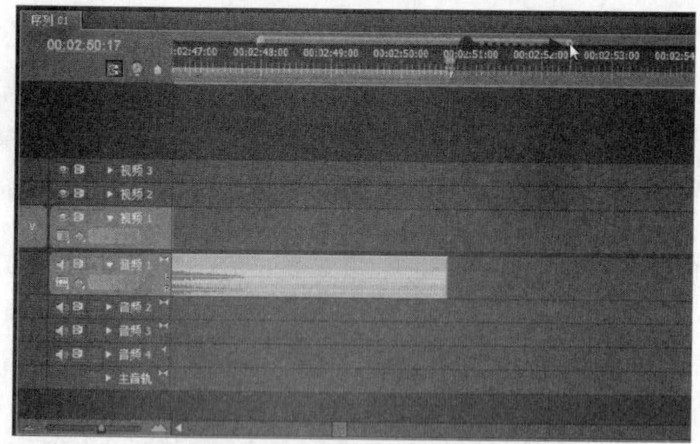

图 12.86　缩小序列显示比例

Step 15 使用鼠标选择并按住音频素材的出点，然后向左拖动，修剪音频素材后段，如图 12.87 所示。

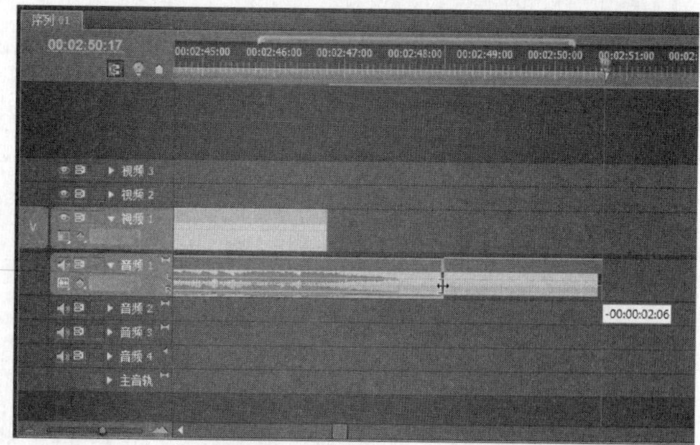

图 12.87　修剪音频素材

Step 16 在【项目】面板的素材区上单击鼠标右键，然后从打开的快捷菜单中选择【导入】命令，接着在打开的对话框中选择“片头封面 1.jpg”图像素材(素材可以从随书光盘的“..\Example\Ch12\图像”文件夹中取得)，并单击【打开】按钮，如图 12.88 所示。

Step 17 将片头封面图像素材拖到【素材源】面板，然后将序列的播放指针移到开始处，接着单击【素材源】面板的【插入】按钮，将图像素材插入到序列的开始处，如图 12.89 所示。

Step 18 选择序列上的图像素材，然后单击鼠标右键并选择【速度/持续时间】命令，打开对话框后，设置持续时间为 10 秒，并选择【波纹编辑，移动后面的素材】复选框，最后单击【确定】按钮，如图 12.90 所示。

图 12.88　导入片头封面图像素材

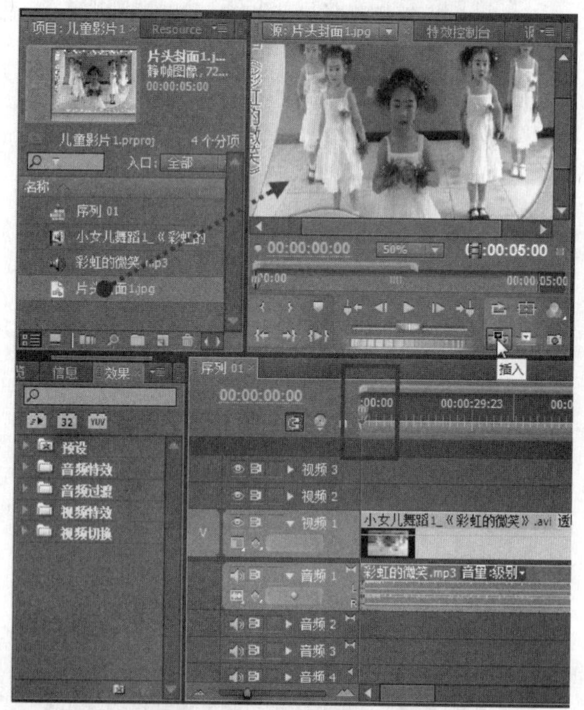

图 12.89　将图像素材插入到序列

Step 19 打开【效果】面板，再打开插件的特效项目列表，然后将插件特效拖到图像素材与视频素材之间，如图 12.91 所示。

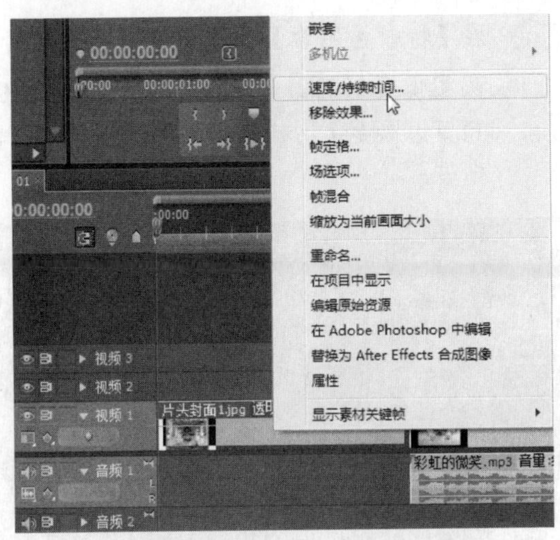

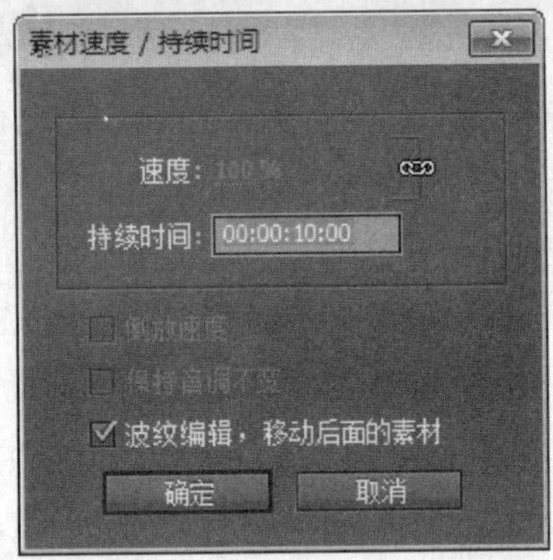

图 12.90 调整图像素材的持续时间

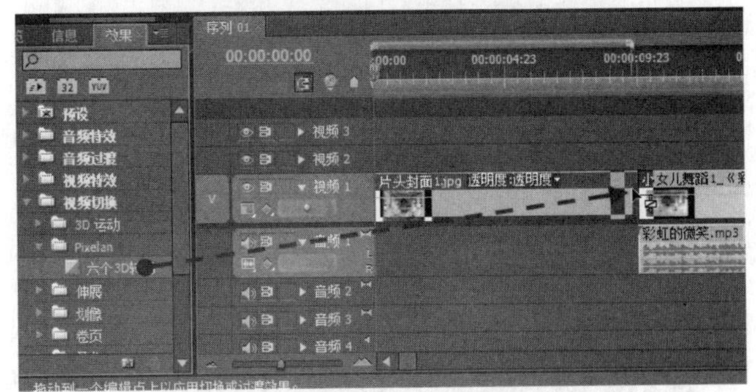

图 12.91 应用切换特效

Step 20 打开特效对话框后，可以看到插件提供了 6 种切换特效，此时可以单击【播放】按钮，预览效果，如图 12.92 所示。

Step 21 在对话框右侧按钮列上单击【粒子转场】按钮，然后单击【应用】按钮，应用选定的特效，如图 12.93 所示。

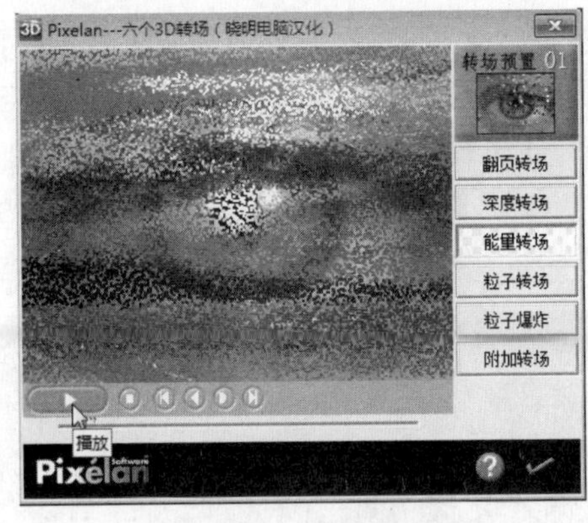

图 12.92 播放特效

图 12.93 应用特效

Step 22 在轨道上选择应用的特效对象，然后打开【特效控制台】面板，接着分别向左右两个方向拖动特效对象，增加持续时间为 2.17 秒，如图 12.94 所示。

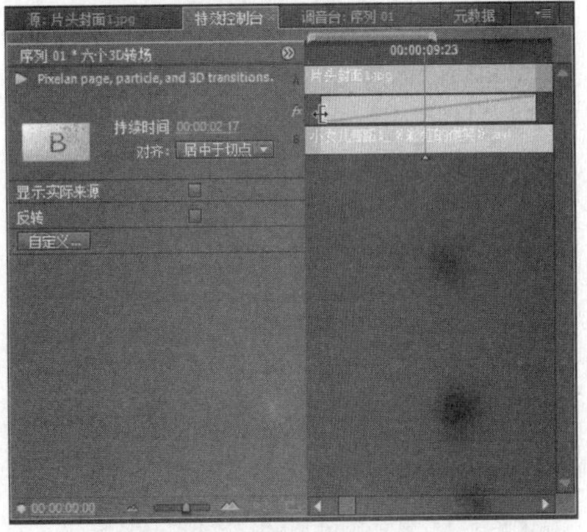

图 12.94 增加特效持续时间

将序列上的播放指针移到视频素材的播放范围内，然后通过【节目】面板的监视器选择视频对象，接着打开【特效控制台】面板，打开【运动】列表，查看视频对象的位置参数，如图 12.95 所示。

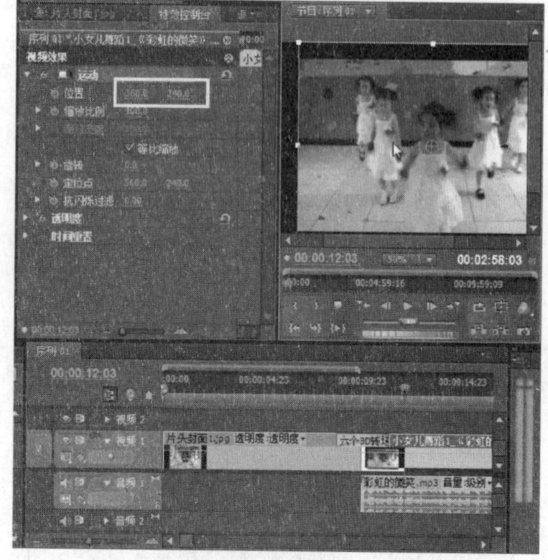

图 12.95　查看视频的位置参数

将序列上的播放指针移动到片头图像素材的播放范围内，然后通过【节目】面板的监视器选择图像对象，接着打开【特效控制台】面板，打开【运动】列表，设置图像对象的位置参数与视频对象的位置参数一样，如图 12.96 所示。

图 12.96　设置图像素材的位置

在【特效控制台】面板上拖动播放指针到片头图像素材的第 4 秒位置，然后单击【位置】项目左侧的【切换动画】按钮，如图 12.97 所示。

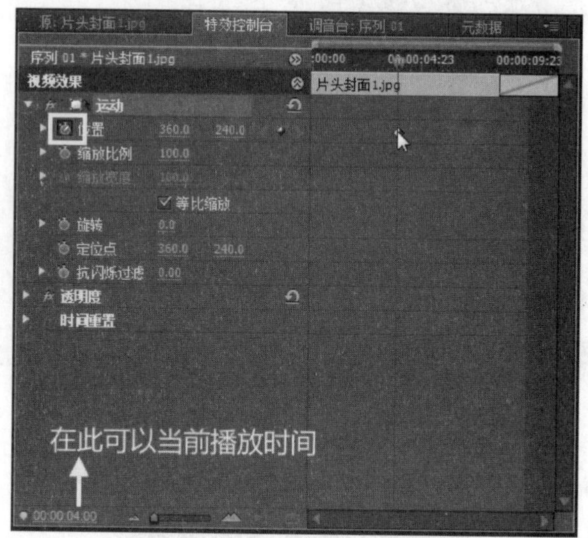

图 12.97　调整播放指针位置并切换动画

在【特效控制台】面板上拖动播放指针到片头图像素材的入点位置，然后单击【位置】项目的【添加/移除关键帧】按钮，如图 12.98 所示。

图 12.98　在图像素材入点处添加关键帧

Step 27 切换到【节目】面板，然后设置显示比例为

25%，再选择图像素材，并移动素材到监视器正上方，如图 12.99 所示。

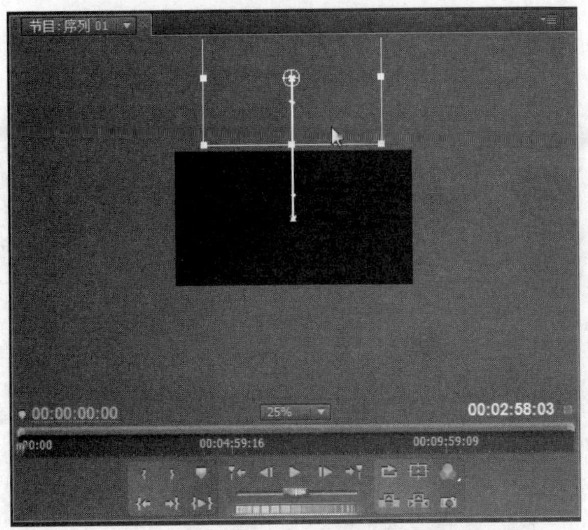

图 12.99　设置入点上图像的位置

返回【特效控制台】面板，将播放指针拖到图像素材的入点处，然后单击【透明度】项目的【添加/移除关键帧】按钮，为图像入点添加一个【透明度】项目的关键帧，如图 12.100 所示。

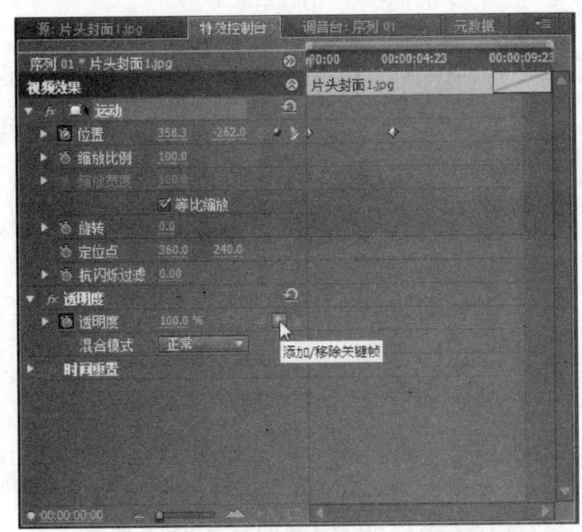

图 12.100　在入点处为【透明度】项目插入关键帧

添加关键帧后，单击【透明度】项目的参数文本框，然后将参数更改为 0.0，设置图像在入点处出现完全透明的状态，如图 12.101 所示。

图 12.101　设置图像入点的透明度为 0.0

将播放指针拖到图像素材的第 4 秒处，然后单击【透明度】项目的【添加/移除关键帧】按钮，接着设置该关键帧的透明度为 100%，如图 12.102 所示。

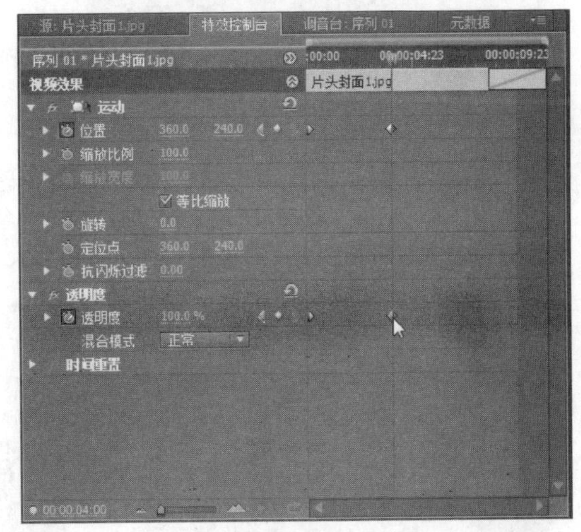

图 12.102　设置图像第 4 秒上的透明度为 100%

在【项目】面板的素材区单击鼠标右键，然后选择【新建分项】|【字幕】命令，如图 12.103 所示。

打开【新建字幕】对话框，设置字幕素材的基本属性，然后单击【确定】按钮确认，如图 12.104 所示。

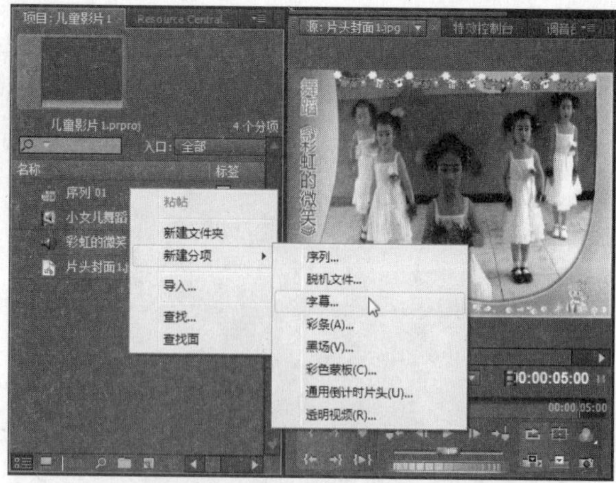

图 12.103　新建字幕素材

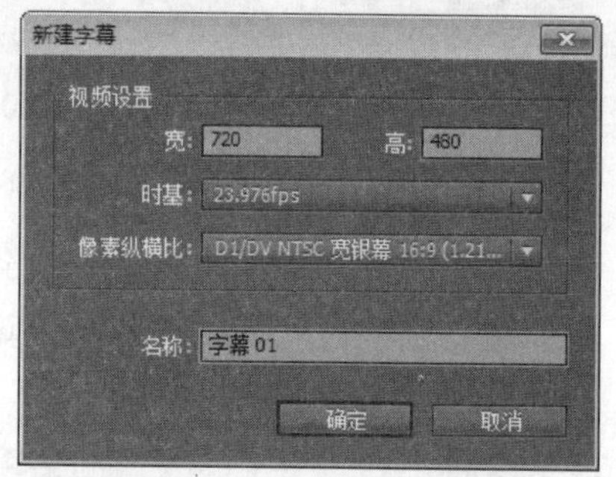

图 12.104　设置字幕的属性

Step 33　打开【字幕设计器】窗口后，在工具箱上选择【路径文字工具】，然后沿着图像素材下方的弧状图形边缘绘制一条曲线路径，如图 12.105 所示。

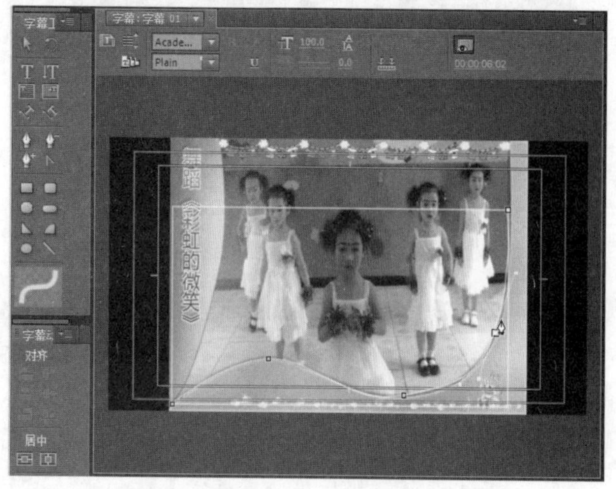

图 12.105　绘制一条曲线路径

Step 34　继续选择【路径文字工具】，然后在路径上单击并输入字幕文字，接着在【字幕属性】面板上设置文字的字体、大小和颜色等基本属性，如图 12.106 所示。

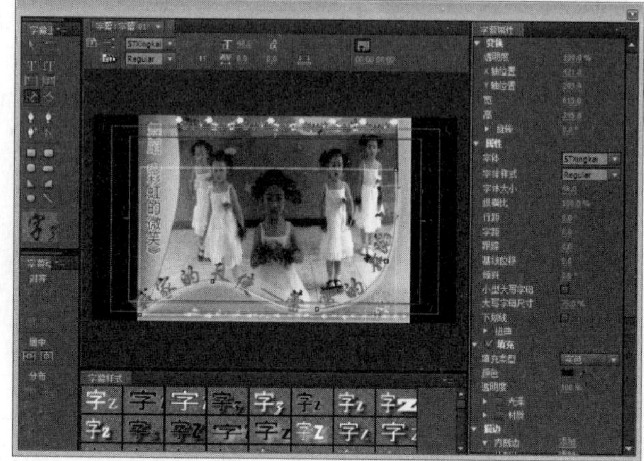

图 12.106　输入字幕文字并设置基本属性

Step 35　选择字幕文字，然后打开【属性】面板的【描边】列表，再单击【外侧边】项目右侧的【添加】链接，接着设置外侧边的大小和颜色(白色)，最后选择【阴影】复选框，并设置阴影的属性，如图 12.107 所示。

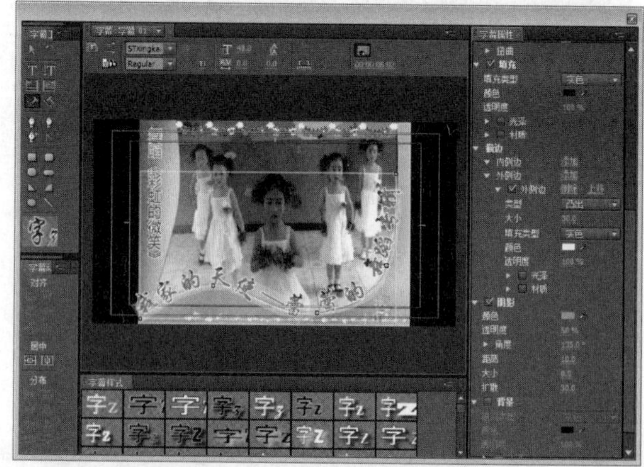

图 12.107　设置字幕的描边和阴影属性

Step 36　由于字幕文字有点大，所以应拖动【字体大小】项目的参数，缩小文字的大小，设置完成后，关闭【字幕设计器】窗口，如图 12.108 所示。

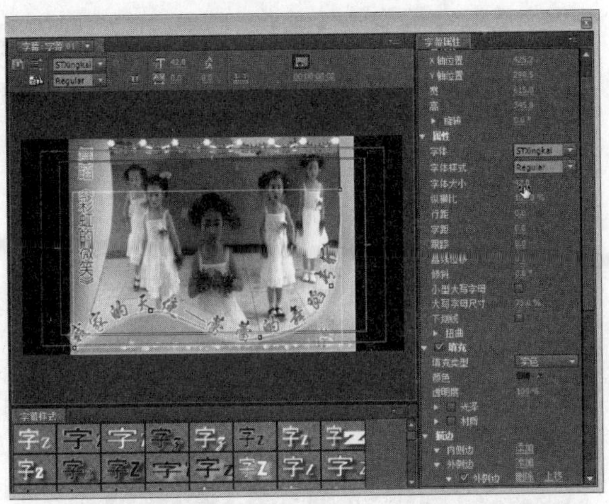

图 12.108 调整文字的大小

 返回程序的工作界面，然后在【项目】面板上选择字幕素材，将字幕拖到【视频 2】轨道，而且让字幕的入点处于第 4 秒的位置，如图 12.109 所示。

图 12.109 将字幕装配到序列

Step 38 由于制作的要求，需要增加片头图像素材的持续时间。在片头图像素材上单击鼠标右键并选择【速度/持续时间】命令，打开【素材速度/持续时间】对话框，设置持续时间为 15 秒，接着选择【波纹编辑，移动后面的素材】复选框，最后单击【确定】按钮，如图 12.110 所示。

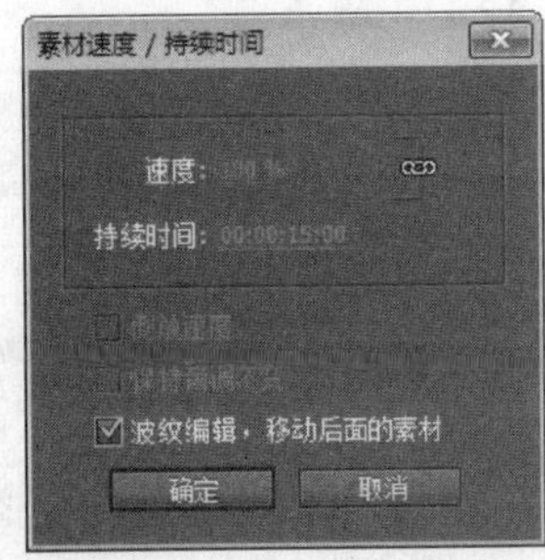

图 12.110 调整片头图像素材的持续时间

 选择并按住字幕素材的出点，然后向右拖动，调整字幕出点的位置，如图 12.111 所示。

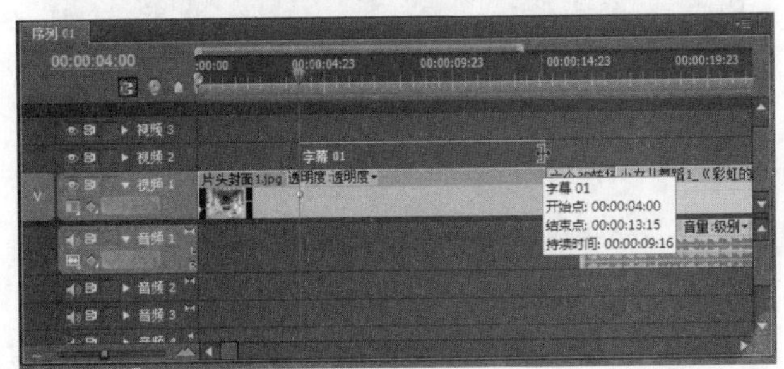

图 12.111 调整字幕出点的位置

Step 40 选择字幕素材，然后打开【特效控制台】面板，将播放指针移到字幕靠前的位置，接着打开【运动】列表，单击【位置】项目左侧的【切换动画】按钮，如图 12.112 所示。

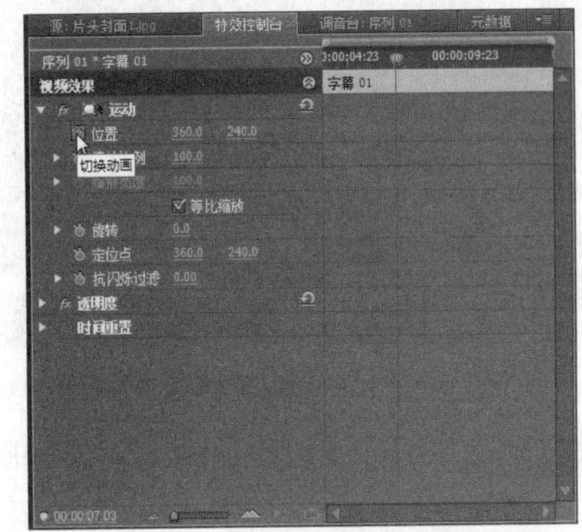

图 12.112 设置播放指针位置并切换动画

 在【特效控制台】面板上打开【透明度】列

表，然后单击【添加/移除关键帧】按钮，如图 12.113 所示。

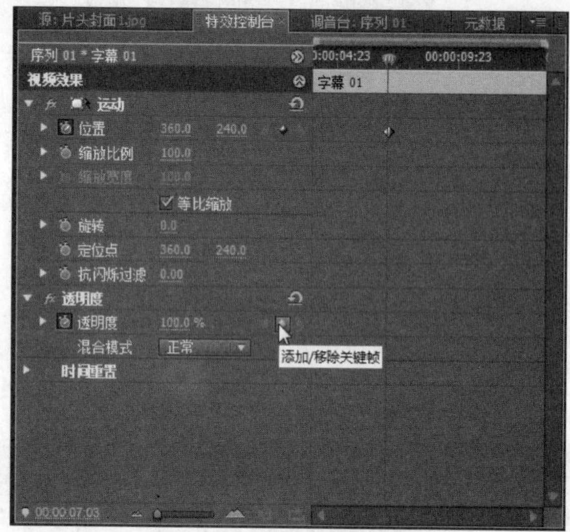

图 12.113　添加透明度的关键帧

Step 42 将播放指针移到字幕的入点处，然后单击【位置】项目的【添加/移除关键帧】按钮，添加入点的关键帧，如图 12.114 所示。

图 12.114　在字幕入点处添加位置关键帧

切换到【节目】面板，然后设置显示比例为 25%，接着将字幕向下移动到监视器的下方，如图 12.115 所示。

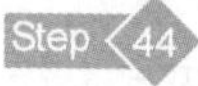

返回到【特效控制台】面板，然后单击【透明度】项目的【添加/移除关键帧】按钮，在入点处添加透明度的关键帧，接着设置透明度为 0.0%，如图 12.116 所示。

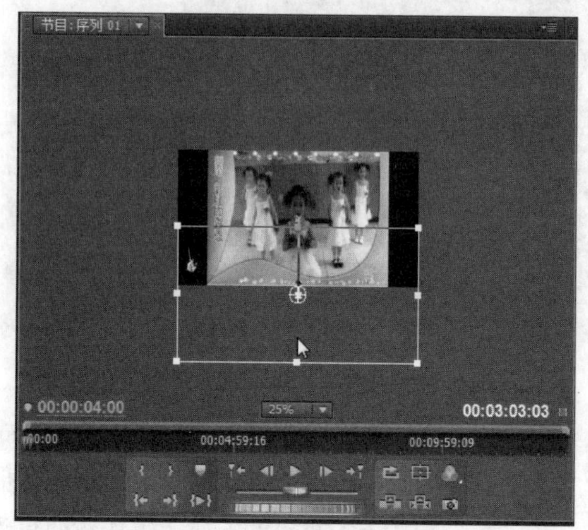

图 12.115　调整字幕的位置

图 12.116　添加透明度关键帧并设置透明度

在【项目】面板的素材区上单击鼠标右键，从打开的快捷菜单中选择【导入】命令，接着在打开的对话框中选择“Your Smile.mp3”音频素材（素材可以从随书光盘的“..\Example\Ch12\音频”文件夹中取得），单击【打开】按钮，如图 12.117 所示。

选择上一步导入的音频素材，然后将素材拖到序列的【音频 2】轨道上，并将音频的入

点放置到轨道的开始处，如图 12.118 所示。

图 12.117 导入音频素材

图 12.118 将音频装配到序列上

Step 47 选择并按住音频素材的出点，然后向左移动，以修剪音频，再将音频的出点移到视频素材的入点位置处，如图 12.119 所示。

Step 48 单击【音频 2】轨道名称左侧的三角形按钮▶展开轨道，然后向下拉轨道下边缘，扩大【音频 2】轨道的显示，如图 12.120 所示。

Step 49 按住 Ctrl 键在音量线上单击，在音量线上添加关键帧，如图 12.121 所示。

图 12.119 修剪音频素材

图 12.120 扩大【音频 2】轨道的显示

图 12.121 在音量线上添加关键帧

Step 50 选择并按住音量线入点的关键帧，然后向下拖动调整关键帧的音量为 0，再选择音量线出点的关键帧，再次向下拖动关键帧，设置关键帧的音量为 0，如图 12.122 所示。

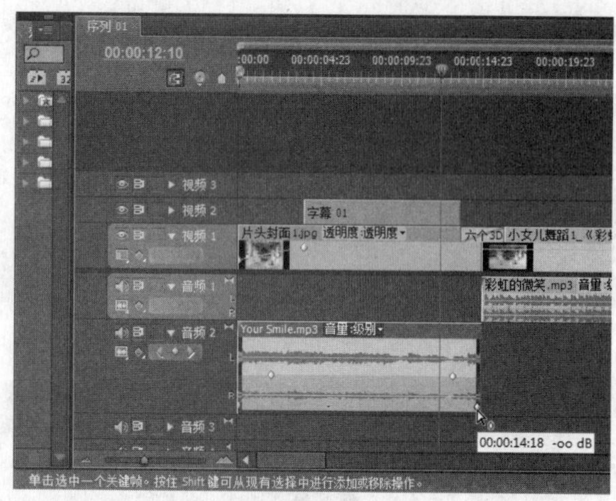

图 12.122　设置音频的入点和出点音量为 0

Step 51 在【项目】面板的素材区上单击鼠标右键，然后选择【新建分项】|【黑场】命令，打开【新建黑场视频】对话框，设置素材的基本属性，接着单击【确定】按钮，如图 12.123 所示。

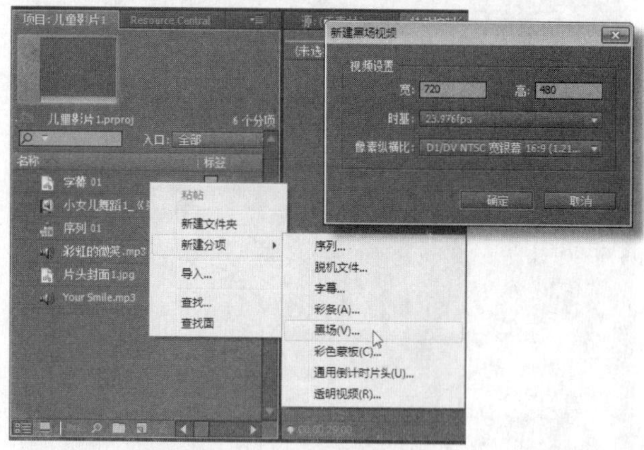

图 12.123　新建黑场素材

Step 52 在【项目】面板的素材区上选择黑场素材，然后将该素材插入到视频素材的出点处，如图 12.124 所示。

Step 53 按住 Ctrl 键在音频素材的音量线后段添加两个关键帧，其中一个关键帧添加在出点处，接着将音量线出点的关键帧向下拖动，设置该关键帧的音量为 0，如图 12.125 所示。

图 12.124　将黑场素材插入到序列

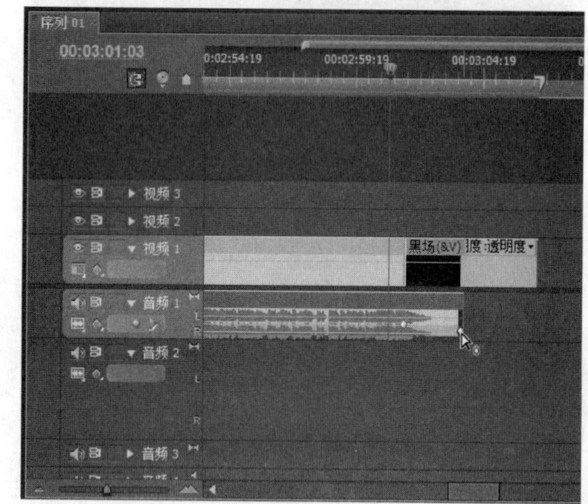

图 12.125　设置音频的出点音量为 0

Step 54 打开【效果】面板，然后选择插件的特效项目，再将特效效果拖到黑场素材的入点处，如图 12.126 所示。

Step 55 打开插件特效的对话框，按下【能量转场】按钮，然后单击【应用】按钮，应用【能量转场】特效，如图 12.127 所示。

Step 56 选择应用在黑场素材上的特效对象，然后打开【特效控制台】面板，设置特效持续时间为 2 秒，如图 12.128 所示。

图 12.126　应用插件的特效

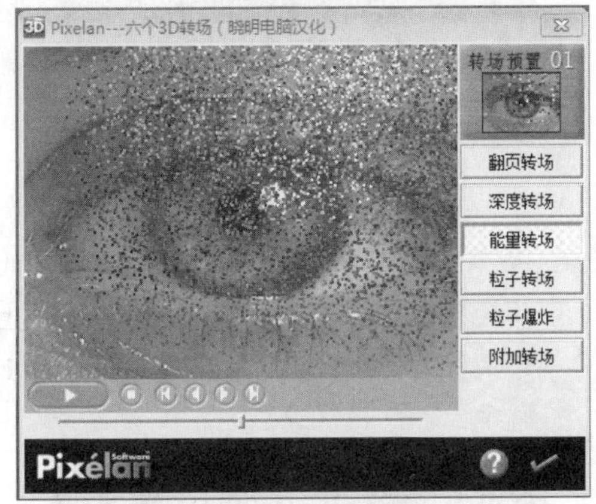

图 12.127　应用【能量转场】特效

图 12.128　设置切换特效持续时间

Step 57 此时使用鼠标按住黑场素材的出点，然后向左移动，修剪黑场素材，如图 12.129 所示。

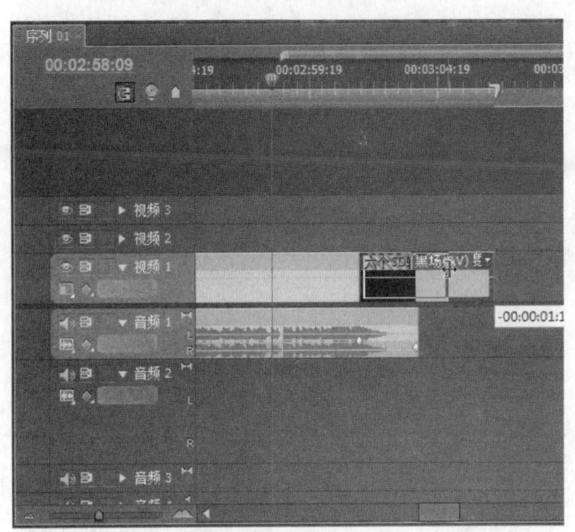

图 12.129　修剪黑场素材

12.2.3　制作第二个儿童影片序列

完成第一个儿童影片序列后，接下来制作第二个儿童影片序列。

其实，项目的序列制作效果类似，只是其中一些效果制作略有不同，因此本例把重点放在不同的效果制作过程的详细讲解上。本例制作第二个儿童影片序列的效果，如图 12.130 所示。

图 12.130　第二个儿童影片序列的效果

制作第二个儿童影片序列的操作步骤如下。

Step 1 打开上一节的项目文件，然后选择【文件】|【新建】|【序列】命令，如图 12.131 所示。

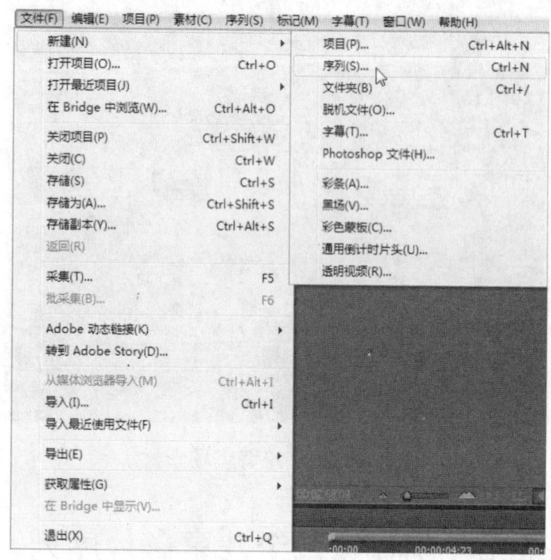

图 12.131 新建序列

Step 2 打开【新建序列】对话框，选择一种预设的序列，然后单击【确定】按钮，如图 12.132 所示。

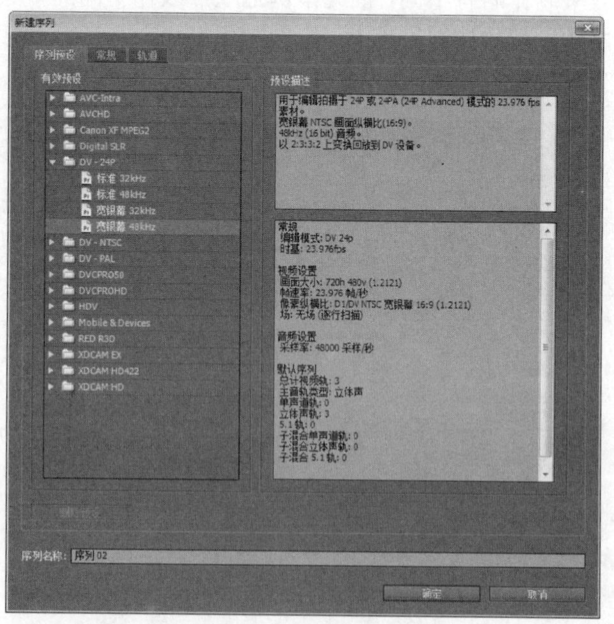

图 12.132 选择预设的序列

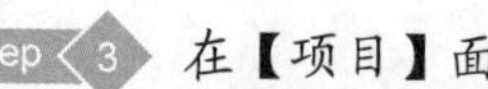

在【项目】面板上单击【新建文件夹】按钮，新建文件夹后输入名称，然后按 Enter 键，如图 12.133 所示。

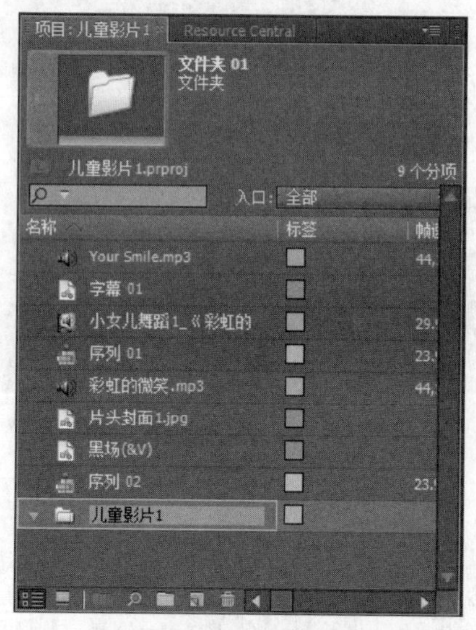

图 12.133 新建文件夹

按住 Ctrl 键，选择需要放置到文件夹的素材并按住鼠标，然后将素材拖到文件夹上并放开鼠标，将素材移入文件夹内，如图 12.134 所示。

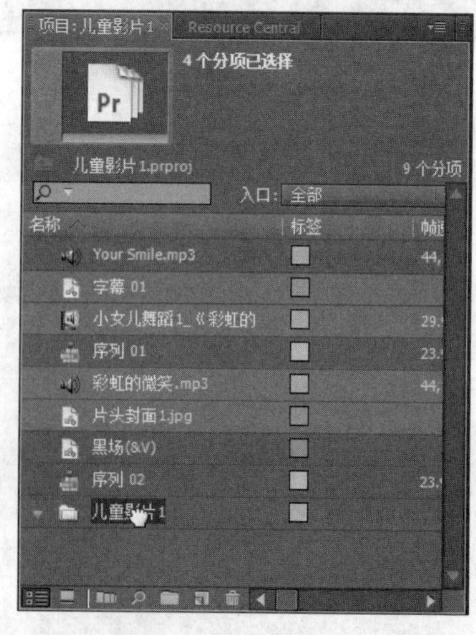

图 12.134 将素材移入文件夹内

在【项目】面板的素材区上单击鼠标右键，

然后从打开的快捷菜单中选择【导入】命令，接着在打开的对话框中选择所有的儿童舞蹈视频素材(素材可以从随书光盘的“..\Example\Ch12\视频”文件夹中取得)，并单击【打开】按钮，如图 12.135 所示。

图 12.135　导入所有的儿童舞蹈视频素材

Step 6　再次在【项目】面板的素材区上单击鼠标右键，然后从打开的快捷菜单中选择【导入】命令，接着在打开的对话框中选择其余 3 个片头封面图像素材(素材可以从随书光盘的“..\Example\Ch12\图像”文件夹中取得)，并单击【打开】按钮，如图 12.136 所示。

图 12.136　导入其他片头图像素材

Step 7　将“小女儿舞蹈 2_《爱我你就抱抱我》.avi”素材拖到【素材源】面板，并设置入点和出点，接着单击【插入】按钮，将视频装配到序列上，如图 12.137 所示。

图 12.137　将视频素材装配到序列

Step 8　将“片头封面 2.jpg”图像素材拖到【素材源】面板，然后将播放指针移到序列的入点处，接着单击【素材源】面板的【插入】按钮，将图像装配到序列的开始位置，如图 12.138 所示。

图 12.138　将片头图像素材插入序列

Step 9 选择片头封面图像素材，然后单击鼠标右键并选择【速度/持续时间】命令，打开【素材速度/持续时间】对话框，设置持续时间为 15 秒，接着选择【波纹编辑，移动后面的素材】复选框，最后单击【确定】按钮，如图 12.139 所示。

图 12.139　调整图像素材的持续时间

Step 10 打开【效果】面板，然后选择插件的特效项目，将特效效果拖到图像素材和视频素材之间，如图 12.140 所示。

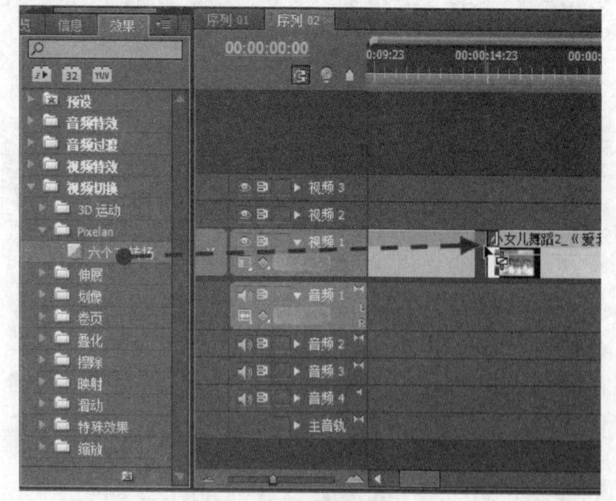

图 12.140　应用插入特效

打开插件特效的对话框，按下【粒子转场】按钮，然后单击【应用】按钮，应用【粒子转场】特效，如图 12.141 所示。

图 12.141　应用【粒子转场】特效

Step 12 选择应用在素材上的插件特效对象，然后打开【特效控制台】面板，设置特效持续时间为 2.15 秒，如图 12.142 所示。

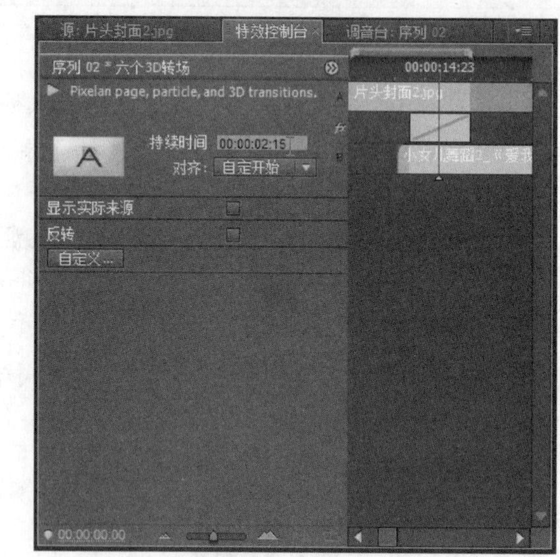

图 12.142　设置特效的持续时间

Step 13 选择片头封面图像素材，然后返回【特效控制台】面板，将播放指针移到素材播放的第 4 秒处，接着单击【缩放比例】项目左侧的【切换动画】按钮，如图 12.143 所示。

打开【特效控制台】面板的【透明度】列表，然后单击【透明度】项目的【添加/移除关键帧】按钮，如图 12.144 所示。

图 12.143　调整播放指针位置并切换动画

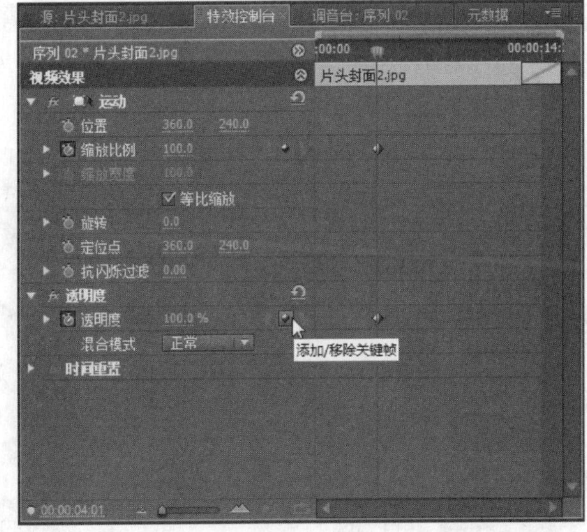

图 12.144　添加透明度的关键帧

Step 15　将播放指针移到图像素材的入点处，然后单击【缩放比例】项目的【添加/移除关键帧】按钮，如图 12.145 所示。

Step 16　切换到【节目】面板，然后选择图像素材，接着拖动变形控制点，以等比例缩小图像素材，如图 12.146 所示。

Step 17　返回【特效控制台】面板，然后单击【透明度】项目的【添加/移除关键帧】按钮，并设置该关键帧的透明度为 0.0%，如图 12.147 所示。

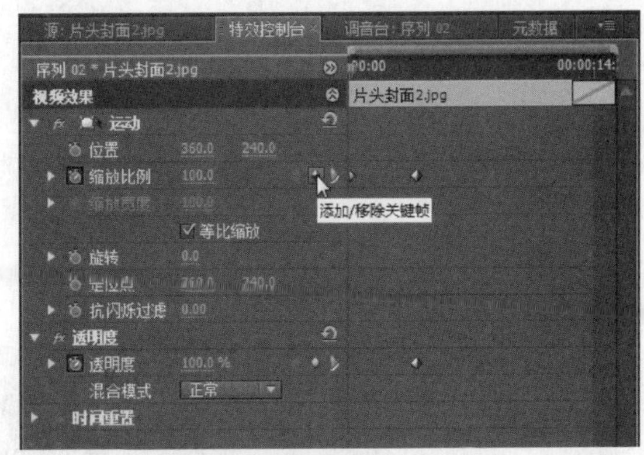

图 12.145　添加缩放比例的关键帧

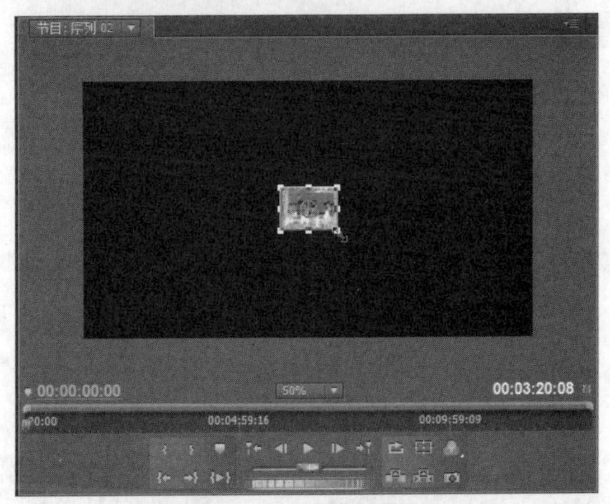

图 12.146　缩小图像素材

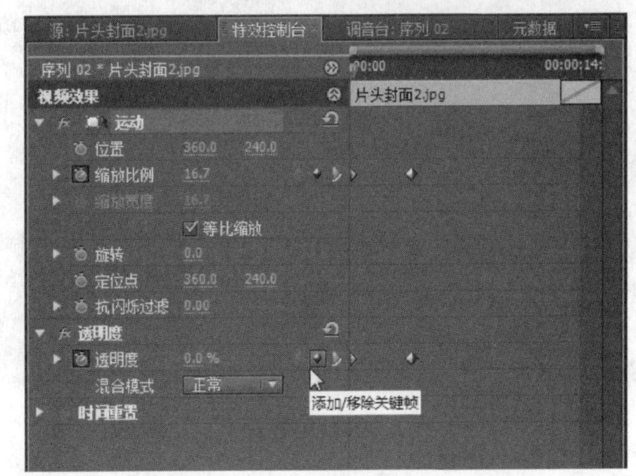

图 12.147　设置图像素材入点关键帧的透明度

Step 18　打开【字幕】菜单，然后选择【新建字幕】|【默认滚动字幕】命令，打开【新建字幕】对话框，设置字幕的属性，如图 12.148 所示。

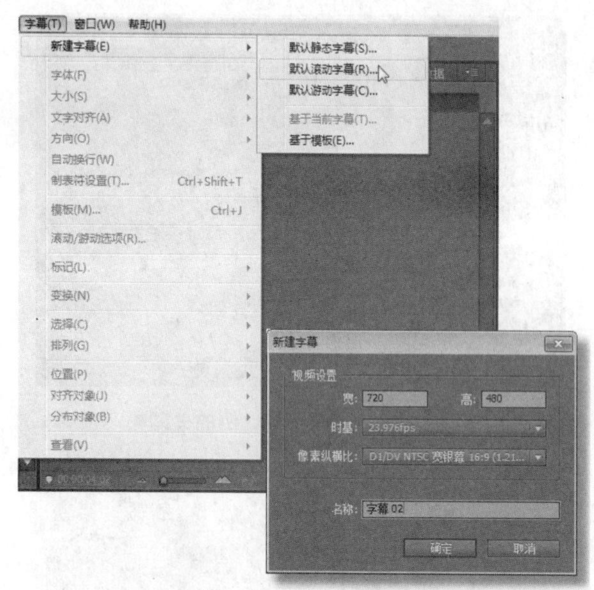

图 12.148 新建滚动字幕

Step 19 选择【输入工具】，然后在字幕编辑窗口中输入字幕文字，接着在【字幕属性】面板上设置文字的字体、大小和颜色等基本属性，如图 12.149 所示。

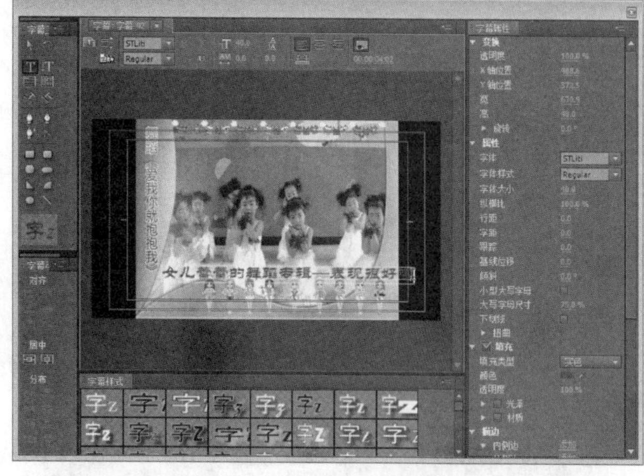

图 12.149 输入字幕文字并设置基本属性

Step 20 选择字幕文字，然后变更填充为渐变填充并设置渐变颜色，接着打开【属性】面板的【描边】列表，再单击【外侧边】项目右侧的【添加】链接，设置外侧边的大小和颜色(白色)，最后选择【阴影】复选框，并设置阴影的属性，如图 12.150 所示。

图 12.150 调整字幕文字的属性

Step 21 在【工具箱】面板中选择【选择工具】，然后将字幕文字移动到屏幕的上方，如图 12.151 所示。

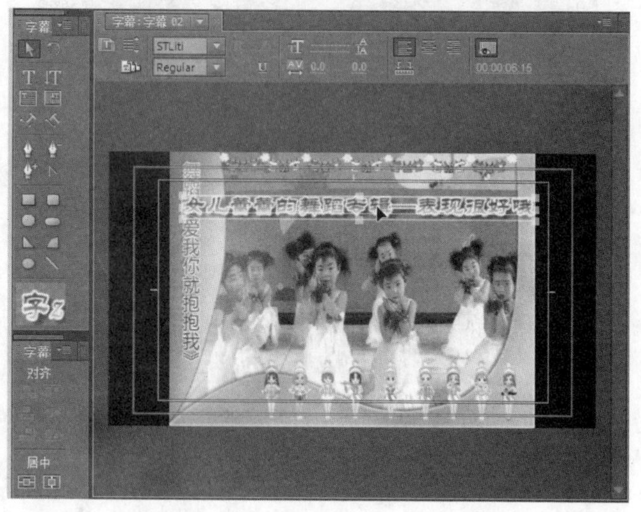

图 12.151 调整字幕文字的位置

Step 22 选择字幕文字，然后单击【滚动/游动选项】按钮，如图 12.152 所示。

Step 23 打开【滚动/游动选项】对话框，选择【滚动】单选按钮，再选择【开始于屏幕外】复选框，然后设置缓出的数值为 500，最后单击【确定】按钮，再关闭【字幕设计器】窗口，如图 12.153 所示。

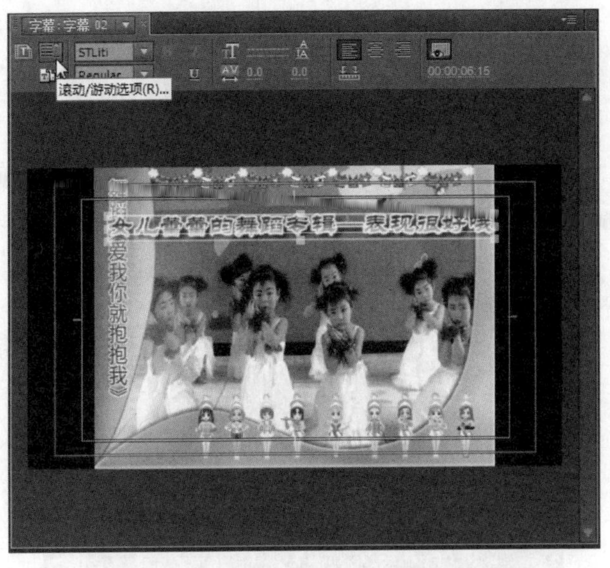

图 12.152 单击【滚动/游动选项】按钮

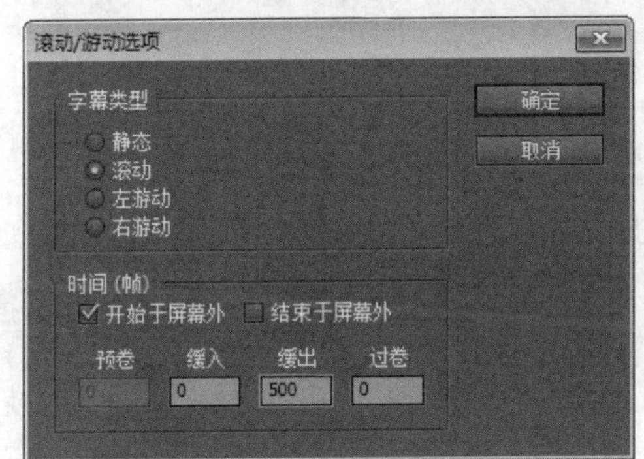

图 12.153 设置【滚动/游动选项】数值

Step 24 在【项目】面板的素材区上单击鼠标右键，然后从打开的快捷菜单中选择【导入】命令，接着在打开的对话框中选择所有的“爱我你就抱抱我.mp3”音频素材(素材可以从随书光盘的“..\Example\Ch12\音频”文件夹中取得)，并单击【打开】按钮，如图 12.154 所示。

Step 25 将导入的音频素材插入【音频 1】轨道上，然后拖动音频素材的入点，修剪音频素材的开始部分，如图 12.155 所示。

Step 26 向右拖动【序列】面板下方的滚动条按钮，将显示区域移到音频出点上，然后选择并按住音频出点向左移动，修剪音频素材的后段空白部分，如图 12.156 所示。

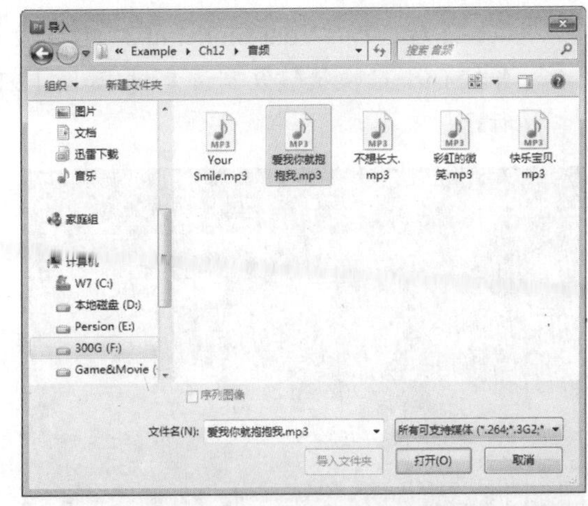

图 12.154 导入舞蹈音乐素材

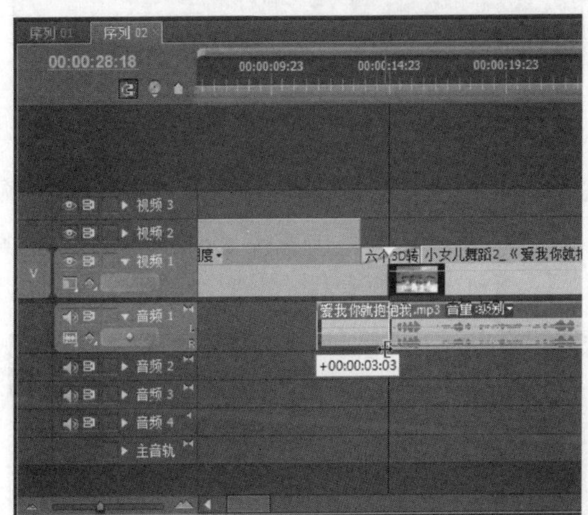

图 12.155 修剪音频素材前段空白部分

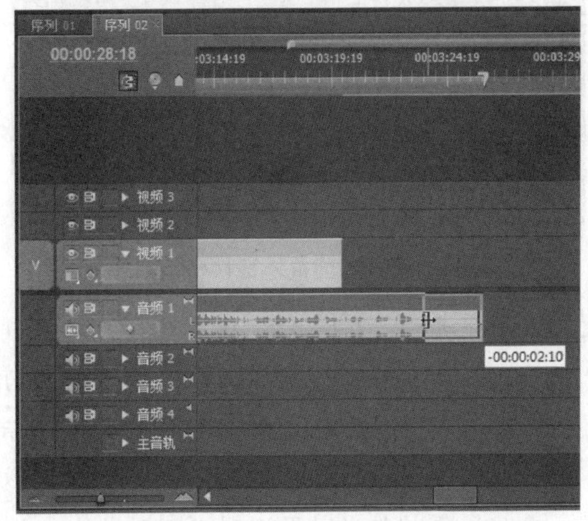

图 12.156 修改音频素材后段空白部分

Step 27 在【时间轴】窗口上切换到【序列 01】面

板，然后选择“Your Smile.mp3”音频素材，并按 Ctrl+C 快捷键复制该素材，如图 12.157 所示。

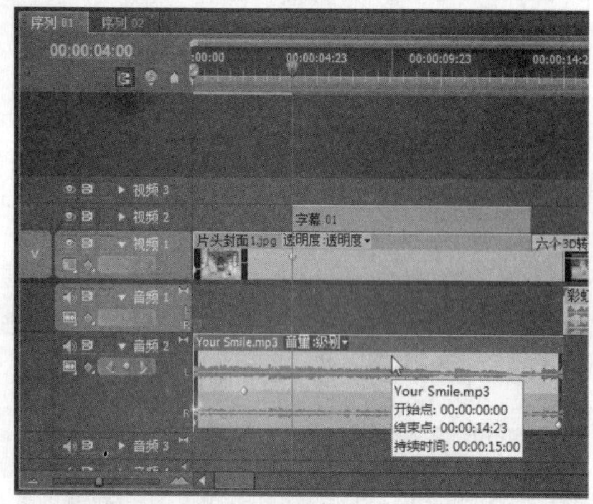

图 12.157　复制序列 01 的音频素材

Step 28 返回到【序列 02】面板，然后在【音频 1】轨道上单击，接着按 Ctrl+V 快捷键粘贴所复制的音频素材，如图 12.158 所示。

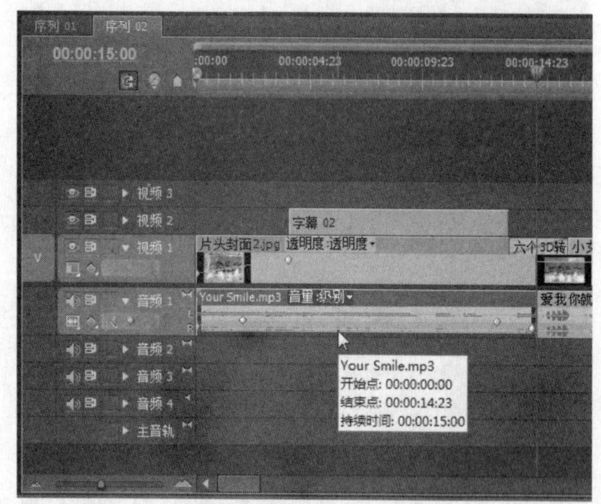

图 12.158　将复制的音频素材粘贴到序列 02

Step 29 使用步骤 27 和步骤 28 的方法，将序列 01 上的黑场素材复制并粘贴到序列 02 的儿童舞蹈视频素材出点后，如图 12.159 所示。

Step 30 打开【效果】面板，然后选择插件的特效项目，再将特效效果拖到视频素材的出点处，打开插件特效的对话框，按下【粒子转场】按钮，接着单击【应用】按钮，应用【粒子转场】特效，如图 12.160 所示。

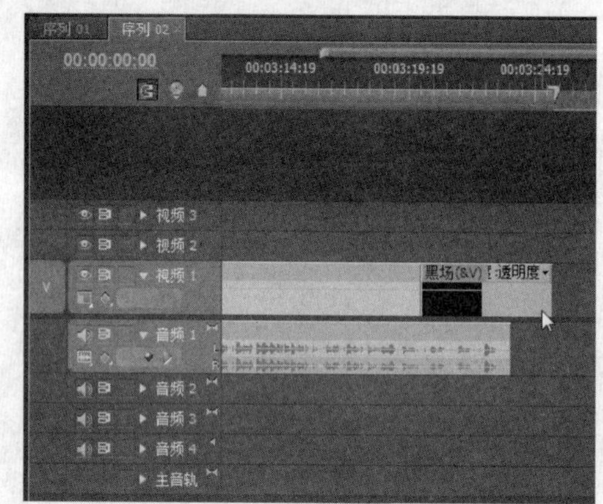

图 12.159　将序列 01 的黑场素材粘贴到序列 02

图 12.160　应用【粒子转场】特效

Step 31 选择应用在视频素材出点上的特效对象，然后打开【特效控制台】面板，再设置特效持续时间为 3 秒，如图 12.161 所示。

Step 32 按住 Ctrl 键在音频素材的音量线后段添加两个关键帧，其中一个关键帧添加在出点处，接着将音量线出点的关键帧向下拖动，设置该关键帧的音量为 0，如图 12.162 所示。

Step 33 完成上述处理后，影片项目的第二个序列已经制作完成，此时选择【文件】|【存储为】命令，然后设置项目文件的名称，并单击【保存】按钮，如图 12.163 所示。

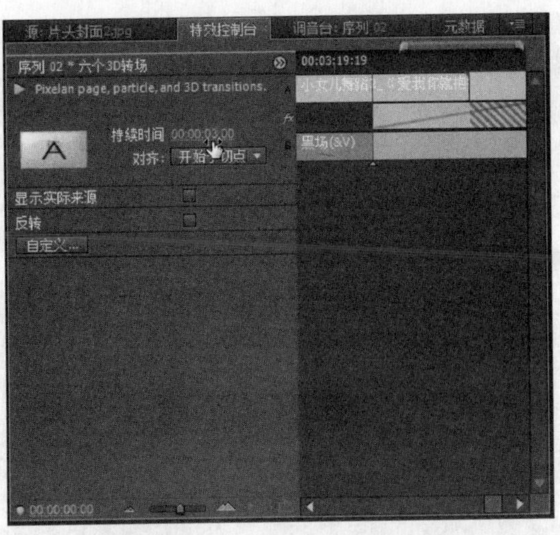

图 12.161　设置特效的持续时间

图 12.162　设置音频出点的音量为 0

图 12.163　另存影片项目文件

12.2.4　制作第三个儿童影片序列

制作第二个儿童影片序列后，可以在这个序列的基础上制作第三个儿童影片序列。这样的操作方式可以避免很多重复的操作，达到快速制作第三个儿童影片序列的目的。

第三个儿童影片序列的效果如图 12.164 所示。

图 12.164　第三个儿童影片序列的效果

制作第三个儿童影片序列的操作步骤如下。

Step 1 打开上一节的项目文件，然后另存文件为“儿童影片 3.prproj”，接着在【项目】面板上选择“序列 02”素材，单击鼠标右键并选择【复制】命令，然后在【项目】面板素材区空白位置单击鼠标右键并选择【粘贴】命令，粘贴“序列 02”素材，如图 12.165 所示。

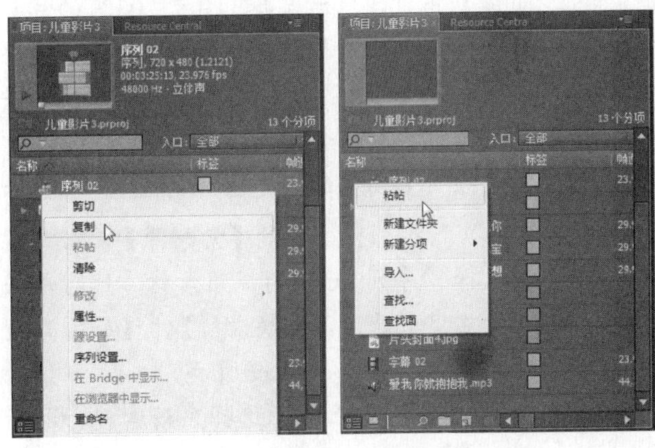

图 12.165　复制并粘贴“序列 02”素材

Step 2 选择所粘贴的“序列 02”素材，然后将素材名称更改为“序列 03”，如图 12.166 所示。

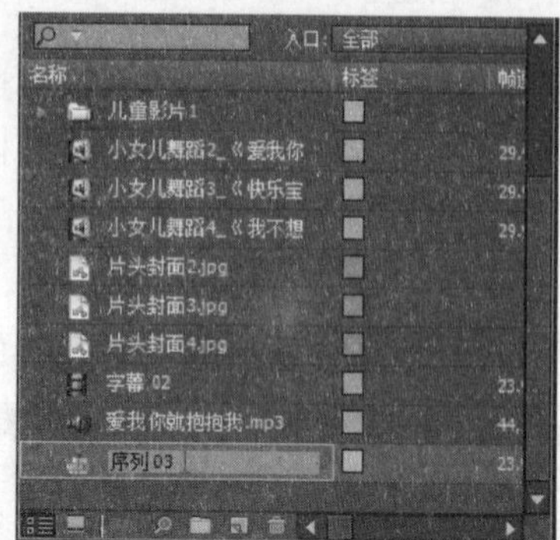

图 12.166　更改序列素材的名称

在【项目】面板上选择“片头封面 3.jpg”素材，然后将该素材拖到【素材源】面板，如图 12.167 所示。

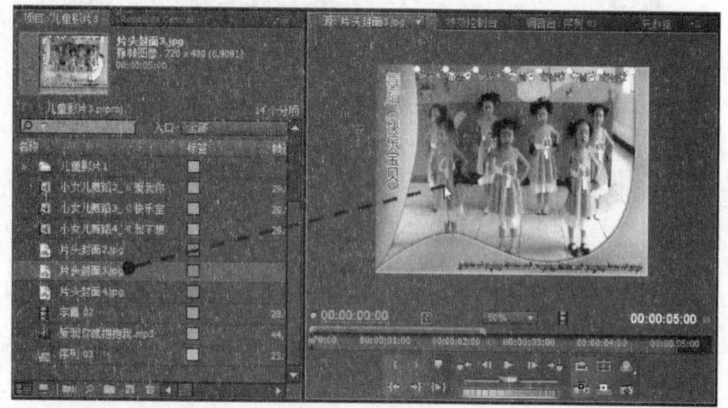

图 12.167　将片头封面 3 素材添加到【素材源】面板

Step 4 双击“序列 03”素材，将序列 03 添加到【时间线】窗口，然后选择“序列 03”的片头封面图像素材并单击鼠标右键，再选择【替换素材】|【从源监视器】命令，替换片头封面图像素材，如图 12.168 所示。

Step 5 将【项目】面板的“小女儿舞蹈 3_《快乐宝贝》”视频素材拖到【素材源】面板，此时选择“序列 03”的视频素材，然后单击鼠标右键并选择【替换素材】|【从源监视器】命令，如图 12.169 所示。

Step 6 在【序列 03】面板上选择黑场素材，然后将素材拖到【视频 2】轨道上，如图 12.170 所示。

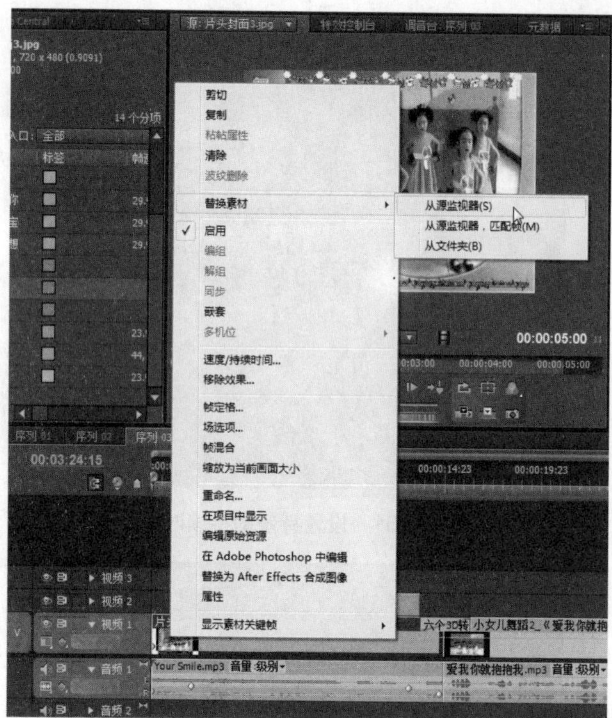

图 12.168　替换片头图像素材

图 12.169　替换视频素材

选择视频素材的出点，然后向右移动，直至不能移动鼠标指针为止，如图 12.171 所示。本步骤的目的是让替换后的视频素材可以完全显示素材本身的内容。

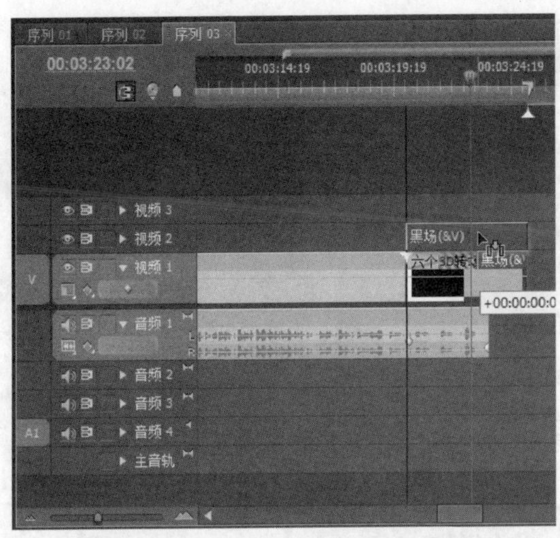

图 12.170　将黑场素材拖到另一轨道

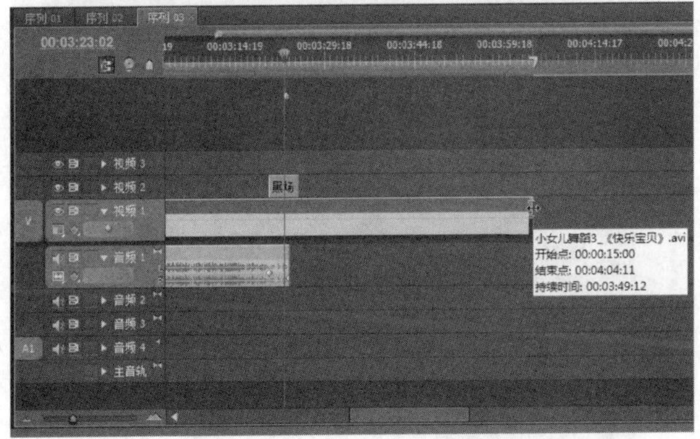

图 12.171　伸长视频素材

Step 8　此时选择黑场素材，然后将素材拖到【视频 1】轨道中儿童舞蹈视频素材的出点处，如图 12.172 所示。

图 12.172　将黑场素材拖到【视频 1】轨道上

Step 9　打开【效果】面板，然后打开【切换特效】|【滑动】列表，将【斜线滑动】特效项目拖到儿童舞蹈视频素材的出点位置上，如图 12.173 所示。

图 12.173　应用切换特效

Step 10　选择切换特效对象，然后打开【特效控制台】面板，设置特效持续时间为 2 秒，如图 12.174 所示。

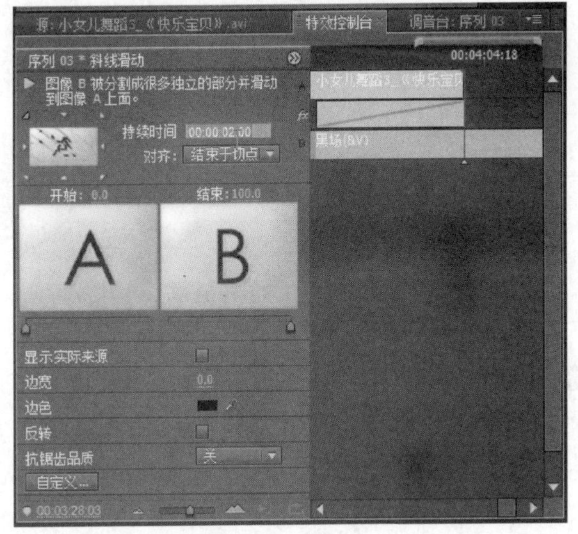

图 12.174　设置特效持续时间

Step 11　选择并按住黑场素材出点，然后向左移动，修剪黑场素材，如图 12.175 所示。

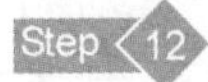
Step 12　在【项目】面板的素材区上单击鼠标右键，然后从打开的快捷菜单中选择【导入】命令，

接着在打开的对话框中选择所有的“快乐宝贝.mp3”音频素材(素材可以从随书光盘的“..\Example\Ch12\音频”文件夹中取得)，并单击【打开】按钮，如图 12.176 所示。

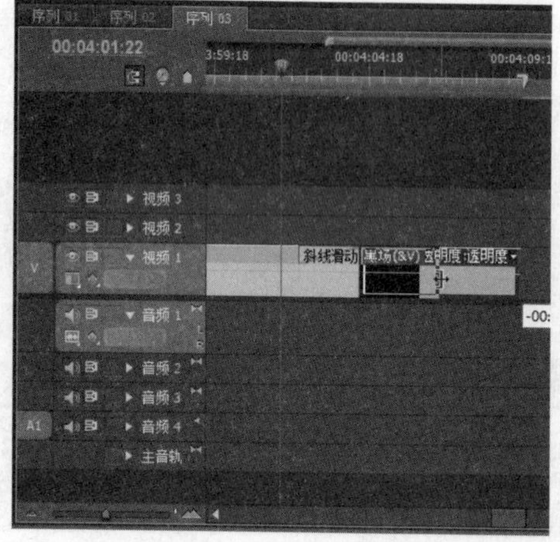

图 12.175 修剪黑场素材

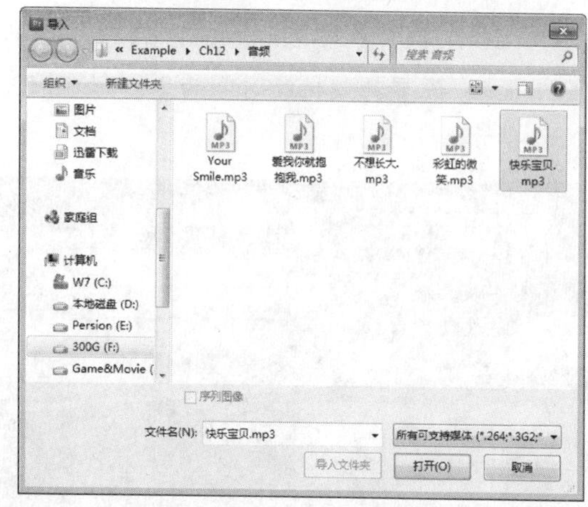

图 12.176 导入音乐素材

Step 13 选择【序列 03】面板的【音频 1】轨道的“爱我就抱抱我.mp3”音频素材并将之删除，然后将上一步导入的音频素材加入【音频 1】轨道，结果如图 12.177 所示。

Step 14 选择并按住“快乐宝贝.mp3”音频素材的入点并向右移动，修剪音频素材，然后将音频素材整体移到前一个音频素材的出点处，接着选择并按住“快乐宝贝.mp3”音频素材的出点并向左移动，修剪音频素材后段，结果如图 12.178 所示。

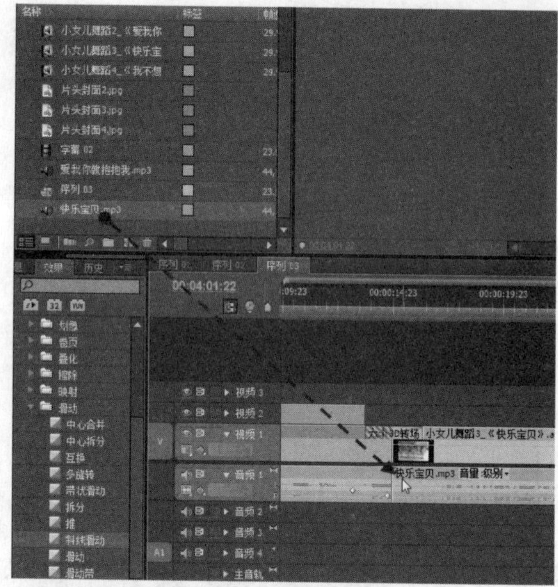

图 12.177 将导入的音频装配到序列

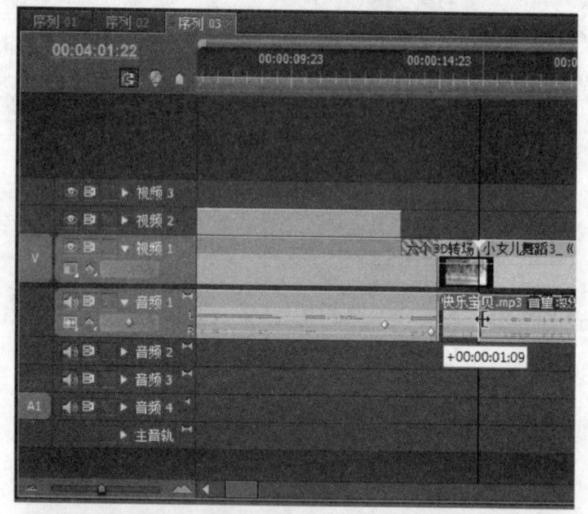

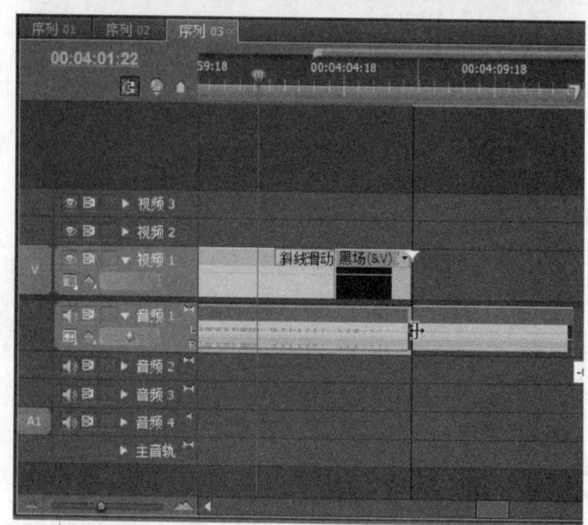

图 12.178 修改音频素材入点和出点

按住 Ctrl 键在音频素材的音量线后段添加两个关键帧，其中一个关键帧添加在出点处，接着将音量线出点的关键帧向下拖动，设置该关键帧的音量为 0，如图 12.179 所示。

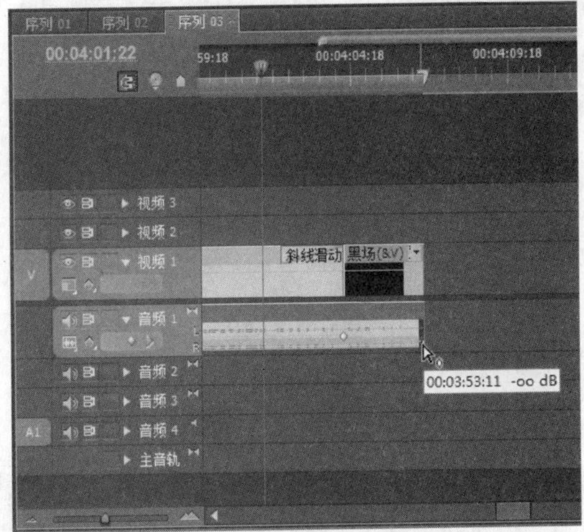

图 12.179　设置音频素材出点音量为 0

在【项目】面板上选择“字幕 02”素材，然后单击鼠标右键并选择【复制】命令，接着在【项目】面板素材区空白位置单击鼠标右键并选择【粘贴】命令，粘贴“字幕 02”素材，最后更改字幕素材的名称为“字幕 03”，结果如图 12.180 所示。

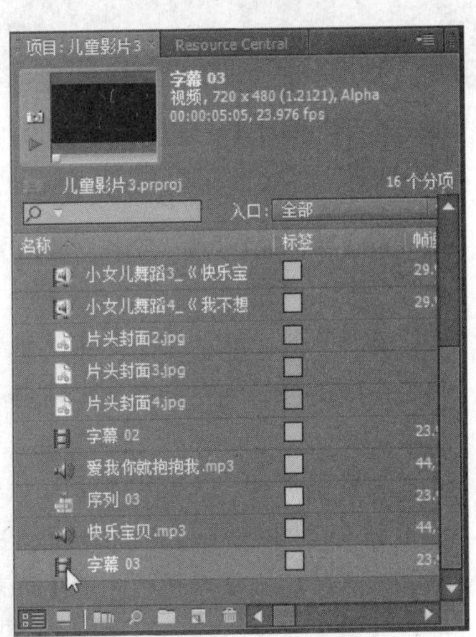

图 12.180　复制并粘贴字幕素材

将“字幕 03”素材拖到【素材源】面板，然后选择序列上的字幕素材并单击鼠标右键，再选择【替换素材】|【从源监视器】命令，替换序列 03 的字幕素材，如图 12.181 所示。

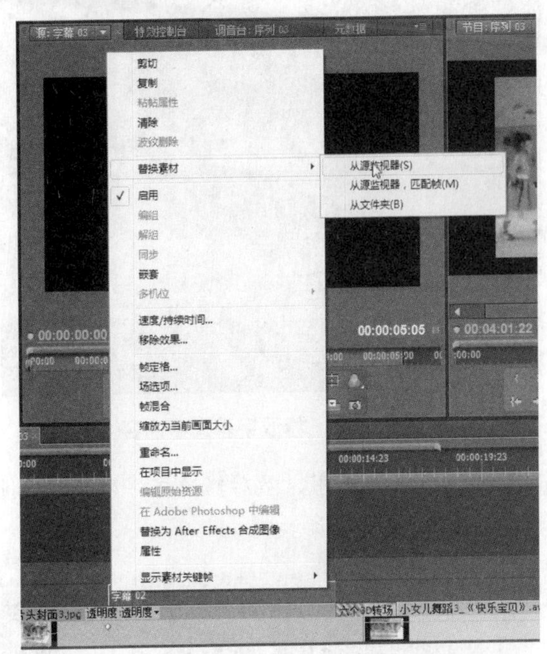

图 12.181　替换字幕素材

替换字幕素材后，双击字幕素材，打开【字幕设计器】窗口，然后调整字幕的位置，如图 12.182 所示。

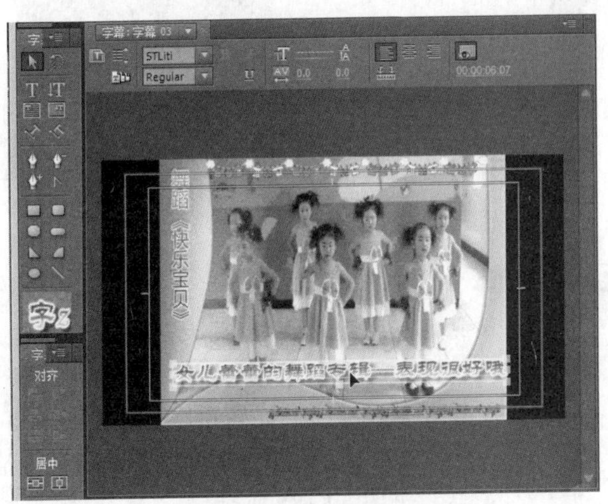

图 12.182　修改字幕的位置

Step 19 在【工具箱】面板上选择【输入工具】T，然后修改文字的内容，如图 12.183 所示。

图 12.183 修改字幕文字内容

Step 20 选择字幕文字，然后修改文字的有关属性，如图 12.184 所示。

图 12.184 修改文字的属性

选择字幕文字，然后单击【滚动/游动选项】按钮，打开【滚动/游动选项】对话框，选择【左游动】单选按钮，再选择【开始于屏幕外】和【结束于屏幕外】复选框，接着设单击【确定】按钮，再关闭【字幕设计器】窗口，如图 12.185 所示。

Step 22 在轨道上选择“片头封面 3.jpg”素材，然后打开【特效控制台】面板，接着将播放指针移到素材第二个关键帧的位置上，再单击【旋转】项目左侧的【切换动画】按钮，如图 12.186 所示。

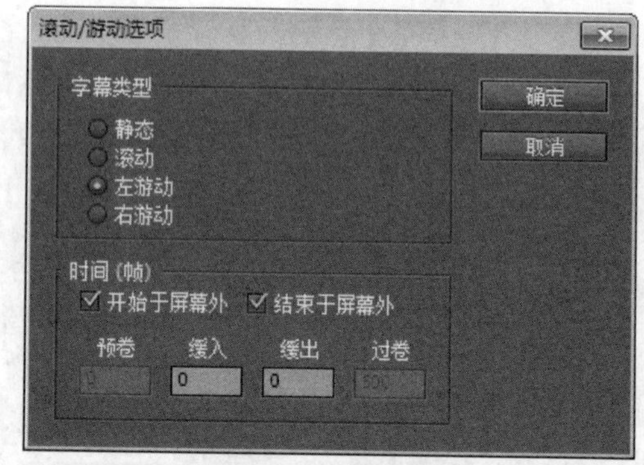

图 12.185 设置游动选项并关闭字幕设计器

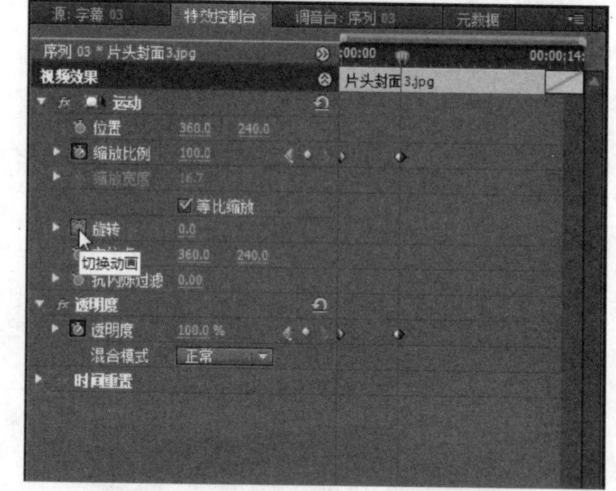

图 12.186 切换【旋转】项目的动画

将播放指针移动图像素材入点处，然后单击【旋转】项目的【添加/移除关键帧】按钮，如图 12.187 所示。

此时在【旋转】项目的参数文本框中设置参数为 3×0.0，即以顺时针旋转 3 周，如图 12.188 所示。

选择“片头封面 3.jpg”图像素材与同一轨道上的儿童舞蹈视频素材之间的切换特效对象，然后打开【特效控制台】面板，接着单击【自定义】按钮，如图 12.189 所示。

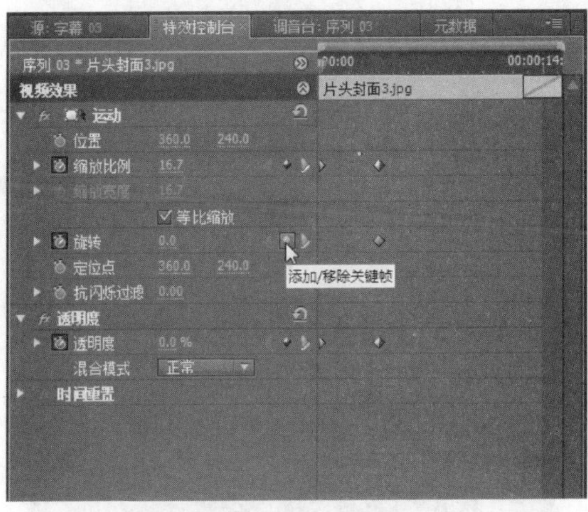

图 12.187　添加关键帧

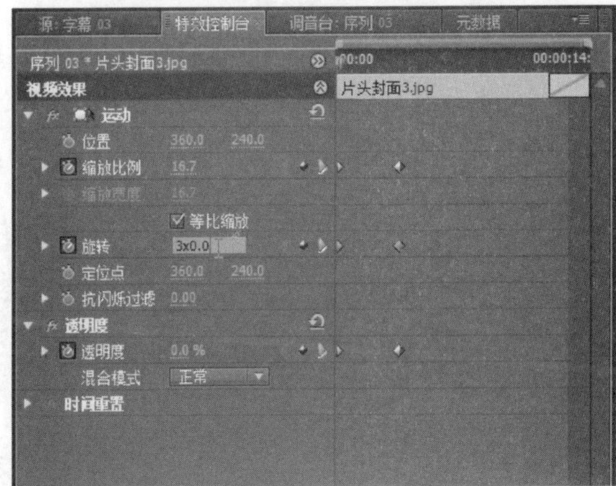

图 12.188　设置入点关键帧的旋转参数

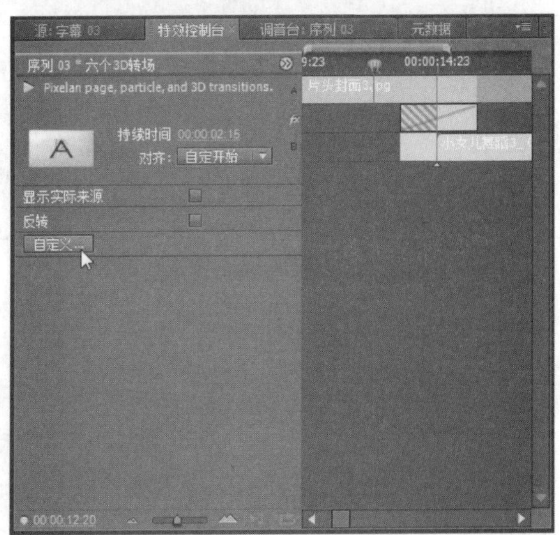

图 12.189　自定义特效

打开特效设置的对话框，按下【深度转场】按钮，然后单击【应用】按钮，更改切换特效的预置效果，如图 12.190 所示。

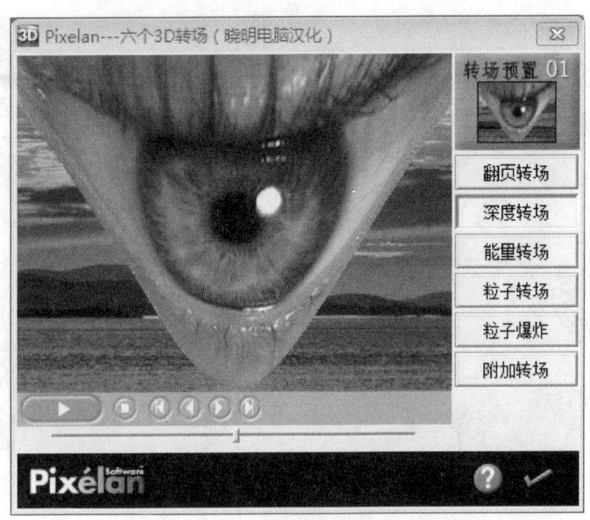

图 12.190　设置插件的预置特效

在【项目】面板的素材区上单击鼠标右键，然后从打开的快捷菜单中选择【导入】命令，接着在打开的对话框中选择所有的“掌声.mp3”音频素材(素材可以从随书光盘的“..\Example\Ch12\音频”文件夹中取得)，并单击【打开】按钮，如图 12.191 所示。

图 12.191　导入音频素材

Step 28 将导入的“掌声.mp3”音频素材插入到【音频 2】轨道上，然后放置在接近儿童舞蹈视频素材的入点的位置上，如图 12.192 所示。

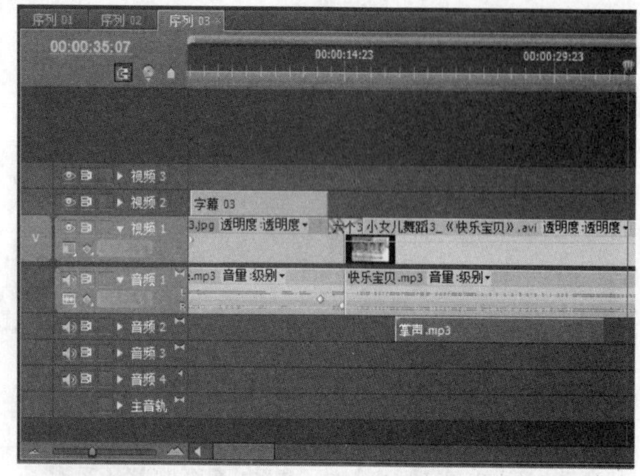

图 12.192　将“掌声.mp3”音频素材装配到序列

选择“掌声.mp3”音频素材，然后打开【调音台】面板，接着向下拖动【音频 2】的音量按钮，降低音频的音量，以避免掌声音量盖过背景音乐的音量，如图 12.193 所示。

图 12.193　降低【音频 2】轨道的音量

调整音量后，打开【模式】列表框，然后选择【锁存】命令，确定设置音量，如图 12.194 所示。

图 12.194　锁存当前音量设置

完成上述的操作后，即可选择【文件】|【存储】命令，保存对项目文件的编辑结果，如图 12.195 所示。

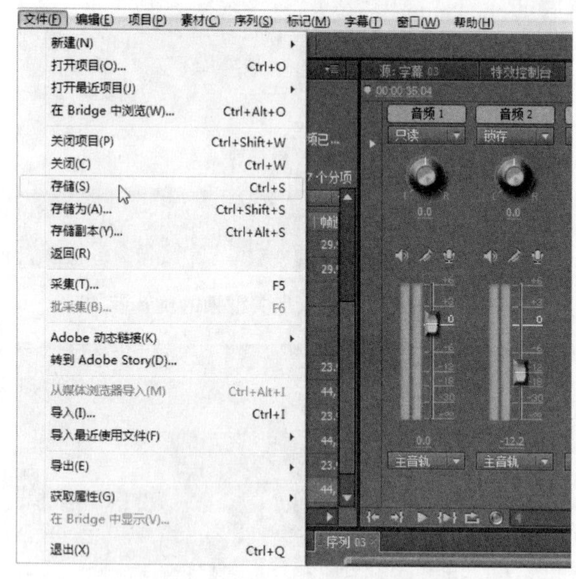

图 12.195　存储项目编辑结果

12.2.5　制作第四个儿童影片序列

本例介绍制作第四个儿童影片序列的过程和操作。在本例中，也是通过在第三个制成的序列基础上制作第四个序列。

第四个儿童影片序列的结果如图 12.196 所示。

图 12.196　第四个儿童影片序列的结果

制作第四个儿童影片序列的操作步骤如下。

Step 1 打开“儿童影片 3.prproj”文件，然后复制并粘贴“序列 03”素材，再更改名称为“序列 04”，如图 12.197 所示。

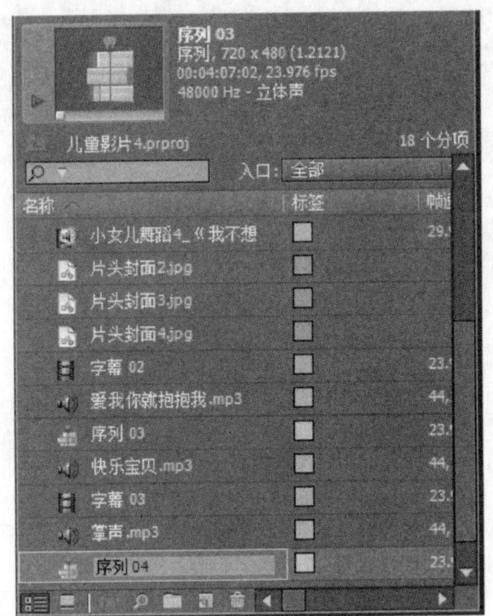

图 12.197　复制并粘贴序列

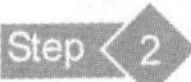

双击“序列 04”素材，将序列打开到【时间线】窗口。此时将“片头封面 4.jpg”素材拖到【素材源】面板上，然后在【序列 04】面板上的片头图像素材上单击鼠标右键，选择【替换素材】|【从源监视器】命令，替换片头图像素材，如图 12.198 所示。

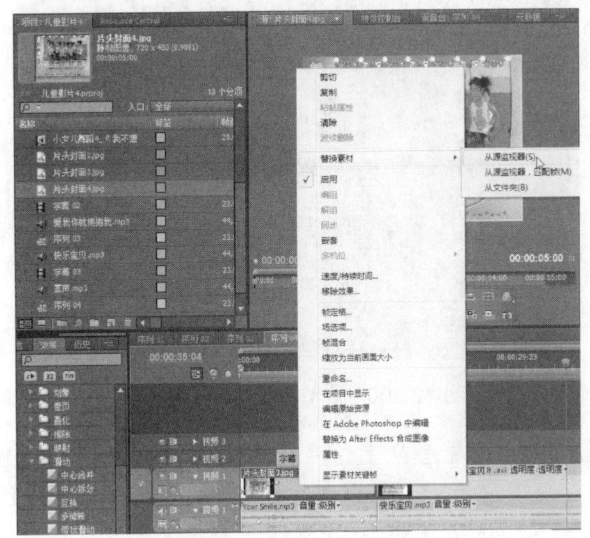

图 12.198　替换片头图像素材

使用步骤 2 的方法，将【项目】面板的“小女儿舞蹈 4_《我不想长大》”视频素材拖到【素材源】面板，然后选择【序列 04】的视频素材，再单击鼠标右键并选择【替换素材】|【从源监视器】命令，替换视频素材，结果如图 12.199 所示。

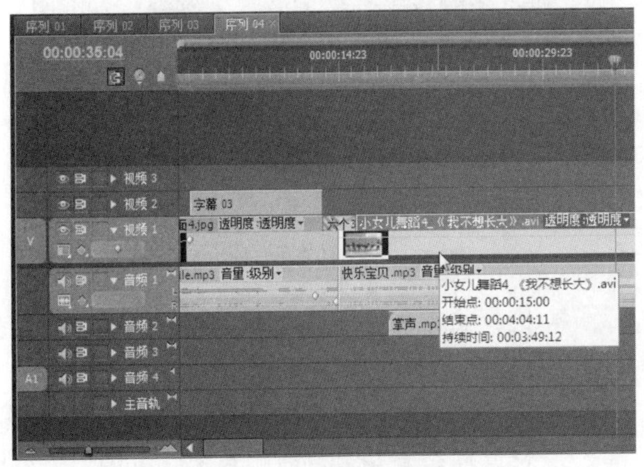

图 12.199　更换视频素材

Step 4 由于原视频素材的持续时间较长，因此需要选择并按住视频素材的出点，然后向左移动，修剪掉多出的视频部分，如图 12.200 所示。

图 12.200　修剪多出的视频部分

Step 5 将原序列上的黑场素材拖到儿童舞蹈视频素材的出点处，然后通过【效果】面板将【油漆飞溅】切换特效应用到儿童舞蹈视频素材的出点，如图 12.201 所示。

图 12.201　应用切换特效

Step 6 选择应用在儿童舞蹈视频素材出点位置的切换特效，然后打开【特效控制台】面板，选择并按住切换特效出点向右拖动，让切换特效包含黑场素材的帧内容，如图 12.202 所示。

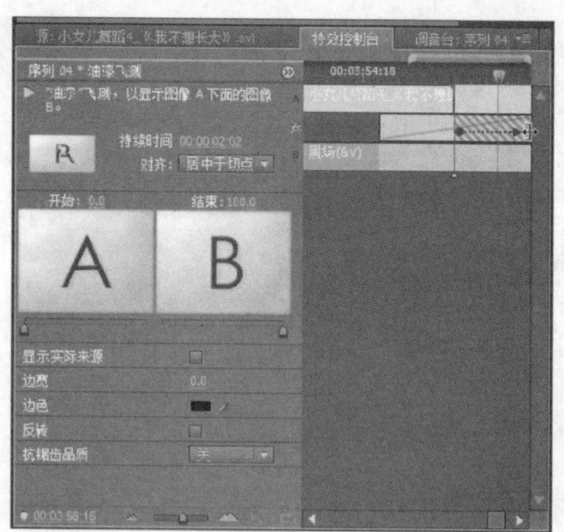

图 12.202　调整切换特效的持续时间

Step 7 选择“片头封面 4.jpg”图像素材与同一轨道上的儿童舞蹈视频素材之间的切换特效对象，然后打开【特效控制台】面板，单击【自定义】按钮，打开特效设置的对话框后，按下【粒子爆炸】按钮，再单击【应用】按钮✔，更改切换特效的预置效果，如图 12.203 所示。

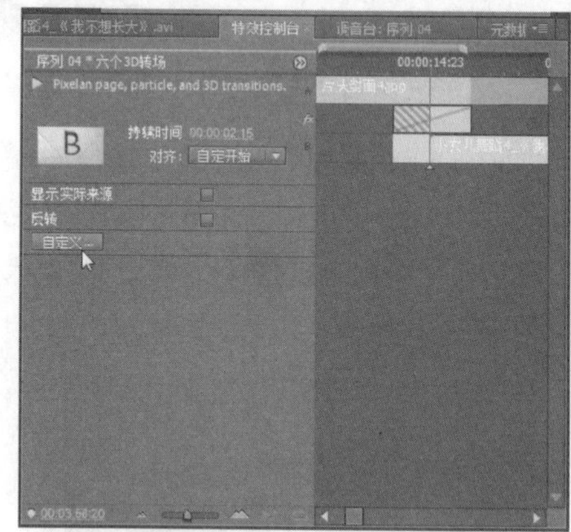

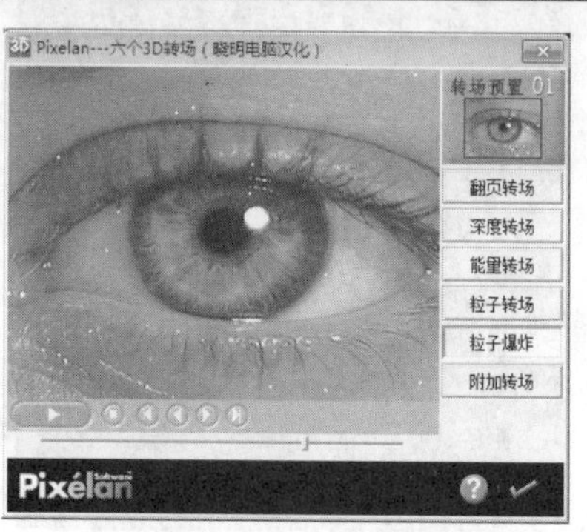

图 12.203　自定义切换特效

 在【项目】面板的素材区上单击鼠标右键，然后从打开的快捷菜单中选择【导入】命令，接着在打开的对话框中选择所有的“不想长大.mp3”音频素材(素材可以从随书光盘的“..\Example\Ch12\音频”文件夹中取得)，并单击【打开】按钮，如图 12.204 所示。

图 12.204 导入背景音乐素材

 选择【序列 04】面板的【音频 1】轨道的“快乐宝贝.mp3”音频素材并将之删除，然后将上一步导入的音频素材加入【音频 1】轨道，结果如图 12.205 所示。

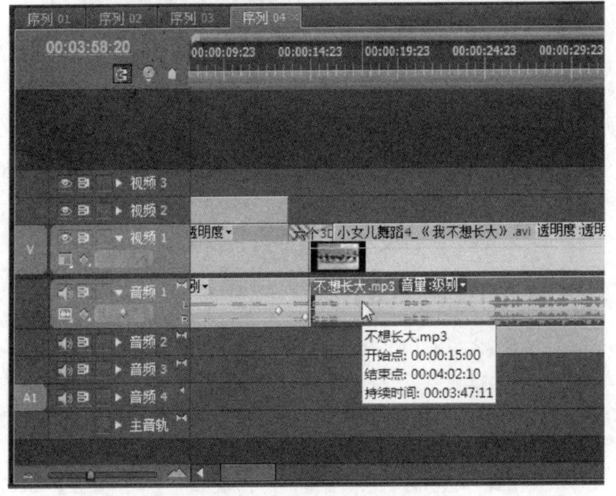

图 12.205 将导入的音频素材装配到序列

 选择并按住“不想长大.mp3”音频素材的出点并向左移动，以修剪音频素材后段，结果如图 12.206 所示。

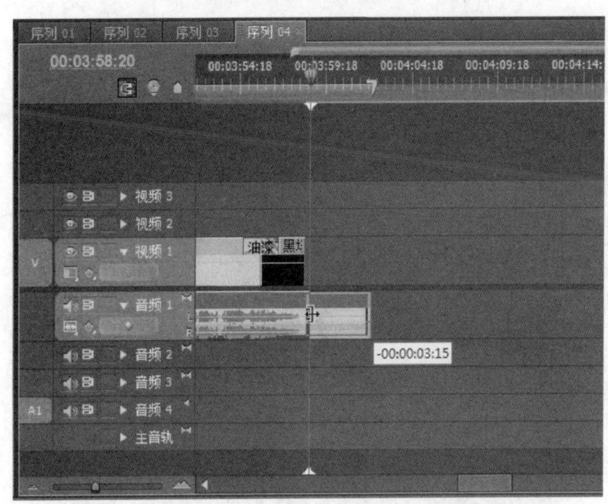

图 12.206 修剪音频素材的后段多余部分

Step 11 按住 Ctrl 键在音频素材的音量线后段添加两个关键帧，其中一个关键帧添加在出点处，接着将音量线出点的关键帧向下拖动，设置该关键帧的音量为 0，如图 12.207 所示。

图 12.207 设置音频素材出点音量为 0

Step 12 在轨道上选择“片头封面 4.jpg”素材，然后打开【特效控制台】面板，接着将播放指针移到素材第二个关键帧的位置上，再单击【定位点】项目左侧的【切换动画】按钮，如图 12.208 所示。

Step 13 将播放指针向左移动一小段位置，然后单击【定位点】项目的【添加/移除关键帧】按钮，如图 12.209 所示。

图 12.208　设置【定位点】的切换动画

图 12.209　调整播放指针位置并添加关键帧

Step 14 此时可以单击【定位点】项目的参数文本框，然后输入参数，更改定位的 X 和 Y 位置的参数，如图 12.210 所示。

Step 15 再次将播放指针向左移动一小段位置，然后单击【定位点】项目的【添加/移除关键帧】按钮，更改定位的 X 和 Y 位置的参数，如图 12.211 所示。

图 12.210　设置【定位点】项目的参数

图 12.211　添加关键帧并设置【定位点】项目的参数

Step 16 第三次将播放指针向左移动一小段位置，然后单击【定位点】项目的【添加/移除关键帧】按钮，更改定位的 X 和 Y 位置的参数，如图 12.212 所示。

Step 17 在【序列 04】面板上选择“字幕 03”素材，然后按 Delete 键删除其上字幕，如图 12.213 所示。

Step 18 在【项目】面板中选择“片头封面 4.jpg”图像素材，然后将素材拖到【视频 2】轨道上，并拖动图像素材的出点，延长素材的持续时间，如图 12.214 所示。

图 12.212 再次添加关键帧并设置【定位点】项目的参数

图 12.213 删除【序列 04】的字幕素材

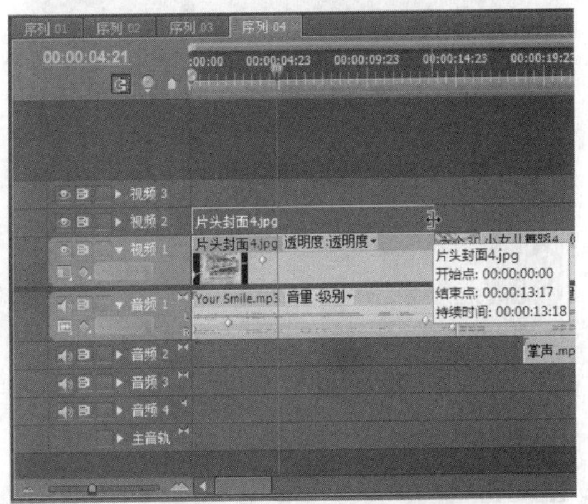

图 12.214 将片头封面素材装配到序列并延长持续时间

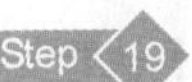

在【项目】面板的素材区上单击鼠标右键，然后从打开的快捷菜单中选择【导入】命令，接着在打开的对话框中选择所有的“遮罩图.jpg”图像素材(素材可以从随书光盘的“..\Example\Ch12\图像”文件夹中取得)，并单击【打开】按钮，如图 12.215 所示。

图 12.215 导入遮罩图素材

将上一步骤导入的遮罩图素材拖到【视频 3】轨道上，并放置在片头图像素材的正上方，接着打开【效果】面板，将【轨道遮罩键】视频特效应用到【视频 2】轨道的片头图像素材上，如图 12.216 所示。

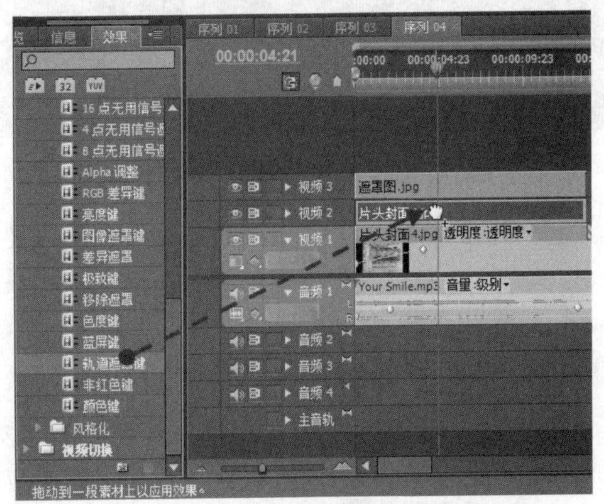

图 12.216 应用【轨道遮罩键】视频特效

选择【视频 2】轨道的片头图像素材，然后

打开【特效控制台】面板，再打开【轨道遮罩键】效果列表，设置遮罩和合成方式的选项，如图 12.217 所示。

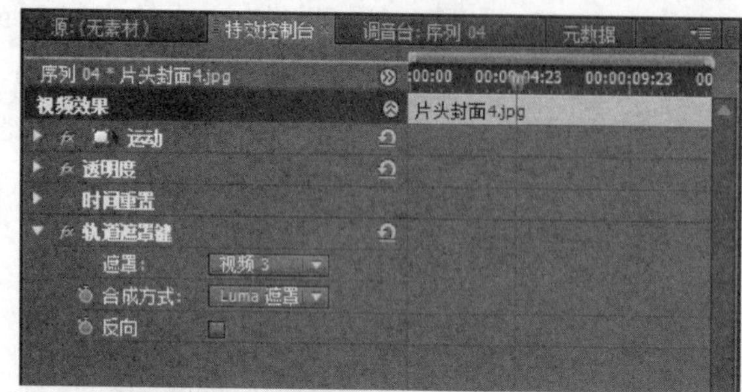

图 12.217　设置【轨道遮罩键】特效的选项

Step 22 打开【效果】面板，再打开【视频特效】|【图像控制】列表，然后将【黑白】特效应用到【视频 1】轨道的片头图像素材上，如图 12.218 所示。

图 12.218　应用【黑白】视频特效

Step 23 将【序列 04】面板上的播放指针移到【视频 1】轨道的片头图像素材的第一个关键帧处，如图 12.219 所示。

Step 24 选择【视频 3】轨道上的遮罩图素材，然后打开【特效控制台】面板，再打开【运动】列表，单击【缩放比例】项目左侧的【切换动画】按钮，如图 12.220 所示。

Step 25 切换到【节目】面板，然后选择遮罩图素材，再缩放遮罩区域，如图 12.221 所示。

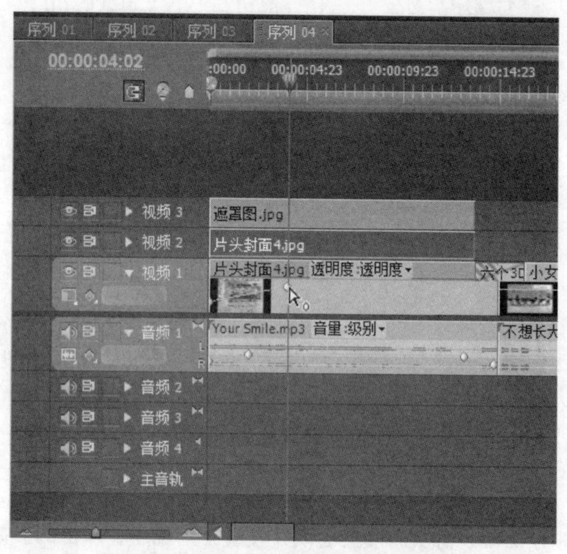

图 12.219　调整播放指针的位置

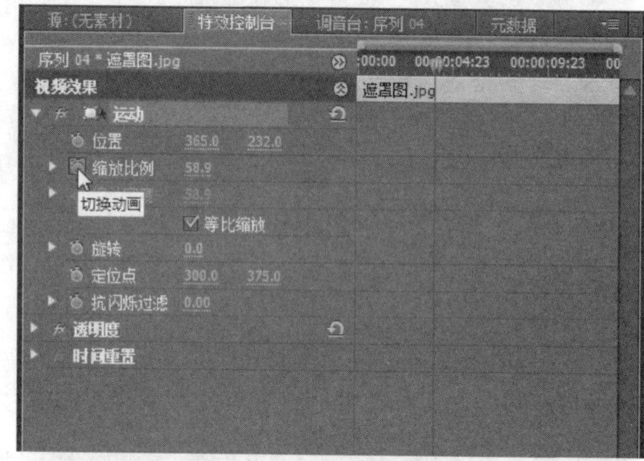

图 12.220　设置遮罩图【缩放比例】项目的切换动画

图 12.221　缩小遮罩区域

Step 26 返回【特效控制台】面板，然后向右移动播放指针，再单击【缩放比例】项目的【添加/移除关键帧】按钮，如图 12.222 所示。

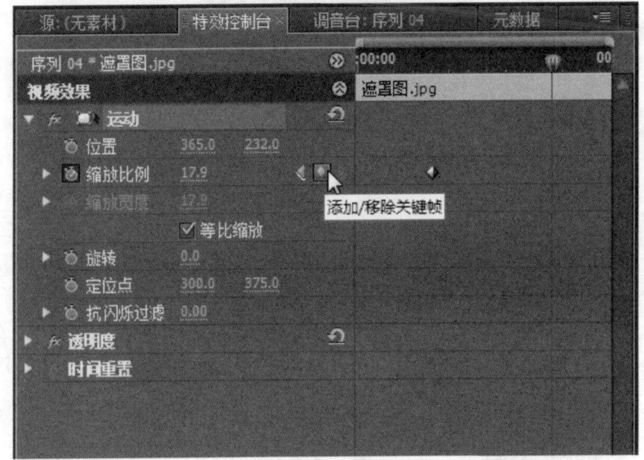

图 12.222　移动播放指针并添加关键帧

Step 27 再次切换到【节目】面板，然后选择遮罩图素材，放大遮罩区域，让遮罩区域完全覆盖屏幕，如图 12.223 所示。

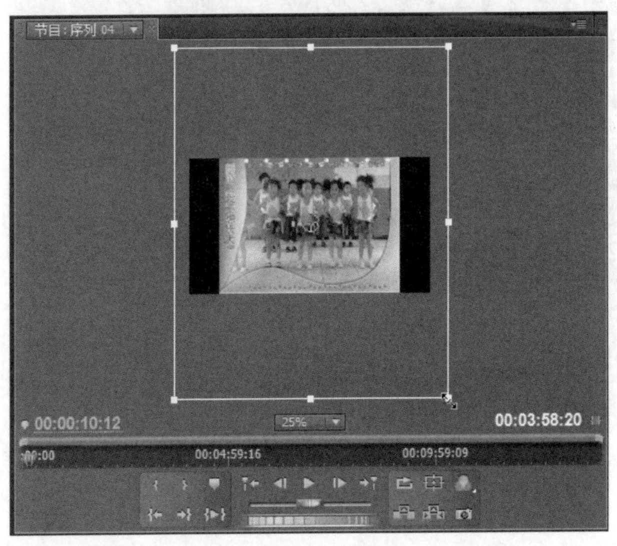

图 12.223　放大遮罩区域

Step 28 返回【特效控制台】面板，然后将播放指针移到遮罩图素材的入点处，接着单击【透明度】项目的【添加/移除关键帧】按钮，最后设置透明度为 0.0%，如图 12.224 所示。

Step 29 将播放指针向右移动，然后再次单击【透明度】项目的【添加/移除关键帧】按钮，设置关键帧的透明度为 100%，如图 12.225 所示。

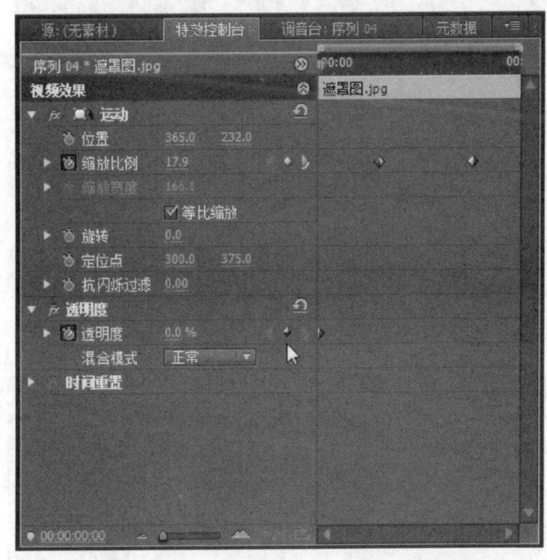

图 12.224　设置遮罩图入点关键帧的透明度

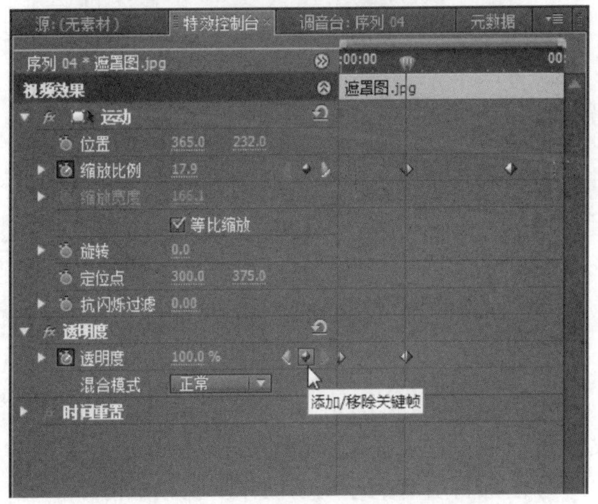

图 12.225　添加关键帧并设置透明度

Step 30 在【序列 04】面板上选择【音频 2】轨道上的“掌声.mp3”音频素材，然后按 Delete 键删除该音频素材，如图 12.226 所示。

Step 31 选择【文件】|【存储为】命令，将当前项目文件另存为“儿童影片 4.prproj”，如图 12.227 所示。

图 12.226　删除“掌声.mp3”音频素材

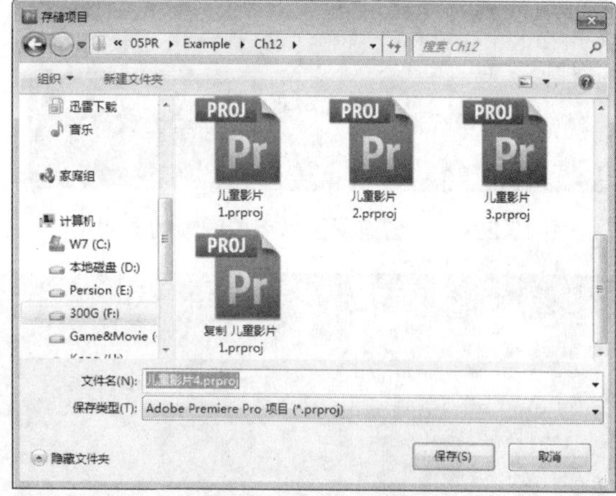

图 12.227　另存项目文件夹

12.2.6　导出项目所有的序列

完成项目序列的制作后，即可将序列导出为媒体文件，以便通过媒体播放器播放影片。

导出项目所有的序列的操作步骤如下。

Step 1 打开“儿童影片 4.prproj”文件，然后在【时间线】窗口上打开【序列 01】，再选择【文件】|【导出】|【媒体】命令，如图 12.228 所示。

Step 2 打开【导出设置】对话框，设置格式为 H.264，预设为【HDTV 720p 24 高品质】，接着单击名称的链接，打开【另存为】对话框，设置媒体文件名，再单击【保存】按钮，如图 12.229 所示。

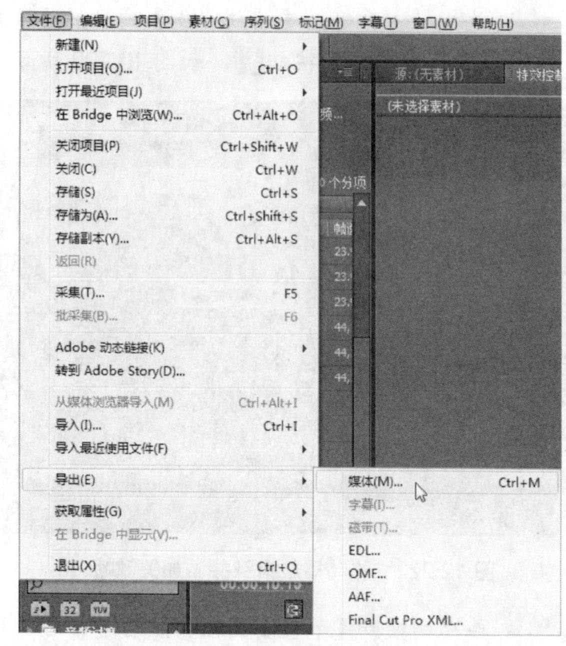

图 12.228　导出序列

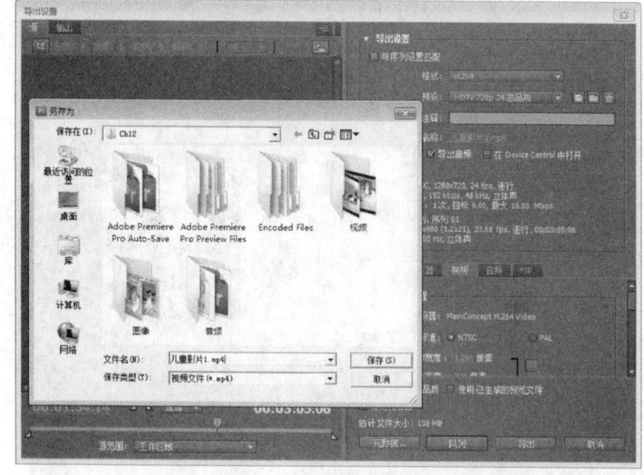

图 12.229　设置导出格式和文件名

Step 3 在【导出设置】对话框中切换到【多路复用器】选项卡，然后设置【多路复用】选项为 MP4，如图 12.230 所示。

Step 4 切换到【视频】选项卡，然后选择电视标准为 PAL，接着设置帧宽度和帧高度的数值，如图 12.231 所示。

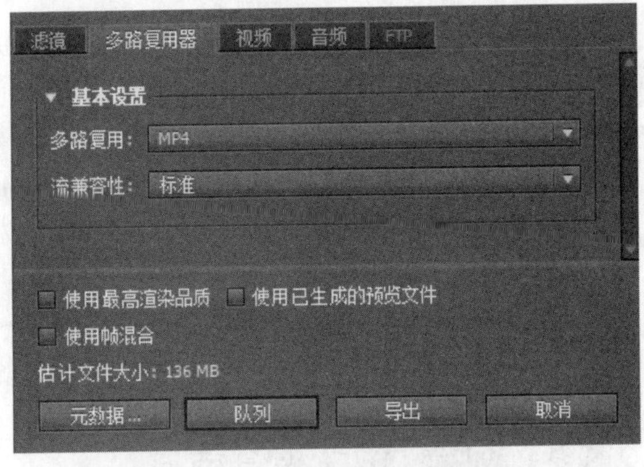

图 12.230　设置多路复用选项

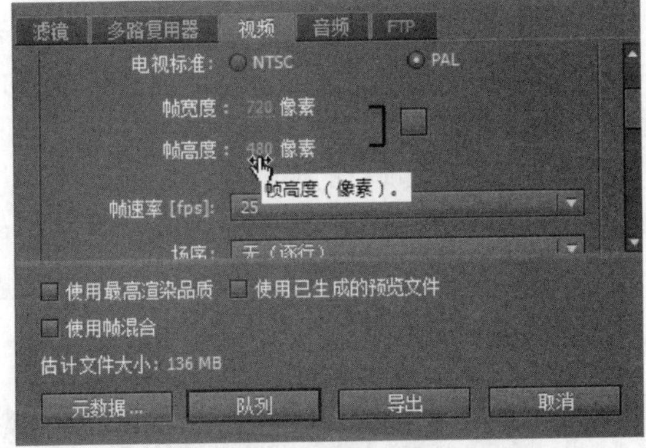

图 12.231　设置视频选项

Step 5　切换到【音频】选项卡，再设置如图 12.232 所示的音频选项。

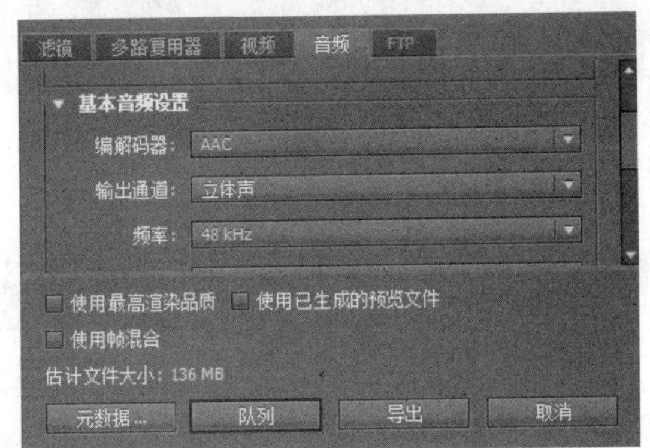

图 12.232　设置音频选项

Step 6　完成上述设置后，单击【队列】按钮，将导出项目队列到 Adobe Media Encode 程序，如图 12.233 所示。

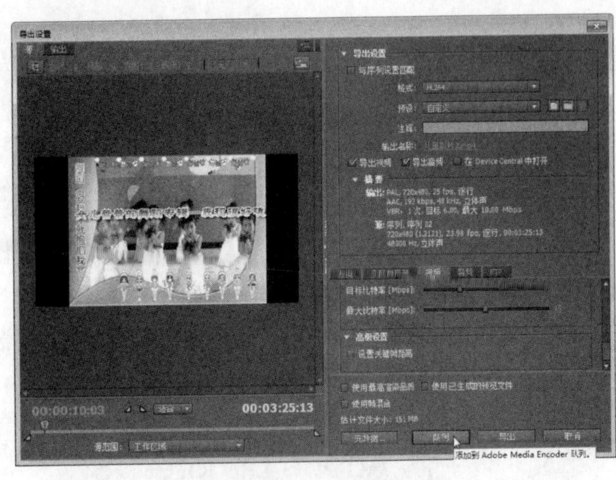

图 12.233　队列导出项目

Step 7　使用上述步骤的相同操作，分别设置其他 3 个序列的导出选项，然后队列到 Adobe Media Encode 程序，接着单击【开始队列】按钮，批量执行所有序列的导出处理操作，如图 12.234 所示。

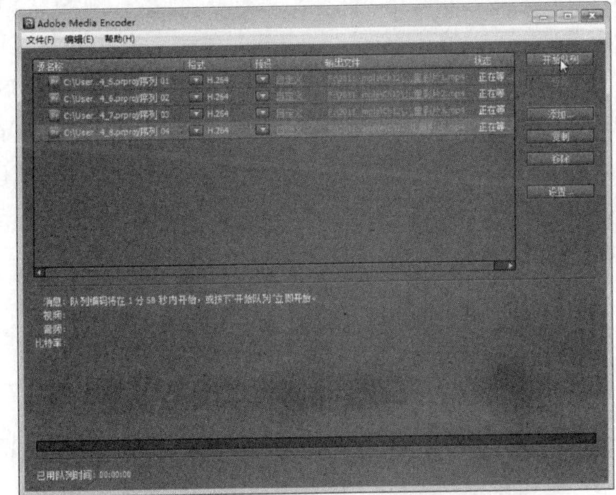

图 12.234　执行导出处理

Step 8　导出完成后，关闭 Adobe Media Encode 程序即可，如图 12.235 所示。

图 12.235　完成导出

12.3 应用 Adobe Encore CS5 制作光盘

Adobe Encore CS5 最初叫 Adobe Encore DVD，是一个专业制作 DVD 的工具，后来被集成到 Adobe 套件中，目前已支持蓝光光盘编辑刻录，以及支持 Flash 输出。用户安装 Adobe Premiere CS5 时，安装向导允许用户一并安装 Adobe Encore CS5。

12.3.1 了解 Adobe Encore CS5

Adobe Encore 最初的第一版叫 Adobe Encore DVD 1.0，是一个相对专业的制作 DVD 的工具。第二版就是 Adobe Encore DVD 1.5。第三版才更名为 Adobe Encore CS3，目前的版本是 CS5.5。

Adobe Encore CS5 已不只是为了简单制作 DVD，里面含有高清蓝光光盘的编著及刻录功能，还有 Adobe 公司引以为豪的 Flash 编码输出，对 Flash 文件的设置提供更为复杂功能。另外，Adobe Encore CS5 增加蓝光光盘特有的弹出式菜单的设计制作，可以在 Premiere Pro 程序没有启动的情况下，直接导入其序列进行 DVD 或蓝光的编码与刻录等。图 12.236 所示为 Adobe Encore CS5 程序界面。

图 12.236 Adobe Encore CS5 程序界面

从 CS3 版本开始，Adobe Encore 被划归 Premiere Pro 的附属组件，因为 Adobe Premiere Pro CS5 取消了 Premiere Pro 2.0 版本的 DVD 编码、设计与刻录集成功能，因此 Adobe Encore CS5 已成为 Premiere 必不可少的一个输出组件。另外，Adobe Encore CS5 更为专业与完善的设计功能，相对更独立的架构，使其仍可以单独运行。总的来说，Adobe Encore CS5 如同一款为了 Premiere Pro 最终出版视频产品的打包终端工具。

12.3.2 创建 DVD 光盘项目

应用 Adobe Encore CS5 制作光盘时，需要先创建 DVD 光盘项目，然后再进行基本的内容处理和光盘设置。

创建 DVD 光盘项目的操作步骤如下。

Step 1 启动 Adobe Encore CS5 程序，然后在欢迎窗口中单击【新建项目】按钮，如图 12.237 所示。

图 12.237 新建项目

Step 2 打开【新建项目】对话框，设置项目文件名称，然后单击【位置】选项右侧的【浏览】按钮，如图 12.238 所示。

Step 3 打开【浏览文件夹】对话框，选择一个用于保存项目文件的文件夹，然后单击【确定】按钮，如图 12.239 所示。

图 12.238　设置名称单击浏览保存目录

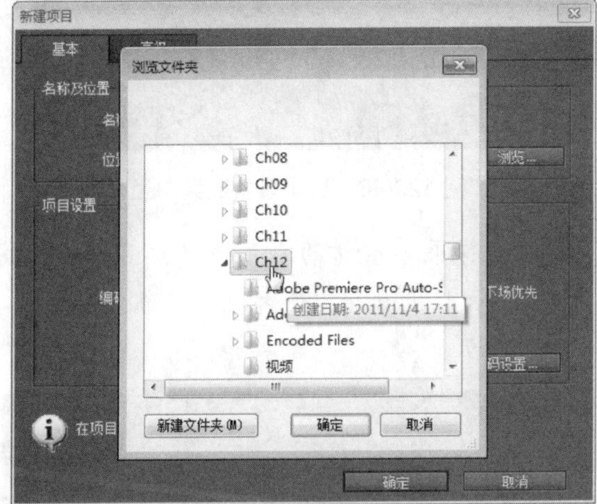

图 12.239　指定保存的文件夹

Step 4　返回【新建项目】对话框，选择【创作模式】选项为 DVD，再选择电视制式，完成后单击【确定】按钮，如图 12.240 所示。

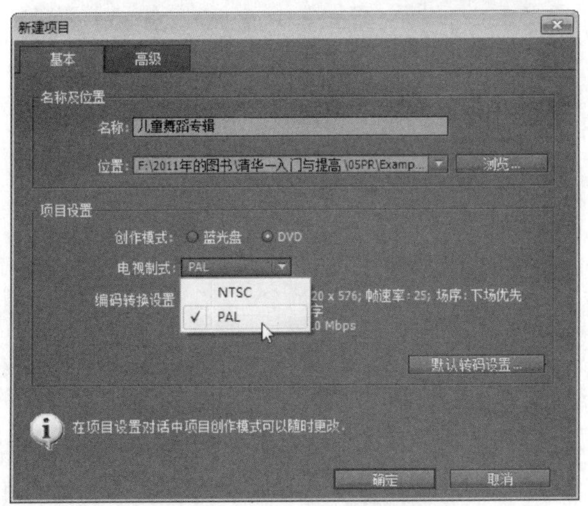

图 12.240　设置项目选项

Step 5　新建项目后，打开【文件】菜单，然后选择【Adobe 动态链接】|【导入 Premiere Pro 序列】命令，如图 12.241 所示。

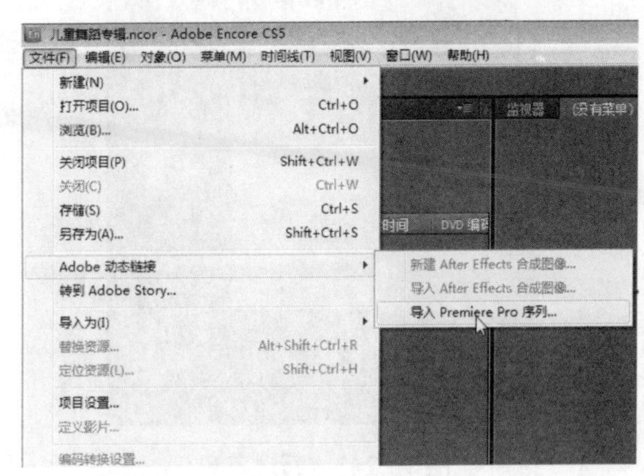

图 12.241　导入 Premiere Pro 序列

Step 6　打开【导入 Premiere Pro 序列】对话框，浏览并打开 Premiere Pro 项目文件所在的文件夹，然后选择项目文件，再通过从【序列】列表框中选择需要导入的序列，单击【确定】按钮，如图 12.242 所示。

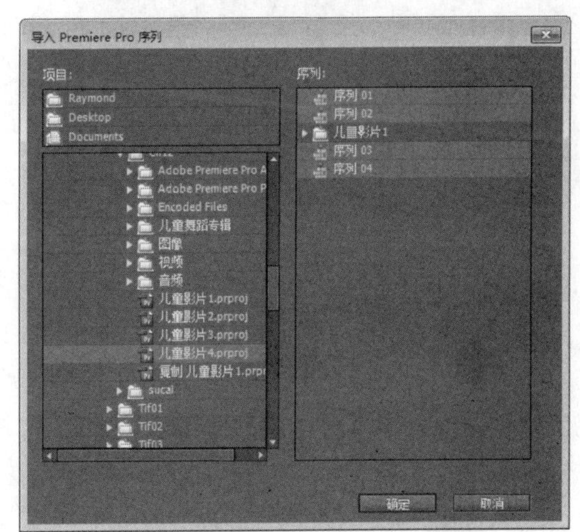

图 12.242　选择需要导入的序列

Step 7　导入序列后，在【项目】面板的素材区上单击鼠标右键，然后选择【新建】|【菜单】命令，如图 12.243 所示。

Step 8　新建菜单后，在【资源库】面板上单击【开关菜单显示】按钮，显示菜单资源库，如图 12.244 所示。

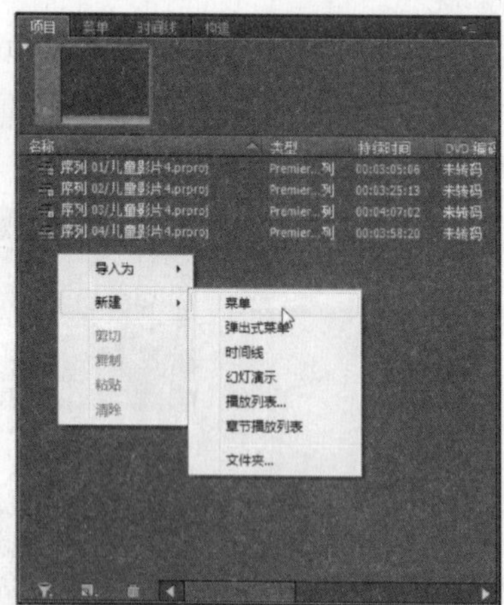

图 12.243　新建菜单

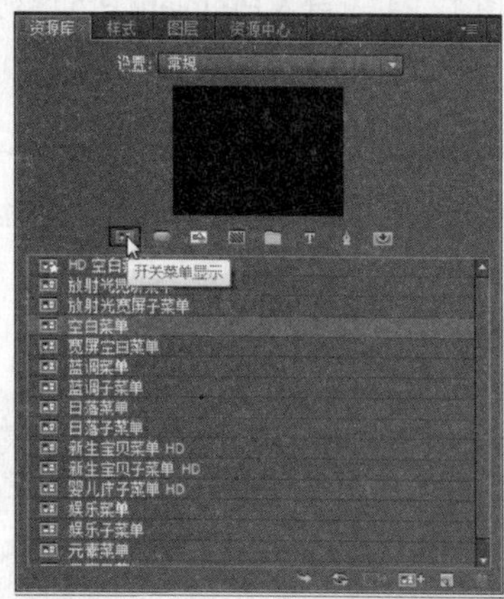

图 12.244　显示菜单资源

选择【放射光宽屏子菜单】素材，然后单击鼠标右键并选择【放置】命令，如图 12.245 所示。

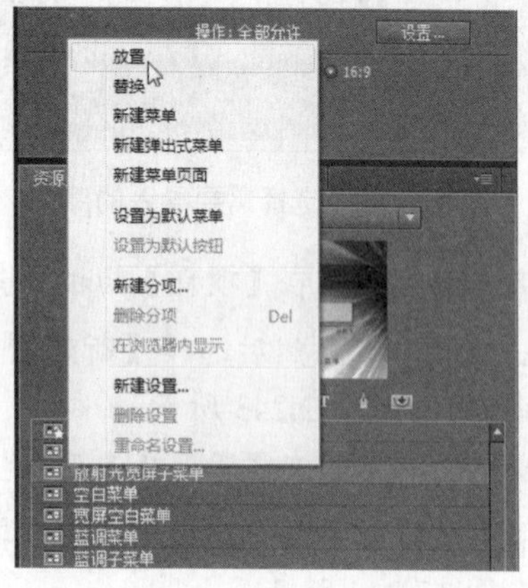

图 12.245　应用菜单素材

Step 10　此时将鼠标移到【菜单】面板，然后将菜单素材放置在监视器上，将菜单素材移到监视器的左上角处，如图 12.246 所示。

图 12.246　放置素材到菜单上

Step 11　选择菜单素材的右下角，然后向右下方拖动，扩大素材，使之填满菜单，如图 12.247 所示。

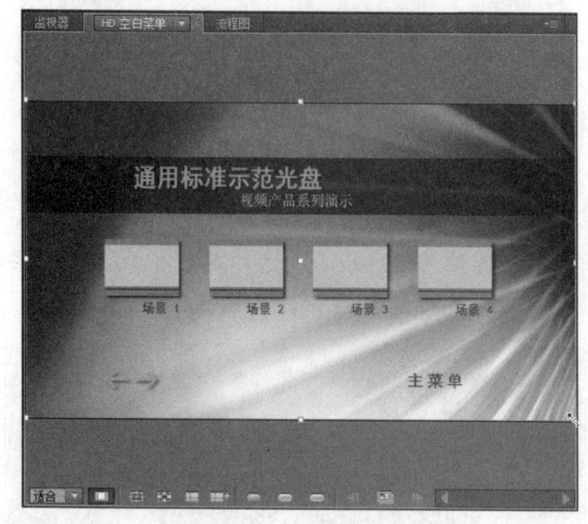

图 12.247　扩大菜单素材

Step 12　在【项目】面板中选择“序列 01”素材，然后单击鼠标右键并选择【新建】|【时间线】命令，将序列 01 新建为一个时间线素材，如图 12.248 所示。

Step 13　使用步骤 12 的方法，分别将其他序列新建为时间线素材，这些素材会显示在【项目】面板中，结果如图 12.249 所示。

Step 14　打开【流程图】面板，然后在面板下方选择序列 01 的时间线素材，并将素材拖到流程图编辑区的菜单上，以建立菜单的导航，如图 12.250 所示。

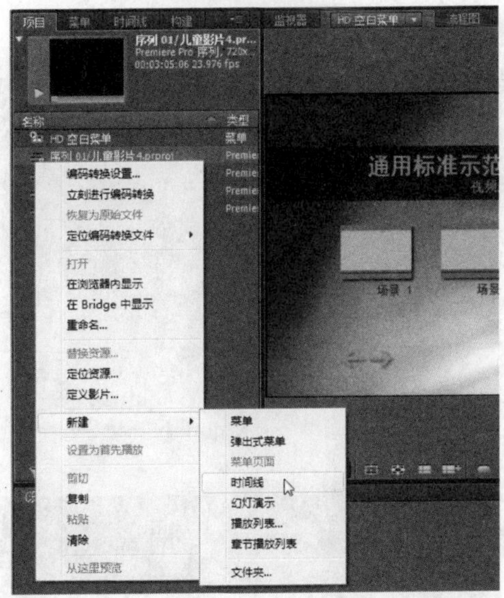

图 12.248 新建时间线素材

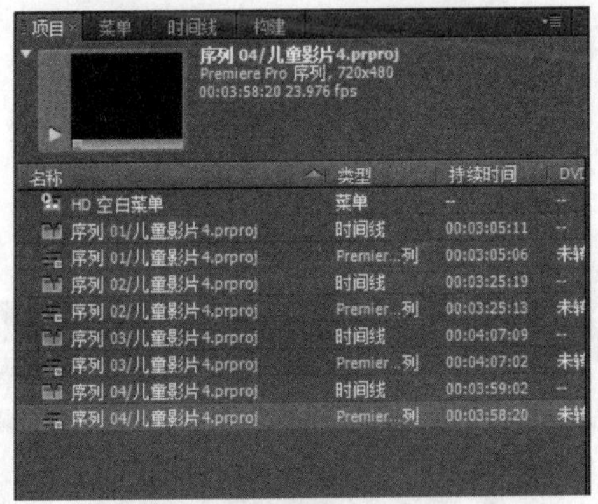

图 12.249 新建其他时间线素材

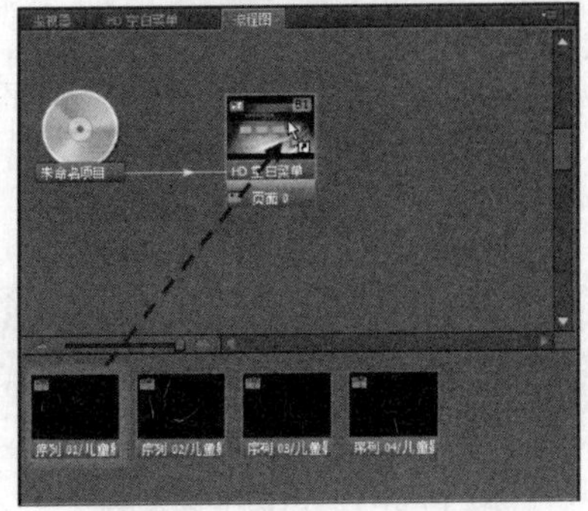

图 12.250 建立序列 01 时间线素材与菜单的导航

 使用步骤 14 的方法，将其他序列的时间线素材分别与对应菜单建立导航，如图 12.251 所示。

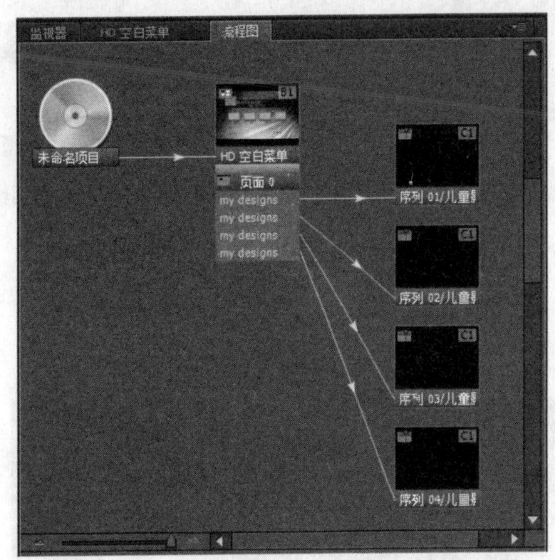

图 12.251 将其他序列时间线素材与菜单建立导航

 此时返回到【菜单】面板，菜单中出现了分别代表对应时间线素材导航的按钮对象。在工具栏中选择【直接选择工具】，然后将这些按钮对象分别移到菜单图像上的矩形框中，如图 12.252 所示。

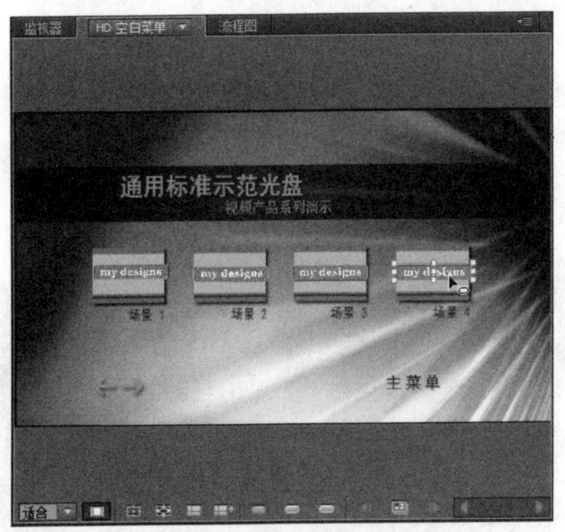

图 12.252 调整按钮对象的位置

 选择最左侧的按钮对象，然后打开【属性】面板，再设置按钮名称为“儿童影片 1”，如图 12.253 所示。

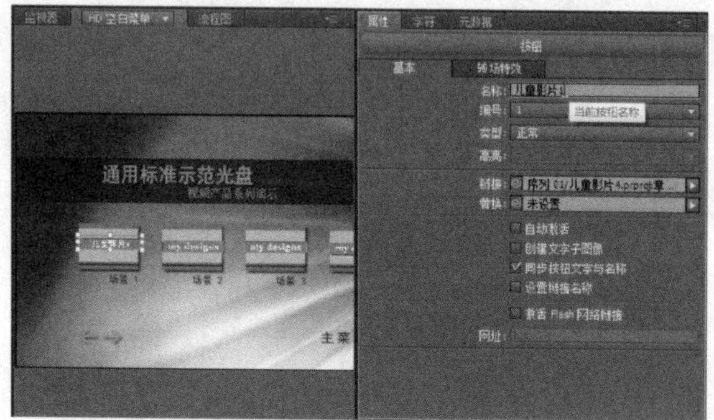

图 12.253　设置第一个按钮的名称

Step 18 使用步骤 17 的方法，更改其他按钮对象的名称，结果如图 12.254 所示。

图 12.254　更改其他按钮对象名称

Step 19 完成上述处理后，可以在工具栏上单击【预览】按钮，准备预览光盘导航的效果，如图 12.255 所示。

图 12.255　预览光盘

Step 20 打开【项目预览】窗口，窗口的监视器里显示菜单。如果要播放序列 01 的影片，则可以单击【儿童影片 1】按钮，如图 12.256 所示。

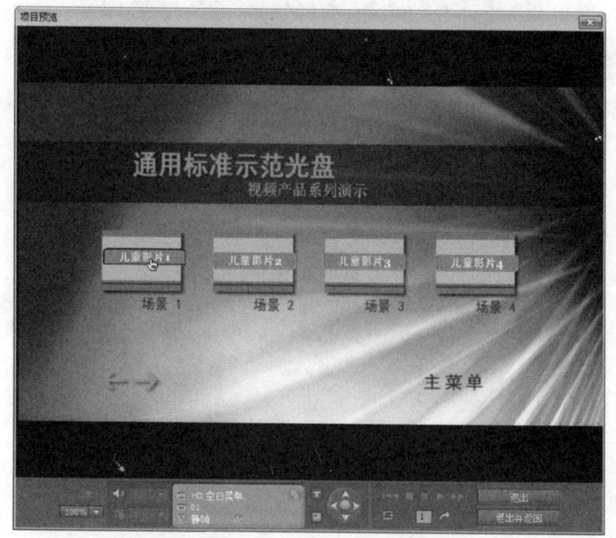

图 12.256　播放第一个序列

Step 21 此时【项目预览】窗口的监视器将播放第一个序列的内容。如果要播放下一个章节，则可以单击【下一章节】按钮，如图 12.257 所示。

图 12.257　播放下一章节

由于序列 01 的时间线素材没有设置章节，所以【项目预览】窗口的监视器显示为空内容，此时可以单击【遥控控制菜单】按钮，返回菜单，如图 12.258 所示。

图 12.258 返回菜单界面

返回菜单界面后，可以单击其他按钮播放其他序列的内容。如果需要返回 Adobe Encore CS5 程序界面，则可以单击【退出并返回】按钮，如图 12.259 所示。

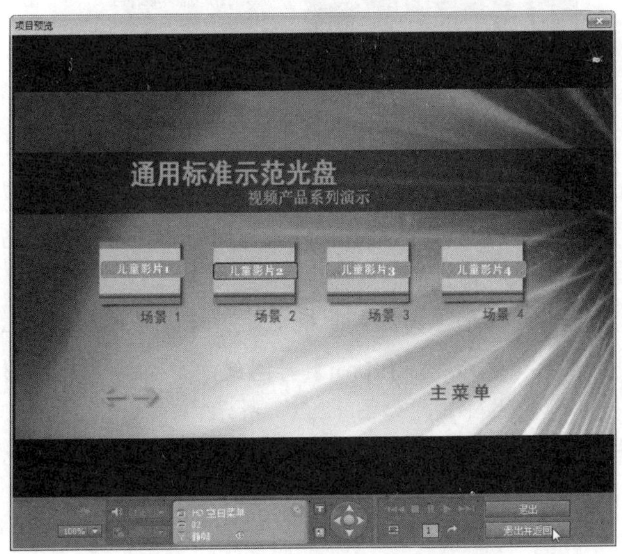

图 12.259 退出并返回程序界面

此时选择【文件】|【存储】命令，保存光盘项目文件，如图 12.260 所示。

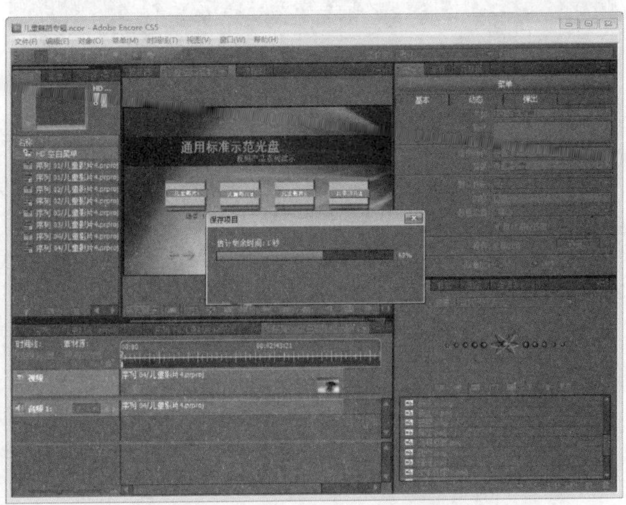

图 12.260 保存光盘项目文件

12.3.3 定义导航与设计菜单

上例对光盘项目进行了基本的编辑，为了让制作的光盘功能更加完善，菜单的界面更加美观，我们可以针对光盘项目定义更完整的导航，并且通过 Photoshop 程序设计更美观的菜单，最终的导航流程如图 12.261 所示。光盘菜单主界面的效果如图 12.262 所示。

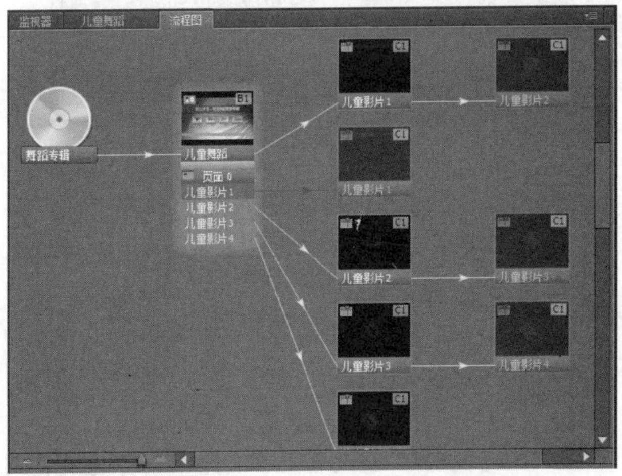

图 12.261 光盘导航流程图

图 12.262 光盘菜单界面

定义导航与设计菜单的操作步骤如下。

打开上例保存的光盘项目文件，然后选择菜单，再打开【属性】面板，设置菜单的名称为“儿童舞蹈”，如图 12.263 所示。

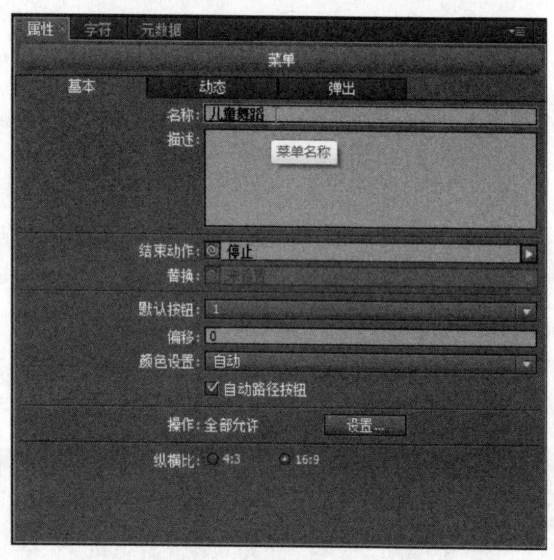

图 12.263 设置菜单的名称

切换到【属性】面板的【动态】选项卡，然后取消选择【永远保持】复选框，接着设置持续时间为 10 秒，如图 12.264 所示。

切换到【基本】选项卡，然后单击【结束动作】选项后面的三角形按钮，打开列表框，选择【序列 01/儿童影片 4.prproj】|【章节 1】命令，以设置菜单的结束动作为跳转到序列 01 并播放，如图 12.265 所示。

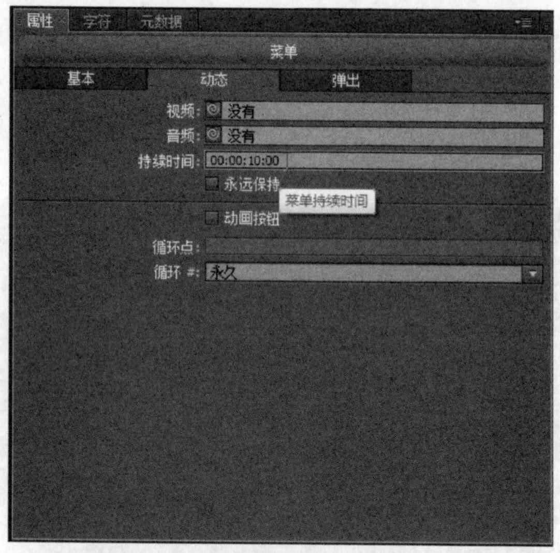

图 12.264 设置菜单的持续时间

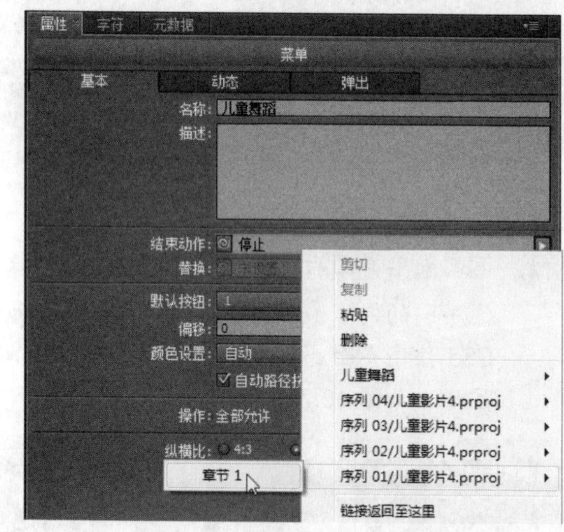

图 12.265 设置菜单结束动作

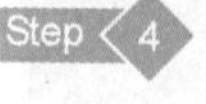
打开【流程图】面板，可以看来【序列 01/儿童影片 4.prproj】流程图图示，如图 12.266 所示。

打开【属性】面板，然后设置【序列 01/儿童影片 4.prproj】时间线的名称为“儿童影片 1”，如图 12.267 所示。

使用步骤 4 和步骤 5 的方法，分别设置其他时间线素材的名称，结果如图 12.268 所示。

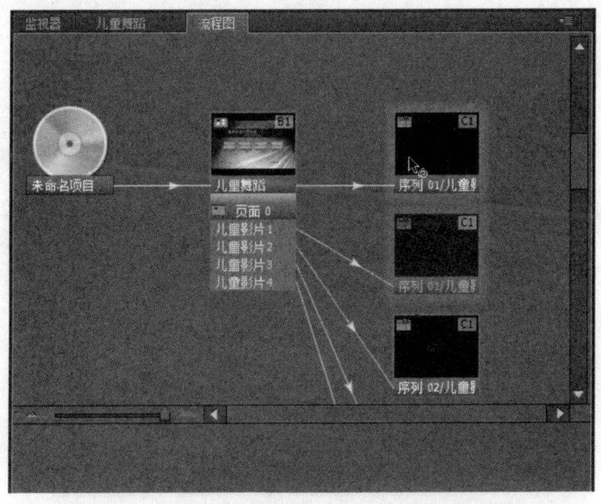

图 12.266 选择流程图上的时间线素材

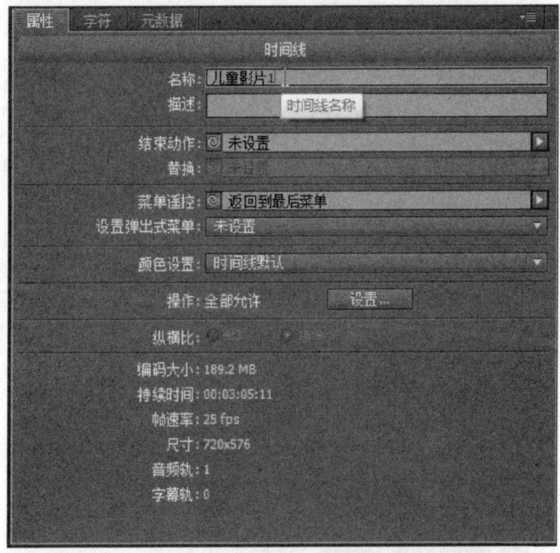

图 12.267 设置时间线素材的名称

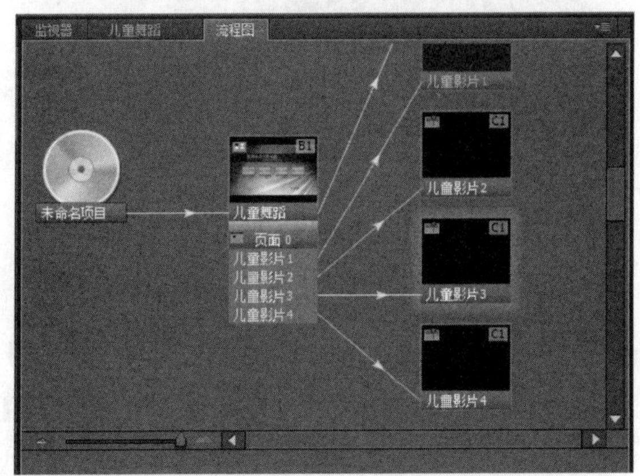

图 12.268 设置其他时间线素材的名称

Step 7 在【流程图】面板中选择【儿童影片 1】时间线素材，再打开【属性】面板，然后单击【结束动作】选项后面的三角形按钮，打开列表框，选择【儿童影片 2】|【章节 1】命令，以设置儿童影片 1 时间线素材播放结束后即跳转到儿童影片 2 时间线素材并播放，如图 12.269 所示。

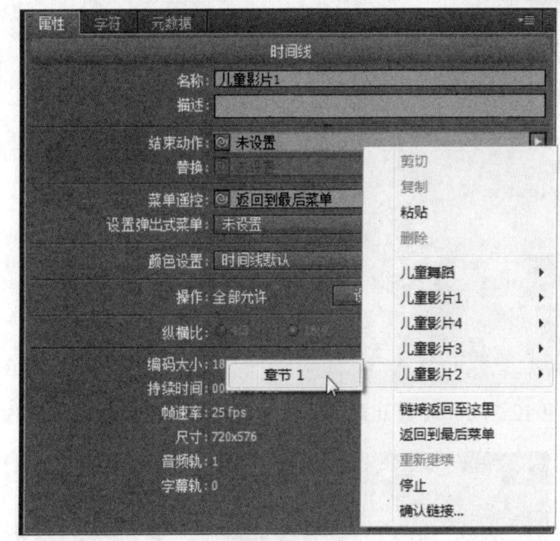

图 12.269 设置儿童影片 1 时间线素材的结束动作

Step 8 单击【菜单遥控】选项后面的三角形按钮打开列表框，接着选择【返回到最后菜单】命令，以设置在播放儿童影片 1 时间线素材时单击【遥控控制菜单】按钮，即返回菜单，如图 12.270 所示。

Step 9 在【流程图】面板中选择另外一个【儿童影片 1】时间线素材，再打开【属性】面板，然后设置结束动作为【儿童影片 2: 章节 1】，以设置儿童影片 1 时间线素材播放结束后即跳转到儿童影片 2 时间线素材并播放，如图 12.271 所示。

Step 10 在【流程图】面板中选择【儿童影片 2】时间线素材，在【属性】面板中单击【结束动作】选项后面的三角形按钮，打开列表框，接着选择【儿童影片 3】|【章节 1】命令，以设置儿童影片 2 时间线素材播放结束后即跳转到儿童影片 3 时间线素材并播放，如

图 12.272 所示。

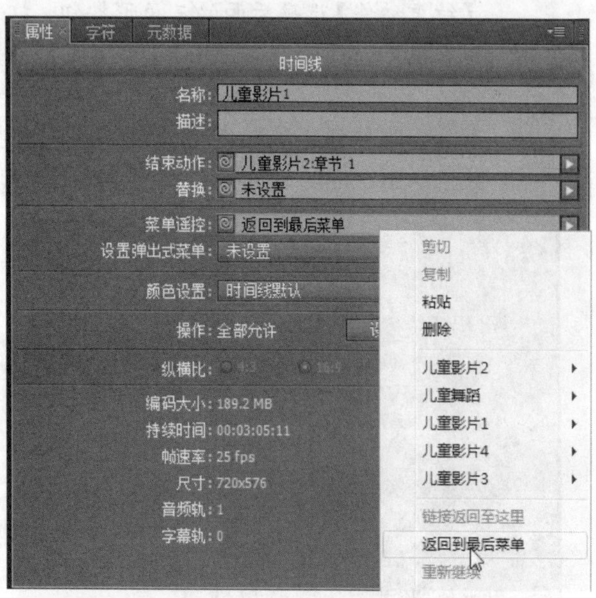

图 12.270　设置儿童影片 1 时间线素材的菜单遥控动作

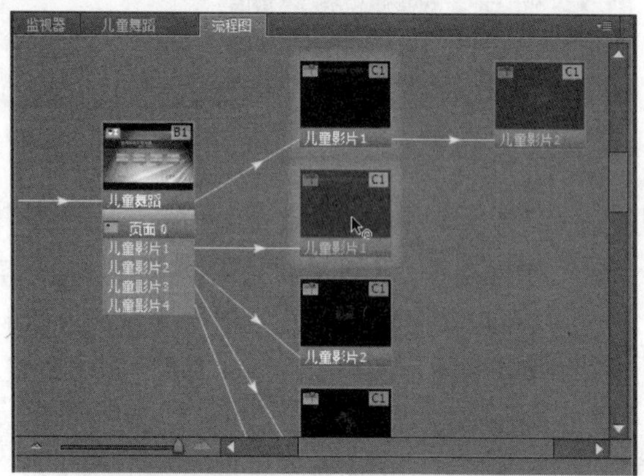

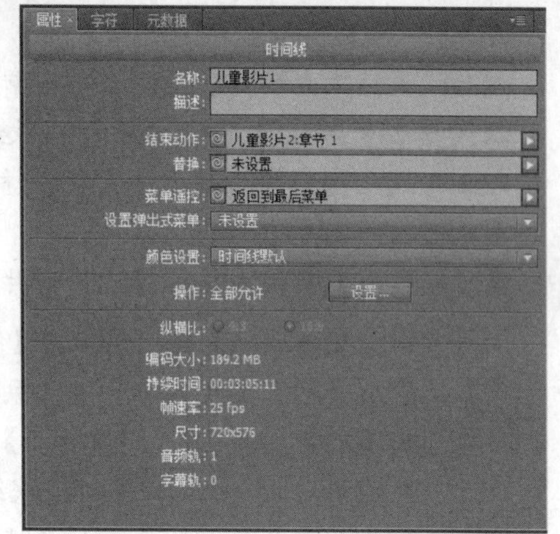

图 12.271　设置另一个儿童影片 1 时间线素材的结束动作

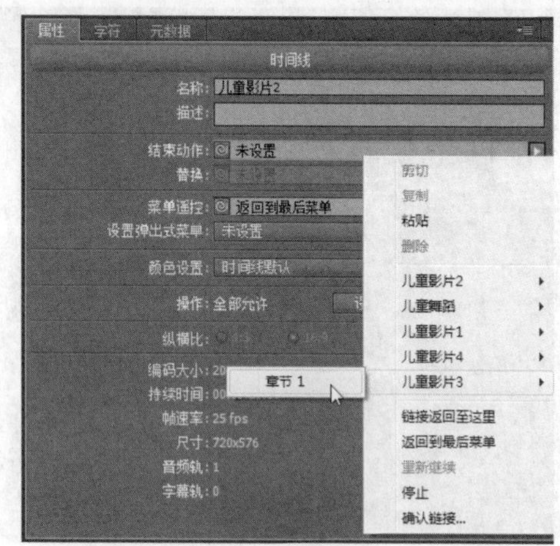

图 12.272　设置儿童影片 2 时间线素材的结束动作

Step 11　在【流程图】面板中选择【儿童影片 3】时间线素材，然后在【属性】面板中单击【结束动作】选项后面的三角形按钮，打开列表框，接着选择【儿童影片 4】|【章节 1】命令，以设置儿童影片 3 时间线素材播放结束后即跳转到儿童影片 5 时间线素材并播放，如图 12.273 所示。

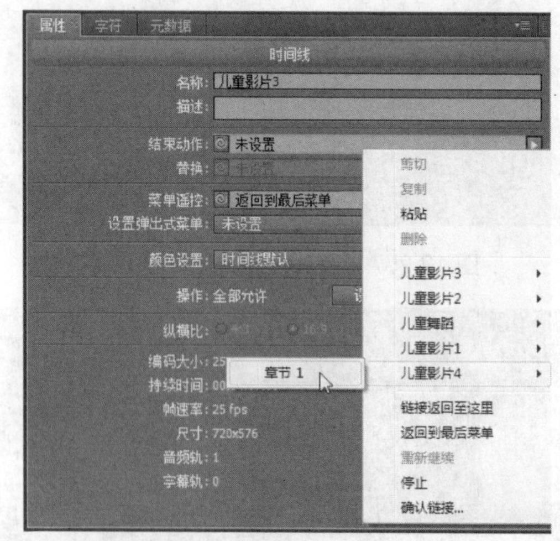

图 12.273　设置儿童影片 3 时间线素材的结束动作

Step 12　在【流程图】面板中选择【儿童影片 4】时间线素材，然后在【属性】面板中单击【结束动作】选项后面的三角形按钮，打开列表框，接着选择【返回到最后菜单】命令，以设置儿童影片 4 时间线素材播放结束后即跳转到菜单，如图 12.274 所示。

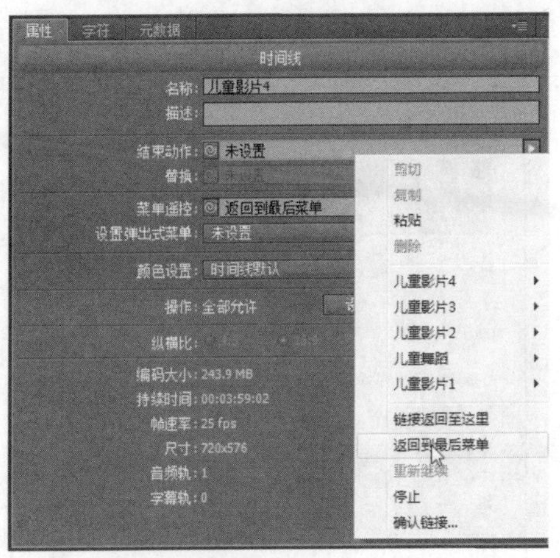

图 12.274　设置儿童影片 4 时间线素材的结束动作

Step 13　完成各个时间线素材的导航设置后，返回【流程图】面板，查看菜单导航的结果，如图 12.275 所示。

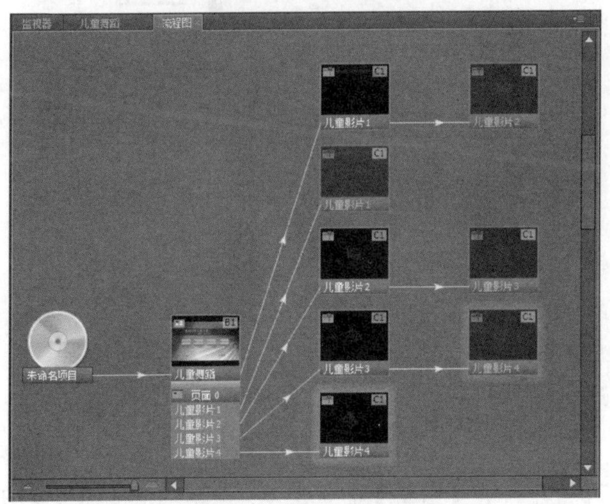

图 12.275　查看菜单导航流程

Step 14　如果要查看菜单中各个按钮对象的链接，则可以选择按钮对象名称，然后从【流程图】面板中查看该按钮链接的素材(链接箭头用蓝色显示)，如图 12.276 所示。

Step 15　切换到【菜单】面板，然后在菜单上单击鼠标右键并选择【在 Photoshop 中编辑菜单】命令，如图 12.277 所示。

Step 16　此时 Photoshop CS5 会自动启动，并且菜单文件会在 Photoshop CS5 中打开。

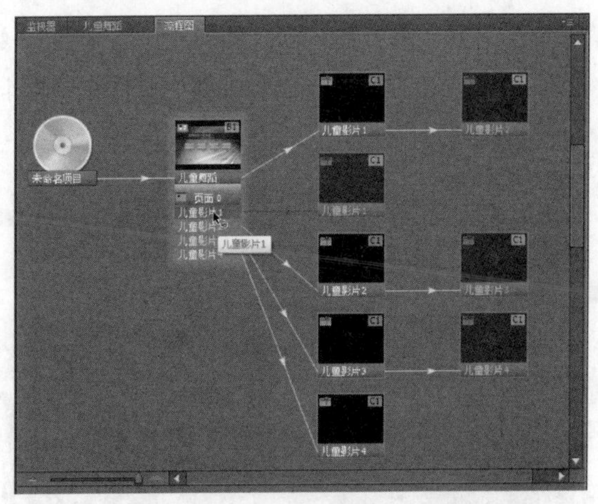

图 12.276　查看按钮链接的素材

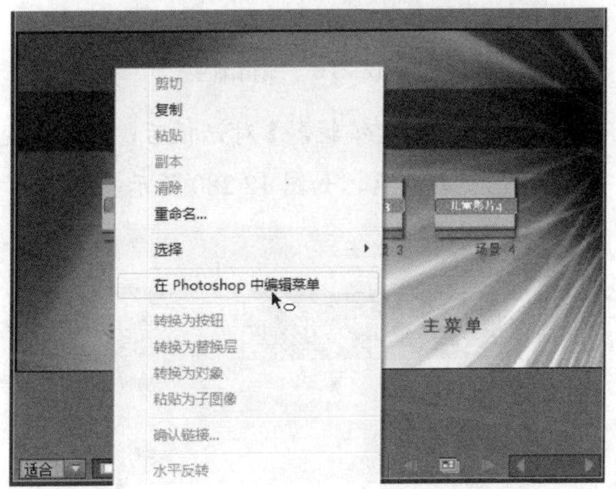

图 12.277　在 Photoshop 中编辑菜单

Step 17　从 Photoshop CS5 的【工具箱】中选择【矩形选框工具】，然后在菜单的标题背景矩形图形上绘制一个矩形选区，如图 12.278 所示。

图 12.278　绘制一个矩形选区

Step 18 从【工具箱】中选择【渐变工具】，然后在工具属性栏上单击【编辑渐变】按钮，如图 12.279 所示。

图 12.279　编辑渐变

Step 19 打开【渐变编辑器】对话框后，设置渐变轴色标的颜色，如图 12.280 所示。

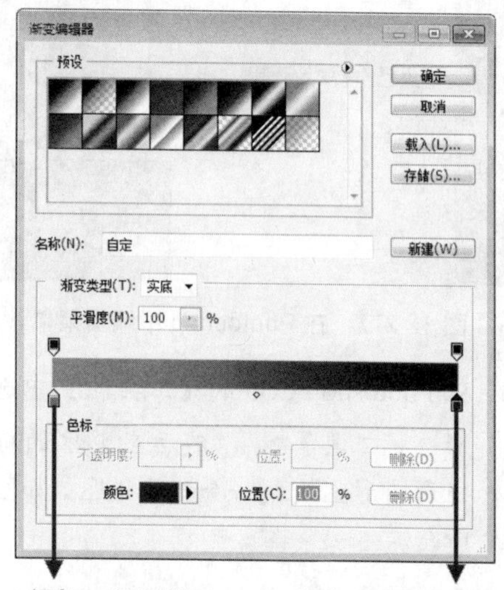

颜色：#3997bd　　颜色：#0b171f

图 12.280　设置渐变轴的色标颜色

Step 20 在渐变轴的中央位置单击以添加一个色标，然后设置该色标的颜色为#7dc8e6，单击【确定】按钮，如图 12.281 所示。

Step 21 在【图层】面板上单击【创建新图层】按钮，创建图层 1，然后使用【渐变工具】在矩形选区上从左到右拖动填充渐变颜色，如图 12.282 所示。

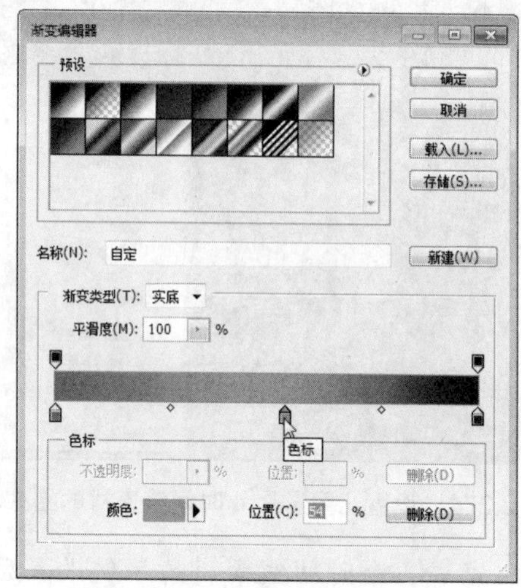

图 12.281　添加色标并设置颜色

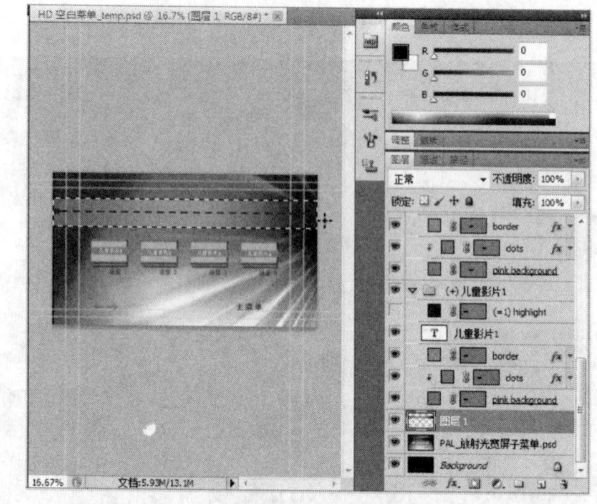

图 12.282　填充渐变颜色

Step 22 在【图层】面板上双击图层 1 的缩图，打开【图层样式】对话框，选择【投影】复选框，然后在右侧的窗格中设置投影的参数，如图 12.283 所示。

Step 23 从【图层样式】对话框左侧列表框中选择【光泽】复选框，然后在右侧窗格中设置光泽参数，最后单击【确定】按钮，如图 12.284 所示。

Step 24 返回到编辑窗口，然后按 Ctrl+D 快捷键，取消文件上的选区，如图 12.285 所示。

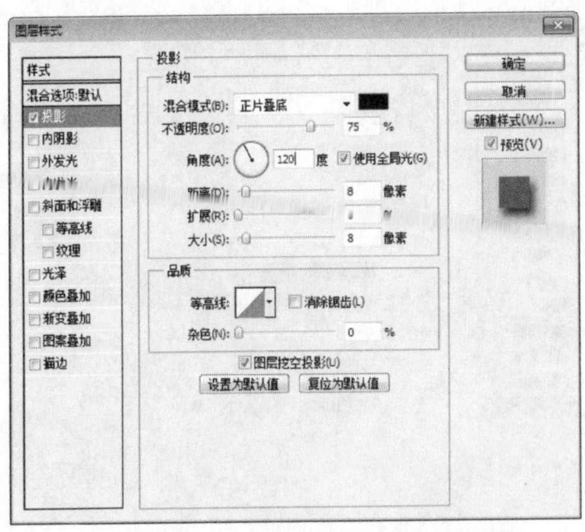

图 12.283　添加投影样式并设置参数

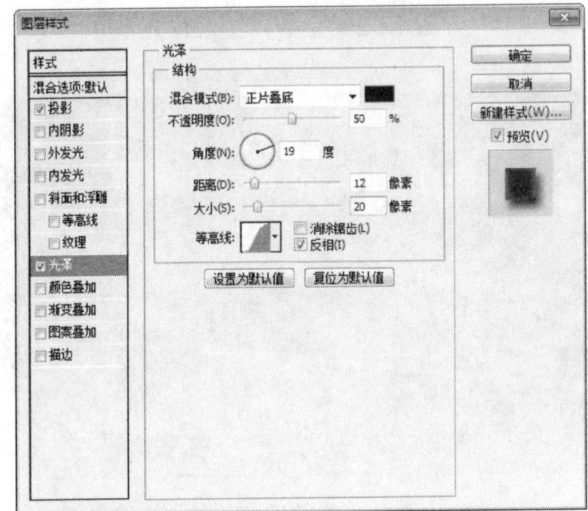

图 12.284　添加光泽样式并设置参数

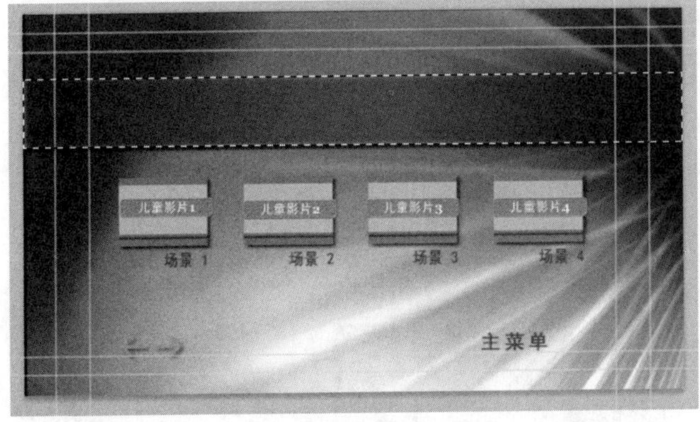

图 12.285　取消选区

Step 25 在【工具箱】面板上选择【横排文字工具】，然后在工具属性栏上设置文字属性，接着在矩形图形上输入标题文字，如图 12.286 所示。

图 12.286　输入菜单的标题文字

Step 26 在【图层】面板上双击图层缩图，打开【图层样式】对话框，选择【投影】复选框，然后在右侧的窗格中设置投影的参数，如图 12.287 所示。

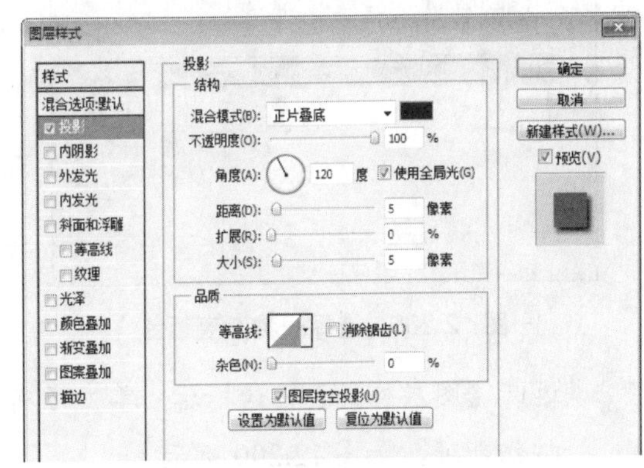

图 12.287　添加投影样式并设置参数

Step 27 从【图层样式】对话框左侧列表框中选择【描边】复选框，然后在右侧窗格中设置描边参数，接着单击【渐变】选项的【编辑渐变】按钮，如图 12.288 所示。

Step 28 打开【渐变编辑器】对话框后，从【预设】列表框中选择一种渐变颜色，然后单击【确定】按钮，如图 12.289 所示。

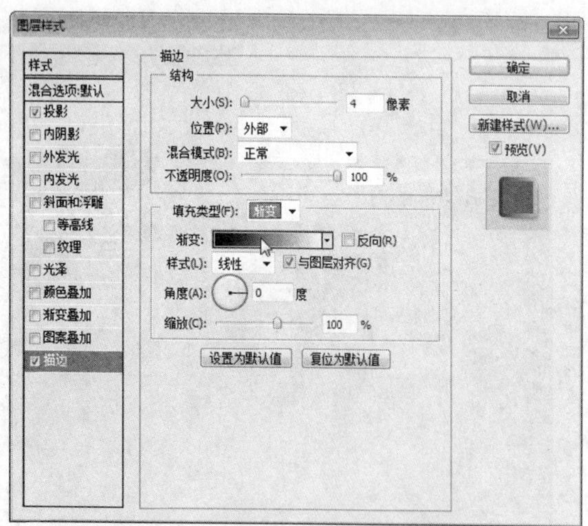

图 12.288　添加描边样式并设置参数

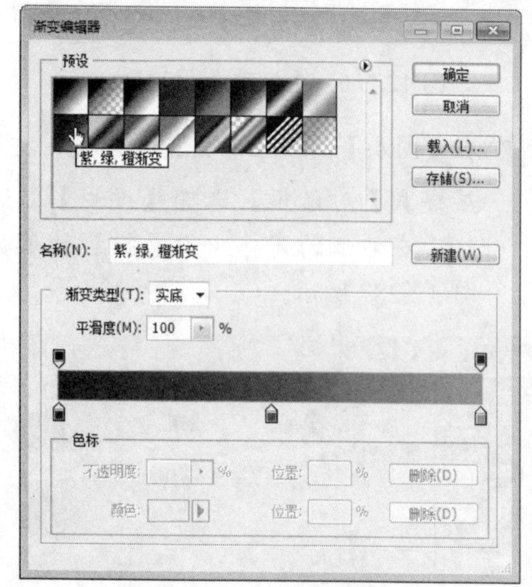

图 12.289　选择一种渐变颜色

Step 29 返回【图层样式】对话框后，单击【确定】按钮即可，如图 12.290 所示。

Step 30 返回菜单编辑窗口，在【工具箱】面板中选择【移动工具】，然后选择文字所在的图层，并将文字移到菜单的中央位置上，如图 12.291 所示。

Step 31 选择【文件】|【置入】命令，打开【置入】对话框，选择“片头封面 1.jpg”素材，然后单击【置入】按钮，如图 12.292 所示。

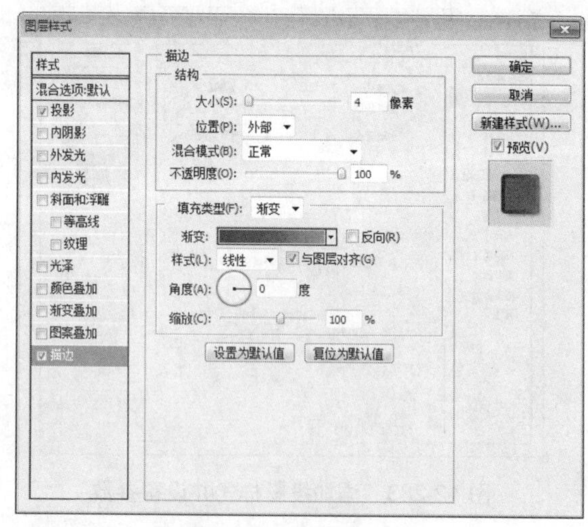

图 12.290　应用图层样式

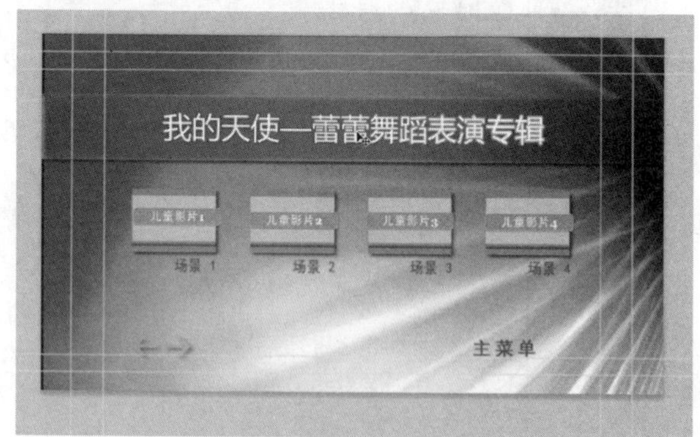

图 12.291　调整标题文字的位置

图 12.292　置入素材

返回菜单编辑窗口后，将素材置入菜单上，然后拖动置入框的控制点，缩小素材，接着将素材放置在菜单第一个方框图形上，最后双击素材确定置入即可，如图 12.293 所示。

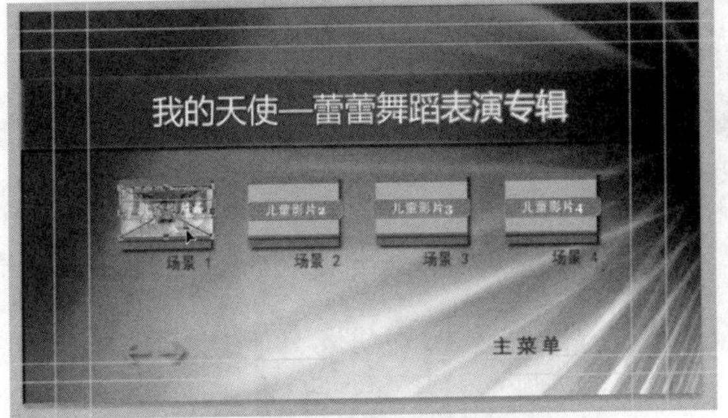

图 12.293　调整置入素材的大小和位置

选择置入素材所在的【片头封面 1】图层，然后将该图层拖入“儿童影片 1”文件夹内，单击该文件夹其他图层前的【指示图层可见性】按钮，隐藏该文件夹内除【片头封面 1】图层外的所有图层，如图 12.294 所示。

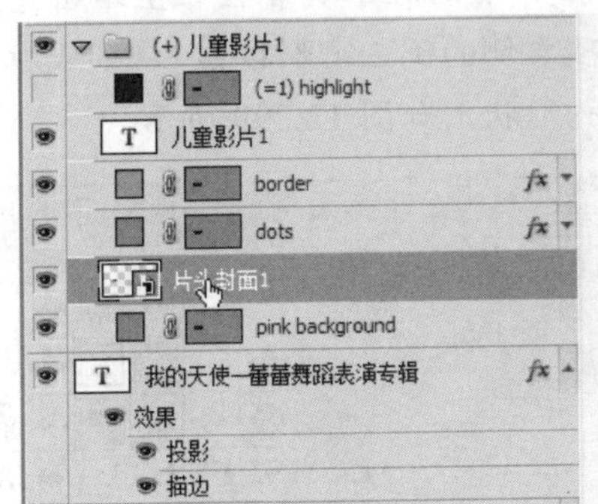

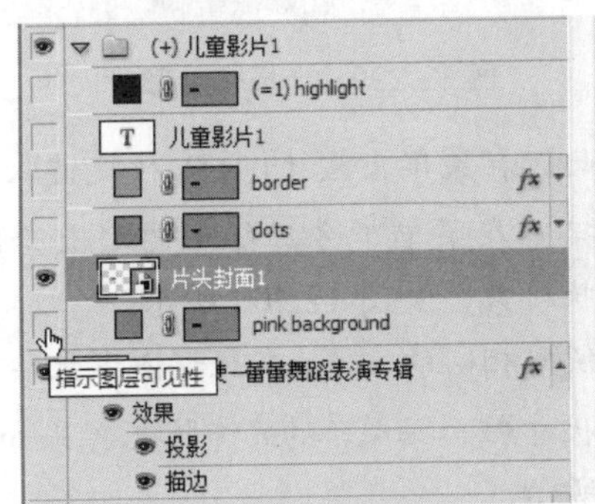

图 12.294　调整图层的位置和可见性

使用步骤 31 到步骤 33 的方法，将其他片头封面图像素材置入菜单，并调整素材的大小，然后将片头封面图像放置在菜单的各个方框图形上，并且每个片头封面图像素材图层都需要拖入到对应的图层文件夹内，将不需要的图层隐藏，结果如图 12.295 所示。

图 12.295　置入并编辑片头封面图像的结果

Step 35 在【工具箱】面板上选择【自定义形状工具】，然后在工具属性栏上单击【形状】选项右侧的倒三角形按钮，在打开的列表框中单击按钮，打开菜单后选择【全部】命令，打开提示对话框，单击【追加】按钮，为自定形状追加全部形状样式，如图 12.296 所示。

Step 36 在【工具箱】面板中选择【矩形选框工具】，然后在菜单图形的箭头和【主菜单】文字的上方绘制一个矩形选区，接着在【图层】面板上单击【创建新图层】按钮，创建图层 2，如图 12.297 所示。

Step 37 选择【编辑】|【填充】命令，打开【填充】对话框，打开【使用】列表框并选择【颜色】选项，打开【选取一种颜色】对话框，在拾色器上选择一种颜色，接着单击【确定】按

钮，如图 12.298 所示。

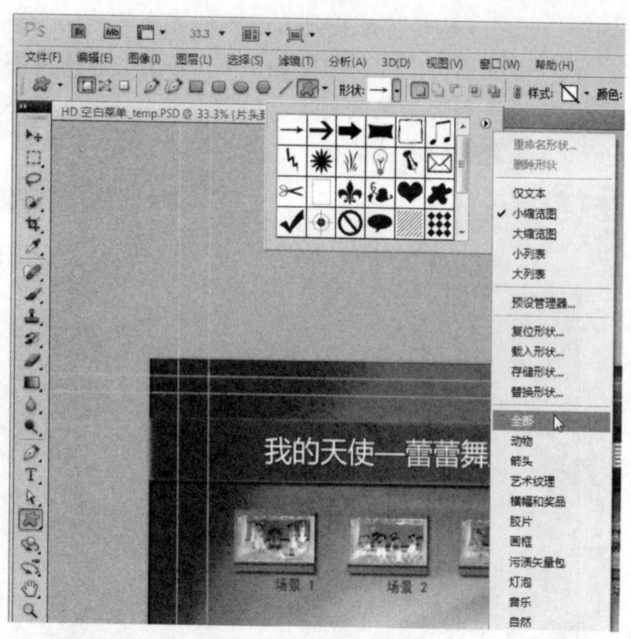

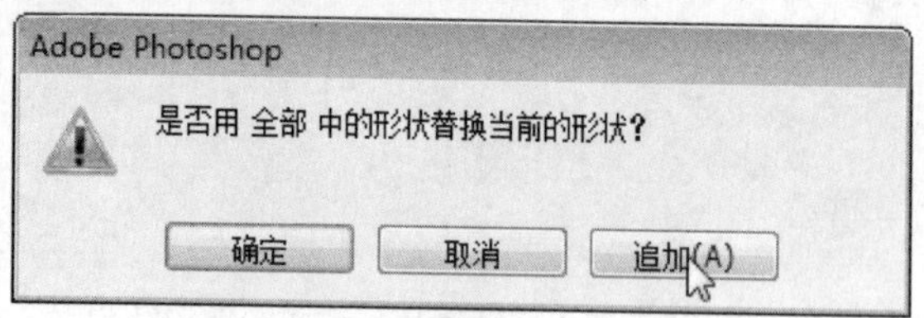

图 12.296　追加形状样式

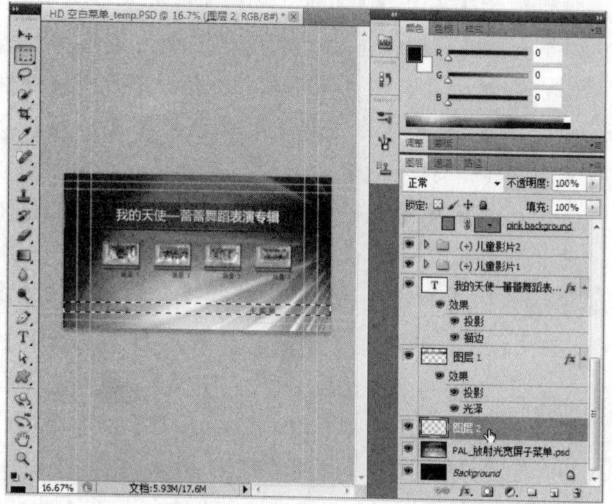

图 12.297　绘制矩形选区并创建图层 2

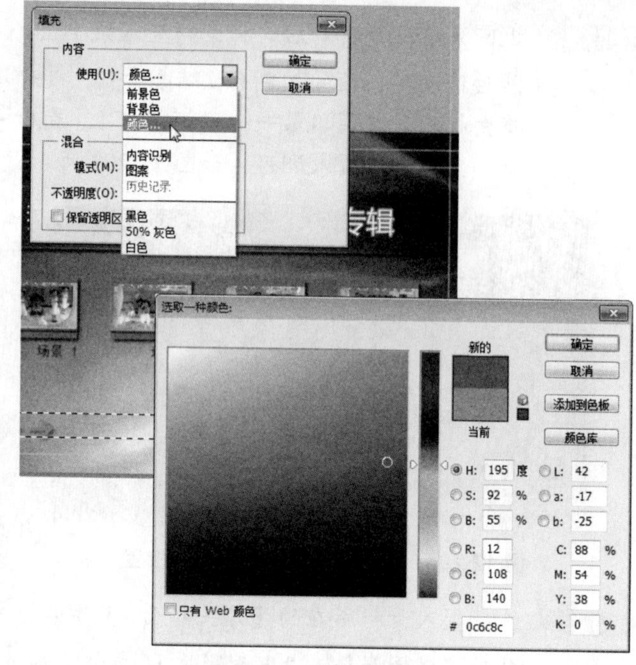

图 12.298　填充选区的颜色

Step 38　在【工具箱】面板上选择【自定义形状工具】，然后在工具属性栏上单击【形状】选项右侧的倒三角形按钮，从列表框中选择一种形状，如图 12.299 所示。

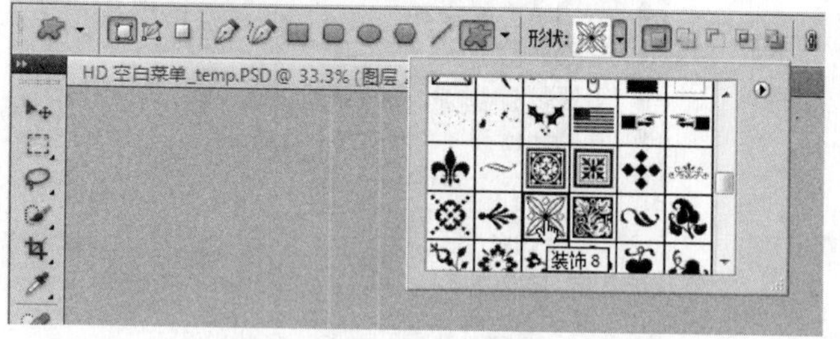

图 12.299　选择一种形状

Step 39　此时在菜单上按 Ctrl+D 快捷键取消选区，接着在菜单下方的矩形图形上绘制一个形状对象，如图 12.300 所示。

Step 40　使用相同的方法，在矩形图形上绘制多个形状对象，作为菜单的装饰形状，结果如图 12.301 所示。

图 12.300　绘制自定义形状

图 12.301　绘制其他形状并排列的结果

Step 41 完成上述的设计处理后，选择【文件】|【存储】命令，保存菜单的设计结果，如图 12.302 所示。

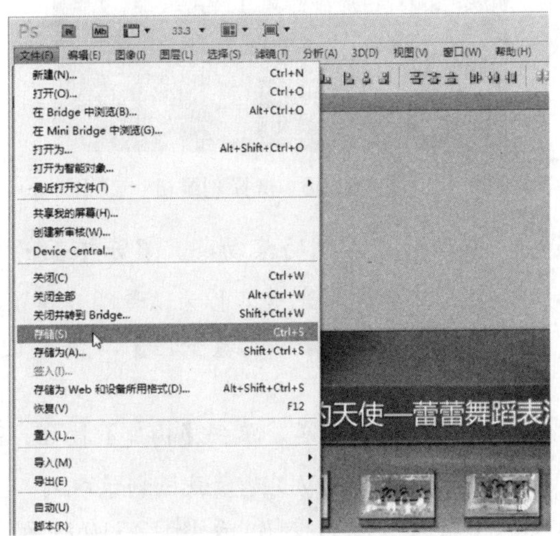

图 12.302　存储菜单编辑结果

 返回 Adobe Encore CS5 程序，然后可在【菜单】面板中查看菜单的效果，如图 12.303 所示。

图 12.303　查看菜单效果

 在工具栏上单击【预览】按钮，准备预览光盘导航的效果。在【项目预览】窗口上单击第一个片头封面图像，即可播放序列 01 的内容，如图 12.304 所示。

图 12.304　单击菜单上的缩图播放序列内容

 预览完成后，可以单击【退出并返回】按钮，返回程序的编辑界面，如图 12.305 所示。

 此时打开【文件】菜单，然后选择【另存为】

命令，打开 Save As 对话框，更改光盘项目文件的名称，并单击【保存】按钮，将光盘项目另存为一个新文件，如图 12.306 所示。

图 12.305　退出并返回程序界面

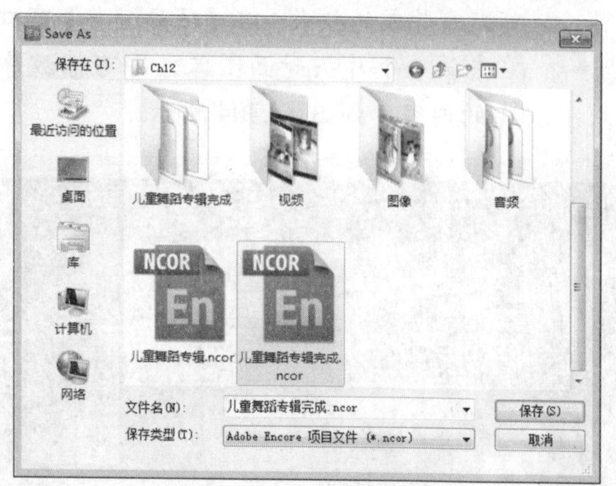

图 12.306　另存项目文件

12.3.4　刻录成 DVD

定义导航与设计菜单后，即可将项目刻录成 DVD 光盘。由于 Adobe Encore CS5 本身提供了刻录功能，因此用户只需准备好刻录机和 DVD 刻录光盘即可。

将儿童舞蹈专辑影片刻录成 DVD 光盘的操作步骤如下。

 打开上例步骤 45 保存的光盘项目文件，然后打开【构建】面板，设置格式为 DVD，输出为 DVD 光盘，如图 12.307 所示。

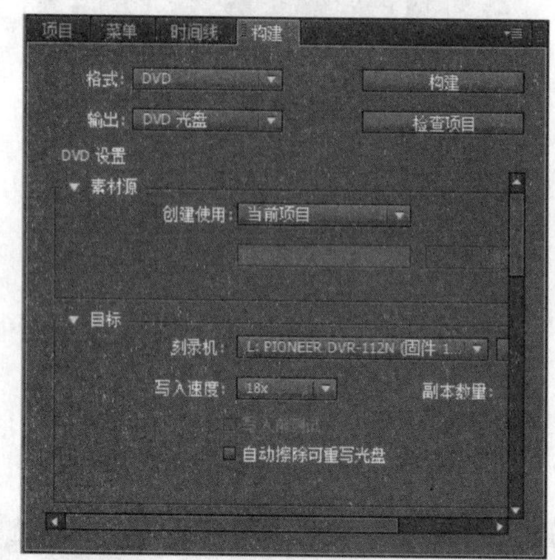

图 12.307　设置格式和输出类型

Step 2　在【目标】选项框内打开【刻录机】选项列表框，然后选择计算机上安装的刻录机，如图 12.308 所示。

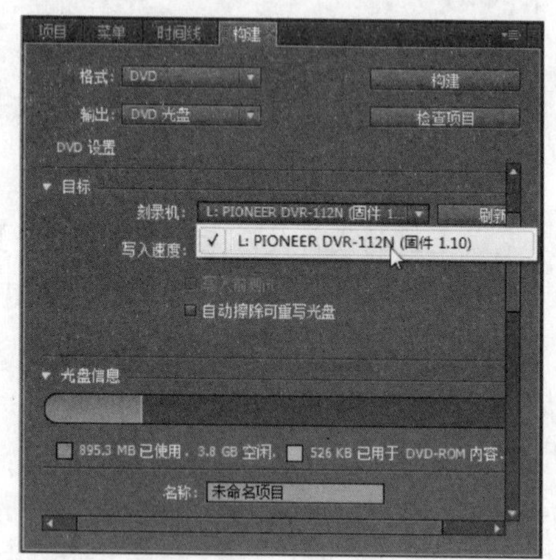

图 12.308　选择刻录机

Step 3　拖动面板右侧的滚动条，显示下面的选项页，然后设置光盘名称为“舞蹈专辑”，大小为 4.7GB、激活为【全区】，如图 12.309 所示。

Step 4　完成上述设置后，单击【构建】按钮，弹出提示框。将 DVD 光盘放进刻录机内，然后单击【确定】按钮，如图 12.310 所示。

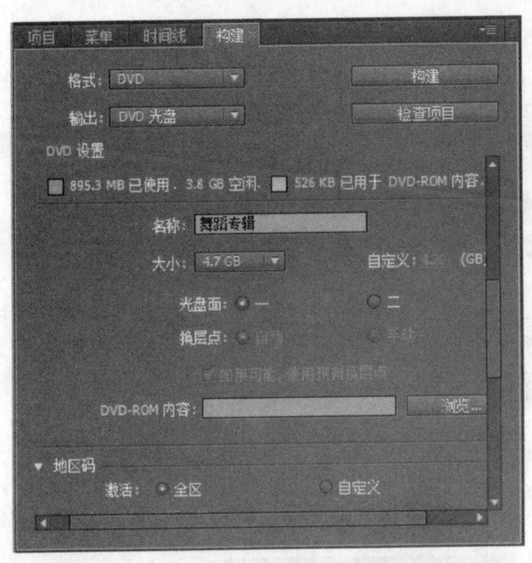

图 12.309 设置光盘名称、容量和地区码

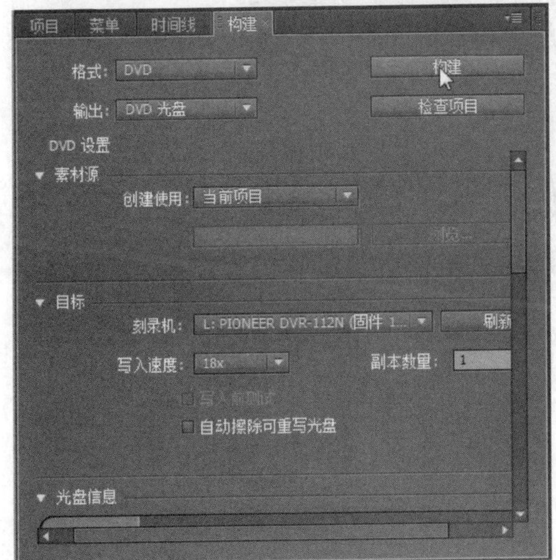

图 12.310 开始构建光盘

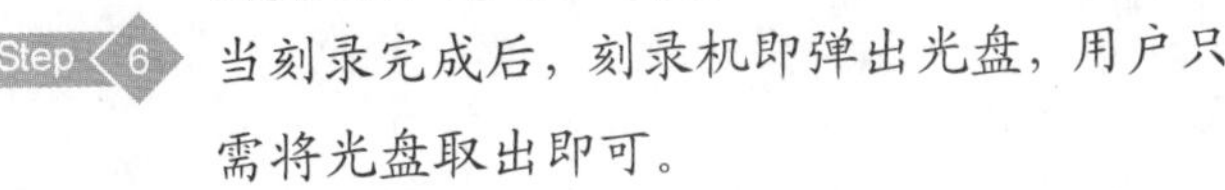

Step 5 此时程序弹出【构建进度】对话框，并显示光盘项目的处理进度，如图 12.311 所示。

Step 6 当刻录完成后，刻录机即弹出光盘，用户只需将光盘取出即可。

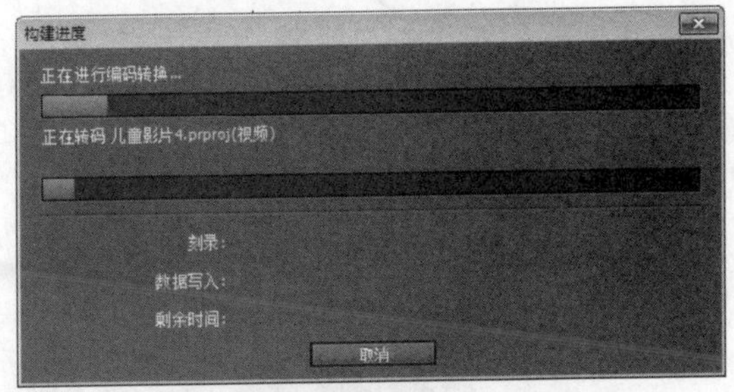

图 12.311 显示构建进度

12.4 章后总结

本章通过了一个儿童舞蹈专辑的案例，详细介绍了使用 Adobe Premiere Pro CS5 制作影片项目，使用 Adobe Photoshop CS5 设计图像，以及使用 Adobe Encore CS5 制作与刻录 DVD 光盘的方法。

12.5 章后实训

本章实训题要求新建一个项目文件，然后将练习文件夹的“儿童影片 1.mp4”视频素材导入项目，并装配到序列上，接着使用【剃刀工具】，将视频素材分割出多段，并为多段素材添加【筋斗过渡】切换特效，最后设置切换特效的持续时间 3 秒。添加切换效果后影片播放的效果如图 12.312 所示。

图 12.312 影片播放的效果

本站实训题的操作流程如图 12.313 所示。

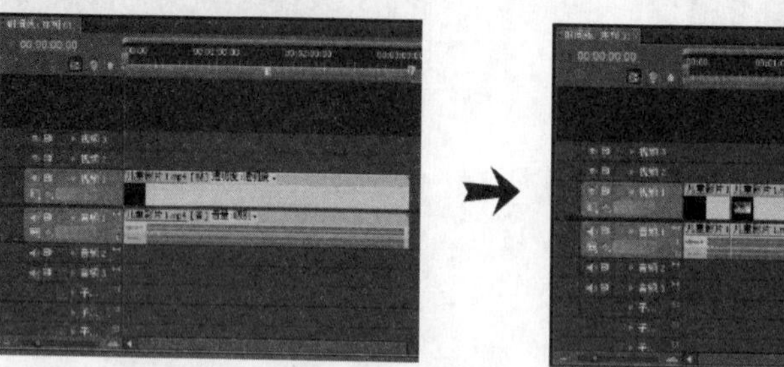

❶ 导入视频素材并装配到序列

❷ 将视频素材分割成多段

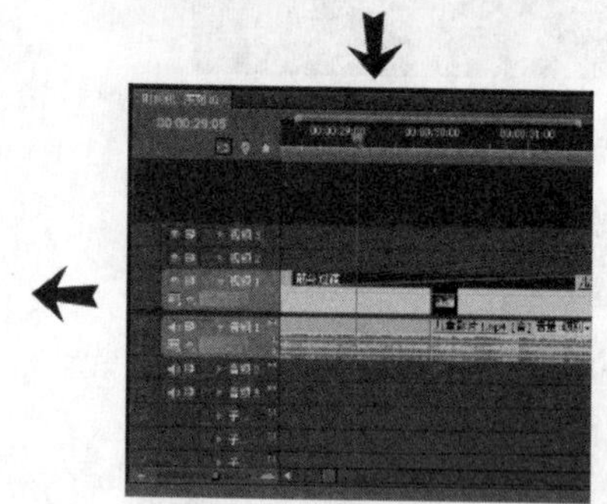

❸ 为素材之间添加筋斗过渡特效

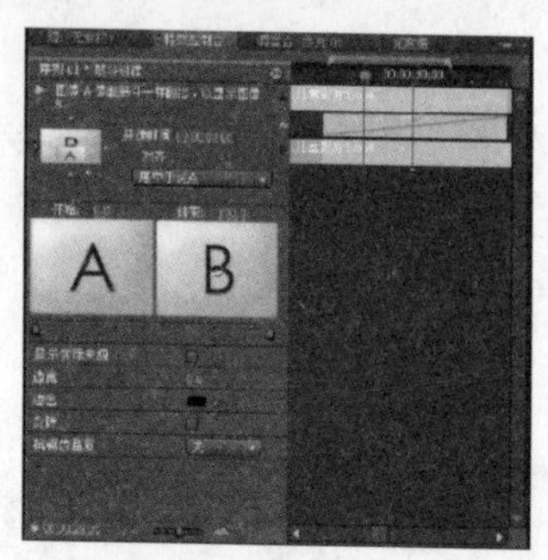

❹ 设置特效的持续时间为3秒

图 12.313　实训题操作流程

第 13 章 数码摄像基础知识

本章学习要点

目前数码设备已经进入很多家庭，很多用户都会使用 DV 机、数码相机，甚至用手机去拍摄各种内容，然后利用 Adobe Premiere Pro CS5 之类的视频编辑工具对所拍摄的视频进行后期处理。为了让用户掌握一些基本的摄像基础，本书提供了数码摄像知识作为附录，让读者学习入门的数码摄像知识。

13.1 摄像的基本要素

很多朋友都喜欢将生活中的各个片段拍摄下来，以记录生活中的美好时光。以前摄像要使用DV摄像机，但随着数码技术的流行，现在人们可以使用数码相机、手机等设备随手就可以摄像。虽然现在要拍摄很容易做到，但要拍好影像，还需要学习一些基本的拍摄基础知识。

13.1.1 摄像姿势的要求

保持画面的稳定是摄像的最基本也是最重要的要求，不管是推、拉、摇、移、俯、仰、变焦等拍摄，总是要围绕着怎样维持画面的稳定展开工作。

影响画面稳定的主要因素来自于拍摄者的持机稳定，因此掌握正确的拍摄姿势和持机方法是每个摄像者必备的基本功。

1. 站立拍摄

站立拍摄是最常用的拍摄方式，这种姿势通常用来拍摄与我们等高的事物运动状态。站立拍摄时，应用双手紧紧地托住摄像机(图13.1所示)，肩膀要放松，右肘紧靠体侧，将摄像机抬到比胸部稍微高一点的位置。另外，左手托住摄录像机，帮助稳住摄录机，采用舒适又稳定的姿势，确保摄像机稳定不动。双腿要自然分立，约与肩同宽，脚尖稍微向外分开、站稳，保持身体平衡。

图13.1 站立时手持摄像机的姿势

提 示

单手持摄像机拍摄时，拍摄者需要在握持便携式摄像机前调节握带。一般方法是：手穿过握带后，将拇指放在摄像的开始/停止钮处，把食指保持在可以触摸到变焦杆的位置后系好握带，如图13.2所示。

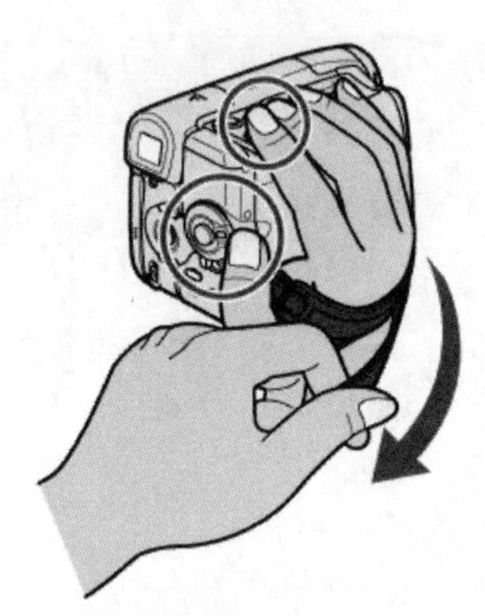

图13.2 手持摄像机前调节好握带

拍摄者如果是使用较轻的摄像器材拍摄，例如手机、数码相机、卡片式DV机等，可以保持上述站立的姿势，然后用双手握住机器拍摄即可。图13.3所示为手持轻便设备拍摄。图13.4所示为手持相机拍摄。

图13.3 站立手持轻便设备水平拍摄

图 13.4 站立手持相机水平拍摄

2. 蹲姿拍摄

在低位取景时，如果需要蹲下，应该左膝着地，右肘顶在右腿膝盖部位，左手同样要扶住摄像机，可以获得最佳的稳定性，如图 13.5 所示。

图 13.5 蹲着手持机器拍摄姿势

在拍摄现场也可以就地取材，借助桌子、椅子、树干、墙壁等固定物来支撑、稳定身体和机器，如图 13.6 所示。姿势正确不但有利于操纵机器，也可避免因长时间拍摄而过累。

如果没有固定物来支撑而拍摄累了，可以将机器放置在膝盖部位作为支撑，如图 13.7 所示。

图 13.6 使用辅助物来支撑摄像

图 13.7 将机器放在膝盖上作为支撑

3. 卧姿拍摄

卧姿拍摄是俯卧于草地、沙滩，或者趴在床头、沙发靠背等上，只要双手举着摄像机就可以低机位平视拍摄，这种拍摄是拍摄中经常使用的方法之一。卧姿拍摄的特点是很随意，很平稳，而最大的好处就是对被拍摄者没有太大的干扰，能够拍摄到非常自然和真实的影像。图 13.8 所示为卧式摄像的正确姿势，图 13.9 所示为卧式摄像的错误姿势。

4. 坐姿拍摄

相对来说是一种比较轻松的拍摄方式，正确的姿势是使用左手托住摄像机底部，右手进行变焦、启动录像/暂停按钮等操作。

需要提醒大家的是，现在的 DV 机日趋小型化，用一只手就可以轻轻托起，许多朋友在坐姿拍摄时喜欢一个手持机，但殊不知机器越小就越不利于持机稳定，所以在使用时一定要特别注意，机器越小越不利于稳定，同样要使用双手持机。

图 13.8　利用数码相机卧式录像的正确姿势

图 13.9　利用数码相机卧式录像的错误姿势

5. 移动拍摄

摄像中还经常使用移动拍摄的方法，简单地说就是一边摄像，一边把摄像机向前后或左右移动，如家庭录像、新闻采访、旅游摄像等。

移动拍摄所需要解决的最大难题就是如何防止摄像机的晃动，最专业的做法是使用摄影台车，而普通家庭是靠借助器材来进行移动拍摄的，只能依靠摄像者的步伐来维持摄像机的稳定。这就要求摄像者不能像平常那样随便走步，而应屈膝，身体重心下移，蹑着脚走。腰部以上要正直，行走时利用脚尖探路，并靠脚补偿路面的高低，减少行进中身体的起伏，同时要把摄像机的取景装置翻转到眼睛合适的观看角度。

如果条件允许，可以利用滑板、拖车等工具让拍摄者移动，减少手持摄像机的抖动。或者使用手持稳定器，或者固定于身体的稳定器进行移动拍摄。图 13.10 所示为手持式拍摄稳定器。图 13.11 所示为固定于身体的拍摄稳定器。

图 13.10　手持式拍摄稳定器

图 13.11　固定于身体的拍摄稳定器

13.1.2　眼睛的取景方式

许多人在拍摄时只睁右眼来取景，这样的取景方式有很大的问题。摄像与拍照不一样，拍照只是抓住瞬间画面，而摄像却是拍摄运动的连续画面。因此，摄像时应该采用双眼扫描的方式，用右眼紧贴在寻像器的目镜护眼，罩上取景的同时，左眼负责纵观全局，留意拍摄目标的动向以及周围所发生的一切，随时调整拍摄方式，避免因为一些小小的意外而影响了拍摄效果，同时也避免因为视野范围不够大而漏掉了周围其他精彩的镜头。

另外，现在无论是 DV 机、数码相机、手机等摄像器材都带有液晶显示屏，因此可以尽可能利用这些器材的显示屏来取景。因为显示屏的屏幕大、取景方便，并且色彩好，所以使用显示屏取景能够真实了解拍摄的效果，如图 13.12 所示。

图 13.12　使用显示屏进行取景

不过使用显示屏来取景比较耗电，在电量不足的情况下，还是尽量使用取景器进行取景，如图 13.13 所示。

图 13.13　使用取景器进行取景

但是在白天亮度很大的时候，显示屏取景的方式很容易出现反光的问题，此时拍摄者可以右手持机，左手掌五指并拢，成圆弧状扶住液晶屏的左边沿并罩在其上方，挡住左方和上方射进来的光线，这样可以使预览取景的效果更好。

13.1.3　其他应注意的问题

要让自己获得顺利的摄像过程，需要注意下面的问题。

1. 带齐必备附件

如果要携带摄像器材进行摄像，一定要认真检查随机必须带的附件，包括电池、充电器、充电器的连接线等。

另外，使用磁带或光盘的摄像机要记得多带几盒磁带或光盘；使用硬盘的摄像机最好把机内已拍摄的数据导出来，让机器的硬盘有更多的空间来记录新的内容；使用存储卡的摄像机最好多带几个卡，或者带一个数码伴侣；还要带防雨罩，如果没有专用的至少要带几个可以套上摄像机的塑料袋备用。

图 13.14 所示为微型摄像机的一般配套附件，图 13.15 所示为家用摄像机的一般配套附件。

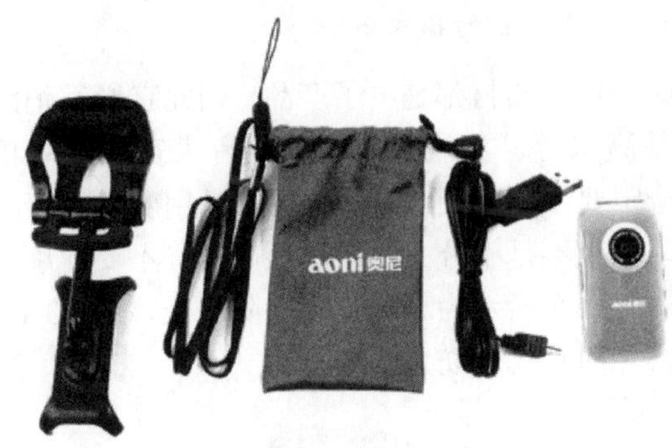

图 13.14　微型摄像机的一般配套附件

图 13.15　家用摄像机的一般配套附件

2. 预录空镜头

开机后应在磁带上预录 30 秒钟左右的彩条、黑场或空镜头。一是避免录制初始时走带不匀，信号不稳定，二是在重要内容摄录之前留出足够的时间，供后期剪辑时编辑机的预卷之用。在拍摄过程中，磁带记录的时间码要保持连续、不能中断，否则会对后期编辑造成很大的困扰。

3. 拍摄前观察环境

摄影前要先注意周遭的状况，拍摄时千万不要大意。时刻不可忘记周遭或身后的状况，特别对背后的沟渠、马路等要引起重视，不要脚踩空或来往车辆造成不必要的伤害。这样的情况常常会出现，就连很多经验丰富的老 DV，都常常会因为注意力过于集中在被拍摄的景物及人物上，而没有留意到其他的危险状况，在移动位置的过程中发生了摔跤、碰撞甚至跌落深处的意外。

4. 注意保护好摄像器材

因为摄像器材都是电子产品，因此它们都怕潮湿尤其是溅水等。如果是在雨天或者大雾天使用摄像机，一定要注意防潮。简单的方法是用塑料袋包裹起机器，如果不是十分必要的拍摄，最好不要使用摄像机。图 13.16 所示为一般使用的防水袋，图 13.17 所示为摄像时使用的防水保护罩。

图 13.16　摄像机防水保护带

其次是要防尘，在更换磁带时，一定要注意尽量避光和防尘。灰尘是摄像机的最大杀手，尤其是磁带式摄像机，打开带仓时很容易进入灰尘，不但磁头可能脏堵，也可能引起机械故障。

图 13.17　数码相机的防水保护罩

5. 避免录像内容被擦除

拍摄完毕的磁带，一定要把防抹开关打开，最好做好记录，比如拍摄时间和地点等，防止误把拍好的磁带再次使用而抹掉原先记录的内容。存储卡式摄像机拍写有内容的卡最好是在不同的硬盘里进行双备份，如果暂时不备份，也要记得打开卡上的防抹开关。光盘摄像机如果用 DVD-R 光盘，一定要在拍摄完毕后进行“封盘”处理。

13.2　稳定拍摄的方法

要使用摄像器材(DV 机、DC 机、手机等)拍摄到清晰、稳定的影像，就要拍摄者在拍摄时必须绝对握稳摄像器材，即使最轻微的晃动都会造成不稳定的画面效果。

稳定的画面给人一种安全、真实、美好的享受，让人看了感觉非常的舒服；如果画面不稳定，那么整个画面就会抖来抖去，让人看不清楚主体，这是拍摄中的大忌。因此，保持画面的一贯稳定性是摄像的第一前提，不管是推、拉、摇、移、俯、仰、变焦等拍摄，总是要围绕着怎样维持画面的稳定展开工作，这样才能拍摄出好的素材。要稳定拍摄，可以参考下面几个方法。

13.2.1 保持正确的拍摄姿势

正确拍摄姿势包括正确的持机姿势和正确的拍摄姿势，持机姿势没有固定的模式，因摄像机的不同而不同，但是一般在开取景器的时候一定要用左手托住取景器，否则极易造成摄像机的晃动。

正确的拍摄姿势，则需要根据拍摄的需求来采取不同的拍摄姿势，例如拍摄与自己同一高度的画面，可以采用站立姿势拍摄；拍摄低于自己高速的画面，则可以采用蹲式姿势拍摄(关于拍摄的姿势，请查阅第 13.1.1 节的内容)。

当使用重量较轻的摄像器材时(例如数码相机、手机)，必须双手握住摄像器材，这样才可以稳定地拍摄。由于现在很多摄像器材体积很小、重量很轻，拍摄者用一只手就可以把握住，因为很多人都习惯用单手握机的方式拍摄，如图 13.18 所示。

图 13.18 单手握机拍摄

其实越轻的机器越难以稳定拍摄，因此在使用轻便机器拍摄时，需要用双手稳定机器，以拍摄出稳定的画面。如图 13.19 所示，拍摄者右手拿 DV，左手握住右手手腕以起到支撑作用，这个姿势在没有工具帮助的情况下可以获得最佳的稳定效果。

例如使用数码相机摄像，拍摄时必须使用两只手一起握住相机，并应弯曲胳膊肘，然后将相机放置到人眼前大概 15~20 厘米(如果使用取景窗取景，则需要接近眼部)。左手稳住相机，右手可随时进行操作。

图 13.19 双手稳定拍摄

除了手部动作外，下身的姿势也非常重要。一般的做法是两腿自然分开，与肩同宽，使双腿与地面成一个近 45 度角，如图 13.20 所示。另外一个做法是将肩膀斜靠在一个支撑物上，比如树干、电线杆、墙壁等，甚至可以考虑坐在地上，跪在地上，或者趴在地上，用两肘支撑。

图 13.20 使用相机摄像的站立姿势

13.2.2 使用三脚架固定摄像

使用三脚架是保持画面稳定最简单也是最好的方法，这种方法在很多专业的拍摄上都会应用。例如电视台拍摄电视剧、大导演拍摄电影等都会采用三脚架来固定摄像器材。

如果是摄像初学者，建议使用轻便型中轴带摇杆的三脚架，因为轻便型三脚架一般都有附带摇杆升降功能，这个设计可以很简单地升降三脚架的高度来调整拍摄的高度，如图 13.21 所示。

图 13.21 各种轻便型且带摇杆的三脚架

13.2.3 利用摄像机的稳定功能

目前很多摄像机都提供稳定拍摄的功能，例如手持稳定功能、光学稳定功能等。摄像机的稳定功能能够补偿摄像机的抖动，机器内置的防抖动传感器能够觉察到轻微的震动，并且在保持最佳分辨和聚焦的情况下，由摄像机的电机驱动系统自动补偿不稳定的部分。在拍摄动画和静像的情况下，对动画和图像稳定性具有一定的稳定、清晰作用。图 13.22 所示为数码摄像机的稳定器设置界面。

如果摄像机有广角功能，那么在拍摄时尽量避免使用长焦距而改用广角镜头。因为焦距越长视角越小，轻微的晃动就会令画面颤抖得很厉害，而广角镜头视角很大，较易对焦，拍摄起来也方便得多，即使较严重的晃动都不易觉察到。

最后，建议少用镜头内变焦。每次变焦可以说都是一种镜头运动的特殊效果，如果漫无目的地频繁使用镜头内变焦，观看时图像容易使人感觉不稳定。此外，频繁变焦会使得摄像机耗电增加大大减少拍摄时间。

图 13.22 数码摄像机的稳定器设置界面

13.3 拍摄的基本方法

对于广大摄像爱好者来说，有了一台质量好的摄像机并不代表就能拍摄出出色的影片。要获得良好的拍摄作品，首先就要爱从基本的摄像方法学起，只有掌握了各种基本的摄像方法，才能为拍摄出好作品打下坚实的基础。

13.3.1 调节白平衡

除了基本预备之外，数码摄像机还可以对各种参数进行简单的调整，以获得更好的曝光、色彩，拍摄更好的数码影像。白平衡调整是其中的重要一项。

1. 认识白平衡

在拍摄过程中，很多初学者会发现荧光灯的光看起来是白色的，但用摄像机拍摄出来却有点偏绿。同样，如果是在白炽灯下，则拍出图像的色彩就会明显偏红。

不是所有的事物拍摄出来的图像色彩都和人眼所看到的色彩完全一样，人类的眼睛之所以把它们都看成白色的，是因为人眼进行了自我适应。但是，由于摄像机的传感器本身没有这种适应功能，因此有必要对它输出的信号进行一定的修正，这种修正就叫做白平衡。

2. 白平衡感测器

目前，大部分数码摄像设备都有白平衡感测器。例如常用与摄像的 DV 机，它的白平衡感测器一般位于镜头的下面。在拍摄过程中，如果画面最亮的部分是黄色，则它会加强蓝色来减少画面中的黄色色彩，以求得更为自然的色彩。图 13.23 所示为没有设置白平衡拍摄的效果，图 13.24 所示为调整白平衡后拍摄的效果。

图 13.23 没有设置白平衡拍摄的效果

图 13.24 调整白平衡后拍摄的效果

3. 设置白平衡模式

摄像机的白平衡设置并不难，只要打开机器的菜单设置界面，然后根据不同的场景调整合适白平衡模式，或者自定义白平衡参数即可。图 13.25 所示为摄像机自定义白平衡前，图 13.26 所示为摄像机自定义白平衡后。

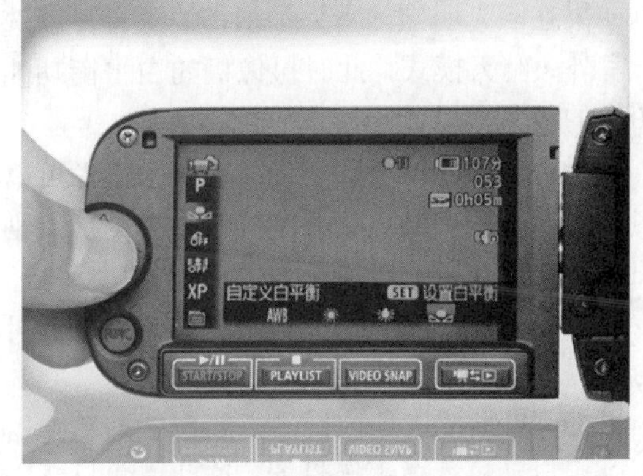

图 13.25 摄像机自定义白平衡前

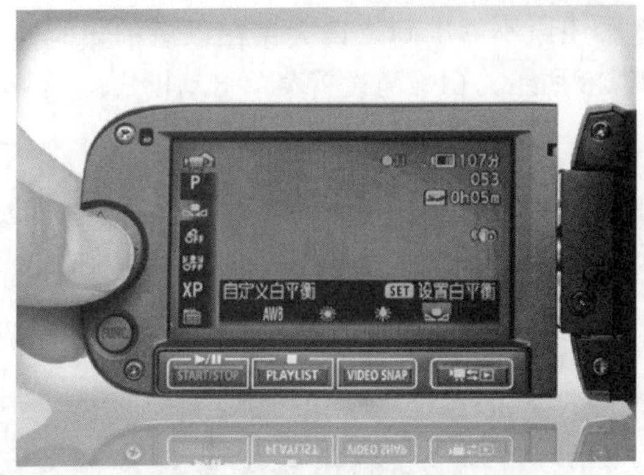

图 13.26 摄像机自定义白平衡后

> **注意**
>
> 由于各厂家的摄像机的白平衡设置菜单不太相同，故此请大家参看说明书，根据自己的摄像机进行设置，如图 13.27 所示。

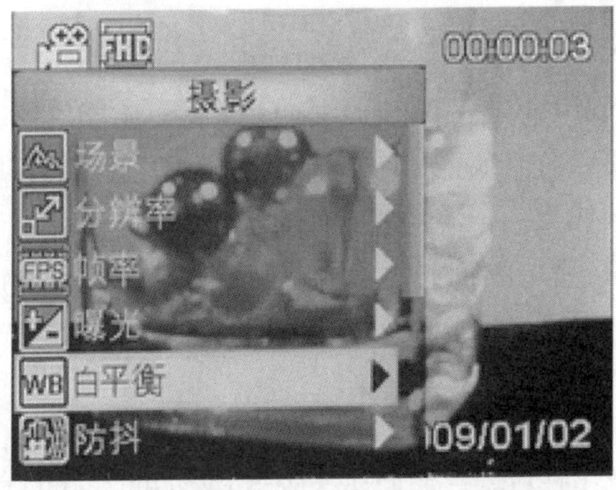

图 13.27 爱国者 AHD-S11 的白平衡设置菜单

白平衡模式主要因应拍摄的环境和光线而进行选择。

如果在阳光明媚的室外拍摄，拍摄者可以选择自动、室外、晴天模式，此时摄像机的白平衡功能会加强图像的黄色，以此来校正颜色的偏差。

如果在阴雨天或者在室内拍摄，拍摄者可以选择室内、阴天、灯光模式，摄像机的白平衡功能则会加强图像的蓝色，以此来校正颜色的偏差。

如果在室内钨丝灯的光线下拍摄，拍摄者可以设定为室内模式或者灯光模式。

另外，自动模式是由摄像机的白平衡感测器进行侦测以后自动进行白平衡设置，这种模式只有在室外使用时，色彩还原比较准确，其他拍摄环境下自动模式色彩还原不够准确，请大家在以后拍摄时注意。图 13.28 所示为白平衡设置菜单自动模式。

图 13.28　白平衡设置菜单中的自动模式

4. 手动调整白平衡

当外界条件超出白平衡自动调节功能以外时，图像会略带红色或蓝色。即使在白平衡自动调节功能范围内，如果有一个以上的光源，自动白平衡调节仍可能无法正常工作，在这种情况下，就需要手动调节白平衡。图 13.29 所示为佳能 HF S10 摄像机的白平衡设置菜单。

手动调节白平衡需要使用白色的参照物，此时拍摄者可以取一张白纸，或者摄像机备有的白色镜头盖，然后将白色参照物盖上镜头即可进行白平衡调整。

手动调节白平衡的操作过程大致为：把摄像机变焦镜头调到广角端，将白色镜头盖(或白纸)盖在镜头上，盖严；白平衡调到手动位置，把镜头对准晴朗的天空，注意不要直接对着太阳，拉近镜头直到整个屏幕变成白色；按一下白平衡调整按钮直到寻像器中手动白平衡标志停止闪烁为止，这时白平衡手动调整完成。

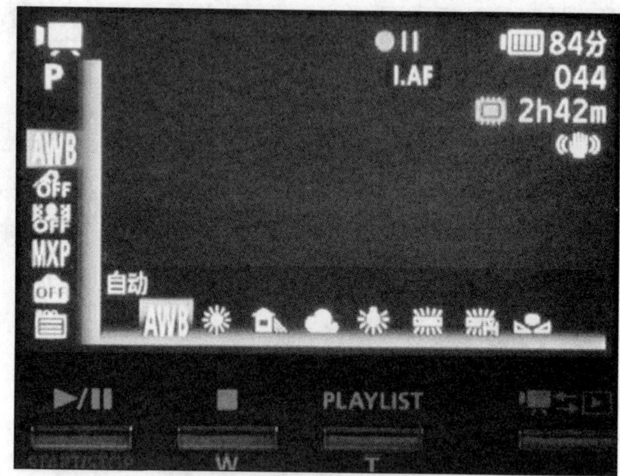

图 13.29　佳能 HF S10 摄像机的白平衡设置菜单

13.3.2　调节感光度

感光度又称为 ISO 值，是衡量底片对光的灵敏程度，由敏感度测量学及测量个数值来决定，最近已经被国际标准化组织标准化。对于较不敏感的底片，需要曝光更长的时间以达到跟较敏感底片相同的成像效果，因此通常称为慢速底片，高度敏感的底片称为快速底片。图 13.30 所示为爱国者 AHD S11 的高感度设置菜单，图 13.31 所示为爱国者 AHD S11 的高感度设置选项。

无论是数码相机或数码摄像机，为了减少曝光时间相对使用较高敏感度通常会导致影像品质降低(由于较粗的底片颗粒或是较高的影像噪声或其他因素)。基本上，使用较高的感光度，拍摄的影像品质较差。

说明

部分摄像机中的【感光度】设置选项常称为“高感度”，其实就是高感光度的意思。

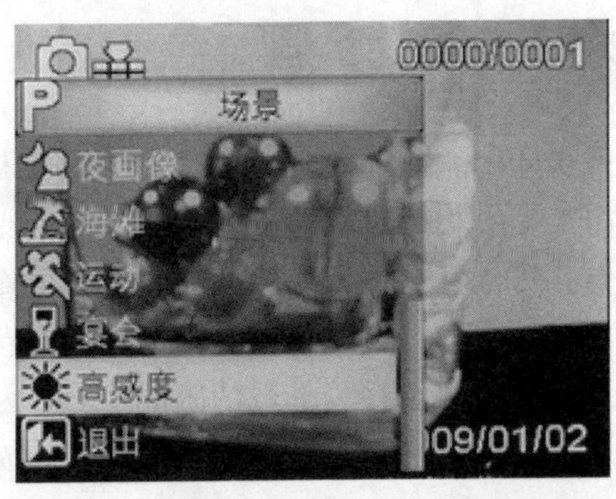

图 13.30 爱国者 AHD S11 的高感度设置菜单

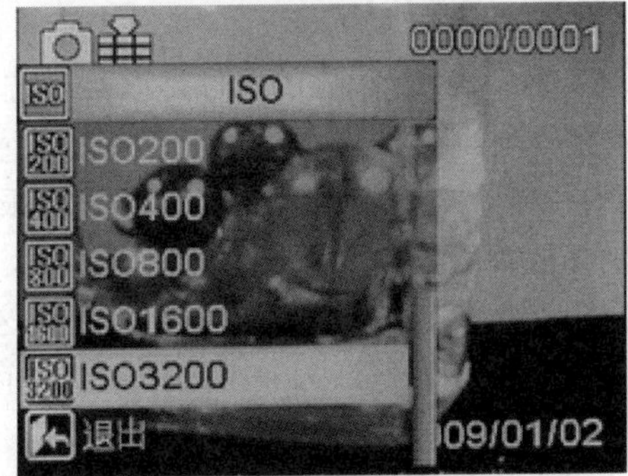

图 13.31 爱国者 AHD S11 的高感度设置选项

在数码摄像器材中，通过调节感光度的大小，可以改变光源多少和画面亮度的数值。在光线不足时，闪光灯的使用是必然的。在一些场合下，例如展览馆或者表演会，不允许或不方便使用闪光灯的情况下，可以通过 ISO 值来增加画面的亮度。

数码摄像器材 ISO 值的可调性，使得拍摄者有时仅可通过调高 ISO 值，增加曝光的办法来提高画面的亮度，但同时会降低影像的品质，如图 13.32 和图 13.33 所示。

图 13.32 感光度为 400 的画面效果

图 13.33 感光度为 800 的画面效果

13.3.3 正确的对焦方法

目前很多摄像器材都有自动对焦功能，合理运用自动对焦功能，可以获得较好的拍摄作品。

说明

在进行拍摄时，调节相机镜头，使距离相机一定距离的景物清晰成像的过程，叫做对焦，而被摄景物所在的点称为对焦点。

1. 自动对焦

自动对焦系统使用一个外部感应器，大部分摄像机的自动对焦系统可以极大地缩短对焦时间，如图 13.34 所示。

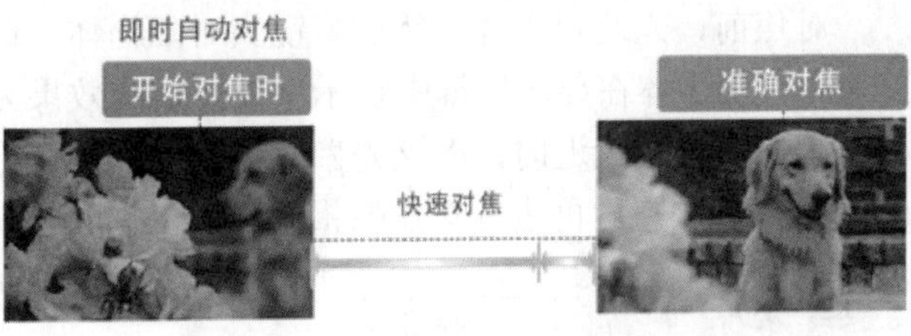

图 13.34 利用自动对焦功能拍摄画面

部分摄像机的高效自动对焦系统，即使在低照度环境中拍摄移动的物体，也能快速捕捉，准确对焦。

2. 手动对焦

但在一些特殊情况下，例如光线不足、短距离等拍摄情形下，自动对焦功能恐怕无法得到最好的结果，此时就需要手动调整焦点。图 13.35 所示为未正确对焦时拍摄的画面，图 13.36 所示为正确对焦后拍摄的画面。

图 13.35　未正确对焦时拍摄的画面

图 13.36　正确对焦后拍摄的画面

对焦前，先选定主体，然后将镜头对准物体，调整焦距，使物体在显示屏幕中显示出最清晰的效果为止。当拍摄物体较近时，应该先做适当的位移，取得最佳的拍摄位置后再进行对焦拍摄。

提 示

自动对焦系统对下述目标或在下述拍摄条件下往往会发生错误判断，此时建议使用手动对焦。远离画面中心的景物无法获得正确的对焦；所拍摄的物体一端离摄像机很近，另一端离得很远；在拍摄栏栅、网、成排的树或柱子后的主体时，自动对焦也难以奏效；拍摄表面有光泽、光线反射太强或周围太亮的目标物；在移动物体后面的目标物；在下雨、下雪或地面有水分时；拍摄主体有烟雾时。

13.3.4　景深的控制

景深就是当摄像机的镜头对着某一物体聚焦清晰时，在镜头中心所对应的位置垂直镜头轴线的同一平面的点都可以在成像器上形成相当清晰的图像。在这个平面沿着镜头轴线的前面和后面一定范围的点也可以形成眼睛可以接受的较清晰的像点，因此把这个平面的前面和后面的所有景物的距离叫做摄像机的景深。

1. 前景深与后景深

在现实当中，观赏拍摄的影像是以某种方式(比如投影、放大成画面等)来观察的，人的肉眼所感受到的影像与放大倍率、投影距离及观看距离有很大的关系。如果弥散圆的直径小于人眼的鉴别能力，在一定范围内实际影像产生的模糊是不能辨认的。这个不能辨认的弥散圆就称为容许弥散圆。在焦点的前、后各有一个容许弥散圆。

以持摄像机的拍摄者为基准，从焦点到近处容许弥散圆的距离叫前景深，而从焦点到远方容许弥散圆的距离叫后景深。图 13.37 所示为景深示意图。

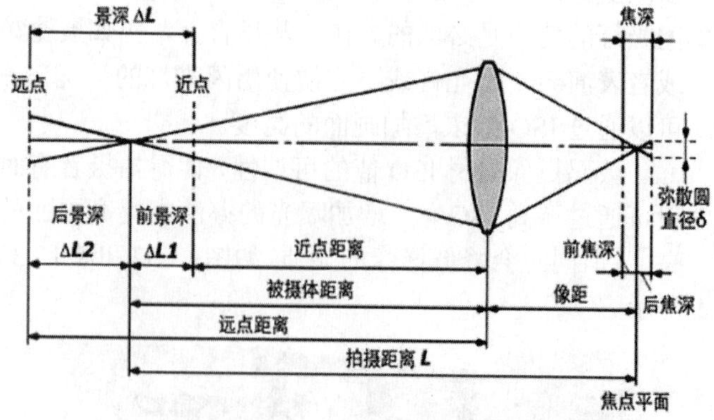

图 13.37　景深示意图

说 明

在焦点前后，光线开始聚集和扩散，点的影像变成模糊的，形成一个扩大的圆，这个圆就叫做弥散圆。

2. 影响景深的三要素

景深的3种决定因素：镜头焦距、被拍摄体的距离以及光圈的大小。

- 光圈越大景深越小，光圈越小景深越大。
- 镜头焦距越长景深越小，反之景深越大。
- 被拍摄体越近，景深越小；被拍摄体越远，景深越大。

说明

一只广角镜头几乎在所有的光圈下都有极大的景深。一只长焦镜头即使在最小光圈的情况下，景深范围也会非常有限。一些单镜头反光摄像机会有景深预测功能，所以拍摄者在拍摄前可以预测到景深的情况。

3. 景深的应用

很多人为了突出被摄物，多半选择小的景深。当然如果要拍风景，建议选择较大的景深，使拍摄景物更加清晰。

这里给出两个景深控制的例子。第一张画面样片是拍摄远距景物时使用大景深的效果，从图中可以见到，远处的楼房都很清晰，如图13.38所示。

图13.38 较大的景深，使远距离的物体显得很清晰

第二张画面样片是拍摄昆虫特写所时使用的较小景深的效果，除了拍摄的昆虫主体很清晰外，背景因为景深不足而出现模糊。很多时候可以利用调小景深的方法，拍摄背景柔化、主体清晰的画面效果，如图13.39所示。

图13.39 较小的景深，突出物体柔化背景

提示

在摄像过程中，可以运用不同的景深转换镜头以得到过渡的效果。例如在拍摄过程中故意将摄像机的焦点调虚，使上一镜头在拍摄结束时逐渐由清晰变模糊，画面渐渐隐去。下一镜头在拍摄开始时逐渐由模糊变清晰，画面渐渐显出。

13.3.5 光圈与快门的控制

数码摄像机或者数码相机的镜头大小是固定的，用户不可能随意改变镜头的直径，但是可以通过在镜头内部加入多边形或者圆形，且面积可变的孔状光栅来达到控制镜头通光量，这个装置就是光圈。

快门就是用控制时间长短来调节光线进入相机感光元件的装置，与光圈相反，快门与镜头无关，只和机器本身有关。

在应用光圈与快门前，拍摄者需要确认所使用的拍摄器材具备手动调整快门和光圈的功能。目前市场上的数码相机和中高端机摄像机已基本上具备了这一功能，但大多数入门级机型只有自动拍摄模式，并不能手动进行调整。目前很多摄像机镜头上一般会显示光圈的参数，如图13.40所示。

图 13.40　DV 摄像机镜头上一般会显示光圈的参数

1. 光圈大小

表达光圈大小是用 F 值，光圈 F 值=镜头的焦距/镜头光圈的直径。

完整的光圈值系列有：F1、F1.4、F2、F2.8、F4、F5.6、F8、F11、F16、F22、F32、F44 及 F64。图 13.41 所示为光圈示意图。

F 后面的数值越小，光圈越大。光圈的作用在于决定镜头的进光量，所以光圈越大，进光量越多；反之则越小。简单地说，在快门不变的情况下，光圈越大，进光量越多，画面比较亮；光圈越小，画面比较暗。

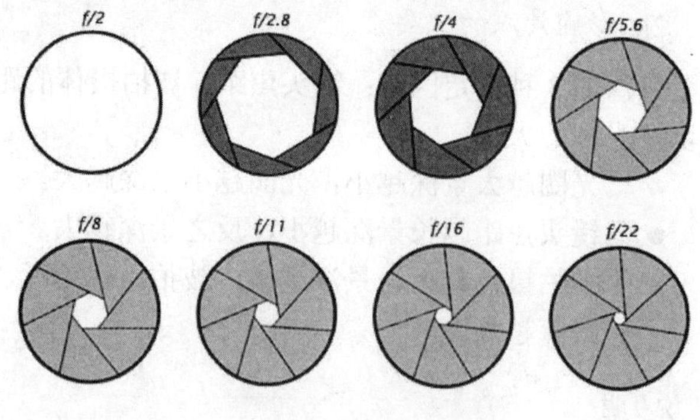

图 13.41　光圈示意图

2. 快门的速度

日常拍摄速度均为 1/125 秒，所以称为高速快门。相比之下，对于需要时间长的 1/30 秒以上时长的快门，简称为慢门。

3. 光圈与快门的应用

光圈与快门是调整和控制曝光量的装置，它们是倍增或倍减的关系，这种关系可以通过不同的组合来得到相同的曝光量。一般来说，光圈值越小，画面的景深也就越大，而当光圈过小的时候，如果快门速度不因此而降低，图像则非常容易出现曝光不足，发黑发暗的现象。当拍摄者调整光圈后，必须相应地调整快门的速度，以保持充足而正确地曝光。

如图 13.42 所示为光圈与快门没有调整好时出现曝光不足所拍摄的画面，图 13.43 所示为调整过光圈和快门增加画面曝光量后拍摄的结果。

图 13.42　光圈与快门没有调整好时出现曝光不足

图 13.43 通过调整光圈和快门增加画面曝光量

4. 利用变换光圈实现效果

当一个景物的正确曝光确定以后，拍摄者可以变换不同的曝光组合来达到不同的效果。简单地说，放大或缩小几挡光圈，就要相应的加快或放慢几挡快门，这样才能维持曝光总量的正确，保证画面质量，通过不断变换光圈和快门的组合可以获得许多意想不到的神奇效果。

例如，摄像时把摄像机的光圈置于手控位置，在前一镜头结束时把光圈逐渐关闭，使画面由亮渐变黑。后一镜头开始时把关闭的光圈逐渐打开，使画面由黑逐渐变亮。在处理前后两个不同内容的场景连接时，可以用这种方法实现转场，如图 13.44 所示。

图 13.44 通过调整光圈的开闭，拍摄出场景转换的画面